高等数学学习指导

曹菊生 方 正 主编
张建华 王茂南 恽平南 副主编

苏州大学出版社

图书在版编目(CIP)数据

高等数学学习指导/曹菊生,方正主编.—苏州:苏州大学出版社,2018.8（2023.7 重印）
ISBN 978-7-5672-2504-6

Ⅰ.高… Ⅱ.①曹…②方… Ⅲ.①高等数学-高等学校-教学参考资料 Ⅳ.①O13

中国版本图书馆 CIP 数据核字(2018)第 159451 号

高等数学学习指导

曹菊生 方 正 主编
责任编辑 征 慧

苏 州 大 学 出 版 社 出 版 发 行
(地址:苏州市十梓街1号 邮编:215006)
丹阳兴华印务有限公司印装
(地址:丹阳市胡桥镇 邮编:212313)

开本 787×1092 1/16 印张 21.5 字数 509 千
2018 年 8 月第 1 版 2023 年 7 月第 6 次印刷
ISBN 978-7-5672-2504-6 定价:46.00 元

图书若有印装错误,本社负责调换
苏州大学出版社营销部 电话:0512-67481020
苏州大学出版社网址 http://www.sudapress.com
苏州大学出版社邮箱 sdcbs@suda.adu.cn

  为了帮助读者在数学概念、计算技能和数学思维等方面得到充分的训练,培养学生的空间想象能力、逻辑思维能力和运算能力,编者根据多年的教学经验,在对"工科类本科数学基础课程教学基本要求"和课程内容进行深入研究和理解的基础上,编写了本书,希望能为学习高等数学的读者提供辅导和帮助.本书可供本科和职业技术学院等全日制大学、电视大学、职工大学等的学生使用,对参加考研或高等数学竞赛的学生也有较好的参考作用,还可供高校教师做教学参考.

  本书共十二章,每章分为"主要内容与基本要求""典型例题解析""竞赛题选解""同步练习"四个部分."主要内容与基本要求"部分列出了知识结构、教学基本要求,并详细总结了本章主要内容——基本概念、重要定理和公式;"典型例题解析"精选了各类典型例题,给出了详尽的解答,许多题目还给出了多种解法,并注意分析比较,总结解题方法和技巧;"竞赛题选解"选取了近十几年全国数学竞赛与江苏省数学竞赛的一些真题,并给出了详尽的解答."同步练习"配置了一定量的同步练习题与竞赛题,并给出了简明的解答.另外,按照通常的教学安排,配置了上册、下册各四套期末试卷及解答,供学生在期末考试前复习测试之用.本书的最后针对各章的内容还配备了12套单元测试卷,方便教师对学生学习过程的考核.

  本书由曹菊生、方正担任主编,张建华、王茂南、恽平南担任副主编,李莉、刘维龙、杨志荣、庄桂芬、严洁、张筛艳、金锡嘉、秦云、袁玩贵、宋娟、陈燕、黄芳等参与编写.全书由曹菊生统稿.

  本书由李连忠教授主审,并提出许多宝贵意见.本书的编写得到了编者所在单位江南大学理学院的大力支持和帮助,在此一并表示衷心感谢.

  由于编者水平所限,加之时间仓促,书中缺陷和错误在所难免,诚请广大专家、同仁和读者批评指正.

  本书受江苏省教改课题(编号:2017JSJG448)和江南大学教改课题(编号:JG2017090)的资助,在此表示感谢.

编 者
2018 年 6 月

目录 Contents

第一章 函数与极限 ·· (1)
    主要内容与基本要求 ·· (1)
    典型例题解析 ·· (7)
    竞赛题选解 ·· (19)
    同步练习 ··· (22)

第二章 导数与微分 ·· (26)
    主要内容与基本要求 ·· (26)
    典型例题解析 ·· (30)
    竞赛题选解 ·· (41)
    同步练习 ··· (43)

第三章 微分中值定理与导数的应用 ··· (46)
    主要内容与基本要求 ·· (46)
    典型例题解析 ·· (50)
    竞赛题选解 ·· (66)
    同步练习 ··· (69)

第四章 不定积分 ··· (74)
    主要内容与基本要求 ·· (74)
    典型例题解析 ·· (78)
    竞赛题选解 ·· (88)
    同步练习 ··· (89)

第五章 定积分 ·· (92)
    主要内容与基本要求 ·· (92)
    典型例题解析 ·· (96)

竞赛题选解 …………………………………………………………………… (105)
　　同步练习 …………………………………………………………………… (107)

第六章　定积分的应用 …………………………………………………………… (111)
　　主要内容与基本要求 ……………………………………………………… (111)
　　典型例题解析 ……………………………………………………………… (113)
　　竞赛题选解 ………………………………………………………………… (119)
　　同步练习 …………………………………………………………………… (121)

第七章　微分方程 ………………………………………………………………… (124)
　　主要内容与基本要求 ……………………………………………………… (124)
　　典型例题解析 ……………………………………………………………… (128)
　　竞赛题选解 ………………………………………………………………… (137)
　　同步练习 …………………………………………………………………… (139)

第八章　空间解析几何与向量代数 ……………………………………………… (142)
　　主要内容与基本要求 ……………………………………………………… (142)
　　典型例题解析 ……………………………………………………………… (147)
　　竞赛题选解 ………………………………………………………………… (152)
　　同步练习 …………………………………………………………………… (154)

第九章　多元函数微分法及其应用 ……………………………………………… (157)
　　主要内容与基本要求 ……………………………………………………… (157)
　　典型例题解析 ……………………………………………………………… (164)
　　竞赛题选解 ………………………………………………………………… (176)
　　同步练习 …………………………………………………………………… (178)

第十章　重积分 …………………………………………………………………… (182)
　　主要内容与基本要求 ……………………………………………………… (182)
　　典型例题解析 ……………………………………………………………… (187)
　　竞赛题选解 ………………………………………………………………… (194)
　　同步练习 …………………………………………………………………… (196)

第十一章　曲线积分与曲面积分 ………………………………………………… (200)
　　主要内容与基本要求 ……………………………………………………… (200)
　　典型例题解析 ……………………………………………………………… (207)
　　竞赛题选解 ………………………………………………………………… (217)

同步练习 …………………………………………………………… (219)

第十二章　无穷级数 …………………………………………………… (224)

　　主要内容与基本要求 ………………………………………………… (224)

　　典型例题解析 ………………………………………………………… (231)

　　竞赛题选解 …………………………………………………………… (245)

　　同步练习 ……………………………………………………………… (248)

参考答案 ……………………………………………………………………… (253)

高等数学(下)期末试卷(4) ………………………………………………… (293)

高等数学(下)期末试卷(3) ………………………………………………… (295)

高等数学(下)期末试卷(2) ………………………………………………… (297)

高等数学(下)期末试卷(1) ………………………………………………… (299)

单元测试卷(下)

　　第十二章　无穷级数 ………………………………………………… (301)

　　第十一章　曲线积分与曲面积分 …………………………………… (303)

　　第十章　重积分 ……………………………………………………… (305)

　　第九章　多元函数微分法及其应用(Ⅱ) …………………………… (307)

　　第九章　多元函数微分法及其应用(Ⅰ) …………………………… (309)

　　第八章　空间解析几何与向量代数 ………………………………… (311)

高等数学(上)期末试卷(4) ………………………………………………… (313)

高等数学(上)期末试卷(3) ………………………………………………… (315)

高等数学(上)期末试卷(2) ………………………………………………… (317)

高等数学(上)期末试卷(1) ………………………………………………… (319)

单元测试卷(上)

　　第七章　微分方程 …………………………………………………… (321)

　　第六章　定积分的应用 ……………………………………………… (323)

　　第五章　定积分 ……………………………………………………… (325)

　　第四章　不定积分 …………………………………………………… (327)

　　第三章　微分中值定理与导数的应用 ……………………………… (329)

　　第二章　导数与微分 ………………………………………………… (331)

　　第一章　函数与极限 ………………………………………………… (333)

第一章 函数与极限

主要内容与基本要求

▶▶ 一、知识结构

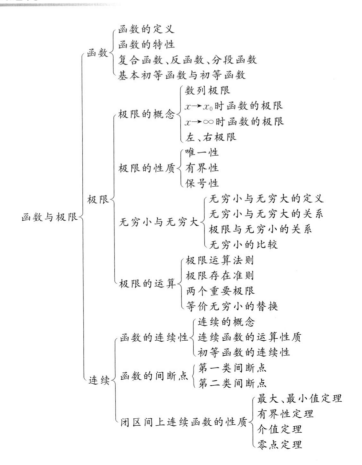

二、基本要求

(1) 在中学已有函数知识的基础上,加深对函数概念的理解和函数性质(奇偶性、单调性、周期性和有界性)的了解.

(2) 理解复合函数的概念,了解反函数的概念.

(3) 会建立简单实际问题中的函数关系式.

(4) 理解极限的概念,了解极限的 $\varepsilon N, \varepsilon \delta$ 定义.

(5) 掌握极限的有理运算法则,会用变量代换求某些简单复合函数的极限.

(6) 了解极限的性质(唯一性、有界性、保号性)和两个存在准则(夹逼准则与单调有界收敛准则),会用两个重要极限 $\lim\limits_{x \to 0} \dfrac{\sin x}{x} = 1$ 与 $\lim\limits_{x \to +\infty} \left(1 + \dfrac{1}{x}\right)^x = e$ 求极限.

(7) 了解无穷小、无穷大、高阶无穷小和等价无穷小的概念,会用等价无穷小求极限.

(8) 理解函数在一点连续和在一区间上连续的概念.

(9) 了解函数间断点的概念,会判别间断点的类型.

(10) 了解初等函数的连续性和闭区间上连续函数的最大值、最小值定理,介值定理与零点定值.

三、内容提要

1. 映射的概念

设 X, Y 是两个非空集合,如果存在一个法则 f,使得对 $\forall x \in X$,按法则 f,在 Y 中有唯一确定的元素 y 与之对应,则称 f 为从 X 到 Y 的映射,记为
$$f: X \to Y, y = f(x), x \in X,$$
其中 X 称为映射 f 的定义域,记为 D_f,即 $D_f = X$;X 中所有元素的像组成的集合称为映射 f 的值域,记为 R_f,即 $R_f = f(X) = \{y : y = f(x), x \in X\}$.

> **注** 对每个 $x \in X$,元素 x 的像 y 是唯一的;而对每个 $y \in R_f$,y 的原像不一定唯一;映射 f 的值域 R_f 是 Y 的子集,即 $R_f \subset Y$.

2. 函数的概念

设数集 $D \subset \mathbf{R}$,则称映射 $f: D \to \mathbf{R}$ 为定义在 D 上的函数,记为
$$y = f(x), x \in D,$$
其中 x 称为自变量,y 称为因变量,D 称为函数 f 的定义域,函数值全体 $R_f = f(D)$ 称为 f 的值域.

> **注** ① 确定函数的两个要素:定义域和对应法则.
> ② 两个函数相同的条件:定义域相同,且对应法则相同.

3. 函数的特性

(1) 有界性:设函数 $f(x)$ 的定义域为 D,数集 $X \subset D$. 如果存在正数 M,使得 $|f(x)| \leqslant M$ 对任一 $x \in X$ 都成立,那么称函数 $f(x)$ 在 X 内有界;如果这样的 M 不存在,那么称函数 $f(x)$ 在 X 内无界.

注 ① 正数 M 不是唯一的. 例如,函数 $f(x)=\sin x$ 对任一 $x\in(-\infty,+\infty)$,都有 $|\sin x|\leqslant 1$,也有 $|\sin x|<2$,故 $\sin x$ 在 $(-\infty,+\infty)$ 内有界. 这里可取 $M=1$,也可取 $M=2$. 由于 M 不是唯一的,所以定义中的 $|f(x)|\leqslant M$ 也可以换成 $|f(x)|<M$.

② 函数 $f(x)$ 是否有界与讨论的区间有关. 例如,函数 $f(x)=\dfrac{1}{x}$ 在 $[1,+\infty)$ 上有界,但在 $(0,+\infty)$ 内无界.

(2) 单调性:设函数 $f(x)$ 的定义域为 D,区间 $I\subset D$. 如果对于区间 I 上任意两点 x_1 与 x_2,当 $x_1<x_2$ 时恒有 $f(x_1)<f(x_2)[f(x_1)>f(x_2)]$,那么称 $f(x)$ 在区间 I 上是单调增加(减少)的.

(3) 奇偶性:设函数 $f(x)$ 的定义域 D 关于原点对称. 如果对于任一 $x\in D$,都有 $f(-x)=f(x)[f(-x)=-f(x)]$,那么称 $f(x)$ 为偶(奇)函数.

(4) 周期性:设函数 $f(x)$ 的定义域为 D. 如果存在一个正数 l,使得对于任一 $x\in D$,都有 $(x\pm l)\in D$ 且 $f(x+l)=f(x)$ 恒成立,那么称 $f(x)$ 为周期函数,l 称为 $f(x)$ 的周期. 通常我们所说的周期函数的周期是指最小正周期.

注 不是任何周期函数都有最小正周期. 例如 $f(x)=c(c$ 为常数$)$,任意正数都是它的周期,但由于没有最小正数,因此周期函数 $f(x)=c$ 没有最小正周期.

4. 反函数与复合函数

设函数 $f(x)$ 的定义域为 D,值域为 $f(D)$. 对于任一 $y\in f(D)$,在 D 上必有唯一的数值 x 与 y 对应,这个数值 x 适合关系 $f(x)=y$,这时 x 也是 y 的函数,称为 $y=f(x)$ 的反函数,记作 $x=f^{-1}(y)$. 若 $y=f(x)$ 是单值单调增加(减少)的,则 $x=f^{-1}(y)$ 也是单值单调增加(减少)的,且有 $f^{-1}[f(x)]=x$.

设函数 $y=f(u)$ 的定义域为 D_1,函数 $u=g(x)$ 在 D 上有定义,且 $g(D)\subset D_1$,则称函数 $y=f[g(x)]$ 为由函数 $u=g(x)$ 和 $y=f(u)$ 构成的复合函数,它的定义域为 D,变量 u 称为中间变量.

5. 基本初等函数与初等函数

幂函数、指数函数、对数函数、三角函数及反三角函数统称为基本初等函数.

由常数和基本初等函数经过有限次四则运算和有限次复合运算构成,并可用一个式子表示的函数称为初等函数.

注 ① 不能说"凡分段函数都不是初等函数". 例如:
$$y=|x|=\begin{cases}x, & x\geqslant 0,\\ -x, & x<0\end{cases}$$
是一个分段函数,但它可用一个式子 $y=\sqrt{x^2}$ 表示,它是由 $y=\sqrt{u}$ 和 $u=x^2$ 复合而成的.

② 双曲正弦函数 $\operatorname{sh}x=\dfrac{e^x-e^{-x}}{2}$;

  双曲余弦函数 $\operatorname{ch}x=\dfrac{e^x+e^{-x}}{2}$;

  双曲正切函数 $\operatorname{th}x=\dfrac{\operatorname{sh}x}{\operatorname{ch}x}=\dfrac{e^x-e^{-x}}{e^x+e^{-x}}$;

反双曲正弦函数　　　$y=\text{arcsh}\,x=\ln(x+\sqrt{x^2+1})$;

反双曲余弦函数　　　$y=\text{arcch}\,x=\ln(x+\sqrt{x^2-1})$;

反双曲正切函数　　　$y=\text{arcth}\,x=\dfrac{1}{2}\ln\dfrac{1+x}{1-x}$.

6. 极限的概念

(1) 数列极限.

若对 $\forall \varepsilon>0$,$\exists$ 正整数 N,当 $n>N$ 时,有 $|x_n-a|<\varepsilon$ 成立,则称常数 a 是数列 $\{x_n\}$ 的极限,或者称数列 $\{x_n\}$ 收敛于 a,记为 $\lim\limits_{n\to\infty}x_n=a$ 或 $x_n\to a(n\to\infty)$.

注　① ε 是任意给定的正数,它的作用是用来刻画变量 x_n 与常数 a 的接近程度. 首先 ε 是任意的,只有这样,不等式 $|x_n-a|<\varepsilon$ 才能刻画变量 x_n 无限接近常数 a;其次 ε 是给定的,一经给定就相对固定下来了,就可以找到 N,否则验证工作无法进行.

② N 是正整数,它的作用是用来刻画当 x_n 与 a 接近到某种程度时数列的项数 n 应大到什么程度,N 是随着 ε 的给定而确定的. 一般地,ε 越小,N 就越大,但 N 不是唯一的. 若 N 能满足定义,则大于 N 的正整数都能满足定义.

③ 当 $n>N$ 时 $|x_n-a|<\varepsilon$ 都成立,是指对第 N 项后面所有项 x_n 都有 $|x_n-a|<\varepsilon$,即 n 充分大时,$|x_n-a|$ 任意小,并保持任意小.

(2) $x\to x_0$ 时函数 $f(x)$ 的极限.

设函数 $f(x)$ 在点 x_0 的某一去心邻域内有定义. 若对 $\forall \varepsilon>0$,$\exists \delta>0$,当 $0<|x-x_0|<\delta$ 时,有 $|f(x)-A|<\varepsilon$ 成立,则称常数 A 是函数 $f(x)$ 当 $x\to x_0$ 时的极限,记为 $\lim\limits_{x\to x_0}f(x)=A$ 或 $f(x)\to A(x\to x_0)$.

定义中,若把 $0<|x-x_0|<\delta$ 改为 $x_0-\delta<x<x_0$,就是左极限 $\lim\limits_{x\to x_0^-}f(x)=A$ 的定义;若改为 $x_0<x<x_0+\delta$,就是右极限 $\lim\limits_{x\to x_0^+}f(x)=A$ 的定义.

注　① 任意给定的正数 ε 的作用是用来刻画变量 $f(x)$ 与常数 A 的接近程度. 由于 ε 具有任意性,所以 $|f(x)-A|<\varepsilon$ 能刻画变量 $f(x)$ 无限接近于 A;由于 ε 具有给定性,所以就可以找到 δ.

② δ 是正数,它的作用是用来刻画 x 与 x_0 的接近程度,定义中的 δ 是否存在,说明函数 $f(x)$ 是否以 A 为极限. 若 δ 存在,则 δ 与 ε 和 x_0 有关,当 x_0 给定后,δ 依赖于 ε. 并且 δ 不是唯一的,若 δ 满足定义,则小于 δ 的正数都能满足定义.

③ 定义中 $|x-x_0|>0$ 即为 $x\neq x_0$,它说明函数 $f(x)$ 当 $x\to x_0$ 时的极限与 $f(x)$ 在 x_0 点处的定义无关.

(3) $x\to\infty$ 时函数 $f(x)$ 的极限.

设函数 $f(x)$ 在 $|x|$ 大于某一正数时有定义,若对 $\forall \varepsilon>0$,$\exists X>0$,当 $|x|>X$ 时,有 $|f(x)-A|<\varepsilon$ 成立,则称常数 A 是函数 $f(x)$ 当 $x\to\infty$ 时的极限,记为
$$\lim\limits_{x\to\infty}f(x)=A \text{ 或 } f(x)\to A(x\to\infty).$$

定义中,若把 $|x|>X$ 改为 $x>X$,就是极限 $\lim\limits_{x\to +\infty}f(x)=A$ 的定义;若改为 $x<-X$,就是极限 $\lim\limits_{x\to -\infty}f(x)=A$ 的定义.

(4) 极限存在的充要条件:
$$\lim_{x\to x_0}f(x)=A \Leftrightarrow \lim_{x\to x_0^-}f(x)=\lim_{x\to x_0^+}f(x)=A;$$
$$\lim_{x\to \infty}f(x)=A \Leftrightarrow \lim_{x\to -\infty}f(x)=\lim_{x\to +\infty}f(x)=A.$$

7. 极限的性质

(1) 极限的唯一性:若数列或函数的极限存在,则极限值一定唯一.

(2) 收敛数列的有界性:若数列 $\{x_n\}$ 收敛,则数列 $\{x_n\}$ 一定有界;反之,结论不真.

(3) 函数极限的局部有界性:如果 $\lim\limits_{x\to x_0}f(x)=A$,那么存在常数 $M>0$ 和 $\delta>0$,使得当 $0<|x-x_0|<\delta$ 时,有 $|f(x)|\leqslant M$.

(4) 函数极限的局部保号性:如果 $\lim\limits_{x\to x_0}f(x)=A$,且 $A>0$(或 $A<0$),那么存在点 x_0 的某一去心邻域 $\overset{\circ}{U}(x_0)$,当 $x\in \overset{\circ}{U}(x_0)$ 时,有 $f(x)>0$(或 $f(x)<0$).特别地,当 $A\neq 0$ 时,存在点 x_0 的某一去心邻域 $\overset{\circ}{U}(x_0)$,当 $x\in \overset{\circ}{U}(x_0)$ 时,有 $|f(x)|>\dfrac{|A|}{2}$.

(5) 保不等式性:如果在点 x_0 的某一去心邻域内,$f(x)\geqslant 0$[或 $f(x)\leqslant 0$],且 $\lim\limits_{x\to x_0}f(x)=A$,那么 $A\geqslant 0$(或 $A\leqslant 0$).

(6) 函数极限与数列极限的关系:如果 $\lim\limits_{x\to x_0}f(x)$ 存在,$\{x_n\}$ 为函数 $f(x)$ 的定义域内任一收敛于 x_0 的数列,且满足 $x_n\neq x_0(n\geqslant 1)$,那么函数值数列 $\{f(x_n)\}$ 必收敛,且 $\lim\limits_{n\to \infty}f(x_n)=\lim\limits_{x\to x_0}f(x)$.

8. 无穷小与无穷大

如果函数 $f(x)$ 当 $x\to x_0$(或 $x\to \infty$)时的极限为零,那么称 $f(x)$ 为当 $x\to x_0$(或 $x\to \infty$)时的无穷小.

如果当 $x\to x_0$(或 $x\to \infty$)时 $|f(x)|$ 无限增大,那么称 $f(x)$ 为当 $x\to x_0$(或 $x\to \infty$)时的无穷大.

在自变量的同一变化过程中,若 $f(x)$ 为无穷大,则 $\dfrac{1}{f(x)}$ 为无穷小;反之,若 $f(x)$ 为无穷小,且 $f(x)\neq 0$,则 $\dfrac{1}{f(x)}$ 为无穷大.

9. 无穷小的比较

(1) 设 α,β 是同一极限过程中的两个无穷小,且 $\alpha\neq 0$.

若 $\lim\dfrac{\beta}{\alpha}=0$,则称 β 是比 α 高阶的无穷小,记作 $\beta=o(\alpha)$;

若 $\lim\dfrac{\beta}{\alpha}=\infty$,则称 β 是比 α 低阶的无穷小;

若 $\lim\dfrac{\beta}{\alpha}=c\neq 0$,则称 β 与 α 是同阶无穷小,这里若 $c=1$,则称 β 与 α 是等价无穷小,记作 $\alpha\sim\beta$;

若 $\lim\dfrac{\beta}{\alpha^k}=c\neq 0(k>0)$,则称 β 是关于 α 的 k 阶无穷小.

(2) 等价无穷小的性质:若 $\alpha\sim\alpha'$,$\beta\sim\beta'$,且 $\lim\dfrac{\beta'}{\alpha'}$ 存在,则 $\lim\dfrac{\beta}{\alpha}=\lim\dfrac{\beta'}{\alpha'}$.

(3) 常用的等价无穷小:当 $x\to 0$ 时,有
$$\sin x\sim x,\tan x\sim x,1-\cos x\sim\dfrac{x^2}{2},\arcsin x\sim x,\arctan x\sim x,$$
$$\ln(1+x)\sim x,\mathrm{e}^x-1\sim x,a^x-1\sim x\ln a(a>1,a\neq 1),\sqrt[n]{1+x}-1\sim\dfrac{x}{n}.$$

10. 极限的运算法则

(1) 有限个无穷小的和是无穷小.

(2) 有界函数与无穷小的积是无穷小.

(3) 有限个无穷小的积是无穷小.

(4) 若 $\lim f(x)=A$,$\lim g(x)=B$,则

① $\lim[f(x)\pm g(x)]=\lim f(x)\pm\lim g(x)=A\pm B$;

② $\lim[f(x)\cdot g(x)]=\lim f(x)\cdot\lim g(x)=A\cdot B$;

③ $\lim\dfrac{f(x)}{g(x)}=\dfrac{\lim f(x)}{\lim g(x)}=\dfrac{A}{B}(B\neq 0)$.

(5) 设 $\lim\limits_{x\to x_0}g(x)=u_0$,且在点 x_0 的某去心邻域内 $g(x)\neq u_0$.若 $\lim\limits_{u\to u_0}f(u)=A$,则
$$\lim\limits_{x\to x_0}f[g(x)]=\lim\limits_{u\to u_0}f(u)=A.$$

把 $\lim\limits_{x\to x_0}g(x)=u_0$ 换成 $\lim\limits_{x\to x_0}g(x)=\infty$ 或 $\lim\limits_{x\to\infty}g(x)=\infty$,同时把 $\lim\limits_{u\to u_0}f(u)=A$ 换成 $\lim\limits_{u\to\infty}f(u)=A$,可得与上述类似的结论.

11. 极限存在准则

(1) 单调有界原理:单调有界数列必有极限.

(2) 夹逼准则:若 $g(x)\leqslant f(x)\leqslant h(x)$,且 $\lim\limits_{\substack{x\to x_0\\(x\to\infty)}}g(x)=\lim\limits_{\substack{x\to x_0\\(x\to\infty)}}h(x)=A$,则 $\lim\limits_{\substack{x\to x_0\\(x\to\infty)}}f(x)=A$. 特别地,若 $y_n\leqslant x_n\leqslant z_n$,且 $\lim\limits_{n\to\infty}y_n=\lim\limits_{n\to\infty}z_n=a$,则 $\lim\limits_{n\to\infty}x_n=a$.

12. 两个重要极限

(1) $\lim\limits_{x\to 0}\dfrac{\sin x}{x}=1$.

(2) $\lim\limits_{x\to\infty}\left(1+\dfrac{1}{x}\right)^x=\mathrm{e}\left[\text{或}\lim\limits_{x\to 0}(1+x)^{\frac{1}{x}}=\mathrm{e}\right]$.

13. 函数连续的概念

(1) 连续的定义.

设函数 $y=f(x)$ 在点 x_0 的某一邻域内有定义.如果 $\lim\limits_{x\to x_0}f(x)=f(x_0)$,那么称函数 $f(x)$ 在点 x_0 处连续.如果 $\lim\limits_{x\to x_0^-}f(x)=f(x_0)\left[\lim\limits_{x\to x_0^+}f(x)=f(x_0)\right]$,那么称函数 $f(x)$ 在点 x_0 左(右)连续.

$f(x)$ 在点 x_0 处连续 $\Leftrightarrow f(x)$ 在点 x_0 处既是左连续又是右连续.

(2) 间断点的定义.

若函数具有下列三种情形之一：①在 $x=x_0$ 处没有定义；②虽然 $f(x_0)$ 有定义，但 $\lim\limits_{x\to x_0}f(x)$ 不存在；③虽然 $f(x_0)$ 有定义且 $\lim\limits_{x\to x_0}f(x)$ 存在，但 $\lim\limits_{x\to x_0}f(x)\neq f(x_0)$，则称 x_0 为 $f(x)$ 的间断点.

(3) 间断点的分类.

若 $f(x)$ 在间断点 x_0 处 $\lim\limits_{x\to x_0^-}f(x)$，$\lim\limits_{x\to x_0^+}f(x)$ 均存在，则称 x_0 为第一类间断点. 特别地，当 $\lim\limits_{x\to x_0^-}f(x)=\lim\limits_{x\to x_0^+}f(x)$ 时，称 x_0 为可去间断点；当 $\lim\limits_{x\to x_0^-}f(x)\neq\lim\limits_{x\to x_0^+}f(x)$ 时，称 x_0 为跳跃间断点. 不是第一类间断点的间断点都称为第二类间断点.

14. 连续函数的性质

(1) 若 $f(x)$ 及 $g(x)$ 在 $x=x_0$ 处连续，则 $f(x)\pm g(x)$，$f(x)g(x)$，$\dfrac{f(x)}{g(x)}[g(x_0)\neq 0]$ 都在 $x=x_0$ 处连续.

(2) 若函数 $y=f(x)$ 在区间 I_x 上单调且连续，则其反函数 $x=f^{-1}(y)$ 在对应区间 $I_y=\{y\mid y=f(x),x\in I_x\}$ 上也单调且连续.

(3) 设 $\lim\limits_{x\to x_0}g(x)=u_0$，函数 $y=f(u)$ 在 $u=u_0$ 处连续，则

$$\lim_{x\to x_0}f[g(x)]=\lim_{u\to u_0}f(u)=f(u_0)$$

或

$$\lim_{x\to x_0}f[g(x)]=f[\lim_{x\to x_0}g(x)]=f(u_0).$$

(4) 若 $y=f(u)$ 在点 u_0 处连续，$u=g(x)$ 在点 x_0 处连续，且 $g(x_0)=u_0$，则 $f[g(x)]$ 在点 x_0 处连续.

(5) 初等函数的连续性：基本初等函数在其定义域上是连续的，初等函数在其定义区间（包含在定义域内的区间）上是连续的.

15. 闭区间上连续函数的性质

(1) 最值定理：闭区间上的连续函数一定有最大值和最小值.

(2) 介值定理：设 $f(x)$ 在 $[a,b]$ 上连续，c 是介于 $f(a)$ 与 $f(b)$ 之间的任何一个值 $[f(a)\neq f(b)]$，则存在 $\xi\in(a,b)$，使 $f(\xi)=c$.

(3) 零点定理：设 $f(x)$ 在 $[a,b]$ 上连续，且 $f(a)$ 与 $f(b)$ 异号，即 $f(a)f(b)<0$，则在 (a,b) 内至少有一点 ξ，使 $f(\xi)=0$.

典型例题解析

▶▶ 一、函数的概念与特性

【例1】 求下列函数的定义域：

(1) $y=\ln(x^2-1)+\arcsin\dfrac{1}{x+1}$；

(2) $y=f(\sin 2x)$,已知 $f(x)$ 的定义域为 $[0,1]$;

(3) $f(x)=\sqrt{1-x}$,$g(x)=\sqrt{x-1}$,求复合函数 $f[g(x)]$ 的定义域.

解 (1) 要使 y 有意义,必须 $\begin{cases} x^2-1>0, \\ x+1\neq 0, \\ \left|\dfrac{1}{x+1}\right|\leqslant 1. \end{cases}$

由 $x^2-1>0$,得 $x<-1$ 或 $x>1$;由 $\left|\dfrac{1}{x+1}\right|\leqslant 1$,得 $x\leqslant -2$ 或 $x\geqslant 0$. 故定义域为 $(-\infty,-2]\cup(1,+\infty)$.

(2) 由条件得 $0\leqslant \sin 2x\leqslant 1$,所以
$$2n\pi\leqslant 2x\leqslant (2n+1)\pi, n=0,\pm 1,\pm 2,\cdots,$$
故所求定义域为 $\left[n\pi,\dfrac{2n+1}{2}\pi\right]$,$n=0,\pm 1,\pm 2,\cdots$.

(3) $f[g(x)]=\sqrt{1-\sqrt{x-1}}$,定义域满足
$$\begin{cases} 1-\sqrt{x-1}\geqslant 0, \\ x-1\geqslant 0, \end{cases}$$
即 $1\leqslant x\leqslant 2$. 故所求定义域为 $[1,2]$.

【**例 2**】 求函数 $y=\dfrac{1-\sqrt{1+4x}}{1+\sqrt{1+4x}}$ 的反函数.

解 令 $t=\sqrt{1+4x}$,则 $y=\dfrac{1-t}{1+t}$,得 $t=\dfrac{1-y}{1+y}$,故
$$\sqrt{1+4x}=\dfrac{1-y}{1+y},$$
于是
$$x=\dfrac{1}{4}\left[\left(\dfrac{1-y}{1+y}\right)^2-1\right]=-\dfrac{y}{(1+y)^2}.$$

由此可得反函数为 $y=-\dfrac{x}{(1+x)^2}$.

【**例 3**】 设 $f(x)=\begin{cases} e^x, & x<1, \\ x, & x\geqslant 1, \end{cases}$ $\varphi(x)=\begin{cases} x+2, & x<0, \\ x^2-1, & x\geqslant 0, \end{cases}$ 求复合函数 $f[\varphi(x)]$.

解 令 $y=f(u)=\begin{cases} e^u, & u<1, \\ u, & u\geqslant 1, \end{cases}$ $u=\varphi(x)=\begin{cases} x+2, & x<0, \\ x^2-1, & x\geqslant 0. \end{cases}$

当 $u=\varphi(x)<1$ 时,

若 $x<0$,$u=x+2<1$,得 $x<-1$,此时 $f[\varphi(x)]=e^{x+2}$;

若 $x\geqslant 0$,$u=x^2-1<1$,得 $0\leqslant x<\sqrt{2}$,此时 $f[\varphi(x)]=e^{x^2-1}$.

当 $u=\varphi(x)\geqslant 1$ 时,

若 $x<0$,$u=x+2\geqslant 1$,得 $-1\leqslant x<0$,此时 $f[\varphi(x)]=x+2$;

若 $x\geqslant 0$,$u=x^2-1\geqslant 1$,得 $x\geqslant \sqrt{2}$,此时 $f[\varphi(x)]=x^2-1$.

综合,得

$$f[\varphi(x)] = \begin{cases} e^{x+2}, & x < -1, \\ x+2, & -1 \leqslant x < 0, \\ e^{x^2-1}, & 0 \leqslant x < \sqrt{2}, \\ x^2-1, & x \geqslant \sqrt{2}. \end{cases}$$

> **注** 要求两个分段函数 $y = f(u)$ 和 $u = \varphi(x)$ 的复合函数 $y = f[\varphi(x)]$，实际上就是将 $u = \varphi(x)$ 代入 $y = f(u)$. 关键是要搞清 $u = \varphi(x)$ 的函数值落在 $y = f(u)$ 的定义域的哪一部分.

【例 4】 证明：函数 $f(x) = \dfrac{x^2+1}{x^4+1}$ 在定义域 $(-\infty, +\infty)$ 内有界.

证 $|f(x)| = \dfrac{x^2+1}{x^4+1} \leqslant \dfrac{(x^2+1)^2}{x^4+1} = \dfrac{x^4+1+2x^2}{x^4+1} = 1 + \dfrac{2x^2}{x^4+1} \leqslant 1+1 = 2$,

故 $f(x)$ 在 $(-\infty, +\infty)$ 内有界.

【例 5】 判断下列函数的奇偶性：

(1) $f(x) = \ln(x + \sqrt{x^2+1})$；

(2) 设 $f(0) = 0$，且 $x \neq 0$ 时 $f(x)$ 满足

$$af(x) + bf\left(\dfrac{1}{x}\right) = \dfrac{c}{x} \quad (a, b, c \text{ 为常数}, |a| \neq |b|).$$

解 (1) 因为 $f(x) + f(-x) = \ln(x + \sqrt{x^2+1}) + \ln[-x + \sqrt{(-x)^2+1}]$

$$= \ln[(\sqrt{x^2+1} + x)(\sqrt{x^2+1} - x)]$$
$$= \ln 1 = 0,$$

所以 $f(-x) = -f(x)$，从而所给函数 $f(x)$ 是奇函数.

(2) 先求 $f(x)$. 当 $x \neq 0$ 时，令 $x = \dfrac{1}{t}$，得

$$af\left(\dfrac{1}{t}\right) + bf(t) = ct,$$

这等价于

$$af\left(\dfrac{1}{x}\right) + bf(x) = cx.$$

把它与条件 $af(x) + bf\left(\dfrac{1}{x}\right) = \dfrac{c}{x}$ 联立，消去 $f\left(\dfrac{1}{x}\right)$，得

$$f(x) = \dfrac{c}{a^2 - b^2}\left(\dfrac{a}{x} - bx\right),$$

因此 $f(-x) = \dfrac{c}{a^2-b^2}\left[\dfrac{a}{-x} - b(-x)\right] = -\dfrac{c}{a^2-b^2}\left(\dfrac{a}{x} - bx\right) = -f(x).$

又 $f(0) = 0$，故 $f(x)$ 为奇函数.

【例 6】 设 $f(x)$ 是定义在 $(-l, l)$ 内的奇函数，若 $f(x)$ 在 $(0, l)$ 内单调增加，求证 $f(x)$ 在 $(-l, 0)$ 内也单调增加.

证 设 x_1, x_2 为 $(-l, 0)$ 内的任意两点，且 $x_1 < x_2$，则 $-x_1, -x_2 \in (0, l)$，$-x_1 > -x_2$.

因为 $f(x)$ 在 $(0, l)$ 内单调增加，所以 $f(-x_1) > f(-x_2)$. 又由题设 $f(x)$ 在 $(-l, l)$ 内是奇函数，则有

$$f(-x_1)=-f(x_1), f(-x_2)=-f(x_2),$$
因而
$$-f(x_1) > -f(x_2).$$
即当 $x_1 < x_2$ 时，$f(x_1) < f(x_2)$，所以 $f(x)$ 在 $(-l, 0)$ 内也单调增加.

▶▶ 二、用定义证明极限

【例7】 用 ε-N 定义证明：

(1) $\lim\limits_{n\to\infty}\dfrac{3n-2}{2n-1}=\dfrac{3}{2}$； (2) $\lim\limits_{n\to\infty}\dfrac{n^2+1}{n^3-4n}=0$.

证 (1) **分析** 证明的关键是，对于 $\forall \varepsilon > 0$，找出正整数 N，使得当 $n > N$ 时，$\left|\dfrac{3n-2}{2n-1}-\dfrac{3}{2}\right|<\varepsilon$ 成立.

对于 $\forall \varepsilon > 0$，要使 $\left|\dfrac{3n-2}{2n-1}-\dfrac{3}{2}\right|<\varepsilon$ 成立，因为

$$\left|\dfrac{3n-2}{2n-1}-\dfrac{3}{2}\right| = \dfrac{1}{2}\cdot\dfrac{1}{2n-1} \leqslant \dfrac{1}{2}\cdot\dfrac{1}{n}, \quad (*)$$

故只要 $\dfrac{1}{2n}<\varepsilon$，即只要 $n>\dfrac{1}{2\varepsilon}$. 所以只要取 $N=\left[\dfrac{1}{2\varepsilon}\right]+1$，则当 $n > N$ 时，就有 $\dfrac{1}{2n}<\varepsilon$ 成立，从而有 $\left|\dfrac{3n-2}{2n-1}-\dfrac{3}{2}\right|<\varepsilon$ 成立.

这就证明了对 $\forall \varepsilon > 0$，存在 $N=\left[\dfrac{1}{2\varepsilon}\right]+1$，使得当 $n>N$ 时，恒有 $\left|\dfrac{3n-2}{2n-1}-\dfrac{3}{2}\right|<\varepsilon$ 成立，故

$$\lim\limits_{x\to\infty}\dfrac{3n-2}{2n-1}=\dfrac{3}{2}.$$

(2) $\forall \varepsilon > 0$，要使 $\left|\dfrac{n^2+1}{n^3-4n}\right|<\varepsilon$，因为 $n \geqslant 3$ 时，有 $n^3 \geqslant 9n$，故

$$\left|\dfrac{n^2+1}{n^3-4n}\right| = \dfrac{n^2+1}{n^3-4n} \leqslant \dfrac{2}{n},$$

所以 $\dfrac{2}{n}<\varepsilon$，只要 $n>\dfrac{2}{\varepsilon}$，故取 $N=\max\left\{\left[\dfrac{2}{\varepsilon}\right], 3\right\}$，则当 $n>N$ 时，有

$$\left|\dfrac{n^2+1}{n^3-4n}-0\right|<\varepsilon,$$

故

$$\lim\limits_{n\to\infty}\dfrac{n^2+1}{n^3-4n}=0.$$

注 在(1)的证明过程中，将 $\dfrac{1}{2}\cdot\dfrac{1}{2n-1}$ 放大的 ($*$) 式，对论证存在 N，使得当 $n>N$ 时，有 $\left|\dfrac{3n-2}{2n-1}-\dfrac{3}{2}\right|<\varepsilon$ 成立起到简化的作用. 如果不用 ($*$) 式，而直接由 $\dfrac{1}{2}\cdot\dfrac{1}{2n-1}<\varepsilon$ 解得 $n>\dfrac{1}{2}\left(\dfrac{1}{2\varepsilon}+1\right)$，再取 $N=\left[\dfrac{1}{2}\left(\dfrac{1}{2\varepsilon}+1\right)\right]$ 也是可以的；但在(2)中直接从不等式 $\left|\dfrac{n^2+1}{n^3-4n}\right|<\varepsilon$ 中解出 n 是很困难的. 所以读者一定要学会放大不等式，但必须注意放大后的式子仍是当 $n\to\infty$ 时的无穷小.

【例8】 用 ε-δ 定义证明 $\lim\limits_{x\to 3}\dfrac{x-3}{x^2-9}=\dfrac{1}{6}$.

分析 只需证明对 $\forall \varepsilon>0$，$\exists \delta>0$，使得当 $0<|x-3|<\delta$ 时，恒有 $\left|\dfrac{x-3}{x^2-9}-\dfrac{1}{6}\right|<\varepsilon$ 成立.

证 对 $\forall \varepsilon>0$，现要找符合上述要求的 δ.

因 $x\neq 3$，故
$$\left|\dfrac{x-3}{x^2-9}-\dfrac{1}{6}\right|=\left|\dfrac{1}{x+3}-\dfrac{1}{6}\right|=\dfrac{1}{6}\left|\dfrac{x-3}{x+3}\right|.$$

要使 $\left|\dfrac{x-3}{x^2-9}-\dfrac{1}{6}\right|<\varepsilon$，只要 $\dfrac{1}{6}\left|\dfrac{x-3}{x+3}\right|<\varepsilon$.

(如果由此得出 $0<|x-3|<6|x+3|\varepsilon$，而取 $\delta=6|x+3|\varepsilon$，就认为符合要求的 δ 找到了，那是错误的. 因为极限定义中的 δ 是仅与 ε 有关的正数，它不依赖于 x)

由于要考虑 $x\to 3$ 时的极限，所以只要考虑 $x=3$ 的某个邻域内的 x，可令 $|x-3|<1$，即 $2<x<4$，于是
$$\dfrac{1}{6}\left|\dfrac{x-3}{x+3}\right|<\dfrac{|x-3|}{30}.$$

因此，要使 $\dfrac{1}{6}\left|\dfrac{x-3}{x+3}\right|<\varepsilon$，只要 $|x-3|<1$ 且 $\dfrac{|x-3|}{30}<\varepsilon$，即只要 $|x-3|<1$ 且 $|x-3|<30\varepsilon$.

现取 $\delta=\min(1,30\varepsilon)$，则当 $0<|x-3|<\delta$ 时，恒有 $\dfrac{1}{6}\left|\dfrac{x-3}{x^2-9}\right|<\varepsilon$ 成立，此时 $\left|\dfrac{x-3}{x^2-9}-\dfrac{1}{6}\right|<\varepsilon$ 也成立.

这样就证明了对 $\forall\varepsilon>0$，$\exists\delta=\min(1,30\varepsilon)$，使得当 $0<|x-3|<\delta$ 时，恒有 $\left|\dfrac{x-3}{x^2-9}-\dfrac{1}{6}\right|<\varepsilon$ 成立. 故 $\lim\limits_{x\to 3}\dfrac{x-3}{x^2-9}=\dfrac{1}{6}$.

【例9】 用 ε-δ 定义证明 $\lim\limits_{x\to a}\sin\dfrac{x}{2}=\sin\dfrac{a}{2}$.

证 对 $\forall\varepsilon>0$，要使 $\left|\sin\dfrac{x}{2}-\sin\dfrac{a}{2}\right|<\varepsilon$，由 $\left|\cos\dfrac{x+a}{4}\right|\leqslant 1$ 及 $\left|\sin\dfrac{x-a}{4}\right|\leqslant\left|\dfrac{x-a}{4}\right|$，有
$$\left|\sin\dfrac{x}{2}-\sin\dfrac{a}{2}\right|=2\left|\cos\dfrac{x+a}{4}\cdot\sin\dfrac{x-a}{4}\right|\leqslant 2\cdot 1\cdot\dfrac{|x-a|}{4}=\dfrac{|x-a|}{2},$$

所以只要使 $\dfrac{|x-a|}{2}<\varepsilon$ 即可，即 $|x-a|<2\varepsilon$. 取 $\delta=2\varepsilon$，则当 $0<|x-a|<\delta$ 时，$\left|\sin\dfrac{x}{2}-\sin\dfrac{a}{2}\right|<\varepsilon$ 恒成立. 所以 $\lim\limits_{x\to a}\sin\dfrac{x}{2}=\sin\dfrac{a}{2}$.

注 用 ε-δ 定义证明 $\lim\limits_{x\to x_0}f(x)=A$ 的关键是取定任意的 $\varepsilon>0$ 后，把 $|f(x)-A|$ 适当放大，使得 $|f(x)-A|\leqslant g(x)<\varepsilon$，其中 $g(x)$ 仅含有因子 $|x-x_0|$，再将 $g(x)<\varepsilon$ 化为 $|x-x_0|<\varphi(\varepsilon)$，求出 δ.

▶▶ 三、利用极限的四则运算法则求极限

【例10】 求下列极限：

(1) $\lim\limits_{n\to\infty}(\sqrt{n+3\sqrt{n}}-\sqrt{n-\sqrt{n}})$; (2) $\lim\limits_{x\to 4}\dfrac{\sqrt{1+2x}-3}{\sqrt{x}-2}$;

(3) $\lim\limits_{x\to 0}x^2\cos\dfrac{1}{x}$.

解 (1) 原式 $=\lim\limits_{n\to\infty}\dfrac{(n+3\sqrt{n})-(n-\sqrt{n})}{\sqrt{n+3\sqrt{n}}+\sqrt{n-\sqrt{n}}}$

$=\lim\limits_{n\to\infty}\dfrac{4\sqrt{n}}{\sqrt{n+3\sqrt{n}}+\sqrt{n-\sqrt{n}}}$

$=\lim\limits_{n\to\infty}\dfrac{4}{\sqrt{1+\dfrac{3}{\sqrt{n}}}+\sqrt{1-\dfrac{1}{\sqrt{n}}}}=2.$

(2) 当 $x\to 4$ 时，分子和分母的极限都是零. 此时应先对分子和分母进行有理化，之后约去不为零的无穷小因子 $(x-4)$，再求极限.

$\lim\limits_{x\to 4}\dfrac{\sqrt{1+2x}-3}{\sqrt{x}-2}=\lim\limits_{x\to 4}\dfrac{(\sqrt{1+2x}-3)(\sqrt{1+2x}+3)(\sqrt{x}+2)}{(\sqrt{x}-2)(\sqrt{x}+2)(\sqrt{1+2x}+3)}$

$=\lim\limits_{x\to 4}\dfrac{2(x-4)(\sqrt{x}+2)}{(x-4)(\sqrt{1+2x}+3)}=\lim\limits_{x\to 4}\dfrac{2(\sqrt{x}+2)}{\sqrt{1+2x}+3}=\dfrac{4}{3}.$

(3) 以下计算是错误的：$\lim\limits_{x\to 0}x^2\cos\dfrac{1}{x}=\lim\limits_{x\to 0}x^2\cdot\lim\limits_{x\to 0}\cos\dfrac{1}{x}=0\cdot\lim\limits_{x\to 0}\cos\dfrac{1}{x}=0$，因为 $\lim\limits_{x\to 0}\cos\dfrac{1}{x}$ 不存在，四则运算法则条件不满足. 应该由有界函数与无穷小的积为无穷小，得 $\lim\limits_{x\to 0}x^2\cos\dfrac{1}{x}=0.$

【例 11】 设函数 $f(x)=a^x(a>0,a\neq 1)$，求 $\lim\limits_{n\to\infty}\dfrac{1}{n^2}\ln[f(1)f(2)\cdots f(n)].$

解 原式 $=\lim\limits_{n\to\infty}\dfrac{1}{n^2}\ln(a^1 a^2\cdots a^n)=\lim\limits_{n\to\infty}\dfrac{1}{n^2}\ln a^{1+2+\cdots+n}$

$=\lim\limits_{n\to\infty}\dfrac{1}{n^2}\ln a^{\frac{n(n+1)}{2}}=\lim\limits_{n\to\infty}\dfrac{n(n+1)}{2n^2}\ln a=\dfrac{1}{2}\ln a.$

> **注** 极限的四则运算法则是求极限的基础，运用时一定要注意法则成立的条件. 有时法则的条件不满足，就要用一些代数的方法对所求极限的数列或函数恒等变形. 常用的方法有：等差、等比数列的前 n 项求和公式，分解因式约掉零因子，分子、分母的有理化等.

四、利用两个重要极限求极限

【例 12】 求下列极限：

(1) $\lim\limits_{x\to 0}\dfrac{x-\sin 3x}{x+\sin 3x}$; (2) $\lim\limits_{x\to 0}\dfrac{\arctan x}{x}$;

(3) $\lim\limits_{x\to\infty}\left(\dfrac{x+1}{x-1}\right)^x$; (4) $\lim\limits_{x\to 0}(1+3x)^{\frac{2}{\sin x}}.$

第一章 函数与极限

解 （1）原式 $=\lim\limits_{x\to 0}\dfrac{1-\dfrac{\sin 3x}{x}}{1+\dfrac{\sin 3x}{x}}=\lim\limits_{x\to 0}\dfrac{1-3\dfrac{\sin 3x}{3x}}{1+3\dfrac{\sin 3x}{3x}}=\dfrac{1-3}{1+3}=-\dfrac{1}{2}.$

（2）设 $\arctan x=t$，则 $x=\tan t$，当 $x\to 0$ 时，$t\to 0$. 于是

$$原式 =\lim_{t\to 0}\dfrac{t}{\tan t}=\lim_{t\to 0}\dfrac{t\cos t}{\sin t}=\dfrac{\lim\limits_{t\to 0}\cos t}{\lim\limits_{t\to 0}\dfrac{\sin t}{t}}=1.$$

（3）方法一：原式 $=\lim\limits_{x\to\infty}\left(1+\dfrac{2}{x-1}\right)^x=\lim\limits_{x\to\infty}\left[\left(1+\dfrac{2}{x-1}\right)^{\frac{x-1}{2}}\right]^{\frac{2x}{x-1}}=e^2.$

方法二：原式 $=\lim\limits_{x\to\infty}\left(\dfrac{1+\dfrac{1}{x}}{1-\dfrac{1}{x}}\right)^x=\lim\limits_{x\to\infty}\dfrac{\left(1+\dfrac{1}{x}\right)^x}{\left(1-\dfrac{1}{x}\right)^x}=\dfrac{\lim\limits_{x\to\infty}\left(1+\dfrac{1}{x}\right)^x}{\lim\limits_{x\to\infty}\left[\left(1-\dfrac{1}{x}\right)^{-x}\right]^{-1}}=\dfrac{e}{e^{-1}}=e^2.$

（4）原式 $=\lim\limits_{x\to 0}(1+3x)^{\frac{1}{3x}\cdot\frac{6x}{\sin x}}=e^6.$

【例 13】 求 $\lim\limits_{n\to\infty}\left(\sin\dfrac{x}{n}+\cos\dfrac{x}{n}\right)^n.$

解 原式 $=\lim\limits_{n\to\infty}\left[\left(\sin\dfrac{x}{n}+\cos\dfrac{x}{n}\right)^2\right]^{\frac{n}{2}}=\lim\limits_{n\to\infty}\left(1+\sin\dfrac{2x}{n}\right)^{\frac{n}{2}}$

$=\lim\limits_{n\to\infty}\left(1+\sin\dfrac{2x}{n}\right)^{\frac{1}{\sin\frac{2x}{n}}\cdot\frac{\sin\frac{2x}{n}}{\frac{2x}{n}}\cdot x}=e^x.$

注 ① 使用两个重要极限公式求极限是常用的一种方法，要掌握两个公式的特点.
$\lim\limits_{x\to 0}\dfrac{\sin x}{x}=1$ 的特点是 $\dfrac{0}{0}$ 型. 符号"sin"右边的变量和分母相同，且该变量趋于零. 不是 $\dfrac{0}{0}$ 型或不能化为 $\dfrac{0}{0}$ 型的极限不能使用此公式.

$\lim\limits_{x\to\infty}\left(1+\dfrac{1}{x}\right)^x=e$（或 $\lim\limits_{x\to 0}(1+x)^{\frac{1}{x}}=e$）的特点是 1^∞ 型. 函数是幂指函数，底数趋于1，指数趋于∞，底数是两项的和，第一项是1，第二项的变量趋于零，且第二项与括号外的指数互为倒数. 不是 1^∞ 型或不能化为 1^∞ 型的极限不能使用此公式.

② 用两个重要极限公式求极限时，往往需要用三角公式或代数公式进行恒等变形或作变量代换，使之成为重要极限的标准形式.

③ 关于 1^∞ 型的函数极限有下面的简便方法：
设 $\lim\limits_{x\to x_0}u(x)=1,\lim\limits_{x\to x_0}v(x)=\infty$，若 $\lim\limits_{x\to x_0}[u(x)-1]v(x)$ 存在，则

$$\lim_{x\to x_0}u(x)^{v(x)}=\lim_{x\to x_0}\left\{[1+(u-1)]^{\frac{1}{u-1}}\right\}^{(u-1)v}=e^{\lim\limits_{x\to x_0}(u-1)v}.$$

【例 14】 利用上面的公式求下列极限：

（1）$\lim\limits_{x\to\infty}\left(1+\dfrac{1}{x}+\dfrac{1}{x^2}\right)^x$；　　　　（2）$\lim\limits_{x\to 1}(2-x)^{\sec\frac{\pi x}{2}}.$

解 （1）这是 1^∞ 型的极限. 令 $u=1+\dfrac{1}{x}+\dfrac{1}{x^2}, v=x$，则

$$\lim_{x\to\infty}(u-1)v = \lim_{x\to\infty}\left(\frac{1}{x}+\frac{1}{x^2}\right)x = \lim_{x\to\infty}\left(1+\frac{1}{x}\right) = 1,$$

于是　　原式 $= e^{\lim\limits_{x\to\infty}(u-1)v} = e$.

(2) 原式 $= \lim\limits_{x\to 1}[1+(1-x)]^{\frac{1}{\cos\frac{\pi}{2}x}} = e^{\lim\limits_{x\to 1}(1-x)\cdot\frac{1}{\cos\frac{\pi}{2}x}}$.

又因为　　$\lim\limits_{x\to 1}\dfrac{1-x}{\cos\dfrac{\pi}{2}x} \xlongequal{t=1-x} \lim\limits_{t\to 0}\dfrac{t}{\cos\dfrac{\pi}{2}(1-t)} = \lim\limits_{t\to 0}\dfrac{t}{\sin\dfrac{\pi}{2}t} = \dfrac{2}{\pi}$,

所以　　原式 $= e^{\frac{2}{\pi}}$.

▶▶ 五、利用等价无穷小的替换求极限

【例 15】 求下列极限:

(1) $\lim\limits_{x\to 1}\dfrac{\ln(1+\sqrt[3]{x-1})}{\arcsin(2\sqrt[3]{x^2-1})}$;　　(2) $\lim\limits_{x\to 0}\dfrac{e^{\sin x}-e^x}{x-\sin x}$;

(3) $\lim\limits_{x\to 0^+}\dfrac{1-\sqrt{\cos x}}{x(1-\cos\sqrt{x})}$;　　(4) $\lim\limits_{x\to\infty}x\sin\dfrac{2x}{x^2+1}$.

解 (1) 原式 $= \lim\limits_{x\to 1}\dfrac{\sqrt[3]{x-1}}{2\sqrt[3]{x^2-1}} = \lim\limits_{x\to 1}\dfrac{1}{2\sqrt[3]{x+1}} = \dfrac{1}{2\sqrt[3]{2}}$.

(2) 原式 $= \lim\limits_{x\to 0}\dfrac{e^x(e^{\sin x-x}-1)}{x-\sin x} = \lim\limits_{x\to 0}\dfrac{e^x(\sin x-x)}{x-\sin x} = -1$.

(3) 原式 $= \lim\limits_{x\to 0^+}\dfrac{1-\cos x}{x(1-\cos\sqrt{x})(1+\sqrt{\cos x})} = \lim\limits_{x\to 0^+}\dfrac{\dfrac{x^2}{2}}{x\cdot\dfrac{x}{2}(1+\sqrt{\cos x})} = \dfrac{1}{2}$.

(4) 原式 $= \lim\limits_{x\to\infty}x\cdot\dfrac{2x}{x^2+1} = \lim\limits_{x\to\infty}\dfrac{2}{1+\dfrac{1}{x^2}} = 2$.

【例 16】 (1) 已知当 $x\to 0$ 时,$(1+ax^2)^{\frac{1}{3}}-1$ 与 $\cos x-1$ 是等价无穷小,则常数 $a=$ _____.

(2) 设当 $x\to 0$ 时,$(1-\cos x)\ln(1+x^2)$ 是比 $x\cdot\sin x^n$ 高阶的无穷小,而 $x\sin x^n$ 是比 $e^{x^2}-1$ 高阶的无穷小,则正整数 n 等于　　　　　　　　　　　　　　　　( )

(A) 1　　　　(B) 2　　　　(C) 3　　　　(D) 4

(3) 当 $x\to 0$ 时,$\cos x-\cos(\sin 3x)$ 是 x 的几阶无穷小?

解 (1) 当 $x\to 0$ 时,$(1+ax^2)^{\frac{1}{3}}-1 \sim \dfrac{1}{3}ax^2$,$\cos x-1 \sim -\dfrac{x^2}{2}$,则

$$\lim_{x\to 0}\dfrac{(1+ax^2)^{\frac{1}{3}}-1}{\cos x-1} = \lim_{x\to 0}\dfrac{\dfrac{1}{3}ax^2}{-\dfrac{x^2}{2}} = -\dfrac{2}{3}a = 1,$$

故 $a = -\dfrac{3}{2}$.

(2) 因为 $\lim\limits_{x\to 0}\dfrac{(1-\cos x)\ln(1+x^2)}{x\cdot\sin x^n}=\lim\limits_{x\to 0}\dfrac{\dfrac{x^2}{2}\cdot x^2}{x\cdot x^n}=\lim\limits_{x\to 0}\dfrac{x^4}{2x^{n+1}}=0$，得 $n+1<4$，即 $n<3$.

因为 $\lim\limits_{x\to 0}\dfrac{x\cdot\sin x^n}{e^{x^2}-1}=\lim\limits_{x\to 0}\dfrac{x\cdot x^n}{x^2}=\lim\limits_{x\to 0}\dfrac{x^{n+1}}{x^2}=0$，得 $n+1>2$，即 $n>1$.

综合得 $n=2$，故选 B.

(3) $\lim\limits_{x\to 0}\dfrac{\cos x-\cos(\sin 3x)}{x^k}=\lim\limits_{x\to 0}\dfrac{(\cos x-1)+[1-\cos(\sin 3x)]}{x^k}$

$=\lim\limits_{x\to 0}\left[\dfrac{\cos x-1}{x^k}+\dfrac{1-\cos(\sin 3x)}{x^k}\right]\xlongequal{k=2\text{ 时}}\lim\limits_{x\to 0}\dfrac{-\dfrac{x^2}{2}}{x^2}+\lim\limits_{x\to 0}\dfrac{\dfrac{(\sin 3x)^2}{2}}{x^2}$

$=-\dfrac{1}{2}+\lim\limits_{x\to 0}\dfrac{(3x)^2}{2x^2}=-\dfrac{1}{2}+\dfrac{9}{2}=4$,

由此可知，当 $x\to 0$ 时，$\cos x-\cos(\sin 3x)$ 是 x 的 2 阶无穷小.

【例 17】 求 $\lim\limits_{x\to 0}\dfrac{1}{x^3}\left[\left(\dfrac{2+\cos x}{3}\right)^x-1\right]$.

解 原式 $=\lim\limits_{x\to 0}\dfrac{e^{x\ln\frac{2+\cos x}{3}}-1}{x^3}=\lim\limits_{x\to 0}\dfrac{x\ln\dfrac{2+\cos x}{3}}{x^3}$

$=\lim\limits_{x\to 0}\dfrac{\ln\left(1+\dfrac{\cos x-1}{3}\right)}{x^2}=\lim\limits_{x\to 0}\dfrac{\cos x-1}{3x^2}=\lim\limits_{x\to 0}\dfrac{-\dfrac{x^2}{2}}{3x^2}=-\dfrac{1}{6}$.

> **注** 利用等价无穷小代换求极限时，只有对所求极限式中的相乘或相除因式，才能用等价无穷小来替代，而对极限式中的相加或相减部分则不能随意替代. 当 $x\to 0$ 时，$\tan x\sim x$，$\sin x\sim x$，推出 $\lim\limits_{x\to 0}\dfrac{\tan x-\sin x}{\sin x^3}=\lim\limits_{x\to 0}\dfrac{x-x}{\sin x^3}=0$，则得到的是错误结果. 事实上，$\lim\limits_{x\to 0}\dfrac{\tan x-\sin x}{\sin x^3}=\dfrac{1}{2}$.

六、利用极限存在的两个准则求极限

【例 18】 求下列极限：

(1) $\lim\limits_{n\to\infty}\sqrt[n]{n}$； (2) $\lim\limits_{n\to\infty}\dfrac{(2n-1)!!}{(2n)!!}$.

解 (1) 令 $\sqrt[n]{n}=1+a_n\,(a_n>0)$，则

$$n=(1+a_n)^n=1+na_n+\dfrac{n(n-1)}{2}a_n^2+\cdots+a_n^n>\dfrac{n(n-1)}{2}a_n^2,$$

即得

$$0<a_n<\sqrt{\dfrac{2}{n-1}}.$$

由 $\lim\limits_{n\to\infty}\sqrt{\dfrac{2}{n-1}}=0$ 及夹逼准则知 $\lim\limits_{n\to\infty}a_n=0$，故

$$\lim\limits_{n\to\infty}\sqrt[n]{n}=\lim\limits_{n\to\infty}(1+a_n)=1.$$

(2) 令 $x_n=\dfrac{(2n-1)!!}{(2n)!!}=\dfrac{1}{2}\cdot\dfrac{3}{4}\cdot\cdots\cdot\dfrac{2n-1}{2n}$，$y_n=\dfrac{2}{3}\cdot\dfrac{4}{5}\cdot\cdots\cdot\dfrac{2n}{2n+1}$，则 $0<x_n<y_n$，

从而
$$0 < x_n^2 < x_n y_n = \frac{(2n)!}{(2n+1)!} = \frac{1}{2n+1},$$
即
$$0 < x_n < \frac{1}{\sqrt{2n+1}}.$$

由 $\lim\limits_{n\to\infty}\frac{1}{\sqrt{2n+1}}=0$ 及夹逼准则得 $\lim\limits_{n\to\infty}x_n=0$.

> **注** 用夹逼准则求极限 $\lim\limits_{n\to\infty}x_n$ 时,要注意放大和缩小后的不等式 $y_n \leqslant x_n \leqslant z_n$[或 $g(x) \leqslant f(x) \leqslant h(x)$]中的两边均收敛,且有相同的极限.

【例 19】 设 $x_1>0$, $x_{n+1}=\frac{1}{2}\left(x_n+\frac{a}{x_n}\right)(n=1,2,3,\cdots;a>0)$. 证明极限 $\lim\limits_{n\to\infty}x_n$ 存在,并求此极限值.

证 由 $x_1>0$ 可得 $x_n>0$ $(n=2,3,\cdots)$. 由
$$x_{n+1}=\frac{1}{2}\left(x_n+\frac{a}{x_n}\right)\geqslant\sqrt{x_n\cdot\frac{a}{x_n}}=\sqrt{a},$$
可知数列 $\{x_n\}$ 有下界 $\sqrt{a}$.

又 $\frac{x_{n+1}}{x_n}=\frac{1}{2}\left(1+\frac{a}{x_n^2}\right)\leqslant\frac{1}{2}\left(1+\frac{a}{a}\right)=1,$
即 $x_{n+1}\leqslant x_n$,所以数列 $\{x_n\}$ 单调减少.

由于单调有界数列必有极限,故 $\lim\limits_{n\to\infty}x_n$ 存在.

设 $\lim\limits_{n\to\infty}x_n=A$,则 $A\geqslant\sqrt{a}>0$. 由
$$\lim_{n\to\infty}x_{n+1}=\lim_{n\to\infty}\frac{1}{2}\left(x_n+\frac{a}{x_n}\right),$$
得 $A=\frac{1}{2}\left(A+\frac{a}{A}\right)$,即 $A^2=a$. 因为 $A>0$,故 $A=\sqrt{a}$. 从而
$$\lim_{n\to\infty}x_n=\sqrt{a}.$$

【例 20】 设 $x_0=1$, $x_1=1+\frac{x_0}{1+x_0}$, $\cdots$, $x_{n+1}=1+\frac{x_n}{1+x_n}$, $\cdots$. 证明极限 $\lim\limits_{n\to\infty}x_n$ 存在,并求此极限值.

证 由 $x_{n+1}=1+\frac{x_n}{1+x_n}<1+1=2$ 可知 $\{x_n\}$ 有上界 2.

由 $x_0=1$, $x_1=1+\frac{x_0}{1+x_0}=\frac{3}{2}$ 有 $x_1>x_0$. 设 $x_k>x_{k-1}$ 成立,则
$$x_{k+1}-x_k=\frac{x_k}{1+x_k}-\frac{x_{k-1}}{1+x_{k-1}}=\frac{x_k-x_{k-1}}{(1+x_k)(1+x_{k-1})}>0,$$
即 $x_{k+1}>x_k$,由数学归纳法知 $\{x_n\}$ 单调增加,再由单调有界数列必有极限知 $\lim\limits_{n\to\infty}x_n$ 存在.

设 $\lim\limits_{n\to\infty}x_n=A(A>1>0)$,由 $\lim\limits_{n\to\infty}x_{n+1}=\lim\limits_{n\to\infty}\left(1+\frac{x_n}{1+x_n}\right)$ 得
$$A=1+\frac{A}{1+A},$$

解之得 $$A_1=\frac{1+\sqrt{5}}{2}, A_2=\frac{1-\sqrt{5}}{2}<0(舍去),$$

故 $$\lim_{n\to\infty}x_n=\frac{1+\sqrt{5}}{2}.$$

注 单调有界准则常用于由递推公式给出的数列,首先要验证所给数列的单调性和有界性,此时,数学归纳法是常用而有效的方法.

七、函数连续性问题及间断点类型

【例 21】 设函数 $f(x)=\begin{cases}\dfrac{1-\mathrm{e}^{\tan x}}{\arcsin\dfrac{x}{2}}, & x>0, \\ a\mathrm{e}^{2x}, & x\leqslant 0\end{cases}$ 在 $x=0$ 处连续,则 $a=$ _____.

解 $\lim\limits_{x\to 0^+}f(x)=\lim\limits_{x\to 0^+}\dfrac{1-\mathrm{e}^{\tan x}}{\arcsin\dfrac{x}{2}}=\lim\limits_{x\to 0^+}\dfrac{-\tan x}{\dfrac{x}{2}}=\lim\limits_{x\to 0^+}\dfrac{-x}{\dfrac{x}{2}}=-2,$

$\lim\limits_{x\to 0^-}f(x)=\lim\limits_{x\to 0^-}a\mathrm{e}^{2x}=a,$

$f(0)=a,$

由 $f(x)$ 在 $x=0$ 处连续,得 $\lim\limits_{x\to 0^+}f(x)=\lim\limits_{x\to 0^-}f(x)=f(0)$,故 $a=-2$.

【例 22】 设函数 $f(x)=\begin{cases}x^{\frac{1}{x-1}}, & 0<x<1, \\ \mathrm{e}^{x+k}, & x\geqslant 1\end{cases}$ 在 $x=1$ 处连续,则 $k=$ _____.

解 要使 $f(x)$ 在 $x=1$ 处连续,必须 $\lim\limits_{x\to 1^-}f(x)=\lim\limits_{x\to 1^+}f(x)=f(1)$. 因为

$\lim\limits_{x\to 1^-}f(x)=\lim\limits_{x\to 1^-}x^{\frac{1}{x-1}}=\lim\limits_{x\to 1^-}[1+(x-1)]^{\frac{1}{x-1}}=\mathrm{e},$

$\lim\limits_{x\to 1^+}f(x)=\lim\limits_{x\to 1^+}\mathrm{e}^{x+k}=\mathrm{e}^{1+k},$

所以 $\mathrm{e}=\mathrm{e}^{1+k}$,故 $k=0$.

【例 23】 求函数 $f(x)=\dfrac{\sin x}{\ln|x-1|}$ 的间断点,并判断其类型.

解 $x=0, x=1$ 及 $x=2$ 是 $f(x)$ 的间断点. 因为

$\lim\limits_{x\to 0}\dfrac{\sin x}{\ln|x-1|}=\lim\limits_{x\to 0}\dfrac{\sin x}{\ln(1-x)}=\lim\limits_{x\to 0}\dfrac{x}{-x}=-1,$

$\lim\limits_{x\to 1}\dfrac{\sin x}{\ln|x-1|}=0, \lim\limits_{x\to 2}\dfrac{\sin x}{\ln|x-1|}=\infty.$

故 $x=0, x=1$ 为 $f(x)$ 的第一类(可去)间断点,而 $x=2$ 为 $f(x)$ 的第二类(无穷)间断点.

【例 24】 设 $f(x)=\dfrac{\mathrm{e}^x-b}{(x-a)(x-b)}$ 有可去间断点 $x=1$,求 a 和 b 的值.

解 因 $x=1$ 为可去间断点,所以 $a=1$ 或 $b=1$. 当 $b=1$ 时,由于

$$\lim_{x\to 1}\dfrac{\mathrm{e}^x-1}{(x-a)(x-1)}=\infty,$$

不合题意,故 $a=1$,且 $\lim\limits_{x\to 1}\dfrac{\mathrm{e}^x-b}{(x-1)(x-b)}$ 存在,由此得 $\lim\limits_{x\to 1}(\mathrm{e}^x-b)=0$,即 $b=\mathrm{e}$,此时,有

$$\lim_{x\to 1}\frac{\mathrm{e}^x-\mathrm{e}}{(x-1)(x-\mathrm{e})}=\lim_{x\to 1}\frac{\mathrm{e}(\mathrm{e}^{x-1}-1)}{(x-1)(x-\mathrm{e})}=\lim_{x\to 1}\frac{\mathrm{e}(x-1)}{(x-1)(x-\mathrm{e})}=\frac{\mathrm{e}}{1-\mathrm{e}}.$$

综合,得 $a=1,b=\mathrm{e}$.

【例 25】 讨论 $f(x)=\lim\limits_{n\to\infty}\dfrac{1-x^{2n}}{1+x^{2n}}x$ 的连续性,若有间断点,判别其类型.

解 $f(x)=\lim\limits_{n\to\infty}\dfrac{1-x^{2n}}{1+x^{2n}}x=\begin{cases} x, & |x|<1, \\ 0, & |x|=1, \\ -x, & |x|>1. \end{cases}$

显然函数 $f(x)$ 在 $(-\infty,-1)\cup(-1,1)\cup(1,+\infty)$ 内连续. 又

$$\lim_{x\to -1^-}f(x)=\lim_{x\to -1^-}(-x)=1,\ \lim_{x\to -1^+}f(x)=\lim_{x\to -1^+}x=-1,$$
$$\lim_{x\to 1^-}f(x)=\lim_{x\to 1^-}x=1,\ \lim_{x\to 1^+}f(x)=\lim_{x\to 1^+}(-x)=-1,$$

所以 $x=\pm 1$ 均为 $f(x)$ 的第一类(跳跃)间断点.

> **注** 讨论函数的连续性时,要充分利用初等函数在其定义区间内都是连续的这一结论,而讨论分段函数时,在分段点的连续性一定要用连续的定义判断,特别有时要用左、右连续.

八、闭区间上连续函数的性质

【例 26】 设函数 $f(x)$ 在 $(-\infty,+\infty)$ 内连续,且 $\lim\limits_{x\to +\infty}\dfrac{f(x)}{x}=\lim\limits_{x\to -\infty}\dfrac{f(x)}{x}=0$,证明:至少存在一点 ξ,使 $\xi+f(\xi)=0$.

分析 构造一个函数和一个闭区间,利用零点定理证明.

证 设 $F(x)=x+f(x)$,因为 $f(x)$ 在 $(-\infty,+\infty)$ 内连续,所以 $F(x)$ 在 $(-\infty,+\infty)$ 内连续. 又

$$\lim_{x\to +\infty}F(x)=\lim_{x\to +\infty}x\left[1+\frac{f(x)}{x}\right]=+\infty,$$
$$\lim_{x\to -\infty}F(x)=\lim_{x\to -\infty}x\left[1+\frac{f(x)}{x}\right]=-\infty,$$

故必存在 $a<0,b>0$,使得 $F(a)<0,F(b)>0$.

又因为 $F(x)$ 在 $[a,b]$ 上连续,由零点定理知,在 (a,b) 内至少存在一点 ξ,使

$$F(\xi)=\xi+f(\xi)=0.$$

【例 27】 设 $f(x)$ 在 $[a,b]$ 上连续,$a<x_1<x_2<b$. 证明:存在一点 $\xi\in(a,b)$,使

$$k_1 f(x_1)+k_2 f(x_2)=(k_1+k_2)f(\xi),\text{ 其中 } k_1>0,k_2>0.$$

证 因为 $f(x)$ 在 $[x_1,x_2]$ 上连续,故 $f(x)$ 在 $[x_1,x_2]$ 上必取得最大值 M 和最小值 m. 从而

$$m\leq \frac{k_1 f(x_1)+k_2 f(x_2)}{k_1+k_2}\leq M.$$

由介值定理知,至少存在一点 $\xi\in[x_1,x_2]\subset(a,b)$,使

$$f(\xi)=\frac{k_1 f(x_1)+k_2 f(x_2)}{k_1+k_2},$$

即
$$k_1 f(x_1) + k_2 f(x_2) = (k_1 + k_2) f(\xi).$$

【例 28】 已知 $f(x)$ 在 $[a,b]$ 上连续,且 $f(a) = f(b)$,证明:存在 $\xi \in [a,b]$,使
$$f(\xi) = f\left(\xi + \frac{b-a}{2}\right).$$

证 令 $F(x) = f\left(x + \frac{b-a}{2}\right) - f(x), x \in \left[a, \frac{a+b}{2}\right]$,则

$$F\left(\frac{a+b}{2}\right) F(a) = \left[f(b) - f\left(\frac{a+b}{2}\right)\right]\left[f\left(\frac{a+b}{2}\right) - f(a)\right] = -\left[f(a) - f\left(\frac{a+b}{2}\right)\right]^2 \leqslant 0,$$

当 $f(a) = f\left(\frac{a+b}{2}\right)$ 时,$\xi = \frac{a+b}{2}$;当 $f(a) \neq f\left(\frac{a+b}{2}\right)$ 时,由零点定理,存在 $\xi \in \left(a, \frac{a+b}{2}\right)$,使得 $F(\xi) = 0$,即 $f(\xi) = f\left(\xi + \frac{b-a}{2}\right)$.

注 闭区间上连续函数的性质应用的关键是根据要推证的结论构造辅助函数和区间.

竞 赛 题 选 解

【例 1】 $\lim\limits_{n \to \infty} \left(\dfrac{1^2}{n^4} + \dfrac{1^2 + 2^2}{n^4} + \cdots + \dfrac{1^2 + 2^2 + \cdots + n^2}{n^4}\right) = \underline{\qquad}$.

分析 计算和的极限 $\lim\limits_{n \to \infty} x_n$ 时,首先考虑的是将和中各项加在一起,本题应将分子各项加在一起,利用公式 $\sum\limits_{k=1}^{n} k = \dfrac{n(n+1)}{2}, \sum\limits_{k=1}^{n} k^2 = \dfrac{n(n+1)(2n+1)}{6}, \sum\limits_{k=1}^{n} k^3 = \left[\dfrac{n(n+1)}{2}\right]^2$.

解 由于
$$1^2 + (1^2 + 2^2) + \cdots + (1^2 + 2^2 + \cdots + n^2)$$
$$= \sum_{k=1}^{n}(1^2 + 2^2 + \cdots + k^2) = \sum_{k=1}^{n} \frac{1}{6} k(k+1)(2k+1)$$
$$= \frac{1}{6} \sum_{k=1}^{n}(2k^3 + 3k^2 + k) = \frac{1}{3} \sum_{k=1}^{n} k^3 + \frac{1}{2} \sum_{k=1}^{n} k^2 + \frac{1}{6} \sum_{k=1}^{n} k$$
$$= \frac{1}{3}\left[\frac{n(n+1)}{2}\right]^2 + \frac{1}{2} \cdot \frac{1}{6} n(n+1)(2n+1) + \frac{1}{6} \cdot \frac{1}{2} n(n+1)$$
$$= \frac{1}{12}[n^2(n+1)^2 + n(n+1)(2n+1) + n(n+1)],$$

所以 $\lim\limits_{n \to \infty}\left(\dfrac{1^2}{n^4} + \dfrac{1^2 + 2^2}{n^4} + \cdots + \dfrac{1^2 + 2^2 + \cdots + n^2}{n^4}\right)$
$$= \frac{1}{12} \lim_{n \to \infty} \frac{n^2(n+1)^2 + n(n+1)(2n+1) + n(n+1)}{n^4} = \frac{1}{12}.$$

【例 2】(全国第一届初赛) 求极限 $\lim\limits_{x \to 0}\left(\dfrac{e^x + e^{2x} + \cdots + e^{nx}}{n}\right)^{\frac{e}{x}}, n$ 为正整数.

分析 本题是 1^∞ 型未定式极限的计算问题.

解 原式 $= e^{\lim\limits_{x\to 0}\frac{e}{x}\left(\frac{e^x+e^{2x}+\cdots+e^{nx}}{n}-1\right)}$,

其中
$$\lim_{n\to\infty}\frac{e}{x}\left(\frac{e^x+e^{2x}+\cdots+e^{nx}}{n}-1\right)=e\cdot\lim_{x\to 0}\frac{\sum_{k=1}^{n}(e^{kx}-1)}{nx}$$
$$=\frac{e}{n}\cdot\sum_{k=1}^{n}\lim_{x\to 0}\frac{e^{kx}-1}{x}=\frac{e}{n}\sum_{k=1}^{n}k=\frac{e}{2}(n+1),$$

所以
$$\lim_{x\to 0}\left(\frac{e^x+e^{2x}+\cdots+e^{nx}}{n}\right)^{\frac{e}{x}}=e^{\frac{e}{2}(n+1)}.$$

【例3】(全国第三届初赛) 设 $\{a_n\}$ 为数列,a,λ 为有限实数,求证:

(1) 若 $\lim\limits_{n\to\infty}a_n=a$,则 $\lim\limits_{n\to\infty}\dfrac{a_1+a_2+\cdots+a_n}{n}=a$;

(2) 若存在正整数 p,使得 $\lim\limits_{n\to\infty}(a_{n+p}-a_n)=\lambda$,则 $\lim\limits_{n\to\infty}\dfrac{a_n}{n}=\dfrac{\lambda}{p}$.

分析 分母 n 单调增加且趋于 $+\infty$,施笃兹定理能解决这类问题. 施笃兹定理为:设数列 $\{x_n\}$ 与 $\{y_n\}$,其中 $\{y_n\}$ 单调增加且趋于 $+\infty$,若 $\lim\limits_{n\to\infty}\dfrac{x_n-x_{n-1}}{y_n-y_{n-1}}$ 存在或为 ∞,则

$$\lim_{n\to\infty}\frac{x_n}{y_n}=\lim_{n\to\infty}\frac{x_n-x_{n-1}}{y_n-y_{n-1}}.$$

证 (1) 记 $S_n=\sum\limits_{k=1}^{n}a_k(n=1,2,\cdots)$,由施笃兹定理知,

$$\lim_{n\to\infty}\frac{a_1+a_2+\cdots+a_n}{n}=\lim_{n\to\infty}\frac{S_n}{n}=\lim_{n\to\infty}\frac{S_n-S_{n-1}}{n-(n-1)}=\lim_{n\to\infty}a_n=a.$$

(2) 由于 $\{a_n\}_{n=0}^{\infty}$ 由 p 个子数列 $\{a_{np+i}\}_{n=0}^{\infty}(i=0,1,2,\cdots,p-1)$ 组成,由施笃兹定理,对 $i\in(0,1,2,\cdots,p-1)$,有

$$\lim_{n\to\infty}\frac{a_{np+i}}{np+i}=\lim_{n\to\infty}\frac{a_{np+i}-a_{(n-1)p+i}}{(np+i)-[(n-1)p+i]}=\frac{\lambda}{p}.$$

【例4】(江苏省1991年竞赛) 已知一点先向正东移动 a m,然后左拐弯移动 aq m($0<q<1$),如此不断重复左拐弯,使得后一段移动距离为前一段的 q 倍,这样该点有一极限位置,试问该极限位置与原出发点相距多少米?

解 设出发点为坐标原点 $O(0,0)$,移动 n 次后到达点 (x_n,y_n),则

$$x_1=a,x_2=a,x_3=a-aq^2,x_4=a-aq^2,x_5=x_6=a-aq^2+aq^4,\cdots,$$
$$y_1=0,y_2=aq,y_3=aq,y_4=aq-aq^3,y_5=y_6=y_7=aq-aq^3+aq^5,\cdots,$$

归纳,得
$$x_{2n-1}=a-aq^2+aq^4-\cdots+(-1)^{n-1}aq^{2(n-1)}=x_{2n},$$
$$y_{2n}=aq-aq^3+\cdots+(-1)^{n-1}aq^{2n-1}=y_{2n+1},$$

于是
$$\lim_{n\to\infty}x_{2n-1}=\lim_{n\to\infty}x_{2n}=\frac{a}{1+q^2},$$
$$\lim_{n\to\infty}y_{2n}=\lim_{n\to\infty}y_{2n+1}=\frac{aq}{1+q^2},$$

故极限位置为 $\left(\dfrac{a}{1+q^2},\dfrac{aq}{1+q^2}\right)$,它与原点的距离为

$$d=\sqrt{\left(\frac{a}{1+q^2}\right)^2+\left(\frac{aq}{1+q^2}\right)^2}=\frac{a}{\sqrt{1+q^2}}.$$

【例5】 设 $x_1=1, x_2=2$,且 $x_{n+2}=\sqrt{x_{n+1} \cdot x_n}(n=1,2,\cdots)$,求 $\lim_{n\to\infty}x_n$.

解 令 $y_n=\ln x_n$,则 $y_{n+2}=\frac{1}{2}(y_{n+1}+y_n)$,故

$$y_{n+2}-y_{n+1}=-\frac{1}{2}(y_{n+1}-y_n)=\left(-\frac{1}{2}\right)^2(y_n-y_{n-1})$$

$$=\cdots=\left(-\frac{1}{2}\right)^n(y_2-y_1)=\left(-\frac{1}{2}\right)^n\ln 2,$$

移项,得 $y_{n+2}=y_{n+1}+\left(-\frac{1}{2}\right)^n\ln 2=y_n+\left(-\frac{1}{2}\right)^{n-1}\ln 2+\left(-\frac{1}{2}\right)^n\ln 2$

$$=\cdots=y_1+\left[\left(-\frac{1}{2}\right)^0\ln 2+\left(-\frac{1}{2}\right)\ln 2+\cdots+\left(-\frac{1}{2}\right)^n\ln 2\right]$$

$$=\ln 2\left[1+\left(-\frac{1}{2}\right)+\left(-\frac{1}{2}\right)^2+\cdots+\left(-\frac{1}{2}\right)^n\right]=\ln 2\cdot\frac{1-\left(-\frac{1}{2}\right)^{n+1}}{1+\frac{1}{2}}$$

$$=\frac{2}{3}\left[1-\left(-\frac{1}{2}\right)^{n+1}\right]\ln 2,$$

故 $\lim_{n\to\infty}y_{n+2}=\frac{2}{3}\ln 2$,所以 $\lim_{n\to\infty}x_n=\lim_{n\to\infty}x_{n+2}=\lim_{n\to\infty}e^{y_{n+2}}=2^{\frac{2}{3}}$.

【例6】(江苏省1998年竞赛) 求 $\lim_{n\to\infty}|\sin(\pi\sqrt{n^2+n})|$.

解 因为

$$|\sin(\pi\sqrt{n^2+n})|=|\sin[n\pi+(\sqrt{n^2+n}-n)\pi]|=|(-1)^n\sin(\sqrt{n^2+n}-n)\pi|$$

$$=\left|\sin\frac{n}{\sqrt{n^2+n}+n}\pi\right|=\sin\frac{\pi}{1+\sqrt{1+\frac{1}{n}}},$$

所以 $\lim_{n\to\infty}|\sin(\pi\sqrt{n^2+n})|=\lim_{n\to\infty}\sin\frac{\pi}{1+\sqrt{1+\frac{1}{n}}}=\sin\frac{\pi}{2}=1.$

【例7】(江苏省2008年竞赛) 设数列 $\{x_n\}$ 为 $x_1=\sqrt{3}, x_2=\sqrt{3-\sqrt{3}}, x_{n+2}=\sqrt{3-\sqrt{3+x_n}}$ $(n=1,2,\cdots)$,求证数列 $\{x_n\}$ 收敛,并求其极限值.

分析 数列 $\{x_n\}$ 非单调,不能用单调有界收敛准则.

解 因为

$$|x_{n+2}-1|=\left|\sqrt{3-\sqrt{3+x_n}}-1\right|=\frac{|2-\sqrt{3+x_n}|}{\sqrt{3-\sqrt{3+x_n}}+1}$$

$$\leqslant|\sqrt{3+x_n}-2|=\frac{|x_n-1|}{\sqrt{3+x_n}+2}\leqslant\frac{1}{2}|x_n-1|,$$

所以 $|x_{2n}-1|\leqslant\frac{1}{2}|x_{2n-2}-1|\leqslant\cdots\leqslant\frac{1}{2^{n-1}}|x_2-1|=\frac{1}{2^{n-1}}\left|\sqrt{3-\sqrt{3}}-1\right|,$

$$|x_{2n+1}-1| \leqslant \frac{1}{2}|x_{2n-1}-1| \leqslant \cdots \leqslant \frac{1}{2^n}|x_1-1| = \frac{1}{2^n}|\sqrt{3}-1|,$$

由于 $\lim\limits_{n\to\infty}\frac{1}{2^{n-1}}\left|\sqrt{3-\sqrt{3}}-1\right|=0$,$\lim\limits_{n\to\infty}\frac{1}{2^n}|\sqrt{3}-1|=0$,应用夹逼准则得 $x_{2n}\to 1, x_{2n+1}\to 1$,故 $\lim\limits_{n\to\infty}x_n=1$.

【例8】(北京市 1992 年竞赛) 设函数 $f(x)$ 在 $(0,1)$ 内有定义,且函数 $e^x f(x)$ 与函数 $e^{-f(x)}$ 在 $(0,1)$ 内都是单调增加的,证明:$f(x)$ 在 $(0,1)$ 内连续.

解 只要证明对任意 $x_0 \in (0,1)$,$f(x)$ 在点 x_0 处连续,首先考虑右连续.

当 $0<x_0<x<1$ 时,由 $e^{-f(x)}$ 单调增加,得 $e^{-f(x_0)} \leqslant e^{-f(x)}$,即
$$f(x_0) \geqslant f(x).$$

又因为 $e^x f(x)$ 单调增加,故 $e^{x_0} f(x_0) \leqslant e^x f(x)$,得
$$e^{x_0-x} f(x_0) \leqslant f(x) \leqslant f(x_0).$$

上式中令 $x \to x_0^+$,由夹逼准则知 $\lim\limits_{x\to x_0^+} f(x) = f(x_0)$,即 $f(x)$ 在点 x_0 处右连续.同理可得其左连续,由此 $f(x)$ 在点 x_0 处是连续的,由 x_0 的任意性知,$f(x)$ 在 $(0,1)$ 内连续.

【例9】(全国第四届决赛) 计算 $\lim\limits_{x\to 0^+} \ln(x\ln a) \cdot \ln\left[\dfrac{\ln ax}{\ln \dfrac{x}{a}}\right]$,其中 $a>1$.

解 原式 $= \lim\limits_{x\to 0^+} (\ln x + \ln\ln a) \cdot \ln \dfrac{\ln x + \ln a}{\ln x - \ln a}$

$= \lim\limits_{x\to 0^+} (\ln x + \ln\ln a) \cdot \ln\left(1 + \dfrac{2\ln a}{\ln x - \ln a}\right)$

$= \lim\limits_{x\to 0^+} (\ln x + \ln\ln a) \cdot \dfrac{2\ln a}{\ln x - \ln a}$

$= 2\ln a \cdot \lim\limits_{x\to 0^+} \dfrac{\ln x + \ln a}{\ln x - \ln a} = 2\ln a.$

同步练习

一、选择题

1. 函数 $f(x) = \dfrac{1}{x}\cos\dfrac{1}{x}$ 在点 $x=0$ 的任何邻域内都是 ( )

   (A) 有界的   (B) 无界的   (C) 单调增加的   (D) 单调减少的

2. 设 $\lim\limits_{n\to\infty} a_n = a$,且 $a \neq 0$,则当 n 充分大时,有 ( )

   (A) $|a_n| > \dfrac{|a|}{2}$ (B) $|a_n| < \dfrac{|a|}{2}$ (C) $a_n > a - \dfrac{1}{n}$ (D) $a_n < a - \dfrac{1}{n}$

3. 极限 $\lim\limits_{t\to 0} \dfrac{t}{\sqrt{1-\cos t}}$ 的值是 ( )

(A) 0   (B) 1   (C) $\sqrt{2}$ (D) 不存在

4. 极限 $\lim\limits_{x\to 0}\dfrac{x-\dfrac{x}{\sqrt{1-x^2}}}{(\arctan x)^2 \tan x}$ 的值是   ( )

(A) 0   (B) 1   (C) $\dfrac{1}{2}$ (D) $-\dfrac{1}{2}$

5. 极限 $\lim\limits_{x\to\infty}\left[\dfrac{x^2}{(x-a)(x+b)}\right]^x =$ ( )

(A) 1   (B) e   (C) e^{a-b} (D) e^{b-a}

6. 设 $f(x+1)=\lim\limits_{n\to\infty}\left(\dfrac{n+x}{n-2}\right)^n$，则 $f(x)=$ ( )

(A) e^{x-1} (B) e^{x+2} (C) e^{x+1} (D) e^{-x}

7. 当 $x\to 0^+$ 时，与 $\sqrt{x}$ 等价的无穷小量是   ( )

(A) $1-e^{\sqrt{x}}$ (B) $\ln\dfrac{1-x}{1-\sqrt{x}}$ (C) $\sqrt{1+\sqrt{x}}-1$ (D) $1-\cos\sqrt{x}$

8. 设 $a_1=x(\cos\sqrt{x}-1), a_2=\sqrt{x}\ln(1+\sqrt[3]{x}), a_3=\sqrt[3]{x+1}-1$，当 $x\to 0^+$ 时，以上三个无穷小量按照从低阶到高阶的排列顺序是   ( )

(A) a_1, a_2, a_3 (B) a_2, a_3, a_1 (C) a_2, a_1, a_3 (D) a_3, a_2, a_1

9. 函数 $f(x)=\dfrac{(e^{\frac{1}{x}}+e)\tan x}{x(e^{\frac{1}{x}}-e)}$ 在 $[-\pi,\pi]$ 上的第一类间断点是 $x=$ ( )

(A) 0   (B) 1   (C) $-\dfrac{\pi}{2}$ (D) $\dfrac{\pi}{2}$

10. 设函数 $f(x)=\dfrac{x}{a+e^{bx}}$ 在 $(-\infty,+\infty)$ 内连续，且 $\lim\limits_{x\to-\infty}f(x)=0$，则常数 a,b 满足   ( )

(A) $a<0, b<0$ (B) $a>0, b>0$ (C) $a\leqslant 0, b>0$ (D) $a\geqslant 0, b<0$

11. 设 $f(x)$ 和 $\varphi(x)$ 在 $(-\infty,+\infty)$ 内有定义，$f(x)$ 为连续函数，且 $f(x)\neq 0$，$\varphi(x)$ 有间断点，则   ( )

(A) $\varphi[f(x)]$ 必有间断点   (B) $[\varphi(x)]^2$ 必有间断点

(C) $f[\varphi(x)]$ 必有间断点   (D) $\dfrac{\varphi(x)}{f(x)}$ 必有间断点

▶▶ 二、填空题

1. 设 $f(x)=e^x, f[g(x)]=1-x^2$，则 $g(x)=$ _____.

2. $\lim\limits_{x\to\infty}\dfrac{3x^2+5}{5x+3}\sin\dfrac{2}{x}=$ _____.

3. $\lim\limits_{x\to 0}\dfrac{3\sin x+x^2\cos\dfrac{1}{x}}{(1+\cos x)\ln(1+x)}=$ _____.

4. $\lim\limits_{x\to 0}\dfrac{e^x-e^{x\cos x}}{x\ln(1+x^2)}=$ _____.

5. 若 $x\to 0$ 时，$[(1-ax^2)^{\frac{1}{4}}-1]$ 与 $x\sin x$ 是等价无穷小，则 $a=$ _____．

6. $\lim\limits_{x\to 0}\left(\dfrac{1+2^x}{2}\right)^{\frac{1}{x}}=$ _____．

7. 若 $f(x)=\begin{cases}\dfrac{\sin 2x+e^{2ax}-1}{x}, & x\neq 0,\\ a, & x=0\end{cases}$ 在 $(-\infty,+\infty)$ 内连续，则 $a=$ _____．

8. 已知函数 $f(x)$ 连续，且 $\lim\limits_{x\to 0}\dfrac{1-\cos[xf(x)]}{(e^{x^2}-1)f(x)}=1$，则 $f(0)=$ _____．

9. 函数 $f(x)=\dfrac{x^2-x}{x^2-1}\sqrt{1+\dfrac{1}{x^2}}$ 的无穷间断点为 $x=$ _____．

三、解答题

1. 设 $f(x)=\begin{cases}2-x, & x\leqslant 0,\\ x+2, & x>0,\end{cases}$ $g(x)=\begin{cases}x^2, & x<0,\\ -x, & x\geqslant 0,\end{cases}$ 求 $f[g(x)]$．

2. 已知 $f\left(\sin\dfrac{x}{2}\right)=1+\cos x$，求 $f\left(\cos\dfrac{x}{2}\right)$．

3. 计算下列极限：

(1) $\lim\limits_{x\to 2}\dfrac{x^2-x-2}{\sqrt{4x+1}-3}$；　　　　　(2) $\lim\limits_{x\to -\infty}(\sqrt{x^2+100x}+x)$；

(3) $\lim\limits_{x\to 0}\dfrac{\sqrt{1+x\sin x}-\sqrt{\cos x}}{x\tan x}$；　　(4) $\lim\limits_{x\to 0^+}(\cos\sqrt{x})^{\frac{1}{x}}$；

(5) $\lim\limits_{x\to 0}\left[\tan\left(\dfrac{\pi}{4}-x\right)\right]^{\cot x}$；　　(6) $\lim\limits_{x\to +\infty}(\cos\sqrt{x+1}-\cos\sqrt{x})$．

4. 设极限 $\lim\limits_{x\to\infty}\left(\dfrac{x+a}{x-a}\right)^x=3$，求常数 a．

5. 求极限 $\lim\limits_{n\to +\infty}\left(\dfrac{\sqrt[n]{a}+\sqrt[n]{b}}{2}\right)^n$ $(a>0,b>0)$．

6. 求 a,b，使 $\lim\limits_{x\to\infty}\dfrac{ax+2|x|}{bx-|x|}\arctan x=-\dfrac{\pi}{2}$．

7. 已知 $\lim\limits_{x\to 1}\dfrac{x^2+ax+b}{x-1}=5$，求 a 和 b．

8. 求 $\lim\limits_{n\to\infty}\left(\dfrac{1^2}{n^3+1^2}+\dfrac{2^2}{n^3+2^2}+\cdots+\dfrac{n^2}{n^3+n^2}\right)$．

9. 设 $x_1=\sqrt[3]{6}$，$x_{n+1}=\sqrt[3]{6+x_n}$ $(n=1,2,3,\cdots)$，证明极限 $\lim\limits_{n\to\infty}x_n$ 存在，并求此极限．

10. 设 $f(x)=\begin{cases}\dfrac{\sqrt{2-2\cos x}}{x}, & x<0,\\ ae^x, & x\geqslant 0,\end{cases}$ 问 a 为何值时，$f(x)$ 在点 $x=0$ 处连续？

11. 讨论函数 $f(x)=\lim\limits_{n\to\infty}\dfrac{3}{3+x^{2n+1}}$ 的连续性．

12. 求 $f(x)=\dfrac{x-x^2}{|x|(x^2-1)}$ 的连续区间，若有间断点，指出间断点的类型．

13. 讨论 $f(x)=\dfrac{1}{1-\mathrm{e}^{\frac{x}{1-x}}}$ 的连续性,若有间断点,指出间断点的类型.

14. 设函数 $f(x)$ 在闭区间 $[a,b]$ 上连续,且 $f(a)<a$, $f(b)>b$,证明:在开区间 (a,b) 内至少存在一点 ξ,使 $f(\xi)=\xi$.

15. 已知 $f(x)$ 在 $[0,1]$ 上连续且非负,$f(0)=f(1)=0$,证明:对于任意的 $a\in(0,1)$,存在 $\xi\in[0,1)$,使 $f(\xi)=f(\xi+a)$.

▶▶ 四、竞赛题

1. 设 $f(x)=\lim\limits_{n\to\infty}\sqrt[n]{1+x^2+\left(\dfrac{x^2}{2}\right)^n}$,求 $f(x)$ 的表达式.

2. (江苏省 2012 年竞赛) 求 $\lim\limits_{n\to\infty}\dfrac{1}{n}|1-2+3-\cdots+(-1)^{n+1}n|$.

3. 设 $f(x)$ 是 x 的三次多项式,且 $\lim\limits_{x\to 2a}\dfrac{f(x)}{x-2a}=\lim\limits_{x\to 4a}\dfrac{f(x)}{x-4a}=1(a\neq 0)$,求 $\lim\limits_{x\to 3a}\dfrac{f(x)}{x-3a}$.

4. (全国第四届初赛) 求 $\lim\limits_{n\to\infty}(n!)^{\frac{1}{n^2}}$.

5. (全国第二届初赛) 求 $\lim\limits_{n\to\infty}(1+\sqrt{1+n}-\sqrt{n})^{\sqrt{2+n}}$.

6. (全国第五届初赛) 求 $\lim\limits_{n\to\infty}(1+\sin\pi\sqrt{1+4n^2})^n$.

7. 设数列 $\{x_n\}$ 定义如下: $x_1\in(0,1)$, $x_{n+1}=x_n(1-x_n)$ $(n=1,2,\cdots)$,证明: $\lim\limits_{n\to\infty}x_n=0$ 及 $\lim\limits_{n\to\infty}nx_n=1$.

8. 已知 $f_n(x)=C_n^1\cos x-C_n^2\cos^2 x+\cdots+(-1)^{n-1}C_n^n\cos^n x$. 证明:

(1) 对于任何自然数 n,方程 $f_n(x)=\dfrac{1}{2}$ 在区间 $\left(0,\dfrac{\pi}{2}\right)$ 内仅有一根;

(2) 设 $x_n\in\left(0,\dfrac{\pi}{2}\right)$,满足 $f_n(x_n)=\dfrac{1}{2}$,则 $\lim\limits_{n\to\infty}x_n=\dfrac{\pi}{2}$.

第二章 导数与微分

主要内容与基本要求

▶▶ 一、知识结构

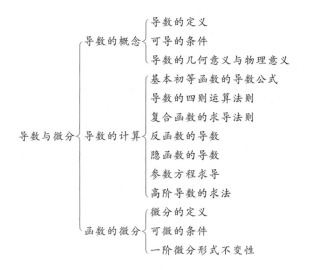

▶▶ 二、基本要求

（1）理解导数的概念及其几何意义，了解函数的可导性与连续性之间的关系．

（2）了解导数作为函数变化率的实际意义，会用导数表达科学技术中一些量的变化率．

（3）掌握导数的有理运算法则和复合函数的求导法，掌握基本初等函数的导数公式．

（4）理解微分的概念，了解微分概念中所包含的局部线性化思想，了解微分的有理运算法则和一阶微分形式不变性．

（5）了解高阶导数的概念，掌握初等函数一阶、二阶导数的求法．

（6）会求隐函数和由参数方程所确定的函数的一阶导数以及这两类函数中比较简单的二阶导数，会解一些简单实际问题中的相关变化率问题．

▶▶ 三、内容提要

1. 导数的概念

设 $y=f(x)$ 在点 x_0 的某邻域 $U(x_0)$ 内有定义，当自变量 x 在 x_0 处取增量 Δx（点 $x_0+\Delta x$ 仍在 $U(x_0)$ 内）时，相应的函数增量 $\Delta y=f(x_0+\Delta x)-f(x_0)$，若 $\lim\limits_{\Delta x \to 0}\dfrac{\Delta y}{\Delta x}$ 存在，则称函数 $y=f(x)$ 在点 x_0 处可导，而其极限称为函数 $y=f(x)$ 在点 x_0 处的导数，记为 $y'|_{x=x_0}$ 或 $f'(x_0)$，$\dfrac{\mathrm{d}y}{\mathrm{d}x}\Big|_{x=x_0}$，$\dfrac{\mathrm{d}f(x)}{\mathrm{d}x}\Big|_{x=x_0}$，即

$$f'(x_0)=\lim_{x \to x_0}\frac{f(x)-f(x_0)}{x-x_0}=\lim_{\Delta x \to 0}\frac{f(x_0+\Delta x)-f(x_0)}{\Delta x}.$$

函数 $y=f(x)$ 在点 x_0 处的左导数为

$$f'_{-}(x_0)=\lim_{\Delta x \to 0^{-}}\frac{\Delta y}{\Delta x}=\lim_{\Delta x \to 0^{-}}\frac{f(x_0+\Delta x)-f(x_0)}{\Delta x};$$

函数 $y=f(x)$ 在点 x_0 处的右导数为

$$f'_{+}(x_0)=\lim_{\Delta x \to 0^{+}}\frac{\Delta y}{\Delta x}=\lim_{\Delta x \to 0^{+}}\frac{f(x_0+\Delta x)-f(x_0)}{\Delta x}.$$

函数 $y=f(x)$ 在点 x_0 处可导 $\Leftrightarrow f(x)$ 在该点处左、右导数存在且相等．

注 ① 导数是一个局部性的概念，在本质上，$f'(x_0)$ 揭示了函数 $f(x)$ 在 x_0 点关于自变量 x 的变化率；在数值上，$f'(x_0)$ 的大小反映了函数 $f(x)$ 在 x_0 点随自变量变化的快慢程度：$|f'(x_0)|$ 越小，函数 $f(x)$ 在 x_0 点附近变化越小，曲线 $y=f(x)$ 在点 $(x_0,f(x_0))$ 附近越近似于水平，反之越陡；在符号上，$f'(x_0)$ 的正负反映了函数 $y=f(x)$ 在点 x_0 处变化的增减性．

② 导数与导函数的区别和联系：导数 $f'(x_0)$ 是就一点而言的，是一个确定的数；而导函数 $f'(x)=\lim\limits_{\Delta x \to 0}\dfrac{f(x+\Delta x)-f(x)}{\Delta x}$ 是就一个区间而言的，是一个确定的函数；$f'(x_0)=f'(x)\big|_{x=x_0}$，即某点的导数是导函数在该点的函数值．

2. 微分的定义

设函数 $y=f(x)$ 在某区间内有定义，x_0，$x_0+\Delta x$ 均在该区间内．若函数的增量 $\Delta y=f(x_0+\Delta x)-f(x_0)$ 可表示为 $\Delta y=A\Delta x+o(\Delta x)$，其中 A 是与 x_0 有关而不依赖于 Δx 的常数，$o(\Delta x)$ 是 Δx 的高阶无穷小，则称函数 $y=f(x)$ 在点 x_0 处可微，$A\Delta x$ 称为函数 $y=f(x)$ 在点 x_0 处相应于自变量的增量 Δx 的微分，记为 $\mathrm{d}y$，即 $\mathrm{d}y=A\Delta x$ 或 $\mathrm{d}y=A\mathrm{d}x$．

注 ① dy 与 Δy 之差是 Δx 的高阶无穷小，即 $\lim\limits_{\Delta x \to 0} \dfrac{\Delta y - dy}{\Delta x} = 0$.

② 一阶微分形式的不变性：对于可导函数 $y = f(u)$，无论 u 是自变量还是中间变量，微分 dy 总可以表示为 $dy = f'(u)du$. 值得注意的是，只是形式不变，而内容有区别. 若 u 是自变量，则 $du = \Delta u$；若 u 是中间变量 $u = \varphi(x)$，则 $du = \varphi'(x)dx$，一般情况下 $du \neq \Delta u$.

③ 函数在一点连续、可导、可微之间的关系：

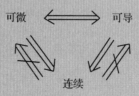

④ 微分的应用：当 $|\Delta x| \ll 1$ 时，函数在某点的近似值
$$f(x) \approx f(x_0) + f'(x_0)\Delta x.$$

3. 几何意义

$f'(x_0)$ 是曲线 $y = f(x)$ 在点 $(x_0, f(x_0))$ 处切线的斜率；dy 是曲线 $y = f(x)$ 在点 $(x_0, f(x_0))$ 处的切线当横坐标的增量为 Δx 时的纵坐标的相应增量.

切线方程：$y - f(x_0) = f'(x_0)(x - x_0)$；

法线方程：$y - f(x_0) = -\dfrac{1}{f'(x_0)}(x - x_0) \ (f'(x_0) \neq 0)$.

4. 基本初等函数的导数与微分公式

导数公式	微分公式
$(x^\mu)' = \mu x^{\mu-1}$	$d(x^\mu) = \mu x^{\mu-1} dx$
$(e^x)' = e^x$	$d(e^x) = e^x dx$
$(a^x)' = a^x \ln a$	$d(a^x) = a^x \ln a \, dx$
$(\ln x)' = \dfrac{1}{x}$	$d(\ln x) = \dfrac{1}{x} dx$
$(\log_a x)' = \dfrac{1}{x \ln a}$	$d(\log_a x) = \dfrac{1}{x \ln a} dx$
$(\sin x)' = \cos x$	$d(\sin x) = \cos x \, dx$
$(\cos x)' = -\sin x$	$d(\cos x) = -\sin x \, dx$
$(\tan x)' = \sec^2 x$	$d(\tan x) = \sec^2 x \, dx$
$(\cot x)' = -\csc^2 x$	$d(\cot x) = -\csc^2 x \, dx$
$(\sec x)' = \sec x \tan x$	$d(\sec x) = \sec x \tan x \, dx$
$(\csc x)' = -\csc x \cot x$	$d(\csc x) = -\csc x \cot x \, dx$
$(\arcsin x)' = \dfrac{1}{\sqrt{1-x^2}}$	$d(\arcsin x) = \dfrac{1}{\sqrt{1-x^2}} dx$

续表

导数公式	微分公式
$(\arccos x)' = -\dfrac{1}{\sqrt{1-x^2}}$	$\mathrm{d}(\arccos x) = -\dfrac{1}{\sqrt{1-x^2}}\mathrm{d}x$
$(\arctan x)' = \dfrac{1}{1+x^2}$	$\mathrm{d}(\arctan x) = \dfrac{1}{1+x^2}\mathrm{d}x$
$(\operatorname{arccot} x)' = -\dfrac{1}{1+x^2}$	$\mathrm{d}(\operatorname{arccot} x) = -\dfrac{1}{1+x^2}\mathrm{d}x$

5. 求导法则

(1) 四则运算.

设 $u=u(x), v=v(x)$ 均可导, 则
$$(u\pm v)'=u'\pm v',\ (uv)'=u'v+uv',\ \left(\frac{u}{v}\right)'=\frac{vu'-uv'}{v^2}\ (v\neq 0).$$

(2) 反函数求导法则.

设在某区间上 $y=f(x)$ 单调、可导, 且 $f'(x)\neq 0$, 则其反函数 $x=\varphi(y)$ 也单调、可导, 且
$$\varphi'(y)=\frac{1}{f'(x)}.$$

(3) 复合函数求导法则.

若函数 $y=f(u)$ 和 $u=g(x)$ 关于自变量分别可导, 则函数 $y=f[g(x)]$ 必可导, 且
$$\frac{\mathrm{d}y}{\mathrm{d}x}=\frac{\mathrm{d}y}{\mathrm{d}u}\cdot\frac{\mathrm{d}u}{\mathrm{d}x}=f'(u)\cdot g'(x).$$

(4) 隐函数求导法则.

若 $y=f(x)$ 是由方程 $F(x,y)=0$ 确定的可导函数, 则方程两边对 x 求导(其中 y 是 x 的函数 $y=f(x)$), 整理后可解得 y'.

(5) 由参数方程确定的函数的求导法则.

设参数方程为 $\begin{cases} x=\varphi(t), \\ y=\psi(t), \end{cases}$ 其中 $\varphi(t), \psi(t)$ 可导, 且 $\varphi'(t)\neq 0$, 则
$$\frac{\mathrm{d}y}{\mathrm{d}x}=\frac{\psi'(t)}{\varphi'(t)}.$$

6. 高阶导数

函数 $y=f(x)$ 的 n 阶导数是其 $n-1$ 阶导函数的导数, 即
$$\frac{\mathrm{d}^n y}{\mathrm{d}x^n}=\frac{\mathrm{d}}{\mathrm{d}x}\left(\frac{\mathrm{d}^{n-1}y}{\mathrm{d}x^{n-1}}\right) \text{或} y^{(n)}=[y^{(n-1)}]'.$$

若 $u=u(x), v=v(x)$ 有 n 阶导数, 则

① $(\alpha u+\beta v)^{(n)}=\alpha u^{(n)}+\beta v^{(n)}, \alpha, \beta$ 为常数.

② 莱布尼茨公式:
$$(uv)^{(n)}=C_n^0 u^{(n)}v+C_n^1 u^{(n-1)}v'+C_n^2 u^{(n-2)}v''+\cdots+C_n^{n-1}u'v^{(n-1)}+C_n^n uv^{(n)}.$$

③ $(x^\mu)^{(n)}=\mu(\mu-1)\cdots(\mu-n+1)x^{\mu-n};\ (x^n)^{(n)}=n!;\ \left(\dfrac{1}{x}\right)^{(n)}=\dfrac{(-1)^n n!}{x^{n+1}};$

$(a^x)^{(n)}=(\ln a)^n\cdot a^x;\ (\mathrm{e}^x)^{(n)}=\mathrm{e}^x;$

$(\sin x)^{(n)} = \sin\left(x + \dfrac{n\pi}{2}\right)$; $(\cos x)^{(n)} = \cos\left(x + \dfrac{n\pi}{2}\right)$;

$(\ln x)^{(n)} = \dfrac{(-1)^{n-1}(n-1)!}{x^n}$.

7. 相关变化率

设 $x = x(t)$ 和 $y = y(t)$ 都是可导函数，而变量 x 与 y 间存在某种关系，从而变化率 $\dfrac{\mathrm{d}x}{\mathrm{d}t}$ 与 $\dfrac{\mathrm{d}y}{\mathrm{d}t}$ 间也存在一定关系，这两个相互依赖的变化率称为相关变化率．

典型例题解析

一、导数的概念

【例1】 (1) 已知 $f'(x_0)$ 存在，求 $\lim\limits_{\Delta x \to 0} \dfrac{f(x_0 + \Delta x) - f(x_0 - \Delta x)}{\Delta x}$．

(2) 已知 $f(x)$ 在 $x = 0$ 处可导，且 $f(0) = 0$，则 $\lim\limits_{x \to 0} \dfrac{x^2 f(x) - 2f(x^3)}{x^3} =$ （　　）

(A) $-2f'(0)$　　　　(B) $-f'(0)$　　　　(C) $f'(0)$　　　　(D) 0

解 (1) $\lim\limits_{\Delta x \to 0} \dfrac{f(x_0 + \Delta x) - f(x_0 - \Delta x)}{\Delta x} = \lim\limits_{\Delta x \to 0} \left[\dfrac{f(x_0 + \Delta x) - f(x_0)}{\Delta x} + \dfrac{f(x_0 - \Delta x) - f(x_0)}{-\Delta x}\right]$

$= f'(x_0) + f'(x_0) = 2f'(x_0)$．

(2) $\lim\limits_{x \to 0} \dfrac{x^2 f(x) - 2f(x^3)}{x^3} = \lim\limits_{x \to 0} \dfrac{x^2 [f(x) - f(0)]}{x^3} - 2\lim\limits_{x \to 0} \dfrac{f(x^3) - f(0)}{x^3} = f'(0) - 2f'(0) = -f'(0)$，故选 (B)．

注 由 $\lim\limits_{\Delta x \to 0} \dfrac{f(x_0 + \Delta x) - f(x_0 - \Delta x)}{\Delta x}$ 存在不能得到 $f'(x_0)$ 存在．例如：

$f(x) = \begin{cases} x^2, & x \neq 0, \\ 1, & x = 0 \end{cases}$ 在 $x = 0$ 处不连续，因而 $f'(0)$ 不存在，但有

$\lim\limits_{\Delta x \to 0} \dfrac{f(0 + \Delta x) - f(0 - \Delta x)}{\Delta x} = \lim\limits_{\Delta x \to 0} \dfrac{(\Delta x)^2 - (-\Delta x)^2}{\Delta x} = 0$．

【例2】 设 $f(x) = (x^{2018} - 1)g(x)$，其中 $g(x)$ 在 $x = 1$ 处连续，且 $g(1) = 1$，求 $f'(1)$．

解 $f'(1) = \lim\limits_{x \to 1} \dfrac{f(x) - f(1)}{x - 1} = \lim\limits_{x \to 1} \dfrac{(x^{2018} - 1)g(x)}{x - 1}$

$= \lim\limits_{x \to 1} (x^{2017} + x^{2016} + \cdots + x + 1)g(x) = 2018$．

注 仅知 $g(x)$ 在 $x = 1$ 处连续，不能用乘积的导数公式．

【例3】 设函数 $f(x) = \begin{cases} \sin x, & x \leqslant 0, \\ \ln(ax + b), & x > 0. \end{cases}$ 为了使函数 $f(x)$ 在点 $x = 0$ 处连续且可

导，a,b 应取何值？

解 $\lim\limits_{x\to 0^-}f(x)=\lim\limits_{x\to 0^-}\sin x=0$，

$\lim\limits_{x\to 0^+}f(x)=\lim\limits_{x\to 0^+}\ln(ax+b)=\ln b$，

因为 $f(x)$ 在 $x=0$ 处连续，故

$$\lim_{x\to 0^-}f(x)=\lim_{x\to 0^+}f(x)=f(0),$$

即 $\ln b=0$，故 $b=1$.

由定义知

$$f'_+(0)=\lim_{x\to 0^+}\frac{f(x)-f(0)}{x}=\lim_{x\to 0^+}\frac{\ln(ax+b)-\ln b}{x}\xlongequal{b=1}\lim_{x\to 0^+}\frac{\ln(ax+1)}{x}$$

$$=\lim_{x\to 0^+}\frac{ax}{x}=a\,(\text{因为 }x\to 0^+\text{ 时},\ln(ax+1)\sim ax),$$

$$f'_-(0)=\lim_{x\to 0^-}\frac{f(x)-f(0)}{x}=\lim_{x\to 0^-}\frac{\sin x-\ln b}{x}\xlongequal{b=1}\lim_{x\to 0^-}\frac{\sin x}{x}=1.$$

又由 $f(x)$ 在 $x=0$ 处可导，可知 $f'_+(0)=f'_-(0)$，所以 $a=1$.

【例4】 讨论函数 $f(x)=\begin{cases}\dfrac{x}{1+e^{\frac{1}{x}}},& x\neq 0,\\ 0,& x=0\end{cases}$ 在 $x=0$ 处的可导性.

解 由于 $\lim\limits_{x\to 0^-}e^{\frac{1}{x}}=0$，$\lim\limits_{x\to 0^+}e^{\frac{1}{x}}=+\infty$，所以 $e^{\frac{1}{x}}$ 在 $x=0$ 处左、右极限不相等，这样就需要分别计算 $f(x)$ 在 $x=0$ 处的左、右导数：

$$f'_-(0)=\lim_{x\to 0^-}\frac{f(x)-f(0)}{x}=\lim_{x\to 0^-}\frac{1}{1+e^{\frac{1}{x}}}=1,$$

$$f'_+(0)=\lim_{x\to 0^+}\frac{f(x)-f(0)}{x}=\lim_{x\to 0^+}\frac{1}{1+e^{\frac{1}{x}}}=0.$$

我们看到 $f'_-(0)\neq f'_+(0)$，故 $f(x)$ 在 $x=0$ 处不可导.

【例5】 设 $f(x)=\begin{cases}x^k\sin\dfrac{1}{x},& x\neq 0,\\ 0,& x=0.\end{cases}$ 问：

(1) 当 k 为何值时，$f(x)$ 在 $x=0$ 处连续但不可导？

(2) 当 k 为何值时，$f(x)$ 在 $x=0$ 处可导，但导函数不连续？

(3) 当 k 为何值时，$f(x)$ 的导函数在 $x=0$ 处连续？

解 考虑分段函数在分界点处的连续性与可导性，应按定义去分析.

(1) 由 $f(x)$ 在 $x=0$ 处连续可知

$$\lim_{x\to 0}f(x)=\lim_{x\to 0}x^k\sin\frac{1}{x}=f(0)=0,$$

所以 $k>0$（$x\to 0$ 时，x^k 为无穷小，$\sin\dfrac{1}{x}$ 为有界函数）. 而

$$\lim_{x\to 0}\frac{f(x)-f(0)}{x}=\lim_{x\to 0}\frac{x^k\sin\dfrac{1}{x}}{x}=\lim_{x\to 0}x^{k-1}\sin\frac{1}{x}=\begin{cases}0,& k>1,\\ \text{不存在},& k\leqslant 1,\end{cases}$$

所以 $0<k\leqslant 1$ 时,$f(x)$ 在 $x=0$ 处连续但不可导.

(2) 由(1)得,当 $k>1$ 时,
$$f'(x)=\begin{cases}kx^{k-1}\sin\dfrac{1}{x}-x^{k-2}\cos\dfrac{1}{x},&x\neq 0,\\0,&x=0.\end{cases}$$

当 $k-2\leqslant 0$,即 $1<k\leqslant 2$ 时,$\lim\limits_{x\to 0}f'(x)$ 不存在.所以当 $1<k\leqslant 2$ 时,$f(x)$ 在 $x=0$ 处可导,但 $f'(x)$ 在 $x=0$ 处不连续.

(3) 当 $k>2$ 时,
$$\lim_{x\to 0}f'(x)=\lim_{x\to 0}\left(kx^{k-1}\sin\dfrac{1}{x}-x^{k-2}\cos\dfrac{1}{x}\right)=0=f'(0),$$

所以当 $k>2$ 时,$f(x)$ 的导函数在 $x=0$ 处连续.

【例 6】 设 $f(x)=\begin{cases}\dfrac{1-\cos x}{\sqrt{x}},&x>0,\\x^2g(x),&x\leqslant 0,\end{cases}$ 其中 $g(x)$ 是有界函数,则 $f(x)$ 在 $x=0$ 处 ( )

(A) 极限不存在   (B) 极限存在,但不连续

(C) 连续,但不可导   (D) 可导

解 因为 $\lim\limits_{x\to 0^-}f(x)=\lim\limits_{x\to 0^-}x^2 g(x)=0$,

$$\lim_{x\to 0^+}f(x)=\lim_{x\to 0^+}\dfrac{1-\cos x}{\sqrt{x}}=\lim_{x\to 0^+}\dfrac{\dfrac{x^2}{2}}{\sqrt{x}}=0,$$

所以 $\lim\limits_{x\to 0^-}f(x)=\lim\limits_{x\to 0^+}f(x)=f(0)$,从而 $f(x)$ 在 $x=0$ 处连续.

因为 $f'_+(0)=\lim\limits_{x\to 0^+}\dfrac{f(x)-f(0)}{x}=\lim\limits_{x\to 0^+}\dfrac{\dfrac{1-\cos x}{\sqrt{x}}}{x}=\lim\limits_{x\to 0^+}\dfrac{\dfrac{x^2}{2}}{x\sqrt{x}}=0$,

$f'_-(0)=\lim\limits_{x\to 0^-}\dfrac{f(x)-f(0)}{x}=\lim\limits_{x\to 0^-}\dfrac{x^2 g(x)}{x}=\lim\limits_{x\to 0^-}xg(x)=0$,

所以 $f'_+(0)=f'_-(0)$,从而 $f(x)$ 在 $x=0$ 处可导.故选(D).

【例 7】 设 $f(x)$ 可导,$F(x)=f(x)(1+|\sin x|)$,若 $F(x)$ 在 $x=0$ 处可导,则有 ( )

(A) $f'(0)=0$ (B) $f(0)=0$

(C) $f(0)+f'(0)=0$ (D) $f(0)-f'(0)=0$

解 设 $g(x)=f(x)|\sin x|$,则 $F(x)=f(x)+g(x)$.

因为 $f(x)$ 可导,$f'(0)$ 存在,所以 $g'(0)$ 存在,$g'_-(0)=g'_+(0)$.

因为 $g'_-(0)=\lim\limits_{x\to 0^-}\dfrac{g(x)-g(0)}{x}=\lim\limits_{x\to 0^-}\dfrac{f(x)(-\sin x)}{x}=-\lim\limits_{x\to 0^-}f(x)=-f(0)$,

$g'_+(0)=\lim\limits_{x\to 0^+}\dfrac{g(x)-g(0)}{x}=\lim\limits_{x\to 0^+}\dfrac{f(x)\sin x}{x}=\lim\limits_{x\to 0^+}f(x)=f(0)$

($f(x)$ 在 $x=0$ 处可导,一定推出 $f(x)$ 在 $x=0$ 处连续),

所以 $-f(0)=f(0)$,从而 $f(0)=0$.故选(B).

注 分段函数(或绝对值函数)在分段点处求导要用导数的定义求得,尤其是函数在分段点两侧的表达式不一致时,要通过定义求得左、右导数,再进一步判别是否可导.

▶▶ 二、初等函数的求导法

【例8】 求下列函数的导数 y':

(1) $y=\dfrac{x^3}{x+1}$;   (2) $y=\dfrac{\cos 2x}{\sin x-\cos x}$;

(3) $y=\ln\dfrac{\sqrt{x^2+1}}{\sqrt[3]{2+x}}$.

解 (1) $y=\dfrac{x^3+1-1}{x+1}=x^2-x+1-\dfrac{1}{x+1}$,

$\qquad y'=2x-1+\dfrac{1}{(x+1)^2}$.

(2) $y=\dfrac{\cos^2 x-\sin^2 x}{\sin x-\cos x}=-\cos x-\sin x$,

$\qquad y'=\sin x-\cos x$.

(3) $y=\dfrac{1}{2}\ln(x^2+1)-\dfrac{1}{3}\ln(2+x)$,

$\qquad y'=\dfrac{1}{2}\cdot\dfrac{2x}{x^2+1}-\dfrac{1}{3}\cdot\dfrac{1}{2+x}=\dfrac{x}{x^2+1}-\dfrac{1}{3(2+x)}$.

注 本题(1)(2)若用商的求导法则计算比较麻烦,应该先化简,后求导.

【例9】 求下列函数的导数 y':

(1) $y=\sin^2\dfrac{1}{\sqrt{x^2+1}}$;   (2) $y=x\arcsin\dfrac{x}{2}+\sqrt{4-x^2}$;

(3) $y=\arctan\dfrac{1+x}{1-x}$;   (4) $y=\ln(e^x+\sqrt{1+e^{2x}})$.

解 (1) $y'=2\sin\dfrac{1}{\sqrt{x^2+1}}\left(\sin\dfrac{1}{\sqrt{x^2+1}}\right)'$

$\qquad=2\sin\dfrac{1}{\sqrt{x^2+1}}\cos\dfrac{1}{\sqrt{x^2+1}}\left(\dfrac{1}{\sqrt{x^2+1}}\right)'$

$\qquad=\sin\dfrac{2}{\sqrt{x^2+1}}\cdot\left(-\dfrac{1}{2}\right)(x^2+1)^{-\frac{3}{2}}(x^2+1)'$

$\qquad=-\dfrac{x}{(x^2+1)^{\frac{3}{2}}}\sin\dfrac{2}{\sqrt{x^2+1}}$.

(2) $y'=x'\arcsin\dfrac{x}{2}+x\left(\arcsin\dfrac{x}{2}\right)'+(\sqrt{4-x^2})'$

$\qquad=\arcsin\dfrac{x}{2}+x\cdot\dfrac{1}{\sqrt{1-\dfrac{x^2}{4}}}\left(\dfrac{x}{2}\right)'+\dfrac{1}{2\sqrt{4-x^2}}(4-x^2)'$

$$=\arcsin\frac{x}{2}+\frac{x}{\sqrt{4-x^2}}+\frac{-2x}{2\sqrt{4-x^2}}$$

$$=\arcsin\frac{x}{2}.$$

(3) $y'=\dfrac{1}{1+\left(\dfrac{1+x}{1-x}\right)^2}\left(\dfrac{1+x}{1-x}\right)'$

$$=\frac{(1-x)^2}{2(1+x^2)}\cdot\frac{(1-x)-(1+x)\cdot(-1)}{(1-x)^2}=\frac{1}{1+x^2}.$$

(4) 令 $u=\mathrm{e}^x$,则 $y=\ln(u+\sqrt{1+u^2})$. 从而

$$y'=[\ln(u+\sqrt{1+u^2})]'_u\cdot(\mathrm{e}^x)'$$

$$=\frac{1}{u+\sqrt{1+u^2}}\left(1+\frac{2u}{2\sqrt{1+u^2}}\right)\cdot\mathrm{e}^x$$

$$=\frac{1}{\sqrt{1+u^2}}\mathrm{e}^x=\frac{\mathrm{e}^x}{\sqrt{1+\mathrm{e}^{2x}}}.$$

【例10】 设 $f(x)$ 在 $(-\infty,+\infty)$ 上可导,$y(x)=f(\sin^2 x)+f^2(\cos x)$,求 $y'(x)$.

解 $y'(x)=[f(\sin^2 x)]'+[f^2(\cos x)]'$

$$=f'(\sin^2 x)\cdot(\sin^2 x)'+2f(\cos x)\cdot[f(\cos x)]'$$

$$=f'(\sin^2 x)\cdot 2\sin x\cos x+2f(\cos x)f'(\cos x)(\cos x)'$$

$$=f'(\sin^2 x)\sin 2x-2f(\cos x)f'(\cos x)\sin x.$$

注 复合函数求导时,若 $y=f[\varphi(x)]$,请注意区别 y' 与 $f'[\varphi(x)]$,即 $y'=\dfrac{\mathrm{d}(f[\varphi(x)])}{\mathrm{d}x}$,$f'[\varphi(x)]=f'(u)|_{u=\varphi(x)}$,前者为复合函数的导数,后者是因变量对中间变量的导数.

【例11】 设 $f(x)=\begin{cases}\ln\sqrt{x}, & x\geqslant 1,\\ 2x-1, & x<1,\end{cases}$ $y=f[f(x)]$,求 $\dfrac{\mathrm{d}y}{\mathrm{d}x}\bigg|_{x=\mathrm{e}}$.

解 令 $y=f(u),u=f(x)$,则 $\dfrac{\mathrm{d}y}{\mathrm{d}x}=f'(u)f'(x)$. 又 $x=\mathrm{e}$ 时,$u=\ln\sqrt{\mathrm{e}}=\dfrac{1}{2}$,得

$$f'(x)|_{x=\mathrm{e}}=(\ln\sqrt{x})'|_{x=\mathrm{e}}=\left(\frac{1}{2}\ln x\right)'\bigg|_{x=\mathrm{e}}=\frac{1}{2x}\bigg|_{x=\mathrm{e}}=\frac{1}{2\mathrm{e}},$$

$$f'(u)|_{u=\frac{1}{2}}=(2u-1)'|_{u=\frac{1}{2}}=2,$$

所以 $\dfrac{\mathrm{d}y}{\mathrm{d}x}\bigg|_{x=\mathrm{e}}=f'(u)|_{u=\frac{1}{2}}\cdot f'(x)|_{x=\mathrm{e}}=2\cdot\dfrac{1}{2\mathrm{e}}=\dfrac{1}{\mathrm{e}}.$

【例12】 试从 $\dfrac{\mathrm{d}x}{\mathrm{d}y}=\dfrac{1}{y'}$ 导出:

(1) $\dfrac{\mathrm{d}^2 x}{\mathrm{d}y^2}=-\dfrac{y''}{y'^3}$; (2) $\dfrac{\mathrm{d}^3 x}{\mathrm{d}y^3}=\dfrac{3y''^2-y'y'''}{y'^5}.$

解 (1) $\dfrac{\mathrm{d}^2 x}{\mathrm{d}y^2}=\dfrac{\mathrm{d}}{\mathrm{d}y}\left(\dfrac{\mathrm{d}x}{\mathrm{d}y}\right)=\dfrac{\mathrm{d}}{\mathrm{d}y}\left(\dfrac{1}{y'}\right)=\dfrac{\mathrm{d}}{\mathrm{d}x}\left(\dfrac{1}{y'}\right)\cdot\dfrac{\mathrm{d}x}{\mathrm{d}y}=-\dfrac{y''}{y'^2}\cdot\dfrac{1}{y'}=-\dfrac{y''}{y'^3}.$

(2) $\dfrac{\mathrm{d}^3 x}{\mathrm{d} y^3} = \dfrac{\mathrm{d}}{\mathrm{d} y}\left(\dfrac{\mathrm{d}^2 x}{\mathrm{d} y^2}\right) = \dfrac{\mathrm{d}}{\mathrm{d} y}\left(-\dfrac{y''}{y'^3}\right) = \dfrac{\mathrm{d}}{\mathrm{d} x}\left(-\dfrac{y''}{y'^3}\right) \cdot \dfrac{\mathrm{d} x}{\mathrm{d} y}$

$= -\dfrac{y'^3 \cdot y''' - y'' \cdot 3 y'^2 \cdot y''}{y'^6} \cdot \dfrac{1}{y'} = \dfrac{3 y''^2 - y' y'''}{y'^5}.$

三、隐函数求导

【例 13】 求下列函数的导数：

(1) $y = \dfrac{x^2}{x-1} \sqrt[3]{\dfrac{2-x}{(2+x)^2}}$； (2) $y = (\ln x)^x$.

解 (1) 原式两边取对数并化简，得

$$\ln y = 2\ln x - \ln(x-1) + \dfrac{1}{3}[\ln(2-x) - 2\ln(2+x)],$$

两边对 x 求导，得

$$\dfrac{1}{y} \cdot y' = \dfrac{2}{x} - \dfrac{1}{x-1} + \dfrac{1}{3}\left(\dfrac{-1}{2-x} - \dfrac{2}{2+x}\right),$$

所以

$$y' = \dfrac{x^2}{x-1}\sqrt[3]{\dfrac{2-x}{(2+x)^2}}\left[\dfrac{2}{x} - \dfrac{1}{x-1} - \dfrac{1}{3(2-x)} - \dfrac{2}{3(2+x)}\right].$$

(2) 方法一：原式两边取对数，得

$$\ln y = x \ln\ln x,$$

两边对 x 求导，得

$$\dfrac{1}{y} y' = \ln\ln x + x \cdot \dfrac{1}{\ln x} \cdot \dfrac{1}{x},$$

所以

$$y' = (\ln x)^x \left(\ln\ln x + \dfrac{1}{\ln x}\right).$$

方法二：把原式化为指数函数，有

$$y = \mathrm{e}^{\ln(\ln x)^x} = \mathrm{e}^{x \ln\ln x},$$

所以 $y' = \mathrm{e}^{x\ln\ln x}(x\ln\ln x)' = \mathrm{e}^{x\ln\ln x}\left(\ln\ln x + x \cdot \dfrac{1}{\ln x} \cdot \dfrac{1}{x}\right)$

$= (\ln x)^x \left(\ln\ln x + \dfrac{1}{\ln x}\right).$

> **注** 形如 $y = u(x)^{v(x)}$ 的函数为幂指函数，求导方法如下：
> ① 原函数变形为指数函数 $y = \mathrm{e}^{v(x)\ln u(x)}$，化为复合函数求导；
> ② 原函数两边取对数，得 $\ln y = v(x)\ln u(x)$，化为隐函数求导.

【例 14】 (1) 设 $x + 2y - \cos y = 0$，确定隐函数 $y = y(x)$，求 $\left.\dfrac{\mathrm{d}^2 y}{\mathrm{d} x^2}\right|_{(1,0)}$；

(2) 设 $\ln\sqrt{x^2+y^2} = \arctan\dfrac{y}{x}$，求 $\dfrac{\mathrm{d}^2 y}{\mathrm{d} x^2}$；

(3) 设 $(\cos x)^y = (\sin y)^x$，求 $\dfrac{\mathrm{d} y}{\mathrm{d} x}$.

解 (1) 先求出 $\dfrac{\mathrm{d} y}{\mathrm{d} x}$. 方程两边对 x 求导，得

$$1+2\frac{dy}{dx}+\sin y\frac{dy}{dx}=0,$$

解得
$$\frac{dy}{dx}=-\frac{1}{2+\sin y}.$$

因而
$$\left.\frac{dy}{dx}\right|_{(1,0)}=-\frac{1}{2},$$

$$\left.\frac{d^2y}{dx^2}\right|_{(1,0)}=\frac{d}{dx}\left(-\frac{1}{2+\sin y}\right)\bigg|_{(1,0)}=\frac{\cos y}{(2+\sin y)^2}\cdot\left.\frac{dy}{dx}\right|_{(1,0)}=-\frac{1}{8}.$$

(2) 把原方程化简,得
$$\frac{1}{2}\ln(x^2+y^2)=\arctan\frac{y}{x},$$

上式两边对 x 求导,得
$$\frac{1}{2}\cdot\frac{2x+2yy'}{x^2+y^2}=\frac{1}{1+\left(\frac{y}{x}\right)^2}\cdot\frac{xy'-y}{x^2},$$

即
$$x+yy'=xy'-y,$$

解得
$$y'=\frac{x+y}{x-y}.$$

上式两边再对 x 求导,并将 $y'=\frac{x+y}{x-y}$ 代入,得

$$\frac{d^2y}{dx^2}=\frac{(x-y)(1+y')-(x+y)(1-y')}{(x-y)^2}$$

$$=\frac{(x-y)\left(1+\frac{x+y}{x-y}\right)-(x+y)\left(1-\frac{x+y}{x-y}\right)}{(x-y)^2}$$

$$=\frac{2(x^2+y^2)}{(x-y)^3}.$$

(2) 原方程两边取对数并化简,得
$$y\ln\cos x=x\ln\sin y,$$

两边对 x 求导,得
$$y'\ln\cos x+y\cdot\frac{-\sin x}{\cos x}=\ln\sin y+x\cdot\frac{\cos y}{\sin y}\cdot y',$$

整理得
$$y'=\frac{\ln\sin y+y\tan x}{\ln\cos x-x\cot y}.$$

【例 15】 设 $u=f[\varphi(x)+y^2]$,x,y 满足 $y=x+\ln y$,且 $f(x)$ 和 $\varphi(x)$ 均可导,求 $\frac{du}{dx}$。

解 u 对 x 求导,得
$$\frac{du}{dx}=f'[\varphi(x)+y^2]\cdot[\varphi'(x)+2y\cdot y']. \quad (*)$$

方程 $y=x+\ln y$ 两边对 x 求导,得
$$y'=1+\frac{1}{y}y',$$

解得 $y'=\frac{y}{y-1}$,代入($*$)式,得

$$\frac{\mathrm{d}u}{\mathrm{d}x}=f'[\varphi(x)+y^2]\left[\varphi'(x)+\frac{2y^2}{y-1}\right].$$

四、参数方程所确定的函数的求导

【例 16】 （1）设 $\begin{cases} x=\ln\sqrt{1+t^2}, \\ y=\arctan t, \end{cases}$ 求 $\dfrac{\mathrm{d}y}{\mathrm{d}x}, \dfrac{\mathrm{d}^2 y}{\mathrm{d}x^2}$.

（2）已知函数 $y=y(x)$ 由方程组 $\begin{cases} x+t(1-t)=0, \\ t\mathrm{e}^y+y+1=0 \end{cases}$ 确定，求 $\dfrac{\mathrm{d}y}{\mathrm{d}x}\bigg|_{t=0}$.

解 （1） $x=\dfrac{1}{2}\ln(1+t^2),$

$$\frac{\mathrm{d}y}{\mathrm{d}x}=\frac{\dfrac{\mathrm{d}y}{\mathrm{d}t}}{\dfrac{\mathrm{d}x}{\mathrm{d}t}}=\frac{\dfrac{1}{1+t^2}}{\dfrac{1}{2}\cdot\dfrac{2t}{1+t^2}}=\frac{1}{t},$$

$$\frac{\mathrm{d}^2 y}{\mathrm{d}x^2}=\frac{\dfrac{\mathrm{d}}{\mathrm{d}t}\left(\dfrac{1}{t}\right)}{\dfrac{\mathrm{d}x}{\mathrm{d}t}}=\frac{-\dfrac{1}{t^2}}{\dfrac{1}{2}\cdot\dfrac{2t}{1+t^2}}=-\frac{1+t^2}{t^3}.$$

（2）$t=0$ 时，$x=0, y=-1$. 方程 $x+t(1-t)=0$ 两边对 t 求导，得

$$\frac{\mathrm{d}x}{\mathrm{d}t}=2t-1.$$

方程 $t\mathrm{e}^y+y+1=0$ 两边对 t 求导，得

$$\mathrm{e}^y+t\mathrm{e}^y\frac{\mathrm{d}y}{\mathrm{d}t}+\frac{\mathrm{d}y}{\mathrm{d}t}=0,$$

整理得

$$\frac{\mathrm{d}y}{\mathrm{d}t}=-\frac{\mathrm{e}^y}{1+t\mathrm{e}^y}.$$

所以

$$\frac{\mathrm{d}y}{\mathrm{d}x}\bigg|_{t=0}=\frac{\dfrac{\mathrm{d}y}{\mathrm{d}t}}{\dfrac{\mathrm{d}x}{\mathrm{d}t}}\bigg|_{t=0}=\frac{\mathrm{e}^y}{(1+t\mathrm{e}^y)(1-2t)}\bigg|_{t=0}=\mathrm{e}^{-1}.$$

五、导数的几何意义

【例 17】 试求经过原点且与曲线 $y=\dfrac{x+9}{x+5}$ 相切的切线方程.

解 设切点为 (x_0, y_0)，则切线斜率为 $k=y'(x_0)=-\dfrac{4}{(x_0+5)^2}$，故切线方程为

$$y-y_0=-\frac{4}{(x_0+5)^2}(x-x_0).$$

因 (x_0, y_0) 在曲线上，故 $y_0=\dfrac{x_0+9}{x_0+5}$，代入上式，得

$$y=-\frac{4x}{(x_0+5)^2}+\frac{4x_0+(x_0+9)(x_0+5)}{(x_0+5)^2}.$$

又因切线经过原点,故有
$$4x_0+(x_0+9)(x_0+5)=0,$$
解得
$$x_0=-3 \text{ 或 } x_0=-15,$$
故所求切线方程为 $y=-x$ 及 $y=-\frac{1}{25}x$.

注 斜率应为切点处的导数值 $f'(x_0)$,而不是导函数 $f'(x)$.

【**例 18**】 设光滑曲线 $y=f(x)$ 与 $y=x^2-x$ 在 $(1,0)$ 处有公切线,求 $\lim\limits_{n\to\infty}nf\left(\frac{n}{n+2}\right)$.

解 由题设得 $f(1)=0, f'(1)=(x^2-x)'\big|_{x=1}=1$,由导数定义得

$$\lim_{n\to\infty}nf\left(\frac{n}{n+2}\right)=\lim_{n\to\infty}\frac{f\left(\frac{n}{n+2}\right)-f(1)}{\frac{n}{n+2}-1}\cdot n\left(\frac{n}{n+2}-1\right)$$

$$=\lim_{n\to\infty}\frac{f\left(\frac{n}{n+2}\right)-f(1)}{\frac{n}{n+2}-1}\cdot\lim_{n\to\infty}\frac{-2n}{n+2}$$

$$=-2f'(1)=-2.$$

【**例 19**】 求由方程 $\sin(xy)+\ln(y-x)=x$ 所确定的曲线 $y=y(x)$ 在点 $(0,1)$ 处的切线方程.

解 两边对 x 求导,得
$$\cos(xy)(y+xy')+\frac{y'-1}{y-x}=1,$$
将 $x=0, y=1$ 代入上式,得切线斜率 $k=y'\big|_{(0,1)}=1$,从而切线方程为
$$y-1=x,$$
即切线方程为 $y=x+1$.

【**例 20**】 设曲线的参数方程为 $\begin{cases}x=t+2+\sin t,\\ y=t+\cos t,\end{cases}$ 求此曲线在点 $x=2$ 处的切线方程与法线方程.

解 $x=2$ 时对应参数 $t=0$,切点为 $(2,1)$,又

$$\frac{\mathrm{d}y}{\mathrm{d}x}\bigg|_{t=0}=\frac{\frac{\mathrm{d}y}{\mathrm{d}t}}{\frac{\mathrm{d}x}{\mathrm{d}t}}\bigg|_{t=0}=\frac{1-\sin t}{1+\cos t}\bigg|_{t=0}=\frac{1}{2},$$

故切线方程为 $y-1=\frac{1}{2}(x-2)$,

法线方程为 $y-1=-2(x-2)$.

▶▶ 六、高阶导数

【**例 21**】 求二阶导数 $\frac{\mathrm{d}^2y}{\mathrm{d}x^2}$,其中:

(1) $y=\cos^2 x \cdot \ln x$；

(2) $y=f(1-\cos x)$，且 $f(x)$ 二阶可导.

解 (1) $\dfrac{dy}{dx}=(\cos^2 x)'\ln x+\cos^2 x(\ln x)'=2\cos x(-\sin x)\ln x+\dfrac{\cos^2 x}{x}$

$\qquad\qquad =-\sin 2x\cdot \ln x+\dfrac{\cos^2 x}{x}$，

$\dfrac{d^2 y}{dx^2}=-(\sin 2x)'\cdot \ln x-\sin 2x\cdot(\ln x)'+\dfrac{x(\cos^2 x)'-\cos^2 x}{x^2}$

$\qquad =-2\cos 2x\cdot \ln x-\dfrac{\sin 2x}{x}+\dfrac{x\cdot(-\sin 2x)-\cos^2 x}{x^2}$

$\qquad =-2\cos 2x\ln x-\dfrac{2\sin 2x}{x}-\dfrac{\cos^2 x}{x^2}$.

(2) $\dfrac{dy}{dx}=f'(1-\cos x)\cdot(1-\cos x)'=\sin x\cdot f'(1-\cos x)$，

$\dfrac{d^2 y}{dx^2}=(\sin x)'f'(1-\cos x)+\sin x\cdot[f'(1-\cos x)]'$

$\qquad =\cos x f'(1-\cos x)+\sin x\cdot f''(1-\cos x)\cdot(1-\cos x)'$

$\qquad =\cos x f'(1-\cos x)+\sin^2 x f''(1-\cos x)$.

注 解答第(2)题易犯如下错误：$[f'(1-\cos x)]'=f''(1-\cos x)$，从而少乘一个 $(1-\cos x)'$. 这里应是复合函数求导.

【例22】 求下列函数的 n 阶导数的一般表达式：

(1) $y=\cos^2 x$；　　　　(2) $y=\dfrac{x^2+1}{x^2-1}$.

解 (1) $y'=2\cos x\cdot(-\sin x)=-\sin 2x$，

$y^{(n)}=-2^{n-1}\cdot \sin\left(2x+\dfrac{n-1}{2}\pi\right)(n\geqslant 1)$.

(2) 直接计算 $y'=\dfrac{-4x}{(x^2-1)^2}$，$y''=\dfrac{12x^2-4}{(x^2-1)^3}$，…，不仅麻烦，而且无规律可循.

因为 $y=\dfrac{x^2-1+2}{x^2-1}=1+\dfrac{2}{x^2-1}=1+\dfrac{1}{x-1}-\dfrac{1}{x+1}$，

所以 $y^{(n)}=\left(\dfrac{1}{x-1}\right)^{(n)}-\left(\dfrac{1}{x+1}\right)^{(n)}$

$\qquad =(-1)^n\dfrac{n!}{(x-1)^{n+1}}-(-1)^n\dfrac{n!}{(x+1)^{n+1}}(n\geqslant 1)$.

【例23】 设函数 $f(x)=x^2\cdot 2^x$，求 $f^{(n)}(0)$.

解 令 $f(x)=u\cdot v$，$u=2^x$，$v=x^2$，则

$u^{(k)}(0)=2^x(\ln 2)^k\big|_{x=0}=(\ln 2)^k$，$v'=2x$，$v''=2$，$v^{(k)}=0(k\geqslant 3)$，

由莱布尼茨公式得

$f^{(n)}(0)=C_n^2 u^{(n-2)}(0)v''(0)=\dfrac{n(n-1)}{2}(\ln 2)^{n-2}\cdot 2=n(n-1)(\ln 2)^{n-2}$.

七、求函数的微分

【例 24】 求下列函数在指定点的微分：

(1) $y = \dfrac{x}{\sqrt{1-x^2}}, x_0 = 0$；　　(2) $y = \sqrt{\tan \dfrac{x}{2}}, x_0 = \dfrac{\pi}{2}$.

解 由 $\mathrm{d}y = f'(x)\mathrm{d}x$ 看出，求微分实质上就是计算 $f'(x)$. 本题起到巩固导数计算的作用，读者在运算中不要忘记乘 $\mathrm{d}x$.

(1) 因为
$$y' = \dfrac{\sqrt{1-x^2} - x \cdot \dfrac{-x}{\sqrt{1-x^2}}}{1-x^2} = \dfrac{1}{(1-x^2)^{\frac{3}{2}}},$$

所以
$$y'(0) = 1.$$

所以
$$\mathrm{d}y\big|_{x=0} = y'(0)\mathrm{d}x = \mathrm{d}x.$$

(2) 因为
$$y' = \dfrac{1}{2\sqrt{\tan \dfrac{x}{2}}} \sec^2 \dfrac{x}{2} \cdot \dfrac{1}{2} = \dfrac{\sec^2 \dfrac{x}{2}}{4\sqrt{\tan \dfrac{x}{2}}},$$

所以
$$y'\left(\dfrac{\pi}{2}\right) = \dfrac{1}{2}.$$

所以
$$\mathrm{d}y\big|_{x=\frac{\pi}{2}} = \dfrac{1}{2}\mathrm{d}x.$$

【例 25】 求由方程 $2y - x = (x-y)\ln(x-y)$ 所确定的函数 $y = y(x)$ 的微分 $\mathrm{d}y$.

解 方法一：对方程两边求微分，有
$$2\mathrm{d}y - \mathrm{d}x = (\mathrm{d}x - \mathrm{d}y)\ln(x-y) + (x-y)\dfrac{\mathrm{d}x - \mathrm{d}y}{x-y},$$
$$\mathrm{d}y = \dfrac{x}{2x-y}\mathrm{d}x.$$

方法二：对方程两边求导数，有
$$2y' - 1 = (1-y')\ln(x-y) + (1-y'),$$
$$y' = \dfrac{2 + \ln(x-y)}{3 + \ln(x-y)} = \dfrac{x}{2x-y},$$
$$\mathrm{d}y = \dfrac{x}{2x-y}\mathrm{d}x.$$

八、相关变化率与微分的应用

【例 26】 落在平静水面上的石头，产生同心圆形波纹，若最外一圈半径的增大率总是 $6\ \mathrm{m/s}$，问：$2\ \mathrm{s}$ 末受到扰动的水面面积的增大率为多少？

解 这是一个相关变化率问题，现已知半径的变化率为 $6\ \mathrm{m/s}$，要求面积的变化率，为此，建立半径与面积的关系.

设波纹最外圈圆的半径为 r，扰动水面的面积为 S，则
$$S = \pi r^2.$$

S 与 r 均为时间 t 的函数,故

$$\frac{dS}{dt}=\pi \cdot 2r \cdot \frac{dr}{dt}.$$

所以 $\left.\dfrac{dS}{dt}\right|_{t=2}=2\pi r \cdot \left.\dfrac{dr}{dt}\right|_{t=2}=2\pi \cdot 6t \cdot \left.\dfrac{dr}{dt}\right|_{t=2}=2\pi\times 6\times 2\times 6=144\pi(\mathrm{m}^2/\mathrm{s}).$

【例27】 设某产品的总成本函数为 $C(x)=400+3x+\dfrac{1}{2}x^2$,而需求函数为 $p=\dfrac{100}{\sqrt{x}}$,其中 x 为产量(假定等于需求量),p 为价格,试求:(1)边际成本;(2)边际收益;(3)边际利润;(4)收益对价格的弹性.

解 (1) 边际成本为 $\dfrac{dC(x)}{dx}=3+x.$

(2) 因为收益 $R=px=100\sqrt{x}$,故边际收益为 $\dfrac{dR(x)}{dx}=\dfrac{50}{\sqrt{x}}.$

(3) 因为利润 $=R-C$,故边际利润为 $\dfrac{d(R-C)}{dx}=\dfrac{50}{\sqrt{x}}-3-x.$

(4) 因为收益 $R=px$,由 $p=\dfrac{100}{\sqrt{x}}$ 知 $x=\dfrac{100^2}{p^2}$,故 $R=\dfrac{100^2}{p}$,于是收益对价格的弹性为

$$\frac{\frac{dR}{R}}{\frac{dp}{p}}=\frac{p}{R}\cdot\frac{dR}{dp}=\left(\frac{p}{100}\right)^2\left(-\frac{100^2}{p^2}\right)=-1.$$

竞赛题选解

【例1】(江苏省1994年竞赛) 已知 $f(0)=0$,$f'(0)$ 存在,求

$$\lim_{n\to\infty}\left[f\left(\frac{1}{n^2}\right)+f\left(\frac{2}{n^2}\right)+\cdots+f\left(\frac{n}{n^2}\right)\right].$$

解 因 $f(0)=0$,$f'(0)$ 存在,所以

$$\lim_{n\to\infty}\frac{f\left(\frac{k}{n^2}\right)-f(0)}{\frac{1}{n^2}}=\lim_{n\to\infty}k\,\frac{f\left(\frac{k}{n^2}\right)-f(0)}{\frac{k}{n^2}}=kf'(0).$$

于是 $n\to\infty$ 时,$f\left(\dfrac{k}{n^2}\right)=kf'(0)\dfrac{1}{n^2}+o\left(\dfrac{1}{n^2}\right)(k=1,2,\cdots,n)$,所以

$$\text{原式}=\lim_{n\to\infty}\left[f'(0)\left(\frac{1}{n^2}+\frac{2}{n^2}+\cdots+\frac{n}{n^2}\right)+n\cdot o\left(\frac{1}{n^2}\right)\right]$$

$$=\lim_{n\to\infty}\left[f'(0)\cdot\frac{\frac{1}{2}n(n+1)}{n^2}+o\left(\frac{1}{n}\right)\right]=\frac{1}{2}f'(0).$$

【例2】(浙江省2003年竞赛) 求 $\displaystyle\lim_{n\to\infty}\frac{2^{-n}}{n(n+1)}\sum_{k=1}^{n}C_n^k k^2.$

解 应用二项展开式,有
$$(1+x)^n = 1 + C_n^1 x + C_n^2 x^2 + \cdots + C_n^n x^n = \sum_{k=0}^{n} C_n^k x^k,$$

两边求导,得
$$n(1+x)^{n-1} = \sum_{k=1}^{n} C_n^k \cdot k x^{k-1},$$

两边乘 x 后再求导,得
$$n(1+x)^{n-1} + n(n-1)x(1+x)^{n-2} = \sum_{k=1}^{n} C_n^k \cdot k^2 x^{k-1}.$$

令 $x=1$,得
$$n \cdot 2^{n-1} + n(n-1)2^{n-2} = \sum_{k=1}^{n} C_n^k \cdot k^2,$$

于是
$$\lim_{n\to\infty} \frac{2^{-n}}{n(n+1)} \sum_{k=1}^{n} C_n^k \cdot k^2 = \lim_{n\to\infty} \frac{2^{-n}}{n(n+1)} \cdot \frac{1}{4} \cdot 2^n \cdot n(n+1) = \frac{1}{4}.$$

【例 3】(全国第一届初赛) 设函数 $y=y(x)$ 由方程 $x\mathrm{e}^{f(y)} = \mathrm{e}^y \ln 29$ 确定,其中 f 具有二阶导数,且 $f' \neq 1$,求 $\dfrac{\mathrm{d}^2 y}{\mathrm{d} x^2}$.

解 两边对 x 求导,得
$$\mathrm{e}^{f(y)} + x\mathrm{e}^{f(y)} f'(y) \cdot \frac{\mathrm{d}y}{\mathrm{d}x} = \mathrm{e}^y \frac{\mathrm{d}y}{\mathrm{d}x} \ln 29,$$

两边同乘 x,并由 $x\mathrm{e}^{f(y)} = \mathrm{e}^y \ln 29$ 得
$$\mathrm{e}^y \ln 29 + x\mathrm{e}^y \ln 29 f'(y) \frac{\mathrm{d}y}{\mathrm{d}x} = x\mathrm{e}^y \ln 29 \cdot \frac{\mathrm{d}y}{\mathrm{d}x},$$

由此得
$$\frac{\mathrm{d}y}{\mathrm{d}x} = \frac{1}{x[1-f'(y)]},$$

于是
$$\frac{\mathrm{d}^2 y}{\mathrm{d} x^2} = -\frac{1-f'(y) - xf''(y)\dfrac{\mathrm{d}y}{\mathrm{d}x}}{x^2[1-f'(y)]^2} \xrightarrow{\dfrac{\mathrm{d}y}{\mathrm{d}x}\text{代入}} -\frac{[1-f'(y)]^2 - f''(y)}{x^2[1-f'(y)]^3}.$$

【例 4】 设 $y = \dfrac{1}{\sqrt{1-x^2}} \arcsin x$,求 $y^{(n)}(0)$.

解
$$y' = \frac{1}{1-x^2} + \frac{x \cdot \arcsin x}{(1-x^2)\sqrt{1-x^2}},$$

所以
$$(1-x^2)y' - xy - 1 = 0, \tag{1}$$

两边对 x 求导,得
$$(1-x^2)y'' - 3xy' - y = 0, \tag{2}$$

(1)式两边对 x 求 n 次导数,由莱布尼茨公式得
$$[(1-x^2)y^{(n+1)} + C_n^1 \cdot (-2x)y^{(n)} + C_n^2 \cdot (-2)y^{(n-1)}] - [xy^{(n)} + C_n^1 \cdot y^{(n-1)}] = 0,$$

即
$$(1-x^2)y^{(n+1)} - (2n+1)xy^{(n)} - n^2 y^{(n-1)} = 0. \tag{3}$$
由(1)(2)两式得 $y'(0)=1, y''(0)=y(0)=0$,再由(3)式得
$$y^{(2n)}(0)=0, y^{(2n+1)}(0)=4^n(n!)^2.$$

同步练习

一、选择题

1. 已知函数 $f(x)=\begin{cases} x, & x\leqslant 0, \\ \dfrac{a+b\cos x}{x}, & x>0 \end{cases}$ 在 $x=0$ 处可导,则 （　　）

(A) $a=-2, b=2$ 　　　　　(B) $a=2, b=-2$
(C) $a=-1, b=1$ 　　　　　(D) $a=1, b=-1$

2. 设函数 $f(x)=(e^x-1)(e^{2x}-2)\cdots(e^{nx}-n)$,其中 n 为正整数,则 $f'(0)=$ （　　）
(A) $(-1)^{n-1}(n-1)!$ 　　　　　(B) $(-1)^n(n-1)!$
(C) $(-1)^{n-1}n!$ 　　　　　(D) $(-1)^n n!$

3. 已知 $f(x)$ 为可导偶函数,且 $\lim\limits_{x\to 0}\dfrac{f(1+x)-f(1)}{2x}=-2$,则曲线 $y=f(x)$ 在 $(-1,2)$ 处的切线方程为 （　　）
(A) $y=4x+6$ 　(B) $y=-4x-2$ 　(C) $y=x+3$ 　(D) $y=-x+1$

4. 已知 a 是大于零的常数,$f(x)=\ln(1+a^{-2x})$,则 $f'(0)$ 等于 （　　）
(A) $-\ln a$ 　(B) $\ln a$ 　(C) $\dfrac{1}{2}\ln a$ 　(D) $\dfrac{1}{2}$

5. 设 $y=(1+x)^{\frac{1}{x}}$,则 $y'(1)$ 等于 （　　）
(A) 2 　(B) e 　(C) $\dfrac{1}{2}-\ln 2$ 　(D) $1-\ln 4$

6. 设 $y=f(x)$ 由 $\cos(xy)+\ln y-x=1$ 确定,则 $\lim\limits_{n\to\infty}\left[f\left(\dfrac{2}{n}\right)-1\right]n=$ （　　）
(A) 2 　(B) 1 　(C) -1 　(D) -2

7. 若曲线 $y=x^2$ 与曲线 $y=a\ln x (a\neq 0)$ 相切,则 $a=$ （　　）
(A) $4e$ 　(B) $3e$ 　(C) $2e$ 　(D) e

8. 设函数 $f(x)=3x^3+x^2|x|$,则使 $f^{(n)}(0)$ 不存在的最小正整数 n 必为 （　　）
(A) 1 　(B) 2 　(C) 3 　(D) 4

9. 设函数 $f(u)$ 可导,$y=f(x^2)$ 当自变量 x 在 $x=-1$ 处取得增量 $\Delta x=-0.1$ 时,相应的函数的增量 Δy 的线性主部为 0.1,则 $f'(1)$ 等于 （　　）
(A) -1 　(B) 0.1 　(C) 1 　(D) 0.5

二、填空题

1. 已知 $f(x)$ 在 $x=a$ 处可导，且 $f'(a)=k\neq 0$，则 $\lim\limits_{t\to 0}\dfrac{f(a-3t)-f(a-5t)}{t}=$ _____ .

2. $\dfrac{\mathrm{d}}{\mathrm{d}x}[\ln(\cos x^2)]=$ _____ .

3. 若 $y=x+(\sin x)^x$，则 $y'=$ _____ .

4. 设 $0<x<1$，则 $\mathrm{d}(\sqrt{x}\arcsin\sqrt{x})=$ _____ .

5. 若 $f(x)$ 为可导的奇函数，且 $f'(x_0)=5$，则 $f'(-x_0)=$ _____ .

6. 函数 $y=f(x)$ 是由方程 $xy+2\ln x=y^4$ 所确定，则曲线 $y=f(x)$ 在点 $(1,1)$ 处的切线方程是 _____ .

7. 设 $|x|<\dfrac{\pi}{2}$，则 $\mathrm{d}(\sin\sqrt{\cos x})=$ _____ $\mathrm{d}(\cos x)$.

8. 设函数 $y=\ln(1-2x)$，则 $y^{(n)}(0)=$ _____ .

9. 设 $f(x)=\lim\limits_{t\to 0}x(1+3t)^{\frac{x}{t}}$，则 $f'(x)=$ _____ .

10. 曲线 L 的极坐标方程为 $\rho=\theta$，则 L 在点 $(\rho,\theta)=\left(\dfrac{\pi}{2},\dfrac{\pi}{2}\right)$ 处的切线的直角坐标方程为 _____ .

三、解答题

1. 求下列函数的导数：

   (1) $y=\mathrm{e}^{-3x}\cos\left(\dfrac{\pi}{3}-2x\right)$；

   (2) $y=\dfrac{1}{2}\ln\dfrac{1-\sqrt{1-x^2}}{1+\sqrt{1-x^2}}$；

   (3) $y=\dfrac{1}{2}\arctan\dfrac{2x}{1-x^2}$；

   (4) $y=(1+x^2)^{\sin x}$.

2. 设函数 $f(x)=\begin{cases}\dfrac{\sqrt{1+x}-1}{\sqrt{x}}, & x>0, \\ 0, & x\leqslant 0,\end{cases}$ 讨论 $f(x)$ 在 $x=0$ 处的连续性与可导性.

3. 设 $f(x)=\begin{cases}x^2\mathrm{e}^{-x^2}, & |x|\leqslant 1, \\ \dfrac{1}{\mathrm{e}}, & |x|>1,\end{cases}$ 求 $f'(x)$.

4. 设 $y=f\left(\dfrac{2x-1}{2x+1}\right)$，$f'(x)=\arctan x^2$，求 $\left.\dfrac{\mathrm{d}y}{\mathrm{d}x}\right|_{x=0}$.

5. 设函数 $y=y(x)$ 由方程 $\mathrm{e}^{xy}+\tan(xy)=y$ 所确定，求 $y'(0)$.

6. 设函数 $y=y(x)$ 由方程 $y^3-x^2y=2$ 所确定，求 y''.

7. 设函数 $y=y(x)$ 由方程组 $\begin{cases}x=a(t-\sin t) \\ y=a(1-\cos t)\end{cases}$ 确定，求 $\dfrac{\mathrm{d}^2 y}{\mathrm{d}x^2}$.

8. 设函数 $y=y(x)$ 由方程组 $\begin{cases}x=\ln t+t^2 \\ y=2t^3+3t\end{cases}$ 所确定，求 $\left.\dfrac{\mathrm{d}y}{\mathrm{d}x}\right|_{x=1}$，$\left.\dfrac{\mathrm{d}^2 y}{\mathrm{d}x^2}\right|_{x=1}$.

9. 设曲线方程为 $\begin{cases} x = 3 + 2t + \arctan t, \\ y = 2 - 3t + \ln(1+t^2), \end{cases}$ 求此曲线在点 $(3,2)$ 处的切线方程.

10. 求垂直于直线 $2x - 6y + 1 = 0$ 且与曲线 $y = x^3 + 3x^2 - 5$ 相切的直线方程.

11. 设曲线方程为 $y = \sin(4 - x^2) - x$,求此曲线在 $x = 2$ 处的法线方程.

12. 设 $y = x^2 \mathrm{e}^{ax}$,其中 a 为常数,求 $y^{(n)}(n > 2)$.

13. 求下列函数的微分 $\mathrm{d}y$:

(1) $y = \dfrac{x \ln x}{1-x} + \ln(1-x)$;   (2) $y = 5^{\ln \tan \frac{1}{x}}$;

(3) $y = \tan(\mathrm{e}^{-2x} + 1)$;   (4) $y = f(1-2x) \cdot \sin f(x)$,其中 $f(x)$ 可微.

14. 在深为 $8\,\mathrm{m}$,上顶直径为 $8\,\mathrm{m}$ 的圆锥形漏斗中,以速度 $4\,\mathrm{m}^3/\mathrm{min}$ 将水注入漏斗,试问当水深为 $5\,\mathrm{m}$ 时,水表面上升的速度为多少?

四、竞赛题

1. (江苏省 2006 年竞赛) 设 $f(x) = \begin{cases} ax^2 + b \sin x + c, & x \leqslant 0, \\ \ln(1+x), & x > 0, \end{cases}$ 试问 a, b, c 为何值时,$f(x)$ 在 $x = 0$ 处一阶导数连续,但二阶导数不存在?

2. (江苏省 2012 年竞赛) 满足条件 $f(x)$ 在 $x = 0$ 处可导,但在 $x = 0$ 的某去心邻域内处处不可导,这样的 $f(x)$ 是否存在?若存在,举一例并证明;若不存在,请给出证明.

3. (江苏省 2014 年竞赛) 若 $f(x)$ 由方程组 $\begin{cases} x = t\mathrm{e}^t, \\ \mathrm{e}^t + \mathrm{e}^y = 2 \end{cases}$ 所确定,求 $\dfrac{\mathrm{d}y}{\mathrm{d}x}, \dfrac{\mathrm{d}^2 y}{\mathrm{d}x^2}$.

4. (江苏省 1994 年竞赛) 设 $f(x) = (x^2 - 3x + 2) \cos \dfrac{\pi x^2}{16}$,求 $f^{(n)}(2)$.

5. (江苏省 2012 年竞赛) 设 $y = \ln(1 - x^2)$,求 $y^{(n)}$.

6. (浙江省 2004 年竞赛) 设 $f(x) = \arctan \dfrac{1-x}{1+x}$,求 $f^{(n)}(0)$.

第三章 微分中值定理与导数的应用

主要内容与基本要求

▶▶ 一、知识结构

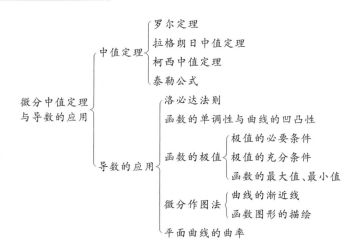

▶▶ 二、基本要求

(1) 理解罗尔(Rolle)定理、拉格朗日(Lagrange)中值定理,了解柯西(Cauchy)中值定理.

(2) 会用洛必达(L'Hospital)法则求不定式的极限.

(3) 了解泰勒(Taylor)中值定理以及用多项式逼近函数的思想.

(4) 理解函数极值的概念,掌握用导数判别函数的单调性和求极值的方法. 会求解较简单的最大值与最小值的应用问题.

(5) 会用导数判断函数图形的凹凸性,会求拐点,会描绘一些简单函数的图形(包括水平和垂直渐近线).

(6) 了解曲率和曲率半径的概念,会计算曲率和曲率半径.

(7) 了解方程近似解的二分法和切线法的思想.

三、内容提要

1. 中值定理

罗尔定理 若函数 $f(x)$ 在 $[a,b]$ 上连续,在 (a,b) 内可导,且 $f(a)=f(b)$,则存在 $\xi \in (a,b)$,使 $f'(\xi)=0$.

拉格朗日中值定理 若函数 $f(x)$ 在 $[a,b]$ 上连续,在 (a,b) 内可导,则存在 $\xi \in (a,b)$,使
$$f(b)-f(a)=f'(\xi)(b-a).$$

柯西中值定理 若函数 $f(x)$ 及 $g(x)$ 在 $[a,b]$ 上连续,在 (a,b) 内可导,且 $g'(x)$ 在 (a,b) 内的每一点均不为零,则存在 $\xi \in (a,b)$,使
$$\frac{f(b)-f(a)}{g(b)-g(a)}=\frac{f'(\xi)}{g'(\xi)}.$$

2. 泰勒公式

设函数 $f(x)$ 在含有 x_0 的某个开区间 (a,b) 内有直到 $n+1$ 阶导数,则对于开区间 (a,b) 内任意一点 x,都有
$$f(x)=f(x_0)+f'(x_0)(x-x_0)+\frac{f''(x_0)}{2!}(x-x_0)^2+\cdots+\frac{f^{(n)}(x_0)}{n!}(x-x_0)^n+R_n(x),$$

其中 $R_n(x)=\frac{f^{(n+1)}(\xi)}{(n+1)!}(x-x_0)^{n+1}$($\xi$ 在 x_0,x 之间),这叫拉格朗日型余项,或 $R_n(x)=o((x-x_0)^n)$,这叫佩亚诺型余项.

注 ① $x_0=0$ 时,称为麦克劳林公式.
② 几个常用的麦克劳林公式($0<\theta<1$):

$$e^x=1+x+\frac{x^2}{2!}+\cdots+\frac{x^n}{n!}+\frac{e^{\theta x}}{(n+1)!}x^{n+1};$$

$$\sin x=x-\frac{x^3}{3!}+\frac{x^5}{5!}-\cdots+(-1)^{m-1}\frac{x^{2m-1}}{(2m-1)!}+\frac{\sin\left[\theta x+(2m+1)\frac{\pi}{2}\right]}{(2m+1)!}x^{2m+1};$$

$$\cos x=1-\frac{x^2}{2!}+\frac{x^4}{4!}-\cdots+(-1)^m\frac{x^{2m}}{(2m)!}+\frac{\cos[\theta x+(m+1)\pi]}{(2m+2)!}x^{2m+2};$$

$$\ln(1+x)=x-\frac{x^2}{2}+\frac{x^3}{3}-\cdots+(-1)^{n-1}\frac{x^n}{n}+(-1)^n\frac{1}{(n+1)(1+\theta x)^{n+1}}x^{n+1};$$

$$(1+x)^\alpha=1+\alpha x+\frac{\alpha(\alpha-1)}{2!}x^2+\cdots+\frac{\alpha(\alpha-1)\cdots(\alpha-n+1)}{n!}x^n+$$
$$\frac{\alpha(\alpha-1)\cdots(\alpha-n)}{(n+1)!}(1+\theta x)^{\alpha-n-1}x^{n+1}.$$

3. 洛必达法则

设在自变量变化过程(如 $x\to x_0$,$x\to x_0^+$,$x\to x_0^-$,$x\to\infty$ 等)的某个区间内,函数 $f(x)$,$g(x)$ 可导,且 $g'(x)\neq 0$. 若极限 $\lim\frac{f(x)}{g(x)}$ 是 $\frac{0}{0}$ 型或 $\frac{\infty}{\infty}$ 型未定式,且 $\lim\frac{f'(x)}{g'(x)}=A$(或 ∞),则

$$\lim \frac{f(x)}{g(x)} = \lim \frac{f'(x)}{g'(x)} = A (或 \infty).$$

注 $\infty - \infty$ 型、$0 \cdot \infty$ 型可通过代数变换化为 $\frac{0}{0}$ 型或 $\frac{\infty}{\infty}$ 型.

4. 函数单调性的判定法

(1) 函数单调性的判定法：设 $y = f(x)$ 在 $[a, b]$ 上连续，在 (a, b) 内可导，则

(i) 若 $x \in (a, b)$ 时，$f'(x) > 0$，则 $y = f(x)$ 在 $[a, b]$ 上单调递增；

(ii) 若 $x \in (a, b)$ 时，$f'(x) < 0$，则 $y = f(x)$ 在 $[a, b]$ 上单调递减.

注 ① 在上述条件中，若仅有有限个点使 $f'(x) = 0$，则结论仍然成立.
② $f(x)$ 在 $[a, b]$ 上连续且单调增加（减少），不能推出在 (a, b) 内 $f'(x) > 0$（$f'(x) < 0$）.

(2) 函数单调区间的确定方法：设 $y = f(x)$ 在定义区间 I 上连续，且至多有有限个不可导点和驻点. 用 $f(x)$ 的不可导点和驻点划分 $f(x)$ 的定义区间 I 为若干部分区间，判定各部分区间内 $f'(x)$ 的符号，就可确定出 $f(x)$ 的单调区间.

5. 函数极值及其求法

(1) 极值的概念：设 $f(x)$ 在 (a, b) 有定义，$x_0 \in (a, b)$，若存在 x_0 的一个去心邻域 $\mathring{U}(x_0, \delta) \subset (a, b)$，使当 $x \in \mathring{U}(x_0, \delta)$ 时，有 $f(x) < f(x_0)$（或 $f(x) > f(x_0)$），则称 $f(x_0)$ 是 $f(x)$ 的一个极大值（或极小值），称 x_0 为 $f(x)$ 的一个极大值点（或极小值点）. 极大值与极小值统称为极值，极大值点与极小值点统称为极值点.

(2) 函数取得极值的必要条件：若 $f(x)$ 在 x_0 处可导，且在 x_0 取得极值，则 $f'(x_0) = 0$. 使 $f'(x) = 0$ 的点（即 $f'(x)$ 的实根）叫作 $f(x)$ 的驻点.

注 可导函数的极值点是驻点，但驻点不一定是极值点；$f(x)$ 的不可导点也可能是 $f(x)$ 的极值点.

(3) 函数取得极值的充分条件.

第一充分条件：设 $f(x)$ 在 x_0 的某一邻域内可导，且 $f'(x_0) = 0$，则

(i) 若 $x < x_0$ 时，$f'(x) > 0$，而 $x > x_0$ 时，$f'(x) < 0$，则 $f(x_0)$ 为 $f(x)$ 的一个极大值；

(ii) 若 $x < x_0$ 时，$f'(x) < 0$，而 $x > x_0$ 时，$f'(x) > 0$，则 $f(x_0)$ 为 $f(x)$ 的一个极小值.

第二充分条件：设 $f(x)$ 在 x_0 处具有二阶导数，且 $f'(x_0) = 0$，$f''(x_0) \neq 0$，则

(i) 当 $f''(x_0) < 0$ 时，$f(x_0)$ 为 $f(x)$ 的一个极大值；

(ii) 当 $f''(x_0) > 0$ 时，$f(x_0)$ 为 $f(x)$ 的一个极小值.

6. 函数的最值及其求法

(1) 若 $f(x)$ 在 $[a, b]$ 上连续，则 $f(x)$ 的最值点肯定在不可导点、驻点和区间端点这三类点中，只要求出函数在这些点的函数值，然后比较大小即可.

(2) 若 x_0 为 $f(x)$ 在区间 I 上的唯一极值点，则当 $f(x_0)$ 为 $f(x)$ 的极大值时，$f(x_0)$ 也为 $f(x)$ 在区间 I 上的最大值；当 $f(x_0)$ 为 $f(x)$ 的极小值时，$f(x_0)$ 也为 $f(x)$ 在区间 I 上的最小值.

(3) 实际问题中，往往根据问题的性质就可以断定可导函数 $f(x)$ 确有最大值或最小值，

而且一定在区间 I 的内部取得. 此时, 若 x_0 为 $f(x)$ 在区间 I 内的唯一驻点, 则不必讨论 $f(x_0)$ 是否为极值就可以断定 $f(x_0)$ 是极大值或极小值.

7. 曲线的凹凸性与拐点

(1) 曲线的凹凸性的概念: 设 $f(x)$ 在 $[a,b]$ 上连续, 若任给 $x_1, x_2 \in (a,b)$, 恒有

$$f\left(\frac{x_1+x_2}{2}\right) < \frac{1}{2}[f(x_1)+f(x_2)],$$

则称 $y=f(x)$ 在 $[a,b]$ 上的图形是凹的; 若任给 $x_1, x_2 \in (a,b)$, 恒有

$$f\left(\frac{x_1+x_2}{2}\right) > \frac{1}{2}[f(x_1)+f(x_2)],$$

则称 $y=f(x)$ 在 $[a,b]$ 上的图形是凸的.

曲线的凹弧与凸弧的分界点叫作曲线的拐点.

(2) 曲线凹凸的判定定理: 设 $f(x)$ 在 $[a,b]$ 上连续, 在 (a,b) 内二阶可导, 则

(i) 若 $x \in (a,b)$ 时, $f''(x) > 0$, 则 $y=f(x)$ 的图形在 $[a,b]$ 上是凹的;

(ii) 若 $x \in (a,b)$ 时, $f''(x) < 0$, 则 $y=f(x)$ 的图形在 $[a,b]$ 上是凸的.

8. 曲线的渐近线

(1) 水平渐近线: 若 $\lim\limits_{x\to\infty} f(x) = C$ (或 $\lim\limits_{x\to+\infty} f(x) = C$, 或 $\lim\limits_{x\to-\infty} f(x) = C$), 则 $y=C$ 为曲线 $y=f(x)$ 的一条水平渐近线.

(2) 垂直渐近线: 若 $\lim\limits_{x\to x_0} f(x) = \infty$, 则 $x=x_0$ 是曲线 $y=f(x)$ 的一条垂直渐近线.

(3) 斜渐近线: 若 $\lim\limits_{x\to\infty} \frac{f(x)}{x} = a$, 且 $\lim\limits_{x\to\infty} [f(x)-ax] = b$ 也存在(或 $\lim\limits_{x\to+\infty} [f(x)-ax] = b$ 存在, 或 $\lim\limits_{x\to-\infty} [f(x)-ax] = b$ 存在), 则直线 $y=ax+b$ 为曲线 $y=f(x)$ 的一条斜渐近线.

9. 函数作图的步骤

(1) 确定函数的定义域、间断点、奇偶性及周期性等.

(2) 求出 $f'(x)=0$ 的点及 $f'(x)$ 不存在的点, 求出 $f''(x)=0$ 的点及 $f''(x)$ 不存在的点.

(3) 用(2)中求出的点划分 $f(x)$ 的定义域, 通过列表分析 $f'(x)$ 与 $f''(x)$ 的正负号, 确定 $f(x)$ 的增减区间、极值点、凹凸区间、拐点.

(4) 确定 $y=f(x)$ 的水平渐近线、垂直渐近线和斜渐近线.

(5) 作图(可补充一些特殊点, 如曲线与坐标轴的交点等).

10. 弧微分、曲率及曲率半径计算公式

(1) 函数 $y=f(x)$ 的弧微分 $\mathrm{d}s = \sqrt{1+y'^2}\,\mathrm{d}x = \sqrt{(\mathrm{d}x)^2+(\mathrm{d}y)^2}$.

(2) 函数 $y=f(x)$ 二阶可导, 则曲率 $K = \dfrac{|y''|}{(1+y'^2)^{\frac{3}{2}}}$, 曲率半径 $\rho = \dfrac{1}{K}$.

典型例题解析

一、利用中值定理证明等式或不等式命题

【例1】 设 $f(x)=x^3, g(x)=x^4$,在 $[0,1]$ 上分别就拉格朗日中值定理、柯西中值定理计算相应的中值 ξ.

解 $f(x)=x^3$ 在 $[0,1]$ 上连续,在 $(0,1)$ 内可导,由拉格朗日中值定理,得
$$f'(\xi_1)=\frac{f(1)-f(0)}{1-0}=1,$$
即
$$3\xi_1^2=1, \xi_1=\frac{1}{\sqrt{3}}\in(0,1).$$

$g(x)=x^4$ 在 $[0,1]$ 上连续,在 $(0,1)$ 内可导,由拉格朗日中值定理,得
$$g'(\xi_2)=\frac{g(1)-g(0)}{1-0}=1,$$
即
$$4\xi_2^3=1, \xi_2=\frac{1}{\sqrt[3]{4}}\in(0,1).$$

$f(x),g(x)$ 满足柯西中值定理的所有条件,由柯西中值定理,得
$$\frac{f'(\xi_3)}{g'(\xi_3)}=\frac{f(1)-f(0)}{g(1)-g(0)}=1,$$
即
$$\frac{3\xi_3^2}{4\xi_3^3}=1, \xi_3=\frac{3}{4}\in(0,1).$$

注 以上例题说明了 $f(x),g(x)$ 分别按拉格朗日中值定理所得的中值与按柯西中值定理所得中值并非一致,需要注意的是柯西中值定理公式并非是两个函数按拉格朗日中值定理所得等式的商.

【例2】 设 $f(x)=x^2(x-1)(x-2)$,则 $f'(x)$ 的零点个数为 ( )
(A) 0 (B) 1 (C) 2 (D) 3

解 显然 $f'(0)=0, f(0)=f(1)=f(2)=0$,$f(x)$ 在 $[0,1]$ 及 $[1,2]$ 上分别应用罗尔定理得,存在 $x_1\in(0,1), x_2\in(1,2)$,使得 $f'(x_1)=f'(x_2)=0$,又 $f(x)$ 为四次多项式,$f'(x)$ 为三次多项式,故 $f'(x)$ 的零点至多三个,即 $x=0, x=x_1, x=x_2$,故选 (D).

【例3】 设实数 $a_1,a_2,\cdots,a_n$ 满足 $a_1-\frac{a_2}{3}+\cdots+\frac{(-1)^{n-1}a_n}{2n-1}=0$,证明方程:
$$a_1\cos x+a_2\cos 3x+\cdots+a_n\cos(2n-1)x=0$$
在区间 $\left(0,\frac{\pi}{2}\right)$ 内至少有一个根.

证 我们应用罗尔定理. 为此作一个辅助函数 $f(x)$,使 $f'(x)=0$ 为所证方程.

令
$$f(x)=a_1\sin x+\frac{a_2}{3}\sin 3x+\cdots+\frac{a_n}{2n-1}\sin(2n-1)x.$$

显然 $f(x)$ 在 $\left[0,\dfrac{\pi}{2}\right]$ 上连续,在 $\left(0,\dfrac{\pi}{2}\right)$ 内可导,且
$$f'(x)=a_1\cos x+a_2\cos 3x+\cdots+a_n\cos(2n-1)x.$$
因为
$$f(0)=0,\ f\left(\dfrac{\pi}{2}\right)=a_1-\dfrac{a_2}{3}+\cdots+\dfrac{(-1)^{n-1}a_n}{2n-1}=0,$$
所以 $f(x)$ 在 $\left[0,\dfrac{\pi}{2}\right]$ 上满足罗尔定理的条件.由罗尔定理,至少存在一个 $\xi\in\left(0,\dfrac{\pi}{2}\right)$,使 $f'(\xi)=0$,即方程 $a_1\cos x+a_2\cos 3x+\cdots+a_n\cos(2n-1)x=0$ 在区间 $\left(0,\dfrac{\pi}{2}\right)$ 内至少有一个根.

【例4】 设 $f(x)$ 在 $[a,b]$ 上可导,$f(a)=f(b)$.证明:存在 $\xi\in(a,b)$,使得
$$f(a)-f(\xi)=\xi f'(\xi).$$

分析 若用罗尔定理来证,即证 $f(\xi)+\xi f'(\xi)-f(a)=0$,只要证
$$[xf(x)-f(a)x]'|_{x=\xi}=0.$$
令 $F(x)=xf(x)-f(a)x$,即证 $F'(\xi)=0$.

若用拉格朗日中值定理来证,即证 $f(a)=f(\xi)+\xi f'(\xi)$.因 $f(a)=f(b)$,故只要证
$$\dfrac{bf(b)-af(a)}{b-a}=f(\xi)+\xi f'(\xi)=[xf(x)]'\Big|_{x=\xi}.$$
所以可选择 $F(x)=xf(x)$,在 (a,b) 上用拉格朗日中值定理即可.

证法一 令 $F(x)=xf(x)-f(a)x$,则 $F(x)$ 在 $[a,b]$ 上连续,在 (a,b) 内可导,且
$$F'(x)=f(x)+xf'(x)-f(a),$$
$$F(a)=af(a)-f(a)a=0,$$
$$F(b)=bf(b)-f(a)b=bf(a)-bf(a)=0.$$
由罗尔定理,存在 $\xi\in(a,b)$,使得 $F'(\xi)=0$,即
$$f(\xi)+\xi f'(\xi)-f(a)=0,$$
$$f(a)-f(\xi)=\xi f'(\xi).$$

证法二 令 $F(x)=xf(x)$,则 $F(x)$ 在 $[a,b]$ 上连续,在 (a,b) 内可导,且
$$F'(x)=f(x)+xf'(x).$$
由拉格朗日中值定理,存在 $\xi\in(a,b)$,使得
$$F(b)-F(a)=F'(\xi)(b-a),$$
即
$$bf(b)-af(a)=[f(\xi)+\xi f'(\xi)](b-a).$$
由 $f(b)=f(a)$ 及上式,可得
$$f(a)=f(\xi)+\xi f'(\xi),$$
亦即
$$f(a)-f(\xi)=\xi f'(\xi).$$

【例5】 设 $f(x)$ 在 $[0,1]$ 上连续,在 $(0,1)$ 内可导,且 $f(0)=f(1)=0$,$f\left(\dfrac{1}{2}\right)=1$,试证:

(1) 存在 $\eta\in\left(\dfrac{1}{2},1\right)$,使 $f(\eta)=\eta$;

(2) 任给 $\lambda\in\mathbf{R}$,存在 $\xi\in(0,\eta)$,使 $f'(\xi)-\lambda[f(\xi)-\xi]=1$.

分析 (1) 可构造 $F(x)=f(x)-x$,利用零点定理证明.

(2) $f'(\xi)-\lambda[f(\xi)-\xi]=1 \Leftrightarrow \{f'(x)-1-\lambda[f(x)-x]\}|_{x=\xi}=0$
$\Leftrightarrow \{e^{-\lambda x}[f(x)-x]\}'|_{x=\xi}=0$,

构造 $G(x)=e^{-\lambda x}[f(x)-x]$,用罗尔定理可证.

证 (1) 令 $F(x)=f(x)-x$,则 $F(x)$ 在 $[0,1]$ 上连续,且
$$F(1)=-1<0, F\left(\frac{1}{2}\right)=\frac{1}{2}>0.$$

由零点定理知,存在 $\eta\in\left(\frac{1}{2},1\right)$,使 $F(\eta)=0$,即 $f(\eta)=\eta$.

(2) 令 $G(x)=e^{-\lambda x}[f(x)-x]$,则 $G(x)$ 在 $[0,\eta]$ 上连续,在 $(0,\eta)$ 内可导,且 $G(0)=G(\eta)=0$,由罗尔定理知,存在 $\xi\in(0,\eta)$,使 $G'(\xi)=0$,即
$$e^{-\lambda\xi}\{f'(\xi)-1-\lambda[f(\xi)-\xi]\}=0,$$
$$f'(\xi)-\lambda[f(\xi)-\xi]=1.$$

【例 6】 设 $f(x)$ 在 $[-1,1]$ 上有二阶连续导数,且 $f(-1)=0, f(0)=0, f(1)=2$,证明:存在 $\xi\in(-1,1)$,使 $f''(\xi)=2$.

证法一 用罗尔定理来证.

分析 即证 $f''(\xi)-2=0$. 若令 $F(x)=f(x)-p(x)$,只要 $f(x)$ 与 $p(x)$ 在三个点处的函数值相同,且使 $p''(x)=2$,故令 $p(x)=x^2+bx+c$,满足 $p(0)=c=f(0)=0$, $p(-1)=1-b+c=f(-1)=0$,即 $b=1, c=0$,而 $p(1)=1+b+c=2=f(1)$.

下面开始证明.

令 $p(x)=x^2+x, F(x)=f(x)-p(x)$,则 $F''(x)=f''(x)-2$,且
$$F(0)=f(0)-p(0)=0,$$
$$F(-1)=f(-1)-p(-1)=0,$$
$$F(1)=f(1)-p(1)=2-2=0.$$

对 $F(x)$ 在 $[-1,0]$ 和 $[0,1]$ 上分别用罗尔定理,存在 $\xi_1\in(-1,0)$ 和 $\xi_2\in(0,1)$,使 $F'(\xi_1)=F'(\xi_2)$. 再对 $F'(x)$ 在 $[\xi_1,\xi_2]$ 上用罗尔定理,存在 $\xi\in(\xi_1,\xi_2)\subset(-1,1)$,使 $F''(\xi)=0$,即 $f''(\xi)=2$.

证法二 用泰勒公式求证.

$f(x)$ 在 $x=0$ 处的一阶泰勒公式为
$$f(x)=f(0)+f'(0)x+\frac{f''(\xi)}{2!}x^2, \xi 在 0 与 x 之间.$$

故
$$f(-1)=f(0)-f'(0)+\frac{f''(\xi_1)}{2!}, \xi_1\in(-1,0),$$
$$f(1)=f(0)+f'(0)+\frac{f''(\xi_2)}{2!}, \xi_2\in(0,1).$$

两式相加,利用 $f(0)=0, f(-1)=0, f(1)=2$,可得
$$\frac{1}{2}[f''(\xi_1)+f''(\xi_2)]=2.$$

因 $f''(x)$ 在 $[\xi_1,\xi_2]$ 上连续,一定存在最大值 M 和最小值 m,故
$$m\leqslant\frac{1}{2}[f''(\xi_1)+f''(\xi_2)]\leqslant M.$$

由 $f''(x)$ 在 $[\xi_1,\xi_2]$ 上连续的介值定理,可得存在 $\xi\in[\xi_1,\xi_2]\subset(-1,1)$,使得

$$f''(\xi)=\frac{1}{2}[f''(\xi_1)+f''(\xi_2)]=2.$$

【例 7】 设 $f(x)$ 在 $[a,b]$ 上连续,在 (a,b) 内可导,$0<a<b$. 证明:存在一点 $\xi\in(a,b)$,使得 $f(b)-f(a)=\xi f'(\xi)\ln\dfrac{b}{a}$.

分析 即证 $\dfrac{f(b)-f(a)}{\ln b-\ln a}=\dfrac{f'(\xi)}{\dfrac{1}{\xi}}$. 可取函数 $f(x)$ 及 $\ln x$,在 $[a,b]$ 上用柯西中值定理来证.

证 令 $F(x)=f(x),G(x)=\ln x$,则 $F(x),G(x)$ 在 $[a,b]$ 上均连续,在 (a,b) 内均可导,且在 (a,b) 内 $G'(x)=\dfrac{1}{x}\neq 0$. 由柯西中值定理,在 (a,b) 内至少有一点 ξ,使

$$\frac{f(b)-f(a)}{\ln b-\ln a}=\frac{f'(\xi)}{\dfrac{1}{\xi}},$$

即

$$f(b)-f(a)=\xi f'(\xi)\ln\frac{b}{a}.$$

【例 8】 设 $f(x)$ 在 $[1,2]$ 上连续,在 $(1,2)$ 内可导. 证明:存在 $\xi,\eta\in(1,2)$,使 $2\eta f'(\xi)=3f'(\eta)$.

分析 要证结论中有两个中值 ξ 和 η,先固定其中一个. 由拉格朗日中值定理,存在 $\xi\in(1,2)$,满足 $f'(\xi)=f(2)-f(1)$,问题化为证明存在 $\eta\in(1,2)$,使

$$\frac{f(2)-f(1)}{3}=\frac{f'(\eta)}{2\eta}.$$

上式只要对 $f(x)$ 和 x^2 在 $[1,2]$ 上利用柯西中值定理即可.

证 由拉格朗日中值定理,存在 $\xi\in(1,2)$,使得 $f'(\xi)=f(2)-f(1)$,再对 $f(x)$ 和 x^2 在 $[1,2]$ 上利用柯西中值定理,存在 $\eta\in(1,2)$,使得

$$\frac{f(2)-f(1)}{2^2-1^2}=\frac{f'(\eta)}{2\eta},$$

即

$$\frac{f'(\xi)}{3}=\frac{f'(\eta)}{2\eta}.$$

所以

$$2\eta f'(\xi)=3f'(\eta),\ \xi,\eta\in(1,2).$$

【例 9】 已知函数 $f(x)$ 在 $[0,1]$ 上连续,在 $(0,1)$ 内可导,且 $f(0)=0,f(1)=1$. 证明:

(1) 存在 $\xi\in(0,1)$,使得 $f(\xi)=1-\xi$;

(2) 存在两个不同的点 $\eta,\zeta\in(0,1)$,使得 $f'(\eta)f'(\zeta)=1$.

证 (1) 令 $F(x)=f(x)+x-1,x\in[0,1]$. 因为 $F(x)$ 在 $[0,1]$ 上连续,且 $F(0)=-1<0,F(1)=1>0$,所以由零点定理知,存在 $\xi\in(0,1)$,使得 $F(\xi)=0$,即 $f(\xi)=1-\xi$.

(2) 由拉格朗日中值定理知,存在 $\eta\in(0,\xi)$,使得

$$f'(\eta)=\frac{f(\xi)-f(0)}{\xi-0}=\frac{1-\xi}{\xi},$$

存在 $\zeta\in(\xi,1)$,使得

$$f'(\zeta) = \frac{f(1) - f(\xi)}{1 - \xi} = \frac{1 - (1 - \xi)}{1 - \xi} = \frac{\xi}{1 - \xi},$$

于是 $$f'(\eta) f'(\zeta) = 1.$$

注 含有中值 ξ 一类等式命题的证明方法是：把要证明的等式恒等变形，使含有 ξ 的项放在一边，选择适当的函数 $F(x)$ 或两个函数 $F(x), G(x)$，使含有 ξ 的那一边等于 $F'(\xi)$ 或 $\frac{F'(\xi)}{G'(\xi)}$，再求出 $F(a), F(b), G(a), G(b)$，验证罗尔定理、拉格朗日中值定理或柯西中值定理的正确性即得证．当含有高阶导数时用泰勒公式较为方便．

【例 10】 利用中值定理证明下列不等式：

(1) $a > b > 0, \dfrac{a-b}{a} < \ln\dfrac{a}{b} < \dfrac{a-b}{b}$；

(2) $x > 0$ 时，$e^x > 1 + \ln(1+x)$．

证 (1) 设 $f(x) = \ln x$，在 $[b, a]$ 上利用拉格朗日中值定理，存在 $\xi \in (b, a)$，使得

$$f'(\xi) = \frac{f(a) - f(b)}{a - b} = \frac{\ln\dfrac{a}{b}}{a - b}.$$

又 $$f'(\xi) = \frac{1}{\xi}, \ 0 < b < \xi < a,$$

故 $$\frac{1}{a} < \frac{1}{\xi} < \frac{1}{b}.$$

于是 $$\frac{a-b}{a} < \ln\frac{a}{b} < \frac{a-b}{b}.$$

(2) 即证 $x > 0$ 时，$e^x - 1 > \ln(1+x)$．令 $f(x) = e^x - 1$，则 $f(x)$ 在 $[0, x]$ 上满足拉格朗日中值定理的条件，故存在 $\xi \in (0, x)$，使得

$$f(x) - f(0) = f'(\xi) x.$$

因为 $f'(\xi) = e^\xi > 1 \ (0 < \xi < x), f(0) = 0$，且 $x > 0$ 时，$x > \ln(1+x)$，所以

$$e^x - 1 = e^\xi \cdot x > x > \ln(1+x).$$

所以 $x > 0$ 时，$e^x > 1 + \ln(1+x)$．

二、用洛必达法则求极限

【例 11】 求下列极限：

(1) $\lim\limits_{x \to 0} \dfrac{e^{\sin x} \ln\cos x}{1 - \cos x}$；

(2) $\lim\limits_{x \to 0} \dfrac{[\sin x - \sin(\sin x)] \sin x}{x^4}$；

(3) $\lim\limits_{x \to 1} \dfrac{x - x^x}{1 - x + \ln x}$；

(4) $\lim\limits_{x \to \infty} \left[x - x^2 \ln\left(1 + \dfrac{1}{x}\right) \right]$；

(5) $\lim\limits_{x \to 0} \left(\csc^2 x - \dfrac{1}{x^2} \right)$；

(6) $\lim\limits_{n \to \infty} n^2 \left(\arctan\dfrac{1}{n} - \arctan\dfrac{1}{n+1} \right)$．

解 (1) 原式 $= \lim\limits_{x \to 0} e^{\sin x} \cdot \lim\limits_{x \to 0} \dfrac{\ln\cos x}{1 - \cos x} = \lim\limits_{x \to 0} \dfrac{\ln\cos x}{\dfrac{x^2}{2}} \overset{(L')}{=} \lim\limits_{x \to 0} \dfrac{\dfrac{-\sin x}{\cos x}}{x}$

$$= -\lim_{x\to 0}\frac{\tan x}{x} = -\lim_{x\to 0}\frac{x}{x} = -1.$$

（2）原式 $=\lim_{x\to 0}\dfrac{[\sin x - \sin(\sin x)]x}{x^4} = \lim_{x\to 0}\dfrac{\sin x - \sin(\sin x)}{x^3}$

$$\xlongequal{(L')}\lim_{x\to 0}\frac{\cos x - \cos(\sin x)\cdot\cos x}{3x^2} = \lim_{x\to 0}\frac{1-\cos(\sin x)}{3x^2}$$

$$=\lim_{x\to 0}\frac{\frac{1}{2}\sin^2 x}{3x^2} = \frac{1}{6}\lim_{x\to 0}\frac{x^2}{x^2} = \frac{1}{6}.$$

（3）原式 $=\lim_{x\to 1}x\cdot\lim_{x\to 1}\dfrac{1-x^{x-1}}{1-x+\ln x} = \lim_{x\to 1}\dfrac{1-e^{(x-1)\ln x}}{1-x+\ln x} = \lim_{x\to 1}\dfrac{-(x-1)\ln x}{1-x+\ln x}$

$$=\lim_{x\to 1}\frac{(1-x)\ln[1+(x-1)]}{1-x+\ln x} = \lim_{x\to 1}\frac{-(x-1)^2}{1-x+\ln x}$$

$$\xlongequal{(L')}\lim_{x\to 1}\frac{-2(x-1)}{-1+\frac{1}{x}} = 2.$$

（4）原式 $=\lim_{x\to\infty}x^2\left[\dfrac{1}{x}-\ln\left(1+\dfrac{1}{x}\right)\right]\xlongequal{\frac{1}{x}=t}\lim_{t\to 0}\dfrac{t-\ln(1+t)}{t^2}$

$$\xlongequal{(L')}\lim_{t\to 0}\frac{1-\frac{1}{1+t}}{2t} = \lim_{t\to 0}\frac{1}{2(1+t)} = \frac{1}{2}.$$

（5）原式 $=\lim_{x\to 0}\dfrac{x^2-\sin^2 x}{x^2\sin^2 x} = \lim_{x\to 0}\dfrac{x^2-\sin^2 x}{x^4}\xlongequal{(L')}\lim_{x\to 0}\dfrac{2x-2\sin x\cos x}{4x^3}$

$$=\lim_{x\to 0}\frac{2x-\sin 2x}{4x^3}\xlongequal{(L')}\lim_{x\to 0}\frac{2-2\cos 2x}{12x^2} = \lim_{x\to 0}\frac{1-\cos 2x}{6x^2}$$

$$\xlongequal{(L')}\lim_{x\to 0}\frac{2\sin 2x}{6\cdot 2x} = \frac{1}{3}.$$

（6）因为

$$\lim_{x\to+\infty}x^2\left(\arctan\frac{1}{x}-\arctan\frac{1}{x+1}\right) = \lim_{x\to+\infty}\frac{\arctan\dfrac{1}{x}-\arctan\dfrac{1}{x+1}}{\dfrac{1}{x^2}}$$

$$\xlongequal{(L')}\lim_{x\to+\infty}\frac{\dfrac{1}{1+\dfrac{1}{x^2}}\cdot\left(-\dfrac{1}{x^2}\right)-\dfrac{1}{1+\left(\dfrac{1}{x+1}\right)^2}\cdot\dfrac{-1}{(x+1)^2}}{-\dfrac{2}{x^3}}$$

$$=\lim_{x\to+\infty}\frac{x^3(2x+1)}{2(x^2+1)[(x+1)^2+1]} = 1,$$

所以 $\lim_{n\to\infty}n^2\left(\arctan\dfrac{1}{n}-\arctan\dfrac{1}{n+1}\right)=1.$

【例 12】 求下列极限：

（1）$\lim_{x\to 0}\left(\dfrac{\sin x}{x}\right)^{\frac{1}{1-\cos x}}$；

（2）$\lim_{x\to 0}(\cos 2x+2x\sin x)^{\frac{1}{x^4}}$；

(3) $\lim\limits_{x \to 0^+} (\cot x)^{\frac{1}{\ln x}}$.

解 (1) 利用 1^∞ 型未定式的计算方法,得

$$原式 = e^{\lim\limits_{x \to 0} \frac{1}{1-\cos x}\left(\frac{\sin x}{x} - 1\right)}.$$

又因为

$$\lim_{x \to 0} \frac{\sin x - x}{x(1-\cos x)} = \lim_{x \to 0} \frac{\sin x - x}{\frac{x^3}{2}} \stackrel{(L')}{=\!=\!=} \lim_{x \to 0} \frac{\cos x - 1}{\frac{3}{2}x^2} = \lim_{x \to 0} \frac{-\frac{x^2}{2}}{\frac{3}{2}x^2} = -\frac{1}{3},$$

所以 原式 $= e^{-\frac{1}{3}}$.

(2) 原式 $= e^{\lim\limits_{x \to 0} \frac{\cos 2x + 2x \sin x - 1}{x^4}}$,又因为

$$\lim_{x \to 0} \frac{\cos 2x + 2x \sin x - 1}{x^4} = \lim_{x \to 0} \frac{2x \sin x - 2\sin^2 x}{x^4} = \lim_{x \to 0} \frac{2\sin x(x - \sin x)}{x^4}$$

$$= \lim_{x \to 0} \frac{2(x - \sin x)}{x^3} \stackrel{(L')}{=\!=\!=} \lim_{x \to 0} \frac{2(1-\cos x)}{3x^2} = \lim_{x \to 0} \frac{x^2}{3x^2} = \frac{1}{3},$$

所以 原式 $= e^{\frac{1}{3}}$.

(3) 这是 ∞^0 型未定式,所以原式 $= e^{\lim\limits_{x \to 0^+} \frac{1}{\ln x} \ln \cot x}$,又因为

$$\lim_{x \to 0^+} \frac{\ln \cot x}{\ln x} \stackrel{(L')}{=\!=\!=} \lim_{x \to 0^+} \frac{\frac{-\csc^2 x}{\cot x}}{\frac{1}{x}} = -\lim_{x \to 0^+} \frac{x}{\sin x \cdot \cos x} = -1,$$

所以 原式 $= e^{-1}$.

[例 13] 讨论函数 $f(x) = \begin{cases} \dfrac{1}{x} - \dfrac{1}{e^x - 1}, & x \neq 0, \\ \dfrac{1}{2}, & x = 0 \end{cases}$ 在点 $x=0$ 处的可微性.

解 $f'(0) = \lim\limits_{x \to 0} \dfrac{f(x) - f(0)}{x - 0} = \lim\limits_{x \to 0} \dfrac{\dfrac{1}{x} - \dfrac{1}{e^x - 1} - \dfrac{1}{2}}{x}$

$= \lim\limits_{x \to 0} \dfrac{2e^x - xe^x - x - 2}{2x^2(e^x - 1)} = \lim\limits_{x \to 0} \dfrac{2e^x - xe^x - x - 2}{2x^3}$ ($x \to 0$ 时,$e^x - 1 \sim x$)

$\stackrel{(L')}{=\!=\!=} \lim\limits_{x \to 0} \dfrac{2e^x - e^x - xe^x - 1}{6x^2} = \lim\limits_{x \to 0} \dfrac{e^x - xe^x - 1}{6x^2}$

$\stackrel{(L')}{=\!=\!=} \lim\limits_{x \to 0} \dfrac{e^x - e^x - xe^x}{12x} = \lim\limits_{x \to 0} \dfrac{-e^x}{12} = -\dfrac{1}{12},$

所以 $f(x)$ 在 $x=0$ 处可微.

注 使用洛必达法则求极限应注意以下几点：

① 对于 $\dfrac{0}{0}$ 型或 $\dfrac{\infty}{\infty}$ 型未定式才能直接使用洛必达法则；对于 $0 \cdot \infty$ 和 $\infty - \infty$ 型应先化为 $\dfrac{0}{0}$ 型或 $\dfrac{\infty}{\infty}$ 型再用洛必达法则；而对于 0^0 型、∞^0 型和 1^∞ 型则应先化为指数函数，然后化为 $\dfrac{0}{0}$ 型或 $\dfrac{\infty}{\infty}$ 型，再使用洛必达法则.

② 每次使用洛必达法则前都要检查是否满足此法则的条件，只要满足此法则的条件，就可连续使用此法则，直到求出极限值为止. 若永远是未定式，就不能使用洛必达法则.

③ 使用洛必达法则时，应及时化简，极限不为零的因子应分离出来，且可结合等价无穷小替换、变量代换等方法.

三、利用泰勒公式求极限

【例 14】 利用泰勒公式求下列极限：

(1) $\lim\limits_{x \to 0} \dfrac{\cos x - e^{-\frac{x^2}{2}}}{x^2 \ln(1+x) \arctan x}$；

(2) $\lim\limits_{x \to 0} \dfrac{x(e^x+1) - 2(e^x-1)}{2(1-\cos x)\sin x}$.

分析 利用泰勒公式和麦克劳林公式求极限时，公式中要带佩亚诺型余项，函数在泰勒公式中取几项，要根据具体问题来定.

解 (1) 因为
$$\cos x = 1 - \dfrac{x^2}{2!} + \dfrac{x^4}{4!} + o_1(x^5),\ e^{-\frac{x^2}{2}} = 1 - \dfrac{x^2}{2} + \dfrac{1}{2!} \cdot \dfrac{x^4}{4} + o_2(x^4),$$

又 $x \to 0$ 时，$\ln(1+x) \sim x, \arctan x \sim x$，

所以 原式 $= \lim\limits_{x \to 0} \dfrac{\left[1 - \dfrac{x^2}{2!} + \dfrac{x^4}{4!} + o_1(x^5)\right] - \left[1 - \dfrac{x^2}{2} + \dfrac{1}{2!} \cdot \dfrac{x^4}{4} + o_2(x^4)\right]}{x^4}$

$= \lim\limits_{x \to 0} \left[-\dfrac{1}{12} + \dfrac{o_1(x^5)}{x^4} - \dfrac{o_2(x^4)}{x^4}\right] = -\dfrac{1}{12}.$

(2) 原式 $= \lim\limits_{x \to 0} \dfrac{x\left[1 + x + \dfrac{x^2}{2!} + o_1(x^2) + 1\right] - 2\left[1 + x + \dfrac{x^2}{2!} + \dfrac{x^3}{3!} + o_2(x^3) - 1\right]}{x^3}$

$= \lim\limits_{x \to 0} \dfrac{\dfrac{1}{6}x^3 + o(x^3)}{x^3} = \dfrac{1}{6}.$

【例 15】 设 $f(x)$ 在 $x = 0$ 的邻域内具有三阶导数，且 $\lim\limits_{x \to 0}\left[1 + x + \dfrac{f(x)}{x}\right]^{\frac{1}{x}} = e^3$，试求 $f(0), f'(0), f''(0)$ 及 $\lim\limits_{x \to 0}\left[1 + \dfrac{f(x)}{x}\right]^{\frac{1}{x}}$.

解 解决本题的关键在于找出 $f(x)$ 在 $x = 0$ 处的二阶泰勒公式，这一点多数读者并不十分明确，本题的解法希望能对读者有所启示.

因为
$$\left[1+x+\frac{f(x)}{x}\right]^{\frac{1}{x}}=e^{\frac{1}{x}\ln\left[1+x+\frac{f(x)}{x}\right]},$$

所以
$$\lim_{x\to 0}\frac{1}{x}\ln\left[1+x+\frac{f(x)}{x}\right]=3, \quad (*)$$

所以
$$\lim_{x\to 0}\ln\left[1+x+\frac{f(x)}{x}\right]=0,$$

所以
$$\lim_{x\to 0}\left[x+\frac{f(x)}{x}\right]=0.$$

利用等价无穷小替换及(*)式,得
$$\lim_{x\to 0}\frac{\ln\left[1+x+\frac{f(x)}{x}\right]}{x}=\lim_{x\to 0}\frac{x+\frac{f(x)}{x}}{x}=3.$$

所以
$$\frac{x^2+f(x)}{x^2}=3+\alpha(x), \text{ 其中} \lim_{x\to 0}\alpha(x)=0.$$

所以
$$f(x)=2x^2+x^2\alpha(x)=2x^2+o(x^2).$$

比较 $f(x)$ 的二阶佩亚诺型泰勒公式,得
$$f(0)=0, f'(0)=0, f''(0)=2!\cdot 2=4.$$

所以
$$\lim_{x\to 0}\left[1+\frac{f(x)}{x}\right]^{\frac{1}{x}}=\lim_{x\to 0}\left[1+\frac{f(x)}{x}\right]^{\frac{x}{f(x)}\cdot\frac{f(x)}{x^2}}.$$

而
$$\lim_{x\to 0}\frac{f(x)}{x^2}\stackrel{(L')}{=}\lim_{x\to 0}\frac{f'(x)}{2x}\stackrel{(L')}{=}\frac{1}{2}\lim_{x\to 0}\frac{f''(x)}{1}=\frac{1}{2}f''(0)=2,$$

所以
$$\lim_{x\to 0}\left[1+\frac{f(x)}{x}\right]^{\frac{1}{x}}=e^2.$$

【例 16】 设 $f(x)=x+a\ln(1+x)+bx\cdot\sin x, g(x)=kx^3$,若 $f(x)$ 与 $g(x)$ 在 $x\to 0$ 时是等价无穷小,求 a,b,k 的值.

分析 应用等价无穷小的定义和洛必达法则求极限是可以的,但本题这样做有点烦琐,所以直接用麦克劳林展开式和比较 x 的各次幂.

解 $1=\lim\limits_{x\to 0}\dfrac{f(x)}{g(x)}=\lim\limits_{x\to 0}\dfrac{x+a\ln(1+x)+bx\sin x}{kx^3}$

$=\lim\limits_{x\to 0}\dfrac{x+a\left[x-\dfrac{x^2}{2}+\dfrac{x^3}{3}+o_1(x^3)\right]+bx\left[x-\dfrac{x^3}{3!}+o_2(x^3)\right]}{kx^3}$

$=\lim\limits_{x\to 0}\dfrac{(1+a)x+\left(b-\dfrac{a}{2}\right)x^2+\dfrac{a}{3}x^3+ao_1(x^3)-\dfrac{b}{3!}x^4+bo_2(x^4)}{kx^3},$

由此得
$$\begin{cases} 1+a=0, \\ b-\dfrac{a}{2}=0, \\ \dfrac{a}{3k}=1, \end{cases}$$

解得 $a=-1, b=-\dfrac{1}{2}, k=-\dfrac{1}{3}.$

四、函数的单调性判别及应用

【例 17】 确定下列函数的单调区间:

(1) $y = x^2 - \ln x^2$; (2) $f(x) = (x^2 - 7)\sqrt[3]{x}$.

解 (1) 定义域为 $(-\infty, 0) \cup (0, +\infty)$,

$$y' = 2x - \frac{2}{x} = \frac{2(x-1)(x+1)}{x}.$$

令 $y' = 0$, 得 $x_1 = -1, x_2 = 1$. 列表如下:

x	$(-\infty, -1)$	$(-1, 0)$	$(0, 1)$	$(1, +\infty)$
y'	$-$	$+$	$-$	$+$
y	↘	↗	↘	↗

由上表可知, $f(x)$ 在 $(-\infty, -1)$ 和 $(0, 1)$ 上单调递减, 在 $(-1, 0)$ 和 $(1, +\infty)$ 上单调增加.

(2) $f'(x) = 2x\sqrt[3]{x} + \frac{x^2 - 7}{3\sqrt[3]{x^2}} = \frac{7(x^2 - 1)}{3\sqrt[3]{x^2}}.$

令 $f'(x) = 0$, 得驻点 $x_1 = -1, x_2 = 1$; 当 $x = 0$ 时, $f'(x)$ 不存在. 列表如下:

x	$(-\infty, -1)$	$(-1, 0)$	$(0, 1)$	$(1, +\infty)$
$f'(x)$	$+$	$-$	$-$	$+$
$f(x)$	↗	↘	↘	↗

由上表可知, $f(x)$ 在 $(-\infty, -1)$ 和 $(1, +\infty)$ 上单调递增, 在 $(-1, 0)$ 和 $(0, 1)$ 上单调递减.

注 求单调区间的方法与步骤:
① 确定 $f(x)$ 的定义域;
② 求出 $f(x)$ 的驻点、不可导点和 $f(x)$ 的间断点;
③ 上述点按由小到大的顺序把 $f(x)$ 的定义域分成几个区间, 确定 $f'(x)$ 在各个区间的符号, 由此确定 $f(x)$ 的单调区间.

【例 18】 用函数的单调性证明:

(1) $x > 0$ 时, $\cos x > 1 - \dfrac{x^2}{2}$; (2) $x > 0$ 时, $\dfrac{1}{x} > \dfrac{\pi}{2} - \arctan x$;

(3) $x > 0$ 时, $(x^2 - 1)\ln x \geqslant (x - 1)^2$.

证 (1) 设 $f(x) = \cos x - 1 + \dfrac{x^2}{2}$. 显然 $f(x)$ 在 $[0, +\infty)$ 上连续.

因为 $x > 0$ 时, $f'(x) = -\sin x + x > 0$, 所以 $f(x)$ 在 $[0, +\infty)$ 上单调增加.

所以 $x > 0$ 时, $f(x) > f(0) = 0$, 即 $\cos x > 1 - \dfrac{x^2}{2}$.

(2) 设 $f(x) = \dfrac{1}{x} - \dfrac{\pi}{2} + \arctan x$, 则 $f(x)$ 在 $(0, +\infty)$ 内连续.

因为 $x > 0$ 时, $f'(x) = -\dfrac{1}{x^2} + \dfrac{1}{1 + x^2} < 0$, 所以 $f(x)$ 在 $(0, +\infty)$ 内单调减少. 又因为

$$\lim_{x \to +\infty} f(x) = \lim_{x \to +\infty} \left(\frac{1}{x} - \frac{\pi}{2} + \arctan x \right) = 0,$$

所以 $x > 0$ 时,$f(x) > 0$,即 $\frac{1}{x} > \frac{\pi}{2} - \arctan x$.

(3) **证法一** 令 $f(x) = (x^2 - 1)\ln x - (x - 1)^2$,则

$$f'(x) = 2x\ln x + x - \frac{1}{x} - 2(x - 1) = 2x\ln x - x - \frac{1}{x} + 2,$$

$$f''(x) = 2\ln x + \frac{1}{x^2} + 1,$$

$$f'''(x) = \frac{2(x+1)(x-1)}{x^3}.$$

所以 $0 < x < 1$ 时,$f'''(x) < 0$;$1 < x < +\infty$ 时,$f'''(x) > 0$.

由 $f''(x)$ 在 $(0, +\infty)$ 上的连续性,可得 $x > 0$ 时,$f''(x) > f''(1) = 2 > 0$. 所以 $x > 0$ 时,$f'(x)$ 单调增加.

而 $f'(1) = 0$,所以 $0 < x < 1$ 时,$f'(x) < f'(1) = 0$,$1 < x < +\infty$ 时,$f'(x) > f'(1) = 0$. 所以 $0 < x < 1$ 时,$f(x)$ 单调减少;$1 < x < +\infty$ 时,$f(x)$ 单调增加.

由 $f(x)$ 在 $(0, +\infty)$ 上连续,可得 $x > 0$ 时,$f(x) \geq f(1) = 0$,即 $(x^2 - 1)\ln x \geq (x - 1)^2$.

证法二 只要证:

$0 < x < 1$ 时,$(x+1)\ln x < x - 1$,即 $\ln x - \frac{x-1}{x+1} < 0$;

$1 < x < +\infty$ 时,$(x+1)\ln x > x - 1$,即 $\ln x - \frac{x-1}{x+1} > 0$.

令 $f(x) = \ln x - \frac{x-1}{x+1}$,显然 $f(x)$ 在 $(0, +\infty)$ 上连续. 当 $x > 0$ 时,

$$f'(x) = \frac{1}{x} - \frac{2}{(x+1)^2} = \frac{x^2 + 1}{x(x+1)^2} > 0.$$

所以 $x > 0$ 时,$f(x)$ 单调增加.

所以 $0 < x < 1$ 时,$f(x) < f(1) = 0$,即 $\ln x - \frac{x-1}{x+1} < 0$;$1 < x < +\infty$ 时,$f(x) > f(1) = 0$,即 $\ln x - \frac{x-1}{x+1} > 0$.

【例 19】 设 $0 < a < b$,证明:$\frac{\ln b - \ln a}{b - a} < \frac{1}{\sqrt{ab}}$.

分析 对 $f(x) = \ln x$,在 $[a, b]$ 上利用拉格朗日中值定理,可知存在 $\xi \in (a, b)$,使得 $\frac{\ln b - \ln a}{b - a} = \frac{1}{\xi}$,但 $\frac{1}{\xi}$ 与 $\frac{1}{\sqrt{ab}}$ 无法比较. 因此下面我们用单调性证明此不等式.

证 令 $f(x) = \ln x - \ln a - \frac{x - a}{\sqrt{ax}}$ $(x > a > 0)$,得

$$f'(x) = \frac{1}{x} - \frac{1}{\sqrt{a}} \left(\frac{1}{2\sqrt{x}} + \frac{a}{2x\sqrt{x}} \right) = -\frac{(\sqrt{x} - \sqrt{a})^2}{2x\sqrt{ax}} < 0 \ (x > a > 0).$$

由 $f(x)$ 在 $[a, x]$ 上连续,得 $x > a$ 时,$f(x) < f(a) = 0$.

所以 $b>a>0$ 时,$f(b)<0$,即 $\dfrac{\ln b-\ln a}{b-a}<\dfrac{1}{\sqrt{ab}}$.

> **注** 利用函数的单调性证明不等式是常用的方法,读者应熟练掌握这种论证方法.用单调性证明不等式 $f(x)>g(x)$ 的方法与步骤如下:
> ① 构造函数 $F(x)=f(x)-g(x)$;
> ② 考查 $F(x)$ 在区间 I 的连续性;
> ③ 求 $F'(x)$,由 $F'(x)$ 的符号判断 $F(x)$ 在相应区间的单调性;
> ④ 求出 $F(x)$ 在区间端点的函数值,根据单调性即得所证.

【例20】 讨论方程 $\ln x=ax$(其中 $a>0$)有几个实根.

解 设 $f(x)=\ln x-ax$,则 $f(x)$ 在 $(0,+\infty)$ 上连续且可导,且
$$f'(x)=\frac{1}{x}-a.$$

令 $f'(x)=0$,得 $x=\dfrac{1}{a}$ 为唯一驻点.

在 $\left(0,\dfrac{1}{a}\right)$ 内,$f'(x)>0$,在 $\left(\dfrac{1}{a},+\infty\right)$ 内,$f'(x)<0$,故 $f(x)$ 在 $\left(0,\dfrac{1}{a}\right)$ 内单调增加,在 $\left(\dfrac{1}{a},+\infty\right)$ 内单调减少.

因为
$$f\left(\frac{1}{a}\right)=\ln\frac{1}{a}-1=-\ln a-1,\ \lim_{x\to 0^+}f(x)=-\infty,$$
$$\lim_{x\to+\infty}f(x)=\lim_{x\to+\infty}(\ln x-ax)=\lim_{x\to+\infty}x\left(\frac{\ln x}{x}-a\right)=-\infty$$
$$\left(\text{利用}\lim_{x\to+\infty}\frac{\ln x}{x}\xlongequal{\text{L}'}\lim_{x\to+\infty}\frac{1}{x}=0\right),$$

则 (1) 当 $f\left(\dfrac{1}{a}\right)=0$,即 $a=\dfrac{1}{e}$ 时,$f(x)$ 只有一个零点 $x=\dfrac{1}{a}=e$.

(2) 当 $f\left(\dfrac{1}{a}\right)<0$,即 $a>\dfrac{1}{e}$ 时,由于 $f(x)\leqslant f\left(\dfrac{1}{a}\right)<0,x\in(0,+\infty)$,所以,此时 $f(x)$ 在 $(0,+\infty)$ 上无零点.

(3) 当 $f\left(\dfrac{1}{a}\right)>0$,即 $a<\dfrac{1}{e}$ 时,在 $\left(0,\dfrac{1}{a}\right]$ 上,由于 $\lim\limits_{x\to 0^+}f(x)=-\infty$,$f\left(\dfrac{1}{a}\right)>0$ 及 $f(x)$ 的单调性,在 $\left(0,\dfrac{1}{a}\right)$ 内 $f(x)$ 有一个零点;在 $\left[\dfrac{1}{a},+\infty\right)$ 上,由于 $\lim\limits_{x\to+\infty}f(x)=-\infty$,$f\left(\dfrac{1}{a}\right)>0$ 及 $f(x)$ 的单调性,在 $\left(\dfrac{1}{a},+\infty\right)$ 内 $f(x)$ 有一个零点.

综合可得,当 $a<\dfrac{1}{e}$ 时,原方程有两个根;当 $a=\dfrac{1}{e}$ 时,原方程有一个根;当 $a>\dfrac{1}{e}$ 时,原方程没有根.

▶▶ 五、求函数的凹凸区间与拐点

【例21】 求下列曲线的凹凸区间及拐点:

(1) $y=e^{-\frac{x^2}{2}}$; (2) $y=(x-5)x^{\frac{2}{3}}$.

解 (1) 函数 y 的定义域为 $(-\infty,+\infty)$. 因 y 为偶函数, 图形关于 y 轴对称, 故曲线的凹凸性及拐点在 $[0,+\infty)$ 上讨论就行了.

$$y'=-xe^{-\frac{x^2}{2}}, \quad y''=e^{-\frac{x^2}{2}}(x^2-1).$$

令 $y''=0$, 在 $[0,+\infty)$ 上得 $x=1$, 列表如下:

x	$(0,1)$	1	$(1,+\infty)$
y''	$-$	0	$+$
y	凸	拐点	凹

由上表可知, 曲线的凸区间为 $[-1,1]$, 凹区间为 $(-\infty,-1]$ 及 $[1,+\infty)$, 拐点为 $(-1,e^{-\frac{1}{2}})$ 及 $(1,e^{-\frac{1}{2}})$.

(2) 函数 y 的定义域为 $(-\infty,+\infty)$.

$$y'=\frac{5}{3}x^{\frac{2}{3}}-\frac{10}{3}x^{-\frac{1}{3}}, \quad y''=\frac{10}{9}x^{-\frac{1}{3}}+\frac{10}{9}x^{-\frac{4}{3}}=\frac{10(x+1)}{9x\sqrt[3]{x}}.$$

当 $x=-1$ 时, $y''=0$;

当 $x=0$ 时, y'' 不存在;

当 $x\in(-\infty,-1)$ 时, $y''<0$;

当 $x\in(-1,0)$ 时, $y''>0$;

当 $x\in(0,+\infty)$ 时, $y''>0$.

所以曲线的凸区间为 $(-\infty,-1]$, 凹区间为 $[-1,+\infty)$, 拐点为 $(-1,-6)$.

【例 22】 求曲线 $\begin{cases} x=t^2, \\ y=3t+t^3 \end{cases}$ 的拐点.

解 $\dfrac{dy}{dx}=\dfrac{3+3t^2}{2t}=\dfrac{3}{2}\cdot\dfrac{1+t^2}{t}$,

$$\frac{d^2y}{dx^2}=\frac{\dfrac{d}{dt}\left(\dfrac{3}{2}\cdot\dfrac{1+t^2}{t}\right)}{\dfrac{dx}{dt}}=\frac{3(t^2-1)}{4t^3}.$$

令 $\dfrac{d^2y}{dx^2}=0$, 得 $t_1=-1, t_2=1$.

当 $t<-1$ 时, $\dfrac{d^2y}{dx^2}<0$; 当 $-1<t<0$ 时, $\dfrac{d^2y}{dx^2}>0$. 因此 $(1,-4)$ 是曲线的拐点.

当 $0<t<1$ 时, $\dfrac{d^2y}{dx^2}<0$; 当 $t>1$ 时, $\dfrac{d^2y}{dx^2}>0$. 因此 $(1,4)$ 也是曲线的拐点.

注 ① 点 $(0,0)$ 不是曲线的拐点. 因为由 $\begin{cases} x=t^2, \\ y=3t+t^3 \end{cases}$ 所确定的曲线 $y=f(x)$ 的定义域为 $[0,+\infty)$, $t=0$ 对应于曲线上的点 $(0,0)$, 而曲线上任一点都有 $x\geq 0$, 所以 $(0,0)$ 只是曲线的一个端点, 而不是曲线的拐点.

② 讨论曲线的凹凸性与拐点时, 使二阶导数为零的点及二阶导数不存在的点都有可能是曲线凹凸区间的分界点.

六、求函数的极值与最值问题

【例 23】 求 $f(x)=\sqrt[3]{x^2}-\sqrt[3]{x^2-1}$ 的极值.

解 $f(x)$ 的定义域为 $(-\infty,+\infty)$.

$$f'(x)=\frac{2}{3\sqrt[3]{x}}-\frac{2x}{3\sqrt[3]{(x^2-1)^2}}=\frac{2}{3}\cdot\frac{\sqrt[3]{(x^2-1)^2}-x\sqrt[3]{x}}{\sqrt[3]{x}\cdot\sqrt[3]{(x^2-1)^2}}.$$

令 $f'(x)=0$，得 $\sqrt[3]{(x^2-1)^2}=x\sqrt[3]{x}$，两边立方化简，得 $2x^2=1$，故驻点为 $x=\pm\frac{\sqrt{2}}{2}$.

此外，$x=0,x=\pm 1$ 处 $f'(x)$ 不存在，列表讨论如下：

x	$(-\infty,-1)$	-1	$\left(-1,-\frac{\sqrt{2}}{2}\right)$	$-\frac{\sqrt{2}}{2}$	$\left(-\frac{\sqrt{2}}{2},0\right)$	0	$\left(0,\frac{\sqrt{2}}{2}\right)$	$\frac{\sqrt{2}}{2}$	$\left(\frac{\sqrt{2}}{2},1\right)$	1	$(1,+\infty)$
$f'(x)$	$+$	不存在	$+$	0	$-$	不存在	$+$	0	$-$	不存在	$-$
$f(x)$	↗		↗	极大值	↘	极小值	↗	极大值	↘		↘

由上表可知，极大值 $f\left(-\frac{\sqrt{2}}{2}\right)=\sqrt[3]{4},f\left(\frac{\sqrt{2}}{2}\right)=\sqrt[3]{4}$，极小值 $f(0)=1$.

注 求函数 $y=f(x)$ 的极值时，不仅要考虑 $f(x)$ 的驻点，而且要考虑 $f(x)$ 的间断点及不可导点.

【例 24】 试问 a 为何值时，函数 $f(x)=a\sin x+\frac{1}{3}\sin 3x$ 在 $x=\frac{\pi}{3}$ 处取得极值？它是极大值还是极小值？

解 $f'(x)=a\cos x+\cos 3x,f''(x)=-a\sin x-3\sin 3x$.

若 $f(x)$ 在 $x=\frac{\pi}{3}$ 处取得极值，则 $f'\left(\frac{\pi}{3}\right)=0$，解得 $a=2$.

因为 $$f''\left(\frac{\pi}{3}\right)=-2\sin\frac{\pi}{3}-3\sin\pi=-\sqrt{3}<0,$$

所以 $x=\frac{\pi}{3}$ 时，$f(x)$ 取得极大值 $f\left(\frac{\pi}{3}\right)=\sqrt{3}$.

【例 25】 已知函数 $y(x)$ 由方程 $x^3+y^3-3x+3y-2=0$ 确定，求 $y(x)$ 的极值.

解 方程两边对 x 求导，得
$$3x^2+3y^2\cdot y'-3+3y'=0,y'=\frac{1-x^2}{y^2+1}.$$

令 $y'=0$，得驻点 $x_1=-1,x_2=1$.

当 $x\in(-\infty,-1)$ 时，$y'<0$；

当 $x\in(-1,1)$ 时，$y'>0$；

当 $x\in(1,+\infty)$ 时，$y'<0$.

故极小值 $y(-1)=0$，极大值 $y(1)=1$.

【例 26】 求函数 $f(x)=|x^2-3x+2|$ 在 $[-3,4]$ 上的最大值与最小值.

解
$$f(x)=\begin{cases} x^2-3x+2, & x\in[-3,1]\cup[2,4], \\ -x^2+3x-2, & x\in(1,2), \end{cases}$$

从而
$$f'(x)=\begin{cases} 2x-3, & x\in(-3,1)\cup(2,4), \\ -2x+3, & x\in(1,2). \end{cases}$$

令 $f'(x)=0$,得驻点 $x_1=\dfrac{3}{2}$,不可导点为 $x_2=1, x_3=2$,而

$$f(-3)=20, f(1)=0, f\left(\dfrac{3}{2}\right)=\dfrac{1}{4}, f(2)=0, f(4)=6,$$

比较得,最大值 $f(-3)=20$,最小值 $f(1)=f(2)=0$.

【例 27】 工厂在制造某产品的过程中,产品的次品率 y 取决于日产量 x,即 $y=y(x)$.

已知
$$y(x)=\begin{cases} \dfrac{1}{101-x}, & x\leqslant 100, \\ 1, & x>100, \end{cases}$$

其中 x 为正整数,该厂每生产出一件产品可盈利 A 元,但生产出一件次品就要损失 $\dfrac{A}{3}$ 元,为了获得最大盈利,该厂的日产量应定为多少?

解 设日产量为 x 时盈利为 $T(x)$,此时次品为 $xy(x)$,正品为 $x-xy(x)$,则

$$T(x)=A[x-xy(x)]-\dfrac{A}{3}xy(x).$$

若 $x=0$,则 $T=0$,若 $x\geqslant 100$,则 $T<0$,故 x 应在 0 与 100 之间,此时

$$T(x)=A\left(x-x\cdot\dfrac{1}{101-x}\right)-\dfrac{A}{3}x\cdot\dfrac{1}{101-x}$$

$$=A\left(x-\dfrac{4}{3}\cdot\dfrac{x}{101-x}\right).$$

所以
$$T'(x)=A\left[1-\dfrac{4}{3}\dfrac{101}{(101-x)^2}\right].$$

令 $T'(x)=0$,得

$$\dfrac{101}{(101-x)^2}=\dfrac{3}{4},$$

解得唯一驻点 $x_0=89.4$.

因为 $T(89)=79.12A, T(90)=78.09A$,

从而可知,该厂每天生产 89 件产品时将获得最大盈利.

【例 28】 从一块半径为 R 的圆铁片上挖去一个扇形形成一个漏斗,问留下的扇形的中心角 φ 是多大时,做成的漏斗的容积最大?

解 留下扇形的弧长为 $R\varphi$,即为漏斗底面的圆周长,故漏斗的底面半径为

$$r=\dfrac{R\varphi}{2\pi} \ (0<r<R).$$

而 R 为漏斗的斜高,故漏斗的高为

$$h=\sqrt{R^2-r^2}=\sqrt{R^2-\dfrac{R^2\varphi^2}{4\pi^2}}.$$

从而漏斗的容积为

$$V=\frac{1}{3}\pi r^2 h=\frac{\pi r^2}{3}\sqrt{R^2-r^2}\quad(0<r<R).$$

所以
$$\frac{dV}{dr}=\frac{\pi}{3}\left(2r\sqrt{R^2-r^2}+r^2\cdot\frac{-r}{\sqrt{R^2-r^2}}\right).$$

令 $\frac{dV}{dr}=0$，得 $r=\sqrt{\frac{2}{3}}R$。由于在 $0<r<R$ 内驻点唯一，且易知问题的最大值存在，故驻点是最大值点。所以当 $r=\sqrt{\frac{2}{3}}R$，即 $\varphi=\frac{2\pi r}{R}=\frac{2\sqrt{6}}{3}\pi$ 时，漏斗的容积最大。

> **注** ① 求闭区间 $[a,b]$ 上的最值时，只需求出函数的所有驻点及不可导点，并求出函数在这些点处的函数值。把这些函数值与端点处的函数值一起比较，得出的最大值和最小值是函数在闭区间 $[a,b]$ 上的最大值和最小值。
>
> ② 求应用问题的最值时，若该函数在其定义区间内部只有一个驻点，且由实际问题的性质又能确定最值一定在该区间内部取得，则该驻点处的函数值就是要求的最值。

七、函数图形的综合问题

【例 29】 已知函数 $y=\dfrac{x^3}{(x-1)^2}$。求：(1) 函数的增减区间及极值；(2) 函数图形的凹凸区间及拐点；(3) 函数图形的渐近线。

解 定义域为 $(-\infty,1)\cup(1,+\infty)$，$y'=\dfrac{x^2(x-3)}{(x-1)^3}$，$y''=\dfrac{6x}{(x-1)^4}$。

由 $y'=0$ 可得驻点 $x=0$ 及 $x=3$，由 $y''=0$ 可得 $x=0$，列表如下：

x	$(-\infty,0)$	0	$(0,1)$	$(1,3)$	3	$(3,+\infty)$
y'	+	0	+	−	0	+
y''	−	0	+	+	+	+
y	增、凸	拐点	增、凹	减、凹	极小值	增、凹

由上表可知，y 的单调增加区间为 $(-\infty,1)$ 及 $[3,+\infty)$，单调减少区间为 $(1,3)$；极小值为 $y(3)=\dfrac{27}{4}$；凹区间为 $[0,1)$ 及 $(1,+\infty)$，凸区间为 $(-\infty,0]$；拐点为 $(0,0)$。

因为
$$\lim_{x\to 1}\frac{x^3}{(x-1)^2}=+\infty,$$

所以 $x=1$ 为图形的铅直渐近线。

因为
$$\lim_{x\to\infty}\frac{y}{x}=\lim_{x\to\infty}\frac{x^2}{(x-1)^2}=1,$$
$$\lim_{x\to\infty}(y-x)=\lim_{x\to\infty}\left[\frac{x^3}{(x-1)^2}-x\right]=\lim_{x\to\infty}\frac{2x^2-x}{(x-1)^2}=2,$$

所以 $y=x+2$ 为图形的斜渐近线。

八、求曲线的曲率和曲率半径

【例30】 求悬链线 $y=a\operatorname{ch}\dfrac{x}{a}(a>0)$ 在点 (x_0,y_0) 处的曲率及曲率半径.

解 因为 $y'=\operatorname{sh}\dfrac{x}{a}$, $y''=\dfrac{1}{a}\operatorname{ch}\dfrac{x}{a}$, 所以

$$K=\frac{|y''|}{(1+y'^2)^{\frac{3}{2}}}=\frac{\dfrac{1}{a}\operatorname{ch}\dfrac{x}{a}}{\left(1+\operatorname{sh}^2\dfrac{x}{a}\right)^{\frac{3}{2}}}=\frac{1}{a\operatorname{ch}^2\dfrac{x}{a}}.$$

在 (x_0,y_0) 处的曲率 $K=\dfrac{1}{a\operatorname{ch}^2\dfrac{x_0}{a}}=\dfrac{a}{y_0^2}$, 曲率半径 $\rho=\dfrac{y_0^2}{a}$.

竞赛题选解

【例1】（浙江省2008年竞赛） (1) 证明 $f_n(x)=x^n+nx-2$（n 为正整数）在 $(0,+\infty)$ 上有唯一正根 a_n；(2) 计算 $\lim\limits_{n\to\infty}(1+a_n)^n$.

解 (1) 由于 $f_n(0)=-2<0$, $f_n\left(\dfrac{2}{n}\right)=\left(\dfrac{2}{n}\right)^n>0$, $f_n'(x)=nx^{n-1}+n>0$, $x\in(0,+\infty)$, 由零点定理, 存在唯一正根 $a_n\in\left(0,\dfrac{2}{n}\right)$, 使 $f_n(a_n)=0$.

(2) 因 $0<\dfrac{2}{n}-\dfrac{2}{n^2}<\dfrac{2}{n}$, 且 $f_n\left(\dfrac{2}{n}-\dfrac{2}{n^2}\right)=\left(\dfrac{2}{n}-\dfrac{2}{n^2}\right)^n-\dfrac{2}{n^2}<0$, 进一步得 $a_n\in\left(\dfrac{2}{n}-\dfrac{2}{n^2},\dfrac{2}{n}\right)$, 因此

$$\left(1+\dfrac{2}{n}-\dfrac{2}{n^2}\right)^n<(1+a_n)^n<\left(1+\dfrac{2}{n}\right)^n.$$

而 $\lim\limits_{n\to\infty}\left(1+\dfrac{2}{n}\right)^n=e^2$, $\lim\limits_{n\to\infty}\left(1+\dfrac{2}{n}-\dfrac{2}{n^2}\right)^n=e^{\lim\limits_{n\to\infty}n\left(\frac{2}{n}-\frac{2}{n^2}\right)}=e^2$, 应用夹逼准则, 得

$$\lim_{n\to\infty}(1+a_n)^n=e^2.$$

【例2】（江苏省2012年竞赛） 设 $f(x)$ 在 $x=0$ 处三阶可导, 且 $f'(0)=0$, $f''(0)=3$, 求 $\lim\limits_{x\to 0}\dfrac{f(e^x-1)-f(x)}{x^3}$.

分析 应用洛必达法则及等价无穷小替换.

解 原式 $=\lim\limits_{x\to 0}\dfrac{e^x f'(e^x-1)-f'(x)}{3x^2}\xlongequal{(L')}\lim\limits_{x\to 0}\dfrac{e^x f'(e^x-1)+e^{2x}f''(e^x-1)-f''(x)}{6x}$

$=\dfrac{1}{6}\Big[\lim\limits_{x\to 0}e^x\cdot\dfrac{f'(e^x-1)-f'(0)}{e^x-1}+\lim\limits_{x\to 0}e^{2x}\cdot\dfrac{f''(e^x-1)-f''(0)}{e^x-1}-$

$\lim\limits_{x\to 0}\dfrac{f''(x)-f''(0)}{x}+\lim\limits_{x\to 0}\dfrac{3(e^{2x}-1)}{x}\Big]$

$$=\frac{1}{6}[f''(0)+f'''(0)-f'''(0)+6]=\frac{3}{2}.$$

【例3】（全国第四届初赛） 设函数 $y=f(x)$ 二阶可导，且 $f''(x)>0, f(0)=0, f'(0)=0$，求 $\lim\limits_{x\to 0}\dfrac{x^3 f(u)}{f(x)\cdot\sin^3 u}$，其中 u 是曲线 $y=f(x)$ 上点 $(x,f(x))$ 处的切线在 x 轴上的截距.

解 由 $f''(x)>0$ 知，对 $x>0$，有 $f'(x)>f'(0)=0$ 以及 $f(x)>f(0)=0$；对 $x<0$，有 $f'(x)<f'(0)=0$ 以及 $f(x)<f(0)=0$. 即 $x\neq 0$ 时，$f'(x)\neq 0$ 以及 $f(x)\neq 0$. 又在 $x=0$ 的邻域内，有

$$f(x)=f(0)+f'(0)x+\frac{1}{2}f''(0)x^2+o(x^2)=\frac{1}{2}f''(0)x^2+o(x^2),$$

$$f'(x)=f'(0)+f''(0)x+o(x)=f''(0)x+o(x).$$

此外，曲线 $y=f(x)$ 在点 $(x,f(x))$ 处的切线方程为

$$Y-f(x)=f'(x)(X-x),$$

得该切线在 x 轴上的截距 $u=x-\dfrac{f(x)}{f'(x)}$，显然

$$\lim_{x\to 0}u=\lim_{x\to 0}\frac{-f(x)}{f'(x)}=-\lim_{x\to 0}\frac{\dfrac{f(x)-f(0)}{x}}{\dfrac{f'(x)-f'(0)}{x}}=-\frac{f'(0)}{f''(0)}=0,$$

于是

$$\lim_{x\to 0}\frac{x^3 f(u)}{f(x)\sin^3 u}=\lim_{x\to 0}\frac{x^3 f(u)}{u^3 f(x)}=\lim_{x\to 0}\frac{x^3\left[\dfrac{1}{2}f''(0)u^2+o(u^2)\right]}{u^3\left[\dfrac{1}{2}f''(0)x^2+o(x^2)\right]}$$

$$=\lim_{x\to 0}\frac{x}{u}\cdot\frac{\dfrac{\dfrac{1}{2}f''(0)u^2+o(u^2)}{u^2}}{\dfrac{\dfrac{1}{2}f''(0)x^2+o(x^2)}{x^2}}=\lim_{x\to 0}\frac{x}{u}=\lim_{x\to 0}\frac{x}{x-\dfrac{f(x)}{f'(x)}}$$

$$=\lim_{x\to 0}\frac{x}{x-\dfrac{\dfrac{1}{2}f''(0)x^2+o(x^2)}{f''(0)x+o(x)}}=\lim_{x\to 0}\frac{1}{1-\dfrac{\dfrac{1}{2}f''(0)+\dfrac{o(x^2)}{x^2}}{f''(0)+\dfrac{o(x)}{x}}}$$

$$=\frac{1}{1-\dfrac{1}{2}}=2.$$

【例4】（全国第四届决赛） 设 $f(x)$ 在 $[-2,2]$ 上二阶可导，且 $|f(x)|<1$，又 $f^2(0)+[f'(0)]^2=4$，试证：在 $(-2,2)$ 内至少存在一点，使得 $f(\xi)+f''(\xi)=0$.

解 令 $F(x)=f^2(x)+[f'(x)]^2$，则 $F(x)$ 在 $[-2,2]$ 上可导. $f(x)$ 在 $[-2,0]$ 与 $[0,2]$ 上应用拉格朗日中值定理，存在 $a\in(-2,0)$ 与 $b\in(0,2)$，使得

$$f'(a)=\frac{1}{2}[f(0)-f(-2)],\ f'(b)=\frac{1}{2}[f(2)-f(0)],$$

从而由 $|f(x)|<1$，得 $|f'(a)|<1, |f'(b)|<1$. 因而 $F(a)<2, F(b)<2$. 但 $F(0)=4$，所以

$F(x)$ 在 (a,b) 内取到最大值(记为 M),即存在 $\xi\in(a,b)$,使得 $F(\xi)=M$. 于是由费马引理知, $F'(\xi)=0$,即
$$2f'(\xi)[f''(\xi)+f(\xi)]=0.$$
由 $4\leqslant F(\xi)=[f'(\xi)]^2+f^2(\xi)<[f'(\xi)]^2+1$,知 $f'(\xi)\neq 0$,由上式得 $f''(\xi)+f(\xi)=0$.

【例 5】(浙江省 2004 年竞赛) 已知 $f(x)$ 在 $[0,1]$ 上三阶可导,且 $f(0)=-1,f(1)=0$, $f'(0)=0$,试证至少存在一点 $\xi\in(0,1)$,使
$$f(x)=-1+x^2+\frac{x^2(x-1)}{3!}f'''(\xi),x\in(0,1).$$

解 令 $F(t)=f(t)-t^2+1-\dfrac{t^2(t-1)}{x^2(x-1)}[f(x)-x^2+1],x\in(0,1)$,则 $F(x)$ 在 $[0,1]$ 上连续,$(0,1)$ 内可导,且 $F(0)=F(x)=F(1)=0$. 在 $[0,x]$ 与 $[x,1]$ 上分别应用罗尔定理,存在 $a\in(0,x),b\in(x,1)$,使得
$$F'(a)=0,F'(b)=0.$$
又 $F'(0)=0$,再在 $[0,a]$ 与 $[a,b]$ 上对 $F'(x)$ 分别应用罗尔定理,存在 $x_1\in(0,a)$, $x_2\in(a,b)$,使得 $F''(x_1)=0,F''(x_2)=0$. 由于 $F''(x)\in C[0,1],F'''(x)\in D(0,1)$,在 (x_1,x_2) 上应用罗尔定理,存在 $\xi\in(x_1,x_2)\subset(0,1)$,使得 $F'''(\xi)=0$,而
$$F'''(t)=f'''(t)-\frac{3!}{x^2(x-1)}\cdot[f(x)-x^2+1],$$
故
$$f(x)=-1+x^2+\frac{x^2(x-1)}{3!}f'''(\xi).$$

【例 6】(全国第八届决赛) 设 $0<x<\dfrac{\pi}{2}$,证明:$\dfrac{4}{\pi^2}<\dfrac{1}{x^2}-\dfrac{1}{\tan^2 x}<\dfrac{2}{3}$.

解 令 $f(x)=\dfrac{1}{x^2}-\dfrac{1}{\tan^2 x},x\in\left(0,\dfrac{\pi}{2}\right)$,则
$$f'(x)=\frac{-2}{x^3}+\frac{2\cos x}{\sin^3 x}=\frac{2(x^3\cos x-\sin^3 x)}{x^3\sin^3 x}.$$
令 $g(x)=\dfrac{\sin x}{\sqrt[3]{\cos x}}-x,x\in\left(0,\dfrac{\pi}{2}\right)$,则
$$g'(x)=\frac{\cos^{\frac{4}{3}}x+\frac{1}{3}\sin^2 x\cdot\cos^{-\frac{2}{3}}x}{\cos^{\frac{2}{3}}x}-1=\frac{2}{3}\cos^{\frac{2}{3}}x+\frac{1}{3}\cos^{-\frac{4}{3}}x-1$$
$$>\sqrt[3]{\cos^{\frac{2}{3}}x\cdot\cos^{\frac{2}{3}}x\cdot\cos^{-\frac{4}{3}}x}-1=0(\text{均值不等式}),$$
所以 $x\in\left(0,\dfrac{\pi}{2}\right)$ 时,$g(x)$ 单调增加. 又 $g(0)=0$,因而 $g(x)>0$,即
$$x^3\cos x-\sin^3 x<0.$$
于是 $x\in\left(0,\dfrac{\pi}{2}\right)$ 时,$f'(x)<0$,从而 $f(x)$ 单调减少. 由于
$$\lim_{x\to\frac{\pi}{2}^-}f(x)=\lim_{x\to\frac{\pi}{2}^-}\left(\frac{1}{x^2}-\frac{1}{\tan^2 x}\right)=\frac{4}{\pi^2},$$
$$\lim_{x\to 0^+}f(x)=\lim_{x\to 0^+}\left(\frac{1}{x^2}-\frac{1}{\tan^2 x}\right)=\lim_{x\to 0^+}\frac{x+\tan x}{x}\cdot\frac{\tan x-x}{x^2\tan x}$$

$$= 2\lim_{x\to 0^+}\frac{\tan x - x}{x^3} = 2\lim_{x\to 0^+}\frac{\sec^2 x - 1}{3x^2} = \frac{2}{3},$$

所以 $0 < x < \frac{\pi}{2}$ 时,有

$$\frac{4}{\pi^2} < \frac{1}{x^2} - \frac{1}{\tan^2 x} < \frac{2}{3}.$$

【例 7】(江苏省 2006 年竞赛) 某人由甲地开汽车出发,沿直线行驶,经过 2 h 到达乙地停止,一路通畅.若开车的最大速度为 100 km/h,求证:该汽车在行驶途中加速度的变化率的最小值不大于 $-200\ \text{km/h}^2$.

解 设 t 为时间,$V(t)$ 为速度,$a(t)$ 为加速度,则 $V(0)=0$,$V(2)=0$.设时刻 t_0 速度达最大值,则 $V(t_0)=100$,$V'(t_0)=a(t_0)=0$.由泰勒公式得

$$V(t) = V(t_0) + V'(t_0)(t - t_0) + \frac{a'(\xi)}{2}(t-t_0)^2 = 100 + \frac{a'(\xi)}{2}(t-t_0)^2,$$

ξ 介于 t 与 t_0 之间.分别令 $t=0$ 与 $t=2$,得到 $\xi_1 \in (0, t_0)$,$\xi_2 \in (t_0, 2)$,有

$$0 = 100 + \frac{1}{2}a'(\xi_1)t_0^2,\quad 0 = 100 + \frac{1}{2}a'(\xi_2)(2-t_0)^2.$$

若 $t_0 = 1$,则 $a'(\xi_1) = a'(\xi_2) = -200$;

若 $t_0 \in (0, 1)$,则 $a'(\xi_1) = -\frac{200}{t_0^2} < -200$;

若 $t_0 \in (1, 2)$,则 $a'(\xi_2) = -\frac{200}{(1-t_0)^2} < -200$.

于是

$$\min a'(t) \leq \min\{a'(\xi_1), a'(\xi_2)\} \leq -200.$$

同步练习

一、选择题

1. 当 $x \to 0$ 时,$f(x) = x - \sin ax$ 与 $g(x) = x^2 \ln(1-bx)$ 是等价无穷小,则 ( )

(A) $a = 1, b = -\frac{1}{6}$ (B) $a = 1, b = \frac{1}{6}$

(C) $a = -1, b = -\frac{1}{6}$ (D) $a = -1, b = \frac{1}{6}$

2. 设函数 $f(x)$ 在闭区间 $[a, b]$ 上有定义,在开区间 (a, b) 内可导,则 ( )

(A) 当 $f(a)f(b) < 0$ 时,存在 $\xi \in (a, b)$,使 $f(\xi) = 0$

(B) 对任何 $\xi \in (a, b)$,有 $\lim_{x \to \xi}[f(x) - f(\xi)] = 0$

(C) 当 $f(a) = f(b)$ 时,存在 $\xi \in (a, b)$,使 $f'(\xi) = 0$

(D) 存在 $\xi \in (a, b)$,使 $f(b) - f(a) = f'(\xi)(b - a)$

3. 设函数 $f(x)$ 在 $x=0$ 的某邻域内三阶可导,$\lim\limits_{x\to 0}\dfrac{f'(x)}{1-\cos x}=-\dfrac{1}{2}$,则 ( )

(A) $f(0)$ 必是 $f(x)$ 的一个极大值　　(B) $f(0)$ 必是 $f(x)$ 的一个极小值

(C) $f'(0)$ 必是 $f'(x)$ 的一个极大值　　(D) $f'(0)$ 必是 $f'(x)$ 的一个极小值

4. 设 $f(x)$ 在点 $x=x_0$ 的某邻域内只有三阶连续导数,且 $f'(x_0)=f''(x_0)=0, f'''(x_0)>0$,则有结论 ( )

(A) $y=f(x)$ 在 $x=x_0$ 处有极大值　　(B) $y=f(x)$ 在 $x=x_0$ 处有极小值

(C) $y=f(x)$ 在 $x=x_0$ 处有拐点　　(D) $y=f(x)$ 在 $x=x_0$ 处无极值也无拐点

5. 已知函数 $y=f(x)$ 对一切 x 满足 $xf''(x)+3x[f'(x)]^2=1-e^{-x}$,若 $f'(x_0)=0$ ($x_0\neq 0$),则 ( )

(A) $f(x_0)$ 是 $f(x)$ 的极大值

(B) $f(x_0)$ 是 $f(x)$ 的极小值

(C) $(x_0, f(x_0))$ 是曲线 $y=f(x)$ 的拐点

(D) $f(x_0)$ 不是 $f(x)$ 的极值, $(x_0, f(x_0))$ 也不是曲线的拐点

6. 若 $f(-x)=f(x)(-\infty<x<+\infty)$,在 $(-\infty,0)$ 内,$f'(x)>0, f''(x)<0$,则在 $(0,+\infty)$ 内 ( )

(A) $f(x)$ 单调增加且其图象是凸的　　(B) $f(x)$ 单调增加且其图象是凹的

(C) $f(x)$ 单调减少且其图象是凸的　　(D) $f(x)$ 单调减少且其图象是凹的

7. 设函数 $f(x), g(x)$ 具有二阶导数,且 $g''(x)<0$,若 $g(x_0)=a$ 是 $g(x)$ 的极值,则 $f[g(x)]$ 在 x_0 取极大值的一个充分条件是 ( )

(A) $f'(a)<0$　　(B) $f'(a)>0$　　(C) $f''(a)<0$　　(D) $f''(a)>0$

8. 当函数 $f(x)=2x^3-9x^2+12x-a$ 恰有两个不同的零点时,a 为 ( )

(A) 2　　(B) 4　　(C) 6　　(D) 8

9. 设 $f(x)$ 具有 2 阶导数,$g(x)=f(0)(1-x)+f(1)x$,则在 $[0,1]$ 上 ( )

(A) 当 $f'(x)\geqslant 0$ 时, $f(x)\geqslant g(x)$　　(B) 当 $f'(x)\geqslant 0$ 时, $f(x)\leqslant g(x)$

(C) 当 $f''(x)\geqslant 0$ 时, $f(x)\geqslant g(x)$　　(D) 当 $f''(x)\geqslant 0$ 时, $f(x)\leqslant g(x)$

10. 曲线 $\begin{cases} x=t^2+7, \\ y=t^2+4t+1 \end{cases}$ 上对应 $t=1$ 的点处的曲率半径是 ( )

(A) $\dfrac{\sqrt{10}}{50}$　　(B) $\dfrac{\sqrt{10}}{100}$　　(C) $10\sqrt{10}$　　(D) $5\sqrt{10}$

二、填空题

1. $\lim\limits_{x\to 0}\left[2-\dfrac{\ln(1+x)}{x}\right]^{\frac{1}{x}}=$ _____.

2. $y=2^x$ 的麦克劳林公式中,x^n 的系数是 _____.

3. 曲线 $y=\arctan x-x$ 在 _____ 内单调递减.

4. 曲线 $y=\ln x-x^2$ 在区间 _____ 是凸的.

5. 函数 $y=x^3-3x$ 的极大值点是 _____ ,极大值是 _____ .

6. 曲线 $y=\dfrac{x^3}{1+x^2}+\arctan(1+x^2)$ 的斜渐近线方程为_____.

7. 曲线 $y=x^2+x(x<0)$ 上曲率为 $\dfrac{\sqrt{2}}{2}$ 的点的坐标是_____.

8. 设函数 $y(x)$ 由参数方程 $\begin{cases} x=t^3+3t+1, \\ y=t^3-3t+1 \end{cases}$ 确定, 则曲线 $y=y(x)$ 向上凸的 x 的取值范围为_____.

9. 设 $f(x)$ 在区间 $[0,+\infty)$ 内二阶可导且在 $x=1$ 处与曲线 $y=x^3-3$ 相切, 在 $(0,+\infty)$ 内与曲线 $y=x^3-3$ 有相同的凹凸性, 则方程 $f(x)=0$ 在 $(1,+\infty)$ 内有_____个实根.

10. 设 $f(x)=\arctan x$, 若 $f(x)=xf'(\xi)$, 则 $\lim\limits_{x\to 0}\dfrac{\xi^2}{x^2}=$_____.

三、解答题

1. 求下列极限:

(1) $\lim\limits_{x\to 0}\dfrac{x-\tan x}{x^2\cdot\sin x}$;

(2) $\lim\limits_{x\to 0}\dfrac{(e^x-1-x)^2}{x\sin^3 x}$;

(3) $\lim\limits_{x\to\frac{\pi}{2}}\left(x-\dfrac{\pi}{2}\right)\cot 2x$;

(4) $\lim\limits_{x\to 0}\dfrac{(1-\cos x)[x-\ln(1+\tan x)]}{\sin^4 x}$;

(5) $\lim\limits_{x\to 0}\left(\dfrac{\arctan x}{x}\right)^{\frac{1}{x^2}}$;

(6) $\lim\limits_{x\to 0^+}(\cot x)^{\sin x}$.

2. 当 $x\to 0$ 时, $e^{x^2}-e^{2-2\cos x}$ 是 ax^n 的等价无穷小, 求 a 与 n 的值.

3. 设 $f(x)$ 和 $g(x)$ 在 $[a,b]$ 上连续, 在 (a,b) 内可导, $f(a)=f(b)=0$, 且 $g(x)\neq 0$, $x\in[a,b]$. 证明: 至少存在一点 $\xi\in(a,b)$, 使 $f'(\xi)g(\xi)=f(\xi)g'(\xi)$.

4. 设 $f(x)$ 在 $(a,+\infty)$ 内可导, 且 $\lim\limits_{x\to+\infty}f(x)$ 和 $\lim\limits_{x\to+\infty}f'(x)$ 都存在. 证明: $\lim\limits_{x\to+\infty}f'(x)=0$.

5. 设 $f(x),g(x)$ 在 $[a,b]$ 上可微, 且 $g'(x)\neq 0$. 证明: 存在一点 $c(a<c<b)$, 使得
$$\dfrac{f(a)-f(c)}{g(c)-g(b)}=\dfrac{f'(c)}{g'(c)}.$$

6. 设 $f(x)$ 在 $[a,b]$ 上连续, 在 (a,b) 内可导, 且 $f(x)\neq 0$. 若 $f(a)=f(b)=0$, 证明: 对任意实数 k, 存在一点 $\xi(a<\xi<b)$, 使 $\dfrac{f'(\xi)}{f(\xi)}=k$.

7. 设 $f(x)$ 在 $[0,1]$ 上连续, 在 $(0,1)$ 内可导, $f(0)=0$, $f(1)=\dfrac{1}{3}$, 证明: 存在 $\xi\in\left(0,\dfrac{1}{2}\right)$, $\eta\in\left(\dfrac{1}{2},1\right)$, 使得 $f'(\xi)+f'(\eta)=\xi^2+\eta^2$.

8. 设奇函数 $f(x)$ 在 $[-1,1]$ 上具有 2 阶导数, 且 $f(1)=1$, 证明: (1) 存在 $\xi\in(0,1)$, 使得 $f'(\xi)=1$; (2) 存在 $\eta\in(-1,1)$, 使得 $f''(\eta)+f'(\eta)=1$.

9. 求下列函数的单调区间:

(1) $y=2x+\dfrac{1}{x}-\dfrac{x^3}{3}$;

(2) $y=\begin{cases} x^3-3x, & x\leqslant 0, \\ \dfrac{x^2}{2}-2\ln(x+1), & x>0. \end{cases}$

10. 证明下列不等式：

(1) 当 $x>0$ 时，$e^x-1<xe^x$；

(2) 当 $x>4$ 时，$2^x>x^2$；

(3) 当 $0<x<1$ 时，$e^{-2x}>\dfrac{1-x}{1+x}$；

(4) 当 $x>0$ 时，$(1+x)^{1+\frac{1}{x}}<e^{1+\frac{x}{2}}$；

(5) 当 $0<x<2$ 时，$4x\ln x-x^2-2x+4>0$.

11. 求方程 $k\arctan x-x=0$ 不同实根的个数，其中 k 为参数.

12. 求下列函数的极值：

(1) $y=e^{-x}(x^2+3x+1)+e^2$；　　(2) $f(x)=\sqrt[3]{x}\ln|x|$.

13. 求 $f(x)=e^{-x}(x+1)$ 在 $[1,3]$ 上的最大值与最小值.

14. 设有底面为等边三角形的一个直柱体，其体积为常量 $V(V>0)$，若要使其表面积达到最小，底面的边长应是多少？

15. 设 $b>0$，在抛物线 $x^2=4y$ 上求一点，使它到定点 $(0,b)$ 的距离最短，并求最短距离.

16. 轮船航行的费用由两部分组成，每小时的燃料费与速度立方成正比（设比例常数为 k），而其他费用为每小时 a 元.问：轮船的速度为多大时，可使航行 s km 的总费用最小？

17. 求曲线 $y=x^3+3x^2-x-1$ 的凹凸区间与拐点.

18. 设 $y=y(x)$ 由 $\begin{cases} x=\dfrac{t^3}{3}+t+\dfrac{1}{3}, \\ y=\dfrac{t^3}{3}-t+\dfrac{1}{3} \end{cases}$ 确定，求 $y=y(x)$ 的极值和曲线 $y=y(x)$ 的凹凸区间及拐点.

19. 试确定 a,b,c 的值，使 $y=x^3+ax^2+bx+c$ 有一拐点 $(1,-1)$，且在 $x=0$ 处有极大值 1，并求它在点 $(0,1)$ 处的曲率.

20. 讨论 $f(x)=2x+3\sqrt[3]{x^2}$ 的增减性、凹凸性，并求其极值.

21. 求曲线 $y=\dfrac{1+e^{-x^2}}{1-e^{-x^2}}$ 的渐近线.

22. 设 $f(x)=\ln x+\dfrac{1}{x}$. (1) 求 $f(x)$ 的最小值；(2) 设数列 $\{x_n\}$ 满足 $\ln x_n+\dfrac{1}{x_{n+1}}<1$，证明 $\lim\limits_{n\to\infty}x_n$ 存在，并求此极限.

▶▶ 四、竞赛题

1. 设 $f_n(x)=x+x^2+\cdots+x^n(n=1,2,\cdots)$，证明：(1) 方程 $f_n(x)=1$ 在 $[0,+\infty)$ 内有唯一实根 x_n；(2) 求 $\lim\limits_{n\to\infty}x_n$.

2. (全国第一届决赛) 设 $f(x)$ 在点 $x=1$ 的某一邻域内有定义，且在点 $x=1$ 处可导，$f(1)=0,f'(1)=2$，求 $\lim\limits_{x\to 0}\dfrac{f(\sin^2 x+\cos x)}{x^2+x\tan x}$.

3. (全国第三届初赛) 求极限 $\lim\limits_{x\to 0}\dfrac{(1+x)^{\frac{2}{x}}-e^2[1-\ln(1+x)]}{x}$.

4. (全国第九届初赛) 设 $f(x)$ 有二阶连续导数,且 $f(0)=f'(0)=0, f''(0)=6$,则 $\lim\limits_{x\to 0}\dfrac{f(\sin^2 x)}{x^4}=$ _____.

5. 设 $f(x)$ 在 $[0,1]$ 上连续,在 $(0,1)$ 内可导,且有 $f(0)=0, f(1)=1$,若 $a>0, b>0$,试证存在 $\xi\in(0,1), \eta\in(0,1), \xi\neq\eta$,使得 $\dfrac{a}{f'(\xi)}+\dfrac{b}{f'(\eta)}=a+b$.

6. (全国第三届初赛) 设 $f(x)$ 在 $[-1,1]$ 上具有连续的三阶导数,且 $f(-1)=0$, $f(1)=1, f'(0)=0$,试证:至少存在一点 $x_0\in(-1,1)$,使 $f'''(x_0)=3$.

7. (全国第一届决赛) 设 $f(x)$ 在 $[0,1]$ 上连续,在 $(0,1)$ 内可微,且 $f(0)=f(1)=0$, $f\left(\dfrac{1}{2}\right)=1$,证明:(1) 存在 $\xi\in\left(\dfrac{1}{2},1\right)$,使得 $f(\xi)=\xi$;(2) 存在 $\eta\in(0,\xi)$,使得 $f'(\eta)=f(\eta)-\eta+1$.

8. (江苏省 2010 年竞赛) 设 a 为正常数,使得 $x^2\leqslant e^{ax}$ 对一切正数 x 成立,求常数 a 的最小值.

9. (全国第六届初赛) 设 $f(x)$ 在 $[0,1]$ 上有二阶导数,且有正常数 A, B,使得 $|f(x)|\leqslant A, |f''(x)|\leqslant B$,证明:对于任意 $x\in[0,1]$,有 $|f'(x)|\leqslant 2A+\dfrac{B}{2}$.

10. 设 $f(x)$ 在 $[0,+\infty)$ 上二阶可导,$f(0)=1, f'(0)\leqslant 1, f''(x)<f(x)$,试证: $x>0$ 时, $f(x)<e^x$.

第四章 不定积分

主要内容与基本要求

▶▶ 一、知识结构

不定积分
- 原函数的概念
- 不定积分的概念
- 不定积分的性质
- 基本积分公式
- 基本积分法
  - 第一换元法（凑微分法）
  - 第二换元法
  - 分部积分法
- 几类特殊函数的积分
  - 有理函数的积分
  - 三角函数有理式的积分
  - 简单无理函数的积分

▶▶ 二、基本要求

（1）理解不定积分的概念与性质；

（2）掌握不定积分的基本公式；

（3）掌握不定积分的换元法与分部积分法；

（4）了解有理函数的分解，会求简单有理函数、三角有理函数和无理函数的积分．

三、内容提要

1. 原函数的概念

(1) 原函数的定义.

如果在区间 I 上,可导函数 $F(x)$ 的导函数为 $f(x)$,即对任一 $x\in I$,都有 $F'(x)=f(x)$ 或 $\mathrm{d}F(x)=f(x)\mathrm{d}x$,那么称 $F(x)$ 为 $f(x)$(或 $f(x)\mathrm{d}x$)在区间 I 上的原函数.

(2) 原函数存在定理.

如果 $f(x)$ 在 I 上连续,那么它在 I 上一定存在原函数.

2. 不定积分的概念与性质

(1) 不定积分的定义.

在区间 I 上,函数 $f(x)$ 的带有任意常数项的原函数称为 $f(x)$(或 $f(x)\mathrm{d}x$)在区间 I 上的不定积分,记作 $\int f(x)\mathrm{d}x = F(x)+C$(其中 $F(x)$ 是 $f(x)$ 在 I 上的一个原函数).

(2) 不定积分的性质.

① $\dfrac{\mathrm{d}}{\mathrm{d}x}\int f(x)\mathrm{d}x = f(x)$ 或 $\mathrm{d}\int f(x)\mathrm{d}x = f(x)\mathrm{d}x$;

② $\int F'(x)\mathrm{d}x = F(x)+C$ 或 $\int \mathrm{d}F(x) = F(x)+C$;

③ $\int [f(x)\pm g(x)]\mathrm{d}x = \int f(x)\mathrm{d}x \pm \int g(x)\mathrm{d}x$;

④ $\int kf(x)\mathrm{d}x = k\int f(x)\mathrm{d}x\ (k\neq 0)$.

(3) 基本积分公式.

① $\int k\mathrm{d}x = kx+C$ (k 为常数); ② $\int x^\mu \mathrm{d}x = \dfrac{x^{\mu+1}}{\mu+1}+C\ (\mu\neq -1)$;

③ $\int \dfrac{\mathrm{d}x}{x} = \ln|x|+C$; ④ $\int \dfrac{\mathrm{d}x}{1+x^2} = \arctan x+C$;

⑤ $\int \dfrac{\mathrm{d}x}{\sqrt{1-x^2}} = \arcsin x+C$; ⑥ $\int \cos x\,\mathrm{d}x = \sin x+C$;

⑦ $\int \sin x\,\mathrm{d}x = -\cos x+C$; ⑧ $\int \dfrac{\mathrm{d}x}{\cos^2 x} = \int \sec^2 x\,\mathrm{d}x = \tan x+C$;

⑨ $\int \dfrac{\mathrm{d}x}{\sin^2 x} = \int \csc^2 x\,\mathrm{d}x = -\cot x+C$; ⑩ $\int \sec x\tan x\,\mathrm{d}x = \sec x+C$;

⑪ $\int \csc x\cot x\,\mathrm{d}x = -\csc x+C$; ⑫ $\int e^x\,\mathrm{d}x = e^x+C$;

⑬ $\int a^x\,\mathrm{d}x = \dfrac{a^x}{\ln a}+C$; ⑭ $\int \tan x\,\mathrm{d}x = -\ln|\cos x|+C$;

⑮ $\int \cot x\,\mathrm{d}x = \ln|\sin x|+C$; ⑯ $\int \sec x\,\mathrm{d}x = \ln|\sec x+\tan x|+C$;

⑰ $\int \csc x\,\mathrm{d}x = \ln|\csc x-\cot x|+C$; ⑱ $\int \dfrac{\mathrm{d}x}{a^2+x^2} = \dfrac{1}{a}\arctan\dfrac{x}{a}+C$;

⑲ $\int \dfrac{\mathrm{d}x}{x^2-a^2} = \dfrac{1}{2a}\ln\left|\dfrac{x-a}{x+a}\right|+C$; ⑳ $\int \dfrac{\mathrm{d}x}{\sqrt{a^2-x^2}} = \arcsin\dfrac{x}{a}+C$;

㉑ $\int \dfrac{\mathrm{d}x}{\sqrt{x^2+a^2}} = \ln(x+\sqrt{x^2+a^2})+C$;

㉒ $\int \dfrac{\mathrm{d}x}{\sqrt{x^2-a^2}} = \ln\left|x+\sqrt{x^2-a^2}\right|+C$.

3. 换元积分法

(1) 第一类换元法.

设 $f(u)$ 具有原函数，$u=\varphi(x)$ 可导，则
$$\int f[\varphi(x)]\varphi'(x)\mathrm{d}x = \left[\int f(u)\mathrm{d}u\right]_{u=\varphi(x)}.$$

第一类换元法又称"凑微分"法，它是复合函数求导数的逆运算，这种方法在求不定积分中经常使用，但比利用复合函数求导法则要困难，因为方法中的 $\varphi(x)$ 隐含在被积函数中。如何适当选择 $u=\varphi(x)$，把积分中 $\varphi'(x)\mathrm{d}x$ "凑"成 $\mathrm{d}u$ 没有一般规律可循，应多做练习，熟练掌握各种形式的"凑微分"方法是关键，这也是对微分运算熟练程度的检验，因为任何一个微分运算公式都可以作为凑微分的途径。下面列出了常用的凑微分公式。

① $\int f(ax+b)\mathrm{d}x = \dfrac{1}{a}\int f(ax+b)\mathrm{d}(ax+b)\ (a\neq 0)$;

② $\int f(ax^\alpha+b)x^{\alpha-1}\mathrm{d}x = \dfrac{1}{\alpha a}\int f(ax^\alpha+b)\mathrm{d}(ax^\alpha+b)\ (a\neq 0, \alpha\neq 0)$;

③ $\int f\left(\dfrac{1}{x}\right)\dfrac{1}{x^2}\mathrm{d}x = -\int f\left(\dfrac{1}{x}\right)\mathrm{d}\left(\dfrac{1}{x}\right)$;

④ $\int f(\sqrt{x})\dfrac{1}{\sqrt{x}}\mathrm{d}x = 2\int f(\sqrt{x})\mathrm{d}\sqrt{x}$;

⑤ $\int f(\ln x)\dfrac{1}{x}\mathrm{d}x = \int f(\ln x)\mathrm{d}\ln x$;

⑥ $\int f(\mathrm{e}^{ax})\mathrm{e}^{ax}\mathrm{d}x = \dfrac{1}{a}\int f(\mathrm{e}^{ax})\mathrm{d}\mathrm{e}^{ax}\ (a\neq 0)$;

⑦ $\int f(\sin x)\cos x\mathrm{d}x = \int f(\sin x)\mathrm{d}\sin x$;

⑧ $\int f(\cos x)\sin x\mathrm{d}x = -\int f(\cos x)\mathrm{d}\cos x$;

⑨ $\int f(\tan x)\sec^2 x\mathrm{d}x = \int f(\tan x)\mathrm{d}\tan x$;

⑩ $\int f(\cot x)\csc^2 x\mathrm{d}x = -\int f(\cot x)\mathrm{d}\cot x$;

⑪ $\int f(\sec x)\sec x\tan x\mathrm{d}x = \int f(\sec x)\mathrm{d}\sec x$;

⑫ $\int f(\csc x)\csc x\cot x\mathrm{d}x = -\int f(\csc x)\mathrm{d}\csc x$;

⑬ $\int f(\arcsin x)\dfrac{1}{\sqrt{1-x^2}}\mathrm{d}x = \int f(\arcsin x)\mathrm{d}\arcsin x$;

⑭ $\int f(\arctan x)\dfrac{1}{1+x^2}\mathrm{d}x = \int f(\arctan x)\mathrm{d}\arctan x$.

(2) 第二类换元法.

设 $x = \psi(t)$ 是单调、可导的函数,且 $\psi'(t) \neq 0$,又设 $f[\psi(t)]\psi'(t)$ 具有原函数,则
$$\int f(x)dx = \left\{\int f[\psi(t)]\psi'(t)dt\right\}_{t=\psi^{-1}(x)},$$
其中 $\psi^{-1}(x)$ 是 $x = \psi(t)$ 的反函数.

第二类换元法的关键是作变量的一个适当代换 $x = \psi(t)$,使 $f[\psi(t)]\psi'(t)$ 的原函数易求. 当被积函数中含有根式而又不能凑微分时常可考虑用第二类换元法将被积函数有理化. 下面列出了常用的变量代换.

① 三角代换:

被积函数中含有 $\sqrt{a^2-x^2}$ 时,常用代换 $x = a\sin t$ $\left(-\dfrac{\pi}{2} < t < \dfrac{\pi}{2}\right)$;

被积函数中含有 $\sqrt{a^2+x^2}$ 时,常用代换 $x = a\tan t$ $\left(-\dfrac{\pi}{2} < t < \dfrac{\pi}{2}\right)$;

被积函数中含有 $\sqrt{x^2-a^2}$ 时,常用代换 $x = \pm a\sec t$ $\left(0 < t < \dfrac{\pi}{2}\right)$.

注意适当选取 t 的范围,使 $x = \psi(t)$ 单调可导.

② 倒代换:$x = \dfrac{1}{t}$.

③ 指数代换:被积函数由 a^x 构成,令 $a^x = t$,则 $dx = \dfrac{1}{\ln a} \cdot \dfrac{dt}{t}$.

④ 根式代换:被积函数由 $\sqrt[n]{ax+b}$ 构成,令 $\sqrt[n]{ax+b} = t$,则 $dx = \dfrac{n}{a}t^{n-1}dt$ $(a \neq 0)$.

4. 分部积分法

设 $u = u(x)$ 及 $v = v(x)$ 具有连续导数,则 $\int u dv = uv - \int v du$.

分部积分的一般方法:

(1) 被积函数中含有两种不同类型函数的乘积时,常考虑用分部积分法.

(2) 选择 u 和 v' 时可按反三角函数、对数函数、幂函数、三角函数、指数函数的顺序把排在前面的那类函数选作 u,而把排在后面的那类函数选作 v'.

5. 有理函数的积分

(1) 有理函数的积分.

先将函数分解成多项式和部分真分式之和,然后分项积分.

(2) 三角函数有理式 $R(\sin x, \cos x)$ 的积分.

① 万能代换:设 $u = \tan\dfrac{x}{2}$,则 $\int R(\sin x, \cos x)dx = \int R\left(\dfrac{2u}{1+u^2}, \dfrac{1-u^2}{1+u^2}\right)\dfrac{2}{1+u^2}du$.

② 特殊代换:若 $R(\sin x, -\cos x) = -R(\sin x, \cos x)$,设 $u = \sin x$;

若 $R(-\sin x, \cos x) = -R(\sin x, \cos x)$,设 $u = \cos x$;

若 $R(-\sin x, -\cos x) = R(\sin x, \cos x)$,设 $u = \tan x$.

(3) 简单无理函数 $R\left(x, \sqrt[n]{\dfrac{ax+b}{cx+d}}\right)$ 的积分.

作代换 $t = \sqrt[n]{\dfrac{ax+b}{cx+d}}$ 可化为有理函数的积分.

典 型 例 题 解 析

▶▶ 一、概念及直接积分法

【例 1】 若 $f(x)$ 的导函数为 $\sin x$,则 $f(x)$ 的一个原函数是 ( )

(A) $1+\sin x$ (B) $1-\sin x$ (C) $1+\cos x$ (D) $1-\cos x$

分析 由定义,$f(x)$ 的导函数为 $\sin x$,则 $f(x)$ 为 $\sin x$ 的原函数,因此可先对 $\sin x$ 求不定积分得到 $f(x)$,再对 $f(x)$ 求不定积分得到它的原函数.

解 因为
$$f'(x) = \sin x,$$
所以
$$f(x) = \int \sin x \, \mathrm{d}x = -\cos x + C_1.$$
又
$$\int f(x) \, \mathrm{d}x = \int (-\cos x + C_1) \, \mathrm{d}x = -\sin x + C_1 x + C_2,$$
取 $C_1 = 0, C_2 = 1$,得 $f(x)$ 的一个原函数为 $1-\sin x$. 故选(B).

【例 2】 求不定积分 $\int \max(1, x^2) \, \mathrm{d}x$.

分析 被积函数是一个分段函数,因此其原函数也是一个分段函数,而原函数处处可导一定处处连续.

解 因为 $\max(1, x^2) = \begin{cases} x^2, & x < -1, \\ 1, & -1 \leqslant x \leqslant 1, \\ x^2, & x > 1, \end{cases}$ 所以

当 $x < -1$ 时,$\int x^2 \, \mathrm{d}x = \dfrac{1}{3} x^3 + C$;

当 $-1 < x < 1$ 时,$\int 1 \, \mathrm{d}x = x + C_1$;

当 $x > 1$ 时,$\int x^2 \, \mathrm{d}x = \dfrac{1}{3} x^3 + C_2$.

因为 $\max(1, x^2)$ 在 $(-\infty, +\infty)$ 内连续,所以其原函数存在且连续,所以
$$\begin{cases} \lim\limits_{x \to -1^-} \left(\dfrac{1}{3} x^3 + C \right) = \lim\limits_{x \to -1^+} (x + C_1), \\ \lim\limits_{x \to 1^-} (x + C_1) = \lim\limits_{x \to 1^+} \left(\dfrac{1}{3} x^3 + C_2 \right), \end{cases}$$

得
$$\begin{cases} C_1 = C + \dfrac{2}{3}, \\ C_2 = C + \dfrac{4}{3}. \end{cases}$$

所以 $\int \max(1,x^2)\,\mathrm{d}x = \begin{cases} \dfrac{1}{3}x^3 + C, & x < -1, \\ x + \dfrac{2}{3} + C, & -1 \leqslant x \leqslant 1, \\ \dfrac{1}{3}x^3 + \dfrac{4}{3} + C, & x > 1. \end{cases}$

> **注** ① 求分段函数的原函数一般要求分段函数为连续函数,否则在含间断点的区间内原函数不一定存在.
>
> ② 对分段函数求原函数除了在分段的区间内分别积分外,一定要保证原函数在整个定义区间上处处连续,否则不连续一定不可导.

【例 3】 求下列不定积分:

(1) $\int \left(1 - \dfrac{1}{x^2}\right)\sqrt{x\sqrt{x}}\,\mathrm{d}x$; (2) $\int \dfrac{3x^4 + 4x^2 + 2}{1 + x^2}\,\mathrm{d}x$;

(3) $\int 3^x \mathrm{e}^{-x}\,\mathrm{d}x$; (4) $\int \dfrac{1 + \sin^2 x}{1 - \cos 2x}\,\mathrm{d}x$.

解 (1) $\int \left(1 - \dfrac{1}{x^2}\right)\sqrt{x\sqrt{x}}\,\mathrm{d}x = \int \sqrt{x\sqrt{x}}\,\mathrm{d}x - \int \dfrac{\sqrt{x\sqrt{x}}}{x^2}\,\mathrm{d}x$

$\qquad = \int x^{\frac{3}{4}}\,\mathrm{d}x - \int x^{-\frac{5}{4}}\,\mathrm{d}x$

$\qquad = \dfrac{4}{7}x^{\frac{7}{4}} + 4x^{-\frac{1}{4}} + C$

$\qquad = \dfrac{4(x^2 + 7)}{7\sqrt[4]{x}} + C.$

(2) $\int \dfrac{3x^4 + 4x^2 + 2}{1 + x^2}\,\mathrm{d}x = \int \dfrac{(1 + 3x^2)(1 + x^2) + 1}{1 + x^2}\,\mathrm{d}x$

$\qquad = \int \left(1 + 3x^2 + \dfrac{1}{1 + x^2}\right)\mathrm{d}x$

$\qquad = x + x^3 + \arctan x + C.$

(3) $\int 3^x \mathrm{e}^{-x}\,\mathrm{d}x = \int \left(\dfrac{3}{\mathrm{e}}\right)^x \mathrm{d}x = \dfrac{1}{\ln\left(\dfrac{3}{\mathrm{e}}\right)}\left(\dfrac{3}{\mathrm{e}}\right)^x + C = \dfrac{3^x \mathrm{e}^{-x}}{\ln 3 - 1} + C.$

(4) $\int \dfrac{1 + \sin^2 x}{1 - \cos 2x}\,\mathrm{d}x = \int \dfrac{1 + \sin^2 x}{2\sin^2 x}\,\mathrm{d}x = \dfrac{1}{2}\int (\csc^2 x + 1)\,\mathrm{d}x$

$\qquad = -\dfrac{1}{2}\cot x + \dfrac{1}{2}x + C.$

> **注** 直接积分法要求熟练掌握基本积分公式,通过对被积函数恒等变形再利用积分性质化为若干个基本积分公式的形式,从而求得积分.

二、换元积分法

【例 4】 求下列不定积分：

(1) $\int \dfrac{a^{\frac{1}{x}}}{x^2}\mathrm{d}x$； (2) $\int \dfrac{\mathrm{e}^{2x}-\mathrm{e}^x}{\mathrm{e}^{2x}+2\mathrm{e}^x+1}\mathrm{d}x$；

(3) $\int \dfrac{\mathrm{d}x}{x(2+\ln^2 x)}$； (4) $\int \dfrac{\arcsin\sqrt{x}}{\sqrt{x(1-x)}}\mathrm{d}x$.

分析 被积函数形如 $f\left(\dfrac{1}{x}\right)\cdot\dfrac{1}{x^2}$，$f(\mathrm{e}^x)\cdot\mathrm{e}^x$ 和 $f(\ln x)\cdot\dfrac{1}{x}$，$f(\sqrt{x})\cdot\dfrac{1}{\sqrt{x}}$ 等，可用前面常见的凑微分公式.

解 (1) $\int \dfrac{a^{\frac{1}{x}}}{x^2}\mathrm{d}x = -\int a^{\frac{1}{x}}\mathrm{d}\left(\dfrac{1}{x}\right) = -\dfrac{a^{\frac{1}{x}}}{\ln a}+C.$

(2) 设 $u=\mathrm{e}^x$，则

$$\int \dfrac{\mathrm{e}^{2x}-\mathrm{e}^x}{\mathrm{e}^{2x}+2\mathrm{e}^x+1}\mathrm{d}x = \int \dfrac{u-1}{(u+1)^2}\mathrm{d}u = \int \dfrac{u+1-2}{(u+1)^2}\mathrm{d}u = \int \dfrac{\mathrm{d}u}{u+1}-2\int \dfrac{\mathrm{d}u}{(u+1)^2}$$

$$= \ln(u+1)+\dfrac{2}{u+1}+C = \ln(\mathrm{e}^x+1)+\dfrac{2}{\mathrm{e}^x+1}+C.$$

(3) $\int \dfrac{\mathrm{d}x}{x(2+\ln^2 x)} = \int \dfrac{1}{2+\ln^2 x}\mathrm{d}(\ln x) = \dfrac{1}{\sqrt{2}}\arctan\dfrac{\ln x}{\sqrt{2}}+C.$

(4) $\int \dfrac{\arcsin\sqrt{x}}{\sqrt{x(1-x)}}\mathrm{d}x = 2\int \dfrac{\arcsin\sqrt{x}}{\sqrt{1-x}}\mathrm{d}(\sqrt{x}) = 2\int \arcsin\sqrt{x}\,\mathrm{d}(\arcsin\sqrt{x})$

$$= (\arcsin\sqrt{x})^2+C.$$

【例 5】 求下列不定积分：

(1) $\int \dfrac{\tan x}{\sqrt{\cos x}}\mathrm{d}x$； (2) $\int \dfrac{\mathrm{d}x}{1+\sin x}$；

(3) $\int \dfrac{4\cos x+7\sin x}{3\cos x+2\sin x}\mathrm{d}x$； (4) $\int \dfrac{\mathrm{d}x}{\sin^2 x+3\cos^2 x}.$

解 (1) $\int \dfrac{\tan x}{\sqrt{\cos x}}\mathrm{d}x = \int \dfrac{\sin x}{\cos x\sqrt{\cos x}}\mathrm{d}x = -\int (\cos x)^{-\frac{3}{2}}\mathrm{d}(\cos x) = \dfrac{2}{\sqrt{\cos x}}+C.$

(2) $\int \dfrac{\mathrm{d}x}{1+\sin x} = \int \dfrac{1-\sin x}{(1+\sin x)(1-\sin x)}\mathrm{d}x = \int \dfrac{1-\sin x}{\cos^2 x}\mathrm{d}x$

$$= \int \sec^2 x\,\mathrm{d}x - \int \sec x\tan x\,\mathrm{d}x = \tan x-\sec x+C.$$

(3) 设 $4\cos x+7\sin x = A(3\cos x+2\sin x)+B(3\cos x+2\sin x)'$

$$= A(3\cos x+2\sin x)+B(-3\sin x+2\cos x)$$

$$= (3A+2B)\cos x+(2A-3B)\sin x,$$

则有 $\begin{cases}3A+2B=4,\\ 2A-3B=7,\end{cases}$ 从而解得 $A=2, B=-1$. 于是

$$\int \dfrac{4\cos x+7\sin x}{3\cos x+2\sin x}\mathrm{d}x = \int \dfrac{2(3\cos x+2\sin x)-(3\cos x+2\sin x)'}{3\cos x+2\sin x}\mathrm{d}x$$

$$= 2\int dx - \int \frac{d(3\cos x + 2\sin x)}{3\cos x + 2\sin x}$$

$$= 2x - \ln|3\cos x + 2\sin x| + C.$$

(4) $\int \frac{dx}{\sin^2 x + 3\cos^2 x} = \int \frac{dx}{\cos^2 x(\tan^2 x + 3)} = \int \frac{d(\tan x)}{3 + \tan^2 x}$

$$= \frac{1}{\sqrt{3}} \arctan \frac{\tan x}{\sqrt{3}} + C.$$

注 ① 被积函数中含有三角函数,若不能直接积分,可先用三角恒等式将函数变形,再应用积分公式进行积分.

② 第(3)题的解法可以推广到一般情形 $\int \frac{c\cos x + d\sin x}{a\cos x + b\sin x} dx.$

【**例 6**】 求下列不定积分:

(1) $\int \frac{x^3}{\sqrt{1+x^2}} dx;$ 　　　　(2) $\int \frac{\ln(x+1) - \ln x}{x(x+1)} dx;$

(3) $\int \frac{x^2 - 1}{x^4 + x^2 + 1} dx;$ 　　　　(4) $\int \frac{1+x}{x(1+xe^x)} dx.$

解 (1) $\int \frac{x^3}{\sqrt{1+x^2}} dx = \frac{1}{2} \int \frac{x^2}{\sqrt{1+x^2}} d(1+x^2) = \frac{1}{2} \int \frac{1+x^2-1}{\sqrt{1+x^2}} d(1+x^2)$

$$= \frac{1}{2} \int \left(\sqrt{1+x^2} - \frac{1}{\sqrt{1+x^2}} \right) d(1+x^2)$$

$$= \frac{1}{3}(1+x^2)^{\frac{3}{2}} - (1+x^2)^{\frac{1}{2}} + C.$$

(2) $\int \frac{\ln(x+1) - \ln x}{x(x+1)} dx = \int [\ln(x+1) - \ln x] \left(\frac{1}{x} - \frac{1}{x+1} \right) dx$

$$= -\int \ln \frac{x+1}{x} d\left(\ln \frac{x+1}{x} \right) = -\frac{1}{2} \left(\ln \frac{x+1}{x} \right)^2 + C.$$

(3) $\int \frac{x^2 - 1}{x^4 + x^2 + 1} dx = \int \frac{1 - \frac{1}{x^2}}{x^2 + \frac{1}{x^2} + 1} dx = \int \frac{d\left(x + \frac{1}{x}\right)}{\left(x + \frac{1}{x}\right)^2 - 1}$

$$= \frac{1}{2} \ln \left| \frac{x + \frac{1}{x} - 1}{x + \frac{1}{x} + 1} \right| + C = \frac{1}{2} \ln \left| \frac{x^2 - x + 1}{x^2 + x + 1} \right| + C.$$

(4) $\int \frac{1+x}{x(1+xe^x)} dx = \int \frac{(1+x)e^x}{xe^x(1+xe^x)} dx = \int \left(\frac{1}{xe^x} - \frac{1}{1+xe^x} \right) d(xe^x)$

$$= \ln|xe^x| - \ln|1+xe^x| + C$$

$$= x + \ln|x| - \ln|1+xe^x| + C.$$

注 凑微分方法灵活多变,先变形再凑微分也是常见方法.

【**例 7**】 求下列不定积分:

(1) $\int \dfrac{\mathrm{d}x}{x+\sqrt{a^2-x^2}}$;　　　　(2) $\int \dfrac{\sqrt{x^2-1}}{x}\mathrm{d}x$;

(3) $\int \dfrac{\sqrt{1+x^2}}{x^4}\mathrm{d}x$;　　　　(4) $\int \sqrt{1+\mathrm{e}^{2x}}\,\mathrm{d}x$.

解 (1) 令 $x=a\sin t$, $-\dfrac{\pi}{2}<t<\dfrac{\pi}{2}$, 则 $\mathrm{d}x=a\cos t\,\mathrm{d}t$, 于是

$$\int \frac{\mathrm{d}x}{x+\sqrt{a^2-x^2}}=\int \frac{a\cos t\,\mathrm{d}t}{a\sin t+a\cos t}=\int \frac{\cos t\,\mathrm{d}t}{\sin t+\cos t}$$

$$=\frac{1}{2}\int \frac{\sin t+\cos t+(\cos t-\sin t)}{\sin t+\cos t}\mathrm{d}t$$

$$=\frac{1}{2}\int \mathrm{d}t+\frac{1}{2}\int \frac{\mathrm{d}(\sin t+\cos t)}{\sin t+\cos t}=\frac{1}{2}t+\frac{1}{2}\ln|\sin t+\cos t|+C$$

$$=\frac{1}{2}\arcsin\frac{x}{a}+\frac{1}{2}\ln\left|\frac{x}{a}+\frac{\sqrt{a^2-x^2}}{a}\right|+C$$

$$=\frac{1}{2}\arcsin\frac{x}{a}+\frac{1}{2}\ln|x+\sqrt{a^2-x^2}|+C_1,$$

其中 $C_1=C-\dfrac{1}{2}\ln a$.

(2) 当 $x>1$ 时, 令 $x=\sec t$, $0<t<\dfrac{\pi}{2}$, 则 $\mathrm{d}x=\sec t\tan t\,\mathrm{d}t$, 于是

$$\int \frac{\sqrt{x^2-1}}{x}\mathrm{d}x=\int \frac{\tan t}{\sec t}\sec t\tan t\,\mathrm{d}t=\int \tan^2 t\,\mathrm{d}t=\int (\sec^2 t-1)\mathrm{d}t$$

$$=\tan t-t+C=\sqrt{x^2-1}-\arccos\frac{1}{x}+C;$$

当 $x<-1$ 时, 令 $x=-t$, 则 $\mathrm{d}x=-\mathrm{d}t$, 于是

$$\int \frac{\sqrt{x^2-1}}{x}\mathrm{d}x=\int \frac{\sqrt{t^2-1}}{t}\mathrm{d}t=\sqrt{t^2-1}-\arccos\frac{1}{t}+C$$

$$=\sqrt{x^2-1}-\arccos\frac{1}{-x}+C.$$

综合得 $\int \dfrac{\sqrt{x^2-1}}{x}\mathrm{d}x=\sqrt{x^2-1}-\arccos\dfrac{1}{|x|}+C.$

(3) 令 $x=\tan t$, $-\dfrac{\pi}{2}<t<\dfrac{\pi}{2}$, 则 $\mathrm{d}x=\sec^2 t\,\mathrm{d}t$, 于是

$$\int \frac{\sqrt{1+x^2}}{x^4}\mathrm{d}x=\int \frac{\sec t}{\tan^4 t}\cdot\sec^2 t\,\mathrm{d}t=\int \frac{\cos t}{\sin^4 t}\mathrm{d}t=\int \frac{\mathrm{d}\sin t}{\sin^4 t}$$

$$=-\frac{1}{3\sin^3 t}+C=-\frac{(1+x^2)^{\frac{3}{2}}}{3x^3}+C.$$

(4) 令 $\sqrt{1+\mathrm{e}^{2x}}=t$, 则 $x=\dfrac{1}{2}\ln(t^2-1)$, $\mathrm{d}x=\dfrac{t}{t^2-1}\mathrm{d}t$, 于是

$$\int \sqrt{1+\mathrm{e}^{2x}}\,\mathrm{d}x=\int t\cdot\frac{t}{t^2-1}\mathrm{d}t=\int \left(1+\frac{1}{t^2-1}\right)\mathrm{d}t=t+\frac{1}{2}\ln\left|\frac{t-1}{t+1}\right|+C$$

$$= \sqrt{1+e^{2x}} + \frac{1}{2}\ln\left|\frac{\sqrt{1+e^{2x}}-1}{\sqrt{1+e^{2x}}+1}\right| + C.$$

$$= \sqrt{1+e^{2x}} + \ln\left|\frac{\sqrt{1+e^{2x}}}{e^x} - \frac{1}{e^x}\right| + C$$

$$= \sqrt{1+e^{2x}} + \ln(\sqrt{1+e^{2x}}-1) - x + C.$$

注 用三角代换化无理为有理的被积函数通常特点比较鲜明,但要注意 t 的范围,特别是被积函数含 $\sqrt{x^2-a^2}$.

三、分部积分法

【例 8】 求下列不定积分:

(1) $\int (2x^2+x-1)e^{-x}dx$; (2) $\int \sqrt{x}\cos\sqrt{x}\,dx$;

(3) $\int (x^3+1)\ln x\,dx$; (4) $\int x^2 \operatorname{arccot} x\,dx$.

解 (1) $\int (2x^2+x-1)e^{-x}dx = -\int (2x^2+x-1)de^{-x}$

$$= -e^{-x}(2x^2+x-1) + \int (4x+1)e^{-x}dx$$

$$= -e^{-x}(2x^2+x-1) - \int (4x+1)de^{-x}$$

$$= -e^{-x}(2x^2+5x) + 4\int e^{-x}dx$$

$$= -e^{-x}(2x^2+5x+4) + C.$$

(2) 令 $\sqrt{x}=t$,则 $x=t^2$,$dx=2tdt$,于是

$$\int \sqrt{x}\cos\sqrt{x}\,dx = 2\int t^2\cos t\,dt = 2\int t^2 d\sin t = 2t^2\sin t - 4\int t\sin t\,dt$$

$$= 2t^2\sin t + 4\int t\,d\cos t = 2t^2\sin t + 4t\cos t - 4\int \cos t\,dt$$

$$= 2(t^2-2)\sin t + 4t\cos t + C$$

$$= 2(x-2)\sin\sqrt{x} + 4\sqrt{x}\cos\sqrt{x} + C.$$

(3) $\int (x^3+1)\ln x\,dx = \int \ln x\,d\left(\frac{x^4}{4}+x\right) = \left(\frac{x^4}{4}+x\right)\ln x - \int \left(\frac{x^4}{4}+x\right)\cdot\frac{1}{x}dx$

$$= \left(\frac{x^4}{4}+x\right)\ln x - \frac{1}{4}\int (x^3+4)dx = \left(\frac{x^4}{4}+x\right)\ln x - \frac{1}{16}x^4 - x + C.$$

(4) $\int x^2\operatorname{arccot} x\,dx = \int \operatorname{arccot} x\,d\left(\frac{x^3}{3}\right) = \frac{x^3}{3}\operatorname{arccot} x + \frac{1}{3}\int \frac{x^3}{1+x^2}dx$

$$= \frac{x^3}{3}\operatorname{arccot} x + \frac{1}{3}\int \left(x - \frac{x}{1+x^2}\right)dx$$

$$= \frac{x^3}{3}\operatorname{arccot} x + \frac{1}{6}x^2 - \frac{1}{6}\ln(1+x^2) + C.$$

注 ① 被积函数为多项式与指数函数或三角函数乘积,一般用分部积分法,将多项式看成 $u(x)$,指数函数或三角函数凑微分.

② 被积函数为多项式与对数函数或反三角函数乘积,一般选对数函数或反三角函数为 $u(x)$.

③ 分部积分法有时需兼用换元法.

【例 9】 求下列不定积分:

(1) $\int e^{2x}\sin 3x\,dx$;   (2) $\int \sin(\ln x)\,dx$.

解 (1) $I = \int e^{2x}\sin 3x\,dx = \frac{1}{2}\int \sin 3x\,de^{2x} = \frac{1}{2}e^{2x}\sin 3x - \frac{3}{2}\int e^{2x}\cos 3x\,dx$

$$= \frac{1}{2}e^{2x}\sin 3x - \frac{3}{4}\int \cos 3x\,de^{2x}$$

$$= \frac{1}{2}e^{2x}\sin 3x - \frac{3}{4}e^{2x}\cos 3x - \frac{9}{4}I,$$

移项,得 $$I = \frac{e^{2x}}{13}(2\sin 3x - 3\cos 3x) + C.$$

(2) $I = \int \sin(\ln x)\,dx = x\sin(\ln x) - \int x\cos(\ln x)\cdot\frac{1}{x}\,dx$

$$= x\sin(\ln x) - \int \cos(\ln x)\,dx = x\sin(\ln x) - x\cos(\ln x) + \int x[\sin(\ln x)]\cdot\frac{1}{x}\,dx$$

$$= x\sin(\ln x) - x\cos(\ln x) - I,$$

移项,得 $$I = \frac{1}{2}x[\sin(\ln x) - \cos(\ln x)] + C.$$

【例 10】 求下列不定积分:

(1) $\int \frac{\ln\cos x}{\sin^2 x}\,dx$; (2) $\int \frac{\arcsin\sqrt{x}+\ln x}{\sqrt{x}}\,dx$; (3) $\int e^x\cdot\frac{1+\sin x}{1+\cos x}\,dx$.

解 (1) $\int \frac{\ln\cos x}{\sin^2 x}\,dx = -\int \ln\cos x\,d\cot x = -\cot x\ln\cos x - \int \cot x\cdot\frac{\sin x}{\cos x}\,dx$

$$= -\cot x\ln\cos x - \int dx = -\cot x\ln\cos x - x + C.$$

(2) $\int \frac{\arcsin\sqrt{x}+\ln x}{\sqrt{x}}\,dx = \int (\arcsin\sqrt{x}+\ln x)\,d(2\sqrt{x})$

$$= 2\sqrt{x}(\arcsin\sqrt{x}+\ln x) - \int 2\sqrt{x}\left(\frac{1}{\sqrt{1-x}}\cdot\frac{1}{2\sqrt{x}}+\frac{1}{x}\right)dx$$

$$= 2\sqrt{x}(\arcsin\sqrt{x}+\ln x) + \int \frac{1}{\sqrt{1-x}}\,d(1-x) - \int \frac{2}{\sqrt{x}}\,dx$$

$$= 2\sqrt{x}(\arcsin\sqrt{x}+\ln x) + 2\sqrt{1-x} - 4\sqrt{x} + C.$$

(3) $\int e^x\frac{1+\sin x}{1+\cos x}\,dx = \int \frac{e^x}{1+\cos x}\,dx + \int e^x\frac{\sin x}{1+\cos x}\,dx = \int e^x\,d\tan\frac{x}{2} + \int e^x\tan\frac{x}{2}\,dx$

$$= e^x\tan\frac{x}{2} - \int e^x\tan\frac{x}{2}\,dx + \int e^x\tan\frac{x}{2}\,dx$$

$$= e^x \tan \frac{x}{2} + C.$$

> **注** 分部积分法在积分计算中运用非常广泛、灵活,它通常与换元法结合使用.这类综合类积分是难点,必须多总结,而且要熟练掌握各种类型函数的凑微分形式.

【例 11】 设 $f'(\ln x) = \dfrac{\ln(1+x)}{x}$,求 $f(x)$.

解 设 $\ln x = t$,则 $x = e^t$,故 $f'(t) = \dfrac{\ln(1+e^t)}{e^t}$,即 $f'(x) = \dfrac{\ln(1+e^x)}{e^x}$.

因此
$$f(x) = \int \frac{\ln(1+e^x)}{e^x} dx = -\int \ln(1+e^x) de^{-x}$$
$$= -e^{-x}\ln(1+e^x) + \int \frac{1}{1+e^x} dx$$
$$= -e^{-x}\ln(1+e^x) + \int \left(1 - \frac{e^x}{1+e^x}\right) dx$$
$$= -e^{-x}\ln(1+e^x) + x - \ln(1+e^x) + C$$
$$= -(e^{-x}+1)\ln(1+e^x) + x + C.$$

【例 12】 已知 $\dfrac{\sin x}{x}$ 是函数 $f(x)$ 的一个原函数,求 $\int x^3 f'(x) dx$.

解
$$\int x^3 f'(x) dx = \int x^3 df(x) = x^3 f(x) - 3\int x^2 f(x) dx$$
$$= x^3 \left(\frac{\sin x}{x}\right)' - 3\int x^2 d\frac{\sin x}{x}$$
$$= x^3 \cdot \frac{x\cos x - \sin x}{x^2} - 3x^2 \cdot \frac{\sin x}{x} + 6\int \sin x dx$$
$$= (x^2 - 6)\cos x - 4x\sin x + C.$$

▶▶ 四、有理函数的积分

【例 13】 求下列不定积分:

(1) $\displaystyle\int \frac{x+5}{x^2-6x+13} dx$; (2) $\displaystyle\int \frac{dx}{(x+1)^2(x^2+1)}$;

(2) $\displaystyle\int \frac{dx}{x^8(1+x^2)}$; (4) $\displaystyle\int \frac{dx}{x^2(1+x^2)^2}$.

解 (1) $\displaystyle\int \frac{x+5}{x^2-6x+13} dx = \frac{1}{2}\int \frac{d(x^2-6x+13)}{x^2-6x+13} + \int \frac{8}{x^2-6x+13} dx$

$\qquad\qquad = \dfrac{1}{2}\ln(x^2-6x+13) + 8\displaystyle\int \frac{dx}{4+(x-3)^2}$

$\qquad\qquad = \dfrac{1}{2}\ln(x^2-6x+13) + 4\arctan\dfrac{x-3}{2} + C.$

(2) 设 $\dfrac{1}{(x+1)^2(x^2+1)} = \dfrac{Ax+B}{x^2+1} + \dfrac{C}{(x+1)^2} + \dfrac{D}{x+1}$,

通分,得 $1 = (Ax+B)(x+1)^2 + C(x^2+1) + D(x+1)(x^2+1).$

比较 x 的同次幂的系数,得 $\begin{cases} A+D=0, \\ 2A+B+C+D=0, \\ A+2B+D=0, \\ B+C+D=1, \end{cases}$ 解得 $\begin{cases} A=-\dfrac{1}{2}, \\ B=0, \\ C=\dfrac{1}{2}, \\ D=\dfrac{1}{2}. \end{cases}$

于是 $\displaystyle\int\dfrac{\mathrm{d}x}{(x+1)^2(x^2+1)}=-\dfrac{1}{2}\int\dfrac{x}{x^2+1}\mathrm{d}x+\dfrac{1}{2}\int\dfrac{1}{(x+1)^2}\mathrm{d}x+\dfrac{1}{2}\int\dfrac{1}{x+1}\mathrm{d}x$

$=-\dfrac{1}{4}\ln(x^2+1)-\dfrac{1}{2(x+1)}+\dfrac{1}{2}\ln|x+1|+C.$

(3) 令 $x=\dfrac{1}{t}$,$\mathrm{d}x=-\dfrac{1}{t^2}\mathrm{d}t$,则

$\displaystyle\int\dfrac{\mathrm{d}x}{x^8(1+x^2)}=-\int\dfrac{t^8}{1+t^2}\mathrm{d}t=-\int\left(t^6-t^4+t^2-1+\dfrac{1}{1+t^2}\right)\mathrm{d}t$

$=-\dfrac{1}{7}t^7+\dfrac{1}{5}t^5-\dfrac{1}{3}t^3+t-\arctan t+C$

$=-\dfrac{1}{7x^7}+\dfrac{1}{5x^5}-\dfrac{1}{3x^3}+\dfrac{1}{x}-\arctan\dfrac{1}{x}+C.$

(4) 令 $x=\tan t\left(-\dfrac{\pi}{2}<t<\dfrac{\pi}{2}\right)$,则

$\displaystyle\int\dfrac{\mathrm{d}x}{x^2(1+x^2)^2}=\int\dfrac{\sec^2 t\mathrm{d}t}{\tan^2 t\sec^4 t}=\int\dfrac{\cos^4 t}{\sin^2 t}\mathrm{d}t=\int\left(\dfrac{1}{\sin^2 t}-\cos^2 t-1\right)\mathrm{d}t$

$=-\cot t-\dfrac{1}{4}\sin 2t-\dfrac{3}{2}t+C$

$=-\dfrac{1}{x}-\dfrac{x}{2(1+x^2)}-\dfrac{3}{2}\arctan x+C.$

【例 14】 求不定积分 $\displaystyle\int\ln\left(1+\sqrt{\dfrac{1+x}{x}}\right)\mathrm{d}x$.

解 令 $\sqrt{\dfrac{1+x}{x}}=t$,则 $x=\dfrac{1}{t^2-1}$,所以

$\displaystyle\int\ln\left(1+\sqrt{\dfrac{1+x}{x}}\right)\mathrm{d}x=\int\ln(1+t)\mathrm{d}\left(\dfrac{1}{t^2-1}\right)=\dfrac{\ln(1+t)}{t^2-1}-\int\dfrac{1}{t^2-1}\cdot\dfrac{1}{1+t}\mathrm{d}t.$

因为 $\dfrac{1}{(t^2-1)(t+1)}=\dfrac{1}{(t-1)(t+1)^2}=\dfrac{A}{t-1}+\dfrac{B}{t+1}+\dfrac{C}{(t+1)^2},$

通分,得 $1=A(t+1)^2+B(t-1)(t+1)+C(t-1).$

比较 t 的同次幂的函数,得 $\begin{cases} A+B=0, \\ 2A+C=0, \\ A-B-C=1, \end{cases}$ 解得 $\begin{cases} A=\dfrac{1}{4}, \\ B=-\dfrac{1}{4}, \\ C=-\dfrac{1}{2}. \end{cases}$

于是 $\displaystyle\int\ln\left(1+\sqrt{\dfrac{1+x}{x}}\right)\mathrm{d}x=\dfrac{\ln(1+t)}{t^2-1}-\dfrac{1}{4}\int\dfrac{\mathrm{d}t}{t-1}+\dfrac{1}{4}\int\dfrac{\mathrm{d}t}{t+1}+\dfrac{1}{2}\int\dfrac{\mathrm{d}t}{(t+1)^2}$

$$=\frac{\ln(1+t)}{t^2-1}-\frac{1}{4}\ln|t-1|+\frac{1}{4}\ln|t+1|-\frac{1}{2}\cdot\frac{1}{t+1}+C$$

$$=\left(x+\frac{1}{4}\right)\ln\left(1+\sqrt{\frac{1+x}{x}}\right)-\frac{1}{4}\ln\left|\sqrt{\frac{1+x}{x}}-1\right|-\frac{1}{2}\frac{1}{\sqrt{\frac{1+x}{x}}+1}+C.$$

【例 15】 求下列不定积分：

(1) $\displaystyle\int\frac{\mathrm{d}x}{4+\sin x}$;   (2) $\displaystyle\int\frac{\mathrm{d}x}{\sin^4 x\cos x}$;   (3) $\displaystyle\int\frac{\mathrm{d}x}{\sqrt[3]{(x+1)^2(x-1)^4}}$.

解 (1) 令 $t=\tan\dfrac{x}{2}$，则

$$\int\frac{\mathrm{d}x}{4+\sin x}=\int\frac{\mathrm{d}t}{2t^2+t+2}=\frac{1}{2}\int\frac{\mathrm{d}t}{\left(t+\frac{1}{4}\right)^2+\frac{15}{16}}=\frac{2}{\sqrt{15}}\arctan\frac{4t+1}{\sqrt{15}}+C$$

$$=\frac{2}{\sqrt{15}}\arctan\frac{4\tan\dfrac{x}{2}+1}{\sqrt{15}}+C.$$

(2) 注意到 $R(\sin x,-\cos x)=-R(\sin x,\cos x)$，令 $u=\sin x$，则

$$\int\frac{\mathrm{d}x}{\sin^4 x\cos x}=\int\frac{\cos x\,\mathrm{d}x}{\sin^4 x(1-\sin^2 x)}=\int\frac{1}{u^4(1-u^2)}\mathrm{d}u$$

$$\xrightarrow{\text{令 }u=\frac{1}{t}}\int\frac{1}{\frac{1}{t^4}\left(1-\frac{1}{t^2}\right)}\cdot\frac{-1}{t^2}\mathrm{d}t=-\int\frac{t^4}{t^2-1}\mathrm{d}t$$

$$=-\int\left(t^2+1+\frac{1}{t^2-1}\right)\mathrm{d}t$$

$$=-\left(\frac{1}{3}t^3+t+\frac{1}{2}\ln\left|\frac{t-1}{t+1}\right|\right)+C$$

$$=-\frac{1}{3\sin^3 x}-\frac{1}{\sin x}-\frac{1}{2}\ln\left|\frac{1-\sin x}{1+\sin x}\right|+C.$$

(3) $\displaystyle\int\frac{\mathrm{d}x}{\sqrt[3]{(x+1)^2(x-1)^4}}=\int\frac{1}{(x+1)(x-1)}\sqrt[3]{\frac{x+1}{x-1}}\,\mathrm{d}x.$

令 $\sqrt[3]{\dfrac{x+1}{x-1}}=t$，则 $x=\dfrac{t^3+1}{t^3-1}$，$\mathrm{d}x=\dfrac{-6t^2}{(t^3-1)^2}\mathrm{d}t$，于是

$$\int\frac{\mathrm{d}x}{\sqrt[3]{(x+1)^2(x-1)^4}}=\int\frac{t}{\dfrac{4t^3}{(t^3-1)^2}}\cdot\frac{-6t^2}{(t^3-1)^2}\mathrm{d}t=-\frac{3}{2}\int\mathrm{d}t=-\frac{3}{2}t+C$$

$$=-\frac{3}{2}\sqrt[3]{\frac{x+1}{x-1}}+C.$$

竞赛题选解

例1(全国第一届决赛) 已知 $f(x)$ 在区间 $\left(\dfrac{1}{4}, \dfrac{1}{2}\right)$ 内满足 $f'(x) = \dfrac{1}{\sin^3 x + \cos^3 x}$,求 $f(x)$.

解
$$f(x) = \int \dfrac{\mathrm{d}x}{\sin^3 x + \cos^3 x} = \int \dfrac{\mathrm{d}x}{(\sin x + \cos x)(\sin^2 x + \cos^2 x - \sin x \cos x)}$$
$$= \int \dfrac{2\mathrm{d}x}{(\cos x + \sin x)(2 - 2\sin x \cos x)} = \int \dfrac{2\mathrm{d}x}{(\cos x + \sin x)[1 + (\cos x - \sin x)^2]}$$
$$= \int \left\{\dfrac{2}{3(\cos x + \sin x)} + \dfrac{2(\cos x + \sin x)}{3[1 + (\cos x - \sin x)^2]}\right\}\mathrm{d}x$$
$$= \int \dfrac{\sqrt{2}}{3\sin\left(x + \dfrac{\pi}{4}\right)}\mathrm{d}x + \dfrac{2}{3}\int \dfrac{\mathrm{d}(\cos x - \sin x)}{1 + (\cos x - \sin x)^2}$$
$$= \dfrac{\sqrt{2}}{3}\ln\tan\left(\dfrac{x}{2} + \dfrac{\pi}{8}\right) + \dfrac{2}{3}\arctan(\sin x - \cos x) + C.$$

例2(全国第九届预赛) $I = \int \dfrac{\mathrm{e}^{-\sin x}\sin 2x}{(1 - \sin x)^2}\mathrm{d}x = $ _____.

解
$$I = 2\int \dfrac{\mathrm{e}^{-\sin x}\sin x \cos x}{(1 - \sin x)^2}\mathrm{d}x \xrightarrow{u = \sin x} 2\int \dfrac{u\mathrm{e}^{-u}}{(1 - u)^2}\mathrm{d}u$$
$$= 2\int \dfrac{(u - 1 + 1)\mathrm{e}^{-u}}{(1 - u)^2}\mathrm{d}u = 2\int \dfrac{\mathrm{e}^{-u}}{u - 1}\mathrm{d}u + 2\int \dfrac{\mathrm{e}^{-u}}{(u - 1)^2}\mathrm{d}u$$
$$= 2\int \dfrac{\mathrm{e}^{-u}}{u - 1}\mathrm{d}u - 2\int \mathrm{e}^{-u}\mathrm{d}\left(\dfrac{1}{u - 1}\right) = 2\int \dfrac{\mathrm{e}^{-u}}{u - 1}\mathrm{d}u - 2\left(\dfrac{\mathrm{e}^{-u}}{u - 1} + \int \dfrac{\mathrm{e}^{-u}}{u - 1}\mathrm{d}u\right)$$
$$= -2\dfrac{\mathrm{e}^{-u}}{u - 1} + C = \dfrac{2\mathrm{e}^{-\sin x}}{1 - \sin x} + C.$$

例3(江苏省2002年竞赛) $\int \arcsin x \cdot \arccos x \mathrm{d}x = $ _____.

解 原式 $= x \cdot \arcsin x \cdot \arccos x - \int x\left(\dfrac{\arccos x}{\sqrt{1 - x^2}} - \dfrac{\arcsin x}{\sqrt{1 - x^2}}\right)\mathrm{d}x$
$$= x \cdot \arcsin x \cdot \arccos x + \int (\arccos x - \arcsin x)\mathrm{d}\sqrt{1 - x^2}$$
$$= x \cdot \arcsin x \cdot \arccos x + (\arccos x - \arcsin x)\sqrt{1 - x^2} - \int \sqrt{1 - x^2}\left(\dfrac{-1}{\sqrt{1 - x^2}} - \dfrac{1}{\sqrt{1 - x^2}}\right)\mathrm{d}x$$
$$= x \cdot \arcsin x \cdot \arccos x + (\arccos x - \arcsin x)\sqrt{1 - x^2} + 2x + C.$$

例4 设 y 是由方程 $y^3(x + y) = x^3$ 所确定的隐函数,求 $\int \dfrac{1}{y^3}\mathrm{d}x$.

解 令 $x = ty$,代入原方程,有 $(1 + t)y^4 = t^3 y^3$,从而
$$y = \dfrac{t^3}{1 + t}, x = \dfrac{t^4}{1 + t}, \mathrm{d}x = \dfrac{t^3(3t + 4)}{(1 + t)^2}\mathrm{d}t,$$

所以 $\int \dfrac{1}{y^3} \mathrm{d}x = \int \dfrac{(1+t)^3}{t^9} \cdot \dfrac{t^3(3t+4)}{(1+t)^2} \mathrm{d}t = \int \left(\dfrac{3}{t^4} + \dfrac{7}{t^5} + \dfrac{4}{t^6} \right) \mathrm{d}t$

$\qquad\qquad\qquad = -\left(\dfrac{1}{t^3} + \dfrac{7}{4} \cdot \dfrac{1}{t^4} + \dfrac{4}{5} \cdot \dfrac{1}{t^5} \right) + C$

$\qquad\qquad\qquad = -\left[\left(\dfrac{y}{x}\right)^3 + \dfrac{7}{4}\left(\dfrac{y}{x}\right)^4 + \dfrac{4}{5}\left(\dfrac{y}{x}\right)^5 \right] + C.$

同步练习

一、选择题

1. 若 $f(x)$ 的导函数是 $\mathrm{e}^{-x} + \cos x$，则 $f(x)$ 的一个原函数为 （　　）

(A) $\mathrm{e}^{-x} - \cos x$ (B) $-\mathrm{e}^{-x} + \sin x$ (C) $-\mathrm{e}^{-x} - \cos x$ (D) $\mathrm{e}^{-x} + \sin x$

2. 已知函数 $y = 3x^2$ 的一条积分曲线过 $(1,1)$ 点，则其积分曲线的方程为 （　　）

(A) $y = x^3$ (B) $y = x^3 + 1$ (C) $y = x^3 + 2$ (D) $y = x^3 + C$

3. 已知 $f(x) = \begin{cases} 2(x-1), & x < 1, \\ \ln x, & x \geq 1, \end{cases}$ 则 $f(x)$ 的一个原函数 $F(x) =$ （　　）

(A) $\begin{cases} (x-1)^2, & x < 1, \\ x(\ln x - 1), & x \geq 1 \end{cases}$ (B) $\begin{cases} (x-1)^2, & x < 1, \\ x(\ln x + 1) - 1, & x \geq 1 \end{cases}$

(C) $\begin{cases} (x-1)^2, & x < 1, \\ x(\ln x + 1) + 1, & x \geq 1 \end{cases}$ (D) $\begin{cases} (x-1)^2, & x < 1, \\ x(\ln x - 1) + 1, & x \geq 1 \end{cases}$

4. $\int x^x (1 + \ln x) \mathrm{d}x =$ （　　）

(A) $\dfrac{1}{x+1} x^{x+1} + \ln x + C$ (B) $x^x + C$

(C) $x \ln x + C$ (D) $\dfrac{1}{2} x^x \ln x + C$

5. 若 $f'(x)$ 为连续函数，则 $\int f'(2x) \mathrm{d}x =$ （　　）

(A) $f(2x) + C$ (B) $f(x) + C$ (C) $\dfrac{1}{2} f(2x) + C$ (D) $2f(2x) + C$

6. $\int x f''(x) \mathrm{d}x =$ （　　）

(A) $x f'(x) - \int f(x) \mathrm{d}x$ (B) $x f'(x) - f'(x) + C$

(C) $x f'(x) - f(x) + C$ (D) $f(x) - x f'(x) + C$

二、填空题

1. 若 $f'(\mathrm{e}^x) = 1 + x$，则 $f(x) = $ _____.

2. 已知 $f'(2+\cos x) = \sin^2 x + \tan^2 x$，则 $f(x) = $ _____.

3. 设 $f(x)$ 的一个原函数为 xe^x，则 $\int xf'(x)dx = $ _____.

4. 设 $\int xf(x)dx = \arcsin x + C_1$，则 $\int \dfrac{dx}{f(x)} = $ _____.

5. $\int \dfrac{\sec^2 x}{4 + \tan^2 x} dx = $ _____.

6. $\int \dfrac{dx}{\sqrt{x(4-x)}} = $ _____.

7. $\int \dfrac{dx}{(2-x)\sqrt{1-x}} = $ _____.

8. $\int \dfrac{\ln x - 1}{x^2} dx = $ _____.

三、解答题

1. 求下列不定积分：

(1) $\int \dfrac{e^{\arccos x}}{\sqrt{1-x^2}} dx$; (2) $\int \tan^2 x \sec^4 x\, dx$;

(3) $\int \dfrac{\ln \tan x}{\sin 2x} dx$; (4) $\int \dfrac{dx}{e^x + e^{2-x}}$;

(5) $\int \dfrac{\sin x}{1 + \sin x} dx$; (6) $\int \dfrac{dx}{\sqrt{1 + e^{2x}}}$;

(7) $\int \dfrac{dx}{(2x^2+1)\sqrt{x^2+1}}$; (8) $\int \dfrac{x+1}{x^2 \sqrt{x^2-1}} dx$.

2. 求下列不定积分：

(1) $\int x \sin^2 x\, dx$; (2) $\int \left(\dfrac{\ln x}{x}\right)^2 dx$;

(3) $\int \dfrac{x^2 \arctan x}{1+x^2} dx$; (4) $\int \dfrac{\arctan e^x}{e^{2x}} dx$;

(5) $\int \ln(\sqrt{1+x} - \sqrt{1-x}) dx$; (6) $\int \dfrac{xe^x}{(1+x)^2} dx$.

3. 求下列不定积分：

(1) $\int \dfrac{4x+3}{(x-2)^3} dx$; (2) $\int \dfrac{x\,dx}{x^8-1}$;

(3) $\int \dfrac{1+x^6}{x(1-x^6)} dx$; (4) $\int \dfrac{\sin^3 x}{2+\cos x} dx$;

(5) $\int \dfrac{dx}{\sin x \cos^4 x}$; (6) $\int \dfrac{dx}{\sqrt{x}(1+\sqrt[4]{x})^3}$.

4. 设 $F(x)$ 是 $f(x)$ 的一个原函数，当 $x \geqslant 0$ 时，$f(x)F(x) = \sin^2 2x$，且 $F(0) = 1$，$F(x) \geqslant 0$，试求 $f(x)$.

四、竞赛题

1. （江苏省1998年竞赛） 求 $\int |\ln x| \, dx$.

2. （江苏省2000年竞赛） 求 $\int \dfrac{x^5 - x}{x^8 + 1} \, dx$.

3. （江苏省2004年竞赛） 求 $\int \dfrac{x + \sin x \cos x}{(\cos x - x \sin x)^2} \, dx$.

4. （江苏省2006年竞赛） 求 $\int \ln\left[(x+a)^{x+a}(x+b)^{x+b}\right] \dfrac{1}{(x+a)(x+b)} \, dx$.

第五章 定积分

主要内容与基本要求

▶▶ 一、知识结构

$$
\text{定积分}\begin{cases}\text{定积分的概念}\begin{cases}\text{定积分的定义}\\ \text{定积分的几何意义}\end{cases}\\ \text{定积分的性质}\\ \text{积分上限的函数及其导数}\\ \text{牛顿-莱布尼茨公式}\\ \text{定积分的积分法}\begin{cases}\text{换元法}\\ \text{分部积分法}\end{cases}\\ \text{反常积分}\begin{cases}\text{无穷限的反常积分}\\ \text{无界函数的反常积分}\end{cases}\end{cases}
$$

▶▶ 二、基本要求

(1) 理解定积分的概念和几何意义.

(2) 了解定积分的性质和积分中值定理.

(3) 理解积分上限的函数及其求导定理.

(4) 掌握牛顿-莱布尼茨(Newton-Leibniz)公式.

(5) 掌握定积分的换元法与分部积分法.

(6) 了解两类反常积分及其收敛性的概念.

(7) 了解定积分的近似计算法(梯形法和抛物线法)的思想.

三、内容提要

1. 定积分的概念

（1）定积分的定义．
$$\int_a^b f(x)\mathrm{d}x = \lim_{\lambda \to 0}\sum_{i=1}^n f(\xi_i)\Delta x_i, \text{其中} \lambda = \max_{1 \leqslant i \leqslant n}\Delta x_i, \xi_i \in [x_{i-1}, x_i].$$

（2）可积的充分条件．

① 设 $f(x)$ 在 $[a,b]$ 上连续，则 $f(x)$ 在 $[a,b]$ 上可积；

② 设 $f(x)$ 在 $[a,b]$ 上有界，且只有有限个间断点，则 $f(x)$ 在 $[a,b]$ 上可积．

2. 定积分的性质和中值定理

（1）两条补充规定．

① $\int_a^a f(x)\mathrm{d}x = 0$；　② $\int_a^b f(x)\mathrm{d}x = -\int_b^a f(x)\mathrm{d}x$．

（2）定积分的性质．

① $\int_a^b [f(x) \pm g(x)]\mathrm{d}x = \int_a^b f(x)\mathrm{d}x \pm \int_a^b g(x)\mathrm{d}x.$

② $\int_a^b kf(x)\mathrm{d}x = k\int_a^b f(x)\mathrm{d}x.$

③ $\int_a^b f(x)\mathrm{d}x = \int_a^c f(x)\mathrm{d}x + \int_c^b f(x)\mathrm{d}x.$

④ $\int_a^b \mathrm{d}x = b - a.$

⑤ 若在 $[a,b]$ 上，$f(x) \geqslant 0$，则 $\int_a^b f(x)\mathrm{d}x \geqslant 0 (a < b).$

推论1：若在 $[a,b]$ 上，$f(x) \leqslant g(x)$，则 $\int_a^b f(x)\mathrm{d}x \leqslant \int_a^b g(x)\mathrm{d}x (a < b).$

推论2：$\left|\int_a^b f(x)\mathrm{d}x\right| \leqslant \int_a^b |f(x)|\mathrm{d}x (a < b).$

⑥ 设 M 及 m 分别是 $f(x)$ 在 $[a,b]$ 上的最大值及最小值，则
$$m(b-a) \leqslant \int_a^b f(x)\mathrm{d}x \leqslant M(b-a).$$

⑦ 定积分中值定理：若 $f(x)$ 在 $[a,b]$ 上连续，则在 $[a,b]$ 上至少存在一个点 ξ，使
$$\int_a^b f(x)\mathrm{d}x = f(\xi)(b-a).$$

> 注　① 把定理中 $\xi \in [a,b]$ 改为 $\xi \in (a,b)$，定理也成立．
> ② $f(\xi) = \dfrac{1}{b-a}\int_a^b f(x)\mathrm{d}x$ 称为 $f(x)$ 在 $[a,b]$ 上的平均值．

3. 微积分基本公式

（1）积分上限的函数及其导数．

① 积分上限的函数：$\Phi(x) = \int_a^x f(t)\mathrm{d}t, a \leqslant x \leqslant b.$

② 积分上限的函数的导数：若 $f(x)$ 在 $[a,b]$ 上连续，则 $\dfrac{d}{dx}\int_a^x f(t)dt = f(x)$.

一般地，若 $f(x)$ 连续，$\psi(x),\varphi(x)$ 可导，则

$$\frac{d}{dx}\int_{\varphi(x)}^{\psi(x)} f(t)dt = f[\psi(x)]\psi'(x) - f[\varphi(x)]\varphi'(x).$$

③ 原函数存在定理：若 $f(x)$ 在 $[a,b]$ 上连续，则 $\Phi(x) = \int_a^x f(t)dt$ 是 $f(x)$ 在 $[a,b]$ 上的一个原函数.

(2) 牛顿-莱布尼茨公式.

若 $F(x)$ 是连续函数 $f(x)$ 在 $[a,b]$ 上的一个原函数，则

$$\int_a^b f(x)dx = F(b) - F(a).$$

4. 定积分的换元法与分部积分法

(1) 定积分的换元法.

假设 $f(x)$ 在 $[a,b]$ 上连续，$x = \varphi(t)$ 满足条件：

(i) $\varphi(\alpha) = a, \varphi(\beta) = b$；

(ii) $\varphi(t)$ 在 $[\alpha,\beta]$（或 $[\beta,\alpha]$）上具有连续导数，且其值域 $R_\varphi \subset [a,b]$.

则有

$$\int_a^b f(x)dx = \int_\alpha^\beta f[\varphi(t)]\varphi'(t)dt.$$

(2) 定积分的分部积分法.

设 $u(x),v(x)$ 在 $[a,b]$ 上有连续的导函数，则

$$\int_a^b u\,dv = [uv]_a^b - \int_a^b v\,du.$$

(3) 两个特殊函数的定积分计算公式.

① 奇、偶函数在对称区间上的定积分：设 $f(x)$ 在 $[-a,a]$ 上连续，则

$$\int_{-a}^a f(x)dx = \begin{cases} 0, & f(x) \text{ 为奇函数,} \\ 2\int_0^a f(x)dx, & f(x) \text{ 为偶函数.} \end{cases}$$

② 周期函数的定积分：设 $f(x)$ 是以 T 为周期的连续函数，则

$$\int_a^{a+T} f(x)dx = \int_0^T f(x)dx, a \in \mathbf{R},$$

$$\int_a^{a+nT} f(x)dx = n\int_0^T f(x)dx, a \in \mathbf{R}, n \in \mathbf{N}.$$

(4) 三角函数的定积分公式.

① 设 $f(x)$ 在 $[0,1]$ 上连续，则

$$\int_0^{\frac{\pi}{2}} f(\sin x)dx = \int_0^{\frac{\pi}{2}} f(\cos x)dx;$$

$$\int_0^\pi xf(\sin x)dx = \frac{\pi}{2}\int_0^\pi f(\sin x)dx;$$

$$\int_0^\pi f(\sin x)dx = 2\int_0^{\frac{\pi}{2}} f(\sin x)dx.$$

② Wallis 公式：

$$\int_0^{\frac{\pi}{2}} \sin^n x \, dx = \int_0^{\frac{\pi}{2}} \cos^n x \, dx = \frac{(n-1)!!}{n!!} I^*, \text{其中 } I^* = \begin{cases} \frac{\pi}{2}, n \text{ 为正偶数}, \\ 1, \ n \text{ 为正奇数}. \end{cases}$$

5. 反常积分

(1) 无穷限的反常积分.

定义:$\int_a^{+\infty} f(x) \, dx = \lim_{t \to +\infty} \int_a^t f(x) \, dx, \int_{-\infty}^b f(x) \, dx = \lim_{t \to -\infty} \int_t^b f(x) \, dx,$

$$\int_{-\infty}^{+\infty} f(x) \, dx = \lim_{t \to -\infty} \int_t^0 f(x) \, dx + \lim_{t \to +\infty} \int_0^t f(x) \, dx.$$

若以上的各极限都存在,则称各反常积分收敛,其极限值即为反常积分值;否则,称其发散.

(2) 无界函数的反常积分.

① 设 $f(x)$ 在 $(a, b]$ 上连续,点 a 为 $f(x)$ 的瑕点.若 $\lim\limits_{t \to a^+} \int_t^b f(x)$ 存在,则称反常积分 $\int_a^b f(x) \, dx$ 收敛,且 $\int_a^b f(x) \, dx = \lim\limits_{t \to a^+} \int_t^b f(x) \, dx$;否则,称其发散.

② 设 $f(x)$ 在 $[a, b)$ 上连续,点 b 为 $f(x)$ 的瑕点.若 $\lim\limits_{t \to b^-} \int_a^t f(x) \, dx$ 存在,则称反常积分 $\int_a^b f(x) \, dx$ 收敛,且 $\int_a^b f(x) \, dx = \lim\limits_{t \to b^-} \int_a^t f(x) \, dx$;否则,称其发散.

③ 设 $f(x)$ 在 $[a, c) \cup (c, b]$ 上连续,点 c 为 $f(x)$ 的瑕点,则当 $\int_a^c f(x) \, dx$ 和 $\int_c^b f(x) \, dx$ 都收敛时称反常积分 $\int_a^b f(x) \, dx$ 收敛,且 $\int_a^b f(x) \, dx = \int_a^c f(x) \, dx + \int_c^b f(x) \, dx$;否则,称其发散.

(3) 反常积分的牛顿-莱布尼茨公式.

① 设 $F(x)$ 是连续函数 $f(x)$ 在 $[a, +\infty)$ 上的一个原函数,则

$$\int_a^{+\infty} f(x) \, dx = \lim_{x \to +\infty} F(x) - F(a) \xlongequal{\triangle} F(+\infty) - F(a) \xlongequal{\triangle} [F(x)]_a^{+\infty},$$

其中若 $\lim\limits_{x \to +\infty} F(x)$ 存在,则 $\int_a^{+\infty} f(x) \, dx$ 收敛;否则,发散.

类似地,有 $$\int_{-\infty}^b f(x) \, dx = [F(x)]_{-\infty}^b,$$
$$\int_{-\infty}^{+\infty} f(x) \, dx = [F(x)]_{-\infty}^{+\infty}.$$

② 设 a 为 $f(x)$ 的瑕点,在 $(a, b]$ 上 $F'(x) = f(x)$,若 $\lim\limits_{x \to a^+} F(x)$ 存在,则反常积分 $\int_a^b f(x) \, dx = F(b) - \lim\limits_{x \to a^+} F(x) = F(b) - F(a^+)$;若 $\lim\limits_{x \to a^+} F(x)$ 不存在,则反常积分发散.类似地,有 b 为瑕点的计算公式.

典型例题解析

一、定积分的概念与性质

【例1】 用定积分求极限 $\lim\limits_{n\to\infty}\left(\dfrac{n}{n^2+1^2}+\dfrac{n}{n^2+2^2}+\cdots+\dfrac{n}{n^2+n^2}\right)$.

分析 这是一个和式的极限问题. 若用定积分的定义求极限,应先将和式变形为 $\sum\limits_{i=1}^{n}\dfrac{1}{1+\left(\frac{i}{n}\right)^2}\cdot\dfrac{1}{n}$,易见 $\dfrac{1}{n}$ 可看作 $[0,1]$ n 等分后的小区间长度 Δx_i,而 $\dfrac{1}{1+\left(\frac{i}{n}\right)^2}$ 可看作函数 $\dfrac{1}{1+x^2}$ 在点 $\xi_i=\dfrac{i}{n}$ 的值. 于是原极限即化为定积分 $\int_0^1\dfrac{\mathrm{d}x}{1+x^2}$.

解
$$\lim_{n\to\infty}\left(\dfrac{n}{n^2+1^2}+\dfrac{n}{n^2+2^2}+\cdots+\dfrac{n}{n^2+n^2}\right)$$
$$=\lim_{n\to\infty}\sum_{i=1}^{n}\dfrac{n}{n^2+i^2}=\lim_{n\to\infty}\sum_{i=1}^{n}\dfrac{1}{1+\left(\frac{i}{n}\right)^2}\cdot\dfrac{1}{n}$$
$$=\int_0^1\dfrac{\mathrm{d}x}{1+x^2}=\dfrac{\pi}{4}.$$

【例2】 证明:$\lim\limits_{n\to\infty}\int_0^1\ln(1+x^n)\mathrm{d}x=0$.

证 因为
$$0\leqslant\ln(1+x^n)\leqslant x^n\,(x>0),$$
所以
$$0\leqslant\int_0^1\ln(1+x^n)\mathrm{d}x\leqslant\int_0^1 x^n\mathrm{d}x=\dfrac{1}{n+1}.$$
又
$$\lim_{n\to\infty}\dfrac{1}{n+1}=0,$$
由夹逼准则,有
$$\lim_{n\to\infty}\int_0^1\ln(1+x^n)\mathrm{d}x=0.$$

【例3】 设 $I_k=\int_0^{k\pi}\mathrm{e}^{x^2}\sin x\,\mathrm{d}x\,(k=1,2,3)$,则有 （   ）

(A) $I_1<I_2<I_3$　　　　　　　　(B) $I_3<I_2<I_1$
(C) $I_2<I_3<I_1$　　　　　　　　(D) $I_2<I_1<I_3$

解 因为 $x\in(\pi,2\pi)$ 时,$\mathrm{e}^{x^2}\sin x<0$,由定积分的保号性,得
$$I_2-I_1=\int_0^{2\pi}\mathrm{e}^{x^2}\sin x\,\mathrm{d}x-\int_0^{\pi}\mathrm{e}^{x^2}\sin x\,\mathrm{d}x=\int_{\pi}^{2\pi}\mathrm{e}^{x^2}\sin x\,\mathrm{d}x<0.$$
而
$$I_3-I_1=\int_0^{3\pi}\mathrm{e}^{x^2}\sin x\,\mathrm{d}x-\int_0^{\pi}\mathrm{e}^{x^2}\sin x\,\mathrm{d}x=\int_{\pi}^{3\pi}\mathrm{e}^{x^2}\sin x\,\mathrm{d}x$$
$$=\int_{\pi}^{2\pi}\mathrm{e}^{x^2}\sin x\,\mathrm{d}x+\int_{2\pi}^{3\pi}\mathrm{e}^{x^2}\sin x\,\mathrm{d}x$$

$$\xrightarrow{x-\pi=u} \int_\pi^{2\pi} e^{x^2}\sin x\,dx - \int_\pi^{2\pi} e^{(u+\pi)^2}\sin u\,du$$

$$= \int_\pi^{2\pi}[e^{x^2} - e^{(x+\pi)^2}]\sin x\,dx > 0,$$

所以 $I_2 < I_1 < I_3$,故选(D).

▶▶ 二、变限积分求导与微积分基本公式

【例4】 设 $f(x)$ 为连续函数,且 $F(x) = \int_{\frac{1}{x}}^{\ln x} f(t)\,dt$,则 $F'(x) =$ ( )

(A) $\dfrac{1}{x}f(\ln x) + \dfrac{1}{x^2}f\left(\dfrac{1}{x}\right)$ (B) $f(\ln x) + f\left(\dfrac{1}{x}\right)$

(C) $\dfrac{1}{x}f(\ln x) - \dfrac{1}{x^2}f\left(\dfrac{1}{x}\right)$ (D) $f(\ln x) - f\left(\dfrac{1}{x}\right)$

解 $F'(x) = f(\ln x)(\ln x)' - f\left(\dfrac{1}{x}\right)\left(\dfrac{1}{x}\right)' = \dfrac{1}{x}f(\ln x) + \dfrac{1}{x^2}f\left(\dfrac{1}{x}\right)$,故选(A).

【例5】 求函数 $f(x) = \int_1^{x^2}(x^2 - t)e^{-t^2}\,dt$ 的单调区间与极值.

解 定义域为 $(-\infty, +\infty)$. 因为 $f(x) = x^2\int_1^{x^2} e^{-t^2}\,dt - \int_1^{x^2} t e^{-t^2}\,dt$,所以

$$f'(x) = 2x\int_1^{x^2} e^{-t^2}\,dt + x^2 \cdot e^{-x^4} \cdot 2x - x^2 e^{-x^4} \cdot 2x = 2x\int_1^{x^2} e^{-t^2}\,dt.$$

令 $f'(x) = 0$,得驻点 $x_1 = -1, x_2 = 0, x_3 = 1$.列表如下:

x	$(-\infty, -1)$	-1	$(-1, 0)$	0	$(0, 1)$	1	$(1, +\infty)$
$f'(x)$	$-$	0	$+$	0	$-$	0	$+$
$f(x)$	↘	极小值	↗	极大值	↘	极小值	↗

又 $f(-1) = f(1) = 0$,而

$$f(0) = \int_1^0 (-t)e^{-t^2}\,dt = \int_0^1 t e^{-t^2}\,dt = -\dfrac{1}{2}e^{-t^2}\Big|_0^1 = \dfrac{1}{2}(1 - e^{-1}),$$

故单调递增区间为 $[-1, 0], [1, +\infty)$,单调递减区间为 $(-\infty, -1], [0, 1]$,极大值为 $f(0) = \dfrac{1}{2}(1 - e^{-1})$,极小值为 $f(-1) = f(1) = 0$.

> **注** 变限积分求导数时,若被积函数中含自变量 x,应先通过化简,将 x 提到积分号外,再对被积函数只含积分变量 t 形式的积分求导.

【例6】 设 $f(x) = \int_0^{1-\cos x}\sin t^2\,dt, g(x) = \dfrac{x^5}{5} + \dfrac{x^6}{6}$,则当 $x \to 0$ 时,$f(x)$ 是 $g(x)$ 的 ( )

(A) 低阶无穷小 (B) 高阶无穷小
(C) 等价无穷小 (D) 同阶但非等价无穷小

解 因当 $x \to 0$ 时,$f(x), g(x)$ 都是无穷小,故由洛必达法则,有

$$\lim_{x\to 0}\frac{f(x)}{g(x)} = \lim_{x\to 0}\frac{\sin(1-\cos x)^2\cdot \sin x}{x^4+x^5} = \lim_{x\to 0}\frac{(1-\cos x)^2}{x^3+x^4} = \lim_{x\to 0}\frac{\left(\frac{x^2}{2}\right)^2}{x^3+x^4}$$

$$= \lim_{x\to 0}\frac{x}{4(1+x)} = 0.$$

故选(B).

【例7】 试确定常数 a,b,c 的值,使 $\lim\limits_{x\to 0}\dfrac{ax-\sin x}{\int_b^x \dfrac{\ln(1+t^3)}{t}\mathrm{d}t}=c(c\neq 0)$.

分析 含变限积分求极限的题目通常要用到洛必达法则,应从判断分子分母是否为无穷小着手.

解 $x\to 0$ 时 $ax-\sin x\to 0$,因 $c\neq 0$,则必有 $\int_b^x \dfrac{\ln(1+t^3)}{t}\mathrm{d}t\to 0(x\to 0)$,又 t 在 0 的某去心邻域内,$\dfrac{\ln(1+t^3)}{t}>0$,故 $b=0$. 于是

$$\text{等式左边} = \lim_{x\to 0}\frac{a-\cos x}{\dfrac{\ln(1+x^3)}{x}} = \lim_{x\to 0}\frac{a-\cos x}{x^2} = c = \text{右边}.$$

故 $a=1$,且 $c=\dfrac{1}{2}$.

【例8】 设 $f(x)=\begin{cases}1+x, & -1\leqslant x\leqslant 0,\\ 1-x, & 0<x\leqslant 1,\\ 0, & x<-1 \text{ 或 } x>1.\end{cases}$

求 $F(x)=\int_{-1}^x f(t)\mathrm{d}t$ 在 $(-\infty,+\infty)$ 内的表达式.

解 当 $x<-1$ 时,$F(x)=\int_{-1}^x f(t)\mathrm{d}t = \int_{-1}^x 0\mathrm{d}t = 0$;

当 $-1\leqslant x\leqslant 0$ 时,$F(x)=\int_{-1}^x (1+t)\mathrm{d}t = \dfrac{x^2}{2}+x+\dfrac{1}{2}$;

当 $0<x\leqslant 1$ 时,$F(x)=\int_{-1}^0 (1+t)\mathrm{d}t + \int_0^x (1-t)\mathrm{d}t = -\dfrac{x^2}{2}+x+\dfrac{1}{2}$;

当 $x>1$ 时,$F(x)=\int_{-1}^0 (1+t)\mathrm{d}t + \int_0^1 (1-t)\mathrm{d}t + \int_1^x 0\mathrm{d}t = 1$.

故 $F(x)=\begin{cases}0, & x<-1,\\ \dfrac{x^2}{2}+x+\dfrac{1}{2}, & -1\leqslant x\leqslant 0,\\ -\dfrac{x^2}{2}+x+\dfrac{1}{2}, & 0<x\leqslant 1,\\ 1, & x>1.\end{cases}$

注 $f(x)$ 是分段函数,因此 $F(x)$ 的表达式需分段来求.计算时须注意 x 的取值范围为 $(-\infty,+\infty)$,而 t 作为积分变量,其取值范围为 $[-1,x]$ 或 $[x,-1]$.

【例9】 设 $f(x)=\dfrac{1}{1+x^2}+x^3\int_0^1 f(x)\mathrm{d}x$,求 $f(x)$.

解 等式两边同时在$[0,1]$上积分,得
$$\int_0^1 f(x)\,\mathrm{d}x = \int_0^1 \frac{\mathrm{d}x}{1+x^2} + \int_0^1 f(x)\,\mathrm{d}x \cdot \int_0^1 x^3\,\mathrm{d}x,$$
即
$$\int_0^1 f(x)\,\mathrm{d}x = \frac{\pi}{4} + \frac{1}{4}\int_0^1 f(x)\,\mathrm{d}x,$$

于是 $\int_0^1 f(x)\,\mathrm{d}x = \frac{\pi}{3}$,故 $f(x) = \frac{1}{1+x^2} + \frac{\pi}{3}x^3$.

注 $f(x)$ 在$[a,b]$上的定积分是常数.

【例10】 计算下列定积分:

(1) $\int_1^2 \left(x + \frac{1}{x}\right)^2 \mathrm{d}x$; (2) $\int_{-1}^1 |\mathrm{e}^x - 1|\,\mathrm{d}x$.

解 (1) $\int_1^2 \left(x + \frac{1}{x}\right)^2 \mathrm{d}x = \int_1^2 \left(x^2 + 2 + \frac{1}{x^2}\right)\mathrm{d}x = \left[\frac{x^3}{3} + 2x - \frac{1}{x}\right]_1^2 = \frac{29}{6}$.

(2) $\int_{-1}^1 |\mathrm{e}^x - 1|\,\mathrm{d}x = \int_{-1}^0 (1-\mathrm{e}^x)\,\mathrm{d}x + \int_0^1 (\mathrm{e}^x - 1)\,\mathrm{d}x$
$$= [x - \mathrm{e}^x]_{-1}^0 + [\mathrm{e}^x - x]_0^1 = \mathrm{e} + \frac{1}{\mathrm{e}} - 2.$$

【例11】 设函数$f(x)$连续,则下列函数必为偶函数的是 (　　)

(A) $\int_0^x f(t^2)\,\mathrm{d}t$ (B) $\int_0^x f^2(t)\,\mathrm{d}t$

(C) $\int_0^x t[f(t) - f(-t)]\,\mathrm{d}t$ (D) $\int_0^x t[f(t) + f(-t)]\,\mathrm{d}t$

分析 若$g(x)$为奇函数,则积分上限的函数$G(x) = \int_0^x g(t)\,\mathrm{d}t$必为偶函数.故在四个选项中找出被积函数必为奇函数的即可.

解 因$t[f(t) + f(-t)]$为奇函数,所以$\int_0^x t[f(t) + f(-t)]\,\mathrm{d}t$必为偶函数.故选(D).

▶▶ 三、定积分的换元法和分部积分法

【例12】 计算下列定积分:

(1) $\int_1^4 \frac{\mathrm{d}x}{x(1+\sqrt{x})}$; (2) $\int_1^{\sqrt{3}} \frac{\mathrm{d}x}{x^2\sqrt{1+x^2}}$;

(3) $\int_0^{\ln 2} \sqrt{\mathrm{e}^x - 1}\,\mathrm{d}x$; (4) $\int_1^{\mathrm{e}} x\ln^2 x\,\mathrm{d}x$.

解 (1) 令 $\sqrt{x} = u$,则 $x = u^2$,于是
$$\int_1^4 \frac{\mathrm{d}x}{x(1+\sqrt{x})} = \int_1^2 \frac{2u\,\mathrm{d}u}{u^2(1+u)} = 2\int_1^2 \left(\frac{1}{u} - \frac{1}{1+u}\right)\mathrm{d}u$$
$$= 2\ln\frac{u}{1+u}\bigg|_1^2 = 2\ln\frac{4}{3}.$$

(2) 令 $x = \tan t$,则 $\mathrm{d}x = \sec^2 t\,\mathrm{d}t$,于是
$$\int_1^{\sqrt{3}} \frac{\mathrm{d}x}{x^2\sqrt{1+x^2}} = \int_{\frac{\pi}{4}}^{\frac{\pi}{3}} \frac{\sec^2 t\,\mathrm{d}t}{\tan^2 t \sec t} = \int_{\frac{\pi}{4}}^{\frac{\pi}{3}} \frac{\cos t}{\sin^2 t}\,\mathrm{d}t$$

$$=-\frac{1}{\sin t}\Big|_{\frac{\pi}{4}}^{\frac{\pi}{3}}=\sqrt{2}-\frac{2\sqrt{3}}{3}.$$

(3) 令 $\sqrt{\mathrm{e}^x-1}=t$,则 $x=\ln(t^2+1)$, $\mathrm{d}x=\dfrac{2t}{t^2+1}\mathrm{d}t$,于是

$$\int_0^{\ln 2}\sqrt{\mathrm{e}^x-1}\,\mathrm{d}x=\int_0^1 t\cdot\frac{2t}{t^2+1}\mathrm{d}t=2\int_0^1\left(1-\frac{1}{t^2+1}\right)\mathrm{d}t$$
$$=2[t-\arctan t]_0^1=2-\frac{\pi}{2}.$$

(4) $\displaystyle\int_1^{\mathrm{e}} x\ln^2 x\,\mathrm{d}x=\int_1^{\mathrm{e}}\ln^2 x\,\mathrm{d}\left(\frac{x^2}{2}\right)=\frac{x^2}{2}\ln^2 x\bigg|_1^{\mathrm{e}}-\int_1^{\mathrm{e}} x\ln x\,\mathrm{d}x=\frac{\mathrm{e}^2}{2}-\int_1^{\mathrm{e}}\ln x\,\mathrm{d}\left(\frac{x^2}{2}\right)$
$$=\frac{\mathrm{e}^2}{2}-\frac{x^2}{2}\ln x\bigg|_1^{\mathrm{e}}+\int_1^{\mathrm{e}}\frac{x}{2}\mathrm{d}x=\frac{x^2}{4}\bigg|_1^{\mathrm{e}}=\frac{1}{4}(\mathrm{e}^2-1).$$

【例 13】 计算下列积分:

(1) $\displaystyle\int_{-\frac{\pi}{2}}^{\frac{\pi}{2}}(x^3+\sin^4 x)\cos^2 x\,\mathrm{d}x$; (2) $\displaystyle\int_0^{100\pi}\sqrt{1-\cos 2x}\,\mathrm{d}x$;

(3) $\displaystyle\int_0^{\frac{\pi}{2}}\frac{\cos^p x}{\sin^p x+\cos^p x}\mathrm{d}x\,(p>0)$; (4) $\displaystyle\int_0^{\pi} x\sqrt{\cos^2 x-\cos^4 x}\,\mathrm{d}x$.

解 (1) 因为 $x^3\cos^2 x$ 为奇函数,而 $\sin^4 x\cos^2 x$ 为偶函数,所以

$$\int_{-\frac{\pi}{2}}^{\frac{\pi}{2}}(x^3+\sin^4 x)\cos^2 x\,\mathrm{d}x=2\int_0^{\frac{\pi}{2}}\sin^4 x\cos^2 x\,\mathrm{d}x=2\int_0^{\frac{\pi}{2}}(\sin^4 x-\sin^6 x)\mathrm{d}x$$
$$=2\left(\frac{3!!}{4!!}\cdot\frac{\pi}{2}-\frac{5!!}{6!!}\cdot\frac{\pi}{2}\right)=\frac{\pi}{16}.$$

(2) 因为 $\sqrt{1-\cos 2x}=\sqrt{2}\,|\sin x|$ 为周期为 π 的周期函数,所以
$$\int_0^{100\pi}\sqrt{1-\cos 2x}\,\mathrm{d}x=\sqrt{2}\int_0^{100\pi}|\sin x|\,\mathrm{d}x=100\sqrt{2}\int_0^{\pi}\sin x\,\mathrm{d}x=200\sqrt{2}.$$

(3) 令 $x=\dfrac{\pi}{2}-t$,则

$$\int_0^{\frac{\pi}{2}}\frac{\cos^p x}{\sin^p x+\cos^p x}\mathrm{d}x=\int_{\frac{\pi}{2}}^0\frac{\sin^p t}{\cos^p t+\sin^p t}(-1)\mathrm{d}t=\int_0^{\frac{\pi}{2}}\frac{\sin^p x}{\sin^p x+\cos^p x}\mathrm{d}x$$
$$=\frac{1}{2}\int_0^{\frac{\pi}{2}}\left(\frac{\cos^p x}{\sin^p x+\cos^p x}+\frac{\sin^p x}{\sin^p x+\cos^p x}\right)\mathrm{d}x=\frac{1}{2}\int_0^{\frac{\pi}{2}}\mathrm{d}x=\frac{\pi}{4}.$$

(4) 解法一:

$$\int_0^{\pi} x\sqrt{\cos^2 x-\cos^4 x}\,\mathrm{d}x=\frac{\pi}{2}\int_0^{\pi}|\cos x|\sin x\,\mathrm{d}x$$
$$=\frac{\pi}{2}\left(\int_0^{\frac{\pi}{2}}\cos x\sin x\,\mathrm{d}x-\int_{\frac{\pi}{2}}^{\pi}\cos x\sin x\,\mathrm{d}x\right)=\frac{\pi}{2}.$$

解法二:

$$\int_0^{\pi} x\sqrt{\cos^2 x-\cos^4 x}\,\mathrm{d}x=\int_0^{\pi} x|\cos x|\sin x\,\mathrm{d}x=\frac{1}{2}\int_0^{\frac{\pi}{2}} x\sin 2x\,\mathrm{d}x-\frac{1}{2}\int_{\frac{\pi}{2}}^{\pi} x\sin 2x\,\mathrm{d}x$$
$$=-\frac{1}{4}x\cos 2x\bigg|_0^{\frac{\pi}{2}}+\frac{1}{4}\int_0^{\frac{\pi}{2}}\cos 2x\,\mathrm{d}x+\frac{1}{4}x\cos 2x\bigg|_{\frac{\pi}{2}}^{\pi}-\frac{1}{4}\int_{\frac{\pi}{2}}^{\pi}\cos 2x\,\mathrm{d}x$$
$$=\frac{\pi}{8}+\frac{3\pi}{8}=\frac{\pi}{2}.$$

注 ① 第(2)题用到了周期函数的公式：$\int_0^{nT} f(x)dx = n\int_0^T f(x)dx$.

② 第(4)题的解法一用到公式：$\int_0^{\pi} xf(\sin x)dx = \frac{\pi}{2}\int_0^{\pi} f(\sin x)dx$.

【例14】 设 $f(x) = \begin{cases} \sqrt{1-x^2}, & -1 \leqslant x \leqslant 0, \\ \dfrac{1}{\sqrt{4-x^2}}, & 0 < x \leqslant 1, \end{cases}$ 求 $\int_0^2 f(x-1)dx$.

解 $\int_0^2 f(x-1)dx \xrightarrow{\diamondsuit x-1=t} \int_{-1}^1 f(t)dt = \int_{-1}^0 \sqrt{1-t^2}dt + \int_0^1 \dfrac{dt}{\sqrt{4-t^2}}$

$= \dfrac{\pi}{4} + \arcsin\dfrac{t}{2}\Big|_0^1 = \dfrac{\pi}{4} + \dfrac{\pi}{6} = \dfrac{5}{12}\pi.$

注 由定积分的几何意义可得 $\int_{-1}^0 \sqrt{1-t^2}dt = \dfrac{\pi}{4}$.

【例15】 已知 $f(0)=1, f(2)=3, f'(2)=5$，求 $\int_0^1 xf''(2x)dx$.

解 $\int_0^1 xf''(2x)dx = \dfrac{1}{2}\int_0^1 xdf'(2x) = \dfrac{1}{2}xf'(2x)\Big|_0^1 - \dfrac{1}{2}\int_0^1 f'(2x)dx$

$= \dfrac{1}{2}f'(2) - \dfrac{1}{4}f(2x)\Big|_0^1 = \dfrac{5}{2} - \dfrac{1}{4}[f(2)-f(0)] = 2.$

【例16】 计算 $\int_0^1 \dfrac{f(x)}{\sqrt{x}}dx$，其中 $f(x) = \int_1^x \dfrac{\ln(t+1)}{t}dt$.

解 $\int_0^1 \dfrac{f(x)}{\sqrt{x}}dx = 2\int_0^1 f(x)d\sqrt{x} = 2\left[\sqrt{x}f(x)\Big|_0^1 - \int_0^1 \sqrt{x}f'(x)dx\right]$

$\xrightarrow{f(1)=0} -2\int_0^1 \dfrac{\ln(x+1)}{\sqrt{x}}dx = -4\int_0^1 \ln(x+1)d\sqrt{x}$

$= -4\left[\sqrt{x}\ln(1+x)\Big|_0^1 - \int_0^1 \sqrt{x}\cdot\dfrac{1}{x+1}dx\right] = -4\ln 2 + 4\int_0^1 \dfrac{\sqrt{x}}{x+1}dx$

$\xrightarrow{\sqrt{x}=t} -4\ln 2 + 8\int_0^1 \dfrac{t^2}{t^2+1}dt = -4\ln 2 + 8(1-\arctan t\Big|_0^1)$

$= -4\ln 2 + 8 - 2\pi.$

四、反常积分

【例17】 计算下列反常积分：

(1) $\int_2^{+\infty} \dfrac{dx}{(x+7)\sqrt{x-2}}$;

(2) $\int_e^{+\infty} \dfrac{dx}{x\ln^2 x}$;

(3) $\int_1^{+\infty} \dfrac{\arctan x}{x^2}dx$;

(4) $\int_1^{+\infty} \dfrac{dx}{x\sqrt{x^2-1}}$.

解 (1) 令 $\sqrt{x-2}=t$，则 $x=t^2+2$，$dx=2tdt$，于是

$\int_2^{+\infty} \dfrac{dx}{(x+7)\sqrt{x-2}} = \int_0^{+\infty} \dfrac{2tdt}{t(t^2+9)} = 2\int_0^{+\infty} \dfrac{dt}{t^2+9}$

$$= \frac{2}{3}\arctan\frac{t}{3}\Big|_0^{+\infty} = \frac{\pi}{3}.$$

(2) $\int_e^{+\infty} \frac{dx}{x\ln^2 x} = \int_e^{+\infty} \frac{d\ln x}{\ln^2 x} = -\frac{1}{\ln x}\Big|_e^{+\infty} = 1.$

(3) $\int_1^{+\infty} \frac{\arctan x}{x^2}dx = -\int_1^{+\infty} \arctan x\, d\left(\frac{1}{x}\right) = -\frac{1}{x}\arctan x\Big|_1^{+\infty} + \int_1^{+\infty} \frac{dx}{x(1+x^2)}$

$$= \frac{\pi}{4} + \int_1^{+\infty}\left(\frac{1}{x} - \frac{x}{1+x^2}\right)dx = \frac{\pi}{4} + \ln\frac{x}{\sqrt{1+x^2}}\Big|_1^{+\infty}$$

$$= \frac{\pi}{4} + \frac{1}{2}\ln 2.$$

(4) 解法一：$\int_1^{+\infty} \frac{dx}{x\sqrt{x^2-1}} \xrightarrow{\diamondsuit\, x=\sec t} \int_0^{\frac{\pi}{2}} \frac{\sec t\tan t}{\sec t\tan t}dt = \int_0^{\frac{\pi}{2}} dt = \frac{\pi}{2}.$

解法二：$\int_1^{+\infty}\frac{dx}{x\sqrt{x^2-1}} \xrightarrow{\diamondsuit\, x=\frac{1}{t}} \int_1^0 \frac{-\frac{1}{t^2}}{\frac{1}{t}\sqrt{\frac{1}{t^2}-1}}dt = \int_0^1 \frac{dt}{\sqrt{1-t^2}}$

$$= \arcsin t\Big|_0^1 = \frac{\pi}{2}.$$

【例 18】 计算下列反常积分：

(1) $\int_{\frac{1}{2}}^{\frac{3}{2}} \frac{dx}{\sqrt{|x-x^2|}}$; (2) $\int_0^1 \frac{x^2\arcsin x}{\sqrt{1-x^2}}dx.$

解 (1) $\int_{\frac{1}{2}}^{\frac{3}{2}} \frac{dx}{\sqrt{|x-x^2|}} = \int_{\frac{1}{2}}^1 \frac{dx}{\sqrt{x-x^2}} + \int_1^{\frac{3}{2}} \frac{dx}{\sqrt{x^2-x}}$

$$= \int_{\frac{1}{2}}^1 \frac{dx}{\sqrt{\frac{1}{4}-\left(x-\frac{1}{2}\right)^2}} + \int_1^{\frac{3}{2}} \frac{dx}{\sqrt{\left(x-\frac{1}{2}\right)^2-\frac{1}{4}}}$$

$$= \arcsin(2x-1)\Big|_{\frac{1}{2}}^1 + \ln\left[\left(x-\frac{1}{2}\right)+\sqrt{\left(x-\frac{1}{2}\right)^2-\frac{1}{4}}\right]\Big|_1^{\frac{3}{2}}$$

$$= \frac{\pi}{2} + \ln(2+\sqrt{3}).$$

(2) $\int_0^1 \frac{x^2\arcsin x}{\sqrt{1-x^2}}dx \xrightarrow{x=\sin t} \int_0^{\frac{\pi}{2}} t\sin^2 t\, dt = \frac{1}{2}\int_0^{\frac{\pi}{2}} t(1-\cos 2t)dt$

$$= \frac{t^2}{4}\Big|_0^{\frac{\pi}{2}} - \frac{1}{4}\int_0^{\frac{\pi}{2}} t\, d\sin 2t = \frac{\pi^2}{16} - \frac{1}{4}\left(t\sin 2t\Big|_0^{\frac{\pi}{2}} - \int_0^{\frac{\pi}{2}}\sin 2t\, dt\right)$$

$$= \frac{\pi^2}{16} - \frac{1}{8}\cos 2t\Big|_0^{\frac{\pi}{2}} = \frac{\pi^2}{16} + \frac{1}{4}.$$

▶▶ 五、定积分的等式和不等式的证明

【例 19】 设 $f(x)$ 在区间 $[0,1]$ 上连续，在 $(0,1)$ 内可导，且满足 $f(1) = 3\int_0^{\frac{1}{3}} e^{1-x^2}f(x)dx$. 证明：存在 $\xi \in (0,1)$，使得 $f'(\xi) = 2\xi f(\xi)$.

证 设 $F(x) = e^{1-x^2}f(x)$，则
$$F'(x) = e^{1-x^2}[f'(x) - 2xf(x)].$$
由积分中值定理，$\exists \eta \in \left(0, \dfrac{1}{3}\right)$，使
$$3\int_0^{\frac{1}{3}} e^{1-x^2}f(x)dx = 3\int_0^{\frac{1}{3}} F(x)dx = F(\eta) = f(1) = F(1),$$
再由罗尔定理得 $\exists \xi \in (\eta, 1) \subset (0,1)$ 使 $F'(\xi) = 0$.
又 $e^{1-\xi^2} > 0$，故 $f'(\xi) = 2\xi f(\xi)$.

【例 20】(1) 证明积分中值定理：若函数 $f(x)$ 在 $[a,b]$ 上连续，则至少存在一点 $\xi \in (a,b)$，使得 $\int_a^b f(x)dx = f(\xi)(b-a)$；

(2) 若函数 $g(x)$ 具有二阶导数，且满足 $g(2) > g(1), g(2) > \int_2^3 g(x)dx$，则至少存在一点 $\eta \in (1,3)$，使得 $g''(\eta) < 0$.

证 (1) 令 $F(x) = \int_a^x f(t)dt$，则 $F'(x) = f(x)$，在 $[a,b]$ 上应用拉格朗日中值定理，存在 $\xi \in (a,b)$，使
$$F(b) - F(a) = F'(\xi)(b-a).$$
又 $F(a) = 0, F(b) = \int_a^b f(t)dt = \int_a^b f(x)dx$，因而
$$\int_a^b f(x)dx = f'(\xi)(b-a).$$

(2) 由 (1) 可得存在 $\xi \in (2,3)$，使 $\int_2^3 g(x)dx = g(\xi)$. $g(x)$ 在 $[1,2]$ 及 $[2,\xi]$ 上应用拉格朗日中值定理，存在 $x_1 \in (1,2), x_2 \in (2,\xi)$，使
$$g(2) - g(1) = g'(x_1), g(\xi) - g(2) = g'(x_2)(\xi - 2),$$
由条件及 $\xi > 2$ 可得 $g'(x_1) > 0, g'(x_2) < 0$. 在 $[x_1, x_2]$ 上再应用拉格朗日中值定理，存在 $\eta \in (x_1, x_2) \subset (1,3)$，使得
$$g'(x_2) - g'(x_1) = g''(\eta)(x_2 - x_1),$$
由此可得 $g''(\eta) < 0$.

注 本例的证明说明积分中值定理的 ξ 在开区间 (a,b) 内成立.

【例 21】设 $f(x)$ 在 $[0, +\infty)$ 上连续且单调递减，$0 < a < b$，证明：
$$a\int_0^b f(x)dx \leqslant b\int_0^a f(x)dx.$$

证法一 令 $F(x) = x\int_0^a f(x)dx - a\int_0^x f(t)dt$，应用积分中值定理，有

当 $x > a$ 时，$F'(x) = \int_0^a f(x)dx - af(x) = af(\xi) - af(x) = a[f(\xi) - f(x)]$ $(0 < \xi < a < x)$.

由于 $f(x)$ 单调递减，所以 $F'(x) \geqslant 0$，故 $x \geqslant a$ 时 $F(x)$ 单调递增，即 $x > a$ 时，$F(x) \geqslant F(a) = 0$. 取 $x = b$，得 $F(b) \geqslant 0$，即原不等式成立.

证法二 因为

$$a\int_0^b f(x)\mathrm{d}x \leqslant b\int_0^a f(x)\mathrm{d}x \Leftrightarrow \frac{\int_0^b f(x)\mathrm{d}x}{b} \leqslant \frac{\int_0^a f(x)\mathrm{d}x}{a},$$

所以只需证明 $\dfrac{\int_0^x f(t)\mathrm{d}t}{x}$ 单调减. 故令

$$\varphi(x) = \frac{\int_0^x f(t)\mathrm{d}t}{x}, \quad x \in [a,b],$$

则 $\varphi'(x) = \dfrac{xf(x) - \int_0^x f(t)\mathrm{d}t}{x^2} = \dfrac{xf(x) - xf(\xi)}{x^2} = \dfrac{f(x) - f(\xi)}{x}, \ 0 < \xi < x.$

由于 $f(x)$ 单调递减,所以 $\varphi'(x) \leqslant 0$,则 $\varphi(x)$ 在 $[a,b]$ 上单调递减,所以 $\varphi(a) \geqslant \varphi(b)$. 即 $a\int_0^b f(x)\mathrm{d}x \leqslant b\int_0^a f(x)\mathrm{d}x$.

证法三 根据定积分的性质,有

$$a\int_0^b f(x)\mathrm{d}x \leqslant b\int_0^a f(x)\mathrm{d}x \Leftrightarrow a\left[\int_0^a f(x)\mathrm{d}x + \int_a^b f(x)\mathrm{d}x\right] \leqslant b\int_0^a f(x)\mathrm{d}x$$

$$\Leftrightarrow a\int_a^b f(x)\mathrm{d}x \leqslant (b-a)\int_0^a f(x)\mathrm{d}x.$$

因为 $\int_a^b f(x)\mathrm{d}x = f(\xi_1)(b-a), \int_0^a f(x)\mathrm{d}x = f(\xi_2)a$, 这里 $0 < \xi_2 < a < \xi_1 < b$, 而 $f(x)$ 单调递减, 所以 $f(\xi_1) \leqslant f(\xi_2)$, 故 $a(b-a)f(\xi_1) \leqslant a(b-a)f(\xi_2)$, 即

$$a\int_a^b f(x)\mathrm{d}x \leqslant (b-a)\int_0^a f(x)\mathrm{d}x.$$

> **注** 证明含定积分的不等式,常用方法之一是将其变为积分上限的函数,用函数的单调性证明.

【例22】 设 $f(x)$ 在 $[0,1]$ 上连续,且 $\int_0^1 f(x)\mathrm{d}x = 0, \int_0^1 xf(x)\mathrm{d}x = 1$. 证明:存在 $\xi \in [0,1]$,使 $|f(\xi)| \geqslant 4$.

证 用反证法. 假设 $\forall x \in [0,1]$, 有 $|f(x)| < 4$. 由条件得

$$1 = \int_0^1 \left(x - \frac{1}{2}\right)f(x)\mathrm{d}x = \left|\int_0^1 \left(x - \frac{1}{2}\right)f(x)\mathrm{d}x\right| \leqslant \int_0^1 \left|x - \frac{1}{2}\right| \cdot |f(x)|\mathrm{d}x$$

$$< 4\int_0^1 \left|x - \frac{1}{2}\right|\mathrm{d}x = 1,$$

得出矛盾,故存在 $\xi \in [0,1]$,使 $|f(\xi)| \geqslant 4$.

【例23】 设 $f(x)$ 在 $[a,b]$ 上具有连续导数,且 $f(a) = f(b) = 0$,则有

$$\max_{a \leqslant x \leqslant b} |f'(x)| \geqslant \frac{4}{(b-a)^2}\int_a^b |f(x)|\mathrm{d}x.$$

证 由题设, $f(x)$ 在 $[a,x]$ 与 $[x,b]$ 上满足拉格朗日中值定理的条件.
设 $x \in (a,b)$, 由拉格朗日中值定理,

$$f(x) - f(a) = f'(\xi_1)(x-a), \xi_1 \in (a,x),$$

$$f(b) - f(x) = f'(\xi_2)(b-x), \xi_2 \in (x,b).$$

因 $f(a) = f(b) = 0$,故
$$f(x) = f'(\xi_1)(x-a) = f'(\xi_2)(x-b).$$

设 $M = \max\limits_{a \leqslant x \leqslant b} |f'(x)|$,则 $|f'(\xi_1)| \leqslant M, |f'(\xi_2)| \leqslant M$,从而 $|f(x)| \leqslant M(x-a)$,$|f(x)| \leqslant M(b-x)$,故

$$\frac{4}{(b-a)^2}\int_a^b |f(x)| \, \mathrm{d}x \leqslant \frac{4}{(b-a)^2}\left[\int_a^{\frac{a+b}{2}} M(x-a)\mathrm{d}x + \int_{\frac{a+b}{2}}^b M(b-x)\mathrm{d}x\right]$$
$$= \frac{4}{(b-a)^2}\left[\frac{(b-a)^2}{8}M + \frac{(b-a)^2}{8}M\right] = M.$$

竞赛题选解

【例 1】(全国第五届初赛) 计算定积分 $I = \int_{-\pi}^{\pi} \dfrac{x\sin x \cdot \arctan e^x}{1+\cos^2 x}\mathrm{d}x$.

解 $I = \int_{-\pi}^{0}\dfrac{x \cdot \sin x \cdot \arctan e^x}{1+\cos^2 x}\mathrm{d}x + \int_0^{\pi}\dfrac{x \cdot \sin x \cdot \arctan e^x}{1+\cos^2 x}\mathrm{d}x$

$= \int_0^{\pi}\dfrac{x\sin x \cdot \arctan e^{-x}}{1+\cos^2 x}\mathrm{d}x + \int_0^{\pi}\dfrac{x \cdot \sin x \cdot \arctan e^x}{1+\cos^2 x}\mathrm{d}x$

$= \int_0^{\pi}(\arctan e^{-x} + \arctan e^x)\dfrac{x\sin x}{1+\cos^2 x}\mathrm{d}x = \dfrac{\pi}{2}\int_0^{\pi}\dfrac{x\sin x}{1+\cos^2 x}\mathrm{d}x$

$= \left(\dfrac{\pi}{2}\right)^2\int_0^{\pi}\dfrac{\sin x}{1+\cos^2 x}\mathrm{d}x = -\dfrac{\pi^2}{4}\arctan(\cos x)\bigg|_0^{\pi} = \dfrac{\pi^3}{8}.$

【例 2】(全国第八届初赛) 设 $f(x)$ 在 $[0,1]$ 上具有连续导数,$f(0) = 0, f(1) = 1$,证明:$\lim\limits_{n \to \infty} n\left[\int_0^1 f(x)\mathrm{d}x - \dfrac{1}{n}\sum\limits_{k=1}^n f\left(\dfrac{k}{n}\right)\right] = -\dfrac{1}{2}.$

证 将 $[0,1]$ 分成几等份,设分点 $x_k = \dfrac{k}{n}$,则 $\Delta x_k = \dfrac{1}{n}$,且

$\lim\limits_{n \to \infty} n\left[\int_0^1 f(x)\mathrm{d}x - \dfrac{1}{n}\sum\limits_{k=1}^n f\left(\dfrac{k}{n}\right)\right] = \lim\limits_{n \to \infty} n\left[\sum\limits_{k=1}^n \int_{x_{k-1}}^{x_k} f(x)\mathrm{d}x - \sum\limits_{k=1}^n f(x_k)\Delta x_k\right]$

$= \lim\limits_{n \to \infty} n\sum\limits_{k=1}^n \int_{x_{k-1}}^{x_k} [f(x) - f(x_k)]\mathrm{d}x = \lim\limits_{n \to \infty} n\sum\limits_{k=1}^n \int_{x_{k-1}}^{x_k} \dfrac{f(x) - f(x_k)}{x - x_k}(x - x_k)\mathrm{d}x$

$= \lim\limits_{n \to \infty} n\sum\limits_{k=1}^n \dfrac{f(\xi_k) - f(x_k)}{\xi_k - x_k}\int_{x_{k-1}}^{x_k}(x - x_k)\mathrm{d}x$ [积分第一中值定理,$\xi_k \in (x_{k-1}, x_k)$]

$= \lim\limits_{n \to \infty} n\sum\limits_{k=1}^n f'(\eta_k)\left(-\dfrac{1}{2}\right)(x_k - x_{k-1})^2$ (拉格朗日中值定理)

$= -\dfrac{1}{2}\lim\limits_{n \to \infty}\sum\limits_{k=1}^n f'(\eta_k)\Delta x_k = -\dfrac{1}{2}\int_0^1 f'(x)\mathrm{d}x = -\dfrac{1}{2}.$

【例 3】(全国第二届初赛) 设 $f(x)$ 在 $[0,a]$ 上有连续的导数,$f(0) = 0$.证明:至少存在一点 $\xi \in [0,a]$,使 $f'(\xi) = \dfrac{2}{a^2}\int_0^a f(x)\mathrm{d}x$.

证 令 $F(x) = \int_0^x f(t)dt$，则 $F(x)$ 在 $[0,a]$ 上二阶连续可导，且 $F(0) = 0, F'(0) = f(0) = 0, F''(x) = f'(x)$. 由泰勒公式知，存在 $\xi \in (0,a)$，使

$$F(a) = F(0) + F'(0)a + \frac{F''(\xi)}{2}a^2 = f'(\xi) \cdot \frac{a^2}{2},$$

即

$$f'(\xi) = \frac{2}{a^2}\int_0^a f(x)dx.$$

【例 4】（全国第五届初赛） 设 $|f(x)| \leqslant \pi, f'(x) \geqslant m > 0 (a \leqslant x \leqslant b)$，证明：

$$\left|\int_a^b \sin f(x)dx\right| \leqslant \frac{2}{m}.$$

证 因为 $f'(x) \geqslant m > 0 (a \leqslant x \leqslant b)$，所以 $f(x)$ 在 $[a,b]$ 上严格单调增加，从而有反函数 $x = g(y)$. 设 $A = f(a), B = f(b)$，由 $0 < g'(y) = \frac{1}{f'(x)} \leqslant \frac{1}{m}$ 及 $|f(x)| \leqslant \pi$ 得 $-\pi \leqslant A < B \leqslant \pi$，所以（$-\pi \leqslant y \leqslant 0$ 时，$\sin y \leqslant 0$）

$$\left|\int_a^b \sin f(x)dx\right| = \left|\int_A^B \sin y \cdot g'(y)dy\right| \leqslant \int_0^\pi \frac{\sin y}{m}dy = \frac{2}{m}.$$

【例 5】（江苏省 2006 年竞赛） 设 $f(x)$ 在 $(-\infty, +\infty)$ 上是导数连续的有界函数，$|f(x) - f'(x)| \leqslant 1$. 证明：$x \in (-\infty, +\infty)$ 时，$|f(x)| \leqslant 1$.

证 因 $[e^{-x}f(x)]' = e^{-x}[f'(x) - f(x)]$，故

$$\int_x^{+\infty} [e^{-x}f(x)]'dx = e^{-x}f(x)\Big|_x^{+\infty} = -e^{-x}f(x) = \int_x^{+\infty} e^{-x}[f'(x) - f(x)]dx,$$

于是

$$e^{-x}|f(x)| \leqslant \int_x^{+\infty} e^{-x}|f'(x) - f(x)|dx \leqslant \int_x^{+\infty} e^{-x}dx = e^{-x},$$

即

$$|f(x)| \leqslant 1.$$

【例 6】（全国第五届决赛） 设 $f(x)$ 是 $[0,1]$ 上的连续函数，$\int_0^1 f(x)dx = 1$，求 $f(x)$，使积分 $I = \int_0^1 (1+x^2)f^2(x)dx$ 取到最小值.

解

$$1 = \int_0^1 f(x)dx = \int_0^1 f(x)\frac{\sqrt{1+x^2}}{\sqrt{1+x^2}}dx$$

$$\leqslant \left[\int_0^1 (1+x^2)f^2(x)dx\right]^{\frac{1}{2}} \cdot \left(\int_0^1 \frac{1}{1+x^2}dx\right)^{\frac{1}{2}} \text{（柯西-施瓦兹不等式）}$$

$$= \sqrt{\frac{\pi}{4}}\left[\int_0^1 (1+x^2)f^2(x)dx\right]^{\frac{1}{2}},$$

所以

$$\int_0^1 (1+x^2)f^2(x)dx \geqslant \frac{4}{\pi},$$

取 $f(x) = \frac{4}{\pi(1+x^2)}$，即得 $I_{\min} = \frac{4}{\pi}$.

【例 7】（全国第二届决赛） 是否存在 $[0,2]$ 上的连续可微函数 $f(x)$，满足 $f(0) = f(2) = 1$，$|f'(x)| \leqslant 1, \left|\int_0^2 f(x)dx\right| \leqslant 1$？请说明理由.

解 不存在. 反设这样的 $f(x)$ 存在，则当 $x \in (0,1]$ 时，在 $[0,x]$ 上应用拉格朗日定理，

存在 $\xi_1 \in (0,x)$，使
$$f(x) - f(0) = f'(\xi_1)x.$$
利用 $|f'(x)| \leqslant 1$ 且 $f(0) = 1$，得
$$f(x) - 1 \geqslant -x, x \in [0,1].$$
同理，对 $x \in [1,2]$，存在 $\xi_2 \in (x,2)$，使得
$$f(x) - f(2) = f'(\xi_2)(x-2),$$
利用 $|f'(x)| \leqslant 1$ 且 $f(2) = 1$，得
$$f(x) - 1 \geqslant x - 2, x \in [1,2].$$
于是
$$\int_0^2 f(x)\mathrm{d}x = \int_0^1 f(x)\mathrm{d}x + \int_1^2 f(x)\mathrm{d}x > \int_0^1 (1-x)\mathrm{d}x + \int_1^2 (x-1)\mathrm{d}x = \frac{1}{2} + \frac{1}{2} = 1,$$
这与 $\left|\int_0^2 f(x)\mathrm{d}x\right| \leqslant 1$ 矛盾.

同步练习

一、选择题

1. $f(x)$ 为连续函数，且 $F(x) = \int_{3x}^{\sin x} f(t)\mathrm{d}t$，则 $F'(x) =$ （　　）

(A) $f(\sin x) + f(3x)$　　　　(B) $f(\sin x) - f(3x)$

(C) $f(\sin x)\cos x + 3f(3x)$　　(D) $f(\sin x)\cos x - 3f(3x)$

2. 设函数 $f(x)$ 在 $[a,b]$ 上连续，在 (a,b) 内可导，且 $f'(x) \leqslant 0$，则函数 $F(x) = \frac{1}{x-a}\int_a^x f(t)\mathrm{d}t$ 在 (a,b) 内必有 （　　）

(A) $F(x) \leqslant 0$　　(B) $F'(x) \leqslant 0$　　(C) $F'(x) \geqslant 0$　　(D) $F(x) \geqslant 0$

3. 设可导函数 $y = y(x)$ 由方程 $\int_0^{x+y} e^{-t^2}\mathrm{d}t = \int_0^x x\sin t^2 \mathrm{d}t$ 确定，则 $\left.\frac{\mathrm{d}y}{\mathrm{d}x}\right|_{x=0} =$ （　　）

(A) 1　　(B) -1　　(C) 0　　(D) -2

4. 设 $f(x) = \begin{cases} x^2 + 1, & x \neq 0, \\ 0, & x = 0, \end{cases}$ $F(x) = \int_0^x f(t)\mathrm{d}t$，则 $F(x)$ 是 （　　）

(A) 在 $x = 0$ 连续的奇函数　　　(B) 在 $x = 0$ 间断的奇函数

(C) 在 $x = 0$ 连续的偶函数　　　(D) 在 $x = 0$ 间断的偶函数

5. 设 $I = \int_0^{\frac{\pi}{4}} \ln\sin x\,\mathrm{d}x$，$J = \int_0^{\frac{\pi}{4}} \ln\cot x\,\mathrm{d}x$，$K = \int_0^{\frac{\pi}{4}} \ln\cos x\,\mathrm{d}x$，则 （　　）

(A) $I < J < K$　　(B) $J < I < K$　　(C) $K < J < I$　　(D) $I < K < J$

6. 设 $a = \int_0^1 e^{x^2}\mathrm{d}x$，$b = \int_0^1 e^{(1-x)^2}\mathrm{d}x$，则 （　　）

(A) $a>b$ (B) $a<b$ (C) $a=b$ (D) $b>e$

7. 设 $f(x)$ 连续，且 $\int_0^1 f(tx)\mathrm{d}t = x$，则 $f(x) =$ ( )

(A) x^2 (B) x (C) $2x$ (D) $\dfrac{x}{2}$

8. 下列反常积分中收敛的是   ( )

(A) $\int_e^{+\infty} \dfrac{\ln x}{x}\mathrm{d}x$ (B) $\int_e^{+\infty} \dfrac{\mathrm{d}x}{x\ln x}$

(C) $\int_e^{+\infty} \dfrac{\mathrm{d}x}{x(\ln x)^2}$ (D) $\int_e^{+\infty} \dfrac{\mathrm{d}x}{x\sqrt{\ln x}}$

9. 设 $f(x) = \begin{cases} \dfrac{1}{(x-1)^{a-1}}, & 1<x<e, \\ \dfrac{1}{x(\ln x)^{a+1}}, & x \geqslant e, \end{cases}$ 若反常积分 $\int_1^{+\infty} f(x)\mathrm{d}x$ 收敛，则   ( )

(A) $a<-2$ (B) $a>2$ (C) $-2<a<0$ (D) $0<a<2$

▶▶ 二、填空题

1. $\lim\limits_{n\to\infty} n\left(\dfrac{1}{1+n^2} + \dfrac{1}{2^2+n^2} + \cdots + \dfrac{1}{n^2+n^2}\right) =$ _____.

2. $\lim\limits_{x\to 0} \dfrac{\int_0^x t\ln(1+t\sin t)\mathrm{d}t}{1-\cos x^2} =$ _____.

3. 设 $f(x)$ 在 $[0,4]$ 上连续，且 $\int_1^{x^2-2} f(t)\mathrm{d}t = x-\sqrt{3}$，则 $f(2) =$ _____.

4. 设 $2\int_0^1 f(x)\mathrm{d}x + f(x) - x = 0$，则 $\int_0^1 f(x)\mathrm{d}x =$ _____.

5. 设 $f(x)$ 连续，$g(x) = \int_0^{x^2} xf(t)\mathrm{d}t$，$g(1)=1$，$g'(1)=5$，则 $f(1) =$ _____.

6. 曲线 $\begin{cases} x = \int_0^{1-t} e^{-u^2}\mathrm{d}u, \\ y = t^2 \ln(2-t^2) \end{cases}$ 在点 $(0,0)$ 处的切线方程为 _____.

7. $\int_{-\frac{\pi}{2}}^{\frac{\pi}{2}} \left(\dfrac{\sin x}{1+\cos x} + |x|\right)\mathrm{d}x =$ _____.

8. 设 $f(x)$ 有一个原函数 $\dfrac{\sin x}{x}$，则 $\int_{\frac{\pi}{2}}^{\pi} xf'(x)\mathrm{d}x =$ _____.

9. 设 $f(\pi)=2$，$\int_0^\pi [f(x)+f''(x)]\sin x\,\mathrm{d}x = 5$，则 $f(0) =$ _____.

10. 已知 $f(x) = \begin{cases} \lambda e^{-\lambda x}, & x>0, \\ 0, & x\leqslant 0 \end{cases} (\lambda>0)$，则 $\int_{-\infty}^{+\infty} xf(x)\mathrm{d}x =$ _____.

▶▶ 三、解答题

1. 求下列定积分：

(1) $\int_{-\frac{\pi}{2}}^{\frac{\pi}{2}} \sqrt{\cos x - \cos^3 x}\, dx$;

(2) $\int_{-\frac{\pi}{2}}^{\frac{\pi}{2}} \frac{x + \sin^2 x}{(1+\cos x)^2}\, dx$;

(3) $\int_0^{\frac{\pi}{2}} \frac{\sin^3 x}{\sin^3 x + \cos^3 x}\, dx$;

(4) $\int_0^2 x\sqrt{2x - x^2}\, dx$;

(5) $\int_0^{\pi^2} \sqrt{x} \cos\sqrt{x}\, dx$;

(6) $\int_0^{\frac{\pi}{8}} \arctan 2x\, dx$;

(7) $\int_0^1 (\arcsin x)^2\, dx$;

(8) $\int_0^1 \frac{x e^x}{(1+x)^2}\, dx$.

2. 求下列反常积分：

(1) $\int_1^{+\infty} \frac{\ln(1+x)}{(1+x)^2}\, dx$;

(2) $\int_1^{+\infty} \frac{dx}{x(x^2+1)}$;

(3) $\int_{-\infty}^0 \frac{x e^{-x}}{(1+e^{-x})^2}\, dx$;

(4) $\int_0^1 \frac{x\, dx}{(2-x^2)\sqrt{1-x^2}}$.

3. 设函数 $y = y(x)$ 由方程 $2x - \tan(x-y) = \int_0^{x-y} \sec^2 t\, dt\ (x \neq y)$ 所确定，求 $\dfrac{d^2 y}{dx^2}$.

4. 设 $f(x) = \begin{cases} x, & -1 \leqslant x < 0, \\ \dfrac{e^x}{(e^x+1)^2}, & 0 \leqslant x \leqslant 1, \end{cases}$ 求函数 $F(x) = \int_{-1}^x f(t)\, dt$ 在 $[-1,1]$ 上的表达式.

5. 设 $f(x) = \begin{cases} \dfrac{1}{1+x}, & x \geqslant 0, \\ \dfrac{1}{1+e^x}, & x < 0, \end{cases}$ 求 $\int_0^2 f(x-1)\, dx$.

6. 已知 $f(x)$ 在 $(0,1]$ 上连续，且满足方程 $f(x) = 3x - \sqrt{1-x^2}\int_0^1 f^2(x)\, dx$，求 $f(x)$.

7. 已知两曲线 $y = f(x)$ 与 $y = \int_0^{\arcsin x} e^{-t^2}\, dt$ 在点 $(0,0)$ 处相切，求 $\lim\limits_{n\to\infty} n^2 f\left(\dfrac{2}{n^2}\right)$.

8. 设 $f(x) = \int_0^x \dfrac{\sin t}{\pi - t}\, dt$，计算 $\int_0^\pi f(x)\, dx$.

9. 求 $f(x) = \int_0^{x^2} (2-t) e^{-t}\, dt$ 的最大值和最小值.

10. 设 $f(x) = \int_{-1}^x \sqrt{1-e^t}\, dt$, $y = f(x)$ 的反函数为 $x = f^{-1}(y)$，求 $\left.\dfrac{dx}{dy}\right|_{y=0}$.

11. 已知 $f(x) = \int_x^1 \sqrt{1+t^2}\, dt + \int_1^{x^2} \sqrt{1+t}\, dt$，求 $f(x)$ 的零点的个数.

12. 设 $f(x)$ 在 $[0,1]$ 上连续且单调不增，证明：对任何 $a \in (0,1)$ 有 $\int_0^a f(x)\, dx \geqslant a \int_0^1 f(x)\, dx$.

13. 设 $f(x), g(x)$ 在 $[a,b]$ 上连续，$f(x)$ 单调增加，$0 \leqslant g(x) \leqslant 1$，证明：

(1) $0 \leqslant \int_a^x g(t)\, dt \leqslant x - a,\ x \in [a,b]$;

(2) $\int_a^{a+\int_a^b g(t)\, dt} f(x)\, dx \leqslant \int_a^b f(x) g(x)\, dx$.

四、竞赛题

1. （江苏省2006年竞赛） 求 $I = \int_0^1 \dfrac{\arctan x}{(1+x)^2} dx$.

2. （江苏省2002年竞赛） 求 $I = \int_0^{\frac{\pi}{2}} e^x \left(1 + \tan \dfrac{x}{2}\right)^2 dx$.

3. （江苏省1996年竞赛） 设 $f(x) = \int_1^x e^{-t^2} dt$，求 $\int_0^1 x^2 f(x) dx$.

4. （全国第六届初赛） 设 n 为正整数，计算 $I = \int_{e^{-2n\pi}}^1 \left| \dfrac{d}{dx} \cos\left(\ln \dfrac{1}{x}\right) \right| dx$.

5. （全国第四届初赛） 计算 $I = \int_0^{+\infty} e^{-2x} |\sin x| dx$.

6. （全国第四届决赛） 设 $f(x)$ 在 $[1, +\infty)$ 上连续可导，且
$$f'(x) = \dfrac{1}{1+f^2(x)} \left[\sqrt{\dfrac{1}{x}} - \sqrt{\ln\left(1+\dfrac{1}{x}\right)}\right].$$
证明：$\lim\limits_{x \to +\infty} f(x)$ 存在.

7. （全国第五届决赛） 设 $f(x)$ 在 $[0,1]$ 上可导，$f(0) = 0$，当 $x \in (0,1)$ 时，$0 < f'(x) < 1$，试证：当 $a \in (0,1)$ 时，有
$$\left[\int_0^a f(x) dx\right]^2 > \int_0^a f^3(x) dx.$$

8. （江苏省1994年竞赛） 证明：
$$\ln(1+\sqrt{2}) < \int_0^1 \dfrac{1}{\sqrt[4]{1+x^4}} dx < 1.$$

9. （江苏省2008年竞赛） 设 $f(x)$ 在 $[a,b]$ 上具有连续的导数，证明：
$$\max_{x \in [a,b]} |f(x)| \leqslant \dfrac{1}{b-a} \left|\int_a^b f(x) dx\right| + \int_a^b |f'(x)| dx.$$

10. （全国第四届初赛） 求最小实数 C，使得对满足 $\int_0^1 |f(x)| dx = 1$ 的连续函数 $f(x)$，都有
$$\int_0^1 |f(\sqrt{x})| dx \leqslant C.$$

定积分的应用

主要内容与基本要求

一、知识结构

二、基本要求

(1) 掌握定积分的元素法.

(2) 会建立某些简单几何量和物理量的积分表达式.

三、内容提要

1. 定积分的元素法

(1) 如果某一实际问题中的所求量 U 符合下列条件：

① U 是与一个变量 x 的变化区间 $[a,b]$ 有关的量；

② U 对于区间 $[a,b]$ 具有可加性，即如果把区间 $[a,b]$ 分成许多区间，则 U 相应地也分成许多部分量，而 U 等于所有部分量之和；

③ 部分量 ΔU_i 的近似值可表示为 $f(\xi_i)\Delta x_i$，其中 $f(x)$ 为 $[a,b]$ 上的已知连续函数.

则可考虑用定积分来计算这个量 U.

(2) 求 U 的积分表达式的步骤：

① 选取一个变量如 x 为积分变量,确定它的变化区间 $[a,b]$;

② 把区间 $[a,b]$ 分成 n 个小区间,取其中任一小区间记作 $[x,x+\mathrm{d}x]$,求出相应的 U 的元素 $\mathrm{d}U=f(x)\mathrm{d}x$;

③ 作积分 $U=\int_a^b f(x)\mathrm{d}x$.

2. 定积分在几何学上的应用

(1) 平面图形的面积.

① 直角坐标情形.

1° 由连续曲线 $y=f_1(x), y=f_2(x)$ 及直线 $x=a, x=b(a<b)$ 所围成的图形的面积为
$$A=\int_a^b |f_1(x)-f_2(x)|\,\mathrm{d}x.$$

2° 由连续曲线 $x=g_1(y), x=g_2(y)$ 及直线 $y=c, y=d(c<d)$ 所围成的图形的面积为
$$A=\int_c^d |g_1(y)-g_2(y)|\,\mathrm{d}y.$$

② 极坐标情形.

1° 由连续曲线 $\rho=\rho(\theta)$ 及射线 $\theta=\alpha, \theta=\beta(\alpha<\beta)$ 所围成的图形的面积为
$$A=\frac{1}{2}\int_\alpha^\beta \rho^2(\theta)\,\mathrm{d}\theta.$$

2° 由连续曲线 $\rho=\rho_1(\theta), \rho=\rho_2(\theta)$ 及射线 $\theta=\alpha, \theta=\beta(\alpha<\beta)$ 所围成的图形的面积为
$$A=\frac{1}{2}\int_\alpha^\beta |\rho_1^2(\theta)-\rho_2^2(\theta)|\,\mathrm{d}\theta.$$

(2) 体积.

① 旋转体的体积.

1° 由连续曲线 $y=f(x)$,直线 $x=a, x=b(a<b)$ 及 x 轴所围成的曲边梯形绕 x 轴与 y 轴旋转所得旋转体的体积分别为
$$V_x=\pi\int_a^b f^2(x)\mathrm{d}x, V_y=2\pi\int_a^b x|f(x)|\,\mathrm{d}x.$$

2° 由连续曲线 $x=\varphi(y)$,直线 $y=c, y=d(c<d)$ 及 y 轴所围成的曲边梯形绕 y 轴旋转所得旋转体的体积为
$$V_y=\pi\int_c^d \varphi^2(y)\mathrm{d}y.$$

② 平行截面面积为已知的立体的体积.

立体在 $x=a, x=b(a<b)$ 之间,$A(x)$ 表示过点 x 且垂直于 x 轴的截面面积,则立体的体积为
$$V=\int_a^b A(x)\mathrm{d}x.$$

(3) 平面曲线的弧长.

① 设曲线弧由参数方程 $\begin{cases} x=\varphi(t), \\ y=\psi(t) \end{cases} (\alpha\leqslant t\leqslant\beta)$ 给出,其中 $\varphi(t), \psi(t)$ 在 $[\alpha,\beta]$ 上具有连续导数且 $\varphi'^2(t)+\psi'^2(t)\neq 0$,则曲线弧弧长为

$$s = \int_\alpha^\beta \sqrt{\varphi'^2(t) + \psi'^2(t)}\,\mathrm{d}t.$$

② 设曲线弧由直角坐标方程 $y = f(x)(a \leqslant x \leqslant b)$ 给出,其中 $f(x)$ 在 $[a,b]$ 上具有连续导数,则曲线弧弧长为

$$s = \int_a^b \sqrt{1 + y'^2}\,\mathrm{d}x.$$

③ 设曲线弧由极坐标方程 $\rho = \rho(\theta)(\alpha \leqslant \theta \leqslant \beta)$ 给出,其中 $\rho(\theta)$ 在 $[\alpha,\beta]$ 上具有连续导数,则曲线弧弧长为

$$s = \int_\alpha^\beta \sqrt{\rho^2(\theta) + \rho'^2(\theta)}\,\mathrm{d}\theta.$$

3. 定积分在物理学上的应用

(1) 变力沿直线所做的功.

质点在平行于 x 轴的力 $F(x)$ 作用下沿 x 轴从 a 移动到 b,则力 $F(x)$ 所做的功为

$$W = \int_a^b F(x)\,\mathrm{d}x.$$

(2) 液体压力.

设液体的密度为 ρ,由连续曲线 $y = f(x)(f(x) \leqslant 0)$ 与直线 $x = a, x = b(a < b)$ 及 x 轴所围成的曲边梯形平板垂直地置于液体中,则平板一侧所受的液体的压力为

$$P = \int_a^b \rho g x |f(x)|\,\mathrm{d}x \quad (g \text{ 为重力加速度,液面与 } x \text{ 轴相平}).$$

(3) 引力.

用元素法可将引力分解为横向与纵向上的两个分力.

典型例题解析

一、定积分在几何学上的应用

【例1】 求曲线 $y = x^3 - 6x$ 与曲线 $y = x^2$ 所围平面图形的面积(图 6.1).

解 解方程组 $\begin{cases} y = x^3 - 6x, \\ y = x^2, \end{cases}$ 得两曲线的交点为 $(-2, 4)$, $(0, 0)$ 与 $(3, 9)$,故

$$\begin{aligned}
A &= \int_{-2}^3 |x^3 - 6x - x^2|\,\mathrm{d}x \\
&= \int_{-2}^0 (x^3 - 6x - x^2)\,\mathrm{d}x + \int_0^3 (x^2 - x^3 + 6x)\,\mathrm{d}x \\
&= \left[\frac{1}{4}x^4 - 3x^2 - \frac{1}{3}x^3\right]_{-2}^0 + \left[\frac{1}{3}x^3 - \frac{1}{4}x^4 + 3x^2\right]_0^3 \\
&= \frac{253}{12}.
\end{aligned}$$

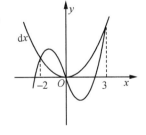

图 6.1

【例 2】 求曲线 $x^2+3y^2=6y$ 与直线 $y=x$ 所围图形的面积(两部分都要计算)(图 6.2).

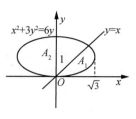

图 6.2

解 解方程组 $\begin{cases} x^2+3y^2=6y \\ y=x, \end{cases}$ 得交点坐标 $(0,0)$ 及 $\left(\dfrac{3}{2},\dfrac{3}{2}\right)$,设椭圆与直线所围图形小的一块面积为 A_1,大的一块面积为 A_2,则

$$A_1 = \int_0^{\frac{3}{2}} (\sqrt{6y-3y^2}-y)dy = \sqrt{3}\int_0^{\frac{3}{2}}\sqrt{1-(y-1)^2}dy - \frac{9}{8}$$

$$\xlongequal{\diamondsuit y-1=\sin u} \sqrt{3}\int_{-\frac{\pi}{2}}^{\frac{\pi}{6}}\cos^2 u\, du - \frac{9}{8} = \frac{\sqrt{3}}{3}\pi - \frac{3}{4},$$

$$A_2 = 椭圆面积 - A_1 = \sqrt{3}\pi - \left(\frac{\sqrt{3}}{3}\pi - \frac{3}{4}\right) = \frac{2\sqrt{3}}{3}\pi + \frac{3}{4}.$$

【例 3】 求星形线 $x^{\frac{2}{3}}+y^{\frac{2}{3}}=a^{\frac{2}{3}}$ 所围成的图形的面积(图 6.3).

解 由对称性得 $A=4\int_0^a y\,dx.$

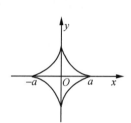

图 6.3

星形线的参数方程为 $\begin{cases} x=a\cos^3 t \\ y=a\sin^3 t, \end{cases}$ 于是

$$A = 4\int_{\frac{\pi}{2}}^{0} a\sin^3 t\,d(a\cos^3 t) = 12a^2\int_0^{\frac{\pi}{2}}\sin^4 t\cos^2 t\,dt$$

$$= 12a^2\left(\int_0^{\frac{\pi}{2}}\sin^4 t\,dt - \int_0^{\frac{\pi}{2}}\sin^6 t\,dt\right)$$

$$= 12a^2\left(\frac{3!!}{4!!}\cdot\frac{\pi}{2} - \frac{5!!}{6!!}\cdot\frac{\pi}{2}\right)$$

$$= 12a^2\left(\frac{3}{16}\pi - \frac{5}{32}\pi\right) = \frac{3}{8}\pi a^2.$$

【例 4】 求双纽线 $\rho^2=a^2\cos 2\theta$ 所围成的图形的面积(图 6.4).

解 如图 6.4 所示,由于双纽线的图形关于极轴与极点都对称,因此只需求出在 $0\leq\theta\leq\dfrac{\pi}{4}$ 上的曲边扇形的面积,它的 4 倍即为所求的面积.于是

$$A = 4\cdot\frac{1}{2}\int_0^{\frac{\pi}{4}}a^2\cos 2\theta\,d\theta = 2a^2\int_0^{\frac{\pi}{4}}\cos 2\theta\,d\theta = a^2.$$

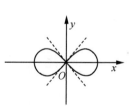

图 6.4

【例 5】 求在圆 $\rho=2\cos\theta$ 之内,心形线 $\rho=2(1-\cos\theta)$ 之外的平面图形的面积(图 6.5).

解 解方程组 $\begin{cases} \rho=2\cos\theta, \\ \rho=2(1-\cos\theta), \end{cases}$ 得交点坐标 $\left(1,\dfrac{\pi}{3}\right)$ 和 $\left(1,-\dfrac{\pi}{3}\right).$ 由于图形关于极轴对称,故

$$A = 2\cdot\frac{1}{2}\int_0^{\frac{\pi}{3}}\{(2\cos\theta)^2-[2(1-\cos\theta)]^2\}d\theta$$

$$= 4\int_0^{\frac{\pi}{3}}(2\cos\theta-1)d\theta = 4\left(\sqrt{3}-\frac{\pi}{3}\right).$$

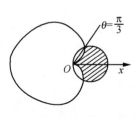

图 6.5

注 在计算平面图形的面积时要充分利用图形的对称性,这不仅能简化计算,还常常能避免错误.

【例 6】 求由曲线 $y = x^2$ 及 $y = \sqrt{2x - x^2}$ 所围图形分别绕 x 轴和 y 轴旋转所得的旋转体的体积.

解 解方程组 $\begin{cases} y = x^2, \\ y = \sqrt{2x - x^2}, \end{cases}$ 得交点坐标为 $(0,0)$ 和 $(1,1)$,则

$$V_x = \pi \int_0^1 [(\sqrt{2x-x^2})^2 - (x^2)^2] \mathrm{d}x = \pi \int_0^1 (2x - x^2 - x^4) \mathrm{d}x = \frac{7}{15}\pi.$$

又由 $y = \sqrt{2x - x^2}$ 解得 $x = 1 - \sqrt{1 - y^2}$(因 $0 \leqslant x \leqslant 1$,故 $x = 1 + \sqrt{1-y^2}$ 舍去),则

$$V_y = \pi \int_0^1 [y - (1 - \sqrt{1-y^2})^2] \mathrm{d}y$$
$$= \pi \int_0^1 (y + y^2 + 2\sqrt{1-y^2} - 2) \mathrm{d}y = \frac{\pi^2}{2} - \frac{7}{6}\pi.$$

【例 7】 过坐标原点作曲线 $y = \ln x$ 的切线,该切线与曲线 $y = \ln x$ 及 x 轴围成平面图形 D.

(1) 求 D 的面积 A;

(2) 求 D 绕直线 $x = \mathrm{e}$ 旋转一周所得旋转体的体积.

解 (1) 设切点坐标为 $(x_0, \ln x_0)$,则切线方程为

$$y = \ln x_0 + \frac{1}{x_0}(x - x_0).$$

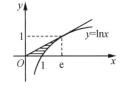

图 6.6

由该切线过原点知 $\ln x_0 = 1$,从而 $x_0 = \mathrm{e}$,所以该切线的方程为

$$y = \frac{1}{\mathrm{e}}x,$$

从而平面图形 D 的面积 $A = \int_0^1 (\mathrm{e}^y - \mathrm{e}y) \mathrm{d}y = \frac{1}{2}\mathrm{e} - 1$.

(2) 切线 $y = \frac{1}{\mathrm{e}}x$ 与 x 轴及直线 $x = \mathrm{e}$ 所围成的三角形绕直线 $x = \mathrm{e}$ 旋转所得的圆锥体的体积为 $V_1 = \frac{1}{3}\pi \mathrm{e}^2$.

曲线 $y = \ln x$ 与 x 轴及直线 $x = \mathrm{e}$ 所围成的图形绕 $x = \mathrm{e}$ 旋转所得的旋转体的体积为 $V_2 = \int_0^1 \pi(\mathrm{e} - \mathrm{e}^y)^2 \mathrm{d}y$.

故 $V = V_1 - V_2 = \frac{1}{3}\pi \mathrm{e}^2 - \int_0^1 \pi(\mathrm{e} - \mathrm{e}^y)^2 \mathrm{d}y = \frac{\pi}{6}(5\mathrm{e}^2 - 12\mathrm{e} + 3).$

也可以直接计算:

$$V = \int_0^1 \pi[(\mathrm{e} - \mathrm{e}y)^2 - (\mathrm{e} - \mathrm{e}^y)^2] \mathrm{d}y = \frac{\pi}{6}(5\mathrm{e}^2 - 12\mathrm{e} + 3).$$

【例 8】 正椭圆锥的高为 h,底面的边界曲线是椭圆 $\frac{x^2}{a^2} + \frac{y^2}{b^2} = 1$,求此正椭圆锥的体积.

解 取正椭圆锥的顶点为原点,过顶点与底面中心的直线为 z 轴,立体中过 z 轴上的点

z 且垂直于 z 轴的截面是一椭圆 $\dfrac{x^2}{a_1^2} + \dfrac{y^2}{b_1^2} = 1$，且有

$$\frac{a_1}{a} = \frac{z}{h}, \frac{b_1}{b} = \frac{z}{h}.$$

因而截面面积为 $A(z) = \pi a_1 b_1 = \dfrac{\pi ab}{h^2} z^2$，故所求立体的体积为

$$V = \int_0^h A(z) \mathrm{d}z = \int_0^h \frac{\pi ab}{h^2} z^2 \mathrm{d}z = \frac{1}{3} \pi abh.$$

【例 9】 设 $A > 0$，由 $y = A\sin x \left(0 \leqslant x \leqslant \dfrac{\pi}{2}\right)$ 及直线 $y = 0, x = \dfrac{\pi}{2}$ 所围区域分别绕 x 轴与 y 轴旋转所得旋转体的体积为 V_1, V_2，若 $V_1 = V_2$，求 A 的值.

解
$$V_1 = \int_0^{\frac{\pi}{2}} \pi (A\sin x)^2 \mathrm{d}x = \pi A^2 \int_0^{\frac{\pi}{2}} \sin^2 x \mathrm{d}x = \frac{\pi^2 A^2}{4},$$

$$V_2 = 2\pi \int_0^{\frac{\pi}{2}} x \cdot A\sin x \mathrm{d}x = 2\pi A \int_0^{\frac{\pi}{2}} x\sin x \mathrm{d}x = 2\pi A.$$

由 $V_1 = V_2$ 得 $A = \dfrac{8}{\pi}$.

注 图形绕 y 轴旋转，使用对 x 的积分公式比较简单.

【例 10】 证明：曲线 $y = \sin x$ 的一个周期的弧长等于椭圆 $2x^2 + y^2 = 2$ 的周长.

证 设 $y_1 = \sin x$，则 $y_1' = \cos x$，曲线 $y_1 = \sin x$ 的一个周期的弧长

$$s_1 = 4\int_0^{\frac{\pi}{2}} \sqrt{1 + \cos^2 x} \mathrm{d}x.$$

将椭圆的方程 $2x^2 + y^2 = 2$ 化为参数方程 $\begin{cases} x = \cos t, \\ y = \sqrt{2}\sin t, \end{cases}$ 其弧长

$$s_2 = 4\int_0^{\frac{\pi}{2}} \sqrt{x_t'^2 + y_t'^2} \mathrm{d}t = 4\int_0^{\frac{\pi}{2}} \sqrt{(-\sin t)^2 + (\sqrt{2}\cos t)^2} \mathrm{d}t$$

$$= 4\int_0^{\frac{\pi}{2}} \sqrt{1 + \cos^2 t} \mathrm{d}t = s_1.$$

【例 11】 求极坐标系中曲线 $\rho = a\sin^3 \dfrac{\theta}{3}$ 的全长 $(a > 0)$.

解 因 $\rho = a\sin^3 \dfrac{\theta}{3} \geqslant 0$，所以 $\sin \dfrac{\theta}{3} \geqslant 0$，定义域为 $0 \leqslant \theta \leqslant 3\pi$，故全长

$$s = \int_0^{3\pi} \sqrt{\rho^2(\theta) + \rho'^2(\theta)} \mathrm{d}\theta = \int_0^{3\pi} \sqrt{a^2 \sin^6 \frac{\theta}{3} + a^2 \sin^4 \frac{\theta}{3} \cos^2 \frac{\theta}{3}} \mathrm{d}\theta$$

$$= a \int_0^{3\pi} \sin^2 \frac{\theta}{3} \mathrm{d}\theta = \frac{3}{2} \pi a.$$

【例 12】 求曲线 $y = \sqrt{x}$ 的一条切线 L，使该曲线与切线 L 及直线 $x = 0, x = 2$ 所围成的平面图形的面积最小.

解 设切点坐标为 $(t, \sqrt{t}), 0 < t < 2$，则切线 L 的方程为

$$y - \sqrt{t} = \frac{1}{2\sqrt{t}}(x - t), \text{ 即 } y = \frac{x}{2\sqrt{t}} + \frac{\sqrt{t}}{2}.$$

故所求面积 $$A = \int_0^2 \left(\frac{x}{2\sqrt{t}} + \frac{\sqrt{t}}{2} - \sqrt{x}\right) \mathrm{d}x = \frac{1}{\sqrt{t}} + \sqrt{t} - \frac{4}{3}\sqrt{2}.$$

从而 $$\frac{\mathrm{d}A}{\mathrm{d}t} = -\frac{1}{2}t^{-\frac{3}{2}} + \frac{1}{2}t^{-\frac{1}{2}} = \frac{t-1}{2t\sqrt{t}}.$$

令 $\frac{\mathrm{d}A}{\mathrm{d}t} = 0$，得唯一驻点 $t = 1$. 又 $\frac{\mathrm{d}^2 A}{\mathrm{d}t^2}\bigg|_{t=1} = \frac{1}{2} > 0$，则 $A(1)$ 为极小值，即为最小值，所以所求切线为 $y = \frac{1}{2}(x+1)$.

【例 13】 设抛物线 $y = ax^2 + bx + c$ 过原点，当 $0 \leqslant x \leqslant 1$ 时，$y \geqslant 0$，又已知该抛物线与 x 轴、直线 $x = 1$ 所围图形的面积为 $\frac{1}{3}$，试确定 a, b, c，使此图形绕 x 轴旋转而成的旋转体的体积最小.

解 由抛物线过原点知 $c = 0$. 又有 $\int_0^1 (ax^2 + bx) \mathrm{d}x = \frac{a}{3} + \frac{b}{2} = \frac{1}{3}$，即 $b = \frac{2(1-a)}{3}$.

故旋转体的体积为
$$V = \pi \int_0^1 (ax^2 + bx)^2 \mathrm{d}x = \left(\frac{a^2}{5} + \frac{ab}{2} + \frac{b^2}{3}\right)\pi = \frac{\pi}{135}(2a^2 + 5a + 20).$$

令 $\frac{\mathrm{d}V}{\mathrm{d}a} = \frac{\pi}{135}(4a + 5) = 0$，得唯一驻点 $a = -\frac{5}{4}$.

又 $\frac{\mathrm{d}^2 V}{\mathrm{d}a^2} = \frac{4\pi}{135} > 0$，所以 $a = -\frac{5}{4}, b = \frac{3}{2}, c = 0$.

【例 14】 设曲线 $y = ax^2 (a > 0, x \geqslant 0)$ 与 $y = 1 - x^2$ 交于点 A，过坐标原点 O 和点 A 的直线与曲线 $y = ax^2$ 围成一平面图形，问：a 为何值时，该图形绕 x 轴旋转一周所得的旋转体的体积最大？最大体积是多少？

解 当 $x \geqslant 0$ 时，由 $\begin{cases} y = ax^2, \\ y = 1 - x^2, \end{cases}$ 解得 $x = \frac{1}{\sqrt{1+a}}, y = \frac{a}{1+a}$，故直线 OA 的方程为
$$y = \frac{ax}{\sqrt{1+a}}.$$

旋转体的体积为
$$V = \pi \int_0^{\frac{1}{\sqrt{1+a}}} \left(\frac{a^2 x^2}{1+a} - a^2 x^4\right) \mathrm{d}x = \frac{2\pi}{15} \cdot \frac{a^2}{(1+a)^{\frac{5}{2}}} \quad (a > 0).$$

从而 $$\frac{\mathrm{d}V}{\mathrm{d}a} = \frac{\pi(4a - a^2)}{15(1+a)^{\frac{7}{2}}}.$$

令 $\frac{\mathrm{d}V}{\mathrm{d}a} = 0$，得唯一驻点 $a = 4$.

由题意知此旋转体在 $a = 4$ 时取最大值，其最大体积为 $V = \frac{32\sqrt{5}}{1875}\pi$.

二、定积分在物理学上的应用

【例 15】 曲线由 $x^2+y^2=2y\left(y\geqslant \dfrac{1}{2}\right)$ 与 $x^2+y^2=1\left(y\leqslant \dfrac{1}{2}\right)$ 连接而成,该曲线绕 y 轴旋转得一容器的内侧.

(1) 求容器的体积;

(2) 若将容器内盛满水,从容器顶部全部抽出,至少需要做多少功?(长度单位为 m,重力加速度为 $g\mathrm{m/s^2}$,水的密度为 $10^3\mathrm{kg/m^3}$)

解 (1) 由对称性知,V_1 表示下半块立体的体积,则

$$V=2V_1=2\int_{-1}^{\frac{1}{2}}\pi(1-y^2)\mathrm{d}y=\dfrac{9}{4}\pi.$$

(2) 设抽出上、下半部分的水所做的功分别为 W_1,W_2,总功为 W. 利用元素法,得

$$[y,y+\mathrm{d}y]\subset\left[\dfrac{1}{2},2\right],\mathrm{d}W_1=10^3 g\cdot\pi(2y-y^2)(2-y)\mathrm{d}y,$$

而下半部分 $[y,y+\mathrm{d}y]\subset\left[-1,\dfrac{1}{2}\right],\mathrm{d}W_2=10^3g\cdot\pi(1-y^2)(2-y)\mathrm{d}y$,则

$$\begin{aligned}W=W_1+W_2&=\int_{\frac{1}{2}}^2 10^3 g\pi(2y-y^2)(2-y)\mathrm{d}y+\int_{-1}^{\frac{1}{2}}10^3g\pi(1-y^2)(2-y)\mathrm{d}y\\&=10^3g\pi\left[\int_{\frac{1}{2}}^2(4y-4y^2+y^3)\mathrm{d}y+\int_{-1}^{\frac{1}{2}}(2-y-2y^2+y^3)\mathrm{d}y\right]\\&=\dfrac{27}{8}10^3g\pi(\mathrm{J}).\end{aligned}$$

【例 16】 某闸门的上部为矩形 $ABCD$,下部由二次抛物线(开口向上)与线段 AB 所围成,抛物线顶点到 AB 的距离为 1m,AB 为 2m. 当水面与闸门的上端(CD)相平时,欲使闸门矩形部分承受的水压力与闸门下部承受的水压力之比为 $5:4$,闸门矩形部分的高 h 应为多少米?

解 以抛物线顶点为原点、闸门对称轴为 y 轴建立坐标系,则抛物线方程为 $y=x^2$. 设闸门矩形部分和下部(抛物线部分)承受的水压力依次为 P_1,P_2,则

$$P_1=\int_1^{h+1}2\rho g(h+1-y)\mathrm{d}y=2\rho g\left[(h+1)y-\dfrac{y^2}{2}\right]_1^{h+1}=\rho g h^2,$$

$$P_2=\int_0^1 2\rho g(h+1-y)\sqrt{y}\mathrm{d}y=2\rho g\left[\dfrac{2}{3}(h+1)y^{\frac{3}{2}}-\dfrac{2}{5}y^{\frac{5}{2}}\right]_0^1$$

$$=4\rho g\left(\dfrac{1}{3}h+\dfrac{2}{15}\right).$$

由题意知 $\dfrac{P_1}{P_2}=\dfrac{5}{4}$,即

$$\dfrac{h^2}{4\left(\dfrac{h}{3}+\dfrac{2}{15}\right)}=\dfrac{5}{4},$$

解得 $h=2,h=-\dfrac{1}{3}$(舍去).

故满足题设要求的闸门矩形部分的高应为 2m.

【例17】 一质量为 M, 长为 l 的均匀细杆 AB 吸引着质量为 m 的一质点 C, 此质点 C 位于 AB 杆的延长线上, 并与较近的端点 B 的距离为 a.

(1) 求杆和质点间的相互引力;

(2) 当质点在杆的延长线上从距离 r_1 处移近至 r_2 处时, 求引力所做的功.

解 (1) 取点 A 为坐标原点、AB 方向为 x 轴正方向建立坐标系, 在 AB 上点 x 处取小段长 $\mathrm{d}x$, 则小段长 $\mathrm{d}x$ 与质点 C 之间的引力近似为

$$\mathrm{d}F = km\frac{\frac{M\mathrm{d}x}{l}}{(l+a-x)^2} = \frac{kmM}{l}\cdot\frac{\mathrm{d}x}{(l+a-x)^2},$$

则所求引力为

$$F = \frac{kmM}{l}\int_0^l \frac{\mathrm{d}x}{(l+a-x)^2} = \frac{kmM}{a(l+a)}.$$

(2) 由(1)知, 位于 B, C 间距 A 端为 x 的点与杆 AB 的引力 $F = \frac{kmM}{(x-l)x}$, 于是质点 C 由距 B 端 r_1 处移近至 r_2 处引力所做的功为

$$W = \int_{l+r_2}^{l+r_1} \frac{kmM}{(x-l)x}\mathrm{d}x = \frac{kmM}{l}\ln\frac{r_1(r_2+l)}{r_2(r_1+l)}.$$

注 解决物理问题时, 首先要建立一个数学模型, 即把物理问题转化为数学问题. 在解决变力沿直线做功、压力、引力等问题时常要用到元素法的思想将问题转化为定积分的计算问题.

竞 赛 题 选 解

【例1】(江苏省2006年竞赛) 已知曲线 Γ 的极坐标方程 $\rho = 1+\cos\theta\left(0\leqslant\theta\leqslant\frac{\pi}{2}\right)$, 求该曲线在 $\theta = \frac{\pi}{4}$ 所对应的点处的切线 L 的直角坐标方程, 并求曲线 Γ, 切线 L 与 x 轴所围图形的面积.

解 曲线的参数方程为 $\begin{cases} x = (1+\cos\theta)\cos\theta, \\ y = (1+\cos\theta)\sin\theta, \end{cases}$ 则

$$\frac{\mathrm{d}y}{\mathrm{d}x} = \frac{y'_\theta}{x'_\theta} = \frac{\cos\theta+\cos2\theta}{-\sin\theta-\sin2\theta}, \frac{\mathrm{d}y}{\mathrm{d}x}\bigg|_{\theta=\frac{\pi}{4}} = 1-\sqrt{2}.$$

当 $\theta = \frac{\pi}{4}$ 时, 切点 $x_0 = \frac{1+\sqrt{2}}{2}$, $y_0 = \frac{1+\sqrt{2}}{2}$, 故切线 L 的方程为

$$y - \frac{1+\sqrt{2}}{2} = (1-\sqrt{2})\left(x - \frac{1+\sqrt{2}}{2}\right),$$

即

$$y = (1-\sqrt{2})x + 1 + \frac{\sqrt{2}}{2}.$$

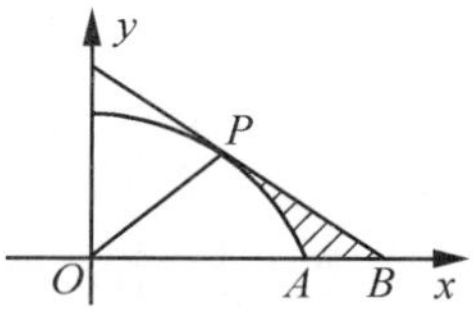

令 $y=0$，得 $x=2+\frac{3}{2}\sqrt{2}$，如图 6.7 所示，三角形 OPB 的面积为

$$S_1 = \frac{1}{2}\left(2+\frac{3}{2}\sqrt{2}\right) \cdot \frac{1+\sqrt{2}}{2} = \frac{10+7\sqrt{2}}{8}.$$

曲边三角形 OPA 的面积为

$$S_2 = \frac{1}{2}\int_0^{\frac{\pi}{4}}(1+\cos\theta)^2\,\mathrm{d}\theta = \frac{3}{16}\pi + \frac{\sqrt{2}}{2} + \frac{1}{8}.$$

图 6.7

于是所求图形的面积为

$$S = S_1 - S_2 = \frac{9}{8} + \frac{3}{8}\sqrt{2} - \frac{3\pi}{16}.$$

【例 2】 设 D 由曲线 $y=\sqrt{1-x^2}(0\leqslant x\leqslant 1)$ 与 $\begin{cases}x=\cos^3 t\\ y=\sin^3 t\end{cases}\left(0\leqslant t\leqslant \frac{\pi}{2}\right)$ 所围，求 D 绕 x 轴旋转一周所得旋转体的体积和表面积.

解 星形线的直角坐标方程为 $x^{\frac{2}{3}}+y^{\frac{2}{3}}=1$，即 $y=(1-x^{\frac{2}{3}})^{\frac{3}{2}}(0\leqslant x\leqslant 1)$，所求体积 V 为半球的体积 V_1 与星形线旋转体的体积 V_2 之差，则

$$V = V_1 - V_2 = \frac{2}{3}\pi - \pi\int_0^1(1-x^{\frac{2}{3}})^3\,\mathrm{d}x = \frac{2\pi}{3} - \pi\int_{\frac{\pi}{2}}^0 \sin^6 t \cdot 3\cos^2 t(-\sin t)\,\mathrm{d}t$$

$$= \frac{2\pi}{3} - 3\pi\int_0^{\frac{\pi}{2}}(\sin^7 t - \sin^9 t)\,\mathrm{d}t = \frac{2\pi}{3} - 3\pi\left(\frac{6!!}{7!!} - \frac{8!!}{9!!}\right)$$

$$= \frac{18\pi}{35}.$$

同理，表面积为

$$S = S_1 + S_2 = 2\pi + 2\pi\int_0^1 y\sqrt{1+y'^2}\,\mathrm{d}x = 2\pi + 2\pi\int_0^1 (1-x^{\frac{2}{3}})^{\frac{3}{2}} x^{-\frac{1}{3}}\,\mathrm{d}x$$

$$= 2\pi + 6\pi\int_0^{\frac{\pi}{2}} \sin^4 t\cos t\,\mathrm{d}t = 2\pi + \frac{6\pi}{5} = \frac{16\pi}{5}.$$

【例 3】 设 $f(x)$ 在 $[a,b]$ 上可导，$f(a)>0$，$f'(x)>0$.求证：存在唯一的 $\xi\in(a,b)$，使得由 $y=f(x),x=b,y=f(\xi)$ 所围的图形的面积与由 $y=f(x),x=a,y=f(\xi)$ 所围的图形的面积之比值为 2018.

分析 因 $y=f(x),x=b,y=f(\xi)$ 所围图形的面积为 $A(\xi)=\int_\xi^b[f(x)-f(\xi)]\,\mathrm{d}x$，$y=f(x),x=a,y=f(\xi)$ 所围图形的面积为 $B(\xi)=\int_a^\xi[f(\xi)-f(x)]\,\mathrm{d}x$，要证 $\frac{A(\xi)}{B(\xi)}=2018$，只需引入辅助函数 $\varphi(t)=A(t)-2018B(t)$，利用零值定理和单调性即可证明.

证 因为 $f(a)>0, f'(x)>0$，所以 $f(x)$ 在 $[a,b]$ 上是正值的单调增函数.设 $t\in[a,b]$，由 $y=f(x),x=b,y=f(t)$ 所围的图形的面积为

$$A(t) = \int_t^b[f(x)-f(t)]\,\mathrm{d}x,$$

由 $y=f(x),x=a,y=f(t)$ 所围的图形的面积为

$$B(t) = \int_a^t[f(t)-f(x)]\,\mathrm{d}x.$$

令 $\varphi(t) = A(t) - 2018B(t) = \int_t^b [f(x) - f(t)] dx - 2018 \int_a^t [f(t) - f(x)] dx$,则 $\varphi(t)$ 在 $[a,b]$ 上连续,在 (a,b) 内可导.

因 $\varphi(a) = \int_a^b [f(x) - f(a)] dx > 0, \varphi(b) = -2018 \int_a^b [f(b) - f(x)] dx < 0$,由零值定理,至少存在 $\xi \in [a,b]$,使 $\varphi(\xi) = 0$,即 $A(\xi) = 2018B(\xi)$,由 $B(\xi) > 0$,得 $\dfrac{A(\xi)}{B(\xi)} = 2018$.

又 $\varphi(t) = \int_t^b f(x) dx - (b-t)f(t) - 2018(t-a)f(t) + 2018 \int_a^t f(x) dx$,

$\varphi'(t) = -f(t) + f(t) - (b-t)f'(t) - 2018f(t) - 2018(t-a)f'(t) + 2018f(t)$
$= -(b-t)f'(t) - 2018(t-a)f'(t) < 0 \quad (a < t < b)$,

所以 $\varphi(t)$ 在 $[a,b]$ 上单调递减,故 ξ 是唯一的.

同步练习

一、选择题

1. 设曲线 $y = x^2$ 与 $y = cx^3 (c > 0)$ 所围图形的面积为 $\dfrac{2}{3}$,则 c 的值为 ( )

(A) 1　　　　　(B) $\dfrac{1}{2}$　　　　　(C) $\dfrac{1}{3}$　　　　　(D) 2

2. 曲线 $y = \ln x$ 与 x 轴及直线 $x = \dfrac{1}{e}, x = e$ 所围图形的面积为 ( )

(A) $e - \dfrac{1}{e}$　　(B) $2 - \dfrac{2}{e}$　　(C) $e - \dfrac{2}{e}$　　(D) $e + \dfrac{1}{e}$

3. 曲线 $\rho = ae^\theta$ 及直线 $\theta = -\pi, \theta = \pi$ 所围图形的面积为 ( )

(A) $\dfrac{1}{2} \int_0^\pi a^2 e^{2\theta} d\theta$　　　　　　(B) $\int_0^{2\pi} \dfrac{a^2}{2} e^{2\theta} d\theta$

(C) $\int_{-\pi}^\pi a^2 e^{2\theta} d\theta$　　　　　　(D) $\int_{-\pi}^\pi \dfrac{a^2}{2} e^{2\theta} d\theta$

4. 曲线 $y = e^x (x < 0), x = 0, y = 0$ 所围图形绕 x 轴旋转所得的旋转体的体积为 ( )

(A) $\dfrac{\pi}{2}$　　　　　(B) π　　　　　(C) 2π　　　　　(D) $\dfrac{\pi}{4}$

5. 当 $0 \leqslant \theta \leqslant \pi$ 时,螺线 $\rho = e^\theta$ 的弧长为 ( )

(A) e^π　　(B) $\sqrt{2}(e^\pi - 1)$　　(C) $e^\pi - 1$　　(D) $2(e^\pi - 1)$

二、填空题

1. 曲线 $xy + 1 = 0$ 及 $y + x = 0$ 与 $y = 2$ 所围有界区域的面积为 ＿＿＿＿＿.

2. 设 G 为位于曲线 $y = \dfrac{1}{\sqrt{x(1+\ln^2 x)}}(e \leqslant x < +\infty)$ 下方、x 轴上方的无界区域，则 G 绕 x 轴旋转一周所得立体的体积为_____．

3. 曲线 $y = \sqrt{x^2 - 1}$，直线 $x = 2$ 及 x 轴所围平面图形绕 x 轴旋转所得立体的体积为_____．

4. 曲线 $y = \displaystyle\int_0^x \tan t \, dt \left(0 \leqslant x \leqslant \dfrac{\pi}{4}\right)$ 的弧长为_____．

5. 函数 $y = \dfrac{x^2}{\sqrt{1-x^2}}$ 在区间 $\left[\dfrac{1}{2}, \dfrac{\sqrt{3}}{2}\right]$ 上的平均值为_____．

三、解答题

1. 在曲线 $y = x^2 (x \geqslant 0)$ 上某点 A 处作一切线，使之与曲线 $y = x^2$ 及 x 轴所围图形的面积为 $\dfrac{1}{12}$，求此切线方程．

2. 求由曲线 $y = \ln x$ 与两直线 $y = (e+1) - x$ 及 $y = 0$ 所围图形绕 x 轴旋转所得的旋转体的体积．

3. 求曲线 $y = x^2 - 2x, y = 0, x = 1, x = 3$ 所围平面图形的面积，并求该平面图形绕 y 轴旋转一周所得转体的体积．

4. 求位于曲线 $y = xe^{-x}(0 \leqslant x < +\infty)$ 下方、x 轴上方的无界图形的面积，并求该图形绕 x 轴旋转所得旋转体的体积．

5. 设直线 $y = ax$ 与抛物线 $y = x^2$ 所围图形的面积为 S_1，它们与直线 $x = 1$ 所围图形的面积为 S_2，并且 $a < 1$．

   (1) 确定 a 的值，使 $S_1 + S_2$ 达到最小，并求出最小值．

   (2) 求该最小值所对应的平面图形绕 x 轴旋转一周所得旋转体的体积．

6. 设 D_1 是由抛物线 $y = 2x^2$ 和直线 $x = a, x = 2$ 及 $y = 0$ 所围的平面区域，D_2 是由抛物线 $y = 2x^2$ 和直线 $y = 0, x = a$ 所围的平面区域，其中 $0 < a < 2$．

   (1) 求 D_1 绕 x 轴旋转而成的旋转体的体积 V_1 和 D_2 绕 y 轴旋转而成的旋转体的体积 V_2．

   (2) 问 a 为何值时，$V_1 + V_2$ 取得最大值？试求此最大值．

7. 设 $f(x) = \dfrac{x}{1+x}, x \in [0,1]$，定义函数列 $f_1(x) = f(x), f_2(x) = f[f_1(x)], \cdots, f_n(x) = f[f_{n-1}(x)]$，记 S_n 是由曲线 $y = f_n(x)$，直线 $x = 1$ 及 x 轴所围平面图形的面积，求 $\displaystyle\lim_{n \to \infty} n S_n$．

8. 由抛物线 $y = x^2$ 及 $y = 4x^2 (0 \leqslant y \leqslant H)$ 绕 y 轴旋转一周构成一容器，现于其中盛水，水高 $\dfrac{H}{2}$，问：要将水全部抽出，外力需做多少功？（水的比重为 r）

9. 底长为 a，高为 h 的等腰三角形薄片铅直地浸没于水中，其顶点朝下，底平行于水面且在水面之下 $\dfrac{h}{2}$ 处，求该三角形一侧所受的水压力．

▶▶ 四、竞赛题

1. （江苏省 2000 年竞赛） 过抛物线 $y=x^2$ 上一点 (a,a^2) 作切线，问 a 为何值时所作切线与抛物线 $y=-x^2+4x-1$ 所围的图形面积最小？

2. （江苏省 2012 年竞赛） 过点 $(0,0)$ 作曲线 $\Gamma: y=\mathrm{e}^{-x}$ 的切线 L，设 D 是以曲线 Γ，切线 L 及 x 轴为边界的无界区域．求：

(1) 切线 L 的方程；

(2) 区域 D 的面积；

(3) D 绕 x 轴旋转一周所得立体的体积．

3. （江苏省 2004 年竞赛） 设 $D: y^2-x^2 \leqslant 4, y \geqslant x, x+y \geqslant 2, x+y \leqslant 4$．在 D 的边界 $y=x$ 上任取一点 P，设 P 到原点的距离为 t，作 PQ 垂直于 $y=x$，交 D 的边界 $y^2-x^2=4$ 于 Q．

(1) 试将距离 $|PQ|$ 表示为 t 的函数；

(2) 求 D 绕 $y=x$ 旋转一周的旋转体的体积．

4. （全国第三届初赛） 在平面上，有一条从点 $(a,0)$ 向右的射线，其线密度为 ρ，在点 $(0,h)$ 处 $(h>0)$ 有一质量为 m 的质点，求射线对该点的引力．

第七章 微分方程

主要内容与基本要求

▶▶ 一、知识结构

$$
\text{微分方程}
\begin{cases}
\text{一阶微分方程}
\begin{cases}
\text{可分离变量的微分方程} \\
\text{齐次方程} \\
\text{一阶线性微分方程}
\end{cases} \\
\text{可降阶的高阶微分方程}
\begin{cases}
y^{(n)} = f(x) \\
y'' = f(x, y') \\
y'' = f(y, y')
\end{cases} \\
\text{高阶线性微分方程}
\begin{cases}
\text{线性微分方程解的性质与结构} \\
\text{二阶常系数齐次线性微分方程} \\
\text{二阶常系数非齐次线性微分方程}
\end{cases}
\end{cases}
$$

▶▶ 二、基本要求

(1) 了解微分方程、解、通解、初始条件和特解等概念.

(2) 掌握可分离变量的微分方程及一阶线性微分方程的解法.

(3) 会解齐次方程,并从中领会用变量代换求解微分方程的思想.

(4) 会用降阶法求下列三种类型的高阶方程:$y^{(n)} = f(x)$,$y'' = f(x, y')$,$y'' = f(y, y')$.

(5) 理解二阶线性微分方程解的结构.

(6) 掌握二阶常系数齐次线性微分方程的解法,了解高阶常系数齐次线性微分方程的解法.

(7) 会求自由项形如 $P_m(x)e^{\lambda x}$,$e^{\lambda x}(A\cos\omega x + B\sin\omega x)$ 的二阶常系数非齐次线性微分方程的特解.

(8) 会通过建立微分方程模型,解决一些简单的实际问题.

▶▶ 三、内容提要

1. 微分方程的基本概念

(1) 微分方程的定义:表示未知函数、未知函数的导数与自变量之间的关系的方程.

(2) 微分方程的阶:微分方程中所出现的未知函数的最高阶导数的阶数.

(3) 微分方程的解.

① 解:代入微分方程能使该方程成为恒等式的函数.

② 通解:含有独立的任意常数且个数等于方程的阶数的微分方程的解.

③ 特解:不含任意常数的微分方程的解.

④ 定解条件:确定通解中任意常数的条件,其个数应等于微分方程的阶数.

2. 一阶微分方程的类型及解法

(1) 可分离变量的微分方程.

① 方程的标准形式:
$$g(y)dy = f(x)dx.$$

② 解法:两边分别对 x, y 积分,即
$$\int g(y)dy = \int f(x)dx.$$

(2) 齐次方程.

① 方程的标准形式:
$$\frac{dy}{dx} = \varphi\left(\frac{y}{x}\right).$$

② 解法:令 $u = \frac{y}{x}, y = xu$,则 $\frac{dy}{dx} = u + x\frac{du}{dx}$,原方程化为可分离变量的方程:
$$\frac{du}{\varphi(u) - u} = \frac{dx}{x}.$$

求出此方程的通解后,再以 $u = \frac{y}{x}$ 代回,即得原方程的通解.

(3) 一阶线性微分方程.

① 方程的标准形式:
$$\frac{dy}{dx} + P(x)y = Q(x).$$

当 $Q(x) \equiv 0$ 时,称方程为齐次的;当 $Q(x) \not\equiv 0$ 时,称方程为非齐次的.

② 解法.

1° 常数变易法:用分离变量法求出齐次方程的通解 $y = Ce^{-\int P(x)dx}$,再作变换 $y = u(x)e^{-\int P(x)dx}$,将它代入原方程求出 $u(x)$,即得原方程的通解.

2° 公式法:直接利用通解公式
$$y = e^{-\int P(x)dx}\left[\int Q(x)e^{\int P(x)dx}dx + C\right].$$

*(4) 伯努利方程.

① 方程的标准形式:

$$\frac{\mathrm{d}y}{\mathrm{d}x}+P(x)y=Q(x)y^n\,(n\neq 0,1).$$

② 解法:设 $z=y^{1-n}$,则

$$\frac{\mathrm{d}z}{\mathrm{d}x}+(1-n)P(x)z=(1-n)Q(x).$$

再用解线性方程的方法求解.

3. 可降阶的高阶微分方程

(1) $y^{(n)}=f(x)$ 型.

解法:积分 n 次,便得含 n 个任意常数的通解.

(2) $y''=f(x,y')$ 型(不显含未知函数 y).

解法:设 $y'=p$,则 $y''=p'$,原方程化为 $p'=f(x,p)$. 设其通解为 $p=\varphi(x,C_1)$,则原方程的通解为 $y=\int \varphi(x,C_1)\mathrm{d}x+C_2$.

(3) $y''=f(y,y')$ 型(不显含自变量 x).

解法:设 $y'=p$,则 $y''=p\dfrac{\mathrm{d}p}{\mathrm{d}y}$,原方程化为 $p\dfrac{\mathrm{d}p}{\mathrm{d}y}=f(y,p)$. 设其通解为 $p=\psi(y,C_1)$,则原方程的通解为 $\int \dfrac{\mathrm{d}y}{\psi(y,C_1)}=x+C_2$.

4. 高阶线性微分方程

(1) 二阶线性微分方程.

① 定义.

二阶非齐次线性方程为 $y''+P(x)y'+Q(x)y=f(x)\,(f(x)\not\equiv 0).$ (*)

二阶齐次线性方程为 $y''+P(x)y'+Q(x)y=0.$ (**)

② 性质(解的结构).

性质 1:设 y_1 与 y_2 是方程(**)的两个解,则 $y=C_1y_1+C_2y_2$ 也是方程(**)的解.

性质 2:设 y_1 与 y_2 是方程(**)的两个线性无关的解(即 $\dfrac{y_2}{y_1}\neq$ 常数),则 $y=C_1y_1+C_2y_2$ 是方程(**)的通解.

性质 3:设 y_1,y_2 是方程(*)的两个解,则 y_1-y_2 是方程(**)的解.

性质 4:设 y^* 是方程(*)的一个特解,Y 是与方程(*)对应的齐次方程(**)的通解,则 $y=Y+y^*$ 是方程(*)的通解.

性质 5:设 $y_i^*\,(i=1,2)$ 是方程 $y''+P(x)y'+Q(x)y=f_i(x)$ 的特解,则 $y^*=y_1^*+y_2^*$ 是方程 $y''+P(x)y'+Q(x)y=f_1(x)+f_2(x)$ 的特解.

(2) n 阶线性微分方程.

① 定义.

n 阶非齐次线性方程为 $y^{(n)}+a_1(x)y^{(n-1)}+\cdots+a_{n-1}(x)y'+a_n(x)y=f(x).$

n 阶齐次线性方程为 $y^{(n)}+a_1(x)y^{(n-1)}+\cdots+a_{n-1}(x)y'+a_n(x)y=0.$

② 上面讨论的二阶线性微分方程的解的性质可以推广到 n 阶线性方程.

5. 高阶常系数齐次线性微分方程

(1) 二阶常系数齐次线性微分方程.

方程 $y'' + py' + qy = 0$（p,q 为常数）为二阶常系数齐次线性微分方程，其通解的求法步骤如下：

① 写出特征方程 $r^2 + pr + q = 0$；
② 求出特征方程的两个根 r_1, r_2；
③ 根据 r_1, r_2 的不同情形，按照下列表格写出其通解.

特征方程 $r^2+pr+q=0$ 的两个根 r_1,r_2	微分方程 $y''+py'+qy=0$ 的通解
两个不相等的实根 r_1, r_2	$y = C_1 e^{r_1 x} + C_2 e^{r_2 x}$
两个相等的实根 $r_1 = r_2$	$y = (C_1 + C_2 x) e^{r_1 x}$
一对共轭复根 $r_{1,2} = \alpha \pm i\beta$	$y = e^{\alpha x}(C_1 \cos\beta x + C_2 \sin\beta x)$

（2）n 阶常系数齐次线性微分方程.

方程 $y^{(n)} + p_1 y^{(n-1)} + \cdots + p_{n-1} y' + p_n y = 0$（$p_1, p_2, \cdots, p_n$ 都是常数）为 n 阶常系数齐次线性微分方程，其特征方程为 $r^n + p_1 r^{n-1} + \cdots + p_{n-1} r + p_n = 0$.

根据特征方程的根，可以写出其对应的微分方程的解，如下表所示：

特征方程的根	微分方程通解中的对应项
单实根 r	给出一项：Ce^{rx}
一对单复根 $r_{1,2} = \alpha \pm i\beta$	给出两项：$e^{\alpha x}(C_1 \cos\beta x + C_2 \sin\beta x)$
k 重实根 r	给出 k 项：$e^{rx}(C_1 + C_2 x + \cdots + C_k x^{k-1})$
一对 k 重复根 $r_{1,2} = \alpha \pm i\beta$	给出 $2k$ 项：$e^{\alpha x}[(C_1 + C_2 x + \cdots + C_k x^{k-1})\cos\beta x + (D_1 + D_2 x + \cdots + D_k x^{k-1})\sin\beta x]$

6. 二阶常系数非齐次线性微分方程

方程 $y'' + py' + qy = f(x)$ 为二阶常系数非齐次线性微分方程，其中 p, q 为常数，$f(x) \not\equiv 0$.

(1) 特解形式.

① 若 $f(x) = P_m(x) e^{\lambda x}$，则方程 $y'' + py' + qy = f(x)$ 具有形如 $y^* = x^k Q_m(x) e^{\lambda x}$ 的特解，其中 $Q_m(x)$ 是与 $P_m(x)$ 同次（m 次）的多项式，而 k 按 λ 不是特征方程 $r^2 + pr + q = 0$ 的根、是特征方程的单根或是特征方程的重根依次取为 0, 1 或 2.

② 若 $f(x) = e^{\lambda x}[P_l(x) \cos\omega x + P_n(x) \sin\omega x]$，则方程 $y'' + py' + qy = f(x)$ 具有形如 $y^* = x^k e^{\lambda x}[R_m^{(1)}(x) \cos\omega x + R_m^{(2)}(x) \sin\omega x]$ 的特解，其中 $R_m^{(1)}(x), R_m^{(2)}(x)$ 是 m 次多项式，$m = \max\{l, n\}$，而 k 按 $\lambda + i\omega$（或 $\lambda - i\omega$）不是特征方程的根或是特征方程的单根依次取 0 或 1.

(2) 通解的求法.

① 先求出对应齐次线性微分方程的通解 Y；
② 用待定系数法求出 $Q_m(x)$ 或 $R_m^{(1)}(x), R_m^{(2)}(x)$ 中的系数得出特解 y^*；
③ $y = Y + y^*$ 即为非齐次线性微分方程的通解.

*7. 欧拉方程

(1) 欧拉方程的定义.

形如 $x^n y^{(n)} + p_1 x^{n-1} y^{(n-1)} + \cdots + p_{n-1} x y' + p_n y = f(x)$ 的方程（其中 $p_1, p_2, \cdots, p_n$ 为常

数),叫作欧拉方程.

(2)解法:作变换 $x=e^t$ 或 $t=\ln x$,原方程化为以 t 为自变量的常系数线性微分方程.求出这个方程的解后,把 t 换成 $\ln x$,即得原方程的解.

典型例题解析

▶▶ 一、一阶微分方程

【例1】 曲线族 $y=Cx+C^2$ 所满足的一个一阶微分方程为_____.

解 由于 $y'=C$,代入函数式,得微分方程 $y=xy'+y'^2$ 即为所求.

注 此题关键是明确微分方程及其解的概念,因此先对函数求一阶导数,再联系所给函数去寻找含有 y' 但不含 C 的关系式.

【例2】 求下列微分方程的通解:

(1) $\dfrac{dy}{dx}=1+x+y^2+xy^2$; (2) $y dx+(x^2-4x)dy=0$;

(3) $y'+\sin\dfrac{x+y}{2}=\sin\dfrac{x-y}{2}$.

解 (1)原方程化为 $\dfrac{dy}{dx}=(1+x)(1+y^2)$,

分离变量,得 $\dfrac{dy}{1+y^2}=(1+x)dx$,

两边积分,得 $\arctan y=x+\dfrac{x^2}{2}+C$,即为方程的通解.

(2)分离变量,得 $\dfrac{dy}{y}=-\dfrac{dx}{x^2-4x}$,

即 $\dfrac{dy}{y}=\dfrac{1}{4}\left(\dfrac{1}{x}-\dfrac{1}{x-4}\right)dx$,

两边积分,得 $\ln|y|=\dfrac{1}{4}(\ln|x|-\ln|x-4|+\ln|C|)$,

故原方程的通解为 $(x-4)y^4=Cx$(C 为任意常数).特解 $y=0$ 包含在通解之中.

(3)利用三角公式,可将方程化为

$$y'=-2\cos\dfrac{x}{2}\sin\dfrac{y}{2},$$

分离变量,得 $\dfrac{dy}{\sin\dfrac{y}{2}}=-2\cos\dfrac{x}{2}dx$,

两边积分,即得通解为 $\ln\left|\tan\dfrac{y}{4}\right|=C-2\sin\dfrac{x}{2}$.

对应于 $\sin\dfrac{y}{2}=0$,得到 $y=2n\pi(n=0,\pm1,\pm2,\cdots)$ 也是方程的解.

注 ① 方程的通解不一定是全部解,如第(3)题中的解 $y=2n\pi$ 并不包含在通解中.
② 将 $\dfrac{\mathrm{d}y}{\mathrm{d}x}=\varphi(x)\psi(y)$ 变成 $\dfrac{\mathrm{d}y}{\psi(y)}=\varphi(x)\mathrm{d}x$ 时,$\psi(y)$ 是不能为零的.若 $\psi(y)=0$ 有根 $y=k$,则 $y=k$ 必是原方程的解,但在求解 $\dfrac{\mathrm{d}y}{\psi(y)}=\varphi(x)\mathrm{d}x$ 时必然会失去这个解,若要求全部解,必须把它补上.

【例3】 求下列微分方程的解:

(1) $(4x^2+3xy+y^2)\mathrm{d}x+(x^2+3xy+4y^2)\mathrm{d}y=0$;

(2) $xy'+y(\ln x-\ln y)=0, y(1)=\mathrm{e}^3$.

解 (1) 将原方程改写为
$$\frac{\mathrm{d}y}{\mathrm{d}x}=-\frac{4x^2+3xy+y^2}{x^2+3xy+4y^2}.$$

设 $\dfrac{y}{x}=u$,则 $\dfrac{\mathrm{d}y}{\mathrm{d}x}=u+x\dfrac{\mathrm{d}u}{\mathrm{d}x}$,代入上式并整理,得
$$\frac{4u^2+3u+1}{u^3+u^2+u+1}\mathrm{d}u=-\frac{4\mathrm{d}x}{x},$$

即
$$\left(\frac{1}{1+u}+\frac{3u}{u^2+1}\right)\mathrm{d}u=-\frac{4\mathrm{d}x}{x},$$

两边积分,得
$$\ln|u+1|+\frac{3}{2}\ln(u^2+1)=-4\ln|x|+C_1,$$

将 $y=ux$ 代入,得通解
$$(x+y)^2(x^2+y^2)^3=C.$$

(2) 将原方程改写为
$$\frac{\mathrm{d}y}{\mathrm{d}x}=\frac{y}{x}\ln\frac{y}{x}.$$

令 $\dfrac{y}{x}=u$,则 $\dfrac{\mathrm{d}y}{\mathrm{d}x}=u+x\dfrac{\mathrm{d}u}{\mathrm{d}x}$,代入上式,整理得
$$\frac{\mathrm{d}u}{u(\ln u-1)}=\frac{\mathrm{d}x}{x},$$

两边积分,得
$$\ln(\ln u-1)=\ln x+\ln C,$$

即
$$\ln u-1=Cx,$$

将 $x=1, y=\mathrm{e}^3, u=\mathrm{e}^3$ 代入上式,得 $C=2$,将 $u=\dfrac{y}{x}$ 回代,得特解
$$y=x\mathrm{e}^{2x+1} \quad (x>0).$$

【例4】 求下列微分方程的通解:

(1) $(y+x^2\mathrm{e}^{-x})\mathrm{d}x-x\mathrm{d}y=0$;

(2) $(x-2xy-y^2)\dfrac{\mathrm{d}y}{\mathrm{d}x}+y^2=0$;

(3) $y^3\mathrm{d}x+2(x^2-xy^2)\mathrm{d}y=0$.

解 (1) 方法一:化为一阶线性方程的标准方程:
$$\frac{\mathrm{d}y}{\mathrm{d}x}-\frac{1}{x}y=x\mathrm{e}^{-x},$$

相应的齐次方程为
$$\frac{\mathrm{d}y}{\mathrm{d}x} - \frac{1}{x}y = 0.$$

分离变量,得
$$\frac{\mathrm{d}y}{y} = \frac{\mathrm{d}x}{x},$$

两边积分,得齐次通解为
$$\ln|y| = \ln|x| + \ln|C_1|,$$
即
$$y = C_1 x.$$

令原方程的通解为
$$y = x \cdot u(x),$$
则代入原方程,有
$$u'(x) = \mathrm{e}^{-x},$$

从而
$$u(x) = \int \mathrm{e}^{-x} \mathrm{d}x = -\mathrm{e}^{-x} + C,$$

故原方程的通解为
$$y = Cx - x\mathrm{e}^{-x}.$$

方法二:原方程化为
$$\frac{\mathrm{d}y}{\mathrm{d}x} - \frac{1}{x}y = x\mathrm{e}^{-x},$$

其解为
$$y = \mathrm{e}^{\int \frac{1}{x}\mathrm{d}x} \left(\int x\mathrm{e}^{-x} \mathrm{e}^{-\int \frac{1}{x}\mathrm{d}x} \mathrm{d}x + C \right)$$
$$= x \left(\int x\mathrm{e}^{-x} \cdot \frac{1}{x} \mathrm{d}x + C \right) = x(-\mathrm{e}^{-x} + C).$$

注 求解一阶线性方程可用常数变易法或用公式法求解.一般用公式法求解较简捷,后面求解一阶线性方程将都用公式法.

(2) 若把 x 看作未知函数,把 y 看作自变量,原方程变成关于函数 x 的线性方程:
$$\frac{\mathrm{d}x}{\mathrm{d}y} + \frac{1-2y}{y^2}x = 1,$$

其解为
$$x = \mathrm{e}^{-\int P(y)\mathrm{d}y} \left[\int Q(y)\mathrm{e}^{\int P(y)\mathrm{d}y} \mathrm{d}y + C \right] = \mathrm{e}^{-\int \frac{1-2y}{y^2}\mathrm{d}y} \left(\int \mathrm{e}^{\int \frac{1-2y}{y^2}\mathrm{d}y} \mathrm{d}y + C \right)$$
$$= \mathrm{e}^{\frac{1}{y}+2\ln y} \left(\int \mathrm{e}^{-\frac{1}{y}-2\ln y} \mathrm{d}y + C \right) = y^2 \mathrm{e}^{\frac{1}{y}} \left(\int \frac{1}{y^2} \mathrm{e}^{-\frac{1}{y}} \mathrm{d}y + C \right)$$
$$= y^2 \mathrm{e}^{\frac{1}{y}} (\mathrm{e}^{-\frac{1}{y}} + C) = y^2 + Cy^2 \mathrm{e}^{\frac{1}{y}},$$

即原方程的通解为 $x = y^2 + Cy^2 \mathrm{e}^{\frac{1}{y}}$.

(3) 原方程化为关于函数 x 的伯努利方程:
$$\frac{\mathrm{d}x}{\mathrm{d}y} - \frac{2}{y}x = -\frac{2}{y^3}x^2.$$

令 $z = x^{-1}$,则 $\frac{\mathrm{d}z}{\mathrm{d}y} = -x^{-2}\frac{\mathrm{d}x}{\mathrm{d}y}$,原方程化为
$$\frac{\mathrm{d}z}{\mathrm{d}y} + \frac{2}{y}z = \frac{2}{y^3}.$$

由公式解得
$$z = \mathrm{e}^{-\int \frac{2}{y}\mathrm{d}y} \left(\int \frac{2}{y^3} \mathrm{e}^{\int \frac{2}{y}\mathrm{d}y} \mathrm{d}y + C \right) = \frac{1}{y^2} \left(\int \frac{2}{y} \mathrm{d}y + C \right) = \frac{\ln y^2 + C}{y^2},$$

故原方程的通解为 $x^{-1} = \frac{\ln y^2 + C}{y^2}$,即 $y^2 = x(\ln y^2 + C)$.

【例 5】 设有微分方程 $y' - 2y = \varphi(x)$,其中 $\varphi(x) = \begin{cases} 2, & x < 1, \\ 0, & x > 1, \end{cases}$ 试求在 $(-\infty, +\infty)$ 内的连续函数 $y = y(x)$,使之在 $(-\infty, 1)$ 和 $(1, +\infty)$ 内都满足所给方程,且满足条件 $y(0) = 0$.

分析 这是一道求微分方程的特解的题. 此题的特点是一阶线性方程中的非齐次项为一分段函数,因此需求解两个一阶线性方程,且所求的函数 $y = y(x)$ 虽是分段函数,但必须连续.

解 当 $x < 1$ 时,有 $y' - 2y = 2$.

其通解为 $y = e^{\int 2dx} \left(\int 2 e^{-\int 2dx} dx + C_1 \right) = e^{2x} \left(\int 2 e^{-2x} dx + C_1 \right) = C_1 e^{2x} - 1$.

由 $y(0) = 0$ 得 $C_1 = 1$,即 $y = e^{2x} - 1 (x < 1)$.

当 $x > 1$ 时,有 $y' - 2y = 0$.

其通解为 $y = C_2 e^{\int 2dx} = C_2 e^{2x} (x > 1)$.

由 $\lim\limits_{x \to 1^+} C_2 e^{2x} = \lim\limits_{x \to 1^-} (e^{2x} - 1)$ 得 $C_2 = 1 - e^{-2}$,故 $y = (1 - e^{-2}) e^{2x} (x > 1)$.

补充定义函数值 $y|_{x=1} = e^2 - 1$,则 $y(x)$ 在 $(-\infty, +\infty)$ 上连续.

所求函数为 $$y(x) = \begin{cases} e^{2x} - 1, & x \leq 1, \\ (1 - e^{-2}) e^{2x}, & x > 1. \end{cases}$$

【例 6】 求可微函数 $x(t)$,使之满足 $x(t) = \cos 2t + \int_0^t x(u) \sin u \, du$.

解 将等式两边对 t 求导,得 $x'(t) = -2\sin 2t + x(t) \sin t$,且 $x(0) = 1$.

方程化为 $$x'(t) - x(t) \sin t = -2 \sin 2t.$$

由公式解得

$$\begin{aligned} x(t) &= e^{\int \sin t \, dt} \left[\int (-2 \sin 2t) e^{-\int \sin t \, dt} dt + C \right] = e^{-\cos t} \left[\int (-2 \sin 2t) e^{\cos t} dt + C \right] \\ &= e^{-\cos t} \left(4 \int \cos t \, de^{\cos t} + C \right) = e^{-\cos t} (4 \cos t \, e^{\cos t} - 4 e^{\cos t} + C) \\ &= 4(\cos t - 1) + C e^{-\cos t}. \end{aligned}$$

将 $x(0) = 1$ 代入,得 $C = e$,故

$$x(t) = 4(\cos t - 1) + e^{1 - \cos t}.$$

注 求解积分方程一般可化为相应的微分方程初值问题求解. 方法是对变限积分求导来确定微分方程,再利用原积分方程进一步确定初始条件.

【例 7】 设曲线 $y = f(x), f(x)$ 是可导函数,且 $f(x) > 0$,已知曲线 $y = f(x)$ 与直线 $y = 0, x = 1$ 及 $x = t (t > 1)$ 所围曲边梯形绕 x 轴旋转一周所得立体的体积是该曲边梯形面积的 πt 倍,求该曲线方程.

解 由已知条件可得 $\pi \int_1^t f^2(x) dx = \pi t \int_1^t f(x) dx$,对 t 求导,得

$$f^2(t) = \int_1^t f(x) dx + t f(t), \quad (*)$$

再对 t 求导,得 $2 f(t) f'(t) = 2 f(t) + t f'(t)$,

由 $y = f(x)$ 可得微分方程 $$\frac{dy}{dx} = \frac{2y}{2y - x},$$

化简,得
$$\frac{dx}{dy}+\frac{1}{2y}x=1.$$
于是
$$x=e^{-\int\frac{1}{2y}dy}\left(\int e^{\int\frac{1}{2y}dy}dy+C\right)$$
$$=\frac{1}{\sqrt{y}}\left(\frac{2}{3}y^{\frac{3}{2}}+C\right)=\frac{2y}{3}+\frac{C}{\sqrt{y}}.$$

由(*)式可得 $f(1)=1$,于是 $C=\frac{1}{3}$,所求曲线为
$$x=\frac{2y}{3}+\frac{1}{3\sqrt{y}}.$$

【例8】 某湖泊的水量为 V,每年排入湖泊含污染物 A 的污水量为 $\frac{V}{6}$,流入湖泊不含 A 的水量为 $\frac{V}{6}$,流出湖泊的水量为 $\frac{V}{3}$,已知 2016 年年底湖中 A 的含量为 $5m_0$,超过国家规定指标. 为了治理污染水,从 2017 年年初起,限定排入湖泊中含 A 的污水的浓度不超过 $\frac{m_0}{V}$,问至少需要多少年,湖中 A 的含量降至 m_0 以内?(设湖水中 A 的浓度均匀)

解 设从 2017 年年初(令此时 $t=0$)开始,第 t 年湖中 A 的总量为 m,浓度为 $\frac{m}{V}$,则在时间间隔 $[t,t+dt]$ 内,排入湖中 A 的量为 $\frac{m_0}{V}\cdot\frac{V}{6}\cdot dt=\frac{m_0}{6}dt$,流出湖泊的水中 A 的含量为 $\frac{m}{V}\cdot\frac{V}{3}\cdot dt=\frac{m}{3}dt$,因而在此时间间隔内湖泊中 A 的改变量
$$dm=\left(\frac{m_0}{6}-\frac{m}{3}\right)dt.$$

分离变量,解得
$$m=\frac{m_0}{2}-Ce^{-\frac{t}{3}}.$$

由初始条件 $m|_{t=0}=5m_0$ 可得 $C=-\frac{9}{2}m_0$,于是
$$m=\frac{m_0}{2}(1+9e^{-\frac{t}{3}}).$$

令 $m=m_0$,得 $t=6\ln3$,即至少经过 $6\ln3$ 年,湖中 A 的含量降至 m_0 以内.

二、可降阶的高阶微分方程

【例9】 已知某函数 $f(x)$ 的图形有一拐点 $(2,4)$,在拐点处的切线斜率为 -3,又知函数存在二阶导数 $y''=6x+a$(a 为待定常数),求 $f(x)$.

解 由题意知 $y''|_{x=2}=12+a=0$,得 $a=-12$,即 $y''=6x-12$.
对方程两边积分两次,得
$$y'=3x^2-12x+C_1,\quad y=x^3-6x^2+C_1x+C_2.$$
由 $y|_{x=2}=4$,$y'|_{x=2}=-3$ 得 $\begin{cases}C_1=9,\\C_2=2.\end{cases}$
故 $f(x)=x^3-6x^2+9x+2$.

【例 10】 求微分方程 $(x+1)y''+y'=\ln(x+1)$ 的通解.

解 所给方程是 $y''=f(x,y')$ 型的. 设 $y'=p$, 代入方程并整理后, 有

$$p'+\frac{1}{x+1}p=\frac{\ln(x+1)}{x+1}.$$

其解为

$$p = y' = e^{-\int \frac{dx}{x+1}}\left[\int \frac{\ln(x+1)}{x+1}e^{\int \frac{dx}{x+1}}dx + C\right]$$

$$= \frac{1}{x+1}\left[\int \ln(x+1)dx + C\right]$$

$$= \frac{1}{x+1}\left[\int \ln(x+1)d(x+1) + C\right]$$

$$= \frac{C}{x+1} + \ln(x+1) - 1.$$

故 $y=\int\left[\dfrac{C}{x+1}+\ln(x+1)-1\right]dx=(x+C_1)\ln(x+1)-2x+C_2 (C_1=C+1)$ 即为通解.

【例 11】 求微分方程 $yy''=2(y'^2-y')$ 满足 $y(0)=1, y'(0)=2$ 的特解.

解 所给方程是 $y''=f(y,y')$ 型的. 设 $y'=p$, 则 $y''=p\dfrac{dp}{dy}$, 代入方程, 得

$$yp\frac{dp}{dy}=2(p^2-p).$$

两边同除以 p 并分离变量, 得

$$\frac{dp}{p-1}=\frac{2}{y}dy (p\neq 0, \text{否则 } y'(0)\neq 2),$$

解得 $p=C_1 y^2+1$. 由 $y'(0)=2, y(0)=1$, 得 $C_1=1$.

于是 $y'=y^2+1$, $\dfrac{dy}{y^2+1}=dx$, 积分得 $\arctan y=x+C_2$.

由 $y(0)=1$ 得 $C_2=\dfrac{\pi}{4}$, 故特解为 $y=\tan\left(x+\dfrac{\pi}{4}\right)$.

【例 12】 设函数 $y=y(x)$ 由参数方程 $\begin{cases} x=2t+t^2, \\ y=\psi(t) \end{cases} (t>-1)$ 所确定, 其中 $\psi(t)$ 具有 2 阶导数, 且 $\psi(1)=\dfrac{5}{2}, \psi'(1)=6$, 已知 $\dfrac{d^2 y}{dx^2}=\dfrac{3}{4(1+t)}$, 求函数 $\psi(t)$.

解 由参数方程求导, 得

$$\frac{dy}{dx}=\frac{\psi'(t)}{2+2t}, \frac{d^2 y}{dx^2}=\frac{(1+t)\psi''(t)-\psi'(t)}{4(1+t)^3},$$

由条件得微分方程

$$(1+t)\psi''(t)-\psi'(t)=3(1+t)^2.$$

令 $\psi'(t)=p$, 则 $\psi''(t)=\dfrac{dp}{dt}$, 因此

$$\frac{dp}{dt}-\frac{1}{1+t}p=3(1+t),$$

解此线性方程, 得

$$p=(1+t)(3t+C_1).$$

因 $\psi'(1)=6$, 即 $t=1$ 时 $p=1$, 代入上式, 得 $C_1=0$, 故
$$\psi'(t)=3t+3t^2,$$
积分, 得
$$\psi(t)=\frac{3}{2}t^2+t^3+C_2.$$
由 $\psi(1)=\frac{5}{2}$, 得 $C_2=0$. 因此, $\psi(t)=\frac{3}{2}t^2+t^3 (t>-1)$.

【例 13】 设函数 $y(x)(x\geq 0)$ 二阶可导且 $y'(x)>0$, $y(0)=1$, 过曲线 $y=y(x)$ 上任意一点 $P(x,y)$ 作该曲线的切线及 x 轴的垂线. 上述两直线与 x 轴所围成的三角形的面积记为 S_1, 区间 $[0,x]$ 上以 $y=y(x)$ 为曲边的曲边梯形的面积记为 S_2, 并设 $2S_1-S_2$ 恒为 1, 求曲线 $y=y(x)$ 的方程.

解 曲线 $y=y(x)$ 在点 $P(x,y)$ 处的切线方程为 $Y-y=y'(x)(X-x)$.

令 $Y=0$ 得 $X=x-\frac{y}{y'}$, 即切线与 x 轴的交点为 $\left(x-\frac{y}{y'}, 0\right)$.

因 $y(0)=1, y'(x)>0$, 故 $y(x)\geq y(0)>0 (x\geq 0)$, 所以
$$S_1=\frac{1}{2}y\left|x-\left(x-\frac{y}{y'}\right)\right|=\frac{y^2}{2y'}.$$

又 $S_2=\int_0^x y(t)\mathrm{d}t$, 由题意 $2S_1-S_2=1$, 故得
$$\frac{y^2}{y'}-\int_0^x y(t)\mathrm{d}t=1, \text{且 } y'(0)=1.$$

两边对 x 求导, 得
$$\frac{2yy'^2-y^2 y''}{y'^2}-y=0.$$

由于 $y>0$, 整理得 $yy''=y'^2$.

令 $p=y'$, 则 $y''=p\dfrac{\mathrm{d}p}{\mathrm{d}y}$, 方程化为
$$yp\frac{\mathrm{d}p}{\mathrm{d}y}=p^2,$$

分离变量, 得
$$\frac{1}{p}\mathrm{d}p=\frac{1}{y}\mathrm{d}y,$$

两边积分, 得
$$\ln p=\ln y+\ln C_1, \text{ 即 } y'=p=C_1 y.$$

由 $y(0)=1, y'(0)=1$ 得 $C_1=1$.

再分离变量, 得 $\dfrac{\mathrm{d}y}{y}=\mathrm{d}x$. 两边积分得, $\ln y=x+\ln C_2$, 即 $y=C_2 \mathrm{e}^x$.

又由 $y(0)=1$, 得 $C_2=1$,

从而所求曲线方程为 $y=\mathrm{e}^x$.

▶▶ 三、高阶线性微分方程

【例 14】 设线性无关的函数 y_1, y_2, y_3 是二阶非齐次线性方程 $y''+P(x)y'+Q(x)y=f(x)$ 的解, C_1, C_2 是任意常数, 则该非齐次线性方程的通解为 ( )

(A) $C_1 y_1+C_2 y_2+y_3$
(B) $C_1 y_1+C_2 y_2-(C_1+C_2)y_3$
(C) $C_1 y_1+C_2 y_2-(1-C_1-C_2)y_3$
(D) $C_1 y_1+C_2 y_2+(1-C_1-C_2)y_3$

解 由于(D)中的 $y = C_1 y_1 + C_2 y_2 + (1 - C_1 - C_2) y_3 = C_1(y_1 - y_3) + C_2(y_2 - y_3) + y_3$，其中 $y_1 - y_3$ 和 $y_2 - y_3$ 是对应的齐次方程的两个解，且 $y_1 - y_3$ 与 $y_2 - y_3$ 线性无关. 事实上，若令 $A(y_1 - y_3) + B(y_2 - y_3) = 0$，即 $Ay_1 + By_2 - (A + B) y_3 = 0$，由 y_1, y_2, y_3 线性无关，则 $A = 0, B = 0, -(A + B) = 0$. 从而 $y_1 - y_3$ 与 $y_2 - y_3$ 线性无关，故选(D).

【例 15】 求具有特解 $y_1 = e^{-x}, y_2 = 2xe^{-x}, y_3 = 3e^x$ 的三阶常系数齐次线性方程.

分析 解高阶常系数齐次线性方程是通过解其特征方程确定微分方程的通解的. 本题是将此过程反过来使用. 由 y_1, y_2, y_3 知此方程的特征方程的根为 $\lambda = -1$（二重）和 $\lambda = 1$. 由此可得特征方程.

解 因为 $y_1 = e^{-x}, y_2 = 2xe^{-x}$ 为方程的特解，故知此方程的特征方程有二重根 $r_1 = r_2 = -1$. 又由特解 $y_3 = 3e^x$，知其特征方程有根 $r_3 = 1$.

所以此三阶方程的特征方程为 $(r+1)^2(r-1) = 0$，即 $r^3 + r^2 - r - 1 = 0$.

故所求方程为 $y''' + y'' - y' - y = 0$.

【例 16】 已知 $y_1 = xe^x + e^{2x}, y_2 = xe^x + e^{-x}, y_3 = xe^x + e^{2x} - e^{-x}$ 是某二阶常系数非齐次线性方程的三个解，求此微分方程.

解 因 y_1, y_2, y_3 是非齐次方程的解，由解的性质知 $y_1 - y_3 = e^{-x}$ 及 $y_1 - y_2 = e^{2x} - e^{-x}$ 都是它的齐次方程的解，因而 $(y_1 - y_3) + (y_1 - y_2) = e^{2x}$ 也是齐次方程的解.

所以 $r_1 = -1, r_2 = 2$ 是齐次方程的特征方程的根.

故其特征方程为 $(r+1)(r-2) = 0$，即 $r^2 - r - 2 = 0$.

齐次方程为 $y'' - y' - 2y = 0$.

由 $y_1 = xe^x + e^{2x}$ 是非齐次方程的解，而 e^{2x} 是齐次方程的解，知 $y^* = xe^x$ 是非齐次方程的解.

设所求方程为 $y'' - y' - 2y = f(x)$，将 $y^* = xe^x$ 代入，得
$$f(x) = (xe^x)'' - (xe^x)' - 2xe^x = (1 - 2x)e^x.$$

故所求方程为 $y'' - y' - 2y = (1 - 2x)e^x$.

【例 17】 写出下列各微分方程用待定系数法确定的特解形式（系数的值不必求出）：

(1) $y'' - 3y' + 2y = 3x - 2e^x$；

(2) $y'' - 4y' + 8y = e^{2x}(1 + \cos 2x)$；

(3) $y'' + 4y = \cos^2 x$.

解 (1) 特征方程为 $r^2 - 3r + 2 = 0$，特征根 $r_1 = 1, r_2 = 2$.
$$f(x) = 3x - 2e^x = f_1(x) + f_2(x).$$

因 $\lambda = 0$ 不是特征根，故 $y_1^* = Ax + B$ 为方程 $y'' - 3y' + 2y = 3x$ 的特解.

又因 $\lambda = 1$ 是单根，故 $y_2^* = Cxe^x$ 为方程 $y'' - 3y' + 2y = -2e^x$ 的特解，所以特解形式为
$$y^* = y_1^* + y_2^* = Ax + B + Cxe^x.$$

(2) 特征方程为 $r^2 - 4r + 8 = 0$，特征根 $r_{1,2} = 2 \pm 2i$.
$$f(x) = e^{2x} + e^{2x}\cos 2x = f_1(x) + f_2(x).$$

因 $\lambda = 2$ 不是特征根，故 $y_1^* = Ae^{2x}$ 为方程 $y'' - 4y' + 8y = e^{2x}$ 的特解.

又因 $\lambda \pm i\omega = 2 \pm 2i$ 是特征根，故 $y_2^* = xe^{2x}(B\cos 2x + C\sin 2x)$ 为方程 $y'' - 4y' + 8y = e^{2x}\cos 2x$ 的特解. 所以原方程的特解为

$$y^* = y_1^* + y_2^* = Ae^{2x} + xe^{2x}(B\cos 2x + C\sin 2x).$$

(3) 特征方程为 $r^2 + 4 = 0$, 特征根 $r_{1,2} = \pm 2i$.

又 $\cos^2 x = \dfrac{1}{2} + \dfrac{1}{2}\cos 2x$, $\lambda = 0$ 不是特征根, $\lambda = 2i$ 是特征根, 故特解为

$$y^* = A + x(B\cos 2x + C\sin 2x).$$

【例 18】 求下列各微分方程的通解：

(1) $y'' - 2y' - 3y = xe^{-x}$;

(2) $y'' + 2y' + 2y = e^{-x}\sin x$.

解 (1) 对应齐次方程的特征方程为 $r^2 - 2r - 3 = 0$, 得特征根 $r_1 = -1, r_2 = 3$, 所以对应齐次方程的通解 $Y = C_1 e^{-x} + C_2 e^{3x}$.

因 $\lambda = -1$ 是特征方程的单根, 故设 $y^* = x(Ax + B)e^{-x}$, 代入原方程, 得

$$-8Ax + 2A - 4B = x.$$

比较两端 x 的同次幂的系数, 得 $\begin{cases} -8A = 1, \\ 2A - 4B = 0, \end{cases}$ 解得 $\begin{cases} A = -\dfrac{1}{8}, \\ B = -\dfrac{1}{16}. \end{cases}$

即

$$y^* = -\dfrac{x}{16}(2x + 1)e^{-x}.$$

故原方程的通解为 $y = C_1 e^{-x} + C_2 e^{3x} - \dfrac{x}{16}(2x + 1)e^{-x}$.

(2) 对应齐次方程的特征方程为 $r^2 + 2r + 2 = 0$, 解得 $r_{1,2} = -1 \pm i$.

所以齐次方程的通解为 $Y = e^{-x}(C_1 \cos x + C_2 \sin x)$.

因 $\lambda = -1 + i$ 是特征方程的根, 设 $y^* = xe^{-x}(A\cos x + B\sin x)$, 代入原方程, 得

$$2B\cos x - 2A\sin x = \sin x.$$

解得 $A = -\dfrac{1}{2}, B = 0$, 即 $y^* = -\dfrac{x}{2}e^{-x}\cos x$.

故原方程的通解为 $y = e^{-x}(C_1 \cos x + C_2 \sin x) - \dfrac{x}{2}e^{-x}\cos x$.

【例 19】 设 $f(x)$ 连续, 且满足 $f(x) = e^x - \displaystyle\int_0^x tf(x-t)dt$, 求 $f(x)$.

解 令 $x - t = u$, 则

$$f(x) = e^x - \int_0^x (x-u)f(u)du = e^x - x\int_0^x f(u)du + \int_0^x uf(u)du,$$

两边对 x 求导, 得

$$f'(x) = e^x - xf(x) - \int_0^x f(u)du + xf(x) = e^x - \int_0^x f(u)du,$$

$$f''(x) = e^x - f(x),$$

即 $f''(x) + f(x) = e^x$, 且 $f(0) = 1, f'(0) = 1$.

由 $f''(x) + f(x) = e^x$, 解得 $f(x) = C_1 \cos x + C_2 \sin x + \dfrac{1}{2}e^x$.

又由 $f(0) = f'(0) = 1$, 得 $C_1 = C_2 = \dfrac{1}{2}$.

故 $f(x)=\dfrac{1}{2}(\cos x+\sin x+e^x)$.

【例 20】 长为 6 m 的链条自桌上无摩擦地向下滑动，假定在运动开始时链条自桌上垂下部分已有 1 m 长，试问需多长时间链条才会全部滑过桌子？

解 设链条的质量为 m，t 时链条的位移为 x m，g 为重力加速度，则由牛顿第二定律，知

$$m\dfrac{d^2 x}{dt^2}=mg\dfrac{x+1}{6}, \text{即} \dfrac{d^2(x+1)}{dt^2}=\dfrac{g}{6}(x+1),$$

解得 $x+1=C_1 e^{-\sqrt{\frac{g}{6}}t}+C_2 e^{\sqrt{\frac{g}{6}}t}$. 由 $x(0)=x'(0)=0$，得 $C_1=C_2=\dfrac{1}{2}$.

故
$$x+1=\dfrac{1}{2}(e^{-\sqrt{\frac{g}{6}}t}+e^{\sqrt{\frac{g}{6}}t}).$$

所以链条全部滑过桌子所需时间为

$$t|_{x+1=6}=\sqrt{\dfrac{6}{g}}\ln(6+\sqrt{6^2-1})=\sqrt{\dfrac{6}{g}}\ln(6+\sqrt{35}).$$

*四、欧拉方程

【例 21】 求微分方程 $x^2 y''+xy'+y=2\cos(\ln x)$ 的通解.

分析 此方程为欧拉方程，可用变换 $t=\ln x$ 化为二阶常系数非齐次线性方程求解.

解 设 $t=\ln x$，用微分算子得 $D(D-1)y+Dy+y=2\cos t$，其中 $D=\dfrac{d}{dt}$，即

$$\dfrac{d^2 y}{dt^2}+y=2\cos t. \qquad (*)$$

$(*)$ 对应的齐次方程 $\dfrac{d^2 y}{dt^2}+y=0$ 的通解为 $Y=C_1\cos t+C_2\sin t$.

设 $y^*=t(A\cos t+B\sin t)$，代入 $(*)$ 式，解得 $A=0, B=1$，即 $y^*=t\sin t$.

所以 $(*)$ 的通解为 $y=C_1\cos t+C_2\sin t+t\sin t$，

故原方程的通解为 $y=C_1\cos(\ln x)+(C_2+\ln x)\sin(\ln x)$.

竞赛题选解

【例 1】（江苏省 1996 年竞赛） 设曲线 C 经过点 $(0,1)$，且位于 x 轴上方. 就数值而言，C 上任何两点之间的弧长都等于该弧以及它在 x 轴上的投影为边的曲边梯形的面积，求 C 的方程.

解 设曲线 C 的方程为 $y=y(x)$，由题意得

$$\int_0^x \sqrt{1+y'^2(t)}dt=\int_0^x y(t)dt, y(0)=1,$$

两边求导，得 $\sqrt{1+y'^2(x)}=y(x)$,

所以 $y'=\pm\sqrt{y^2-1}$,

分离变量后积分,得
$$\ln(y+\sqrt{y^2-1}) = \pm x + \ln C,$$
即
$$y + \sqrt{y^2-1} = Ce^{\pm x}.$$
由 $y(0)=1$,解得 $C=1$,故
$$y + \sqrt{y^2-1} = e^{\pm x},$$
有理化后得
$$y - \sqrt{y^2-1} = e^{\mp x},$$
于是,所求曲线方程为
$$y = \frac{1}{2}(e^x + e^{-x}).$$

【例2】(全国第五届决赛) 设当 $x > -1$ 时,可微函数 $f(x)$ 满足条件
$$f'(x) + f(x) - \frac{1}{1+x}\int_0^x f(t)dt = 0, \quad f(0) = 1.$$
试证:当 $x \geqslant 0$ 时,有 $e^{-x} \leqslant f(x) \leqslant 1$ 成立.

证 由题设 $f'(0) = -1$,原方程可化为
$$(1+x)f'(x) + (1+x)f(x) - \int_0^x f(t)dt = 0.$$
两边对 x 求导,得
$$(1+x)f''(x) + (2+x)f'(x) = 0.$$
解此可降阶的二阶微分方程,得 $f'(x) = \dfrac{Ce^{-x}}{1+x}$.

由 $f'(0) = -1$ 得 $C = -1$,即 $f'(x) = -\dfrac{e^{-x}}{1+x} < 0 \, (x \geqslant 0)$,而 $f(0) = 1$,所以 $x \geqslant 0$ 时,$f(x) \leqslant 1$.

对 $f'(t) = -\dfrac{e^{-t}}{1+t}$ 在 $[0, x]$ 上积分,得
$$f(x) = f(0) - \int_0^x \frac{e^{-t}}{1+t}dt \geqslant 1 - \int_0^x e^{-t}dt = e^{-x}.$$
综合得:$x \geqslant 0$ 时,$e^{-x} \leqslant f(x) \leqslant 1$.

【例3】 设函数 $y = y(x)$ 由方程
$$(1+x)y(x) = \int_0^x [2y(t) + (1+t)^2 y''(t)]dt - \ln(1+x)$$
所确定,其中 $x \geqslant 0$,且 $y'|_{x=0} = 0$.试求 $y(x)$.

解 将方程两边求导,得
$$y + (1+x)y' = 2y + (1+x)^2 y'' - \frac{1}{1+x},$$
于是有初值问题
$$\begin{cases} (1+x)^2 y'' - (1+x)y' + y = \dfrac{1}{1+x}, \\ y|_{x=0} = 0, \, y'|_{x=0} = 0. \end{cases}$$
令 $1+x = e^t$,记 $D = \dfrac{d}{dt}$,有
$$D(D-1)y - Dy + y = e^{-t},$$
即
$$\frac{d^2 y}{dt^2} - 2\frac{dy}{dt} + y = e^{-t}. \tag{*}$$

特征方程为 $r^2-2r+1=0$,特征根为 $r_1=r_2=1$.

(*)式对应的齐次方程的通解为 $Y=(C_1+C_2t)e^t$.

由 $f(t)=e^{-t}$,$\lambda=-1$ 不是特征根,故可设(*)式的特解为 $y^*=Ae^{-t}$,代入,得 $A=\dfrac{1}{4}$,故通解为
$$y=[C_1+C_2\ln(1+x)](1+x)+\dfrac{1}{4(1+x)}.$$

把 $y|_{x=0}=0$,$y'|_{x=0}=0$ 代入,得 $C_1=-\dfrac{1}{4}$,$C_2=\dfrac{1}{2}$.

故原方程的通解为 $y=\left[-\dfrac{1}{4}+\dfrac{1}{2}\ln(1+x)\right](1+x)+\dfrac{1}{4(1+x)}.$

同步练习

一、选择题

1. 已知函数 $y=y(x)$ 在任意点 x 处的增量 $\Delta y=\dfrac{y\Delta x}{1+x^2}+\alpha$,且当 $\Delta x\to 0$ 时,α 是 Δx 的高阶无穷小,$y(0)=\pi$,则 $y(1)$ 等于 ( )

(A) 2π　　　　(B) π　　　　(C) $e^{\frac{\pi}{4}}$　　　　(D) $\pi e^{\frac{\pi}{4}}$

2. 微分方程 $y'+\dfrac{1}{y}e^{y^2+3x}=0$ 的通解是 ( )

(A) $2e^{3x}+3e^{y^2}=C$　　　　(B) $2e^{3x}+3e^{-y^2}=C$

(C) $2e^{3x}-3e^{-y^2}=C$　　　　(D) $e^{3x}-e^{-y^2}=C$

3. 若 $y_1=(1+x^2)^2-\sqrt{1+x^2}$,$y_2=(1+x^2)^2+\sqrt{1+x^2}$ 是微分方程 $y'+p(x)y=q(x)$ 的两个解,则 $q(x)=$ ( )

(A) $3x(1+x^2)$　　(B) $-3x(1+x^2)$　　(C) $\dfrac{x}{1+x^2}$　　(D) $-\dfrac{x}{1+x^2}$

4. 设 $f(x)$ 连续且满足 $f(x)=\displaystyle\int_0^{2x}f\left(\dfrac{t}{2}\right)dt+\ln 2$,则 $f(x)=$ ( )

(A) $e^{2x}\ln 2$　　(B) $e^{2x}+2$　　(C) $e^x+\ln 2$　　(D) $e^{2x}+\ln 2$

5. 微分方程 $y''-4y'+4y=6x^2+8e^{2x}$ 的一个特解应具有的形式(其中 a,b,c,d 为常数)是 ( )

(A) $ax^2+bx+ce^{2x}$　　　　(B) $ax^2+bx+c+dx^2e^{2x}$

(C) $ax^2+bx+cxe^{2x}$　　　　(D) $ax^2+(bx^2+cx)e^{2x}$

6. 微分方程 $y''+y'+y=e^{-\frac{1}{2}x}\sin\dfrac{\sqrt{3}}{2}x$ 的一个特解应具有的形式(其中 a,b 为常数)是 ( )

(A) $e^{-\frac{1}{2}x}\left(a\sin\frac{\sqrt{3}}{2}x+bx\cos\frac{\sqrt{3}}{2}x\right)$ (B) $e^{-\frac{1}{2}x}\left(a\cos\frac{\sqrt{3}}{2}x+b\sin\frac{\sqrt{3}}{2}x\right)$

(C) $xe^{-\frac{1}{2}x}\left(a\cos\frac{\sqrt{3}}{2}x+b\sin\frac{\sqrt{3}}{2}x\right)$ (D) $e^{-\frac{1}{2}x}\left(a\cos\frac{\sqrt{3}}{2}x+bx\sin\frac{\sqrt{3}}{2}x\right)$

7. 设 $y=f(x)$ 是微分方程 $y''-2y'+4y=0$ 的一个解，若 $f(x_0)>0, f'(x_0)=0$，则 $f(x)$ 在点 x_0 ( )

(A) 取得极大值 (B) 取得极小值

(C) 某个邻域内单调增加 (D) 某个邻域内单调减少

8. 在下列微分方程中，以 $y=C_1e^x+C_2\cos2x+C_3\sin2x$（$C_1, C_2, C_3$ 为任意常数）为通解的是 ( )

(A) $y'''+y''-4y'-4y=0$ (B) $y'''+y''+4y'+4y=0$

(C) $y'''-y''-4y'+4y=0$ (D) $y'''-y''+4y'-4y=0$

二、填空题

1. 设一阶非齐次线性微分方程 $y'+P(x)y=Q(x)$ 有两个线性无关的解 y_1, y_2，若 $\alpha y_1+\beta y_2$ 也是该方程的解，则应有 $\alpha+\beta=$ _____.

2. 微分方程 $ydx+(x-3y^2)dy=0$ 满足条件 $y(1)=1$ 的解为 _____.

3. 微分方程 $y''-y'+\frac{1}{4}y=0$ 的通解为 $y=$ _____.

4. 设 $y=y(x)$ 是 $y''+y'-2y=0$ 的解，且在 $x=0$ 处 $y(x)$ 取得极值 3，则 $y(x)=$ _____.

5. 已知 $y_1=e^{3x}-xe^{2x}, y_2=e^x-xe^{2x}, y_3=-xe^{2x}$ 为某二阶常系数非齐次线性微分方程的三个解，则该方程满足 $y(0)=0, y'(0)=1$ 的解 $y=$ _____.

6. 微分方程 $y''-\lambda^2 y=e^{\lambda x}+e^{-\lambda x}$（$\lambda>0$）的特解形式（函数的值不必求出）是 _____.

7. 以 $y=3xe^{2x}$ 为一个特解的二阶常系数齐次线性微分方程是 _____.

三、解答题

1. 求下列微分方程的通解：

(1) $y'=\dfrac{1+y^2}{xy+x^3y}$；

(2) $x\dfrac{dy}{dx}+y=xy\dfrac{dy}{dx}$；

(3) $y'=\dfrac{1}{2x-y^2}$；

(4) $(x^2+1)dy+2x(y-2x)dx=0$；

(5) $xy'+y=xy^2\ln x$；

(6) $xy''+y'=\ln x$；

(7) $(1-x^2)y''-xy'=2$；

(8) $y''+3y'+2y=e^{-x}+\sin x$.

2. 求微分方程 $y''=\dfrac{1+(y')^2}{2y}$ 满足初始条件 $y(0)=2, y'(0)=-1$ 的特解.

3. 设函数 $y=y(x)$ 由 $\begin{cases}x=x(t),\\ y=\int_0^{t^2}\ln(1+u)du\end{cases}$ 确定，其中 $x(t)$ 是初值问题 $\begin{cases}\dfrac{dx}{dt}-2te^{-x}=0,\\ x(0)=0\end{cases}$ 的解，求 $\dfrac{d^2y}{dx^2}$.

4. 设可导函数 $\varphi(x)$ 满足 $\varphi(x)\cos x + 2\int_0^x \varphi(t)\sin t\,dt = x+1$,求 $\varphi(x)$.

5. 设可导函数 $f(x)$ 对任何 x,y 恒有 $f(x+y) = e^y f(x) + e^x f(y)$,且 $f'(0) = 2$.
(1) 求 $f'(x)$ 与 $f(x)$ 的关系式;
(2) 求 $f(x)$.

6. 设 $f(x)$ 在定义域 I 上的导数大于零,若对任意 $x_0 \in I$,由曲线 $y = f(x)$ 在点 $(x_0, f(x_0))$ 处切线与直线 $x = x_0$ 及 x 轴所围区域面积恒为 4,且 $f(0) = 2$,求 $f(x)$ 的表达式.

7. 求 $x^2 y'' - (y')^2 = 0$ 的过点 $(1,0)$ 且在此点与 $y = x - 1$ 相切的积分曲线.

8. 设函数 $f(x)(x \geq 1)$ 可微,且 $f(x) > 0$,将曲线 $y = f(x)$,直线 $x = 1, x = t(1 < t < +\infty)$ 以及 x 轴所围图形绕 x 轴旋转一周所得立体的体积 $V(t) = \dfrac{\pi}{3}[t^2 f(t) - f(1)]$,且 $f(2) = \dfrac{2}{9}$,求 $f(x)$.

9. 设函数 $y(x)$ 具有二阶导数,且曲线 $l: y = y(x)$ 与直线 $y = x$ 相切于原点,记 α 为曲线 l 在点 (x, y) 处切线的倾角,若 $\dfrac{d\alpha}{dx} = \dfrac{dy}{dx}$,求 $y(x)$ 的表达式.

10. 一质点的加速度为 $\dfrac{d^2 s}{dt^2} = 5\cos 2t - 9s$.(1) 若该质点在原点处由静止出发,求其运动方程及运动过程中质点与原点的最大距离;(2) 若该质点由原点出发时初速度为 6,求其运动方程.

▶▶ 四、竞赛题

1.(全国第四届决赛) 求在 $[0, +\infty)$ 上的可微函数 $f(x)$,使 $f(x) = e^{-u(x)}$,其中 $u(x) = \int_0^x f(t)\,dt$.

2.(全国第二届决赛) 求方程 $(2x + y - 4)dx + (x + y - 1)dy = 0$ 的通解.

3.(江苏省 1994 年竞赛) 设四阶常系数线性齐次微分方程有一个解为 $y_1 = xe^x \cos 2x$,则通解为 _____.

4. 设 $\varphi(x) = \cos x - \int_0^x (x-u)\varphi(u)\,du$,其中 $\varphi(u)$ 为连续函数,求 $\varphi(x)$.

5.(江苏省 1994 年竞赛) 给定方程 $y'' + (\sin y - x)(y')^3 = 0$.

(1) 证明 $\dfrac{d^2 y}{dx^2} = -\dfrac{\dfrac{d^2 x}{dy^2}}{\left(\dfrac{dx}{dy}\right)^3}$,并将方程化为以 x 为因变量、y 为自变量的形式;

(2) 求方程的通解.

第八章 空间解析几何与向量代数

主要内容与基本要求

▶▶ 一、知识结构

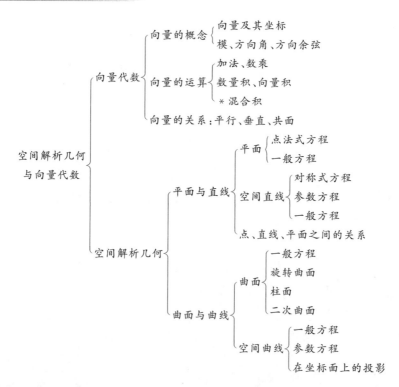

▶▶ 二、基本要求

（1）理解空间直角坐标系，理解向量的概念及其表示．

（2）掌握向量的运算（线性运算、数量积、向量积），了解两个向量垂直、平行的条件.

（3）掌握单位向量、方向余弦、向量的坐标表达式以及用坐标表达式进行向量运算的方法.

（4）掌握平面方程和直线方程及其求法，会利用平面、直线的相互关系解决有关问题.

（5）了解曲面方程和空间曲线方程的概念.

（6）掌握常用二次曲面的方程及其图形，了解以坐标轴为旋转轴的旋转曲面方程及母线平行于坐标轴的柱面方程.

（7）了解空间曲线的参数方程和一般方程.

（8）了解空间曲线在坐标平面上的投影.

▶▶ 三、内容提要

1. 向量及其坐标

既有大小又有方向的量称为向量（或矢量），记为 a,b,c 等. 起点为 A，终点为 B 的向量记为 $\overrightarrow{AB}$. 与起点无关的向量称为自由向量.

向量 a 的长度称为向量 a 的模，记为 $|a|$. 模为零的向量称为零向量，记为 $\mathbf{0}$. 模为 1 的向量称为单位向量. 与 a 长度相等、方向相反的向量称为 a 的负向量，记为 $-a$.

将向量 a 的起点与空间直角坐标系的原点重合，则向量 a 的终点的坐标 (a_x,a_y,a_z) 称为向量 a 的坐标，记为 $a=(a_x,a_y,a_z)$.

非零向量 a 与坐标轴正向的夹角 α,β,γ 称为向量 a 的方向角，$\cos\alpha,\cos\beta,\cos\gamma$ 称为向量 a 的方向余弦，满足 $\cos^2\alpha+\cos^2\beta+\cos^2\gamma=1$.

设向量 $a=(a_x,a_y,a_z)$，则其模和方向余弦分别为

$$|a|=\sqrt{a_x^2+a_y^2+a_z^2},$$

$$\cos\alpha=\frac{a_x}{\sqrt{a_x^2+a_y^2+a_z^2}},\cos\beta=\frac{a_y}{\sqrt{a_x^2+a_y^2+a_z^2}},\cos\gamma=\frac{a_z}{\sqrt{a_x^2+a_y^2+a_z^2}}.$$

设 $M_1(x_1,y_1,z_1),M_2(x_2,y_2,z_1)$ 是空间两点，则

$$\overrightarrow{M_1M_2}=(x_2-x_1,y_2-y_1,z_2-z_1).$$

两点间的距离为

$$d=|\overrightarrow{M_1M_2}|=\sqrt{(x_2-x_1)^2+(y_2-y_1)^2+(z_2-z_1)^2}.$$

2. 向量的运算

（1）加法与减法：向量 a 与 b 的加法服从平行四边形法则或三角形法则，即若 $a=\overrightarrow{AB}$，$b=\overrightarrow{BC}$，则 $a+b=\overrightarrow{AC}$.

向量 a 与 b 的差定义为 a 与 $-b$ 的和，即 $a-b=a+(-b)$.

向量的加法满足下列运算律：

① 交换律：$a+b=b+a$；

② 结合律：$(a+b)+c=a+(b+c)$.

（2）数乘向量：实数 λ 与向量 a 的乘积 λa 是一个向量，其模为 $|\lambda a|=|\lambda||a|$，其方向当 $\lambda>0$ 时与 a 同向，当 $\lambda<0$ 时与 a 反向. 当 $\lambda=0$ 时，$\lambda a=\mathbf{0}$.

数乘向量满足下列运算律:

① 结合律: $\lambda(\mu \boldsymbol{a}) = \mu(\lambda \boldsymbol{a}) = (\lambda\mu)\boldsymbol{a}$;

② 分配律: $(\lambda+\mu)\boldsymbol{a} = \lambda\boldsymbol{a} + \mu\boldsymbol{a}$, $\lambda(\boldsymbol{a}+\boldsymbol{b}) = \lambda\boldsymbol{a} + \lambda\boldsymbol{b}$.

(3) 数量积: $\boldsymbol{a} \cdot \boldsymbol{b} = |\boldsymbol{a}||\boldsymbol{b}|\cos(\widehat{\boldsymbol{a},\boldsymbol{b}})$.

数量积满足下列运算律:

① 交换律: $\boldsymbol{a} \cdot \boldsymbol{b} = \boldsymbol{b} \cdot \boldsymbol{a}$;

② 分配律: $(\boldsymbol{a}+\boldsymbol{b}) \cdot \boldsymbol{c} = \boldsymbol{a} \cdot \boldsymbol{c} + \boldsymbol{b} \cdot \boldsymbol{c}$;

③ 结合律: $(\lambda\boldsymbol{a}) \cdot \boldsymbol{b} = \boldsymbol{a} \cdot (\lambda\boldsymbol{b}) = \lambda(\boldsymbol{a} \cdot \boldsymbol{b})$.

(4) 向量积: 向量 $\boldsymbol{a}$ 与向量 $\boldsymbol{b}$ 的向量积 $\boldsymbol{a} \times \boldsymbol{b}$ 是一个向量, 其模为 $|\boldsymbol{a} \times \boldsymbol{b}| = |\boldsymbol{a}||\boldsymbol{b}|\sin(\widehat{\boldsymbol{a},\boldsymbol{b}})$, 其方向满足 $\boldsymbol{a} \times \boldsymbol{b} \perp \boldsymbol{a}$, $\boldsymbol{a} \times \boldsymbol{b} \perp \boldsymbol{b}$, 且 $\boldsymbol{a}, \boldsymbol{b}, \boldsymbol{a} \times \boldsymbol{b}$ 成右手系.

向量积满足下列运算律:

① 反交换律: $\boldsymbol{a} \times \boldsymbol{b} = -\boldsymbol{b} \times \boldsymbol{a}$;

② 分配律: $(\boldsymbol{a}+\boldsymbol{b}) \times \boldsymbol{c} = \boldsymbol{a} \times \boldsymbol{c} + \boldsymbol{b} \times \boldsymbol{c}$;

③ 结合律: $(\lambda\boldsymbol{a}) \times \boldsymbol{b} = \boldsymbol{a} \times (\lambda\boldsymbol{b}) = \lambda(\boldsymbol{a} \times \boldsymbol{b})$.

(5) *混合积: $[\boldsymbol{a},\boldsymbol{b},\boldsymbol{c}] = (\boldsymbol{a} \times \boldsymbol{b}) \cdot \boldsymbol{c}$.

混合积满足交换法则: $[\boldsymbol{a},\boldsymbol{b},\boldsymbol{c}] = [\boldsymbol{b},\boldsymbol{c},\boldsymbol{a}] = [\boldsymbol{c},\boldsymbol{a},\boldsymbol{b}] = -[\boldsymbol{c},\boldsymbol{b},\boldsymbol{a}] = -[\boldsymbol{b},\boldsymbol{a},\boldsymbol{c}] = -[\boldsymbol{a},\boldsymbol{c},\boldsymbol{b}]$.

(6) 向量的投影: 设 A, B 在 u 轴上的投影分别为 A', B', 则 $\overrightarrow{A'B'}$ 的值 $A'B'$ 称为向量 $\overrightarrow{AB}$ 在 u 轴上的投影, 记为 $\mathrm{Prj}_u \overrightarrow{AB}$.

向量的投影满足下列性质(投影定理):

① $\mathrm{Prj}_u \boldsymbol{a} = |\boldsymbol{a}|\cos(\widehat{\boldsymbol{a},u})$;

② $\mathrm{Prj}_u(\lambda\boldsymbol{a}+\mu\boldsymbol{b}) = \lambda\mathrm{Prj}_u\boldsymbol{a} + \mu\mathrm{Prj}_u\boldsymbol{b}$.

(7) 向量运算的坐标表达式.

设 $\boldsymbol{a} = (a_x,a_y,a_z), \boldsymbol{b} = (b_x,b_y,b_z), \boldsymbol{c} = (c_x,c_y,c_z)$, 则

$$\boldsymbol{a}+\boldsymbol{b} = (a_x+b_x, a_y+b_y, a_z+b_z),$$

$$\lambda\boldsymbol{a} = (\lambda a_x, \lambda a_y, \lambda a_z),$$

$$\boldsymbol{a} \cdot \boldsymbol{b} = a_x b_x + a_y b_y + a_z b_z,$$

$$\boldsymbol{a} \times \boldsymbol{b} = \begin{vmatrix} \boldsymbol{i} & \boldsymbol{j} & \boldsymbol{k} \\ a_x & a_y & a_z \\ b_x & b_y & b_z \end{vmatrix},$$

$$[\boldsymbol{a},\boldsymbol{b},\boldsymbol{c}] = \begin{vmatrix} a_x & a_y & a_z \\ b_x & b_y & b_z \\ c_x & c_y & c_z \end{vmatrix},$$

$$\cos(\widehat{\boldsymbol{a},\boldsymbol{b}}) = \frac{\boldsymbol{a} \cdot \boldsymbol{b}}{|\boldsymbol{a}||\boldsymbol{b}|} = \frac{a_x b_x + a_y b_y + a_z b_z}{\sqrt{a_x^2+a_y^2+a_z^2}\sqrt{b_x^2+b_y^2+b_z^2}}.$$

3. 向量的关系

设 $\boldsymbol{a} = (a_x,a_y,a_z), \boldsymbol{b} = (b_x,b_y,b_z), \boldsymbol{c} = (c_x,c_y,c_z)$, 则

(1) $\boldsymbol{a} \perp \boldsymbol{b} \Leftrightarrow \boldsymbol{a} \cdot \boldsymbol{b} = 0 \Leftrightarrow a_x b_x + a_y b_y + a_z b_z = 0$;

(2) $a \parallel b \Leftrightarrow a \times b = 0 \Leftrightarrow \dfrac{a_x}{b_x} = \dfrac{a_y}{b_y} = \dfrac{a_z}{b_z}$;

(3) a, b, c 共面 $\Leftrightarrow [a, b, c] = 0 \Leftrightarrow \begin{vmatrix} a_x & a_y & a_z \\ b_x & b_y & b_z \\ c_x & c_y & c_z \end{vmatrix} = 0.$

4. 平面方程

(1) 点法式方程:过点 $M_0(x_0, y_0, z_0)$,法向量为 $n = (A, B, C)$ 的平面方程为
$$A(x - x_0) + B(y - y_0) + C(z - z_0) = 0.$$

(2) 一般方程: $Ax + By + Cz + D = 0.$

(3) 截距式方程: $\dfrac{x}{a} + \dfrac{y}{b} + \dfrac{z}{c} = 1.$

(4) 点到平面的距离:空间点 $P_0(x_0, y_0, z_0)$ 到平面 $Ax + By + Cz + D = 0$ 的距离为
$$d = \dfrac{|Ax_0 + By_0 + Cz_0 + D|}{\sqrt{A^2 + B^2 + C^2}}.$$

5. 直线方程

(1) 对称式(点向式)方程:过点 $M_0(x_0, y_0, z_0)$,方向向量为 $s = (m, n, p)$ 的直线的对称式方程为
$$\dfrac{x - x_0}{m} = \dfrac{y - y_0}{n} = \dfrac{z - z_0}{p}.$$

(2) 参数方程:过点 $M_0(x_0, y_0, z_0)$,方向向量为 $s = (m, n, p)$ 的直线的参数方程为
$$\begin{cases} x = x_0 + mt, \\ y = y_0 + nt, \\ z = z_0 + pt \end{cases} \quad (-\infty < t < +\infty).$$

(3) 一般式(交面式)方程: $\begin{cases} A_1 x + B_1 y + C_1 z + D_1 = 0, \\ A_2 x + B_2 y + C_2 z + D_2 = 0. \end{cases}$

(4) 点到直线的距离:点 P 到过点 P_0 且以 s 为方向向量的直线的距离为
$$d = \dfrac{|\overrightarrow{PP_0} \times s|}{|s|}.$$

6. 直线、平面间的关系

(1) 两平面之间的关系.

设有两平面 $\Pi_1: A_1 x + B_1 y + C_1 z + D_1 = 0$ 和 $\Pi_2: A_2 x + B_2 y + C_2 z + D_2 = 0$,则有
$$\cos\theta = |\cos(\widehat{n_1, n_2})| = \dfrac{|n_1 \cdot n_2|}{|n_1||n_2|} = \dfrac{|A_1 A_2 + B_1 B_2 + C_1 C_2|}{\sqrt{A_1^2 + B_1^2 + C_1^2}\sqrt{A_2^2 + B_2^2 + C_2^2}},$$

$$\Pi_1 \perp \Pi_2 \Leftrightarrow n_1 \perp n_2 \Leftrightarrow n_1 \cdot n_2 = 0 \Leftrightarrow A_1 A_2 + B_1 B_2 + C_1 C_2 = 0,$$

$$\Pi_1 \parallel \Pi_2 \Leftrightarrow n_1 \parallel n_2 \Leftrightarrow n_1 \times n_2 = 0 \Leftrightarrow \dfrac{A_1}{A_2} = \dfrac{B_1}{B_2} = \dfrac{C_1}{C_2},$$

其中 $n_1 = (A_1, B_1, C_1), n_2 = (A_2, B_2, C_2)$ 为两平面的法向量,θ 为两平面的夹角.

(2) 两直线之间的关系.

设有两直线 $L_1: \dfrac{x - x_1}{m_1} = \dfrac{y - y_1}{n_1} = \dfrac{z - z_1}{p_1}$ 和 $L_2: \dfrac{x - x_2}{m_2} = \dfrac{y - y_2}{n_2} = \dfrac{z - z_2}{p_2}$,则有

$$\cos\theta = |\cos(\widehat{\boldsymbol{s}_1,\boldsymbol{s}_2})| = \frac{|\boldsymbol{s}_1 \cdot \boldsymbol{s}_2|}{|\boldsymbol{s}_1||\boldsymbol{s}_2|} = \frac{|m_1 m_2 + n_1 n_2 + p_1 p_2|}{\sqrt{m_1^2+n_1^2+p_1^2}\sqrt{m_2^2+n_2^2+p_2^2}},$$

$$L_1 \perp L_2 \Leftrightarrow \boldsymbol{s}_1 \perp \boldsymbol{s}_2 \Leftrightarrow \boldsymbol{s}_1 \cdot \boldsymbol{s}_2 = 0 \Leftrightarrow m_1 m_2 + n_1 n_2 + p_1 p_2 = 0,$$

$$L_1 /\!/ L_2 \Leftrightarrow \boldsymbol{s}_1 /\!/ \boldsymbol{s}_2 \Leftrightarrow \boldsymbol{s}_1 \times \boldsymbol{s}_2 = \boldsymbol{0} \Leftrightarrow \frac{m_1}{m_2} = \frac{n_1}{n_2} = \frac{p_1}{p_2}.$$

其中 $\boldsymbol{s}_1 = (m_1, n_1, p_1), \boldsymbol{s}_2 = (m_2, n_2, p_2)$ 为两直线的方向向量,θ 为两直线的夹角.

(3) 平面和直线的关系.

设有平面 $\Pi: Ax + By + Cz + D = 0$ 和直线 $L: \frac{x-x_0}{m} = \frac{y-y_0}{n} = \frac{z-z_0}{p}$,则有

$$\sin\varphi = |\cos(\widehat{\boldsymbol{n},\boldsymbol{s}})| = \frac{|\boldsymbol{n} \cdot \boldsymbol{s}|}{|\boldsymbol{n}||\boldsymbol{s}|} = \frac{|Am + Bn + Cp|}{\sqrt{A^2+B^2+C^2}\sqrt{m^2+n^2+p^2}},$$

$$\Pi /\!/ L \Leftrightarrow \boldsymbol{n} \perp \boldsymbol{s} \Leftrightarrow \boldsymbol{n} \cdot \boldsymbol{s} = 0 \Leftrightarrow Am + Bn + Cp = 0,$$

$$\Pi \perp L \Leftrightarrow \boldsymbol{n} /\!/ \boldsymbol{s} \Leftrightarrow \boldsymbol{n} \times \boldsymbol{s} = \boldsymbol{0} \Leftrightarrow \frac{A}{m} = \frac{B}{n} = \frac{C}{p}.$$

其中 $\boldsymbol{n} = (A, B, C)$ 为平面的法向量,$\boldsymbol{s} = (m, n, p)$ 为直线的方向向量,φ 为平面和直线的夹角.

7. 曲面的方程

(1) 一般方程:$F(x, y, z) = 0$.

(2) 参数方程:$\begin{cases} x = x(s, t), \\ y = y(s, t), \\ z = z(s, t), \end{cases}$ 其中 s, t 为参数.

8. 空间曲线的方程

(1) 一般方程:$\begin{cases} F(x, y, z) = 0, \\ G(x, y, z) = 0. \end{cases}$

(2) 参数方程:$\begin{cases} x = x(t), \\ y = y(t), \\ z = z(t), \end{cases}$ 其中 t 为参数.

9. 常见曲面与曲线

(1) 柱面.

母线平行于 z 轴的柱面:$F(x, y) = 0$;

母线平行于 x 轴的柱面:$G(y, z) = 0$;

母线平行于 y 轴的柱面:$H(z, x) = 0$.

(2) 旋转面.

yOz 面上的曲线 $C: \begin{cases} f(y, z) = 0, \\ x = 0 \end{cases}$ 绕 z 轴旋转所得曲面的方程为

$$f(\pm\sqrt{x^2+y^2}, z) = 0;$$

绕 y 轴旋转所得曲面的方程为

$$f(y, \pm\sqrt{x^2+z^2}) = 0.$$

(3) 二次曲面.

椭圆锥面：$\dfrac{x^2}{a^2}+\dfrac{y^2}{b^2}=z^2$；   椭球面：$\dfrac{x^2}{a^2}+\dfrac{y^2}{b^2}+\dfrac{z^2}{c^2}=1$；

单叶双曲面：$\dfrac{x^2}{a^2}+\dfrac{y^2}{b^2}-\dfrac{z^2}{c^2}=1$；   双叶双曲面：$\dfrac{x^2}{a^2}-\dfrac{y^2}{b^2}-\dfrac{z^2}{c^2}=1$；

椭圆抛物面：$\dfrac{x^2}{a^2}+\dfrac{y^2}{b^2}=\pm z$；   双曲抛物面：$\dfrac{x^2}{a^2}-\dfrac{y^2}{b^2}=\pm z$.

(4) 螺旋线：$\begin{cases} x=a\cos\omega t, \\ y=a\sin\omega t, \\ z=vt. \end{cases}$

10. 空间曲线在坐标面上的投影

以空间曲线 C 为准线、母线平行于 z 轴的柱面叫作曲线 C 关于 xOy 面的投影柱面，投影柱面与 xOy 面的交线叫作曲线 C 在 xOy 面上的投影曲线（或投影）.

设空间曲线 C 的方程为 $\begin{cases} F(x,y,z)=0, \\ G(x,y,z)=0, \end{cases}$ 消去 z，得 C 关于 xOy 面的投影柱面方程 $H(x,y)=0$，而 $\begin{cases} H(x,y)=0, \\ z=0 \end{cases}$ 就是曲线 C 在 xOy 面上的投影（曲线）方程.

典型例题解析

▶▶ 一、向量运算

【例1】 设 $|a|=4, |b|=3, (\widehat{a,b})=\dfrac{\pi}{6}$，求以 $a+2b$ 和 $a-3b$ 为邻边的平行四边形的面积.

解 所求平行四边形的面积为

$A=|(a+2b)\times(a-3b)|=|a\times a-3(a\times b)+2(b\times a)-6(b\times b)|$

$=|-5(a\times b)|=5|a||b|\sin(\widehat{a,b})=5\times 4\times 3\times \sin\dfrac{\pi}{6}=30$.

注 运算时注意 $a\times a=0$ 及 $b\times a=-a\times b$.

【例2】 设 $a=(1,0,1), b=(1,1,0), c\perp a, c\perp b$，且 $|c|=\sqrt{3}$，求 c.

解法一 设 $c=(x,y,z)$. 由题意，有

$$\begin{cases} x+z=0, \\ x+y=0, \\ x^2+y^2+z^2=3, \end{cases}$$

解得 $x=\pm 1, y=\mp 1, z=\mp 1$，所以 $c=\pm(1,-1,-1)$.

解法二 由 $c\perp a, c\perp b$ 知 $c/\!/a\times b$，故可设 $c=\lambda(a\times b)$. 而

$$a \times b = \begin{vmatrix} i & j & k \\ 1 & 0 & 1 \\ 1 & 1 & 0 \end{vmatrix} = (-1, 1, 1),$$

所以 $c = (-\lambda, \lambda, \lambda)$. 再由 $|c| = \sqrt{3}$ 得 $(-\lambda)^2 + \lambda^2 + \lambda^2 = 3$, 解得 $\lambda = \pm 1$, 从而
$$c = \pm(-1, 1, 1).$$

解法三 由 $c \parallel a \times b$ 知与 c 平行的单位向量为
$$c^\circ = \frac{a \times b}{|a \times b|} = \frac{1}{\sqrt{3}}(-1, 1, 1),$$

从而 $c = \pm|c|c^\circ = \pm(-1, 1, 1)$.

注 ① $a \times b$ 是与 a, b 都垂直的向量;② 任一向量 a 都可表示为 $a = |a|a^\circ$.

【例3】 已知 $(a+3b) \perp (7a-5b), (a-4b) \perp (7a-2b)$, 求 $(\widehat{a, b})$.

解 由向量垂直的充要条件知
$$\begin{cases} (a+3b) \cdot (7a-5b) = 0, \\ (a-4b) \cdot (7a-2b) = 0, \end{cases}$$

即
$$\begin{cases} 7|a|^2 + 16(a \cdot b) - 15|b|^2 = 0, \\ 7|a|^2 - 30(a \cdot b) + 8|b|^2 = 0, \end{cases}$$

解得 $|a| = |b|, a \cdot b = \frac{1}{2}|a|^2$, 于是 $\cos(\widehat{a, b}) = \frac{a \cdot b}{|a||b|} = \frac{1}{2}$, 所以
$$(\widehat{a, b}) = \frac{\pi}{3}.$$

【例4】 已知在 $\triangle AOB$ 中, $AD \perp OB$, 线段 OA 的长度为 b. 求证: $\triangle ODA$ 的面积的最大值为 $\frac{1}{4}b^2$.

证 记 $\overrightarrow{OB} = a, \overrightarrow{OA} = b$, 则 $\triangle OAB$ 的面积 $= \frac{1}{2}|a \times b|$, 从而 $|AD| = \frac{|a \times b|}{|a|}$. 又记 $\theta = (\widehat{a, b})$, 因 $|a \cdot b| = |a||b||\cos\theta| = |a||OD|$, 故 $|OD| = \frac{|a \cdot b|}{|a|}$. 于是 $\triangle ODA$ 的面积为

$$A(\theta) = \frac{1}{2}|OD||AD| = \frac{1}{2} \cdot \frac{|a \cdot b|}{|a|} \cdot \frac{|a \times b|}{|a|} = \frac{1}{2}|b|^2|\cos\theta||\sin\theta| = \frac{1}{4}b^2|\sin 2\theta|.$$

因此, 当 $\theta = \frac{\pi}{4}$ 或 $\theta = \frac{3}{4}\pi$ 时, $\triangle ODA$ 的面积达到最大值 $\frac{1}{4}b^2$.

二、平面与空间直线

【例5】 求过直线 $L: \frac{x-1}{4} = \frac{y-2}{5} = \frac{z-3}{6}$ 且与平面 $\Pi: 2x + 5y + 3z - 1 = 0$ 垂直的平面的方程.

解 由题意, 所求平面的法向量可取为

$$n_0 = s \times n = \begin{vmatrix} i & j & k \\ 4 & 5 & 6 \\ 2 & 5 & 3 \end{vmatrix} = -5(3, 0, -2),$$

其中 $s = (4,5,6)$ 为直线 L 的方向向量，$n = (2,5,3)$ 为平面 Π 的法向量. 又所求平面过直线 L 上的点 $M_0(1,2,3)$，所以其方程为

$$3(x-1) - 2(z-3) = 0,$$

即

$$3x - 2z + 3 = 0.$$

注 建立平面方程的主要方法是采用点法式方程，为此需确定平面上一点和平面的法向量.

【**例 6**】 已知直线 $L_1: \dfrac{x+1}{-1} = \dfrac{y+1}{2} = \dfrac{z+2}{3}$ 和 $L_2: \begin{cases} 2x + y - 1 = 0, \\ 3x + z - 2 = 0, \end{cases}$ 证明 $L_1 \parallel L_2$，并求由 L_1 和 L_2 所确定的平面的方程.

解法一 直线 L_1 的方向向量 $s_1 = (-1, 2, 3)$，直线 L_2 的方向向量

$$s_2 = (2,1,0) \times (3,0,1) = \begin{vmatrix} i & j & k \\ 2 & 1 & 0 \\ 3 & 0 & 1 \end{vmatrix} = (1, -2, -3),$$

因为 $s_1 \parallel s_2$，所以 $L_1 \parallel L_2$.

在直线 L_1 上取点 $M_1(-1, -1, -2)$，在直线 L_2 的方程中令 $x = 0$，得 $y = 1, z = 2$，从而得 L_2 上的点 $M_2(0, 1, 2)$，则所求平面的法向量为

$$n = s_1 \times \overrightarrow{M_1 M_2} = \begin{vmatrix} i & j & k \\ -1 & 2 & 3 \\ 1 & 2 & 4 \end{vmatrix} = (2, 7, -4),$$

故所求平面方程为 $\quad 2(x+1) + 7(y+1) - 4(z+2) = 0,$

即 $\quad 2x + 7y - 4z + 1 = 0.$

解法二 直线 L_1 的方向向量 $s_1 = (-1, 2, 3)$，直线 L_2 所在的两张平面的法向量分别为 $n_1 = (2, 1, 0)$ 和 $n_2 = (3, 0, 1)$. 由于

$$s_1 \cdot n_1 = -1 \times 2 + 2 \times 1 + 3 \times 0 = 0,$$
$$s_1 \cdot n_2 = -1 \times 3 + 2 \times 0 + 3 \times 1 = 0,$$

所以 s_1 同时垂直于 n_1 和 n_2，从而平行于 L_2 的方向向量 $n_1 \times n_2$，于是 $L_1 \parallel L_2$.

过 L_2 的平面束为 $\quad (2x + y - 1) + \lambda(3x + z - 2) = 0,$

即 $\quad (2 + 3\lambda)x + y + \lambda z - 1 - 2\lambda = 0, \qquad (*)$

它应过 L_1 上的点 $M_1(-1, -1, -2)$，故有

$$(2 + 3\lambda) \cdot (-1) + (-1) + \lambda \cdot (-2) - 1 - 2\lambda = 0,$$

由此得 $\lambda = -\dfrac{4}{7}$，代入 $(*)$ 式并整理，得所求平面方程为

$$2x + 7y - 4z + 1 = 0.$$

注 由解法二可知，若一直线用一般式（交面式）方程给出，则过此直线的平面用平面束方程求比较简单.

【例7】 求过点$(1,0,-2)$且与平面$3x+4y-z+6=0$平行,又与直线$\frac{x-3}{1}=\frac{y+2}{4}=\frac{z}{1}$垂直的直线的方程.

解 由题意,所求直线的方向向量可取为
$$s_0 = n \times s = \begin{vmatrix} i & j & k \\ 3 & 4 & -1 \\ 1 & 4 & 1 \end{vmatrix} = 4(2,-1,2),$$

其中$n=(3,4,-1)$为已知平面的法向量,$s=(1,4,1)$为已知直线的方向向量.故所求直线方程为
$$\frac{x-1}{2} = \frac{y}{-1} = \frac{z+2}{2}.$$

注 建立直线方程的主要方法是采用对称式方程和一般式方程.采用对称式(点向式)方程时,需要确定直线上的一个点和直线的方向向量.

【例8】 设直线L过点$A(1,1,1)$,且与直线$L_1: x=\frac{y}{2}=\frac{z}{3}$相交,与直线$L_2: \frac{x-1}{2}=\frac{y-2}{1}=\frac{z-3}{4}$垂直,求直线$L$的方程.

解法一 直线L必在过点A且与直线L_2垂直的平面Π_1上,同时又必在过点A和直线L_1的平面Π_2上,从而L就是Π_1与Π_2的交线.

依题意,平面Π_1的方程为
$$2(x-1)+(y-1)+4(z-1)=0,$$
即
$$2x+y+4z-7=0.$$

直线L_1的方向向量为$s_1=(1,2,3)$,在L_1上取点$B(0,0,0)$,则平面Π_2的法向量可取为
$$n_2 = \overrightarrow{BA} \times s_1 = \begin{vmatrix} i & j & k \\ 1 & 1 & 1 \\ 1 & 2 & 3 \end{vmatrix} = (1,-2,1),$$

所以Π_2(过点B)的方程为 $x-2y+z=0,$

从而所求直线L的方程为 $\begin{cases} 2x+y+4z-7=0, \\ x-2y+z=0. \end{cases}$

解法二 同解法一,求得过点A且与直线L_2垂直的平面Π_1的方程为
$$2x+y+4z-7=0.$$

联立直线L_1和平面Π_1的方程,解得交点$C\left(\frac{7}{16}, \frac{14}{16}, \frac{21}{16}\right)$,于是可取
$$\overrightarrow{CA} = \left(1-\frac{7}{16}, 1-\frac{14}{16}, 1-\frac{21}{16}\right) = \frac{1}{16}(9,2,-5)$$

为直线L的方向向量,因此所求直线L的方程为
$$\frac{x-1}{9} = \frac{y-1}{2} = \frac{z-1}{-5}.$$

解法三 由直线L_1的方程,可设直线L与L_1的交点为$C(x_0, 2x_0, 3x_0)$,于是直线L的

方向向量可取为 $\overrightarrow{CA}=(1-x_0,1-2x_0,1-3x_0)$，它应与直线 L_2 的方向向量 $s_2=(2,1,4)$ 垂直，故 $\overrightarrow{CA}\cdot s_2=0$，即
$$2(1-x_0)+(1-2x_0)+4(1-3x_0)=0,$$
解得 $x_0=\dfrac{7}{16}$. 于是
$$\overrightarrow{CA}=\left(1-\dfrac{7}{16},1-\dfrac{14}{16},1-\dfrac{21}{16}\right)=\dfrac{1}{16}(9,2,-5),$$
所以直线 L 的方程为
$$\dfrac{x-1}{9}=\dfrac{y-1}{2}=\dfrac{z-1}{-5}.$$

【例 9】 求异面直线 $L_1:\dfrac{x-9}{4}=\dfrac{y+2}{-3}=\dfrac{z}{1}$ 和 $L_2:\dfrac{x}{2}=\dfrac{x+7}{-9}=\dfrac{z-2}{-2}$ 之间的距离.

解 异面直线 L_1,L_2 的公垂线的方向向量为
$$s=(4,-3,1)\times(2,-9,-2)=\begin{vmatrix} i & j & k \\ 4 & -3 & 1 \\ 2 & -9 & -2 \end{vmatrix}=(15,10,-30).$$

又在直线 L_1 和 L_2 上各取一点 $M_1(9,-2,0),M_2(0,-7,2)$，得 $\overrightarrow{M_1M_2}=(-9,-5,2)$，于是异面直线 L_1 和 L_2 之间的距离即为 $\overrightarrow{M_1M_2}$ 在 s 上的投影的绝对值，即
$$d=|\text{Prj}_s\overrightarrow{M_1M_2}|=\dfrac{|\overrightarrow{M_1M_2}\cdot s|}{|s|}=\dfrac{|-9\times 15-5\times 10+2\times(-30)|}{\sqrt{15^2+10^2+(-30)^2}}=7.$$

三、曲面与空间曲线

【例 10】 下列方程或方程组表示什么图形？

(1) $y^2+z^2-4x+8=0$； (2) $4x^2+2y^2+z^2=4$；

(3) $\begin{cases} x^2+y^2=4, \\ y=x+1; \end{cases}$ (4) $\begin{cases} x^2+y^2+z^2-2z=0, \\ z=\sqrt{x^2+y^2}. \end{cases}$

解 (1) 方程可改写为 $\dfrac{y^2}{4}+\dfrac{z^2}{4}=x-2$，它表示 xOy 面上的顶点在 $(2,0)$、开口为 x 轴正向的抛物线 $\dfrac{y^2}{4}=x-2$ 绕 x 轴旋转所得的旋转抛物面.

(2) 方程可改写为 $\dfrac{x^2}{1}+\dfrac{y^2}{2}+\dfrac{z^2}{4}=1$，它表示中心在原点、三个半轴长分别为 $1,\sqrt{2},2$ 的椭球面.

(3) 表示母线平行于 z 轴的圆柱面和平行于 z 轴的平面的交线，为两条平行直线.

(4) $x^2+y^2+z^2-2z=0$，即 $x^2+y^2+(z-1)^2=1$，是中心在 $(0,0,1)$ 的单位球面，$z=\sqrt{x^2+y^2}$ 是顶点在原点、开口为 z 轴正向的圆锥面，因此所给方程组表示它们的交线. 方程组中消去 z，得 $x^2+y^2=1$，并将其代入圆锥面方程，得 $z=1$，所以该交线是平面 $z=1$ 上的单位圆 $\begin{cases} x^2+y^2=1, \\ z=1. \end{cases}$

【例 11】 求曲线 $C: \begin{cases} x-y^2-z^2=0 \\ x+2y-z=0 \end{cases}$ 在三个坐标面上的投影曲线的方程.

解 在曲线 C 的方程中消去 z，得
$$x^2+5y^2+4xy-x=0,$$
这是曲线 C 在 xOy 面上的投影柱面方程，它与 xOy 面的交线即为曲线 C 在 xOy 面上的投影曲线，故投影曲线为
$$\begin{cases} x^2+5y^2+4xy-x=0, \\ z=0. \end{cases}$$
同理，消去 x 并与 $x=0$ 联立，得曲线 C 在 yOz 面上的投影曲线为
$$\begin{cases} y^2+z^2+2y-z=0, \\ x=0. \end{cases}$$
消去 y 并与 $y=0$ 联立，得曲线 C 在 zOx 面上的投影曲线为
$$\begin{cases} x^2+5z^2-2xz-4x=0, \\ y=0. \end{cases}$$

竞 赛 题 选 解

【例 1】（江苏省 1994 年竞赛） 设 $\boldsymbol{a}$ 和 $\boldsymbol{b}$ 为非零常向量，$|\boldsymbol{b}|=2$，$(\widehat{\boldsymbol{a},\boldsymbol{b}})=\dfrac{\pi}{3}$，则 $\lim\limits_{x\to 0}\dfrac{|\boldsymbol{a}+x\boldsymbol{b}|-|\boldsymbol{a}|}{x}=$ _____.

解 原式 $=\lim\limits_{x\to 0}\dfrac{(\boldsymbol{a}+x\boldsymbol{b})\cdot(\boldsymbol{a}+x\boldsymbol{b})-\boldsymbol{a}\cdot\boldsymbol{a}}{x(|\boldsymbol{a}+x\boldsymbol{b}|+|\boldsymbol{a}|)}=\lim\limits_{x\to 0}\dfrac{2x\boldsymbol{a}\cdot\boldsymbol{b}+x^2|\boldsymbol{b}|^2}{2|\boldsymbol{a}|x}$
$=\dfrac{\boldsymbol{a}\cdot\boldsymbol{b}}{|\boldsymbol{a}|}=|\boldsymbol{b}|\cdot\cos\dfrac{\pi}{3}=1.$

【例 2】（全国第七届初赛） 设 M 是以三个正半轴为母线的半圆锥面，求其方程.

解 显然 $U(0,0,0)$ 为 M 的顶点，$A(1,0,0)$，$B(0,1,0)$，$C(0,0,1)$ 在 M 上. 由 A,B,C 决定的平面 $x+y+z=1$ 与球面 $x^2+y^2+z^2=1$ 的交线 L 是 M 的准线.

设 $P(x,y,z)$ 是 M 上的点，(u,v,w) 是 M 的母线 OP 与 L 的交点，则 OP 的方程为
$$\dfrac{x}{u}=\dfrac{y}{v}=\dfrac{z}{w}=\dfrac{1}{t},$$
即
$$u=xt, v=yt, w=zt.$$
代入准线方程，得
$$\begin{cases} (x+y+z)t=1, \\ (x^2+y^2+z^2)t^2=1, \end{cases}$$
消去 t，得锥面 M 的方程为
$$xy+yz+zx=0.$$

【例 3】（全国第二届初赛） 求直线 $L: \begin{cases} x+y-z-1=0 \\ x-y+z+1=0 \end{cases}$ 在平面 $\Pi: x+2y-z=0$ 上的

投影直线绕 z 轴旋转而成的旋转曲面的方程.

解 过直线 L 的平面束方程为
$$(x+y-z-1)+\lambda(x-y+z+1)=0,$$
即
$$(1+\lambda)x+(1-\lambda)y+(\lambda-1)z+(\lambda-1)=0,$$
其中 λ 为待定常数. 该平面与平面 Π 垂直的条件是
$$(1+\lambda)\cdot 1+(1-\lambda)\cdot 2+(\lambda-1)\cdot(-1)=0,$$
由此得 $\lambda=2$, 故得投影平面方程为
$$3x-y+z+1=0.$$
于是投影直线的方程为
$$\begin{cases} 3x-y+z+1=0, \\ x+2y-z=0, \end{cases}$$
也就是
$$\begin{cases} x=-\dfrac{z+2}{7}, \\ y=\dfrac{4z+1}{7}. \end{cases}$$

设 $P_0(x_0,y_0,z_0)$ 是投影直线上的任一点, 则有
$$\begin{cases} x_0=-\dfrac{z_0+2}{7}, \\ y_0=\dfrac{4z_0+1}{7}. \end{cases} \qquad ①$$

设 $P(x,y,z)$ 是由点 P_0 绕 z 轴旋转到达的点, 由于 z 的坐标不变及 P 与 P_0 到 y 轴的距离相等, 故有
$$\begin{cases} x^2+y^2=x_0^2+y_0^2, \\ z=z_0. \end{cases} \qquad ②$$

联立①②, 得投影直线绕 z 轴旋转而成的旋转曲面方程为
$$x^2+y^2=\left(-\dfrac{z_0+2}{7}\right)^2+\left(\dfrac{4z_0+1}{7}\right)^2=\left(-\dfrac{z+2}{7}\right)^2+\left(\dfrac{4z+1}{7}\right)^2,$$
即
$$x^2+y^2=\dfrac{1}{49}(z^2+12z+5).$$

【例4】（江苏省 2008 年竞赛） 将 xOy 平面上曲线 $x^2+(y-b)^2=a^2(0<a<b)$ 绕 x 轴旋转一周得到旋转曲面 Σ. 求：

(1) Σ 的方程；

(2) Σ 所围立体的体积.

解 (1) Σ 方程为 $x^2+(\sqrt{y^2+z^2}-b)^2=a^2$.

(2) $V=\pi\displaystyle\int_{-a}^{a}\left[(b+\sqrt{a^2-x^2})^2-(b-\sqrt{a^2-x^2})^2\right]\mathrm{d}x$

$\qquad =4\pi b\displaystyle\int_{-a}^{a}\sqrt{a^2-x^2}\,\mathrm{d}x=2\pi^2 a^2 b.$

同步练习

一、选择题

1. 向量 a 在 b 上的投影 $\text{Prj}_b a$ 等于 （　　）

(A) $\dfrac{a \cdot b}{|a|}$ (B) $\dfrac{a \cdot b}{|b|}$ (C) $\dfrac{a \times b}{|a|}$ (D) $\dfrac{a \times b}{|b|}$

2. 设 a,b 为非零向量，且 $a \perp b$，则必有 （　　）

(A) $|a+b| = |a| + |b|$ (B) $|a-b| = |a| - |b|$
(C) $|a+b| = |a-b|$ (D) $a+b = a-b$

3. 设向量 a,b,c 满足关系式 $a \cdot b = a \cdot c$，则 （　　）

(A) 必有 $a=0$ 或 $b=c$ (B) 必有 $a = b - c = 0$
(C) 当 $a \neq 0$ 时必有 $b = c$ (D) 必有 $a \perp (b-c)$

4. 已知向量 a,b 的模分别为 $|a|=2, |b|=\sqrt{2}$，且 $a \cdot b = 2$，则 $|a \times b|$ 等于 （　　）

(A) 2   (B) $2\sqrt{2}$ (C) $\dfrac{\sqrt{2}}{2}$ (D) 1

5. 平面 $19x - 4y + 8z + 21 = 0$ 和 $19x - 4y + 8z + 42 = 0$ 的距离为 （　　）

(A) 1   (B) $\dfrac{1}{2}$ (C) 2   (D) 21

6. 直线 $\begin{cases} x - y + z + 5 = 0, \\ 5x - 8y + 4z + 36 = 0 \end{cases}$ 的对称式方程是 （　　）

(A) $\dfrac{x}{4} = \dfrac{y-4}{1} = \dfrac{z+1}{-3}$ (B) $\dfrac{x}{4} = \dfrac{y-4}{1} = \dfrac{z-1}{3}$

(C) $\dfrac{x}{4} = \dfrac{y-4}{1} = \dfrac{z+1}{3}$ (D) $\dfrac{x}{4} = \dfrac{y-4}{1} = \dfrac{z-1}{-3}$

7. 过点 $(0,2,4)$ 且与平面 $x + 2z = 1$ 及 $y - 3z = 2$ 都平行的直线是 （　　）

(A) $\dfrac{x}{1} = \dfrac{y-2}{0} = \dfrac{z-4}{2}$ (B) $\dfrac{x}{0} = \dfrac{y-2}{1} = \dfrac{z-4}{-3}$

(C) $\dfrac{x}{-2} = \dfrac{y-2}{3} = \dfrac{z-4}{1}$ (D) $-2x + 3(y-2) + z - 4 = 0$

8. 直线 $L : \dfrac{x+3}{-2} = \dfrac{y+4}{-7} = \dfrac{z}{3}$ 与平面 $\Pi : 4x - 2y - 2z = 3$ 的关系是 （　　）

(A) 平行   (B) 直线 L 在平面 Π 上
(C) 垂直相交   (D) 相交但不垂直

9. 两条平行直线 $L_1 : \begin{cases} x = 1+t, \\ y = -1+2t, \\ z = t, \end{cases} L_2 : \begin{cases} x = 2+t, \\ y = -1+2t, \\ z = 1+t \end{cases}$ 之间的距离为 （　　）

(A) $\dfrac{2}{3}$ (B) $\dfrac{2}{3}\sqrt{3}$ (C) 1   (D) 2

10. 母线平行于 x 轴且通过曲线 $\begin{cases} 2x^2+y^2+z^2=16, \\ x^2-y^2+z^2=0 \end{cases}$ 的柱面方程为 （ ）

(A) $3x^2+2z^2=16$ (B) $x^2+2y^2=16$

(C) $3y^2-z^2=16$ (D) $3y^2+z^2=16$

▶▶ 二、填空题

1. 向量 $\boldsymbol{a}=(4,-3,4)$ 在向量 $\boldsymbol{b}=(2,2,1)$ 上的投影为_____.

2. 已知向量 $\boldsymbol{a}$ 的终点坐标是 $(-2,1,0)$，模 $|\boldsymbol{a}|=14$，其方向与向量 $\boldsymbol{b}=-2\boldsymbol{i}+3\boldsymbol{j}+6\boldsymbol{k}$ 的方向一致，则向量 $\boldsymbol{a}$ 的起点坐标是_____.

3. 过 x 轴和点 $(1,-1,2)$ 的平面方程为_____.

4. 过点 $(1,2,-1)$ 且和平面 $x-3y-z=0$ 垂直的直线方程是_____.

5. 点 $(2,1,0)$ 到平面 $3x+4y+5z=0$ 的距离为_____.

6. 点 $(3,2,6)$ 到直线 $\dfrac{x}{1}=\dfrac{y+7}{2}=\dfrac{z-3}{-1}$ 的距离为_____.

7. 直线 $\begin{cases} 3x-2y+5z+1=0, \\ 2y+z=0 \end{cases}$ 与 $\begin{cases} 2y+5z+3=0, \\ y-z+1=0 \end{cases}$ 的夹角为_____.

8. 曲线 $\begin{cases} z=x^2+2y^2, \\ z=2-x^2 \end{cases}$ 关于 xOy 面的投影柱面方程是_____，投影曲线方程是_____.

▶▶ 三、解答题

1. 求向量 $\boldsymbol{a}=(1,1,-4)$ 与 $\boldsymbol{b}=(1,-2,2)$ 的夹角.

2. 设三角形的三个顶点为 $A(1,-1,0),B(0,1,2),C(1,0,-1)$，求 $\triangle ABC$ 的面积.

3. 设 $|\boldsymbol{a}|=2,|\boldsymbol{b}|=5,(\widehat{\boldsymbol{a},\boldsymbol{b}})=\dfrac{2}{3}\pi$. 问系数 λ 为何值时，向量 $\boldsymbol{\zeta}=\lambda\boldsymbol{a}+17\boldsymbol{b}$ 与 $\boldsymbol{\eta}=3\boldsymbol{a}-\boldsymbol{b}$ 垂直？

4. 一平面过原点，且垂直于平面 $x+2y+3z-2=0$ 及 $6x-y-5z+23=0$，求此平面的方程.

5. 一平面平行于平面 $2x+y+2z+5=0$，且与三坐标面所围成的四面体的体积为 1（体积单位），求此平面的方程.

6. 求直线 $\begin{cases} y=2x-7, \\ z=2x-5 \end{cases}$ 与平面 $z=3x$ 的夹角 φ 和交点.

7. 设有点 $P(0,-1,1)$ 及直线 $L:\begin{cases} y+2=0, \\ x+2z-7=0, \end{cases}$ 求：

(1) 点 P 到直线 L 的距离；

(2) 过点 P 且与 L 垂直相交的直线方程.

8. 将直线 $\begin{cases} 2x-4y+z-1=0, \\ x+3y+5=0 \end{cases}$ 化为对称式方程和参数方程.

9. 已知直线 $L: \begin{cases} 2y+3z-5=0, \\ x-2y-z+7=0, \end{cases}$ 求：

(1) 直线 L 在 yOz 面上的投影方程；

(2) 直线 L 在 xOy 面上的投影方程；

(3) 直线 L 在平面 $x-y+3z+8=0$ 上的投影方程.

四、竞赛题

1. （全国第四届初赛） 在过平面 $2x+y-3z+2=0$ 和平面 $5x+5y-4z+3=0$ 的交线的平面束中,求两个相互垂直的平面,其中一个平面过点 $(4,-3,1)$.

2. （江苏省 2006 年竞赛） A,B,C,D 为空间的 4 个定点, AB 与 CD 的中点分别为 E, F, $|EF|=a(a>0$ 常数), P 为空间的任一点,则 $(\overrightarrow{PA}+\overrightarrow{PB}) \cdot (\overrightarrow{PC}+\overrightarrow{PD})$ 的最小值为 _____ .

3. （全国第二届初赛） 过点 $(-2,-1,0)$,垂直于直线 $\dfrac{x}{1}=\dfrac{y}{2}=\dfrac{z}{3}$ 且平行于平面 $4x+5y+6z+7=0$ 的直线方程为 _____ .

4. （江苏省 2008 年竞赛） 在平面 $\Pi: x+2y-z=20$ 内作一直线 Γ,使直线 Γ 过另一直线 $L: \begin{cases} x-2y+2z=1 \\ 3x+y-4z=3 \end{cases}$ 与平面 Π 的交点,且 Γ 与 L 垂直,求直线 Γ 的参数方程.

5. （江苏省 2002 年竞赛） 求直线 $\dfrac{x-1}{2}=\dfrac{y}{1}=\dfrac{z}{-1}$ 绕 y 轴旋转一周所得旋转曲面的方程,并求该曲面与 $y=0, y=2$ 所围立体的体积.

第九章 多元函数微分法及其应用

主要内容与基本要求

▶▶ 一、知识结构

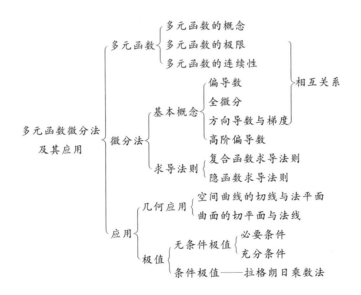

▶▶ 二、基本要求

（1）理解二元函数的概念，了解多元函数的概念．
（2）了解二元函数的极限与连续性的概念，了解有界闭区域上连续函数的性质．
（3）理解二元函数偏导数与全微分的概念，了解全微分存在的必要条件与充分条件．
（4）了解方向导数与梯度的概念及其计算方法．

(5) 掌握复合函数一阶偏导数的求法,会求复合函数的二阶偏导数.

(6) 会求隐函数(包括由两个方程构成的方程组确定的隐函数)的一阶偏导数.

(7) 了解曲线的切线和法平面以及曲面的切平面与法线,并会求它们的方程.

(8) 理解二元函数极值与条件极值的概念,会求二元函数的极值,了解求条件极值的拉格朗日乘数法,会求解一些比较简单的最大值与最小值的应用问题.

三、内容提要

1. 多元函数的概念

设 D 是 $\mathbf{R}^2$ 的一个非空子集,称映射 $f:D \to \mathbf{R}$ 为定义在 D 上的二元函数,通常记为

$$z = f(x,y), (x,y) \in D \text{ 或 } z = f(P), P \in D,$$

其中 D 称为该函数的定义域,x,y 称为自变量,z 称为因变量,数集

$$\{z \mid z = f(x,y), (x,y) \in D\}$$

称为该函数的值域.

类似地,可定义三元及三元以上的函数.

2. 多元函数的极限

设二元函数 $f(x,y)$ 的定义域为 D,$P_0(x_0,y_0)$ 是 D 的聚点. 如果存在常数 A,对于任意给定的正数 ε,总存在正数 δ,使得当点 $P(x,y) \in D \cap \mathring{U}(P_0,\delta)$ 时,恒有

$$|f(x,y) - A| < \varepsilon,$$

则称常数 A 为函数 $f(x,y)$ 当 $(x,y) \to (x_0,y_0)$ 时的极限,记作

$$\lim_{(x,y) \to (x_0,y_0)} f(x,y) = A \text{ 或 } \lim_{\substack{x \to x_0 \\ y \to y_0}} f(x,y) = A,$$

也记作

$$\lim_{P \to P_0} f(P) = A \text{ 或 } f(P) \to A(P \to P_0).$$

类似地,可定义三元及三元以上函数的极限.

3. 多元函数的连续性

(1) 多元函数连续性的定义.

设二元函数 $f(x,y)$ 的定义域为 D,$P_0(x_0,y_0)$ 为 D 的聚点且 $P_0 \in D$. 若

$$\lim_{(x,y) \to (x_0,y_0)} f(x,y) = f(x_0,y_0),$$

则称函数 $f(x,y)$ 在点 $P_0(x_0,y_0)$ 连续. 若函数 $f(x,y)$ 在区域 D 上每一点都连续,则称 $f(x,y)$ 在区域 D 上连续.

类似地,可定义三元及三元以上函数的连续性.

(2) 有界闭区域上连续函数的性质.

① 最大值和最小值定理:有界闭区域 D 上的多元连续函数,在 D 上必有最大值和最小值.

② 介值定理:有界闭区域 D 上的多元连续函数,必可取得它在 D 上的最大值和最小值之间的任何值.

4. 偏导数

(1) 偏导数的定义:设函数 $z = f(x,y)$ 在点 (x_0,y_0) 的某邻域内有定义,若极限

$$\lim_{\Delta x \to 0} \frac{f(x_0 + \Delta x, y_0) - f(x_0, y_0)}{\Delta x}$$

存在，则称此极限为 $z = f(x, y)$ 在点 (x_0, y_0) 处对 x 的偏导数，记作

$$\left.\frac{\partial z}{\partial x}\right|_{\substack{x=x_0 \\ y=y_0}}, \left.\frac{\partial f}{\partial x}\right|_{\substack{x=x_0 \\ y=y_0}}, \left.z_x\right|_{\substack{x=x_0 \\ y=y_0}} \text{ 或 } f_x(x_0, y_0),$$

即

$$f_x(x_0, y_0) = \lim_{\Delta x \to 0} \frac{f(x_0 + \Delta x, y_0) - f(x_0, y_0)}{\Delta x}.$$

类似地，可定义函数 $z = f(x, y)$ 在点 (x_0, y_0) 处对 y 的偏导数为

$$f_y(x_0, y_0) = \lim_{\Delta y \to 0} \frac{f(x_0, y_0 + \Delta y) - f(x_0, y_0)}{\Delta y}.$$

(2) 如果二元函数 $z = f(x, y)$ 在区域 D 内的每一点 (x, y) 都有偏导数，一般地说，它们仍是 x, y 的函数，称为 $z = f(x, y)$ 的偏导函数，简称偏导数，记为 $\frac{\partial z}{\partial x}\left[\text{或}\frac{\partial f}{\partial x}, z_x, f_x(x, y)\right]$ 和 $\frac{\partial z}{\partial y}\left[\text{或}\frac{\partial f}{\partial y}, z_y, f_y(x, y)\right]$.

(3) 高阶偏导数：若二元函数 $z = f(x, y)$ 的偏导数 $f_x(x, y)$ 和 $f_y(x, y)$ 仍具有偏导数，则它们的偏导数称为 $z = f(x, y)$ 的二阶偏导数，记

$$\frac{\partial}{\partial x}\left(\frac{\partial z}{\partial x}\right) = \frac{\partial^2 z}{\partial x^2} = f_{xx}(x, y) = z_{xx}, \frac{\partial}{\partial y}\left(\frac{\partial z}{\partial x}\right) = \frac{\partial^2 z}{\partial x \partial y} = f_{xy}(x, y) = z_{xy},$$

$$\frac{\partial}{\partial x}\left(\frac{\partial z}{\partial y}\right) = \frac{\partial^2 z}{\partial y \partial x} = f_{yx}(x, y) = z_{yx}, \frac{\partial}{\partial y}\left(\frac{\partial z}{\partial y}\right) = \frac{\partial^2 z}{\partial y^2} = f_{yy}(x, y) = z_{yy}.$$

其中称 $\frac{\partial^2 z}{\partial x \partial y}$ 与 $\frac{\partial^2 z}{\partial y \partial x}$ 为混合偏导数. 类似地可定义三阶、四阶以及 n 阶偏导数.

(4) 若函数 $z = f(x, y)$ 的两个二阶混合偏导数 $\frac{\partial^2 z}{\partial x \partial y}$ 及 $\frac{\partial^2 z}{\partial y \partial x}$ 在区域 D 内连续，则在该区域内有 $\frac{\partial^2 z}{\partial x \partial y} = \frac{\partial^2 z}{\partial y \partial x}$，即二阶混合偏导数与求导的先后次序无关.

5. 全微分

(1) 全微分的定义：设函数 $z = f(x, y)$ 在点 (x, y) 的某邻域内有定义，若函数在点 (x, y) 的全增量 $\Delta z = f(x + \Delta x, y + \Delta y) - f(x, y)$ 可表示为

$$\Delta z = A \Delta x + B \Delta y + o(\rho),$$

其中 A, B 不依赖于 $\Delta x, \Delta y$ 而仅与 x, y 有关，$\rho = \sqrt{(\Delta x)^2 + (\Delta y)^2}$，则称函数 $z = f(x, y)$ 在点 (x, y) 处可微，$A \Delta x + B \Delta y$ 称为函数 $z = f(x, y)$ 在点 (x, y) 处的全微分，记作 dz，即

$$dz = A \Delta x + B \Delta y.$$

(2) 若函数 $f(x, y)$ 在点 (x, y) 处可微，则必在点 (x, y) 处连续.

(3) 可微的必要条件：若函数 $z = f(x, y)$ 在点 (x, y) 处可微，则它在点 (x, y) 处的两个偏导数 $\frac{\partial z}{\partial x}$ 和 $\frac{\partial z}{\partial y}$ 都存在，且

$$dz = \frac{\partial z}{\partial x} \Delta x + \frac{\partial z}{\partial y} \Delta y.$$

又对自变量 x, y，有 $\Delta x = dx, \Delta y = dy$，故有

$$dz = \frac{\partial z}{\partial x}dx + \frac{\partial z}{\partial y}dy.$$

(4) 可微的充分条件:若函数 $z=f(x,y)$ 的偏导数 $\frac{\partial z}{\partial x}, \frac{\partial z}{\partial y}$ 在点 (x,y) 处连续,则函数在该点可微.

6. 方向导数与梯度

(1) 方向导数:设二元函数 $f(x,y)$ 在点 $P(x,y)$ 的某邻域内有定义,从点 $P(x,y)$ 引射线
$$l = (x+t\cos\alpha, y+t\cos\beta)(t \geq 0),$$
若极限
$$\lim_{t \to 0^+} \frac{f(x+t\cos\alpha, y+t\cos\beta) - f(x,y)}{t}$$
存在,则称此极限为函数 $f(x,y)$ 在点 $P(x,y)$ 沿方向 l 的方向导数,记作 $\frac{\partial f}{\partial l}$,即
$$\frac{\partial f}{\partial l} = \lim_{t \to 0^+} \frac{f(x+t\cos\alpha, y+t\cos\beta) - f(x,y)}{t}.$$
类似地,可定义三元函数 $f(x,y,z)$ 在点 $P(x,y,z)$ 沿方向 l 的方向导数为
$$\frac{\partial f}{\partial l} = \lim_{t \to 0^+} \frac{f(x+t\cos\alpha, y+t\cos\beta, z+t\cos\gamma) - f(x,y,z)}{t}.$$

(2) 梯度:设二元函数 $f(x,y)$ 在点 $P(x,y)$ 处具有一阶连续偏导数,则称向量 $\frac{\partial f}{\partial x}\boldsymbol{i} + \frac{\partial f}{\partial y}\boldsymbol{j}$ 为函数 $f(x,y)$ 在点 $P(x,y)$ 处的梯度,记为 $\mathbf{grad}f(x,y)$,即
$$\mathbf{grad}f(x,y) = \frac{\partial f}{\partial x}\boldsymbol{i} + \frac{\partial f}{\partial y}\boldsymbol{j}.$$
类似地,可定义三元函数 $f(x,y,z)$ 在点 $P(x,y,z)$ 处的梯度为
$$\mathbf{grad}f(x,y,z) = \frac{\partial f}{\partial x}\boldsymbol{i} + \frac{\partial f}{\partial y}\boldsymbol{j} + \frac{\partial f}{\partial z}\boldsymbol{k}.$$

(3) 若函数 $z=f(x,y)$ 在点 $P(x,y)$ 可微,则函数在该点处沿任一方向 l 的方向导数存在,且
$$\frac{\partial f}{\partial l} = \mathbf{grad}f(x,y) \cdot \boldsymbol{l}^\circ = |\mathbf{grad}f(x,y)|\cos\varphi,$$
其中 $\boldsymbol{l}^\circ = (\cos\alpha, \cos\beta)$ 是与 l 同向的单位向量,φ 是 $\mathbf{grad}f(x,y)$ 与 l 的夹角.

由此可知,函数在某点的梯度是这样一个向量,它的方向是函数在该点的方向导数取得最大值的方向,它的模就是方向导数的最大值.

三元函数的方向导数也有类似结论.

7. 多元函数连续、偏导数存在、可微等之间的关系

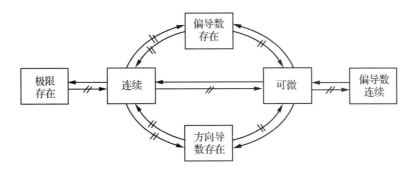

8. 复合函数和隐函数的求导法

(1) 多元复合函数的求导法则.

① 若函数 $u=u(x,y)$ 及 $v=v(x,y)$ 在点 (x,y) 具有对 x 及对 y 的偏导数,函数 $z=f(u,v)$ 在对应点 (u,v) 具有连续偏导数,则复合函数 $z=f[u(x,y),v(x,y)]$ 在点 (x,y) 的偏导数存在,且有

$$\frac{\partial z}{\partial x}=\frac{\partial f}{\partial u}\frac{\partial u}{\partial x}+\frac{\partial f}{\partial v}\frac{\partial v}{\partial x},$$

$$\frac{\partial z}{\partial y}=\frac{\partial f}{\partial u}\frac{\partial u}{\partial y}+\frac{\partial f}{\partial v}\frac{\partial v}{\partial y}.$$

② 设函数 $z=f(u,v)$ 有连续偏导数,而 $u=u(t),v=v(t)$ 都可导,则复合函数 $z=f[u(t),v(t)]$ 可导,且

$$\frac{\mathrm{d}z}{\mathrm{d}t}=\frac{\partial f}{\partial u}\frac{\mathrm{d}u}{\mathrm{d}t}+\frac{\partial f}{\partial v}\frac{\mathrm{d}v}{\mathrm{d}t}.$$

③ 设函数 $z=f(u,v,x,y)$ 有连续偏导数,而 $u=u(x,y),v=v(x,y)$ 的偏导数存在,则复合函数 $z=f[u(x,y),v(x,y),x,y]$ 的偏导数存在,且

$$\frac{\partial z}{\partial x}=\frac{\partial f}{\partial u}\frac{\partial u}{\partial x}+\frac{\partial f}{\partial v}\frac{\partial v}{\partial x}+\frac{\partial f}{\partial x},$$

$$\frac{\partial z}{\partial y}=\frac{\partial f}{\partial u}\frac{\partial u}{\partial y}+\frac{\partial f}{\partial v}\frac{\partial v}{\partial y}+\frac{\partial f}{\partial y}.$$

注 多元函数的复合函数关系比较复杂,不可能列出所有的公式,上面是三个较常见的多元复合函数的偏导公式. 一般说来,求复合函数的偏导数,要用"分线相加、连线相乘"的链式叠加法则——复合函数的偏导数是若干项之和,其项数等于直接中间变量的个数,每一项均为函数对中间变量的偏导数与中间变量对自变量的偏导数之积.

(2) 隐函数的求导公式.

① 一个方程的情形:设函数 $F(x,y,z)$ 在点 (x_0,y_0,z_0) 的某邻域内有连续偏导数,且 $F(x_0,y_0,z_0)=0, F'_z(x_0,y_0,z_0)\neq 0$,则方程 $F(x,y,z)=0$ 在点 (x_0,y_0,z_0) 的某邻域内恒能唯一确定一个单值连续且具有连续偏导数的函数 $z=f(x,y)$,它满足条件 $z_0=f(x_0,y_0)$,并有

$$\frac{\partial z}{\partial x}=-\frac{F_x}{F_z}, \quad \frac{\partial z}{\partial y}=-\frac{F_y}{F_z}.$$

② 方程组的情形：设方程组 $\begin{cases} F(x,y,u,v)=0, \\ G(x,y,u,v)=0 \end{cases}$ 确定了隐函数 $u=u(x,y)$，$v=v(x,y)$，在方程组两边分别对 x 求偏导，注意到 u 和 v 是 x,y 的函数，有

$$\begin{cases} F_x+F_u\dfrac{\partial u}{\partial x}+F_v\dfrac{\partial v}{\partial x}=0, \\ G_x+G_u\dfrac{\partial u}{\partial x}+G_v\dfrac{\partial v}{\partial x}=0. \end{cases}$$

当 $\dfrac{\partial(F,G)}{\partial(u,v)}=\begin{vmatrix} F_u & F_v \\ G_u & G_v \end{vmatrix}\neq 0$ 时，从上式可解出 $\dfrac{\partial u}{\partial x}$ 和 $\dfrac{\partial v}{\partial x}$. 同理，在原方程组两边对 y 求偏导，可求出 $\dfrac{\partial u}{\partial y}$ 和 $\dfrac{\partial v}{\partial y}$.

9. 空间曲线的切线与法平面

(1) 设空间曲线方程为 $\begin{cases} x=x(t), \\ y=y(t), \\ z=z(t), \end{cases}$ $P_0(x_0,y_0,z_0)$ 是曲线上对应于 $t=t_0$ 的点，函数 $x(t)$，$y(t),z(t)$ 在 $t=t_0$ 处可导且导数不全为零，则曲线在点 P_0 处的切向量为

$$\boldsymbol{T}=(x'(t_0),y'(t_0),z'(t_0)),$$

切线方程为 $\dfrac{x-x_0}{x'(t_0)}=\dfrac{y-y_0}{y'(t_0)}=\dfrac{z-z_0}{z'(t_0)},$

法平面方程为 $x'(t_0)(x-x_0)+y'(t_0)(z-z_0)+z'(t_0)(z-z_0)=0.$

(2) 设空间曲线方程为 $\begin{cases} F(x,y,z)=0, \\ G(x,y,z)=0, \end{cases}$ 其中 F,G 在曲线上点 $P_0(x_0,y_0,z_0)$ 处具有连续偏导数且 $\mathbf{grad}F(P_0)\times\mathbf{grad}G(P_0)\neq\boldsymbol{0}$，则曲线在点 P_0 处的切向量为

$$\boldsymbol{T}=\mathbf{grad}F(P_0)\times\mathbf{grad}G(P_0)=\begin{vmatrix} \boldsymbol{i} & \boldsymbol{j} & \boldsymbol{k} \\ F_x & F_y & F_z \\ G_x & G_y & G_z \end{vmatrix}_{P_0},$$

切线方程为 $\dfrac{x-x_0}{\begin{vmatrix} F_y & F_z \\ G_y & G_z \end{vmatrix}_{P_0}}=\dfrac{y-y_0}{\begin{vmatrix} F_z & F_x \\ G_z & G_x \end{vmatrix}_{P_0}}=\dfrac{z-z_0}{\begin{vmatrix} F_x & F_y \\ G_x & G_y \end{vmatrix}_{P_0}},$

法平面方程为

$$\begin{vmatrix} F_y & F_z \\ G_y & G_z \end{vmatrix}_{P_0}(x-x_0)+\begin{vmatrix} F_z & F_x \\ G_z & G_x \end{vmatrix}_{P_0}(y-y_0)+\begin{vmatrix} F_x & F_y \\ G_x & G_y \end{vmatrix}_{P_0}(z-z_0)=0.$$

10. 曲面的切平面与法线

(1) 设曲面方程为 $F(x,y,z)=0$，其中 F 在曲面上点 $P_0(x_0,y_0,z_0)$ 处具有连续偏导数且 $\mathbf{grad}F(P_0)\neq\boldsymbol{0}$，则曲面在点 P_0 处的法向量为

$$\boldsymbol{n}=\mathbf{grad}F(P_0)=(F_x(x_0,y_0,z_0),F_y(x_0,y_0,z_0),F_z(x_0,y_0,z_0)),$$

切平面方程为

$$F_x(x_0,y_0,z_0)(x-x_0)+F_y(x_0,y_0,z_0)(y-y_0)+F_z(x_0,y_0,z_0)(z-z_0)=0,$$

法线方程为 $\dfrac{x-x_0}{F_x(x_0,y_0,z_0)}=\dfrac{y-y_0}{F_y(x_0,y_0,z_0)}=\dfrac{z-z_0}{F_z(x_0,y_0,z_0)}.$

(2) 设曲面方程为 $z=f(x,y)$,其中 $f(x,y)$ 在点 (x_0,y_0) 处的偏导数存在,则曲面上点 $P_0(x_0,y_0,f(x_0,y_0))$ 处的法向量为
$$\boldsymbol{n}=(f(x_0,y_0),f_y(x_0,y_0),-1),$$
切平面方程为 $f_x(x_0,y_0)(x-x_0)+f_y(x_0,y_0)(y-y_0)-[z-f(x_0,y_0)]=0,$

法线方程为
$$\frac{x-x_0}{f_x(x_0,y_0)}=\frac{y-y_0}{f_y(x_0,y_0)}=\frac{z-f(x_0,y_0)}{-1}.$$

11. 多元函数的极值

(1) 极值的定义:设函数 $f(x,y)$ 的定义域为 D,$P_0(x_0,y_0)$ 为 D 的内点. 若存在 P_0 的某个去心邻域 $\mathring{U}(P_0)$,使得对于任何点 $(x,y)\in\mathring{U}(P_0)$,恒有
$$f(x,y)<f(x_0,y_0)(\text{或}\ f(x,y)>f(x_0,y_0)),$$
则称函数 $f(x,y)$ 在点 $P_0(x_0,y_0)$ 处有极大值(或极小值).

(2) 极值的必要条件:设函数 $f(x,y)$ 在点 (x_0,y_0) 处具有偏导数,且在点 (x_0,y_0) 处有极值,则有 $f_x(x_0,y_0)=0, f_y(x_0,y_0)=0.$

(3) 极值的充分条件:设函数 $f(x,y)$ 在点 (x_0,y_0) 的某邻域内具有一阶及二阶连续偏导数,又 $f_x(x_0,y_0)=0, f_y(x_0,y_0)=0$,令
$$f_{xx}(x_0,y_0)=A, f_{xy}(x_0,y_0)=B, f_{yy}(x_0,y_0)=C,$$
则:①当 $AC-B^2>0$ 时,函数 $f(x,y)$ 在点 (x_0,y_0) 处取得极值,且当 $A<0$ 时为极大值,当 $A>0$ 时为极小值;②当 $AC-B^2<0$ 时,函数 $f(x,y)$ 在点 (x_0,y_0) 处没有极值.

(4) 条件极值:函数 $z=f(x,y)$ 在条件 $\varphi(x,y)=0$ 下的极值,称为条件极值.

求条件极值通常有两种方法:

① 化为无条件极值:若可由约束方程 $\varphi(x,y)=0$ 解出 $y=y(x)$,将其代入目标函数,则原条件极值问题化为求 $z=f(x,y(x))$ 的无条件极值问题.

② 拉格朗日乘数法:构造辅助函数(拉格朗日函数)
$$L(x,y,\lambda)=f(x,y)+\lambda\varphi(x,y),$$
其中 λ 为参数. 令
$$\begin{cases} L'_x(x,y,\lambda)=f'_x(x,y)+\lambda\varphi'_x(x,y)=0, \\ L'_y(x,y,\lambda)=f'_y(x,y)+\lambda\varphi'_y(x,y)=0, \\ L'_\lambda(x,y,\lambda)=\varphi(x,y)=0, \end{cases}$$
解得 x,y,则点 (x,y) 就是可能取得极值的点. 在实际问题中,往往根据问题本身的性质来确定该点是否为真正的极值点.

典型例题解析

一、二元函数的极限

【例 1】 求下列极限:

(1) $\lim\limits_{(x,y)\to(0,0)} \dfrac{x^2+y^2}{\sqrt{x^2+y^2+1}-1}$;　　(2) $\lim\limits_{(x,y)\to(+\infty,+\infty)} \left(\dfrac{xy}{x^2+y^2}\right)^{x^2}$.

解 (1) 令 $t = x^2 + y^2$, 则

原式 $= \lim\limits_{t\to 0^+} \dfrac{t}{\sqrt{t+1}-1} = \lim\limits_{t\to 0^+}(\sqrt{t+1}+1) = 2$.

(2) 因 $(x,y)\to(+\infty,+\infty)$, 不妨设 $x>0, y>0$, 则

$$0 < \left(\dfrac{xy}{x^2+y^2}\right)^{x^2} \leqslant \left(\dfrac{1}{2}\right)^{x^2},$$

而 $\lim\limits_{(x,y)\to(+\infty,+\infty)} \left(\dfrac{1}{2}\right)^{x^2} = \lim\limits_{x\to +\infty} \left(\dfrac{1}{2}\right)^{x^2} = 0$,

由夹逼准则知 $\lim\limits_{(x,y)\to(+\infty,+\infty)} \left(\dfrac{xy}{x^2+y^2}\right)^{x^2} = 0$.

注 计算二重极限时,通常将其转化为一元函数极限问题,然后利用极限运算法则、夹逼准则、变量代换、重要极限、等价无穷小替换、恒等变形、洛必达法则等求出极限,或利用函数连续性的定义及多元初等函数的连续性求极限.

【例 2】 证明极限 $\lim\limits_{(x,y)\to(0,0)} \dfrac{x^4 y^4}{(x^2+y^4)^3}$ 不存在.

解 因 $\lim\limits_{\substack{(x,y)\to(0,0)\\y=kx}} \dfrac{x^4 y^4}{(x^2+y^4)^3} = \lim\limits_{x\to 0} \dfrac{k^4 x^8}{(x^2+k^4 x^4)^3} = \lim\limits_{x\to 0} \dfrac{k^4 x^2}{(1+k^4 x^2)^3} = 0$,

而 $\lim\limits_{\substack{(x,y)\to(0,0)\\y=\sqrt{x}}} \dfrac{x^4 y^4}{(x^2+y^4)^3} = \lim\limits_{x\to 0} \dfrac{x^6}{(2x^2)^3} = \dfrac{1}{8}$,

所以原极限不存在.

注 要证明二元函数的极限不存在,只要证明沿某特殊路径极限不存在,或沿两条不同的路径极限不相等即可.

二、二元函数的连续性、偏导数存在性和可微性

【例 3】 设

$$f(x,y) = \begin{cases} \dfrac{x^2 y^2}{(x^2+y^2)^{\frac{3}{2}}}, & x^2+y^2 \neq 0, \\ 0, & x^2+y^2 = 0. \end{cases}$$

证明: $f(x,y)$ 在点 $(0,0)$ 处连续且偏导数存在,但不可微.

证 由 $0 \leqslant x^2 y^2 \leqslant \left(\dfrac{x^2+y^2}{2}\right)^2$,有

$$0 \leqslant \frac{x^2 y^2}{(x^2+y^2)^{\frac{3}{2}}} \leqslant \frac{1}{4}\sqrt{x^2+y^2},$$

而 $\lim\limits_{(x,y)\to(0,0)}\sqrt{x^2+y^2}=0$,由夹逼准则知

$$\lim_{(x,y)\to(0,0)}f(x,y)=\lim_{(x,y)\to(0,0)}\frac{x^2 y^2}{(x^2+y^2)^{\frac{3}{2}}}=0=f(0,0),$$

所以 $f(x,y)$ 在点 $(0,0)$ 处连续.

由偏导数的定义,有

$$f_x(0,0)=\lim_{\Delta x\to 0}\frac{f(\Delta x,0)-f(0,0)}{\Delta x}=\lim_{x\to 0}\frac{0-0}{\Delta x}=0,$$

$$f_y(0,0)=\lim_{\Delta y\to 0}\frac{f(0,\Delta y)-f(0,0)}{\Delta y}=\lim_{x\to 0}\frac{0-0}{\Delta y}=0,$$

所以 $f(x,y)$ 在点 $(0,0)$ 处的偏导数存在.

记 $\Delta f(0,0)$ 为 $f(x,y)$ 在点 $(0,0)$ 处的全增量,$\rho=\sqrt{(\Delta x)^2+(\Delta y)^2}$,易得

$$\frac{\Delta f(0,0)-[f_x(0,0)\Delta x+f_y(0,0)\Delta y]}{\rho}=\frac{(\Delta x)^2(\Delta y)^2}{[(\Delta x)^2+(\Delta y)^2]^2}.$$

由于 $\lim\limits_{\substack{(\Delta x,\Delta y)\to(0,0)\\ \Delta y=\Delta x}}\dfrac{(\Delta x)^2(\Delta y)^2}{[(\Delta x)^2+(\Delta y)^2]^2}=\lim\limits_{\Delta x\to 0}\dfrac{(\Delta x)^4}{[2(\Delta x)^2]^2}=\dfrac{1}{4}\neq 0$,

所以 $\dfrac{\Delta f(0,0)-[f_x(0,0)\Delta x+f_y(0,0)\Delta y]}{\rho}\nrightarrow 0(\rho\to 0)$,

因此 $f(x,y)$ 在点 $(0,0)$ 处不可微.

> **注** ① 分段函数在分界点处的偏导数必须用定义求;② 函数 $z=f(x,y)$ 在点 (x_0,y_0) 处可微的充分必要条件是 $\lim\limits_{\rho\to 0}\dfrac{\Delta z-[f_x(x_0,y_0)\Delta x+f_y(x_0,y_0)\Delta y]}{\rho}=0$.通常用此来判断二元函数在某点是否可微.

【例 4】 设

$$f(x,y)=\begin{cases}(x^2+y^2)\sin\dfrac{1}{x^2+y^2}, & x^2+y^2\neq 0,\\ 0, & x^2+y^2=0.\end{cases}$$

证明:$f(x,y)$ 在点 $(0,0)$ 处可微,但偏导数不连续.

证 由偏导数的定义,有

$$f_x(0,0)=\lim_{\Delta x\to 0}\frac{f(\Delta x,0)-f(0,0)}{\Delta x}=\lim_{x\to 0}\frac{0-0}{\Delta x}=0,$$

$$f_y(0,0)=\lim_{\Delta y\to 0}\frac{f(0,\Delta y)-f(0,0)}{\Delta y}=\lim_{x\to 0}\frac{0-0}{\Delta y}=0.$$

记 $\Delta f(0,0)$ 为 $f(x,y)$ 在点 $(0,0)$ 处的全增量,$\rho=\sqrt{(\Delta x)^2+(\Delta y)^2}$,易得

$$\Delta f(0,0)=[(\Delta x)^2+(\Delta y)^2]\sin\frac{1}{(\Delta x)^2+(\Delta y)^2}=\rho^2\sin\frac{1}{\rho^2},$$

又 $f_x(0,0)\Delta x+f_y(0,0)\Delta y=0$,所以

$$\frac{\Delta f(0,0)-[f_x(0,0)\Delta x+f_y(0,0)\Delta y]}{\rho}=\rho\sin\frac{1}{\rho^2}\to 0(\rho\to 0),$$

因此 $f(x,y)$ 在点 $(0,0)$ 处可微.

当 $(x,y)\neq(0,0)$ 时,由 $f(x,y)$ 的表达式对 x 求偏导数得

$$f_x(x,y)=2x\sin\frac{1}{x^2+y^2}-\frac{2x}{x^2+y^2}\cos\frac{1}{x^2+y^2},$$

由于

$$\lim_{\substack{(x,y)\to(0,0)\\y=x}}f_x(x,y)=\lim_{x\to 0}\left(2x\sin\frac{1}{2x^2}-\frac{1}{x}\cos\frac{1}{2x^2}\right)$$

不存在,所以 $\lim\limits_{(x,y)\to(0,0)}f_x(x,y)$ 不存在,从而 $f_x(x,y)$ 在点 $(0,0)$ 处不连续.

同理可证 $f_y(x,y)$ 在点 $(0,0)$ 处不连续.

注 本例说明偏导数连续是可微的充分条件而非必要条件.

三、复合函数和隐函数求导法

【例 5】 设 $z=u^2v-uv^2$,而 $u=x\cos y, v=x\sin y$,求 $\dfrac{\partial z}{\partial x},\dfrac{\partial z}{\partial y}$.

解 复合结构如右链式图所示,根据链式法则,得

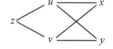

$$\frac{\partial z}{\partial x}=\frac{\partial z}{\partial u}\frac{\partial u}{\partial x}+\frac{\partial z}{\partial v}\frac{\partial v}{\partial x}=(2uv-v^2)\cos y+(u^2-2uv)\sin y$$

$$=3x^2\sin y\cos y(\cos y-\sin y),$$

$$\frac{\partial z}{\partial y}=\frac{\partial z}{\partial u}\frac{\partial u}{\partial y}+\frac{\partial z}{\partial v}\frac{\partial v}{\partial y}=(2uv-v^2)(-x\sin y)+(u^2-2uv)x\cos y$$

$$=-2x^3\sin y\cos y(\sin y+\cos y)+x^3(\sin^3 y+\cos^3 y).$$

注 复合函数求导时,可先分析复合结构,画出链式图,然后根据"分线相加、连线相乘"的链式迭加法则求导,并注意当变量之间是一元关系时用全导数记号,当变量之间是多元关系时用偏导数记号.

【例 6】 设 $u=f(x,xy,xyz)$,其中 f 可微,求 $\dfrac{\partial u}{\partial x},\dfrac{\partial u}{\partial y}$ 及 $\dfrac{\partial u}{\partial z}$.

解 设 $v=xy, w=xyz$,则 $u=f(x,v,w)$. 复合结构如右链式图所示,根据链式法则,有

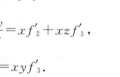

$$\frac{\partial u}{\partial x}=\frac{\partial f}{\partial x}+\frac{\partial f}{\partial v}\frac{\partial v}{\partial x}+\frac{\partial f}{\partial w}\frac{\partial w}{\partial x}=f_x+f_v\cdot y+f_w\cdot yz.$$

记 $f'_1=f_x(x,v,w), f'_2=f_v(x,v,w), f'_3=f_w(x,v,w)$,则

$$\frac{\partial u}{\partial x}=f'_1+yf'_2+yzf'_3.$$

同理,有

$$\frac{\partial u}{\partial y}=\frac{\partial f}{\partial v}\frac{\partial v}{\partial y}+\frac{\partial f}{\partial w}\frac{\partial w}{\partial y}=xf'_2+xzf'_3,$$

$$\frac{\partial u}{\partial z}=\frac{\partial f}{\partial w}\frac{\partial w}{\partial z}=xyf'_3.$$

注 为表达方便,常用 f'_1, f'_2 表示 $f(u,v)$ 分别对其自变量 u,v 的偏导数,用 $f''_{11}, f''_{12}, f''_{21}, f''_{22}$ 等表示 $f(u,v)$ 对其自变量 u,v 的二阶偏导数,如此类推. 在解题中可以不加说明而直接使用这些记号.

【例7】 设 $z = f(2x-y, y\sin x)$,其中 f 具有二阶连续偏导数,求 $\dfrac{\partial z}{\partial x}, \dfrac{\partial z}{\partial y}$ 及 $\dfrac{\partial^2 z}{\partial x \partial y}$.

解 复合结构如右链式图所示,图中①和②分别表示 f 的第一个和第二个中间变量. 由链式法则得

$$\dfrac{\partial z}{\partial x} = f'_1 \cdot \dfrac{\partial}{\partial x}(2x-y) + f'_2 \cdot \dfrac{\partial}{\partial x}(y\sin x)$$
$$= 2f'_1 + y\cos x f'_2,$$
$$\dfrac{\partial z}{\partial y} = f'_1 \cdot \dfrac{\partial}{\partial y}(2x-y) + f'_2 \cdot \dfrac{\partial}{\partial y}(y\sin x)$$
$$= -f'_1 + \sin x f'_2,$$

于是

$$\dfrac{\partial^2 z}{\partial x \partial y} = \dfrac{\partial}{\partial y}\left(\dfrac{\partial z}{\partial x}\right) = 2\dfrac{\partial f'_1}{\partial y} + y\cos x \dfrac{\partial f'_2}{\partial y} + \cos x f'_2. \qquad (*)$$

注意到 f'_1, f'_2 与 f 具有相同的复合结构(如右链式图所示),故有

$$\dfrac{\partial f'_1}{\partial y} = f''_{11} \cdot \dfrac{\partial}{\partial y}(2x-y) + f''_{12} \cdot \dfrac{\partial}{\partial y}(y\sin x) = -f''_{11} + \sin x f''_{12},$$
$$\dfrac{\partial f'_2}{\partial y} = f''_{21} \cdot \dfrac{\partial}{\partial y}(2x-y) + f''_{22} \cdot \dfrac{\partial}{\partial y}(y\sin x) = -f''_{21} + \sin x f''_{22},$$

将其代入 $(*)$ 式,并注意到 f''_{12}, f''_{21} 连续,从而 $f''_{21} = f''_{12}$,整理得

$$\dfrac{\partial^2 z}{\partial x \partial y} = -2f''_{11} + (2\sin x - y\cos x)f''_{12} + y\sin x \cos x f''_{22} + \cos x f'_2.$$

注 ① 对抽象复合函数 $z = f[u(x,y), v(x,y)]$ 求二阶偏导数时应注意到 f'_1, f'_2 仍是 x, y 的复合函数,且复合结构与 f 相同. 初学者可选画出链式图,然后据其写出二阶偏导数(或导数)的计算公式,这样才能确保运算不重复、不遗漏.

② 求二阶偏导数时如能注意到 $\dfrac{\partial f'_1}{\partial x}, \dfrac{\partial f'_2}{\partial x}$ 与 $\dfrac{\partial f}{\partial x}$ 的联系及 $\dfrac{\partial f'_1}{\partial y}, \dfrac{\partial f'_2}{\partial y}$ 与 $\dfrac{\partial f}{\partial y}$ 的联系,将会很容易写出 $\dfrac{\partial f'_1}{\partial x}, \dfrac{\partial f'_2}{\partial x}, \dfrac{\partial f'_1}{\partial y}, \dfrac{\partial f'_2}{\partial y}$ 的表达式.

【例8】 设 $z = f\left(xy, \dfrac{x}{y}\right) + g\left(\dfrac{x}{y}\right)$,其中 f 具有二阶连续偏导数,g 具有二阶连续导数,求 $\dfrac{\partial^2 z}{\partial x \partial y}$.

解 第一项、第二项都是 x, y 的复合函数,其复合结构如右图所示,所以

$$\dfrac{\partial z}{\partial x} = f'_1 \cdot \dfrac{\partial}{\partial x}(xy) + f'_2 \cdot \dfrac{\partial}{\partial x}\left(\dfrac{x}{y}\right) + g' \cdot \dfrac{\partial}{\partial x}\left(\dfrac{y}{x}\right)$$

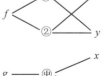

$$=yf'_1+\frac{1}{y}f'_2-\frac{y}{x^2}g',$$

$$\frac{\partial^2 z}{\partial x \partial y}=f'_1+y\frac{\partial f'_1}{\partial y}-\frac{1}{y^2}f'_2+\frac{1}{y}\frac{\partial f'_2}{\partial y}-\frac{1}{x^2}g'-\frac{y}{x^2}\frac{\partial g'}{\partial y}$$

$$=f'_1+y\cdot\left(xf''_{11}-\frac{x}{y^2}f''_{12}\right)-\frac{1}{y^2}f'_2+\frac{1}{y}\cdot\left(xf''_{21}-\frac{x}{y^2}f''_{22}\right)-\frac{1}{x^2}g'-\frac{y}{x^2}\cdot g''\cdot\frac{1}{x}$$

$$=xyf''_{11}-\frac{x}{y^3}f''_{22}+f'_1-\frac{1}{y^2}f'_2-\frac{y}{x^3}g''-\frac{1}{x^2}g'.$$

【例 9】 设函数 $z=f[xy,yg(x)]$,其中 f 具有二阶连续偏导数,$g(x)$ 可导且在 $x=1$ 处取得极值 $g(1)=1$,求 $\frac{\partial^2 z}{\partial x \partial y}\Big|_{\substack{x=1\\y=1}}$.

解
$$\frac{\partial z}{\partial x}=yf'_1+yg'(x)f'_2.$$

$$\frac{\partial^2 z}{\partial x \partial y}=f'_1+y[xf''_{11}+g(x)f''_{12}]+g'(x)f'_2+yg'(x)[xf''_{21}+g(x)f''_{22}].$$

因为 $g(x)$ 可导且在 $x=1$ 处取得极值 $g(1)=1$,所以 $g'(1)=0$,从而

$$\frac{\partial^2 z}{\partial x \partial y}\Big|_{\substack{x=1\\y=1}}=f'_1(1,1)+f''_{11}(1,1)+f''_{12}(1,1).$$

【例 10】 设 $z=z(x,y)$ 是由方程 $\frac{x}{z}=\ln\frac{z}{y}$ 所确定的函数,求 $\frac{\partial z}{\partial x},\frac{\partial z}{\partial y}$.

解法一（公式法） 设 $F(x,y,z)=\frac{x}{z}-\ln\frac{z}{y}$,则

$$F_x=\frac{1}{z},\quad F_y=-\frac{y}{z}\cdot\left(-\frac{z}{y^2}\right)=\frac{1}{y},\quad F_z=-\frac{x}{z^2}-\frac{y}{z}\cdot\frac{1}{y}=-\frac{x+z}{z^2},$$

所以 $\quad\frac{\partial z}{\partial x}=-\frac{F_x}{F_z}=-\frac{\frac{1}{z}}{-\frac{x+z}{z^2}}=\frac{z}{x+z},\quad \frac{\partial z}{\partial y}=-\frac{F_y}{F_z}=-\frac{\frac{1}{y}}{-\frac{x+z}{z^2}}=\frac{z^2}{y(x+z)}.$

解法二（直接法） 方程两边对 x 求偏导,并注意 z 是 x,y 的函数,得

$$\frac{1}{z}-\frac{x}{z^2}\frac{\partial z}{\partial x}=\frac{y}{z}\cdot\frac{1}{y}\frac{\partial z}{\partial x},$$

解出 $\frac{\partial z}{\partial x}$,得
$$\frac{\partial z}{\partial x}=\frac{z}{x+z}.$$

再在所给方程两边对 y 求偏导,得

$$-\frac{x}{z^2}\frac{\partial z}{\partial y}=\frac{y}{z}\cdot\left(-\frac{z}{y^2}+\frac{1}{y}\frac{\partial z}{\partial y}\right),$$

解出 $\frac{\partial z}{\partial y}$,得
$$\frac{\partial z}{\partial y}=\frac{z^2}{y(x+z)}.$$

解法三（微分法） 在方程两边求微分,有

$$\frac{z\mathrm{d}x-x\mathrm{d}z}{z^2}=\frac{y}{z}\cdot\frac{y\mathrm{d}z-z\mathrm{d}y}{y^2},$$

解出 $\mathrm{d}z$,得
$$\mathrm{d}z=\frac{yz\mathrm{d}x+z^2\mathrm{d}y}{y(x+z)},$$

所以 $\dfrac{\partial z}{\partial x} = \dfrac{z}{x+z}$, $\dfrac{\partial z}{\partial y} = \dfrac{z^2}{y(x+z)}$.

注 公式法、直接法和微分法是隐函数求导的三种常用方法. 以求由方程 $F(x,y,z)=0$ 所确定的隐函数 $z=z(x,y)$ 的偏导数为例,说明如下.

① 公式法:将方程中所有非零项移到等式左边,并令其为 $F(x,y,z)$,将 x,y,z 看作独立变量,求出 $F(x,y,z)$ 对 x,y,z 的偏导数 F_x, F_y, F_z,然后利用公式 $\dfrac{\partial z}{\partial x} = -\dfrac{F_x}{F_z}$, $\dfrac{\partial z}{\partial y} = -\dfrac{F_y}{F_z}$ 得到所求偏导数.

② 直接法:方程两边同时对 x(或 y)求偏导,注意此时应将 x,y 看成独立变量,而 z 是 x,y 的函数,得到含 $\dfrac{\partial z}{\partial x}\left(\text{或 }\dfrac{\partial z}{\partial y}\right)$ 的方程,从中解出 $\dfrac{\partial z}{\partial x}\left(\text{或 }\dfrac{\partial z}{\partial y}\right)$.

③ 微分法:方程两边同时求微分(微分运算中所有变量都是独立的),整理成 $\mathrm{d}z = P(x,y)\mathrm{d}x + Q(x,y)\mathrm{d}y$,则 $\dfrac{\partial z}{\partial x} = P(x,y)$, $\dfrac{\partial z}{\partial y} = Q(x,y)$.

【例 11】 设 $y=y(x), z=z(x)$ 是由方程 $z=xf(x+y)$ 和 $F(x,y,z)=0$ 所确定的函数,其中 f 和 F 分别具有一阶连续导数和一阶连续偏导数,求 $\dfrac{\mathrm{d}z}{\mathrm{d}x}$.

解 方程组 $\begin{cases} z = xf(x+y), \\ F(x,y,z) = 0 \end{cases}$ 两边对 x 求导,并注意 y, z 都是 x 的函数,得

$$\begin{cases} \dfrac{\mathrm{d}z}{\mathrm{d}x} = f + xf' \cdot \left(1 + \dfrac{\mathrm{d}y}{\mathrm{d}x}\right), \\ F_x + F_y \dfrac{\mathrm{d}y}{\mathrm{d}x} + F_z \dfrac{\mathrm{d}z}{\mathrm{d}x} = 0, \end{cases}$$

解得 $\dfrac{\mathrm{d}z}{\mathrm{d}x} = \dfrac{(f+xf')F_y - xf'F_x}{F_y + xf'F_z} \quad (F_y + xf'F_z \neq 0)$.

注 求由方程组确定的隐函数的偏导数时,公式较难记,因此通常用直接法来求.

【例 12】 设 $y=f(x,t)$,而 $t=t(x,y)$ 是由方程 $F(x,y,t)=0$ 所确定的函数,其中 f, F 都具有一阶连续偏导数,试证:

$$\dfrac{\mathrm{d}y}{\mathrm{d}x} = \dfrac{f_x F_t - f_t F_x}{F_t + f_t F_y}.$$

证法一 将 $t=t(x,y)$ 代入 $y=f(x,t)$,得

$$y = f(x, t(x,y)),$$

该方程确定了一元函数 $y=y(x)$. 方程两边对 x 求导,得

$$\dfrac{\mathrm{d}y}{\mathrm{d}x} = f_x + f_t \cdot \left(\dfrac{\partial t}{\partial x} + \dfrac{\partial t}{\partial y} \cdot \dfrac{\mathrm{d}y}{\mathrm{d}x}\right),$$

解得 $\dfrac{\mathrm{d}y}{\mathrm{d}x} = \dfrac{f_x + f_t \dfrac{\partial t}{\partial x}}{1 - f_t \cdot \dfrac{\partial t}{\partial y}}$. (*)

又因 $t=t(x,y)$ 是由 $F(x,y,t)=0$ 所确定的函数,故有

$$\frac{\partial t}{\partial x}=-\frac{F_x}{F_t},\quad \frac{\partial t}{\partial y}=-\frac{F_y}{F_t},$$

将其代入(*)式,得

$$\frac{\mathrm{d}y}{\mathrm{d}x}=\frac{f_x+f_t\cdot\left(-\dfrac{F_x}{F_t}\right)}{1-f_t\cdot\left(-\dfrac{F_y}{F_t}\right)}=\frac{f_xF_t-f_tF_x}{F_t+f_tF_y}.$$

证法二 方程组 $\begin{cases} y=f(x,t),\\ F(x,y,t)=0\end{cases}$ 确定了两个一元函数 $y=y(x)$ 和 $t=t(x)$,方程组两边对 x 求导,得

$$\begin{cases}\dfrac{\mathrm{d}y}{\mathrm{d}x}=f_x+f_t\dfrac{\mathrm{d}t}{\mathrm{d}x},\\ F_x+F_y\dfrac{\mathrm{d}y}{\mathrm{d}x}+F_t\dfrac{\mathrm{d}t}{\mathrm{d}x}=0,\end{cases}$$

解得

$$\frac{\mathrm{d}y}{\mathrm{d}x}=\frac{f_xF_t-f_tF_x}{F_t+f_tF_y}.$$

证法三 方程组 $\begin{cases} y=f(x,t),\\ F(x,y,t)=0\end{cases}$ 两边求微分,得

$$\begin{cases}\mathrm{d}y=f_x\mathrm{d}x+f_t\mathrm{d}t,\\ F_x\mathrm{d}x+F_y\mathrm{d}y+F_t\mathrm{d}t=0,\end{cases}$$

消去 $\mathrm{d}t$,得

$$\frac{\mathrm{d}y}{\mathrm{d}x}=\frac{f_xF_t-f_tF_x}{F_t+f_tF_y}.$$

注 用直接法求由方程(组)确定的隐函数的导数或偏导数时,首先应明确函数的结构,即由方程(组)确定了几个几元函数,哪些变量是自变量,哪些变量是因变量(函数),这样才能使得求导运算中不出错.用不同的方法解题,函数结构可能是不同的,如本题第一种解法中 t 是 x,y 的二元函数,而第二种解法中 t 是 x 的一元函数.当函数关系比较复杂时,建议用方程组的方法(本例第二种解法),这样比较容易确定函数关系,不易出错.

【例 13】 设 $f(u,v)$ 可微,$z=z(x,y)$ 由方程 $(x+1)z-y^2=x^2f(x-z,y)$ 确定,求全微分 $\mathrm{d}z\big|_{(0,1)}$.

解 $x=0,y=1$ 时,由方程得 $z=1$. 令 $F=(x+1)z-y^2-x^2f(x-z,y)$,点 $M(0,1,1)$,则

$$F_x\big|_M=[z-2xf(x-z,y)-x^2f'_1(x-z,y)]\big|_M=1,$$
$$F_y\big|_M=[-2y-x^2f'_2(x-z,y)]\big|_M=-2,$$
$$F_z\big|_M=[(x+1)-x^2f'_1(x-z,y)(-1)]\big|_M=1.$$

于是

$$\frac{\partial z}{\partial x}\bigg|_M=-\frac{F_x}{F_z}\bigg|_M=-1,\quad \frac{\partial z}{\partial y}\bigg|_M=-\frac{F_y}{F_z}\bigg|_M=2,$$

$$\mathrm{d}z\big|_M=\frac{\partial z}{\partial x}\bigg|_M\mathrm{d}x+\frac{\partial z}{\partial y}\bigg|_M\mathrm{d}y=-\mathrm{d}x+2\mathrm{d}y.$$

四、方向导数与梯度

【例 14】 设函数 $f(x,y)=x^2-2xy+y^2$. 求:
(1) $\mathbf{grad}\,f(2,3)$; (2) $f(x,y)$ 在点 $(2,3)$ 处的方向导数的最大值.

解 (1) $\mathbf{grad}\,f(2,3)=(2x-2y,2y-2x)\Big|_{\substack{x=2\\y=3}}=(-2,2)$.

(2) $f(x,y)$ 在点 $(2,3)$ 的方向导数的最大值等于梯度 $\mathbf{grad}\,f(2,3)$ 的模,即

$$\max\left(\frac{\partial f}{\partial l}\Big|_{\substack{x=2\\y=3}}\right)=|\mathbf{grad}\,f(2,3)|=\sqrt{(-2)^2+2^2}=2\sqrt{2}.$$

【例 15】 设 $\boldsymbol{n}$ 是曲面 $2x^2+3y^2+z^2=6$ 在点 $P(1,1,1)$ 处的指向外侧的法向量,试求函数 $u=\dfrac{\sqrt{6x^2+8y^2}}{z}$ 在点 P 处沿方向 $\boldsymbol{n}$ 的方向导数.

解 曲面 $2x^2+3y^2+z^2=6$ 在点 $P(1,1,1)$ 处的法向量为

$$\pm(4x,6y,2z)\Big|_P=\pm 2(2,3,1),$$

因为法向量指向外侧,故取正号,并单位化,得 $\boldsymbol{n}=\dfrac{1}{\sqrt{14}}(2,3,1)$. 又

$$\mathbf{grad}\,u\Big|_P=\left(\frac{6x}{z\sqrt{6x^2+8y^2}},\frac{8y}{z\sqrt{6x^2+8y^2}},-\frac{\sqrt{6x^2+8y^2}}{z^2}\right)\Bigg|_P$$

$$=\left(\frac{6}{\sqrt{14}},\frac{8}{\sqrt{14}},-\sqrt{14}\right),$$

所以 $\dfrac{\partial u}{\partial \boldsymbol{n}}\Big|_P=\mathbf{grad}\,u\Big|_P\cdot \boldsymbol{n}=\left(\dfrac{6}{\sqrt{14}},\dfrac{8}{\sqrt{14}},-\sqrt{14}\right)\cdot\dfrac{1}{\sqrt{14}}(2,3,1)=\dfrac{11}{7}.$

五、多元函数微分学的几何应用

【例 16】 求曲线 $\begin{cases}x^2+y^2+z^2=6,\\x^3+y+z^2=0\end{cases}$ 在点 $M(1,-2,1)$ 处的切线和法平面方程.

解 曲线在点 $M(1,-2,1)$ 处的切向量为

$$\boldsymbol{T}=\begin{vmatrix}\boldsymbol{i}&\boldsymbol{j}&\boldsymbol{k}\\2x&2y&2z\\3x^2&1&2z\end{vmatrix}_M=\begin{vmatrix}\boldsymbol{i}&\boldsymbol{j}&\boldsymbol{k}\\2&-4&2\\3&1&2\end{vmatrix}=(-10,2,14)=-2(5,-1,-7),$$

所以切线方程为

$$\frac{x-1}{5}=\frac{y+2}{-1}=\frac{z-1}{-7},$$

法平面方程为

$$5(x-1)-(y+2)-7(z-1)=0,$$

即

$$5x-y-7z=0.$$

【例 17】 证明:曲面 $xyz=1$ 的切平面与三个坐标面所围成的四面体的体积为一常数.

证 设 $F(x,y,z)=xyz-1$,则曲面 $xyz=1$ 上任一点 $M(x_0,y_0,z_0)$ 处的法向量为

$$\boldsymbol{n}=\mathbf{grad}\,F(x_0,y_0,z_0)=(y_0z_0,z_0x_0,x_0y_0),$$

因此曲面在点 M 处的切平面方程为

$$y_0z_0(x-x_0)+z_0x_0(y-y_0)+x_0y_0(z-z_0)=0,$$

即
$$\frac{x}{3x_0}+\frac{y}{3y_0}+\frac{z}{3z_0}=1.$$

它在三个坐标轴上的截距分别为 $3x_0,3y_0,3z_0$,注意到 $x_0y_0z_0=1$,可知该切平面与三个坐标轴所围成的四面体的体积为

$$V=\frac{1}{6}\cdot 3x_0\cdot 3y_0\cdot 3z_0=\frac{9}{2}$$

为一常数.

【例 18】 设曲面 $4z=x^2+y^2$ 在点 M 处的切平面为 Π,若 Π 过曲线 $x=t^2,y=t,z=3(t-1)$ 上对应于 $t=1$ 的点处的切线 L,求平面 Π 的方程.

解 设点 M 的坐标为 (x_0,y_0,z_0),则曲面在点 M 处的法向量为
$$\boldsymbol{n}=(2x_0,2y_0,-4)=2(x_0,y_0,-2),$$
所以切平面 Π 的方程为
$$x_0(x-x_0)+y_0(y-y_0)-2(z-z_0)=0,$$
即
$$x_0x+y_0y-2z-2z_0=0.$$

又曲线上对应于 $t=1$ 的点为 $N(1,1,0)$,曲线在点 N 处的切向量为
$$\boldsymbol{T}=(2t,1,3)\big|_{t=1}=(2,1,3),$$
所以切线 L 的方程为
$$\frac{x-1}{2}=\frac{y-1}{1}=\frac{z}{3}.$$

因平面 Π 过直线 L,故 L 上两点 $N(1,1,0)$ 和 $P(3,2,3)$ 必在平面 Π 上,从而有
$$\begin{cases} x_0+y_0-2z_0=0,\\ 3x_0+2y_0-6-2z_0=0,\\ 4z_0=x_0^2+y_0^2, \end{cases}$$

解得切点坐标为 $(2,2,2)$ 或 $\left(\frac{12}{5},\frac{6}{5},\frac{9}{5}\right)$,所以平面 Π 的方程为
$$x+y-z-2=0 \text{ 或 } 6x+3y-5z-9=0.$$

▶▶ 六、多元函数的极值

【例 19】 求函数 $f(x,y)=3x^2y+y^3-3x^2-3y^2+2$ 的极值.

解 令
$$\begin{cases} f_x(x,y)=6xy-6x=0,\\ f_y(x,y)=3x^2+3y^2-6y=0, \end{cases}$$
求得驻点 $(0,0),(0,2),(1,1)$ 和 $(-1,1)$.

再求出二阶偏导数
$$A=f_{xx}(x,y)=6y-6, B=f_{xy}(x,y)=6x, C=f_{yy}(x,y)=6y-6.$$

求出各驻点处 A,B,C 及 $AC-B^2$ 的值,列表如下:

(x,y)	$(0,0)$	$(0,2)$	$(1,1)$	$(-1,1)$
A	-6	6	0	0
B	0	0	6	-6
C	-6	6	0	0
$AC-B^2$	36	36	-36	-36

因此，$f(0,0)=2$ 为最大值，$f(0,2)=-2$ 为最小值.

【例 20】 求函数 $f(x,y)=x^2y(4-x-y)$ 在直线 $x+y=6$，x 轴和 y 轴所围的闭区域 D 上的最大值和最小值.

解 先求 $f(x,y)$ 在 D 内的驻点. 令
$$\begin{cases} f_x(x,y)=2xy(4-x-y)-x^2y=0, \\ f_y(x,y)=x^2(4-x-y)-x^2y=0, \end{cases}$$
解得 D 内的驻点 $(2,1)$，且 $f(2,1)=4$.

再求 $f(x,y)$ 在 D 的边界上的最值.

在边界 $x=0$ 和 $y=0$ 上，$f(x,y)=0$.

在边界 $x+y=6$ 上，$y=6-x$，代入 $f(x,y)$，得
$$\varphi(x)=f(x,6-x)=2x^2(x-6),x\in(0,6).$$
令 $\varphi'(x)=6x^2-24x=0$，得 $(0,6)$ 内的驻点 $x=4$，此时 $y=2$，$f(4,2)=-64$.

经比较知，在区域 D 上，$f(2,1)=4$ 为最大值，$f(4,2)=-64$ 为最小值.

注 求有界闭区域上连续函数的最值，须先求出区域内的可能极值点（驻点和不可导点）处的函数值，再求出函数在边界上的最值，最后经比较得出闭区域上的最值.

【例 21】 已知函数 $z=f(x,y)$ 的全微分为 $dz=2xdx-2ydy$，并且 $f(1,1)=2$. 求 $f(x,y)$ 在椭圆域 $D=\{(x,y)|4x^2+y^2\leqslant 4\}$ 上的最大值和最小值.

解法一 由 $dz=2xdx-2ydz$ 可知 $f(x,y)=x^2-y^2+C$，再由 $f(1,1)=2$ 得 $C=2$. 故
$$f(x,y)=x^2-y^2+2.$$

先求 $f(x,y)$ 在 D 内的驻点. 令
$$\begin{cases} f_x(x,y)=2x=0, \\ f_y(x,y)=2y=0, \end{cases}$$
解得 D 内的驻点 $(0,0)$，且 $f(0,0)=2$.

再求 $f(x,y)$ 在 D 的边界上的最值. 因在 D 的边界上，有 $y^2=4-4x^2$，将其代入 $f(x,y)$，得
$$\varphi(x)=f[x,y(x)]=x^2-(4-4x^2)+2=5x^2-2(-1\leqslant x\leqslant 1),$$
比较其在驻点 $x=0$ 和端点 $x=\pm 1$ 处的函数值 $\varphi(0)=-2$ 和 $\varphi(\pm 1)=3$ 知，它们分别为 $\varphi(x)$ 在 $[-1,1]$ 上的最小值和最大值，即 $f(x,y)$ 在 D 的边界上的最小值和最大值分别为 $f(0,\pm 2)=\varphi(0)=-2$ 和 $f(\pm 1,0)=\varphi(\pm 1)=3$.

比较 $f(0,0),f(\pm 1,0),f(0,\pm 2)$ 知，$f(x,y)$ 在 D 上的最大值为 $f(\pm 1,0)=3$，最小值为 $f(0,\pm 2)=-2$.

解法二 前同解法一. 现求函数 $f(x,y)$ 在区域 D 的边界上的最值，即在条件 $4x^2+y^2-4=0$ 下求函数 $f(x,y)$ 的最值.

作拉格朗日函数 $L(x,y,\lambda)=x^2-y^2+2+\lambda(4x^2+y^2-4)$，令

$$\begin{cases} L_x=2x+8\lambda x=0, \\ L_y=-2y+2\lambda y=0, \\ 4x^2+y^2-4=0, \end{cases}$$

解得驻点 $(0,\pm 2)$，$(\pm 1,0)$. 计算得 $f(0,\pm 2)=-2$，$f(\pm 1,0)=3$.

比较 $f(0,0)$，$f(\pm 1,0)$，$f(0,\pm 2)$ 知，$f(x,y)$ 在 D 上的最大值为 $f(\pm 1,0)=3$，最小值为 $f(0,\pm 2)=-2$.

注 本例第二种解法给出了边界曲线方程不可显化时求函数在区域边界上最值的一般方法.

【例 22】 已知曲线 $C: \begin{cases} x^2+y^2-2z^2=0, \\ x+y+3z=5, \end{cases}$ 求曲线 C 上距离 xOy 面最近的点和最远的点.

解 问题即为在条件 $x^2+y^2-2z^2=0$，$x+y+3z=5$ 下求 $|z|$ 的最值. 为方便计算，转化为求 z^2 的最值.

作拉格朗日函数

$$L(x,y,z,\lambda,\mu)=z^2+\lambda(x^2+y^2-2z^2)+\mu(x+y+3z-5),$$

令

$$\begin{cases} L_x=2\lambda x+\mu=0, \\ L_y=2\lambda y+\mu=0, \\ L_z=2z-4\lambda z+3\mu=0, \\ x^2+y^2-2z^2=0, \\ x+y+3z=5, \end{cases}$$

解得 $x=1,y=1,z=1$ 或 $x=-5,y=-5,z=5$.

根据几何意义，曲线 C 上存在距离 xOy 平面最近的点和最远的点，故 $(1,1,1)$ 即为最近点，而 $(-5,-5,5)$ 即为最远点.

【例 23】 设生产某种产品必须投入两种要素，x_1 和 x_2 分别为两种要素的投入量，Q 为产出量. 若生产函数为 $Q=2x_1^\alpha x_2^\beta$，其中 α,β 为正常数，且 $\alpha+\beta=1$. 假设两种要素的价格分别为 p_1 和 p_2，试问当产出量为 12 时，两种要素各投入多少可使得投入总费用最小？

解 问题归结为：在产出量 $2x_1^\alpha x_2^\beta=12$ 的条件下，求总费用 $p_1x_1+p_2x_2$ 的最小值. 为此作拉格朗日函数 $L(x_1,x_2,\lambda)=p_1x_1+p_2x_2+\lambda(2x_1^\alpha x_2^\beta-12)$，令

$$\begin{cases} \dfrac{\partial L}{\partial x_1}=p_1+2\lambda\alpha x_1^{\alpha-1}x_2^\beta=0, \\ \dfrac{\partial L}{\partial x_2}=p_2+2\lambda\beta x_1^\alpha x_2^{\beta-1}=0, \\ 2x_1^\alpha x_2^\beta=12, \end{cases}$$

解得驻点 $x_1=6\left(\dfrac{p_2\alpha}{p_1\beta}\right)^\beta$，$x_2=6\left(\dfrac{p_1\beta}{p_2\alpha}\right)^\alpha$.

因驻点唯一，且实际问题存在最小值，故当 $x_1=6\left(\dfrac{p_2\alpha}{p_1\beta}\right)^\beta$，$x_2=6\left(\dfrac{p_1\beta}{p_2\alpha}\right)^\alpha$ 时，投入的总费

用最小.

> **注** 当条件极值的约束条件 $\varphi(x,y)=C$ 中的 $\varphi(x,y)$ 以乘积形式出现时,取对数后再计算,往往会使计算过程大大简化.

【例24】 已知 $z=z(x,y)$ 由方程 $(x^2+y^2)z+\ln z+2(x+y+1)=0$ 确定,求 $z=z(x,y)$ 的极值.

解 方程两边分别对 x,y 求偏导,得

$$2xz+(x^2+y^2)\frac{\partial z}{\partial x}+\frac{1}{z}\frac{\partial z}{\partial x}+2=0, \qquad ①$$

$$2yz+(x^2+y^2)\frac{\partial z}{\partial y}+\frac{1}{z}\frac{\partial z}{\partial y}+2=0, \qquad ②$$

令 $\frac{\partial z}{\partial x}=0, \frac{\partial z}{\partial y}=0$,得 $y=x$,代入原方程,得驻点 $x_0=y_0=-1$,此时 $z_0=1$.

①式两边分别对 x,y 求偏导,得

$$2z+4x\frac{\partial z}{\partial x}+(x^2+y^2)\frac{\partial^2 z}{\partial x^2}-\frac{1}{z^2}\left(\frac{\partial z}{\partial x}\right)^2+\frac{1}{z}\frac{\partial^2 z}{\partial x^2}=0, \qquad ③$$

$$2x\frac{\partial z}{\partial y}+2y\frac{\partial z}{\partial x}+(x^2+y^2)\frac{\partial^2 z}{\partial x\partial y}-\frac{1}{z^2}\frac{\partial z}{\partial x}\cdot\frac{\partial z}{\partial y}+\frac{1}{z}\frac{\partial^2 z}{\partial x\partial y}=0. \qquad ④$$

②式两边对 y 求偏导,得

$$2z+4y\frac{\partial z}{\partial y}+(x^2+y^2)\frac{\partial^2 z}{\partial y^2}-\frac{1}{z^2}\left(\frac{\partial z}{\partial y}\right)^2+\frac{1}{z}\frac{\partial^2 z}{\partial y^2}=0. \qquad ⑤$$

将 $x=-1, y=-1, z=1, \frac{\partial z}{\partial x}=\frac{\partial z}{\partial y}=0$ 代入③④⑤,得

$$A=\frac{\partial^2 z}{\partial x^2}=-\frac{2}{3}, B=\frac{\partial^2 z}{\partial x\partial y}=0, C=\frac{\partial^2 z}{\partial y^2}=-\frac{2}{3}.$$

由 $AC-B^2=\frac{4}{9}>0, A<0$ 得极大值 $z(-1,-1)=1$.

【例25】 设有一小山,取其底面所在的平面为 xOy 坐标面,其底部所占的区域为 $D=\{(x,y)|x^2+y^2-xy\leqslant 75\}$,小山的高度函数为 $h(x,y)=75-x^2-y^2+xy$.

(1) 设 $M(x_0,y_0)\in D$,问 $h(x,y)$ 在该点沿平面上什么方向的方向导数最大?若记此方向导数的最大值为 $g(x_0,y_0)$,试写出 $g(x_0,y_0)$ 的表达式.

(2) 现欲利用此小山开展攀岩活动,为此需在山脚找一上山坡度最大的点作为攀登的起点.即要在 D 的边界曲线 $x^2+y^2-xy=75$ 上找出使(1)中的 $g(x,y)$ 达到最大值的点. 试确定攀登起点的位置.

解 (1) 由梯度的几何意义知,$h(x,y)$ 在点 (x_0,y_0) 处沿梯度

$$\mathbf{grad}h(x_0,y_0)=(y_0-2x_0)\boldsymbol{i}+(x_0-2y_0)\boldsymbol{j}$$

方向的方向导数最大,方向导数的最大值为梯度的模,即

$$g(x_0,y_0)=\sqrt{(y_0-2x_0)^2+(x_0-2y_0)^2}=\sqrt{5x_0^2+5y_0^2-8x_0y_0}.$$

(2) 问题即在条件 $x^2+y^2-xy=75$ 下求 $g^2(x,y)=5x^2+5y^2-8xy$ 的最大值. 作拉格朗日函数

$$L(x,y,\lambda)=5x^2+5y^2-8xy+\lambda(x^2+y^2-xy-75),$$

令
$$\begin{cases} L_x = 10x - 8y + \lambda(2x - y) = 0, \\ L_y = 10y - 8x + \lambda(2y - x) = 0, \\ x^2 + y^2 - xy = 75, \end{cases}$$

解得驻点 $(\pm 5, \mp 5), (\pm 5\sqrt{3}, \pm 5\sqrt{3})$。由于
$$g(\pm 5, \mp 5) = \sqrt{450}, g(\pm 5\sqrt{3}, \pm 5\sqrt{3}) = \sqrt{150},$$
故 $(5, -5)$ 和 $(-5, 5)$ 可作为攀登起点.

竞赛题选解

【例 1】(江苏省 2006 年竞赛) 设 $f(x,y) = \begin{cases} \dfrac{x-y}{x^2+y^2} \tan(x^2+y^2), & (x,y) \neq (0,0) \\ 0, & (x,y) = (0,0) \end{cases}$,证明 $f(x,y)$ 在 $(0,0)$ 处可微,并求 $\mathrm{d}f(x,y)\big|_{(0,0)}$.

解 $f_x(0,0) = \lim\limits_{x \to 0} \dfrac{f(x,0) - f(0,0)}{x} = \lim\limits_{x \to 0} \dfrac{x \tan x^2}{x^3} = 1$,

$f_y(0,0) = \lim\limits_{y \to 0} \dfrac{f(0,y) - f(0,0)}{y} = \lim\limits_{y \to 0} \dfrac{-y \tan y^2}{y^3} = -1$.

令 $\omega = [f(x,y) - f(0,0)] - [f_x(0,0)x + f_y(0,0)y]$
$= f(x,y) - x + y.$

因 $\lim\limits_{\substack{x \to 0 \\ y \to 0}} \dfrac{\omega}{\sqrt{x^2+y^2}} = \lim\limits_{\rho \to 0} \dfrac{\rho(\cos\theta - \sin\theta)\left(\dfrac{\tan\rho^2}{\rho^2} - 1\right)}{\rho} = 0,$

所以 $f(x,y)$ 在 $(0,0)$ 处可微,$\mathrm{d}f(x,y)\big|_{(0,0)} = \mathrm{d}x - \mathrm{d}y$.

【例 2】(江苏省 2012 年竞赛) 设函数 $f(x,y)$ 在平面区域 D 上可微,线段 PQ 位于 D 内,已知点 P,Q 的坐标分别为 $P(a,b), Q(x,y)$,证明:在线段 PQ 上存在点 $M(\xi,\eta)$,使得
$$f(x,y) = f(a,b) + f_x(\xi,\eta)(x-a) + f_y(\xi,\eta)(y-b).$$

证 令 $F(t) = f[a+t(x-a), b+t(y-b)]$,则 $F(t)$ 在 $[0,1]$ 上连续,$(0,1)$ 内可导,应用拉格朗日中值定值,存在 $\theta \in (0,1)$,使得
$$F(1) - F(0) = F'(\theta)(1-0) = F'(\theta).$$

因为 $F'(t) = f_x[a+t(x-a), b+t(y-b)] \cdot (x-a) + f_y[a+t(x-a), b+t(y-b)] \cdot (y-b)$,
令 $\xi = a + \theta(x-a), \eta = b + \theta(y-b)$,点 $M(\xi,\eta)$ 显然位于线段 PQ 上,又 $F(0) = f(a,b), F(1) = f(x,y)$,因此得
$$f(x,y) = f(a,b) + f_x(\xi,\eta)(x-a) + f_y(\xi,\eta)(y-b).$$

【例 3】(江苏省 2008 年竞赛) 已知函数 $u(x,y)$ 具有连续的二阶偏导数,算子 A 定义为 $Au = x\dfrac{\partial u}{\partial x} + y\dfrac{\partial y}{\partial y}.$

(1) 求 $A(u-Au)$；

(2) 利用结论(1)，以 $\xi=\dfrac{y}{x},y=x-y$ 为新的自变量，改变方程 $x^2\dfrac{\partial^2 u}{\partial x^2}+2xy\dfrac{\partial^2 u}{\partial x\partial y}+y^2\dfrac{\partial^2 u}{\partial y^2}=0$ 的形式.

解 (1) $A(u-Au)=A\left(u-x\dfrac{\partial u}{\partial x}-y\dfrac{\partial u}{\partial y}\right)$

$$=x\dfrac{\partial}{\partial x}\left(u-x\dfrac{\partial u}{\partial x}-y\dfrac{\partial u}{\partial y}\right)+y\dfrac{\partial}{\partial y}\left(u-x\dfrac{\partial u}{\partial x}-y\dfrac{\partial u}{\partial y}\right)$$

$$=x\left(-x\dfrac{\partial^2 u}{\partial x^2}-y\dfrac{\partial^2 u}{\partial x\partial y}\right)+y\left(-x\dfrac{\partial^2 u}{\partial x\partial y}-y\dfrac{\partial^2 u}{\partial y^2}\right)$$

$$=-\left(x^2\dfrac{\partial^2 u}{\partial x^2}+2xy\dfrac{\partial^2 u}{\partial x\partial y}+y^2\dfrac{\partial^2 u}{\partial y^2}\right).$$

(2) 由(1)微分方程为 $A(u-Au)=0$，又

$$Au=x\dfrac{\partial u}{\partial x}+y\dfrac{\partial u}{\partial y}=x\left[\dfrac{\partial u}{\partial \xi}\left(-\dfrac{y}{x^2}\right)+\dfrac{\partial u}{\partial \eta}\right]+y\left(\dfrac{\partial u}{\partial \xi}\cdot\dfrac{1}{x}-\dfrac{\partial u}{\partial \eta}\right)$$

$$=(x-y)\dfrac{\partial u}{\partial \eta}=\eta\dfrac{\partial u}{\partial \eta},$$

$$A(u-Au)=A\left(u-\eta\dfrac{\partial u}{\partial \eta}\right)=\eta\dfrac{\partial}{\partial \eta}\left(u-\eta\dfrac{\partial u}{\partial \eta}\right)$$

$$=\eta\left(\dfrac{\partial u}{\partial \eta}-\dfrac{\partial u}{\partial \eta}-\eta\dfrac{\partial^2 u}{\partial \eta^2}\right)=-\eta^2\dfrac{\partial^2 u}{\partial \eta^2},$$

于是原方程化为 $\dfrac{\partial^2 u}{\partial \eta^2}=0.$

【例4】(江苏省2010年竞赛) 如图9.1所示，四边形 $ABCD$ 是等腰梯形，$BC\parallel AD$，$AB+BC+CD=8$，求 AB,BC,AD 的长，使该梯形绕 AD 旋转一周所得旋转体的体积最大.

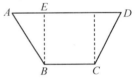

图 9.1

解 令 $BC=x,AD=y(0<x<y<8)$，则 $AB=\dfrac{8-x}{2}.$

设 $BE\perp AD$，则

$$AE=\dfrac{y-x}{2},BE=\sqrt{\left(\dfrac{8-x}{2}\right)^2-\left(\dfrac{y-x}{2}\right)^2},$$

于是 $V=\dfrac{2}{3}\pi\cdot BE^2\cdot AE+\pi x\cdot BE^2=\pi\left[\left(\dfrac{8-x}{2}\right)^2-\left(\dfrac{y-x}{2}\right)^2\right]\dfrac{2x+y}{3}$

$$=\dfrac{\pi}{12}(8-2x+y)(8-y)(2x+y).$$

由 $\begin{cases}\dfrac{\partial V}{\partial x}=\dfrac{2\pi}{3}(8-y)(2-x)=0,\\ \dfrac{\partial V}{\partial y}=\dfrac{\pi}{12}[(8-y)(2x+y)-(8-2x+y)(2x+y)+(8-2x+y)(8-y)]=0,\end{cases}$

解得唯一驻点 $P(2,4)$，由于

$$A=\dfrac{\partial^2 V}{\partial x^2}\bigg|_P=-\dfrac{8\pi}{3},B=\dfrac{\partial^2 V}{\partial x\partial y}\bigg|_P=0,C=\dfrac{\partial^2 V}{\partial y^2}\bigg|_P=-2\pi,$$

得 $B^2-AC=-\dfrac{16\pi^2}{3}<0, A<0$,所以 $x=2, y=4$ 时 V 取最大值.

于是 $AB=3, BC=2, AD=4$.

同步练习

▶▶ 一、选择题

1. 考虑二元函数 $f(x,y)$ 的下面四条性质:
① $f(x,y)$ 在点 (x_0, y_0) 处连续;
② $f(x,y)$ 在点 (x_0, y_0) 处的两个偏导数连续;
③ $f(x,y)$ 在点 (x_0, y_0) 处可微;
④ $f(x,y)$ 在点 (x_0, y_0) 处的两个偏导数存在.

若用 "$P \Rightarrow Q$" 表示可由性质 P 推出性质 Q,则有 ( )

(A) ②⇒③⇒①   (B) ③⇒②⇒①

(C) ③⇒④⇒①   (D) ③⇒①⇒④

2. 已知 $f(x,y)=e^{\sqrt{x^2+y^4}}$,则 ( )

(A) $f_x(0,0), f_y(0,0)$ 都存在   (B) $f_x(0,0)$ 不存在,$f_y(0,0)$ 存在

(C) $f_x(0,0)$ 存在,$f_y(0,0)$ 不存在   (D) $f_x(0,0), f_y(0,0)$ 都不存在

3. 设 $f(x,y)$ 可微,且对任意 (x,y) 都有 $\dfrac{\partial f}{\partial x}>0, \dfrac{\partial f}{\partial y}<0$,则使不等式 $f(x_1, y_1)>f(x_2, y_2)$ 成立的一个充分条件是 ( )

(A) $x_1<x_2, y_1<y_2$ (B) $x_1<x_2, y_1>y_2$

(C) $x_1>x_2, y_1<y_2$ (D) $x_1>x_2, y_1>y_2$

4. "$f_{xy}(x,y)$ 与 $f_{yx}(x,y)$ 在点 (x_0, y_0) 处连续"是"$f_{xy}(x_0, y_0)=f_{yx}(x_0, y_0)$"的 ( )

(A) 必要非充分条件   (B) 充分非必要条件

(C) 充分必要条件   (D) 既非必要也非充分条件

5. 设函数 $z=z(x,y)$ 由方程 $F\left(\dfrac{y}{x}, \dfrac{z}{x}\right)=0$ 确定,其中 F 为可微函数,且 $F_2' \neq 0$,则 $x\dfrac{\partial z}{\partial x}+y\dfrac{\partial z}{\partial y}=$ ( )

(A) x (B) z (C) $-x$ (D) $-z$

6. 曲面 $x^2+\cos(xy)+yz+x=0$ 在点 $(0,1,-1)$ 处的切平面方程为 ( )

(A) $x+y+z=0$ (B) $x-2y+z=-3$

(C) $x-y-z=0$ (D) $x-y+z=-2$

7. 函数 $f(x,y,z)=x^2y+z^2$ 在点 $(1,2,0)$ 处沿向量 $\boldsymbol{n}(1,2,2)$ 的方向导数为 ( )

(A) 12   (B) 6   (C) 4   (D) 2

8. "$f_x(x_0,y_0)=0, f_y(x_0,y_0)=0$"是"函数 $f(x,y)$ 在点 (x_0,y_0) 取得极值"的 ( )
(A) 必要非充分条件   (B) 充分非必要条件
(C) 充分必要条件   (D) 既非必要也非充分条件

9. 曲线 $\begin{cases} x^2+y^2+z^2=6, \\ x+y+z=0 \end{cases}$ 在点 $(1,-2,1)$ 处的切线一定平行于 ( )
(A) xOy 平面   (B) yOz 平面
(C) zOx 平面   (D) $2x+y+z=0$

10. 设 $f(x)$ 具有二阶连续导数,且 $f(x)>0, f'(0)=0$,则函数 $z=f(x)\ln f(y)$ 在点 $(0,0)$ 处取得极小值的一个充分条件是 ( )
(A) $f(0)>1, f''(0)>0$ (B) $f(0)>1, f''(0)<0$
(C) $f(0)<1, f''(0)>0$ (D) $f(0)<1, f''(0)<0$

二、填空题

1. 设 $z=f(x^2-y^2,e^{xy})$,其中 f 有一阶连续偏导数,则 $\dfrac{\partial z}{\partial x}=$ _____.

2. 设 $z=\left(\dfrac{y}{x}\right)^{\frac{x}{y}}$,则 $\dfrac{\partial z}{\partial x}\Big|_{(1,2)}=$ _____.

3. 设 $u=e^{-x}\sin\dfrac{x}{y}$,则 $\dfrac{\partial^2 u}{\partial x \partial y}\Big|_{\substack{x=2 \\ y=\frac{1}{\pi}}}=$ _____.

4. 设 $z=e^{\sin xy}$,则 $dz=$ _____.

5. 设 $z=xyf\left(\dfrac{y}{x}\right)$,其中 f 可微,则 $x\dfrac{\partial z}{\partial x}+y\dfrac{\partial z}{\partial y}=$ _____.

6. 设 $z=z(x,y)$ 由方程 $e^{2yz}+x+y^2+z=\dfrac{7}{4}$ 确定,则 $dz\big|_{(\frac{1}{2},\frac{1}{2})}=$ _____.

7. 曲面 $z=4-x^2-y^2$ 的一切平面平行于平面 $2x+2y+z-1=0$,则切点为_____.

8. 函数 $u=\ln(x+\sqrt{y^2+z^2})$ 在点 $A(1,0,1)$ 处沿点 $A(1,0,1)$ 指向点 $B(3,-2,2)$ 方向的方向导数为_____.

9. $f(x,y,z)=xy+\dfrac{z}{y}$ 在点 $(2,1,1)$ 处的梯度为_____.

10. 函数 $z=x^2+y^2$ 在条件 $\dfrac{x}{a}+\dfrac{y}{b}=1$ 下的极值为_____.

三、解答题

1. 求下列极限:
(1) $\lim\limits_{(x,y)\to(0,0)}\dfrac{\sin(xy)}{y}$;   (2) $\lim\limits_{(x,y)\to(0,0)}\dfrac{\sin(x^2y)-\tan(x^2y)}{x^6y^3}$.

2. 证明极限 $\lim\limits_{(x,y)\to(0,0)}\dfrac{xy}{x+y}$ 不存在.

3. 函数 $f(x,y)=\sqrt{|xy|}$ 在点 $(0,0)$ 处是否连续？偏导数是否存在？是否可微？

4. 设函数 $f(x,y)=\begin{cases}(x^2+y^2)\cos\dfrac{1}{\sqrt{x^2+y^2}}, & x^2+y^2\neq 0,\\ 0, & x^2+y^2=0.\end{cases}$

(1) 求 $f_x(0,0), f_y(0,0)$；

(2) 证明 $f_x(x,y), f_y(x,y)$ 在点 $(0,0)$ 处不连续；

(3) 证明 $f(x,y)$ 在点 $(0,0)$ 处可微.

5. 设函数 $F(x,y)=\int_0^{xy}\dfrac{\sin t}{1+t^2}dt$，求 $\dfrac{\partial^2 F}{\partial x^2}\Big|_{\substack{x=0\\y=2}}$.

6. 设 $x=u+v, y=uv, z=u^2+v^2$，求 $\dfrac{\partial z}{\partial x}, \dfrac{\partial z}{\partial y}$.

7. 证明利用变换 $\begin{cases}x=r\cos\theta,\\ y=r\sin\theta\end{cases}$ 可将方程 $\left(\dfrac{\partial u}{\partial x}\right)^2+\left(\dfrac{\partial u}{\partial y}\right)^2=0$ 变成 $\left(\dfrac{\partial u}{\partial r}\right)^2+\dfrac{1}{r^2}\left(\dfrac{\partial u}{\partial \theta}\right)^2=0$.

8. 设 $z=f(2x-y)+g(x,xy)$，其中 f 具有二阶导数，g 具有二阶连续偏导数，求 $\dfrac{\partial^2 z}{\partial x\partial y}$.

9. 已知 $f(u,v)$ 具有二阶连续偏导数，$f(1,1)=2$ 是 $f(u,v)$ 的极值，$z=f[x+y,f(x,y)]$，求 $\dfrac{\partial^2 z}{\partial x\partial y}\Big|_{(1,1)}$.

10. 设 $z=f(x+y,x-y,xy)$，其中 f 具有二阶连续偏导数，求 dz 与 $\dfrac{\partial^2 z}{\partial x\partial y}$.

11. 设 $z=z(x,y)$ 是由方程 $x^2+y^2-z=\varphi(x+y+z)$ 所确定的函数，其中 φ 具有二阶导数，且 $\varphi'\neq -1$. (1) 求 dz；(2) 记 $u(x,y)=\dfrac{1}{x-y}\left(\dfrac{\partial z}{\partial x}-\dfrac{\partial z}{\partial y}\right)$，求 $\dfrac{\partial u}{\partial x}$.

12. 设函数 $u=f(x,y,z)$ 有连续偏导数，$y=y(x)$ 和 $z=z(x)$ 分别由 $e^{xy}-y=0$ 和 $e^z-xz=0$ 确定，求 $\dfrac{du}{dx}$.

13. 设 $u=f(x,y,z), \varphi(x^2,e^y,z)=0, y=\sin x$，其中 f,φ 都有一阶连续偏导数，且 $\dfrac{\partial \varphi}{\partial z}\neq 0$，求 $\dfrac{du}{dx}$.

14. 设函数 $u=f(\sqrt{x^2+y^2})$ 有二阶连续偏导数，且满足
$$\dfrac{\partial^2 u}{\partial x^2}+\dfrac{\partial^2 u}{\partial y^2}=\sqrt{x^2+y^2},$$
求 u.

15. 已知 $f(x,y)=x+y+xy$，曲线 $C: x^2+y^2+xy=3$，求 $f(x,y)$ 在曲线 C 上的最大方向导数.

16. 求曲线 $\begin{cases}x=t,\\ y=-t^2,\\ z=t^3\end{cases}$ 的切线中与平面 $x+2y+z=4$ 平行的切线方程.

17. 求 $u=\ln x+\ln y+3\ln z$ 在球面 $x^2+y^2+z^2=5r^2 (x>0, y>0, z>0)$ 上的极大值，并

由此证明：对于任意正数 a,b,c，有 $abc^3 \leqslant 27\left(\dfrac{a+b+c}{5}\right)^5$.

18. 求函数 $f(x,y)=\left(y+\dfrac{x^3}{3}\right)\mathrm{e}^{x+y}$ 的极值.

19. 求函数 $u=x^2+y^2+z^2$ 在约束条件 $z=x^2+y^2$ 和 $x+y+z=4$ 下的最大值与最小值.

▶▶▶ 四、竞赛题

1.（江苏省2008年竞赛） 设 $f(x,y)=\begin{cases}\sqrt{x^2+y^2}+\dfrac{x^2y}{x^4+y^2}, & (x,y)\neq(0,0),\\ 0, & (x,y)=(0,0),\end{cases}$ 试讨论 $f(x,y)$ 在 $(0,0)$ 处的连续性、可偏导性、可微性.

2.（江苏省1996年竞赛） 函数 $u=xy^2z^3$ 在点 $(1,2,-1)$ 处沿曲面 $x^2+y^2=5$ 的外法向的方向导数为 _____.

3.（全国第六届初赛） 曲面 $S:z=x^2+2y^2$ 的平行于平面 $2x+2y+z=0$ 的切平面方程是 _____.

4.（全国第七届初赛） 设函数 $z=z(x,y)$ 由方程 $F\left(x+\dfrac{z}{y},y+\dfrac{z}{x}\right)=0$ 所确定，其中 $F(u,v)$ 具有连续偏导数，且 $xF_u+yF_v\neq 0$，则 $x\dfrac{\partial z}{\partial x}+y\dfrac{\partial z}{\partial y}=$ _____.

5.（全国第三届初赛） 设 $z=z(x,y)$ 是由方程 $F\left(z+\dfrac{1}{x},z-\dfrac{1}{y}\right)=0$ 确定的隐函数，且具有连续的二阶偏导数，以及 $F'_u(u,v)=F'_v(u,v)\neq 0$. 求证：$x^2\dfrac{\partial z}{\partial x}+y^2\dfrac{\partial z}{\partial y}=0$ 和 $x^3\dfrac{\partial^2 z}{\partial x^2}+xy(x+y)\dfrac{\partial^2 z}{\partial x\partial y}+y^2\dfrac{\partial^2 z}{\partial y^2}=0$.

6.（全国第四届初赛） 已知函数 $z=u(x,y)\mathrm{e}^{ax+by}$，且 $\dfrac{\partial^2 u}{\partial x\partial y}=0$，求 a 和 b，使 $z=z(x,y)$ 满足 $\dfrac{\partial^2 z}{\partial x\partial y}-\dfrac{\partial z}{\partial x}-\dfrac{\partial z}{\partial y}+z=0$.

7.（全国第四届决赛） 设函数 $f(u,v)$ 具有连续偏导数，且满足 $f_u(u,v)+f_v(u,v)=uv$，求 $y(x)=\mathrm{e}^{-2x}f(x,x)$ 所满足的一阶微分方程，并求其通解.

8.（江苏省2006年竞赛） 用拉格朗日乘数法求 $f(x,y)=x^2+\sqrt{2}xy+2y^2$ 在区域 $x^2+2y^2\leqslant 4$ 上的最大值与最小值.

第十章 重积分

主要内容与基本要求

▶▶ 一、知识结构

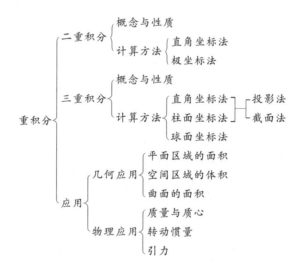

▶▶ 二、基本要求

(1) 理解二重积分的概念,了解三重积分的概念,了解重积分的性质.

(2) 掌握二重积分的计算方法(直角坐标、极坐标),会计算简单的三重积分(直角坐标、柱面坐标、*球面坐标).

(3) 了解科学技术问题中建立重积分表达式的元素法(微元法),会建立某些简单的几何量和物理量的积分表达式.

▶▶ 三、内容提要

1. 二重积分的概念与性质

(1) 二重积分的定义.

设 $f(x,y)$ 是有界闭区域 D 上的有界函数. 将 D 任意分成 n 个小闭区域 $\Delta\sigma_1, \Delta\sigma_2, \cdots, \Delta\sigma_n$,其中 $\Delta\sigma_i$ 同时表示该小闭区域的面积. 在每个小区域 $\Delta\sigma_i$ 上任取一点 (ξ_i, η_i),作和 $\sum_{i=1}^{n} f(\xi_i, \eta_i)\Delta\sigma_i$. 若当各小区域直径的最大值 λ 趋于零时,这和的极值总存在,则称此极限为函数 $f(x,y)$ 在 D 上的二重积分,记作 $\iint_D f(x,y)\mathrm{d}\sigma$,即

$$\iint_D f(x,y)\mathrm{d}\sigma = \lim_{\lambda \to 0}\sum_{i=1}^{n} f(\xi_i, \eta_i)\Delta\sigma_i,$$

其中 $f(x,y)$ 称为被积函数,$f(x,y)\mathrm{d}\sigma$ 称为被积表达式,$\mathrm{d}\sigma$ 称为面积元素,x 与 y 称为积分变量,D 称为积分区域,$\sum_{i=1}^{n} f(\xi_i, \eta_i)\Delta\sigma_i$ 称为积分和.

若函数 $f(x,y)$ 在有界闭区域 D 上连续,则二重积分 $\iint_D f(x,y)\mathrm{d}\sigma$ 存在.

(2) 二重积分的几何意义.

设 $f(x,y) \geqslant 0$,二重积分 $\iint_D f(x,y)\mathrm{d}\sigma$ 表示以曲面 $z = f(x,y)$ 为顶,以 D 为底,侧面是以 D 的边界曲线为准线,母线平行于 z 轴的柱面的曲顶柱体的体积.

(3) 二重积分的性质.

① 线性性:$\iint_D [\lambda f(x,y) + \mu g(x,y)]\mathrm{d}\sigma = \lambda\iint_D f(x,y)\mathrm{d}\sigma + \mu\iint_D g(x,y)\mathrm{d}\sigma$.

② 可加性:若 $D = D_1 + D_2$,则 $\iint_D f(x,y)\mathrm{d}\sigma = \iint_{D_1} f(x,y)\mathrm{d}\sigma + \iint_{D_2} f(x,y)\mathrm{d}\sigma$.

③ 保序性:若 $f(x,y) \leqslant g(x,y), (x,y) \in D$,则 $\iint_D f(x,y)\mathrm{d}\sigma \leqslant \iint_D g(x,y)\mathrm{d}\sigma$. 特别地,

$$\left|\iint_D f(x,y)\mathrm{d}\sigma\right| \leqslant \iint_D |f(x,y)|\mathrm{d}\sigma.$$

④ 估值不等式:$m\sigma \leqslant \iint_D f(x,y)\mathrm{d}\sigma \leqslant M\sigma$,其中 M 和 m 分别为 $f(x,y)$ 在 D 上的最大值和最小值,σ 为 D 的面积.

⑤ 中值定理:若函数 $f(x,y)$ 在有界闭区域 D 上连续,则在 D 上至少存在一点 (ξ, η),使得

$$\iint_D f(x,y)\mathrm{d}\sigma = f(\xi, \eta)\sigma,$$

其中 σ 为 D 的面积.

2. 二重积分的计算

(1) 利用直角坐标计算二重积分.

① 设平面区域 $D = \{(x,y) \mid y_1(x) \leqslant y \leqslant y_2(x), a \leqslant x \leqslant b\}$，则

$$\iint\limits_{D} f(x,y) \mathrm{d}x\mathrm{d}y = \int_a^b \mathrm{d}x \int_{y_1(x)}^{y_2(x)} f(x,y) \mathrm{d}y.$$

② 设平面区域 $D = \{(x,y) \mid x_1(y) \leqslant x \leqslant x_2(y), c \leqslant y \leqslant d\}$，则

$$\iint\limits_{D} f(x,y) \mathrm{d}x\mathrm{d}y = \int_c^d \mathrm{d}y \int_{x_1(y)}^{x_2(y)} f(x,y) \mathrm{d}x.$$

(2) 利用极坐标计算二重积分.

设平面区域 $D = \{(r,\theta) \mid \rho_1(\theta) \leqslant \rho \leqslant \rho_2(\theta), \alpha \leqslant \theta \leqslant \beta\}$，则

$$\iint\limits_{D} f(x,y) \mathrm{d}\sigma = \int_\alpha^\beta \mathrm{d}\theta \int_{\rho_1(\theta)}^{\rho_2(\theta)} f(\rho\cos\theta, \rho\sin\theta) \rho \mathrm{d}\rho.$$

(3) 二重积分的对称性.

① 奇偶对称性. 设区域 D 关于 y 轴 $(x=0)$ 对称，则

$$\iint\limits_{D} f(x,y) \mathrm{d}\sigma = \begin{cases} 2\iint\limits_{D^+} f(x,y) \mathrm{d}\sigma, & f(x,y) \text{ 关于 } x \text{ 为偶函数}, \\ 0, & f(x,y) \text{ 关于 } x \text{ 为奇函数}, \end{cases}$$

其中 $D^+ = \{(x,y) \mid (x,y) \in D, x \geqslant 0\}$.

若区域 D 关于 x 轴 $(y=0)$ 对称，也有类似的结论.

② 轮换对称性. 设区域 D 关于直线 $y = x$ 对称，则

$$\iint\limits_{D} f(x,y) \mathrm{d}\sigma = \iint\limits_{D} f(y,x) \mathrm{d}\sigma.$$

3. 三重积分的概念与性质

(1) 三重积分的定义.

设 $f(x,y,z)$ 是有界闭区域 Ω 上的有界函数. 将 Ω 任意分成 n 个小闭区域 $\Delta v_1, \Delta v_2, \cdots, \Delta v_n$，其中 Δv_i 同时表示该小闭区域的体积. 在每个小区域 Δv_i 上任取一点 (ξ_i, η_i, ζ_i)，作和 $\sum_{i=1}^{n} f(\xi_i, \eta_i, \zeta_i) \Delta v_i$. 若当各小区域直径的最大值 λ 趋于零时，这个和的极限总存在，则称此极限为函数 $f(x,y,z)$ 在 Ω 上的三重积分，记作 $\iiint\limits_{\Omega} f(x,y,z) \mathrm{d}v$，即

$$\iiint\limits_{\Omega} f(x,y,z) \mathrm{d}v = \lim_{\lambda \to 0} \sum_{i=1}^{n} f(\xi_i, \eta_i, \zeta_i) \Delta v_i,$$

其中 $f(x,y,z)$ 称为被积函数，$f(x,y,z)\mathrm{d}v$ 称为被积表达式，$\mathrm{d}v$ 称为体积元素，x, y 与 z 称为积分变量，Ω 称为积分区域，$\sum_{i=1}^{n} f(\xi_i, \eta_i, \zeta_i) \Delta v_i$ 称为积分和.

(2) 三重积分的性质.

二重积分的性质可推广到三重积分.

积分中值定理：设函数 $f(x,y,z)$ 在空间闭区域 Ω 上连续，V 是 Ω 的体积，则至少存在一点 $(\xi, \eta, \zeta) \in \Omega$，使

$$\iiint\limits_{\Omega} f(x,y,z) \mathrm{d}v = f(\xi, \eta, \zeta) V.$$

4. 三重积分的计算

(1) 利用直角坐标计算三重积分.

① 投影法. 设空间区域 $\Omega = \{(x,y,z) \mid z_1(x,y) \leqslant z \leqslant z_2(x,y), (x,y) \in D_{xy}\}$,其中 D_{xy} 是 Ω 在 xOy 面上的投影区域,则

$$\iiint\limits_{\Omega} f(x,y,z)\mathrm{d}x\mathrm{d}y\mathrm{d}z = \iint\limits_{D_{xy}} \mathrm{d}x\mathrm{d}y \int_{z_1(x,y)}^{z_2(x,y)} f(x,y,z)\mathrm{d}z.$$

进一步地,若 $D_{xy} = \{(x,y) \mid y_1(x) \leqslant y \leqslant y_2(x), a \leqslant x \leqslant b\}$,则

$$\iiint\limits_{\Omega} f(x,y,z)\mathrm{d}x\mathrm{d}y\mathrm{d}z = \int_a^b \mathrm{d}x \int_{y_1(x)}^{y_2(x)} \mathrm{d}y \int_{z_1(x,y)}^{z_2(x,y)} f(x,y,z)\mathrm{d}z.$$

类似地,若将积分区域 Ω 向 yOz 面或 zOx 面投影,有

$$\iiint\limits_{\Omega} f(x,y,z)\mathrm{d}x\mathrm{d}y\mathrm{d}z = \iint\limits_{D_{yz}} \mathrm{d}y\mathrm{d}z \int_{x_1(y,z)}^{x_2(y,z)} f(x,y,z)\mathrm{d}x,$$

$$\iiint\limits_{\Omega} f(x,y,z)\mathrm{d}x\mathrm{d}y\mathrm{d}z = \iint\limits_{D_{zx}} \mathrm{d}z\mathrm{d}x \int_{y_1(z,x)}^{y_2(z,x)} f(x,y,z)\mathrm{d}y.$$

② 截面法. 设空间区域 $\Omega = \{(x,y,z) \mid (x,y) \in D(z), c_1 \leqslant z \leqslant c_2\}$,其中 $D(z)$ 是用竖坐标为 z 的平面截区域 Ω 得到的平面闭区域,则

$$\iiint\limits_{\Omega} f(x,y,z)\mathrm{d}x\mathrm{d}y\mathrm{d}z = \int_{c_1}^{c_2} \mathrm{d}z \iint\limits_{D(z)} f(x,y,z)\mathrm{d}x\mathrm{d}y.$$

类似地,若用横坐标为 x 的平面或纵坐标为 y 的平面截区域 Ω,有

$$\iiint\limits_{\Omega} f(x,y,z)\mathrm{d}x\mathrm{d}y\mathrm{d}z = \int_{a_1}^{a_2} \mathrm{d}x \iint\limits_{D(x)} f(x,y,z)\mathrm{d}y\mathrm{d}z,$$

$$\iiint\limits_{\Omega} f(x,y,z)\mathrm{d}x\mathrm{d}y\mathrm{d}z = \int_{b_1}^{b_2} \mathrm{d}y \iint\limits_{D(y)} f(x,y,z)\mathrm{d}z\mathrm{d}x.$$

(2) 利用柱面坐标计算三重积分.

设空间区域 $\Omega = \{(\rho,\theta,z) \mid z_1(\rho,\theta) \leqslant z \leqslant z_2(\rho,\theta), \rho_1(\theta) \leqslant \rho \leqslant \rho_2(\theta), \alpha \leqslant \theta \leqslant \beta\}$,则

$$\iiint\limits_{\Omega} f(x,y,z)\mathrm{d}v = \iiint\limits_{\Omega} f(\rho\cos\theta, \rho\sin\theta, z)\rho\mathrm{d}\rho\mathrm{d}\theta\mathrm{d}z$$
$$= \int_\alpha^\beta \mathrm{d}\theta \int_{\rho_1(\theta)}^{\rho_2(\theta)} \rho\mathrm{d}\rho \int_{z_1(\rho,\theta)}^{z_2(\rho,\theta)} f(\rho\cos\theta, \rho\sin\theta, z)\mathrm{d}z.$$

(3) 利用球面坐标计算三重积分.

设空间区域 $\Omega = \{(x,y,z) \mid r_1(\varphi,\theta) \leqslant r \leqslant r_2(\varphi,\theta), \varphi_1(\theta) \leqslant \varphi \leqslant \varphi_2(\theta), \alpha \leqslant \theta \leqslant \beta\}$,则

$$\iiint\limits_{\Omega} f(x,y,z)\mathrm{d}v = \iiint\limits_{\Omega} f(r\sin\varphi\cos\theta, r\sin\varphi\sin\theta, r\cos\varphi) r^2 \sin\varphi \mathrm{d}r\mathrm{d}\varphi\mathrm{d}\theta$$
$$= \int_\alpha^\beta \mathrm{d}\theta \int_{\varphi_1(\theta)}^{\varphi_2(\theta)} \sin\varphi\mathrm{d}\varphi \int_{r_1(\varphi,\theta)}^{r_2(\varphi,\theta)} f(r\sin\varphi\cos\theta, r\sin\varphi\sin\theta, r\cos\varphi) r^2 \mathrm{d}r.$$

(4) 三重积分的对称性.

① 奇偶对称性. 设区域 Ω 关于 xOy 面($z=0$) 对称,则

$$\iiint\limits_{\Omega} f(x,y,z)\mathrm{d}v = \begin{cases} 2\iiint\limits_{\Omega^+} f(x,y,z)\mathrm{d}v, & f(x,y,z) \text{ 关于 } z \text{ 为偶函数}, \\ 0, & f(x,y,z) \text{ 关于 } z \text{ 为奇函数}, \end{cases}$$

其中 $\Omega^+ = \{(x,y,z) \mid (x,y,z) \in \Omega, z \geqslant 0\}$.

若区域 Ω 关于 yOz 面 ($x = 0$) 或 zOx 面 ($y = 0$) 对称,也有类似结论.

② 轮换对称性. 设区域 Ω 关于平面 $y = x$ 对称,则

$$\iiint_\Omega f(x,y,z)\mathrm{d}v = \iiint_\Omega f(y,x,z)\mathrm{d}v.$$

若区域 Ω 关于平面 $y = z$ 或 $z = x$ 对称,也有类似结论.

5. 重积分的应用

(1) 曲面面积.

曲面 $z = z(x,y), (x,y) \in D_{xy}$ 的面积为

$$S = \iint_\Omega \sqrt{1 + z_x^2(x,y) + z_y^2(x,y)}\mathrm{d}\sigma.$$

若将曲面向 yOz 面或 zOx 面投影,可得相应的曲面面积的计算公式.

(2) 质量与质心.

占有区域 D 面密度为 $\mu(x,y)$ 的平面薄片和占有区域 Ω 体密度为 $\mu(x,y,z)$ 的立体的质量和质心坐标列表如下:

平面薄片	空间立体
$M = \iint\limits_D \mu(x,y)\mathrm{d}\sigma$	$M = \iiint\limits_\Omega \mu(x,y,z)\mathrm{d}v$
$\overline{x} = \dfrac{1}{M}\iint\limits_D x\mu(x,y)\mathrm{d}\sigma$	$\overline{x} = \dfrac{1}{M}\iiint\limits_\Omega x\mu(x,y,z)\mathrm{d}v$
$\overline{y} = \dfrac{1}{M}\iint\limits_D y\mu(x,y)\mathrm{d}\sigma$	$\overline{y} = \dfrac{1}{M}\iiint\limits_\Omega y\mu(x,y,z)\mathrm{d}v$
	$\overline{z} = \dfrac{1}{M}\iiint\limits_\Omega z\mu(x,y,z)\mathrm{d}v$

(3) 转动惯量.

占有区域 D 面密度为 $\mu(x,y)$ 的平面薄片和占有区域 Ω 体密度为 $\mu(x,y,z)$ 的立体对于各个轴的转动惯量列表如下:

平面薄片	空间立体
$I_x = \iint\limits_D y^2\mu(x,y)\mathrm{d}\sigma$	$I_x = \iiint\limits_\Omega (y^2 + z^2)\mu(x,y,z)\mathrm{d}v$
$I_y = \iint\limits_D x^2\mu(x,y)\mathrm{d}\sigma$	$I_y = \iiint\limits_\Omega (z^2 + x^2)\mu(x,y,z)\mathrm{d}v$
$I_O = \iint\limits_D (x^2 + y^2)\mu(x,y)\mathrm{d}\sigma$	$I_z = \iiint\limits_\Omega (x^2 + y^2)\mu(x,y,z)\mathrm{d}v$

(4) 引力.

设物体占有空间区域 Ω,其体密度 $\mu = \mu(x,y,z)$,则它对位于 Ω 外的点 $P_0(x_0, y_0, z_0)$ 处的质量为 m 的质点的引力为 $\boldsymbol{F} = (F_x, F_y, F_z)$,其中

$$F_x = \iiint_\Omega Gm\mu(x,y,z)\frac{x-x_0}{r^3}\mathrm{d}v,$$

$$F_y = \iiint_\Omega Gm\mu(x,y,z)\frac{y-y_0}{r^3}\mathrm{d}v,$$

$$F_z = \iiint_\Omega Gm\mu(x,y,z)\frac{z-z_0}{r^3}\mathrm{d}v,$$

这里 $r = \sqrt{(x-x_0)^2+(y-y_0)^2+(z-z_0)^2}$，$G$ 为引力常数.

平面薄片对质点的引力也有类似的计算公式.

典型例题解析

▶▶ 一、二重积分

【例1】 计算二重积分 $I = \iint\limits_D \dfrac{y^2}{x^2}\mathrm{d}x\mathrm{d}y$，其中 D 是由双曲线 $xy=1$ 和直线 $y=x$，$x=2$ 所围成的区域.

解法一 先对 y 积分，积分区域可表示为 $D: 1 \leqslant x \leqslant 2, \dfrac{1}{x} \leqslant y \leqslant x$，故

$$\iint\limits_D \frac{y^2}{x^2}\mathrm{d}x\mathrm{d}y = \int_1^2 \mathrm{d}x \int_{\frac{1}{x}}^x \frac{y^2}{x^2}\mathrm{d}y = \frac{1}{3}\int_1^2 \left(x-\frac{1}{x^5}\right)\mathrm{d}x = \frac{27}{64}.$$

解法二 先对 x 积分，此时需将积分区域 D 分成 D_1, D_2 两部分，其中 $D_1: \dfrac{1}{2} \leqslant y \leqslant 1$，$\dfrac{1}{y} \leqslant x \leqslant 2$，$D_2: 1 \leqslant y \leqslant 2, y \leqslant x \leqslant 2$，故

$$\iint\limits_D \frac{y^2}{x^2}\mathrm{d}x\mathrm{d}y = \iint\limits_{D_1}\frac{y^2}{x^2}\mathrm{d}x\mathrm{d}y + \iint\limits_{D_2}\frac{y^2}{x^2}\mathrm{d}x\mathrm{d}y = \int_{\frac{1}{2}}^1 \mathrm{d}y \int_{\frac{1}{y}}^2 \frac{y^2}{x^2}\mathrm{d}x + \int_1^2 \mathrm{d}y \int_y^2 \frac{y^2}{x^2}\mathrm{d}x$$

$$= \int_{\frac{1}{2}}^1 \left(y^3 - \frac{y^2}{2}\right)\mathrm{d}y + \int_1^2 \left(y - \frac{y^2}{2}\right)\mathrm{d}y = \frac{27}{64}.$$

注 本例中积分区域既是 X 型又是 Y 型，因此可先对 y 积分，也可先对 x 积分. 两种次序的积分难度差异不大，但先对 x 积分时要将积分区域分块，计算量比先对 y 积分（不用分区域）时要大些. 因此，在化二重积分为二次积分时，若积分难度差异不大，则应选择不分区域或少分区域的积分次序.

【例2】 计算二重积分 $I = \iint\limits_D \sqrt{y^2-xy}\,\mathrm{d}x\mathrm{d}y$，其中 D 是直线 $y=x, y=1, x=0$ 所围成的平面区域.

分析 若先对 y 积分，则要求形如 $\int \sqrt{ay^2+by+c}\,\mathrm{d}y$ 的不定积分，比较烦琐；而先对 x

积分,只要求形如 $\int \sqrt{a-bx}\,\mathrm{d}x$ 的不定积分,相对容易得多.因此,选择先对 x 积分.

解 先对 x 积分,积分区域可表示为 $D:0\leqslant y\leqslant 1,0\leqslant x\leqslant y$,故

$$I=\int_0^1\mathrm{d}y\int_0^y\sqrt{y^2-xy}\,\mathrm{d}x=-\frac{2}{3}\int_0^1\sqrt{y}\,[(y-x)^{\frac{3}{2}}]_0^y\,\mathrm{d}y=\frac{2}{3}\int_0^1 y^2\,\mathrm{d}y=\frac{2}{9}.$$

注 由本例可见,在化二重积分为二次积分时,应尽量选择积分难度较低的次序.有时还会出现一种积分次序下无法积分的情形,如下例.

【**例 3**】 计算二次积分 $I=\int_0^1 x^2\,\mathrm{d}x\int_x^1\mathrm{e}^{-y^2}\,\mathrm{d}y$.

分析 因为 e^{-y^2} 的原函数不是初等函数,所以该二次积分无法直接计算,需交换积分次序,化为先对 x 后对 y 的二次积分再计算.

解 由所给二次积分确定积分区域为 $D:0\leqslant x\leqslant 1,x\leqslant y\leqslant 1$,将其表示成 Y 型区域,有 $D:0\leqslant y\leqslant 1,0\leqslant x\leqslant y$,故

$$I=\int_0^1\mathrm{e}^{-y^2}\,\mathrm{d}y\int_0^y x^2\,\mathrm{d}x=\frac{1}{3}\int_0^1 y^3\mathrm{e}^{-y^2}\,\mathrm{d}y=-\frac{1}{6}[y^2\mathrm{e}^{-y^2}+\mathrm{e}^{-y^2}]_0^1=\frac{1}{6}-\frac{1}{3\mathrm{e}}.$$

【**例 4**】 计算二重积分 $I=\iint_D\dfrac{1+xy}{1+x^2+y^2}\,\mathrm{d}x\mathrm{d}y$,其中 $D=\{(x,y)\mid x^2+y^2\leqslant 1,x\geqslant 0\}$.

解法一 因积分区域 D 是半圆,故考虑用极坐标计算.

$$I=\int_{-\frac{\pi}{2}}^{\frac{\pi}{2}}\mathrm{d}\theta\int_0^1\frac{1+\rho^2\cos\theta\sin\theta}{1+\rho^2}\cdot\rho\,\mathrm{d}\rho$$

$$=\int_{-\frac{\pi}{2}}^{\frac{\pi}{2}}\frac{1}{2}\ln(1+\rho^2)+\cos\theta\sin\theta[\rho^2-\ln(1+\rho^2)]\,|_0^1\,\mathrm{d}\theta$$

$$=\frac{1}{2}\int_{-\frac{\pi}{2}}^{\frac{\pi}{2}}[\ln 2+(1-\ln 2)\cos\theta\sin\theta]\,\mathrm{d}\theta$$

$$=\frac{1}{2}\cdot\pi\cdot\ln 2+\frac{1-\ln 2}{4}\cdot\sin^2\theta\,\bigg|_{-\frac{\pi}{2}}^{\frac{\pi}{2}}=\frac{\pi}{2}\ln 2.$$

解法二 注意到积分区域关于 x 轴($y=0$)对称,而被积函数中 $\dfrac{1}{1+x^2+y^2}$ 是 y 的偶函数, $\dfrac{xy}{1+x^2+y^2}$ 是 y 的奇函数,利用奇偶对称性,记 $D^+=D\cap\{y\geqslant 0\}$,有

$$I=2\iint_{D^+}\frac{1}{1+x^2+y^2}\,\mathrm{d}x\mathrm{d}y=2\int_0^{\frac{\pi}{2}}\mathrm{d}\theta\int_0^1\frac{1}{1+\rho^2}\cdot\rho\,\mathrm{d}\rho=2\cdot\frac{\pi}{2}\cdot\frac{1}{2}[\ln(1+\rho^2)]_0^1=\frac{\pi}{2}\ln 2.$$

【**例 5**】 设 $D=\{(x,y)\mid x^2+y^2\leqslant R^2\}$,计算二重积分 $I=\iint_D\left(\dfrac{x^2}{a^2}+\dfrac{y^2}{b^2}\right)\mathrm{d}x\mathrm{d}y$.

解法一 因积分区域是圆,用极坐标进行计算.记 $D_1=D\cap\{x\geqslant 0,y\geqslant 0\}$,由奇偶对称性,有

$$I=\iint_D\left(\frac{x^2}{a^2}+\frac{y^2}{b^2}\right)\mathrm{d}x\mathrm{d}y=4\iint_{D_1}\left(\frac{x^2}{a^2}+\frac{y^2}{b^2}\right)\mathrm{d}x\mathrm{d}y$$

$$=4\int_0^{\frac{\pi}{2}}\mathrm{d}\theta\int_0^R\left(\frac{\rho^2\cos^2\theta}{a^2}+\frac{\rho^2\sin^2\theta}{b^2}\right)\cdot\rho\,\mathrm{d}\rho$$

$$= \int_0^{\frac{\pi}{2}} \left(\frac{R^4 \cos^2 \theta}{a^2} + \frac{R^4 \sin^2 \theta}{b^2} \right) d\theta$$

$$= \frac{R^4}{a^2} \cdot \frac{\pi}{4} + \frac{R^4}{b^2} \cdot \frac{\pi}{4} = \frac{\pi R^4}{4} \left(\frac{1}{a^2} + \frac{1}{b^2} \right).$$

解法二 因 D 关于直线 $y = x$ 对称，由轮换对称性，有

$$\iint_D \left(\frac{x^2}{a^2} + \frac{y^2}{b^2} \right) dx dy = \iint_D \left(\frac{y^2}{a^2} + \frac{x^2}{b^2} \right) dx dy,$$

故

$$I = \frac{1}{2} \left(\frac{1}{a^2} + \frac{1}{b^2} \right) \iint_D (x^2 + y^2) dx dy = \frac{1}{2} \left(\frac{1}{a^2} + \frac{1}{b^2} \right) \int_0^{2\pi} d\theta \int_0^R \rho^2 \cdot \rho d\rho$$

$$= \frac{\pi R^4}{4} \left(\frac{1}{a^2} + \frac{1}{b^2} \right).$$

注 由以上两例可见：① 当积分区域是圆或圆的一部分（如半圆、扇形、圆环、环扇形等），或被积分函数含 $x^2 + y^2$ 时，可考虑用极坐标计算二重积分；② 计算中适当运用奇偶对称性和轮换对称性，可简化计算．

【例6】 计算二重积分 $I = \iint_D |x^2 + y^2 - 1| d\sigma$，其中 $D = \{(x, y) \mid 0 \leqslant x \leqslant 1, 0 \leqslant y \leqslant 1\}$．

解 被积函数是分段函数

$$|x^2 + y^2 - 1| = \begin{cases} 1 - x^2 - y^2, & x^2 + y^2 \leqslant 1, \\ x^2 + y^2 - 1, & x^2 + y^2 > 1. \end{cases}$$

记 $D_1 = D \cap \{x^2 + y^2 \leqslant 1\}$，$D_2 = D \cap \{x^2 + y^2 > 1\}$，则 $D = D_1 + D_2$，故

$$I = \iint_{D_1} (1 - x^2 - y^2) d\sigma + \iint_{D_2} (x^2 + y^2 - 1) d\sigma$$

$$= \iint_{D_1} (1 - x^2 - y^2) d\sigma + \iint_D (x^2 + y^2 - 1) d\sigma - \iint_{D_1} (x^2 + y^2 - 1) d\sigma$$

$$= 2 \iint_{D_1} (1 - x^2 - y^2) d\sigma + \iint_D (x^2 + y^2 - 1) d\sigma.$$

而

$$\iint_{D_1} (1 - x^2 - y^2) d\sigma = \int_0^{\frac{\pi}{2}} d\theta \int_0^1 (1 - \rho^2) \cdot \rho d\rho = \frac{\pi}{2} \cdot \left(\frac{1}{2} - \frac{1}{4} \right) = \frac{\pi}{8},$$

又由轮换对称性，有

$$\iint_D (x^2 + y^2 - 1) d\sigma = \iint_D (2x^2 - 1) d\sigma = \int_0^1 (2x^2 - 1) dx \int_0^1 dy$$

$$= \left(\frac{2}{3} - 1 \right) \cdot 1 = -\frac{1}{3},$$

故

$$I = 2 \cdot \frac{\pi}{8} - \frac{1}{3} = \frac{\pi}{4} - \frac{1}{3}.$$

【例7】 (1) 交换二次积分 $\int_0^1 dy \int_{1+y}^2 f(x, y) dx$ 的积分次序；

(2) 设 $f(x, y)$ 连续，将 $\int_0^1 dy \int_{-\sqrt{1-y^2}}^{1-y} f(x, y) dx$ 改为极坐标次序；

(3) 设 $f(u)$ 连续,将 $\int_0^{\frac{\pi}{2}}d\theta\int_{2\cos\theta}^2 f(\rho^2)\rho d\rho$ 改为直角坐标次序.

解 (1) 因积分区域 $D:0\leqslant y\leqslant 1,1+y\leqslant x\leqslant 2$ 可表示为 $1\leqslant x\leqslant 2,0\leqslant y\leqslant x-1$,故
$$\int_0^1 dy\int_{1+y}^2 f(x,y)dx=\int_1^2 dx\int_0^{x-1}f(x,y)dy.$$

(2) 因积分区域 D 如图 10.1 所示,用极坐标可表示为两块,
$D_1:0\leqslant\theta\leqslant\frac{\pi}{2},0\leqslant\rho\leqslant\frac{1}{\cos\theta+\sin\theta},D_2:\frac{\pi}{2}\leqslant\theta\leqslant\pi,0\leqslant\rho\leqslant 1$,故

原式 $=\int_0^{\frac{\pi}{2}}d\theta\int_0^{\frac{1}{\cos\theta+\sin\theta}}f(\rho\cos\theta,\rho\sin\theta)\rho d\rho+\int_{\frac{\pi}{2}}^{\pi}d\theta\int_0^1 f(\rho\cos\theta,\rho\sin\theta)\rho d\rho.$

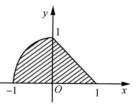

图 10.1

(3) 因 $\rho=2\cos\theta$ 可化为 $x^2+y^2=2x$,积分区域 D(图 10.2) 可化为 $0\leqslant x\leqslant 2,\sqrt{2x-x^2}\leqslant y\leqslant\sqrt{4-x^2}$,故

原式 $=\int_0^2 dx\int_{\sqrt{2x-x^2}}^{\sqrt{4-x^2}}f(x^2+y^2)dy.$

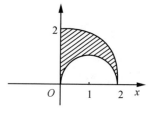

图 10.2 所示

【例 8】 计算下列二次积分:

(1) $I_1=\int_{\frac{1}{4}}^{\frac{1}{2}}dy\int_{\frac{1}{2}}^{\sqrt{y}}e^{\frac{y}{x}}dx+\int_{\frac{1}{2}}^1 dy\int_y^{\sqrt{y}}e^{\frac{y}{x}}dx$;

(2) $I_2=\int_0^{\frac{R}{\sqrt{2}}}e^{-y^2}dy\int_0^y e^{-x^2}dx+\int_{\frac{R}{\sqrt{2}}}^R e^{-y^2}dy\int_0^{\sqrt{R^2-y^2}}e^{-x^2}dx.$

解 (1) 因 $e^{\frac{y}{x}}$ 的原函数不是初等函数,故原二次积分不能直接计算,需交换积分次序,化为先对 y 后对 x 的二次积分再计算.由于积分区域可表示为 $D:\frac{1}{2}\leqslant x\leqslant 1,x^2\leqslant y\leqslant x$,故
$$I_1=\int_{\frac{1}{2}}^1 dx\int_{x^2}^x e^{\frac{y}{x}}dy=\int_{\frac{1}{2}}^1 x(e-e^x)dx=\frac{3}{8}e-\frac{1}{2}\sqrt{e}.$$

(2) 因 e^{-x^2} 和 e^{-y^2} 的原函数不是初等函数,故在直角坐标下不论是先对 x 还是先对 y 积分,都无法计算,因此需用极坐标来计算.由于积分区域可表示为 $D:\frac{\pi}{4}\leqslant\theta\leqslant\frac{\pi}{2},0\leqslant\rho\leqslant R$,故
$$I_2=\iint_D e^{-(x^2+y^2)}dxdy=\int_{\frac{\pi}{4}}^{\frac{\pi}{2}}d\theta\int_0^R e^{-\rho^2}\rho d\rho=\frac{\pi}{4}\cdot\frac{1}{2}(1-e^{-R^2})=\frac{\pi}{8}(1-e^{-R^2}).$$

【例 9】 设 $f(u)$ 为连续函数,$D(t)=\{(x,y)\mid x^2+y^2\leqslant t^2\}$,记
$$F(t)=\iint_{D(t)}f(x^2+y^2)dxdy,$$

证明: $\lim_{t\to 0}\frac{F(t)}{t^2}=\pi f(0).$

证 由于 $F(t)=\int_0^{2\pi}d\theta\int_0^t f(\rho^2)\rho d\rho=2\pi\int_0^t f(\rho^2)\rho d\rho$,

所以 $\lim_{t\to 0}\frac{F(t)}{t^2}\xrightarrow{\text{洛必达法则}}\lim_{t\to 0}\frac{F'(t)}{2t}=\lim_{t\to 0}\frac{2\pi tf(t^2)}{2t}=\pi\lim_{t\to 0}f(t^2)=\pi f(0).$

【例 10】 设 $f(x)$ 在 $[0,1]$ 上连续,证明:

$$\int_0^1 f(x)dx \int_x^1 f(y)dy = \frac{1}{2}\left[\int_0^1 f(x)dx\right]^2.$$

证法一 改变左端二次积分的次序,得

$$\int_0^1 f(x)dx \int_x^1 f(y)dy = \int_0^1 f(y)dy \int_0^y f(x)dx = \int_0^1 f(x)dx \int_0^x f(y)dy.$$

后一等式成立是由于定积分的值与积分变量无关,从而

$$\int_0^1 f(x)dx \int_x^1 f(y)dy = \frac{1}{2}\left[\int_0^1 f(x)dx \int_0^x f(y)dy + \int_0^1 f(x)dx \int_x^1 f(y)dy\right]$$

$$= \frac{1}{2}\int_0^1 f(x)dx \int_0^1 f(y)dy = \frac{1}{2}\left[\int_0^1 f(x)dx\right]^2.$$

证法二 设 $F(x) = \int_x^1 f(y)dy$,则 $dF(x) = -f(x)dx$,于是

$$\int_0^1 f(x)dx \int_x^1 f(y)dy = \int_0^1 f(x)F(x)dx = -\int_0^1 F(x)dF(x) = -\frac{1}{2}[F^2(x)]_0^1$$

$$= \frac{1}{2}[F^2(0) - F^2(1)] = \frac{1}{2}\left[\int_0^1 f(x)dx\right]^2.$$

二、三重积分

【例 11】 计算三重积分 $I = \iiint_\Omega xy^2z^3 dv$,其中 Ω 是由曲面 $z = xy$ 与平面 $y = x, x = 1, z = 0$ 所围成的区域.

解 $I = \int_0^1 x dx \int_0^x y^2 dy \int_0^{xy} z^3 dz = \frac{1}{4} \cdot \int_0^1 x^5 dx \int_0^x y^6 dy = \frac{1}{4} \cdot \frac{1}{7} \cdot \int_0^1 x^{12} dx$

$= \frac{1}{4} \cdot \frac{1}{7} \cdot \frac{1}{12} = \frac{1}{364}.$

【例 12】 计算三重积分 $I = \iiint_\Omega (x+z)dv$,其中 Ω 是由半锥面 $z = \sqrt{x^2+y^2}$ 与半球面 $z = \sqrt{1-x^2-y^2}$ 所围成的区域.

解 因积分区域 Ω 关于 yOz 面($x=0$)对称,由奇偶对称性知 $\iiint_\Omega x dv = 0$,故 $I = \iiint_\Omega z dv.$ 下面分别用截面法、柱面坐标和球面坐标来计算.

① 用截面法计算:

$$I = \int_0^{\frac{1}{\sqrt{2}}} z dz \iint_{x^2+y^2 \leq z^2} dx dy + \int_{\frac{1}{\sqrt{2}}}^1 z dz \iint_{x^2+y^2 \leq 1-z^2} dx dy$$

$$= \pi \int_0^{\frac{1}{\sqrt{2}}} z^3 dz + \pi \int_{\frac{1}{\sqrt{2}}}^1 z(1-z^2)dz = \frac{\pi}{8}.$$

② 用柱面坐标计算:

$$I = \int_0^{2\pi} d\theta \int_0^{\frac{1}{\sqrt{2}}} \rho d\rho \int_r^{\sqrt{1-\rho^2}} z dz = 2\pi \cdot \frac{1}{2} \int_0^{\frac{1}{\sqrt{2}}} \rho(1-2\rho^2)d\rho = \pi \cdot \left(\frac{1}{4} - \frac{1}{8}\right) = \frac{\pi}{8}.$$

③ 用球面坐标计算:

$$I = \iiint_\Omega r\cos\varphi \cdot r^2 \sin\varphi \mathrm{d}r\mathrm{d}\varphi\mathrm{d}\theta = \int_0^{2\pi} \mathrm{d}\theta \int_0^{\frac{\pi}{4}} \sin\varphi\cos\varphi\mathrm{d}\varphi \int_0^1 r^3 \mathrm{d}r = 2\pi \cdot \frac{1}{4} \cdot \frac{1}{4} = \frac{\pi}{8}.$$

注 计算三重积分时首先应确定用什么坐标计算,可从积分区域和被积函数两个方面来考虑选择适当的坐标系. 一般来说,如果积分区域是球或球的一部分,被积函数含 $x^2 + y^2 + z^2$ 时,可考虑用球面坐标来计算;如果积分区域在某坐标面上的投影区域是圆或圆的一部分,被积函数含 $x^2 + y^2$ 时,可考虑用柱面坐标来计算. 其次,用直角坐标计算时,如果计算在某个截面上的二重积分比较容易(如被积函数不含 x,y,则在平行于 xOy 面的截面上的积分等于该截面的面积)时,可考虑用截面法来计算. 另外,在计算中适当地利用奇偶对称性和轮换对称性来计算,可简化计算.

【例 13】 计算三重积分 $I = \iiint_\Omega (x^2 + y^2)\mathrm{d}v$,其中 $\Omega = \{(x,y,z) \mid x^2 + y^2 + z^2 \leqslant R^2\}$.

解法一 因积分区域是球,故用球面坐标计算.

$$I = \iiint_\Omega r^2 \sin^2\varphi \cdot r^2 \sin\varphi \mathrm{d}r\mathrm{d}\varphi\mathrm{d}\theta = \int_0^{2\pi} \mathrm{d}\theta \int_0^\pi \sin^3\varphi\mathrm{d}\varphi \int_0^R r^4 \mathrm{d}r$$

$$= 2\pi \cdot \frac{4}{3} \cdot \frac{R^5}{5} = \frac{8}{15}\pi R^5.$$

解法二 由轮换对称性,有

$$I = \frac{2}{3} \iiint_\Omega (x^2 + y^2 + z^2)\mathrm{d}v.$$

再用球面坐标计算,有

$$I = \frac{2}{3} \int_0^{2\pi} \mathrm{d}\theta \int_0^\pi \sin\varphi\mathrm{d}\varphi \int_0^R r^2 \cdot r^2 \mathrm{d}r = \frac{2}{3} \cdot 2\pi \cdot 2 \cdot \frac{R^5}{5} = \frac{8}{15}\pi R^5.$$

【例 14】 计算三重积分 $I = \iiint_\Omega (x^2 + y^2)\mathrm{d}v$,其中 Ω 为平面曲线 $\begin{cases} y^2 = 2z \\ x = 0 \end{cases}$ 绕 z 轴旋转一周形成的旋转曲面与平面 $z = 8$ 所围成的区域.

解 旋转曲面的方程为 $x^2 + y^2 = 2z$. 下面分别用截面法和柱面坐标计算.

① 用截面法计算:

$$I = \int_0^8 \mathrm{d}z \iint_{x^2+y^2 \leqslant 2z} (x^2 + y^2)\mathrm{d}x\mathrm{d}y = \int_0^8 \mathrm{d}z \int_0^{2\pi} \mathrm{d}\theta \int_0^{\sqrt{2z}} \rho^2 \cdot \rho\mathrm{d}\rho$$

$$= 2\pi \int_0^8 z^2 \mathrm{d}z = \frac{1024}{3}\pi.$$

② 用柱面坐标计算:

$$I = \int_0^{2\pi} \mathrm{d}\theta \int_0^4 \rho^2 \cdot \rho\mathrm{d}\rho \int_{\frac{\rho^2}{2}}^8 \mathrm{d}z = \pi \int_0^4 \rho^3 (16 - \rho^2)\mathrm{d}\rho$$

$$= \pi \left(16 \cdot \frac{4^4}{4} - \frac{4^6}{6}\right) = \frac{1024}{3}\pi.$$

▶▶三、重积分的应用

【例 15】 求由曲面 $z = 6 - x^2 - y^2$ 和 $z = \sqrt{x^2 + y^2}$ 所围成的立体 Ω 的体积.

解 由 $\begin{cases} z = 6 - x^2 - y^2, \\ z = \sqrt{x^2 + y^2}, \end{cases}$ 消去 z,得投影柱面为 $x^2 + y^2 = 4$,于是 Ω 在 xOy 面上的投影区域为 $D_{xy} = \{(x,y) \mid x^2 + y^2 \leqslant 4\}$. 由三重积分的几何意义, Ω 的体积为

$$V = \iiint_\Omega dv = \int_0^{2\pi} d\theta \int_0^2 \rho d\rho \int_\rho^{6-\rho^2} dz = 2\pi \int_0^2 (6 - \rho^2 - \rho)\rho d\rho = \frac{32}{3}\pi.$$

【例 16】 求半球面 $z = \sqrt{a^2 - x^2 - y^2}$ 含在圆柱面 $x^2 + y^2 = ax$ 内那部分的面积.

解 由 $z = \sqrt{a^2 - x^2 - y^2}$,得

$$\frac{\partial z}{\partial x} = -\frac{x}{\sqrt{a^2 - x^2 - y^2}}, \quad \frac{\partial z}{\partial y} = -\frac{y}{\sqrt{a^2 - x^2 - y^2}},$$

从而

$$dS = \sqrt{1 + \left(\frac{\partial z}{\partial x}\right)^2 + \left(\frac{\partial z}{\partial y}\right)^2} dxdy = \frac{a}{\sqrt{a^2 - x^2 - y^2}} dxdy,$$

于是

$$S = \iint_{x^2+y^2 \leqslant ax} \frac{a}{\sqrt{a^2 - x^2 - y^2}} dxdy = \int_{-\frac{\pi}{2}}^{\frac{\pi}{2}} d\theta \int_0^{a\cos\theta} \frac{a}{\sqrt{a^2 - \rho^2}} \rho d\rho$$

$$= a^2 \int_{-\frac{\pi}{2}}^{\frac{\pi}{2}} (1 - |\sin\theta|) d\theta = 2a^2 \int_0^{\frac{\pi}{2}} (1 - \sin\theta) d\theta = a^2(\pi - 2).$$

【例 17】 设均匀平面薄片 D 由曲线 $x = y^2$ 及直线 $x = 1$ 所围成,面密度为 ρ,求该平面薄片关于 x 轴的转动惯量 I_x 及关于直线 $x = -1$ 的转动惯量 $I_{x=-1}$.

解 $I_x = \iint_D y^2 \cdot \rho d\sigma = \rho \int_{-1}^1 y^2 dy \int_{y^2}^1 dx = \rho \int_{-1}^1 y^2(1 - y^2) dy = \frac{4}{15}\rho.$

$$I_{x=-1} = \iint_D (x+1)^2 \cdot \rho d\sigma = \rho \int_{-1}^1 dy \int_{y^2}^1 (x+1)^2 dx$$

$$= \frac{\rho}{3} \int_{-1}^1 [8 - (y^2 + 1)^3] dy = \frac{368}{105}\rho.$$

【例 18】 设有一半径为 R 的球体, P_0 是球面上的一定点,球体上任意一点的密度与该点到 P_0 的距离平方成正比(比例系数 $k > 0$),求球体的重心的位置.

解 设球体为 $\Omega: x^2 + y^2 + (z - R)^2 \leqslant R^2$, $P_0(0,0,0)$,则密度函数为

$$\rho(x,y,z) = k(x^2 + y^2 + z^2).$$

由对称性知 $\overline{x} = \overline{y} = 0$,而

$$\overline{z} = \frac{\iiint_\Omega z\rho(x,y,z) dv}{\iiint_\Omega \rho(x,y,z) dv}.$$

因 Ω 的球面坐标表示为 $0 \leqslant \theta \leqslant 2\pi, 0 \leqslant \varphi \leqslant \frac{\pi}{2}, 0 \leqslant r \leqslant 2R\cos\varphi$,故

$$\iiint_\Omega \rho(x,y,z) dv = k\int_0^{2\pi} d\theta \int_0^{\frac{\pi}{2}} \sin\varphi d\varphi \int_0^{2R\cos\varphi} r^2 \cdot r^2 dr = \frac{32}{15} k\pi R^5,$$

$$\iiint_\Omega z\rho(x,y,z) dv = k\int_0^{2\pi} d\theta \int_0^{\frac{\pi}{2}} \cos\varphi \sin\varphi d\varphi \int_0^{2R\cos\varphi} r^3 \cdot r^2 dr = \frac{8}{3} k\pi R^6,$$

于是 $\overline{z} = \frac{5}{4}R$. 所以球体的重心位置为 $\left(0, 0, \frac{5}{4}R\right)$.

【例 19】 设半径为 R 的球面 Σ 的球心在定球面 $x^2+y^2+z^2=a^2(a>0)$ 上,问当 R 取何值时,球面 Σ 在定球面内的那部分面积最大?

解 不妨设球面 Σ 的球心为 $(0,0,a)$,由于其含在定球面内部的部分必为其下半部分,故方程为 $z=a-\sqrt{R^2-x^2-y^2}$,从而

$$dS=\sqrt{1+\left(\frac{\partial z}{\partial x}\right)^2+\left(\frac{\partial z}{\partial y}\right)^2}dxdy=\frac{R}{\sqrt{R^2-x^2-y^2}}dxdy.$$

又两球面的交线为 $\begin{cases} x^2+y^2=R^2-\dfrac{R^4}{4a^2}, \\ z=\dfrac{2a^2-R^2}{2a}, \end{cases}$ 令 $b=\sqrt{R^2-\dfrac{R^4}{4a^2}}$,则球面 Σ 含在定球面内部的那部分面积为

$$S(R)=\iint_{x^2+y^2\leqslant b^2}\frac{R}{\sqrt{R^2-x^2-y^2}}dxdy=\int_0^{2\pi}d\theta\int_0^b\frac{R}{\sqrt{R^2-\rho^2}}\rho d\rho$$

$$=2\pi R(R-\sqrt{R^2-b^2})=2\pi R^2-\frac{\pi R^3}{a}, R\in(0,2a).$$

令 $S'(R)=4\pi R-\dfrac{3\pi R^2}{a}=0$,得唯一驻点 $R=\dfrac{4}{3}a$,且 $S''\left(\dfrac{4}{3}a\right)=-4\pi<0$,故当 $R=\dfrac{4}{3}a$ 时,$S(R)$ 取得最大值,即球面 Σ 在定球面内的那部分面积最大.

竞赛题选解

【例 1】(全国第二届初赛) 设函数 $f(x)$ 在 $[0,+\infty)$ 上连续,在 $(0,+\infty)$ 上可导,已知 $\lim\limits_{x\to 0^+}f'(x)=0$ 且函数 $u=f(\sqrt{x^2+y^2})$,满足

$$\frac{\partial^2 u}{\partial x^2}+\frac{\partial^2 u}{\partial y^2}=\iint_{s^2+t^2\leqslant x^2+y^2}\frac{1}{1+s^2+t^2}dsdt.$$

(1) 求 $f'(x)(x>0)$ 的表达式;

(2) 若 $f(0)=0$,求 $\lim\limits_{x\to 0^+}\dfrac{f(x)}{\ln(1+x^2)}$.

解 (1) 记 $\rho=\sqrt{x^2+y^2}$,则

$$\frac{\partial u}{\partial x}=f'(\rho)\frac{x}{\rho}, \frac{\partial^2 u}{\partial x^2}=f''(\rho)\frac{x^2}{\rho^2}+f'(\rho)\frac{y^2}{\rho^3}.$$

同理,可得

$$\frac{\partial^2 u}{\partial y^2}=f''(\rho)\frac{y^2}{\rho^2}+f'(\rho)\frac{x^2}{\rho^3}.$$

又

$$\iint_{s^2+t^2\leqslant x^2+y^2}\frac{1}{1+s^2+t^2}dsdt=\int_0^{2\pi}d\theta\int_0^\rho\frac{1}{1+r^2}rdr=\pi\ln(1+\rho^2).$$

于是条件化为

$$f''(\rho)+\frac{1}{\rho}f'(\rho)=\pi\ln(1+\rho^2).$$

解此微分方程,得
$$f'(\rho) = e^{-\int \frac{1}{\rho}d\rho}\left[\int \pi\ln(1+\rho^2)e^{\int \frac{1}{\rho}d\rho}d\rho + C\right]$$
$$= \frac{1}{\rho}\left[\frac{\pi}{2}\ln(1+\rho^2)\cdot(1+\rho^2) - \rho^2 + C\right].$$

由 $\lim_{x\to 0^+} f'(x) = 0$,得 $C=0$. 所以
$$f'(x) = \frac{\pi}{2}\cdot\frac{(1+x^2)\ln(1+x^2) - x^2}{x}\quad(x>0).$$

(2) $\lim_{x\to 0^+}\dfrac{f(x)}{\ln(1+x^2)} = \lim_{x\to 0^+}\dfrac{f(x)}{x^2} = \lim_{x\to 0^+}\dfrac{f'(x)}{2x}$

$= \dfrac{\pi}{4}\lim_{x\to 0^+}\dfrac{(1+x^2)\ln(1+x^2) - x^2}{x^2} = \dfrac{\pi}{4}\lim_{t\to 0^+}\dfrac{(1+t)\ln(1+t) - t}{t}$

$= \dfrac{\pi}{4}\left[\lim_{t\to 0^+}\dfrac{(1+t)\ln(1+t)}{t} - 1\right] = 0.$

【例2】(全国第三届决赛) 设 D 为 $\dfrac{x^2}{a^2} + \dfrac{y^2}{b^2} \leqslant 1(a>b>0)$,面密度为 μ 的均质薄板,l 为通过椭圆焦点 $(-c,0)(c^2=a^2-b^2)$ 垂直于薄板的旋转轴,求薄板 D 绕 l 旋转的转动惯量 J.

解 $d^2(x,y) = (x+c)^2 + y^2$,

$J = \iint_D \mu d^2(x,y)d\sigma$

$= \iint_D \mu[(x+c)^2 + y^2]d\sigma = \mu\iint_D(x^2+y^2)d\sigma + \mu c^2\iint_D d\sigma$ (奇偶对称性)

$\xrightarrow[y=b\rho\sin\theta]{x=a\rho\cos\theta} \mu\int_0^{2\pi}d\theta\int_0^1\rho^2(a^2\cos^2\theta + b^2\sin^2\theta)\left|\dfrac{\partial(x,y)}{\partial(\rho,\theta)}\right|d\rho + \mu c^2\pi ab$

$= \mu\int_0^{2\pi}d\theta\int_0^1\rho^2(a^2\cos^2\theta + b^2\sin^2\theta)\cdot ab\rho d\rho + \mu c^2\pi ab$

$= \dfrac{ab\mu}{4}\int_0^{2\pi}(a^2\cos^2\theta + b^2\sin^2\theta)d\theta + \mu c^2\pi ab$

$= \dfrac{\pi ab\mu}{4}(a^2+b^2) + \pi ab\mu(a^2-b^2) = \dfrac{\pi ab\mu}{4}(5a^2 - 3b^2).$

【例3】(全国第五届决赛) 设 $D = \{(x,y)\mid 0\leqslant x\leqslant 1, 0\leqslant y\leqslant 1\}$,$I = \iint_D f(x,y)d\sigma$,其中 $f(x,y)$ 在 D 上有连续二阶偏导数,若对任何 x,y,有 $f(0,y) = f(x,0) = 0$,且 $\dfrac{\partial^2 f}{\partial x\partial y}\leqslant A$,证明:$I\leqslant \dfrac{A}{4}$.

证 $I = \int_0^1 dy\int_0^1 f(x,y)dx = -\int_0^1 dy\int_0^1 f(x,y)d(1-x)$

$= -\int_0^1 dy\left[(1-x)f(x,y)\Big|_0^1 - \int_0^1(1-x)\dfrac{\partial f}{\partial x}dx\right]$

$= \int_0^1 dy\int_0^1(1-x)\dfrac{\partial f}{\partial x}dx = \int_0^1(1-x)dx\int_0^1\dfrac{\partial f}{\partial x}dy$

$$=-\int_0^1(1-x)\mathrm{d}x\int_0^1\frac{\partial f}{\partial x}\mathrm{d}(1-y)=-\int_0^1(1-x)\mathrm{d}x\left[(1-y)\frac{\partial f}{\partial x}\Big|_0^1-\int_0^1(1-y)\frac{\partial^2 f}{\partial x\partial y}\mathrm{d}y\right]$$

$$=\int_0^1(1-x)\mathrm{d}x\int_0^1(1-y)\frac{\partial^2 f}{\partial x\partial y}\mathrm{d}y=\iint_D(1-x)(1-y)\frac{\partial^2 f}{\partial x\partial y}\mathrm{d}x\mathrm{d}y$$

$$\leqslant A\iint_D(1-x)(1-y)\mathrm{d}x\mathrm{d}y=\frac{A}{4}.$$

【例 4】（全国第八届初赛） 某物体所在的空间区域为 $\Omega:x^2+y^2+2z^2\leqslant x+y+2z$，密度函数为 $x^2+y^2+z^2$。求质量 M。

解 $M=\iiint_\Omega(x^2+y^2+z^2)\mathrm{d}v$，由于 $\Omega:\left(x-\frac{1}{2}\right)^2+\left(y-\frac{1}{2}\right)^2+2\left(z-\frac{1}{2}\right)^2\leqslant 1$，是一个椭球。作变换 $u=x-\frac{1}{2},v=y-\frac{1}{2},w=\sqrt{2}\left(z-\frac{1}{2}\right)$，则 Ω 为 $u^2+v^2+w^2\leqslant 1$，$\frac{\partial(u,v,w)}{\partial(x,y,z)}=\sqrt{2}$，所以 $\mathrm{d}u\mathrm{d}v\mathrm{d}w=\sqrt{2}\mathrm{d}x\mathrm{d}y\mathrm{d}z$，则

$$M=\frac{1}{\sqrt{2}}\iiint_\Omega\left[\left(u+\frac{1}{2}\right)^2+\left(v+\frac{1}{2}\right)^2+\left(\frac{w}{\sqrt{2}}+\frac{1}{2}\right)^2\right]\mathrm{d}u\mathrm{d}v\mathrm{d}w$$

$$=\frac{1}{\sqrt{2}}\iiint_\Omega\left(u^2+v^2+\frac{w^2}{2}\right)\mathrm{d}u\mathrm{d}v\mathrm{d}w+A\text{（奇偶对称性）}.$$

而 $A=\frac{1}{\sqrt{2}}\left(\frac{1}{4}+\frac{1}{4}+\frac{1}{4}\right)\frac{4\pi}{3}=\frac{\pi}{\sqrt{2}}$。记

$$I=\iiint_\Omega(u^2+v^2+w^2)\mathrm{d}u\mathrm{d}v\mathrm{d}w=\int_0^{2\pi}\mathrm{d}\theta\int_0^\pi\sin\varphi\mathrm{d}\varphi\int_0^1 r^4\mathrm{d}r=\frac{4\pi}{5}.$$

由轮换对称性得

$$M=\frac{1}{\sqrt{2}}\left(\frac{I}{3}+\frac{I}{3}+\frac{I}{6}\right)+A=\frac{5\sqrt{2}}{6}\pi.$$

同步练习

一、选择题

1. 设函数 $f(x,y)$ 连续，则 $\int_1^2\mathrm{d}x\int_x^2 f(x,y)\mathrm{d}y+\int_1^2\mathrm{d}y\int_y^{4-y}f(x,y)\mathrm{d}x=$ （　　）

(A) $\int_1^2\mathrm{d}x\int_1^{4-x}f(x,y)\mathrm{d}y$ (B) $\int_1^2\mathrm{d}x\int_x^{4-x}f(x,y)\mathrm{d}y$

(C) $\int_1^2\mathrm{d}y\int_1^{4-y}f(x,y)\mathrm{d}x$ (D) $\int_1^2\mathrm{d}y\int_y^2 f(x,y)\mathrm{d}x$

2. 改变积分次序，$\int_1^e\mathrm{d}x\int_0^{\ln x}f(x,y)\mathrm{d}y$ 等于 （　　）

(A) $\int_1^e\mathrm{d}y\int_0^{\ln y}f(x,y)\mathrm{d}x$ (B) $\int_0^1\mathrm{d}y\int_{e^y}^e f(x,y)\mathrm{d}x$

(C) $\int_0^e dy \int_1^{\ln x} f(x,y) dx$ (D) $\int_0^1 dy \int_{e^y}^e f(x,y) dx$

3. 设 $f(x,y)$ 为连续函数，则 $\int_0^{\frac{\pi}{4}} d\theta \int_0^1 f(\rho\cos\theta, \rho\sin\theta) \rho d\rho$ 等于 （   ）

(A) $\int_0^{\frac{1}{\sqrt{2}}} dx \int_x^{\sqrt{1-x^2}} f(x,y) dy$ (B) $\int_0^{\frac{1}{\sqrt{2}}} dx \int_0^{\sqrt{1-x^2}} f(x,y) dy$

(C) $\int_0^{\frac{1}{\sqrt{2}}} dy \int_y^{\sqrt{1-y^2}} f(x,y) dx$ (D) $\int_0^{\frac{1}{\sqrt{2}}} dy \int_0^{\sqrt{1-y^2}} f(x,y) dx$

4. 设 $I_1 = \iint_D \cos\sqrt{x^2+y^2} d\sigma$, $I_2 = \iint_D \cos(x^2+y^2) d\sigma$, $I_3 = \iint_D \cos(x^2+y^2)^2 d\sigma$，其中 D 为圆 $x^2+y^2 \leqslant 1$，则 （   ）

(A) $I_3 > I_2 > I_1$ (B) $I_1 > I_2 > I_3$
(C) $I_2 > I_1 > I_3$ (D) $I_3 > I_1 > I_2$

5. 设 $I = \iint_D \dfrac{y\ln(x^2+y^2+1)}{x^2+y^2+1}$，其中 $D: x^2+y^2 \leqslant a^2$，则 I 等于 （   ）

(A) 0 (B) π (C) 1 (D) 2π

6. 设区域 D 由曲线 $y=\sin x, x=\pm\dfrac{\pi}{2}, y=1$ 围成，则 $\iint_D (x^5 y - 1) d\sigma =$ （   ）

(A) $-\pi$ (B) π (C) -2 (D) 2

7. 设有空间区域 $\Omega: x^2+y^2+z^2 \leqslant R^2, z \geqslant 0$，$\Omega_1: x^2+y^2+z^2 \leqslant R^2, x \geqslant 0, y \geqslant 0, z \geqslant 0$，则有 （   ）

(A) $\iiint_\Omega x dv = 4\iiint_{\Omega_1} x dv$ (B) $\iiint_\Omega y dv = 4\iiint_{\Omega_1} y dv$

(C) $\iiint_\Omega z dv = 4\iiint_{\Omega_1} z dv$ (D) $\iiint_\Omega xyz dv = 4\iiint_{\Omega_1} xyz dv$

8. 设 Ω 为 $x^2+y^2+z^2 \leqslant 1$，则 $\iiint_\Omega (x^2+y^2+z^2) dv$ 等于 （   ）

(A) $\iiint_\Omega dv$ (B) $\int_0^{2\pi} d\theta \int_0^{2\pi} d\varphi \int_0^1 r^2 \sin\theta dr$

(C) $\int_0^{2\pi} d\theta \int_0^{\pi} d\varphi \int_0^1 r^4 \sin\varphi dr$ (D) $\int_0^{\pi} d\varphi \int_0^{2\pi} d\theta \int_0^1 r^4 \sin\theta dr$

9. 设有界闭区域 Ω 由平面 $x+y+z+1=0, x+y+z+2=0, x=0, y=0, z=0$ 围成，$I_1 = \iiint_\Omega [\ln(x+y+z+3)] dv$, $I_2 = \iiint_\Omega (x+y+z+3) dv$，则有 （   ）

(A) $I_1 < I_2$ (B) $I_1 > I_2$ (C) $I_1 \leqslant I_2$ (D) $I_1 \geqslant I_2$

10. 半径为 R 和 $r(0<r<R)$ 的两个同心圆所围成的质量均匀分布（面密度为 μ）的圆环状薄片关于它的中心的转动惯量等于 （   ）

(A) $\pi\mu(R^4-r^4)$ (B) $\dfrac{\pi}{2}\mu(R^4-r^4)$

(C) $\dfrac{\pi}{4}\mu(R^4-r^4)$ (D) $\dfrac{\pi}{6}\mu(R^4-r^4)$

▶▶ 二、填空题

1. 设 $D = \{(x,y) \mid x^2 + y^2 \leqslant 1\}$，则 $\iint\limits_{D}(x^2 - y)\mathrm{d}x\mathrm{d}y = $ _____.

2. 曲面 $z = 0, x + y + z = 1, x^2 + y^2 = 1$ 所围立体的体积可用二重积分表示为 _____.

3. 交换积分次序：$\int_0^1 \mathrm{d}x \int_{-\sqrt{x}}^{\sqrt{x}} f(x,y)\mathrm{d}y + \int_1^4 \mathrm{d}x \int_{x-2}^{\sqrt{x}} f(x,y)\mathrm{d}y = $ _____.

4. 化下述积分为极坐标下的二次积分：$\int_0^1 \mathrm{d}y \int_{-y}^{\sqrt{2y-y^2}} f(x,y)\mathrm{d}x = $ _____.

5. $\int_0^1 \mathrm{d}y \int_{\arcsin y}^{\pi - \arcsin y} x \, \mathrm{d}x = $ _____.

6. 设 D 是由不等式 $|x| + |y| \leqslant 1$ 所确定的有界闭区域，则二重积分 $\iint\limits_{D}(|x| + y)\mathrm{d}x\mathrm{d}y = $ _____.

7. 设 $\Omega = \{(x,y,z) : x^2 + y^2 + z^2 \leqslant 1\}$，则 $\iiint\limits_{\Omega} z^2 \mathrm{d}v = $ _____.

8. 设 Ω 是由平面 $x + y + z = 1$ 与三个坐标面所围立体，则 $\iiint\limits_{\Omega}(x + 2y + 3z)\mathrm{d}x\mathrm{d}y\mathrm{d}z = $ _____.

9. 设 Ω 是由 $x^2 + y^2 = z^2, z = 1$ 所围的空间闭区域，则 $\iiint\limits_{\Omega} \sqrt{x^2 + y^2} \mathrm{d}x\mathrm{d}y\mathrm{d}z = $ _____.

10. 设 $\Omega = \{(x,y,z) \mid x^2 + y^2 \leqslant z \leqslant 1\}$，则 Ω 的形心的竖坐标 $\bar{z} = $ _____.

▶▶ 三、解答题

1. 计算 $I = \iint\limits_{D} x\sqrt{y}\,\mathrm{d}x\mathrm{d}y$，其中 D 由两条抛物线 $y = \sqrt{x}$ 和 $y = x^2$ 围成.

2. 计算 $I = \iint\limits_{D}(x+y)\mathrm{d}\sigma$，其中 $D: x^2 + y^2 - 2Rx \leqslant 0$.

3. 计算 $I = \iint\limits_{|x|+|y|\leqslant 1}(|x|+|y|)\mathrm{d}x\mathrm{d}y$.

4. 计算 $I = \iint\limits_{D}\max(xy, 1)\mathrm{d}x\mathrm{d}y$，其中 $D = \{(x,y) \mid 0 \leqslant x \leqslant 2, 0 \leqslant y \leqslant 2\}$.

5. 计算 $I = \iint\limits_{D}(x-y)\mathrm{d}x\mathrm{d}y$，其中 $D = \{(x,y) \mid (x-1)^2 + (y-1)^2 \leqslant 2, y \geqslant x\}$.

6. 计算 $I = \iint\limits_{D}\dfrac{x\sin(\pi\sqrt{x^2+y^2})}{x+y}\mathrm{d}x\mathrm{d}y$，其中 $D = \{(x,y) \mid 1 \leqslant x^2 + y^2 \leqslant 4, x \geqslant 0, y \geqslant 0\}$.

7. 计算二次积分 $I = \int_0^1 \mathrm{d}x \int_{x^2}^1 \dfrac{xy}{\sqrt{1+y^3}}\mathrm{d}y$.

8. 计算 $I = \iiint\limits_{\Omega}(x+y+z)\mathrm{d}v$,其中 Ω 为由 $x^2+y^2=z^2, z=h(h>0)$ 所围成的区域.

9. 计算 $I = \iiint\limits_{\Omega}\sqrt{x^2+y^2+z^2}\mathrm{d}v$,其中 $\Omega: x^2+y^2 \leqslant z^2, x^2+y^2+z^2 \leqslant R^2, z \geqslant 0$.

10. 计算 $I = \iiint\limits_{\Omega}z^2\mathrm{d}x\mathrm{d}y\mathrm{d}z$,其中 $\Omega: x^2+y^2+z^2 \leqslant R^2, x^2+y^2+z^2 \leqslant 2Rz$.

11. 计算 $I = \iiint\limits_{\Omega}z\mathrm{e}^{x^2+y^2}\mathrm{d}v$,其中 Ω 为由 $z=\sqrt{x^2+y^2}$ 及 $z=h(h>0)$ 所围成的区域.

12. 设 $f(x)$ 在 $(-\infty,+\infty)$ 可积,试证
$$\iiint\limits_{\Omega}f(z)\mathrm{d}v = \pi\int_{-1}^{1}(1-z^2)f(z)\mathrm{d}z,$$
其中 Ω 为球 $x^2+y^2+z^2 \leqslant 1$.

13. 求曲面 $z = x^2-y^2$ 被柱面 $x^2+y^2=1$ 截下部分的面积.

14. 设有半径为 R 的均匀球体(体密度 $\mu=1$),球外一点 P 处放置一单位质点,试求球体对该质点的引力.

15. 求由锥面 $z = 1-\sqrt{x^2+y^2}$ 与平面 $z=0$ 所围成的圆锥体的形心.

16. 设立体 Ω 由曲面 $z = x^2+y^2$ 及 $z = 2x$ 围成,密度 $\rho(x,y,z) = y^2$,求 Ω 对 z 轴的转动惯量.

▶▶ 四、竞赛题

1. (江苏省 2012 年竞赛) 计算 $I = \iint\limits_{D}(x^2+xy)^2\mathrm{d}\sigma, D = \{(x,y) \mid x^2+y^2 \leqslant 2x\}$.

2. (江苏省 2008 年竞赛) 计算 $I = \iint\limits_{D}|\sqrt{x^2+y^2}-1|\mathrm{d}\sigma, D = \{(x,y) \mid x^2+y^2 \leqslant \sqrt{2}x, 0 \leqslant y \leqslant x\}$.

3. (江苏省 2002 年竞赛) 设 $f(u)$ 在 $u=0$ 时可导,$f(0)=0, D: x^2+y^2 \leqslant 2tx, y \geqslant 0$,求 $\lim\limits_{t\to 0^+}\dfrac{1}{t^4}\iint\limits_{D}f(\sqrt{x^2+y^2})y\mathrm{d}x\mathrm{d}y$.

4. (江苏省 2004 年竞赛) 求 $I = \int_{0}^{2\pi}\mathrm{d}\theta\int_{\frac{\theta}{2}}^{\pi}(\theta^2-1)\mathrm{e}^{\rho^2}\mathrm{d}\rho$.

5. (全国第七届初赛) 曲面 $z = x^2+y^2+1$ 在点 $M(1,-1,3)$ 的切平面与曲面 $z = x^2+y^2$ 围成一立体,求该立体的体积 V.

6. (江苏省 2006 年竞赛) 曲线 $\begin{cases} x^2 = 2z \\ y = 0 \end{cases}$ 绕 z 轴旋转一周生成的曲面与 $z=1, z=2$ 所围立体区域为 Ω,求 $I = \iiint\limits_{\Omega}\dfrac{1}{x^2+y^2+z^2}\mathrm{d}v$.

7. 计算 $I = \iiint\limits_{\Omega}\left(\dfrac{x^2}{a^2}+\dfrac{y^2}{b^2}+\dfrac{z^2}{c^2}\right)\mathrm{d}v, \Omega: \dfrac{x^2}{a^2}+\dfrac{y^2}{b^2}+\dfrac{z^2}{c^2} \leqslant 1$.

第十一章 曲线积分与曲面积分

主要内容与基本要求

▶▶ 一、知识结构

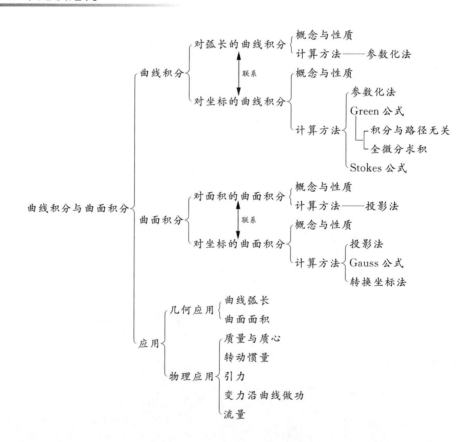

▶▶ 二、基本要求

(1) 理解两类曲线积分的概念,了解两类曲线积分的性质及两类曲线积分的关系,会计算两类曲线积分.

(2) 掌握格林(Green)公式,会使用平面线积分与路径无关的条件,了解第二类平面线积分与路径无关的物理意义.

(3) 了解两类曲面积分的概念、相互联系及其计算方法.

(4) 了解高斯(Gauss)公式和斯托克斯(Stokes)公式.

*(5) 了解场的基本概念,了解散度、旋度的概念,会计算散度与旋度.

(6) 了解科学技术问题中建立曲线积分和曲面积分表达式的元素法(微元法),会建立某些简单的几何量和物理量的积分表达式.

▶▶ 三、内容提要

1. 对弧长的曲线积分(第一类曲线积分)的概念与性质

(1) 对弧长的曲线积分的定义.

设 L 是 xOy 面内的光滑(或分段光滑)曲线弧,$f(x,y)$ 是 L 上的有界函数.将 L 任意分成 n 个小弧段 $\Delta s_1, \Delta s_2, \cdots, \Delta s_n$,其中 Δs_i 同时表示该小弧段的长度.在每个小弧段 Δs_i 上任取一点 (ξ_i, η_i),作和 $\sum_{i=1}^{n} f(\xi_i, \eta_i) \Delta s_i$.若当各小弧段长度的最大值 λ 趋于零时,这和的极限总存在,则称此极限为函数 $f(x,y)$ 在 L 上对弧长的曲线积分,记作 $\int_L f(x,y) \mathrm{d}s$,即

$$\int_L f(x,y)\mathrm{d}s = \lim_{\lambda \to 0} \sum_{i=1}^{n} f(\xi_i, \eta_i) \Delta s_i.$$

其中 $f(x,y)$ 称为被积函数,L 称为积分弧段.

类似地,可定义函数 $f(x,y,z)$ 在空间曲线 Γ 上对弧长的曲线积分

$$\int_\Gamma f(x,y,z)\mathrm{d}s = \lim_{\lambda \to 0} \sum_{i=1}^{n} f(\xi_i, \eta_i, \zeta_i) \Delta s_i.$$

(2) 对弧长的曲线积分的性质.

对弧长的曲线积分有类似于重积分的性质,下列两条性质是计算中常用的.

① 线性性: $\int_L [\lambda f(x,y) + \mu g(x,y)] \mathrm{d}s = \lambda \int_L f(x,y)\mathrm{d}s + \mu \int_L g(x,y)\mathrm{d}s.$

② 可加性:若 $L = L_1 + L_2$,则 $\int_L f(x,y)\mathrm{d}s = \int_{L_1} f(x,y)\mathrm{d}s + \int_{L_2} f(x,y)\mathrm{d}s.$

2. 对弧长的曲线积分的计算法

(1) 设 $f(x,y)$ 在曲线弧 L 上连续,L 的参数方程为 $\begin{cases} x = x(t), \\ y = y(t) \end{cases} (\alpha \leqslant t \leqslant \beta)$,其中 $x(t)$,$y(t)$ 在 $[\alpha, \beta]$ 上具有一阶连续导数,且 $x'^2(t) + y'^2(t) \neq 0$,则

$$\int_L f(x,y)\mathrm{d}s = \int_\alpha^\beta f[x(t), y(t)] \sqrt{x'^2(t) + y'^2(t)} \mathrm{d}t \quad (\alpha < \beta).$$

特殊地,若曲线弧 L 由方程 $y = y(x) (a \leqslant x \leqslant b)$ 给出,则

$$\int_L f(x,y)\mathrm{d}s = \int_b^a f[x,y(x)]\sqrt{1+y'^2(x)}\mathrm{d}t(a<b).$$

若曲线弧 L 由极坐标方程 $r = r(\theta)(\alpha \leqslant \theta \leqslant \beta)$ 给出,则

$$\int_L f(x,y)\mathrm{d}s = \int_\alpha^\beta f[r(\theta)\cos\theta, r(\theta)\sin\theta]\sqrt{r^2(\theta)+r'^2(\theta)}\mathrm{d}\theta(\alpha<\beta).$$

(2) 若空间曲线弧 Γ 由参数方程 $\begin{cases} x = x(t), \\ y = y(t), (\alpha \leqslant t \leqslant \beta) \\ z = z(t) \end{cases}$ 给出,则

$$\int_\Gamma f(x,y,z)\mathrm{d}s = \int_\alpha^\beta f[x(t),y(t),z(t)]\sqrt{x'^2(t)+y'^2(t)+z'^2(t)}\mathrm{d}t(\alpha<\beta).$$

3. 对坐标的曲线积分(第二类曲线积分)的概念与性质

(1) 对坐标的曲线积分的定义.

设 L 是 xOy 面内光滑(或分段光滑)的有向曲线弧,函数 $P(x,y)$ 在 L 上有界,将 L 任意分成 n 个有向小弧段,其中第 i 个小弧段的起点和终点分别为 $M_{i-1}(x_{i-1}, y_{i-1})$ 和 $M_i(x_i, y_i)$,记 $\Delta x_i = x_i - x_{i-1}(i = 1,2,\cdots,n)$. 在每个小弧段 $\widehat{M_{i-1}M}$ 上任取一点 (ξ_i, η_i),作和 $\sum_{i=1}^n P(\xi_i, \eta_i)\Delta x_i$. 若当各小弧段长度的最大值 λ 趋于零时,这和的极限总存在,则称此极限为函数 $P(x,y)$ 在 L 上对坐标 x 的曲线积分,记作 $\int_L P(x,y)\mathrm{d}x$,即

$$\int_L P(x,y)\mathrm{d}x = \lim_{\lambda \to 0}\sum_{i=1}^n P(\xi_i, \eta_i)\Delta x_i.$$

同样地,定义函数 $Q(x,y)$ 在 L 上对坐标 y 的曲线积分为

$$\int_L Q(x,y)\mathrm{d}y = \lim_{\lambda \to 0}\sum Q(\xi_i, \eta_i)\Delta y_i.$$

并称

$$\int_L \boldsymbol{F}(x,y)\cdot \mathrm{d}\boldsymbol{r} = \int_L P(x,y)\mathrm{d}x + Q(x,y)\mathrm{d}y$$

为向量值函数 $\boldsymbol{F}(x,y) = P(x,y)\boldsymbol{i} + Q(x,y)\boldsymbol{j}$ 在 L 上对坐标的曲线积分,其中 $P(x,y)$,$Q(x,y)$ 称为被积函数,L 称为积分弧段.

类似地,可定义空间有向曲线 Γ 上对坐标的曲线积分为

$$\int_\Gamma \boldsymbol{F}(x,y,z)\cdot \mathrm{d}\boldsymbol{r} = \int_\Gamma P(x,y,z)\mathrm{d}x + Q(x,y,z)\mathrm{d}y + R(x,y,z)\mathrm{d}z$$

$$= \lim_{\lambda \to 0}\sum_{i=1}^n [P(\xi_i, \eta_i, \zeta_i)\Delta x_i + Q(\xi_i, \eta_i, \zeta_i)\Delta y_i + R(\xi_i, \eta_i, \zeta_i)\Delta z_i].$$

(2) 对坐标的曲线积分的性质.

① 线性性: $\int_L (\lambda\boldsymbol{F} + \mu\boldsymbol{G})\cdot \mathrm{d}\boldsymbol{r} = \lambda\int_L \boldsymbol{F}\cdot \mathrm{d}\boldsymbol{r} + \mu\int_L \boldsymbol{G}\cdot \mathrm{d}\boldsymbol{r}$.

② 可加性: 若 $L = L_1 + L_2$,则 $\int_L \boldsymbol{F}\cdot \mathrm{d}\boldsymbol{r} = \int_{L_1} \boldsymbol{F}\cdot \mathrm{d}\boldsymbol{r} + \int_{L_2} \boldsymbol{F}\cdot \mathrm{d}\boldsymbol{r}$.

③ 有向性: 若 L^- 是 L 的反向曲线弧,则 $\int_{L^-} \boldsymbol{F}\cdot \mathrm{d}\boldsymbol{r} = -\int_L \boldsymbol{F}\cdot \mathrm{d}\boldsymbol{r}$.

(3) 两类曲线积分之间的联系.

以空间曲线积分为例,两类曲线积分之间的联系为

$$\int_\Gamma \boldsymbol{F} \cdot \mathrm{d}\boldsymbol{r} = \int_\Gamma (\boldsymbol{F} \cdot \boldsymbol{\tau})\mathrm{d}s,$$

其中向量值函数 $\boldsymbol{F} = (P, Q, R)$,$\boldsymbol{\tau} = (\cos\alpha, \cos\beta, \cos\gamma)$ 为有向曲线弧 Γ 在点 (x, y, z) 处的单位切向量,$\mathrm{d}\boldsymbol{r} = \boldsymbol{\tau}\mathrm{d}s = (\mathrm{d}x, \mathrm{d}y, \mathrm{d}z)$ 为有向曲线元.

4. 对坐标的曲线积分的计算法

(1) 设函数 $P(x,y), Q(x,y)$ 在有向曲线弧 L 上连续,L 的参数方程为

$$\begin{cases} x = x(t), \\ y = y(t) \end{cases} (t: \alpha \to \beta),$$

其中 α, β 分别为 L 的起点和终点所对应的参数值,$x(t), y(t)$ 在以 α, β 为端点的闭区间上具有一阶连续导数,且 $x'^2(t) + y'^2(t) \neq 0$,则

$$\int_L P(x,y)\mathrm{d}x + Q(x,y)\mathrm{d}y = \int_\alpha^\beta \{P[x(t), y(t)]x'(t) + Q[x(t), y(t)]y'(t)\}\mathrm{d}t.$$

特殊地,如果曲线 L 的方程由 $y = y(x)(x: a \to b)$ 给出,则

$$\int_L P(x,y)\mathrm{d}x + Q(x,y)\mathrm{d}y = \int_a^b \{P[x, y(x)] + Q[x, y(x)]y'(x)\}\mathrm{d}x.$$

(2) 若空间曲线 Γ 由参数方程 $\begin{cases} x = x(t), \\ y = y(t), \\ z = z(t) \end{cases} (t: \alpha \to \beta)$ 给出,则

$$\int_\Gamma P(x,y,z)\mathrm{d}x + Q(x,y,z)\mathrm{d}y + R(x,y,z)\mathrm{d}z$$
$$= \int_\alpha^\beta \{P[x(t), y(t), z(t)]x'(t) + Q[x(t), y(t), z(t)]y'(t) + R[x(t), y(t), z(t)]z'(t)\}\mathrm{d}t.$$

5. Green 公式及其应用

(1) Green 公式.

设闭区域 D 由分段光滑曲线 L 围成,函数 $P(x,y), Q(x,y)$ 在 D 上具有一阶连续偏导数,则有

$$\iint_D \left(\frac{\partial Q}{\partial x} - \frac{\partial P}{\partial y}\right)\mathrm{d}x\mathrm{d}y = \oint_L P\mathrm{d}x + Q\mathrm{d}y,$$

其中 L 是 D 的取正向的边界曲线.

(2) 平面曲线积分与路径无关的条件.

设 G 是平面单连通域,函数 $P(x,y), Q(x,y)$ 在 G 内具有一阶连续偏导数,则下列四个条件相互等价:

① 积分 $\int_L P(x,y)\mathrm{d}x + Q(x,y)\mathrm{d}y$ 在 G 内与路径无关;

② 对 G 内任一分段光滑闭曲线 C,有 $\oint_C P(x,y)\mathrm{d}x + Q(x,y)\mathrm{d}y = 0$;

③ $P(x,y)\mathrm{d}x + Q(x,y)\mathrm{d}y$ 在 G 内是某二元函数的全微分,即存在 $u(x,y)$,使

$$\mathrm{d}u(x,y) = P(x,y)\mathrm{d}x + Q(x,y)\mathrm{d}y;$$

④ 在 G 内恒有 $\dfrac{\partial Q}{\partial x} = \dfrac{\partial P}{\partial y}$.

(3) 二元函数的全微分求积.

设 G 是平面单连通域，$P(x,y)$，$Q(x,y)$ 在 G 内具有一阶连续偏导数，且 $P(x,y)\mathrm{d}x + Q(x,y)\mathrm{d}y$ 是某二元函数 $u(x,y)$ 的全微分，则

$$u(x,y) = \int_{(x_0,y_0)}^{(x,y)} P(x,y)\mathrm{d}x + Q(x,y)\mathrm{d}y + C,$$

其中积分曲线是 G 内从 (x_0,y_0) 到 (x,y) 的任一分段光滑曲线，C 为任意常数。

(4) 曲线积分基本定理。

设向量值函数 $\boldsymbol{F}(x,y)$ 在平面区域 G 内连续。若存在数量值函数 $u(x,y)$，使得 $\mathbf{grad}\,u(x,y) = \boldsymbol{F}(x,y)$，则曲线积分 $\int_L \boldsymbol{F}(x,y) \cdot \mathrm{d}\boldsymbol{r}$ 在 G 内与路径无关，且

$$\int_L \boldsymbol{F}(x,y) \cdot \mathrm{d}\boldsymbol{r} = u(B) - u(A),$$

其中 L 是 G 内起点为 A、终点为 B 的任一分段光滑曲线。

6. 对面积的曲面积分(第一类曲面积分)的概念与性质

(1) 对面积的曲面积分的定义。

设 Σ 是光滑(或分片光滑)曲面，$f(x,y,z)$ 是 Σ 上的有界函数。将 Σ 任意分成 n 块小曲面 $\Delta S_1, \Delta S_2, \cdots, \Delta S_n$，其中 ΔS_i 同时表示该小块曲面的面积。在每块小曲面 ΔS_i 上任取一点 (ξ_i, η_i, ζ_i)，作和 $\sum_{i=1}^n f(\xi_i, \eta_i, \zeta_i)\Delta S_i$。若当各小块曲面直径的最大值 λ 趋于零时，这和的极限总存在，则称此极限为函数 $f(x,y,z)$ 在 Σ 上对面积的曲面积分，记作 $\iint_\Sigma f(x,y,z)\mathrm{d}S$，即

$$\iint_\Sigma f(x,y,z)\mathrm{d}S = \lim_{\lambda \to 0} \sum_{i=1}^n f(\xi_i, \eta_i, \zeta_i)\Delta S_i,$$

其中 $f(x,y,z)$ 称为被积函数，Σ 称为积分曲面。

(2) 对面积的曲面积分的性质。

对面积的曲面积分的性质类似于对弧长的曲线积分的性质。

7. 对面积的曲面积分的计算法

设积分曲面 Σ 由方程 $z = z(x,y)$ 给出，Σ 在 xOy 面上的投影区域为 D_{xy}，函数 $z(x,y)$ 在 D_{xy} 上具有连续偏导数，被积函数 $f(x,y,z)$ 在 Σ 上连续，则

$$\iint_\Sigma f(x,y,z)\mathrm{d}S = \iint_{D_{xy}} f[x,y,z(x,y)] \sqrt{1 + z_x^2(x,y) + z_y^2(x,y)}\,\mathrm{d}x\mathrm{d}y.$$

类似地，当曲面 Σ 由方程 $x = x(y,z)$ 或 $y = y(z,x)$ 给出时，有

$$\iint_\Sigma f(x,y,z)\mathrm{d}S = \iint_{D_{yz}} f[x(y,z),y,z] \sqrt{1 + x_y^2(y,z) + x_z^2(y,z)}\,\mathrm{d}y\mathrm{d}z,$$

$$\iint_\Sigma f(x,y,z)\mathrm{d}S = \iint_{D_{zx}} f[x,y(z,x),z] \sqrt{1 + y_z^2(z,x) + y_x^2(z,x)}\,\mathrm{d}z\mathrm{d}x.$$

8. 对坐标的曲面积分(第二类曲面积分)的概念与性质

(1) 对坐标的曲面积分的定义。

设 Σ 是光滑(或分片光滑)的有向曲面，$R(x,y,z)$ 是 L 上的有界函数。将 Σ 任意分成 n 块小曲面 $\Delta S_1, \Delta S_2, \cdots, \Delta S_n$，小曲面 ΔS_i 在 xOy 面上的投影为 $(\Delta S_i)_{xy}$。在每块小曲面上任取一

点 (ξ_i, η_i, ζ_i)，作和 $\sum_{i=1}^{n} R(\xi_i, \eta_i, \zeta_i)(\Delta S_i)_{xy}$. 若当各小曲面直径的最大值 λ 趋于零时，这和的极限总存在，则称此极限为函数 $R(x,y,z)$ 在 Σ 上对坐标 x,y 的曲面积分，记作 $\iint\limits_{\Sigma} R(x,y,z) \mathrm{d}x\mathrm{d}y$，即

$$\iint\limits_{\Sigma} R(x,y,z)\mathrm{d}x\mathrm{d}y = \lim_{\lambda \to 0} \sum_{i=1}^{n} R(\xi_i, \eta_i, \zeta_i)(\Delta S_i)_{xy}.$$

同样地，定义函数 $P(x,y,z)$ 在 Σ 上对坐标 y,z 的曲面积分为

$$\iint\limits_{\Sigma} P(x,y,z)\mathrm{d}y\mathrm{d}z = \lim_{\lambda \to 0} \sum_{i=1}^{n} P(\xi_i, \eta_i, \zeta_i)(\Delta S_i)_{yz},$$

函数 $Q(x,y,z)$ 在 Σ 上对坐标 z,x 的曲面积分为

$$\iint\limits_{\Sigma} Q(x,y,z)\mathrm{d}z\mathrm{d}x = \lim_{\lambda \to 0} \sum_{i=1}^{n} Q(\xi_i, \eta_i, \zeta_i)(\Delta S_i)_{zx}.$$

并称 $\iint\limits_{\Sigma} \boldsymbol{A}(x,y,z) \cdot \mathrm{d}\boldsymbol{S} = \iint\limits_{\Sigma} P(x,y,z)\mathrm{d}y\mathrm{d}z + Q(x,y,z)\mathrm{d}z\mathrm{d}x + R(x,y,z)\mathrm{d}x\mathrm{d}y$

为向量值函数 $\boldsymbol{A}(x,y,z) = P(x,y,z)\boldsymbol{i} + Q(x,y,z)\boldsymbol{j} + R(x,y,z)\boldsymbol{k}$ 在 Σ 上对坐标的曲面积分，其中 $P(x,y,z), Q(x,y,z), R(x,y,z)$ 称为被积函数，Σ 称为积分曲面.

（2）对坐标的曲面积分的性质.

① 线性性 $\iint\limits_{\Sigma}(\lambda\boldsymbol{A} + \mu\boldsymbol{B}) \cdot \mathrm{d}\boldsymbol{S} = \lambda\iint\limits_{\Sigma}\boldsymbol{A} \cdot \mathrm{d}\boldsymbol{S} + \mu\iint\limits_{\Sigma}\boldsymbol{B} \cdot \mathrm{d}\boldsymbol{S}.$

② 可加性 若 $\Sigma = \Sigma_1 + \Sigma_2$，则 $\iint\limits_{\Sigma}\boldsymbol{A} \cdot \mathrm{d}\boldsymbol{S} = \iint\limits_{\Sigma_1}\boldsymbol{A} \cdot \mathrm{d}\boldsymbol{S} + \iint\limits_{\Sigma_2}\boldsymbol{A} \cdot \mathrm{d}\boldsymbol{S}.$

③ 有向性 若 Σ^{-} 是 Σ 的反侧曲面，则 $\iint\limits_{\Sigma^{-}}\boldsymbol{A} \cdot \mathrm{d}\boldsymbol{S} = -\iint\limits_{\Sigma}\boldsymbol{A} \cdot \mathrm{d}\boldsymbol{S}.$

（3）两类曲面积分之间的联系.

两类曲面积分之间的联系为

$$\iint\limits_{\Sigma}\boldsymbol{A} \cdot \mathrm{d}\boldsymbol{S} = \iint\limits_{\Sigma}(\boldsymbol{A} \cdot \boldsymbol{n})\mathrm{d}S,$$

其中向量值函数 $\boldsymbol{A} = (P,Q,R)$，$\boldsymbol{n} = (\cos\alpha, \cos\beta, \cos\gamma)$ 为有向曲面 Σ 在点 (x,y,z) 处的单位法向量，$\mathrm{d}\boldsymbol{S} = \boldsymbol{n}\mathrm{d}S = (\mathrm{d}y\mathrm{d}z, \mathrm{d}z\mathrm{d}y, \mathrm{d}x\mathrm{d}y)$ 为有向曲面元.

9. 对坐标的曲面积分的计算法

设曲面 Σ 由方程 $z = z(x,y)$ 给出，Σ 在 xOy 面上的投影区域为 D_{xy}，函数 $z(x,y)$ 在 D_{xy} 上连续，被积函数 $R(x,y,z)$ 在 Σ 上连续，则

$$\iint\limits_{\Sigma} R(x,y,z)\mathrm{d}x\mathrm{d}y = \pm\iint\limits_{D_{xy}} R[x,y,z(x,y)]\mathrm{d}x\mathrm{d}y,$$

当 Σ 取曲面 $z = z(x,y)$ 上侧时取"$+$"号，取下侧时取"$-$"号.

类似地，若曲面 Σ 由 $x = x(y,z)$ 给出，则

$$\iint\limits_{\Sigma} P(x,y,z)\mathrm{d}y\mathrm{d}z = \pm\iint\limits_{D_{yz}} P[x(y,z),y,z]\mathrm{d}y\mathrm{d}z,$$

当 Σ 取曲面 $x = x(y,z)$ 前侧时取"+"号,取后侧时取"—"号. 若曲面 Σ 由方程 $y = y(z,x)$ 给出,则

$$\iint_{\Sigma} Q(x,y,z) \mathrm{d}z\mathrm{d}x = \pm \iint_{D_{zx}} Q[x,y(z,x),z] \mathrm{d}z\mathrm{d}x,$$

当 Σ 取曲面 $y = y(z,x)$ 右侧时取"+"号,取左侧时取"—"号.

10. Gauss 公式及其应用

(1) Gauss 公式.

设空间闭区域 Ω 由分片光滑的闭曲面 Σ 所围成,函数 $P(x,y,z), Q(x,y,z), R(x,y,z)$ 在 Ω 上具有一阶连续偏导数,则有

$$\iiint_{\Omega} \left(\frac{\partial P}{\partial x} + \frac{\partial Q}{\partial y} + \frac{\partial R}{\partial z} \right) \mathrm{d}v = \oiint_{\Sigma} P\mathrm{d}y\mathrm{d}z + Q\mathrm{d}z\mathrm{d}x + R\mathrm{d}x\mathrm{d}y,$$

其中 Σ 是 Ω 的整个边界曲面的外侧.

(2) 通量与散度.

① 通量:向量场 $\boldsymbol{A}(x,y,z) = P(x,y,z)\boldsymbol{i} + Q(x,y,z)\boldsymbol{j} + R(x,y,z)\boldsymbol{k}$ 在场内有向曲面 Σ 上的积分

$$\iint_{\Sigma} \boldsymbol{A}(x,y,z) \cdot \mathrm{d}\boldsymbol{S} = \iint_{\Sigma} P(x,y,z)\mathrm{d}y\mathrm{d}z + Q(x,y,z)\mathrm{d}z\mathrm{d}x + R(x,y,z)\mathrm{d}x\mathrm{d}y$$

称为向量场 $\boldsymbol{A}$ 通过有向曲面 Σ 指定侧的通量.

② 散度:设向量场由 $\boldsymbol{A}(x,y,z) = P(x,y,z)\boldsymbol{i} + Q(x,y,z)\boldsymbol{j} + R(x,y,z)\boldsymbol{k}$ 给出,则

$$\mathrm{div}\boldsymbol{A} = \frac{\partial P}{\partial x} + \frac{\partial Q}{\partial y} + \frac{\partial R}{\partial z}$$

称为向量场 $\boldsymbol{A}(x,y,z)$ 在点 (x,y,z) 的散度.

③ Guass 公式的向量形式:

$$\iiint_{\Omega} \mathrm{div}\boldsymbol{A}\,\mathrm{d}v = \oiint_{\Sigma} \boldsymbol{A} \cdot \mathrm{d}\boldsymbol{S} = \oiint_{\Sigma} \boldsymbol{A} \cdot \boldsymbol{n}\,\mathrm{d}S.$$

11. Stokes 公式及其应用

(1) Stokes 公式.

设 Γ 为分段光滑的空间有向闭曲线,Σ 是以 Γ 为边界的分片光滑的有向曲面,且 Γ 的正向与 Σ 的侧符合右手法则,函数 $P(x,y,z), Q(x,y,z), R(x,y,z)$ 在曲面 Σ 上具有一阶连续偏导数,则有

$$\iint_{\Sigma} \begin{vmatrix} \mathrm{d}y\mathrm{d}z & \mathrm{d}z\mathrm{d}x & \mathrm{d}x\mathrm{d}y \\ \frac{\partial}{\partial x} & \frac{\partial}{\partial y} & \frac{\partial}{\partial z} \\ P & Q & R \end{vmatrix} = \oint_{\Gamma} P\mathrm{d}x + Q\mathrm{d}y + R\mathrm{d}z.$$

(2) 环流量与旋度.

① 向量场 $\boldsymbol{A} = (x,y,z) = P(x,y,z)\boldsymbol{i} + Q(x,y,z)\boldsymbol{j} + R(x,y,z)\boldsymbol{k}$ 沿场内有向曲线 Γ 的曲线积分

$$\oint_{\Gamma} \boldsymbol{A}(x,y,z) \cdot \mathrm{d}\boldsymbol{s} = \oint_{\Gamma} P(x,y,z)\mathrm{d}y\mathrm{d}z + Q(x,y,z)\mathrm{d}z\mathrm{d}x + R(x,y,z)\mathrm{d}x\mathrm{d}y$$

称为向量场 $\boldsymbol{A}$ 沿有向闭曲线 Γ 的环流量.

② 设有向量场 $A(x,y,z) = P(x,y,z)\boldsymbol{i} + Q(x,y,z)\boldsymbol{j} + R(x,y,z)\boldsymbol{k}$,则称

$$\text{rot}\boldsymbol{A} = \begin{vmatrix} \boldsymbol{i} & \boldsymbol{j} & \boldsymbol{k} \\ \dfrac{\partial}{\partial x} & \dfrac{\partial}{\partial y} & \dfrac{\partial}{\partial z} \\ P & Q & R \end{vmatrix} = \left(\dfrac{\partial R}{\partial y} - \dfrac{\partial Q}{\partial z}\right)\boldsymbol{i} + \left(\dfrac{\partial P}{\partial z} - \dfrac{\partial R}{\partial x}\right)\boldsymbol{j} + \left(\dfrac{\partial Q}{\partial x} - \dfrac{\partial P}{\partial y}\right)\boldsymbol{k}$$

为向量场 $A(x,y,z)$ 在点 (x,y,z) 的旋度.

③ Stokes 公式的向量形式:

$$\iint_\Sigma \text{rot}\boldsymbol{A} \cdot \mathrm{d}\boldsymbol{S} = \oint_L \boldsymbol{A} \cdot \mathrm{d}\boldsymbol{r} = \oint_L \boldsymbol{A} \cdot \boldsymbol{\tau} \mathrm{d}s.$$

12. 各类积分之间的联系

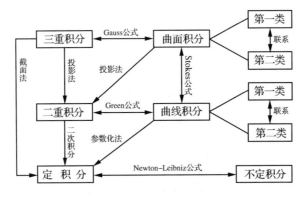

典型例题解析

▶▶ 一、第一类曲线积分

【例 1】 计算曲线积分 $I = \oint_L \sqrt{x^2+y^2}\,\mathrm{d}s$,其中 L 为圆周 $x^2+y^2 = 2ax(a>0)$.

解法一 由奇偶对称性 $I = 2\oint_{L_1} \sqrt{x^2+y^2}\,\mathrm{d}s$,其中 L_1 为上半圆周,其方程为 $y = \sqrt{2ax-x^2}$,$0 \leqslant x \leqslant 2a$,故

$$\mathrm{d}s = \sqrt{1 + y'^2(x)}\,\mathrm{d}x = \sqrt{1 + \left(\dfrac{a-x}{\sqrt{2ax-x^2}}\right)^2}\,\mathrm{d}x = \dfrac{a}{\sqrt{2ax-x^2}}\,\mathrm{d}x,$$

于是

$$I = 2\int_0^{2a} \sqrt{2ax} \cdot \dfrac{a}{\sqrt{2ax-x^2}}\,\mathrm{d}x = (2a)^{\frac{3}{2}} \int_0^{2a} \dfrac{\mathrm{d}x}{\sqrt{2a-x}} = 8a^2.$$

解法二 L_1 的参数方程为 $\begin{cases} x = a + a\cos t, \\ y = a\sin t \end{cases} (0 \leqslant t \leqslant \pi)$,故

$$\mathrm{d}s = \sqrt{x'^2(t) + y'^2(t)}\,\mathrm{d}t = \sqrt{(-a\sin t)^2 + (a\cos t)^2}\,\mathrm{d}t = a\,\mathrm{d}t,$$

于是

$$I = 2\int_0^\pi \sqrt{(a+a\cos t)^2 + (a\sin t)^2} \cdot a\,\mathrm{d}t = 2\sqrt{2}a^2 \int_0^\pi \sqrt{1+\cos t}\,\mathrm{d}t$$

$$= 4a^2 \int_0^\pi \cos\frac{t}{2}dt = 8a^2.$$

解法三 L_1 的极坐标方程为 $r = 2a\cos\theta(0 \leqslant \theta \leqslant \frac{\pi}{2})$,故

$$ds = \sqrt{r^2(\theta) + r'^2(\theta)}d\theta = \sqrt{(2a\cos\theta)^2 + (-2a\sin\theta)^2}d\theta = 2ad\theta,$$

从而 $$I = 2\int_0^{\frac{\pi}{2}} 2a\cos\theta \cdot 2ad\theta = 8a^2.$$

【例2】 计算曲线积分 $I = \oint_\Gamma \frac{1}{x^2 + y^2 + z^2}ds$,其中 L 为曲线 $\begin{cases} x = e^t\cos t, \\ y = e^t\sin t, \\ z = e^t \end{cases}$ 上相应于 t 从 0 变到 2 的一段弧.

解 因 $ds = \sqrt{[e^t(\cos t - \sin t)]^2 + [e^t(\sin t + \cos t)]^2 + (e^t)^2}dt = \sqrt{3}e^t dt$,

故 $$I = \int_0^2 \frac{1}{(e^t\cos t)^2 + (e^t\sin t)^2 + (e^t)^2} \cdot \sqrt{3}e^t dt = \frac{\sqrt{3}}{2}\int_0^2 e^{-t}dt = \frac{\sqrt{3}}{2}\left(1 - \frac{1}{e^2}\right).$$

注 计算第一类曲线积分的基本方法是参数化法,首先写出积分曲线的参数方程,由此求出 ds 的表达式,然后将曲线积分化为定积分计算.注意定积分的积分限必须从小到大(即积分下限一定不大于积分上限).适当运用奇偶对称性、轮换对称性、代入技巧及曲线积分的性质,可简化运算.

【例3】 计算曲线积分 $\oint_L e^{\sqrt{x^2+y^2}}ds$,其中 L 为 $x^2 + y^2 = a^2, y = x$ 在第一象限部分与 x 轴围成的扇形区域的整个边界.

解 记 $O(0,0), A(a,0), B\left(\frac{a}{\sqrt{2}}, \frac{a}{\sqrt{2}}\right)$,则

$$\oint_L e^{\sqrt{x^2+y^2}}ds = \int_{\overline{OA}} + \int_{\widehat{AB}} + \int_{\overline{OB}}.$$

因 $\overline{OA}: y = 0, 0 \leqslant x \leqslant a$,故 $ds = dx$,于是

$$\oint_{\overline{OA}} e^{\sqrt{x^2+y^2}}ds = \int_0^a e^x dx = e^a - 1;$$

因 $\widehat{AB}: x = a\cos t, y = a\sin t, 0 \leqslant t \leqslant \frac{\pi}{4}$,故 $ds = adt$,于是

$$\oint_{\widehat{AB}} e^{\sqrt{x^2+y^2}}ds = \int_0^{\frac{\pi}{4}} e^a a\, dt = \frac{\pi}{4}ae^a;$$

因 $\overline{OB}: y = x, 0 \leqslant x \leqslant \frac{a}{\sqrt{2}}$,故 $ds = \sqrt{2}dx$,于是

$$\oint_{\overline{OB}} e^{\sqrt{x^2+y^2}}ds = \int_0^{\frac{a}{\sqrt{2}}} e^{\sqrt{2}x}\sqrt{2}dx = e^a - 1.$$

所以 $$\oint_L e^{\sqrt{x^2+y^2}}ds = (e^a - 1) + \frac{\pi}{4}ae^a + (e^a - 1) = 2(e^a - 1) + \frac{1}{4}\pi ae^a.$$

【例4】 设 L 是椭圆 $\frac{x^2}{4} + \frac{y^2}{3} = 1$,其周长为 a,计算曲线积分

$$I = \oint_L (2xy + 3x^2 + 4y^2)ds.$$

解 因 L 关于 y 轴对称，由奇偶对称性，知
$$\oint_L 2xy \mathrm{d}s = 0.$$
又在 L 上 $3x^2 + 4y^2 = 12\left(\dfrac{x^2}{4} + \dfrac{y^2}{3}\right) = 12$，故
$$\oint_L (3x^2 + 4y^2)\mathrm{d}s = \oint_L 12\mathrm{d}s = 12a.$$
所以
$$\oint_L (2xy + 3x^2 + 4y^2)\mathrm{d}s = 12a.$$

▶▶ 二、平面第二类曲线积分

【例5】 计算曲线积分 $I = \oint_L xy\mathrm{d}x$，其中 L 为圆周 $(x-a)^2 + y^2 = a^2 (a > 0)$，按逆时针方向绕行.

解法一 因 L 的方程为 $x = a(1+\cos t), y = a\sin t, t: 0 \to 2\pi$，故
$$I = \int_0^{2\pi} a(1+\cos t) \cdot a\sin t \cdot (-a\sin t) \mathrm{d}t$$
$$= -a^3 \int_0^{2\pi} (\sin^2 t + \sin^2 t \cos t) \mathrm{d}t = -\pi a^3.$$

解法二 记 D 为 L 所围成的平面区域，由 Green 公式，得
$$I = \iint_D (-x)\mathrm{d}x\mathrm{d}y = -\int_{-\frac{\pi}{2}}^{\frac{\pi}{2}} \mathrm{d}\theta \int_0^{2a\cos\theta} r\cos\theta \cdot r\mathrm{d}r = -\frac{8a^3}{3} \int_{-\frac{\pi}{2}}^{\frac{\pi}{2}} \cos^4\theta \mathrm{d}\theta = -\pi a^3.$$

【例6】 计算曲线积分 $I = \int_L x\mathrm{d}y - 2y\mathrm{d}x$，其中 L 为正向圆周 $x^2 + y^2 = 4$ 在第一象限中的部分.

解法一 因 L 的方程为 $x = 2\cos t, y = 2\sin t, t: 0 \to \dfrac{\pi}{2}$，故
$$I = \int_0^{\frac{\pi}{2}} [2\cos t \cdot 2\cos t - 4\sin t \cdot (-2\sin t)] \mathrm{d}t$$
$$= 4\int_0^{\frac{\pi}{2}} (1 + \sin^2 t) \mathrm{d}t = 3\pi.$$

解法二 记 $A(2,0), B(0,2), D: x^2 + y^2 \leqslant 4, x \geqslant 0, y \geqslant 0$，由 Green 公式，得
$$\oint_{L+\overline{BO}+\overline{OA}} x\mathrm{d}y - 2y\mathrm{d}x = \iint_D [1-(-2)]\mathrm{d}x\mathrm{d}y = 3\pi.$$
又 $\displaystyle\int_{\overline{BO}} x\mathrm{d}y - 2y\mathrm{d}x = 0, \int_{\overline{OA}} x\mathrm{d}y - 2y\mathrm{d}x = 0$，故
$$I = \int_{L+\overline{BO}+\overline{OA}} - \int_{\overline{BO}} - \int_{\overline{OA}} = 3\pi.$$

【例7】 设有一平面力场，其场力的大小与作用点向径的长度成正比（比例系数 $k > 0$），其方向与向径垂直且与 y 轴的夹角为锐角，试求当质点沿星形线 $L: x^{\frac{2}{3}} + y^{\frac{2}{3}} = a^{\frac{2}{3}}$ 从点 $A(a,0)$ 移动到点 $B(0,a)$ 时场力所做的功.

解 设作用点为 $P(x,y)$，则向径 $\overrightarrow{OP} = (x,y)$，与其垂直且与 y 轴的夹角为锐角的向量为 $(-y,x)$，与其同向的单位向量为 $\dfrac{1}{\sqrt{x^2+y^2}}(-y,x)$. 由题意，场力为

$$F = |F| F^\circ = k\sqrt{x^2+y^2} \cdot \dfrac{1}{\sqrt{x^2+y^2}}(-y,x) = k(-y,x),$$

因此场力所做的功为 $W = \displaystyle\int_L F \cdot dr = k\int_L -y dx + x dy.$

由于 L 的参数方程为 $x = a\cos^3 t, y = a\sin^3 t, t: 0 \to \dfrac{\pi}{2}$，故

$$W = k\int_0^{\frac{\pi}{2}} 3a^2(\sin^4 t\cos^2 t + \cos^4 t\sin^2 t) dt = 3ka^2 \int_0^{\frac{\pi}{2}} \sin^2 t\cos^2 t\, dt = \dfrac{3}{16}k\pi a^2.$$

注 平面第二类曲线积分的常用计算方法有：① 参数化法：写出积分曲线的参数方程，代入积分表达式，将曲线积分化为定积分，注意积分限必须从起点对应的参数值到终点对应的参数值. ② 利用 Green 公式进行计算：对于闭曲线上的曲线积分，直接利用 Green 公式化为二重积分进行计算；对于非闭曲线上的曲线积分，可补线形成闭曲线，然后利用 Green 公式进行计算. ③ 与路径无关的曲线积分可用特殊路径法或原函数法进行计算.

【例8】 计算曲线积分 $I = \displaystyle\oint_L \dfrac{x dy - y dx}{4x^2 + y^2}$，其中 L 是以点 $(1,0)$ 为中心，$R(R>0, R \neq 1)$ 为半径的正向圆周.

解 记 $P = -\dfrac{y}{4x^2+y^2}, Q = \dfrac{x}{4x^2+y^2}$，则有

$$\dfrac{\partial Q}{\partial x} = \dfrac{y^2 - 4x^2}{(4x^2+y^2)^2} = \dfrac{\partial P}{\partial y}, (x,y) \neq (0,0).$$

(1) 当 $0 < R < 1$ 时，在 L 所围成的区域 D_L 上恒有 $\dfrac{\partial Q}{\partial x} = \dfrac{\partial P}{\partial y}$，故由 Green 公式，知 $I = 0$.

(2) 当 $R > 1$ 时，在 D_L 上点 $O(0,0)$ 处 $\dfrac{\partial Q}{\partial x}, \dfrac{\partial P}{\partial y}$ 不存在，故不能直接用 Green 公式. 在 D_L 内作一足够小的椭圆 $L_\varepsilon: 4x^2 + y^2 = \varepsilon^2$（取逆时针方向），使其所围成的区域 $D_\varepsilon \subset D_L$，则在由 L 和 L_ε 所围成的复连通区域 $D_L - D_\varepsilon$ 上，恒有 $\dfrac{\partial Q}{\partial x} = \dfrac{\partial P}{\partial y}$，故由 Green 公式，得

$$\oint_{L + L_\varepsilon^-} P dx + Q dy = 0,$$

从而 $I = \displaystyle\oint_{L+L_\varepsilon^-} + \oint_{L_\varepsilon} = \oint_{L_\varepsilon} \dfrac{x dy - y dx}{4x^2+y^2} = \dfrac{1}{\varepsilon^2}\oint_{L_\varepsilon} x dy - y dx = \dfrac{1}{\varepsilon^2}\iint_{D_\varepsilon} 2 dx dy = \pi.$

注 当在积分曲线所围成的区域上有不满足 Green 公式条件的点（称为奇点）时，需用"挖洞"方法去除奇点，然后应用 Green 公式进行计算. 在"挖洞"作曲线时，要使得所作曲线上的积分易于计算.

【例9】 计算曲线积分 $I = \displaystyle\int_L (2xy^3 - y^2\cos x) dx + (1 - 2y\sin x + 3x^2 y^2) dy$，其中 L 是抛物线 $2x = \pi y^2$ 上由点 $(0,0)$ 到 $\left(\dfrac{\pi}{2}, 1\right)$ 的一段弧.

解法一（参数化法）　将 $x = \dfrac{\pi}{2}y^2$ 代入积分，得

$$I = \int_0^1 \left[\left(\pi y^5 - y^2 \cos\dfrac{\pi y^2}{2}\right)\cdot \pi y + \left(1 - 2y\sin\dfrac{\pi y^2}{2} + \dfrac{3\pi^2}{4}y^6\right)\right]\mathrm{d}y$$

$$= \int_0^1 \left(1 + \dfrac{7\pi^2}{4}y^6 - \pi y^3 \cos\dfrac{\pi y^2}{2} - 2y\sin\dfrac{\pi y^2}{2}\right)\mathrm{d}y$$

$$= \left[y + \dfrac{\pi^2}{4}y^7 - y^2 \sin\dfrac{\pi y^2}{2}\right]_0^1 = \dfrac{\pi^2}{4}.$$

解法二（利用 Green 公式）　记 $A\left(\dfrac{\pi}{2}, 0\right), B\left(\dfrac{\pi}{2}, 1\right), L^* = L + \overline{BA} + \overline{AO}$，由 Green 公式得，$\oint_{L^*} = 0$，而

$$\int_{\overline{AO}} = 0,\ \int_{\overline{BA}} = \int_1^0 \left(1 - 2y + \dfrac{3\pi^2}{4}y^2\right)\mathrm{d}y = -\dfrac{\pi^2}{4},$$

所以
$$I = \oint_{L^*} - \int_{\overline{AO}} - \int_{\overline{BA}} = \dfrac{\pi^2}{4}.$$

解法三（利用积分与路径无关）　因

$$\dfrac{\partial}{\partial y}(2xy^3 - y^2\cos x) = 6xy^2 - 2y\cos x = \dfrac{\partial}{\partial x}(1 - 2y\sin x + 3x^2 y^2),$$

故曲线积分 I 与路径无关．选择折线路径 $(0,0) \to (0,1) \to \left(\dfrac{\pi}{2}, 1\right)$，得

$$I = \int_0^1 \mathrm{d}y + \int_0^{\frac{\pi}{2}}(2x - \cos x)\mathrm{d}x = 1 + \left(\dfrac{\pi}{2}\right)^2 - 1 = \dfrac{\pi^2}{4}.$$

解法四（原函数法）　因被积表达式

$$(2xy^3 - y^2\cos x)\mathrm{d}x + (1 - 2y\sin x + 3x^2 y^2)\mathrm{d}y$$

$$= \mathrm{d}y + (2xy^3\mathrm{d}x + 3x^2 y^2\mathrm{d}y) - (y^2\cos x\mathrm{d}x + 2y\sin x\mathrm{d}y)$$

$$= \mathrm{d}y + (y^3\mathrm{d}x^2 + x^2\mathrm{d}y^3) - (y^2\mathrm{d}\sin x + \sin x\mathrm{d}y^2)$$

$$= \mathrm{d}(y + x^2 y^3 - y^2\sin x),$$

所以
$$I = \left[y + x^2 y^3 - y^2\sin x\right]_{(0,0)}^{\left(\frac{\pi}{2}, 1\right)} = \dfrac{\pi^2}{4}.$$

【例 10】　确定常数 λ，使在右半平面 $x > 0$ 内 $2xy(x^4 + y^2)^\lambda \mathrm{d}x - x^2(x^4 + y^2)^\lambda \mathrm{d}y$ 为某二元函数 $u(x, y)$ 的全微分，并求 $u(x, y)$．

解　记 $P(x, y) = 2xy(x^4 + y^2)^\lambda, Q(x, y) = -x^2(x^4 + y^2)^\lambda$，则

$$\dfrac{\partial P}{\partial y} = 2x(x^4 + y^2)^\lambda + 4\lambda x y^2 (x^4 + y^2)^{\lambda - 1},$$

$$\dfrac{\partial Q}{\partial x} = -2x(x^4 + y^2)^\lambda - 4\lambda x^5 (x^4 + y^2)^{\lambda - 1}.$$

由题意，在右半平面 $x > 0$ 内，恒有 $\dfrac{\partial P}{\partial y} = \dfrac{\partial Q}{\partial x}$，即

$$2x(x^4 + y^2)^\lambda + 4\lambda xy^2(x^4 + y^2)^{\lambda - 1} = -2x(x^4 + y^2)^\lambda - 4\lambda x^5(x^4 + y^2)^{\lambda - 1},$$

亦即 $4x(1 + \lambda)(x^4 + y^2)^\lambda = 0$，故 $\lambda = -1$．

取路径 $(1, 0) \to (x, 0) \to (x, y)$，积分得

$$u(x,y) = \int_{(1,0)}^{(x,y)} \frac{2xy\,dx - x^2\,dy}{x^4 + y^2} + C = \int_0^y \frac{-x^2}{x^4+y^2}dy$$

$$= -x^2 \cdot \frac{1}{x^2}\arctan\frac{y}{x^2} + C = -\arctan\frac{y}{x^2} + C.$$

【例 11】 设函数 $f(x,y)$ 满足 $\frac{\partial f}{\partial x} = (2x+1)e^{2x-y}$,且 $f(0,y) = y+1$,L_t 是从点 $(0,0)$ 到点 $(1,t)$ 的光滑曲线,计算 $I(t) = \int_{L_t} \frac{\partial f}{\partial x}dx + \frac{\partial f}{\partial y}dy$,并求 $I(t)$ 的最小值.

解 $\frac{\partial f}{\partial x} = (2x+1)e^{2x-y}$ 两边对 x 积分,得

$$f(x,y) = e^{-y}\int 2xe^{2x}dx + e^{-y}\int e^{2x}dx = xe^{2x-y} + g(y).$$

又 $f(0,y) = y+1$,可知 $g(y) = y+1$,故 $f(x,y) = xe^{2x-y} + y + 1$,所以 $\frac{\partial f}{\partial y} = -xe^{2x-y} + 1$.

令 $P = \frac{\partial f}{\partial x}, Q = \frac{\partial f}{\partial y}$,则

$$\frac{\partial Q}{\partial x} = \frac{\partial^2 f}{\partial y \partial x} = \frac{\partial^2 f}{\partial x \partial y} = \frac{\partial P}{\partial x}.$$

由积分与路径无关,得

$$I(t) = \int_{L_t} (2x+1)e^{2x-y}dx + (1-xe^{2x-y})dy$$

$$= \int_0^1 (2x+1)e^{2x}dx + \int_0^t (1-e^{2-y})dy = t + e^{2-t}.$$

因为 $I'(t) = 1 - e^{2-t} = 0$,得 $t = 2$,而 $I''(t) = e^{2-t} > 0$,所以当 $t = 2$ 时有最小值 $I(2) = 2 + 1 = 3$.

▶▶ 三、第一类曲面积分

【例 12】 计算曲面积分 $\iint_\Sigma z\,dS$,其中 Σ 为锥面 $z = \sqrt{x^2+y^2}$ 在柱体 $x^2+y^2 \leqslant 2x$ 内的部分.

解 因

$$dS = \sqrt{1 + \left(\frac{\partial z}{\partial x}\right)^2 + \left(\frac{\partial z}{\partial y}\right)^2}dx\,dy$$

$$= \sqrt{1 + \frac{x^2}{x^2+y^2} + \frac{y^2}{x^2+y^2}}dx\,dy = \sqrt{2}dx\,dy,$$

故 $\iint_\Sigma z\,dS = \iint_{D_{xy}} \sqrt{x^2+y^2} \cdot \sqrt{2}dx\,dy = 2\sqrt{2}\int_{-\frac{\pi}{2}}^{\frac{\pi}{2}} d\theta \int_0^{2\cos\theta} \rho \cdot \rho\,d\rho = \frac{32}{9}\sqrt{2}.$

【例 13】 计算曲面积分 $I = \oiint_\Sigma \frac{1}{(1+x+y)^2}dS$,其中 Σ 为平面 $x+y+z = 1$ 与三个坐标面所围立体的整个表面.

解 记 Σ 在三个坐标面上的部分分别为 D_{xy}, D_{yz}, D_{zx},在斜平面上的部分为 Σ_1,则

$$I_1 = \iint_{D_{xy}} \frac{1}{(1+x+y)^2} dS = \iint_{D_{xy}} \frac{1}{(1+x+y)^2} dxdy = \int_0^1 dx \int_0^{1-x} \frac{1}{(1+x+y)^2} dy = \ln 2 - \frac{1}{2},$$

$$I_2 = \iint_{D_{yz}} \frac{1}{(1+x+y)^2} dS = \iint_{D_{yz}} \frac{1}{(1+y)^2} dydz = \int_0^1 \frac{1}{(1+y)^2} dy \int_0^{1-y} dz = 1 - \ln 2,$$

$$I_3 = \iint_{D_{zx}} \frac{1}{(1+x+y)^2} dS = \iint_{D_{zx}} \frac{1}{(1+x)^2} dzdx = \int_0^1 \frac{1}{(1+x)^2} dx \int_0^{1-x} dz = 1 - \ln 2,$$

$$I_4 = \iint_{\Sigma_1} \frac{1}{(1+x+y)^2} dS = \iint_{D_{xy}} \frac{1}{(1+x+y)^2} \cdot \sqrt{3} dxdy = \sqrt{3}\left(\ln 2 - \frac{1}{2}\right),$$

所以 $I = I_1 + I_2 + I_3 + I_4 = (\sqrt{3}-1)\ln 2 + \frac{3-\sqrt{3}}{2}.$

【例 14】 计算曲面积分 $I = \iint_{\Sigma}[(x+1)^2 + z^2] dS$, 其中 Σ 为柱面 $x^2 + y^2 = R^2$ 介于 $0 \leqslant z \leqslant h$ 的部分.

解 $I = \iint_{\Sigma} x^2 dS + \iint_{\Sigma} 2x dS + \iint_{\Sigma} dS + \iint_{\Sigma} z^2 dS,$

由曲面积分的性质知 $\iint_{\Sigma} dS = 2\pi Rh,$

由奇偶对称性知 $\iint_{\Sigma} 2x dS = 0,$

$$\iint_{\Sigma} z^2 dS = 4 \iint_{\Sigma_1} z^2 dS = 4 \iint_{D_{xy}} z^2 \cdot \frac{R}{\sqrt{R^2 - x^2}} dxdz$$
$$= 4R \int_0^h z^2 dz \int_0^R \frac{R}{\sqrt{R^2 - x^2}} dx = \frac{2}{3} \pi R h^3.$$

由轮换对称性及在 Σ 上 $x^2 + y^2 = R^2$, 得

$$\iint_{\Sigma} x^2 dS = \iint_{\Sigma} y^2 dS = \frac{1}{2} \iint_{\Sigma} (x^2+y^2) dS = \frac{1}{2} R^2 \iint_{\Sigma} dS = \pi R^3 h,$$

所以 $I = \pi R^3 h + 2\pi Rh + \frac{2}{3}\pi R h^3 = \frac{1}{3} \pi Rh (3R^2 + 2h^2 + 6).$

> **注** 第一类曲面积分的基本方法是投影法, 即将积分曲面投影到某个坐标面上, 计算出相应的 dS 的表达式, 将曲面积分化为二重积分来计算. 而把曲面投影到哪个坐标面上取决于曲面方程的表达式. 一般来说, 若投影到 xOy 面上, 则曲面方程为 $z = z(x,y)$; 若投影到 yOz 面上, 则曲面方程为 $y = y(z,x)$; 若投影到 zOx 面上, 则曲面方程为 $x = x(y,z)$. 适当运用奇偶对称性和轮换对称性, 可简化计算.

【例 15】 设薄片型物体 S 是圆锥面 $z = \sqrt{x^2+y^2}$ 被柱面 $z^2 = 2x$ 割下的有限部分, 其上任一点的密度为 $u(x,y,z) = 9\sqrt{x^2+y^2+z^2}$, 记圆锥与柱面的交线为 C. 求:

(1) C 在 xOy 面上的投影曲线的方程;

(2) S 的质量 M.

解 (1) C 的方程为 $\begin{cases} z = \sqrt{x^2+y^2}, \\ z^2 = 2x, \end{cases}$ 投影到 xOy 面上为 $\begin{cases} (x-1)^2 + y^2 = 1, \\ z = 0. \end{cases}$

(2) $M = \iint\limits_{S} 9\sqrt{x^2+y^2+z^2}\,\mathrm{d}S$,而 $\mathrm{d}S = \sqrt{1+\left(\dfrac{\partial z}{\partial x}\right)^2 + \left(\dfrac{\partial z}{\partial y}\right)^2}\,\mathrm{d}x\mathrm{d}y = \sqrt{2}\,\mathrm{d}x\mathrm{d}y$,

因此有
$$M = 9\sqrt{2}\iint\limits_{D} \sqrt{2}\,\sqrt{x^2+y^2}\,\mathrm{d}x\mathrm{d}y = 18\int_{-\frac{\pi}{2}}^{\frac{\pi}{2}}\mathrm{d}\theta\int_{0}^{2\cos\theta}\rho^2\,\mathrm{d}\rho$$
$$= \frac{288}{3}\int_{0}^{\frac{\pi}{2}}\cos^3\theta\,\mathrm{d}\theta = 64.$$

▶▶ 四、第二类曲面积分

【例 16】 计算曲面积分 $I = \iint\limits_{S}(2x+z)\,\mathrm{d}y\mathrm{d}z + z\,\mathrm{d}x\mathrm{d}y$,其中 S 为有向曲面 $z = x^2 + y^2\,(0 \leqslant z \leqslant 1)$,其法向量与 z 轴的夹角为锐角.

解法一(逐个投影法) 设 D_{yz},D_{xy} 分别表示 S 在 yOz 面和 xOy 面上的投影区域,则
$$\iint\limits_{S}(2x+z)\,\mathrm{d}y\mathrm{d}z = -\iint\limits_{D_{yz}}(2\sqrt{z-y^2}+z)\,\mathrm{d}y\mathrm{d}z + \iint\limits_{D_{yz}}(-2\sqrt{z-y^2}+z)\,\mathrm{d}y\mathrm{d}z$$
$$= -4\iint\limits_{D_{yz}}\sqrt{z-y^2}\,\mathrm{d}y\mathrm{d}z = -4\int_{-1}^{1}\mathrm{d}y\int_{y^2}^{1}\sqrt{z-y^2}\,\mathrm{d}z$$
$$= -\frac{16}{3}\int_{0}^{1}(1-y^2)^{\frac{3}{2}}\,\mathrm{d}y = -\pi,$$
$$\iint\limits_{S}z\,\mathrm{d}x\mathrm{d}y = \iint\limits_{D_{xy}}(x^2+y^2)\,\mathrm{d}x\mathrm{d}y = \int_{0}^{2\pi}\mathrm{d}\theta\int_{0}^{1}\rho^2\cdot\rho\,\mathrm{d}\rho = 2\pi\cdot\frac{1}{4} = \frac{\pi}{2},$$
故 $$I = -\pi + \frac{\pi}{2} = -\frac{\pi}{2}.$$

解法二(补面后用 Gauss 公式) 记 S_1 为平面 $z = 1\,(x^2+y^2 \leqslant 1)$ 的下侧,则由 Gauss 公式,有
$$\iint\limits_{S+S_1}(2x+z)\,\mathrm{d}y\mathrm{d}z + z\,\mathrm{d}x\mathrm{d}y = -\iiint\limits_{\Omega}3\,\mathrm{d}v = -3\int_{0}^{1}\mathrm{d}z\iint\limits_{x^2+y^2\leqslant z}\mathrm{d}x\mathrm{d}y = -3\pi\int_{0}^{1}z\,\mathrm{d}z = -\frac{3\pi}{2},$$
而 $$\iint\limits_{S_1}(2x+z)\,\mathrm{d}y\mathrm{d}z + z\,\mathrm{d}x\mathrm{d}y = -\iint\limits_{x^2+y^2\leqslant 1}\mathrm{d}x\mathrm{d}y = -\pi,$$
故 $$I = \iint\limits_{S+S_1} - \iint\limits_{S_1} = -\frac{3\pi}{2} - (-\pi) = -\frac{\pi}{2}.$$

解法三(化为第一型曲面积分) 因
$$\boldsymbol{n} = (-2x, -2y, 1),\ \boldsymbol{n}^{\circ} = \frac{(-2x,-2y,1)}{\sqrt{1+4x^2+4y^2}},\ \mathrm{d}S = \sqrt{1+4x^2+4y^2}\,\mathrm{d}x\mathrm{d}y,$$
故 $$I = \iint\limits_{S}(2x+z, 0, z)\cdot\frac{(-2x,-2y,1)}{\sqrt{1+4x^2+4y^2}}\,\mathrm{d}S = \iint\limits_{S}\frac{-4x^2-2xz+z}{\sqrt{1+4x^2+4y^2}}\,\mathrm{d}S$$

$$= \iint\limits_{x^2+y^2\leqslant 1}[-4x^2-2x(x^2+y^2)+(x^2+y^2)]\mathrm{d}x\mathrm{d}y.$$

由奇偶对称性,有 $\iint\limits_{x^2+y^2\leqslant 1}2x(x^2+y^2)\mathrm{d}x\mathrm{d}y=0$,

由轮换对称性,有

$$\iint\limits_{x^2+y^2\leqslant 1}[-4x^2+(x^2+y^2)]\mathrm{d}x\mathrm{d}y = \iint\limits_{x^2+y^2\leqslant 1}[-2(x^2+y^2)+(x^2+y^2)]\mathrm{d}x\mathrm{d}y$$

$$=-\iint\limits_{x^2+y^2\leqslant 1}(x^2+y^2)\mathrm{d}x\mathrm{d}y=-\int_0^{2\pi}\mathrm{d}\theta\int_0^1\rho^2\cdot\rho\,\mathrm{d}\rho=-\frac{\pi}{2}.$$

故 $I=\iint\limits_{x^2+y^2\leqslant 1}[-4x^2+(x^2+y^2)]\mathrm{d}x\mathrm{d}y-\iint\limits_{x^2+y^2\leqslant 1}2x(x^2+y^2)\mathrm{d}x\mathrm{d}y=-\frac{\pi}{2}.$

解法四(转换坐标法) 因 $\boldsymbol{n}=(-2x,-2y,1)$,故 $\dfrac{\mathrm{d}y\mathrm{d}z}{-2x}=\dfrac{\mathrm{d}z\mathrm{d}x}{-2y}=\dfrac{\mathrm{d}x\mathrm{d}y}{1}$,得 $\mathrm{d}y\mathrm{d}z=-2x\mathrm{d}x\mathrm{d}y$,从而

$$I=\iint\limits_{S}[(2x+z)(-2x)+z]\mathrm{d}x\mathrm{d}y=\iint\limits_{S}(-4x^2-2xz+z)\mathrm{d}x\mathrm{d}y$$

$$=\iint\limits_{x^2+y^2\leqslant 1}[-4x^2-2x(x^2+y^2)+(x^2+y^2)]\mathrm{d}x\mathrm{d}y=-\frac{\pi}{2}.$$

【例17】 计算曲面积分 $I=\iint\limits_{\Sigma}xz\mathrm{d}y\mathrm{d}z+2yz\mathrm{d}z\mathrm{d}x+3xy\mathrm{d}x\mathrm{d}y$,其中 Σ 为曲面 $z=1-x^2-\dfrac{y^2}{4}(0\leqslant z\leqslant 1)$ 的上侧.

解 记 Σ_1 为 xOy 上的平面 $z=0(x^2+\dfrac{y^2}{4}\leqslant 1)$ 的下侧,Ω 为 Σ 和 Σ_1 所围成的闭区域. 由 Gauss 公式,有

$$\oiint\limits_{\Sigma+\Sigma_1}xz\mathrm{d}y\mathrm{d}z+2zy\mathrm{d}z\mathrm{d}x+3xy\mathrm{d}x\mathrm{d}y=\iiint\limits_{\Omega}3z\mathrm{d}v$$

$$=\int_0^1 3z\mathrm{d}z\iint\limits_{D_z}\mathrm{d}x\mathrm{d}y=\int_0^1 3z\cdot 2\pi(1-z)\mathrm{d}z=\pi,$$

而 $\iint\limits_{\Sigma_1}xz\mathrm{d}y\mathrm{d}z+2zy\mathrm{d}z\mathrm{d}x+3xy\mathrm{d}x\mathrm{d}y=0$,

故 $I=\oiint\limits_{\Sigma+\Sigma_1}-\iint\limits_{\Sigma_1}=\pi.$

注 计算第二类曲面积分的常用方法是投影法及利用 Gauss 公式计算. 与第一类曲面积分不同,用投影法计算时把曲面投影到哪个坐标面上取决于积分的坐标而不是曲面方程的表达式,如对坐标 x,y 的积分必须向 xOy 坐标面投影. 利用 Gauss 公式计算时,要判断 Gauss 公式的条件是否满足,如不是闭曲面须补面形成闭曲面,如闭曲面所围成的闭区域内有奇点须"挖"掉奇点. 另外,也可利用两类曲面积分之间的联系化为第一类曲面积分,或利用关系式 $\dfrac{\mathrm{d}y\mathrm{d}z}{A}=\dfrac{\mathrm{d}z\mathrm{d}x}{B}=\dfrac{\mathrm{d}x\mathrm{d}y}{C}$ 转换积分坐标,其中 $\boldsymbol{n}=(A,B,C)$ 是有向曲面 Σ 的法向量.

【例 18】 计算曲面积分 $I = \oiint\limits_{\Sigma} \dfrac{x\mathrm{d}y\mathrm{d}z + y\mathrm{d}z\mathrm{d}x + z\mathrm{d}x\mathrm{d}y}{(x^2+y^2+z^2)^{\frac{3}{2}}}$，其中 Σ 为椭球面 $2x^2 + 2y^2 + z^2 = 4$ 的外侧．

解 记 $P = \dfrac{x}{r^3}, Q = \dfrac{y}{r^3}, R = \dfrac{z}{r^3}$，其中 $r = \sqrt{x^2+y^2+z^2}$，则

$$\dfrac{\partial P}{\partial x} = \dfrac{r^2 - 3x^2}{r^5}, \dfrac{\partial Q}{\partial y} = \dfrac{r^2 - 3y^2}{r^5}, \dfrac{\partial R}{\partial z} = \dfrac{r^2 - 3z^2}{r^5}, (x,y,z) \neq (0,0,0),$$

因此在 Σ 所围成的闭区域 Ω（含原点）上，不满足 Gauss 公式的条件，$(0,0,0)$ 是奇点．记 Σ_1 为球面 $x^2 + y^2 + z^2 = 1$ 的内侧，Ω_1 为 Σ_1 所围立体，于是，在曲面 Σ 和 Σ_1 所围成的闭区域 $\Omega - \Omega_1$ 上满足 Gauss 公式条件．由 Gauss 公式，有

$$\oiint\limits_{\Sigma + \Sigma_1} \dfrac{x\mathrm{d}y\mathrm{d}z + y\mathrm{d}z\mathrm{d}x + z\mathrm{d}x\mathrm{d}y}{(x^2+y^2+z^2)^{\frac{3}{2}}} = \iiint\limits_{\Omega - \Omega_1} \left(\dfrac{\partial P}{\partial x} + \dfrac{\partial Q}{\partial y} + \dfrac{\partial R}{\partial z}\right) \mathrm{d}v = \iiint\limits_{\Omega - \Omega_1} 0 \mathrm{d}v = 0,$$

而 $\oiint\limits_{\Sigma_1} \dfrac{x\mathrm{d}y\mathrm{d}z + y\mathrm{d}z\mathrm{d}x + z\mathrm{d}x\mathrm{d}y}{(x^2+y^2+z^2)^{\frac{3}{2}}} = \oiint\limits_{\Sigma_1} x\mathrm{d}y\mathrm{d}z + y\mathrm{d}z\mathrm{d}x + z\mathrm{d}x\mathrm{d}y = -\iiint\limits_{\Omega_1} 3\mathrm{d}v = -4\pi,$

故 $I = \oiint\limits_{\Sigma + \Sigma_1} - \oiint\limits_{\Sigma_1} = 4\pi.$

五、空间第二类曲线积分

【例 19】 计算曲线积分 $I = \oint_C (z-y)\mathrm{d}x + (x-z)\mathrm{d}y + (x-y)\mathrm{d}z$，其中 C 是空间曲线 $\begin{cases} x^2 + y^2 = 1, \\ x - y + z = 2, \end{cases}$ 从 z 轴正向往 z 轴负向看 C 的方向是顺时针的．

解法一（参数化法） C 的参数方程为 $\begin{cases} x = \cos t, \\ y = \sin t, \\ z = 2 - \cos t + \sin t \end{cases}$ $(t: 2\pi \to 0)$，故

$I = \displaystyle\int_{2\pi}^0 [(2-\cos t)(-\sin t) + (2\cos t - 2 - \sin t)\cos t + (\cos t - \sin t)(\sin t + \cos t)]\mathrm{d}t$

$= \displaystyle\int_{2\pi}^0 (3\cos^2 t - \sin^2 t)\mathrm{d}t = -\dfrac{3}{2} \cdot 2\pi + \dfrac{1}{2} \cdot 2\pi = -2\pi.$

解法二（利用 Stokes 公式） 记 Σ 为平面 $x - y + z = 2 (x^2 + y^2 \leqslant 1)$ 的下侧，由 Stokes 公式，有

$$I = \iint\limits_{\Sigma} \begin{vmatrix} \mathrm{d}y\mathrm{d}z & \mathrm{d}z\mathrm{d}x & \mathrm{d}x\mathrm{d}y \\ \dfrac{\partial}{\partial x} & \dfrac{\partial}{\partial y} & \dfrac{\partial}{\partial z} \\ z-y & x-z & x-y \end{vmatrix} = \iint\limits_{\Sigma} 2\mathrm{d}x\mathrm{d}y = -2 \iint\limits_{x^2+y^2 \leqslant 1} \mathrm{d}x\mathrm{d}y = -2\pi.$$

注 计算空间第二类曲线积分的常用方法是参数化法及利用 Stokes 公式计算．利用参数化法的关键是写出积分曲线的参数方程．利用 Stokes 公式可很容易把空间第二类曲线积分化为曲面积分，因而曲面积分的计算是关键，可以直接计算，也可以利用两类曲面积分之间的联系进行转化，还可以利用 Gauss 公式化为三重积分，要根据具体的题目选择适当的方法．

【例20】 计算空间曲线积分 $I = \oint_L (y^2 - z^2)\mathrm{d}x + (2z^2 - x^2)\mathrm{d}y + (3x^2 - y^2)\mathrm{d}z$，其中 L 是平面 $x + y + z = 2$ 与柱面 $|x| + |y| = 1$ 的交线，从 z 轴正向看去 L 为逆时针方向．

解 用 Stokes 公式化为第二类曲面积分．记 S 为平面 $x + y + z = 2 (|x| + |y| \leqslant 1)$ 的上侧，则由 Stokes 公式，有

$$I = \iint_S \begin{vmatrix} \mathrm{d}y\mathrm{d}z & \mathrm{d}z\mathrm{d}x & \mathrm{d}x\mathrm{d}y \\ \dfrac{\partial}{\partial x} & \dfrac{\partial}{\partial y} & \dfrac{\partial}{\partial z} \\ y^2 - z^2 & 2z^2 - x^2 & 3x^2 - y^2 \end{vmatrix}$$

$$= \iint_S (-2y - 4z)\mathrm{d}y\mathrm{d}z + (-2z - 6x)\mathrm{d}z\mathrm{d}x + (-2x - 2y)\mathrm{d}x\mathrm{d}y,$$

又因 S 的法向量为 $\boldsymbol{n} = (1, 1, 1)$，故 $\mathrm{d}y\mathrm{d}z = \mathrm{d}z\mathrm{d}x = \mathrm{d}x\mathrm{d}y$，转换积分坐标，得

$$I = -\iint_S (8x + 4y + 6z)\mathrm{d}x\mathrm{d}y = -2\iint_{D_{xy}} (x - y + 6)\mathrm{d}x\mathrm{d}y$$

$$= -12\iint_{D_{xy}} \mathrm{d}x\mathrm{d}y = -24.$$

其中 D_{xy} 为 S 在 xOy 面上的投影区域，二重积分的计算利用了奇偶对称性．

竞赛题选解

【例1】（江苏省 1998 年竞赛） 若 $\varphi(y)$ 的导数连续，$\varphi(0) = 0$，曲线 $\widehat{AB}$ 的极坐标方程为 $\rho = a(1 - \cos\theta)(0 \leqslant \theta \leqslant \pi, a > 0)$，$A$ 与 B 分别对应于 $\theta = 0$ 与 $\theta = \pi$，求

$$\int_{\widehat{AB}} [\varphi(y)\mathrm{e}^x - \pi y]\mathrm{d}x + [\varphi'(y)\mathrm{e}^x - \pi]\mathrm{d}y.$$

解 令 $P = \varphi(y)\mathrm{e}^x - \pi y, Q = \varphi'(y)\mathrm{e}^x - \pi$，则 $\dfrac{\partial P}{\partial y} = \mathrm{e}^x \varphi'(y) - \pi, \dfrac{\partial Q}{\partial x} = \varphi'(y)\mathrm{e}^x$，应用 Green 公式，有

$$\oint_{\widehat{AB} + \overline{BA}} P\mathrm{d}x + Q\mathrm{d}y = \iint_D \left(\dfrac{\partial Q}{\partial x} - \dfrac{\partial P}{\partial y} \right)\mathrm{d}x\mathrm{d}y = \pi \iint_D \mathrm{d}x\mathrm{d}y$$

$$= \pi \cdot \dfrac{1}{2} \int_0^\pi \rho^2(\theta)\mathrm{d}\theta = \dfrac{\pi}{2} \int_0^\pi a^2 (1 - \cos\theta)^2 \mathrm{d}\theta = \dfrac{3}{4} a^2 \pi^2.$$

由于 $\int_{\overline{BA}} P\mathrm{d}x + Q\mathrm{d}y = \int_{-2a}^0 \varphi(0)\mathrm{e}^x \mathrm{d}x = 0$，于是

$$\int_{\widehat{AB}} P\mathrm{d}x + Q\mathrm{d}y = \dfrac{3}{4} a^2 \pi^2.$$

【例2】（江苏省 2012 年竞赛） 已知 Γ 为 $x^2 + y^2 + z^2 = 6y$ 与 $x^2 + y^2 = 4y(z \geqslant 0)$ 的交线，从 z 轴正向看上去为逆时针方向，计算曲线积分

$$I = \oint_\Gamma (x^2 + y^2 - z^2)\mathrm{d}x + (y^2 + z^2 - x^2)\mathrm{d}y + (z^2 + x^2 - y^2)\mathrm{d}z.$$

解 记 $P = x^2 + y^2 - z^2, Q = y^2 + z^2 - x^2, R = z^2 + x^2 - y^2, \Sigma$ 为球面, $x^2 + y^2 + z^2 = 6y$ 位于交线 Γ 上方部分, 取上侧, 利用 Stokes 公式, 得

$$I = \iint_{\Sigma} \left(\frac{\partial R}{\partial y} - \frac{\partial Q}{\partial z}\right) \mathrm{d}y\mathrm{d}z + \left(\frac{\partial P}{\partial z} - \frac{\partial R}{\partial x}\right) \mathrm{d}z\mathrm{d}x + \left(\frac{\partial Q}{\partial x} - \frac{\partial P}{\partial y}\right) \mathrm{d}x\mathrm{d}y$$

$$= -2\iint_{\Sigma} (y+z)\mathrm{d}y\mathrm{d}z + (z+x)\mathrm{d}z\mathrm{d}x + (x+y)\mathrm{d}x\mathrm{d}y.$$

设 $D = \{(x,y) \mid x^2 + y^2 \leqslant 4y\}$, 因为 $\dfrac{\mathrm{d}y\mathrm{d}z}{x} = \dfrac{\mathrm{d}z\mathrm{d}x}{y-3} = \dfrac{\mathrm{d}x\mathrm{d}y}{z}$, 所以

$$I = -2\iint_{\Sigma} \left[(y+z)\frac{x}{z} + (z+x)\frac{y-3}{z} + (x+y)\right] \mathrm{d}x\mathrm{d}y$$

$$= -2\iint_{\Sigma} \frac{1}{z}(2xy + 2yz + 2zx - 3z - 3x) \mathrm{d}x\mathrm{d}y$$

$$= -2\iint_{D} \frac{x(2y-3)}{\sqrt{6y - x^2 - y^2}} \mathrm{d}x\mathrm{d}y - 2\iint_{D} (2y + 2x - 3) \mathrm{d}x\mathrm{d}y.$$

利用 D 关于 $x = 0$ 对称, 由奇偶对称性得

$$I = -4\iint_{D} y\mathrm{d}x\mathrm{d}y + 6\iint_{D} \mathrm{d}x\mathrm{d}y = -4\int_0^{\pi} \mathrm{d}\theta \int_0^{4\sin\theta} \rho^2 \sin\theta \mathrm{d}\rho + 6\pi \cdot 2^2$$

$$= -\frac{4}{3} \cdot 64 \int_0^{\pi} \sin^4\theta \mathrm{d}\theta + 24\pi = -32\pi + 24\pi = -8\pi.$$

【例3】(全国第二届决赛) 已知 S 是空间曲线 $\begin{cases} x^2 + 3y^2 = 1, \\ z = 0 \end{cases}$ 绕 y 轴旋转而成的椭球面的上半部分($z \geqslant 0$)(取上侧), Π 是 S 在点 $P(x,y,z)$ 处的切平面, $\rho(x,y,z)$ 是原点到切平面 Π 的距离, λ, μ, ν 表示 S 的正法向量的方向余弦. 计算:

(1) $\displaystyle\iint_{S} \frac{z}{\rho(x,y,z)} \mathrm{d}S$;

(2) $\displaystyle\iint_{S} z(\lambda x + 3\mu y + \nu z) \mathrm{d}S.$

解 (1) S 的方程: $x^2 + 3y^2 + z^2 = 1 (z \geqslant 0)$, S 的法向量 $\boldsymbol{n} = (x, 3y, z)$, 于是 Π 的方程为

$$x(X - x) + 3y(Y - y) + z(Z - z) = 0,$$

由此得到

$$\rho(x,y,z) = \frac{x^2 + 3y^2 + z^2}{\sqrt{x^2 + 9y^2 + z^2}} = \frac{1}{\sqrt{x^2 + 9y^2 + z^2}}.$$

所以 $D: x^2 + 3y^2 \leqslant 1$, 有

$$\iint_{S} \frac{z}{\rho(x,y,z)} \mathrm{d}S = \iint_{S} z\sqrt{x^2 + 9y^2 + z^2} \mathrm{d}S$$

$$= \iint_{D} z\sqrt{x^2 + 9y^2 + z^2} \cdot \sqrt{1 + \left(\frac{-x}{\sqrt{1-x^2-3y^2}}\right)^2 + \left(\frac{-3y}{\sqrt{1-x^2-3y^2}}\right)^2} \mathrm{d}x\mathrm{d}y$$

$$= \iint_{D} (1 + 6y^2) \mathrm{d}x\mathrm{d}y = \pi \cdot 1 \cdot \frac{1}{\sqrt{3}} + 6\int_0^{2\pi} \mathrm{d}\theta \int_0^1 \frac{r^2}{3}\sin\theta \left|\frac{\partial(x,y)}{\partial(r,\theta)}\right| \mathrm{d}r$$

$$\xlongequal[y=\frac{1}{\sqrt{3}}r\sin\theta]{x=r\cos\theta}\frac{\pi}{\sqrt{3}}+6\int_0^{2\pi}\sin^2\theta d\theta\int_0^1\frac{r^3}{3\sqrt{3}}dr=\frac{\sqrt{3}}{2}\pi.$$

（2）补充 xOy 面上椭圆围成的部分坐标面 S_1 与 S 构成闭合曲面 S_0，由于 $S_1:z=0$，从而

$$\iint\limits_{S_1} z(\lambda x+3\mu y+\nu z)dS=0.$$

$$\iint\limits_{S} z(\lambda x+3\mu y+\nu z)dS=\oiint\limits_{S_0} z(\lambda x+3\mu y+\nu z)dS\xlongequal{\text{Gauss}} 6\iiint\limits_{V} z dx dy dz, V:x^2+y^2+z^2\leqslant 1, z\geqslant 0.$$

$$\xlongequal[z=\cos\varphi]{x=r\sin\varphi\cos\theta,\,y=\frac{\sqrt{3}}{3}r\sin\varphi\sin\theta} 2\sqrt{3}\int_0^{2\pi}d\theta\int_0^{\frac{\pi}{2}}\sin\varphi\cos\varphi d\varphi\int_0^1 r^3 dr=\frac{\sqrt{3}}{2}\pi.$$

【例4】（全国第五届初赛） 设 Σ 是一个光滑封闭曲面，方向外侧，给定曲面积分 $I=\iint\limits_{\Sigma}(x^3-x)dydz+(2y^3-y)dzdx+(3z^3-z)dxdy$，试确定曲面 Σ，使得积分 I 的值最小，并求该最小值.

解 设 Σ 围成的立体的体积为 V，由 Gauss 公式有

$$I=\iiint\limits_{\Omega}(3x^2+6y^2+9z^2-3)dV=3\iiint\limits_{\Omega}(x^2+2y^2+3z^2-1)dV.$$

为了使 I 达到最小，就要求 V 使得 $x^2+2y^2+3z^2-1\leqslant 0$ 的最大空间区域，即 $V=\{(x,y,z)\mid x^2+2y^2+3z^2\leqslant 1\}$，所以 V 是一个椭球，Σ 是椭球 V 的表面时，积分 I 最小. 作变换 $x=u, y=\frac{v}{\sqrt{2}}, z=\frac{w}{\sqrt{3}}$，则 $\frac{\partial(x,y,z)}{\partial(u,v,w)}=\frac{1}{\sqrt{6}}$，于是

$$I=\frac{3}{\sqrt{6}}\iiint\limits_{u^2+v^2+w^2\leqslant 1}(u^2+v^2+w^2-1)dV=\frac{3}{\sqrt{6}}\int_0^{2\pi}d\theta\int_0^{\pi}\sin\varphi d\varphi\int_0^1(r^2-1)r^2 dr$$

$$=-\frac{4\sqrt{6}}{15}\pi.$$

同步练习

一、选择题

1. 设 L 是以点 $A(1,0), B(0,1), C(-1,0), D(0,-1)$ 为顶点的正方形边界，则 $\oint_L \frac{ds}{|x|+|y|}$ 等于 （　　）

(A) 4　　　　(B) 2　　　　(C) $4\sqrt{2}$　　　　(D) $2\sqrt{2}$

2. 设曲线 $\Gamma: \begin{cases} x^2+y^2+z^2=R^2 \\ x=y, \end{cases}$ 则 $\int_{\Gamma}\sqrt{2y^2+z^2}ds$ 等于 （　　）

(A) $\frac{1}{2}\pi R^2$　　　(B) $2\pi R^2$　　　(C) $2\pi R^3$　　　(D) $\sqrt{2}\pi R^3$

3. 设 L 为圆周 $(x-1)^2+(y-1)^2=1$ (逆时针方向),则 $\oint_L \sqrt{x^2+y^2}\,dx + [5x+y\ln(x+\sqrt{x^2+y^2})]\,dy$ 等于 ( )

(A) π^2 (B) 2π (C) 5π (D) -5π

4. 设 L 是摆线 $\begin{cases} x = t-\sin t -\pi, \\ y = 1-\cos t \end{cases}$ 上从 $t=0$ 到 $t=2\pi$ 的一段,则 $\int_L \dfrac{(x-y)dx+(x+y)dy}{x^2+y^2}$ 等于 ( )

(A) $-\pi$ (B) π (C) 2π (D) -2π

5. 设 $\dfrac{(x+ax)dy - ydx}{(x+y)^2}$ 为某函数的全微分,则 a 的值为 ( )

(A) -1 (B) 0 (C) 1 (D) 2

6. 设有物质曲线 $C: \begin{cases} x = t, \\ y = \dfrac{t^2}{2}, \\ z = \dfrac{t^3}{3} \end{cases} (0 \leqslant t \leqslant 1)$,其线密度 $\mu = \sqrt{2y}$,则它的质量等于 ( )

(A) $\int_0^1 t\sqrt{1+t^2+t^4}\,dt$ (B) $\int_0^1 t^2\sqrt{1+t^2+t^4}\,dt$

(C) $\int_0^1 \sqrt{1+t^2+t^4}\,dt$ (D) $\int_0^1 \sqrt{t}\sqrt{1+t^2+t^4}\,dt$

7. 设 $\Sigma = \{(x,y,z) \mid x+y+z=1, x\geqslant 0, y\geqslant 0, z\geqslant 0\}$,则 $\iint_\Sigma y\,dS =$ ( )

(A) $\dfrac{\sqrt{3}}{2}$ (B) $\dfrac{\sqrt{3}}{6}$ (C) $\dfrac{\sqrt{3}}{3}$ (D) $\dfrac{\sqrt{2}}{6}$

8. 设 Σ 是平面 $x+y+z=1$ 在第一卦限部分的上侧,则 $\iint_\Sigma xy\,dydz + yz\,dzdx + xz\,dxdy$ 等于 ( )

(A) $\dfrac{1}{2}$ (B) $\dfrac{1}{4}$ (C) $\dfrac{1}{6}$ (D) $\dfrac{1}{8}$

9. 设 Σ 是锥面 $z = \sqrt{x^2+y^2}$ 被平面 $z=0, z=1$ 所截得部分的外侧,则曲面积分 $\iint_\Sigma x\,dydz + y\,dzdx + z\,dxdy$ 等于 ( )

(A) $-\dfrac{3}{2}\pi$ (B) 0 (C) $\dfrac{2}{3}\pi$ (D) $\dfrac{3}{2}\pi$

10. 设 L 为正向圆周 $x^2+y^2=R^2$,则 $\oint_L \dfrac{(x+y)dx+(x-y)dy}{x^2+y^2}$ 等于 ( )

(A) 2π (B) -2π (C) 0 (D) π

二、填空题

1. 设 $L: x^2+y^2=R^2$,则 $\oint_L (x^2+y^2+2x)\,ds =$ _____.

2. 设 L 为下半圆周 $y = -\sqrt{1-x^2}$，则 $\int_L (x^2+y^2)\mathrm{d}s = $ _____.

3. 已知曲线 $L: y = x^2 (0 \leqslant x \leqslant \sqrt{2})$，则 $\int_L x \mathrm{d}s = $ _____.

4. 设 L 为 $|x|+|y|=1$ 的正向，则 $\oint_L \dfrac{x\mathrm{d}y - y\mathrm{d}x}{|x|+|y|} = $ _____.

5. 设 L 为圆周 $y = \sqrt{4x-x^2}$ 上从点 $A(4,0)$ 到点 $O(0,0)$ 的一段，则 $\int_L (1+x\mathrm{e}^{2y})\mathrm{d}x + (x^2\mathrm{e}^{2y}-1)\mathrm{d}y = $ _____.

6. 设 L 为椭圆 $y = \dfrac{3}{2}\sqrt{4-x^2}$ 上从点 $A(2,0)$ 到点 $B(-2,0)$ 的一段，则 $\int_L \dfrac{y\mathrm{d}x - x\mathrm{d}y}{x^2+y^2} = $ _____.

7. 已知 Σ 为球面 $x^2+y^2+z^2 = 2Rx (R>0)$，则 $\iint_\Sigma x \mathrm{d}S = $ _____.

8. 设 Σ 为曲面 $x^2+y^2+z^2 = 2Rz (R>0)$ 的外侧，则 $\oiint_\Sigma xz\mathrm{d}y\mathrm{d}z + xy\mathrm{d}z\mathrm{d}x + yz\mathrm{d}x\mathrm{d}y = $ _____.

9. 设 $u = \ln\sqrt{x^2+y^2+z^2}$，则 $\mathrm{div}(\mathbf{grad} u) = $ _____.

10. 向量场 $\boldsymbol{A}(x,y,z) = (x+y+z)\boldsymbol{i} + xy\boldsymbol{j} + z\boldsymbol{k}$ 的旋度 $\mathbf{rot}\boldsymbol{A} = $ _____.

▶▶ 三、解答题

1. 计算 $\int_L xy\mathrm{d}s$，其中 L 是由直线 $x=0, y=0, x=4, y=2$ 所构成的矩形回路.

2. 计算 $\int_L |y|\mathrm{d}s$，其中 L 是圆周 $x^2+y^2=1$.

3. 求 $\int_\Gamma y\mathrm{d}x + z\mathrm{d}y + x\mathrm{d}z$，其中 Γ 是 $x=\cos t, y=\sin t, z=\cos t \sin t$ 从 $t=0$ 到 $t=2\pi$ 的一段曲线.

4. 证明曲线积分 $\int_L \dfrac{x\mathrm{d}x + y\mathrm{d}y}{(x^2+y^2)^{\frac{3}{2}}}$ 在不包含原点的单连通域内与路径无关，并计算 $\int_{(1,1)}^{(2,2)} \dfrac{x\mathrm{d}x+y\mathrm{d}y}{(x^2+y^2)^{\frac{3}{2}}}$.

5. 利用 stocks 公式求曲线积分
$$I = \oint_\Gamma yz\mathrm{d}x + 3zx\mathrm{d}y - xy\mathrm{d}z,$$
其中 Γ 是曲线 $\begin{cases} x^2+y^2 = 4y, \\ 3y-z+1=0, \end{cases}$ 且从 z 轴正向看，Γ 沿逆时针方向.

6. 求 $I = \oint_L \dfrac{y\mathrm{d}x - x\mathrm{d}y}{4x^2+9y^2}$，其中 L 为不经过原点的任意正向闭曲线.

7. 计算 $I = \int_L \sin 2x \mathrm{d}x + 2(x^2-1)y\mathrm{d}y$，其中 L 是曲线 $y = \sin x$ 上以点 $(0,0)$ 到点 $(\pi,0)$.

8. 已知 L 是第一象限中从点 $(0,0)$ 沿 $x^2+y^2=2x$ 到点 $(2,0)$，再沿 $x^2+y^2=4$ 到点 $(0,2)$

的曲线段,计算 $I = \int_L 3x^2 y \mathrm{d}x + (x^3 + x - 2y)\mathrm{d}y$.

9. 在 xOy 平面上有力 $\boldsymbol{F} = \dfrac{\mathrm{e}^x}{1+y^2}\boldsymbol{i} + \dfrac{2y(1-\mathrm{e}^x)}{(1+y^2)^2}\boldsymbol{j}$ 构成力场,求质点沿圆周 $x^2 + (y-1)^2 = 1$ 从点 $O(0,0)$ 移动到点 $A(1,1)$ 时场力所做的功.

10. 求 $\iint\limits_{\Sigma} |xyz|\mathrm{d}S$,其中 Σ 为曲面 $z = x^2 + y^2$ 介于两平面 $z = 0, z = 1$ 之间的部分.

11. 设 D 表示从原点到椭球面 $\Sigma: \dfrac{x^2}{4} + \dfrac{y^2}{4} + z^2 = 1$ 上任一点 $P(x,y,z)$ 处的切平面的距离,求 $\iint\limits_{\Sigma} D \mathrm{d}S$.

12. 设 Σ 为抛物面 $z = x^2 + y^2 (0 \leqslant z \leqslant 1)$,面密度为常数 μ,求它关于 z 轴的转动惯量.

13. 计算曲面积分 $I = \iint\limits_{\Sigma} z^2 \mathrm{d}x\mathrm{d}y$,$\Sigma$ 为平面 $x + y + z = 1$ 位于第一卦限部分的上侧.

14. 设有界区域 Ω 由平面 $2x + y + 2z = 2$ 与三个坐标面围成,Σ 为 Ω 的整个表面外侧,求 $I = \iint\limits_{\Sigma} (x^2 + 1)\mathrm{d}y\mathrm{d}z - 2y\mathrm{d}z\mathrm{d}x + 3z\mathrm{d}x\mathrm{d}y$.

15. 计算 $\oiint\limits_{\Sigma} \left[\dfrac{x}{y}f\left(\dfrac{x}{y}\right) + x^3\right]\mathrm{d}y\mathrm{d}x + \left[f\left(\dfrac{x}{y}\right) + y^3\right]\mathrm{d}z\mathrm{d}x + \left[-\dfrac{z}{y}f\left(\dfrac{x}{y}\right) + z^3\right]\mathrm{d}x\mathrm{d}y$,其中 $f(u)$ 具有连续导数,Σ 为空间立体 $1 \leqslant x^2 + y^2 + z^2 \leqslant 4, z \geqslant \sqrt{x^2 + y^2}$ 的外侧.

16. 求 $\iint\limits_{\Sigma} yz\mathrm{d}y\mathrm{d}z + (x^2 + z^2)y\mathrm{d}z\mathrm{d}x + xy\mathrm{d}x\mathrm{d}y$,其中 Σ 为曲面 $4 - y = x^2 + z^2$ 在 xOz 平面的右侧部分的外侧.

17. 设有空间流速场 $\boldsymbol{v}(x,y,z) = xy\boldsymbol{i}$,求 $\boldsymbol{v}$ 通过曲面 $z = x^2 + y^2$ 位于平面 $z = 1$ 以下部分的下侧的流量.

▶▶ 四、竞赛题

1.(江苏省 2008 年竞赛) 设 Γ 为 $x^2 + y^2 = 2x(y \geqslant 0)$ 上以 $O(0,0)$ 到 $A(2,0)$ 的一段弧,连续函数 $f(x)$ 满足 $f(x) = x^2 + \int_{\Gamma} y[f(x) + \mathrm{e}^x]\mathrm{d}x + (\mathrm{e}^x - xy^2)\mathrm{d}y$,求 $f(x)$.

2. 确定 $f(y)$,使积分 $I = \int_A^B yf(y)\mathrm{d}x + \left[\dfrac{\mathrm{e}^y}{y} - f(y)\right]x\mathrm{d}x$ 与路径无关且满足 $f(1) = \mathrm{e}$,并求从点 $A(1,2)$ 到点 $B(0,1)$ 的积分值.

3.(全国第三届决赛) 设连续可微函数 $z = z(x,y)$ 由方程 $F(xz - y, x - yz) = 0$ 唯一确定,其中 $F(u,v)$ 有连续的偏导数,L 为正向单位圆周,试求 $I = \oint_L (xz^2 + 2yz)\mathrm{d}y - (2xz + yz^2)\mathrm{d}x$.

4.(全国第九届初赛) 设曲线 Γ 在 $x^2 + y^2 + z^2 = 1, x + z = 1, x \geqslant 0, y \geqslant 0, z \geqslant 0$ 上从 $A(1,0,0)$ 到 $B(0,0,1)$ 的一段,求曲线积分 $I = \int_{\Gamma} y\mathrm{d}x + z\mathrm{d}y + x\mathrm{d}z$.

5.(全国第四届决赛) 设曲面 $\Sigma: z^2 = x^2 + y^2, 1 \leqslant z \leqslant 2$,其面密度为常数 ρ,求在原点处

质量为 1 的质点和 Σ 之间的引力(引力常数为 G).

6.（江苏省 2002 年竞赛） 已知曲线 $\overparen{AB}$ 的极坐标方程为 $\rho=1+\cos\theta\left(-\dfrac{\pi}{2}\leqslant\theta\leqslant\dfrac{\pi}{2}\right)$，一质点在力 **F** 作用下沿曲线 $\overparen{AB}$ 从点 $A(0,-1)$ 运动到点 $B(0,1)$，力 **F** 的大小等于点 $P(x,y)$ 到定点 $M(3,4)$ 的距离，其方向垂直于线段 MP，且与 y 轴正向的夹角为锐角，求力 **F** 对质点 P 所做的功.

7.（江苏省 1996 年竞赛） 计算 $I=\iint\limits_{\Sigma}x^2\mathrm{d}y\mathrm{d}z+y^2\mathrm{d}z\mathrm{d}x+z^2\mathrm{d}x\mathrm{d}y$，其中 Σ 为柱面 $x^2+y^2=1$ 界于 $z=0$ 与 $x+y+z=2$ 之间部分的外侧.

8.（全国第五届决赛） 设 $f(x)$ 连续可导，$P=Q=R=f[(x^2+y^2)z]$，有向曲面 Σ 是圆柱体 $x^2+y^2\leqslant t^2(0\leqslant z\leqslant 1)$ 的表面外侧. 记 $I_t=\iint\limits_{\Sigma}P\mathrm{d}y\mathrm{d}z+Q\mathrm{d}z\mathrm{d}x+R\mathrm{d}x\mathrm{d}y$. 求 $\lim\limits_{t\to 0^+}\dfrac{I_t}{t^4}$.

第十二章 无穷级数

主要内容与基本要求

▶▶ 一、知识结构

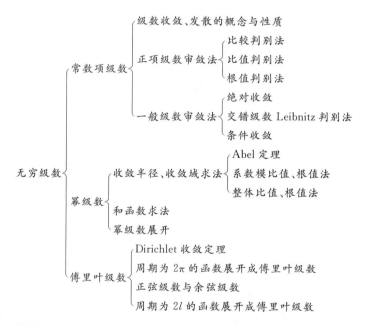

▶▶ 二、基本要求

(1) 理解无穷级数收敛、发散以及和的概念,了解无穷级数的基本性质及收敛的必要条件.

(2) 了解正项级数的比较审敛法以及几何级数与 p-级数的敛散性,掌握正项级数的比值审敛法.

（3）了解交错级数的莱布尼茨定理，会估计交错级数的截断误差．了解绝对收敛与条件收敛的概念及二者的关系．

（4）了解函数项级数的收敛域与和函数的概念，掌握简单幂级数收敛区间的求法（区间端点的收敛性不作要求）．了解幂级数在其收敛区间内的一些基本性质（对求幂级数的和函数只要求作简单训练）．

（5）会利用 $e^x, \sin x, \cos x, \ln(1+x)$ 与 $(1+x)^\alpha$ 的麦克劳林（Maclaurin）展开式将一些简单的函数展开成幂级数．

（6）了解利用将函数展开为幂级数进行近似计算的思想．

（7）了解用三角函数逼近周期函数的思想，了解函数展开为傅里叶（Fourier）级数的狄利克雷（Dirichlet）条件，会将定义在 $(-\pi, \pi)$ 和 $(-l, l)$ 上的函数展开为傅里叶级数，会将定义在 $(0, l)$ 上的函数展开为傅里叶正弦或余弦级数．

▶▶▶ 三、内容提要

1. 常数项级数及其敛散性的概念

设给定一个数列 $u_1, u_2, \cdots, u_n, \cdots$，和式 $u_1 + u_2 + \cdots + u_n + \cdots$ 称为（常数项）无穷级数，简称级数，记为 $\sum_{n=1}^{\infty} u_n$，即

$$\sum_{n=1}^{\infty} u_n = u_1 + u_2 + \cdots + u_n + \cdots.$$

$s_n = u_1 + u_2 + \cdots + u_n$ 称为级数的部分和．

若 $\lim_{n \to \infty} s_n = s$ 存在，称级数 $\sum_{n=1}^{\infty} u_n$ 收敛，s 为级数 $\sum_{n=1}^{\infty} u_n$ 的和，记成 $\sum_{n=1}^{\infty} u_n = s$.

若 $\lim_{n \to \infty} s_n$ 不存在，则称级数 $\sum_{n=1}^{\infty} u_n$ 发散．

2. 收敛级数的基本性质

（1）若 $\sum_{n=1}^{\infty} u_n = s$，则 $\sum_{n=1}^{\infty} k u_n = ks$（$k$ 为常数）；若 $\sum_{n=1}^{\infty} u_n$ 发散，则 $\sum_{n=1}^{\infty} k u_n$ 也发散（k 是不为零的常数）．

（2）若 $\sum_{n=1}^{\infty} u_n = s, \sum_{n=1}^{\infty} v_n = \sigma$，则 $\sum_{n=1}^{\infty} (u_n \pm v_n) = \sum_{n=1}^{\infty} u_n \pm \sum_{n=1}^{\infty} v_n = s \pm \sigma$.

（3）在级数中加上、去掉或改变有限项，不改变级数的敛散性．

（4）收敛级数任意加括号后所成的级数仍收敛于原级数的和．

注 若加括号后所成级数发散，则原级数发散．

3. 级数收敛的必要条件

若级数 $\sum_{n=1}^{\infty} u_n$ 收敛，则 $\lim_{n \to \infty} u_n = 0$.

注 ① 若 $\lim\limits_{n\to\infty} u_n = 0$,则级数 $\sum\limits_{n=1}^{\infty} u_n$ 可能收敛也可能发散.

② 若 $\lim\limits_{n\to\infty} u_n \neq 0$,则级数 $\sum\limits_{n=1}^{\infty} u_n$ 一定发散.

4. 几个重要级数的敛散性

(1) 等比级数:$\sum\limits_{n=1}^{\infty} aq^{n-1}(a \neq 0)$.当 $|q|<1$ 时,级数收敛于 $\dfrac{a}{1-q}$;当 $|q| \geqslant 1$ 时,级数发散.

(2) 调和级数:$\sum\limits_{n=1}^{\infty} \dfrac{1}{n}$ 发散.

(3) p-级数:$\sum\limits_{n=1}^{\infty} \dfrac{1}{n^p}$(常数 $p>0$),当 $p>1$ 时收敛,当 $0<p \leqslant 1$ 时发散.

5. 正项级数 $\sum\limits_{n=1}^{\infty} u_n (u_n \geqslant 0)$ 敛散性的判别法

(1) 比较审敛法:设有正项级数 $\sum\limits_{n=1}^{\infty} u_n$ 和 $\sum\limits_{n=1}^{\infty} v_n$,且 $u_n \leqslant v_n (n \geqslant N)$,若级数 $\sum\limits_{n=1}^{\infty} u_n$ 收敛,则级数 $\sum\limits_{n=1}^{\infty} v_n$ 收敛;若级数 $\sum\limits_{n=1}^{\infty} u_n$ 发散,则级数 $\sum\limits_{n=1}^{\infty} v_n$ 发散.

(2) 比较审敛法的极限形式:设有正项级数 $\sum\limits_{n=1}^{\infty} u_n$ 和 $\sum\limits_{n=1}^{\infty} v_n$,若

$$\lim_{n \to \infty} \dfrac{u_n}{v_n} = l, 0 < l < +\infty,$$

则级数 $\sum\limits_{n=1}^{\infty} u_n$ 和 $\sum\limits_{n=1}^{\infty} v_n$ 同时收敛或同时发散;

当 $l = 0$ 时,由 $\sum\limits_{n=1}^{\infty} v_n$ 收敛可以推出 $\sum\limits_{n=1}^{\infty} u_n$ 收敛;

当 $l = +\infty$ 时,由 $\sum\limits_{n=1}^{\infty} v_n$ 发散可以推出 $\sum\limits_{n=1}^{\infty} u_n$ 发散.

(3) 比值审敛法(达朗贝尔判别法):设有正项级数 $\sum\limits_{n=1}^{\infty} u_n$,若

$$\lim_{n \to \infty} \dfrac{u_{n+1}}{u_n} = \rho,$$

则当 $\rho < 1$ 时,级数收敛;当 $\rho > 1$(或 $\lim\limits_{n \to \infty} \dfrac{u_{n+1}}{u_n} = \infty$)时,级数发散;当 $\rho = 1$ 时,级数可能收敛也可能发散.

(4) 根值审敛法(柯西判别法):设有正项级数 $\sum\limits_{n=1}^{\infty} u_n$,若

$$\lim_{n \to \infty} \sqrt[n]{u_n} = \rho,$$

则当 $\rho < 1$ 时,级数收敛;当 $\rho > 1$(或 $\lim\limits_{n \to \infty} \sqrt[n]{u_n} = \infty$)时,级数发散;当 $\rho = 1$ 时,级数可能收敛也可能发散.

6. 交错级数敛散性的判别法(莱布尼茨判别法)

若交错级数 $\sum_{n=1}^{\infty}(-1)^{n-1}u_n(u_n>0)$ 满足:① $u_n \geqslant u_{n+1}(n=1,2,3,\cdots)$,② $\lim_{n\to\infty}u_n=0$,则级数 $\sum_{n=1}^{\infty}(-1)^{n-1}u_n$ 收敛,且其和 $s\leqslant u_1$,余项 r_n 的绝对值 $|r_n|\leqslant u_{n+1}$.

7. 绝对收敛与条件收敛

(1) 若级数 $\sum_{n=1}^{\infty}|u_n|$ 收敛,则称 $\sum_{n=1}^{\infty}u_n$ 绝对收敛;

(2) 若级数 $\sum_{n=1}^{\infty}u_n$ 收敛,而 $\sum_{n=1}^{\infty}|u_n|$ 发散,则称 $\sum_{n=1}^{\infty}u_n$ 条件收敛;

(3) 若级数 $\sum_{n=1}^{\infty}u_n$ 绝对收敛,则级数 $\sum_{n=1}^{\infty}u_n$ 一定收敛.

8. 函数项级数的基本概念

(1) 若 $\{u_n(x)\}(n=1,2,3,\cdots)$ 是定义在区间 I 上的函数列,则称

$$u_1(x)+u_2(x)+\cdots+u_n(x)+\cdots=\sum_{n=1}^{\infty}u_n(x)$$

为函数项级数.

(2) 若 $x_0 \in I$ 时,$\sum_{n=1}^{\infty}u_n(x_0)$ 收敛,则称点 x_0 是函数项级数 $\sum_{n=1}^{\infty}u_n(x)$ 的收敛点;否则,称点 x_0 为发散点.

函数项级数所有收敛点的全体称为其收敛域,函数项级数所有发散点的全体称为其发散域.

(3) 部分和函数 $s_n(x)=u_1(x)+u_2(x)+\cdots+u_n(x)$,在收敛域上,有

$$\lim_{n\to\infty}s_n(x)=s(x),$$

称 $s(x)$ 为函数项级数 $\sum_{n=1}^{\infty}u_n(x)$ 的和函数.

9. 幂级数及其收敛性

(1) 形如 $\sum_{n=0}^{\infty}a_n(x-x_0)^n$ 或 $\sum_{n=0}^{\infty}a_n x^n$ 的级数称为幂级数.

(2) 阿贝尔(Abel)定理:若级数 $\sum_{n=0}^{\infty}a_n x^n$ 当 $x=x_0(x_0\neq 0)$ 时收敛,则适合不等式 $|x|<|x_0|$ 的一切 x 使该幂级数绝对收敛;反之,若级数 $\sum_{n=0}^{\infty}a_n x^n$ 当 $x=x_1$ 时发散,则适合不等式 $|x|>|x_1|$ 的一切 x 使该幂级数发散.

(3) 阿贝尔定理的推论:若级数 $\sum_{n=0}^{\infty}a_n x^n$ 不是仅在点 $x=0$ 收敛,也不是在整个数轴上都收敛,则必有一个完全确定的正数 R 存在,使得

① 当 $|x|<R$ 时,$\sum_{n=0}^{\infty}a_n x^n$ 绝对收敛;

② 当$|x|>R$时,$\sum\limits_{n=0}^{\infty}a_nx^n$发散;

③ 当$x=R$或$x=-R$时,$\sum\limits_{n=0}^{\infty}a_nx^n$可能收敛也可能发散.

正数R叫作级数$\sum\limits_{n=0}^{\infty}a_nx^n$的收敛半径.开区间$(-R,R)$叫作幂级数$\sum\limits_{n=0}^{\infty}a_nx^n$的收敛区间.由幂级数在$x=\pm R$的敛散性决定$\sum\limits_{n=0}^{\infty}a_nx^n$在区间$(-R,R)$,$[-R,R)$,$(-R,R]$或$[-R,R]$收敛,该区间叫作幂级数$\sum\limits_{n=0}^{\infty}a_nx^n$的收敛域.

(4) 幂级数$\sum\limits_{n=0}^{\infty}a_nx^n$的收敛半径$R$的求法:设极限$\lim\limits_{n\to\infty}\left|\dfrac{a_{n+1}}{a_n}\right|=\rho$(或$\lim\limits_{n\to\infty}\sqrt[n]{|a_n|}=\rho$),则

① $\rho\neq 0$时,$R=\dfrac{1}{\rho}$;

② $\rho=0$时,$R=+\infty$;

③ $\rho=+\infty$时,$R=0$.

10. 幂级数的分析性质

(1) 幂级数$\sum\limits_{n=0}^{\infty}a_nx^n$的和函数$s(x)$在收敛区间$(-R,R)$内是连续函数.

(2) 幂级数$\sum\limits_{n=0}^{\infty}a_nx^n$的和函数$s(x)$在收敛区间$(-R,R)$内可导,且

$$s'(x)=\left(\sum_{n=0}^{\infty}a_nx^n\right)'=\sum_{n=0}^{\infty}(a_nx^n)'=\sum_{n=1}^{\infty}na_nx^{n-1}.$$

逐项求导后所得级数与原级数有相同的收敛半径.

(3) 幂级数$\sum\limits_{n=0}^{\infty}a_nx^n$的和函数$s(x)$在收敛区间$(-R,R)$内可积,且

$$\int_0^x s(t)\mathrm{d}t=\int_0^x\left(\sum_{n=0}^{\infty}a_nt^n\right)\mathrm{d}t=\sum_{n=0}^{\infty}\int_0^x a_nt^n\mathrm{d}t=\sum_{n=0}^{\infty}\dfrac{a_n}{n+1}x^{n+1}.$$

其中$|x|<R$,逐项求积后所得级数与原级数有相同的收敛半径.

注 在$x=-R$和$x=R$处,逐项求导或逐项积分后所得级数是否收敛要给予验证.

11. 函数展开成幂级数

(1) 泰勒级数.

若$f(x)$在点x_0的某个邻域内具有任意阶导数,则幂级数

$$\sum_{n=0}^{\infty}\dfrac{f^{(n)}(x_0)}{n!}(x-x_0)^n$$

称为函数$f(x)$在点x_0处的泰勒级数.

当$x_0=0$时,幂级数$\sum\limits_{n=0}^{\infty}\dfrac{f^{(n)}(0)}{n!}x^n$称为函数$f(x)$的麦克劳林级数.

(2) 泰勒展开式.

若函数$f(x)$在点x_0的某邻域内有任意阶导数,且对该邻域内任意x,$\lim\limits_{n\to\infty}R_n(x)=0$,其

中
$$R_n(x) = \frac{f^{(n+1)}[x_0 + \theta(x-x_0)]}{(n+1)!}(x-x_0)^{n+1}, 0 < \theta < 1,$$
则
$$f(x) = \sum_{n=1}^{\infty} \frac{f^{(n)}(x_0)}{n!}(x-x_0)^n.$$

上式称为函数 $f(x)$ 的泰勒展开式.

当 $x_0 = 0$ 时,上式变为
$$f(x) = \sum_{n=1}^{\infty} \frac{f^{(n)}(0)}{n!}x^n,$$
称为函数 $f(x)$ 的麦克劳林展开式.

> **注** ① 只要函数 $f(x)$ 在点 x_0 的某邻域内有任意阶导数,就可以形式地作出级数 $\sum_{n=1}^{\infty}\frac{f^{(n)}(x_0)}{n!}(x-x_0)^n$,但此级数未必收敛于 $f(x)$;只有对该邻域内任意 x,$\lim_{n\to\infty} R_n(x) = 0$,级数 $\sum_{n=1}^{\infty}\frac{f^{(n)}(x_0)}{n!}(x-x_0)^n$ 才收敛于 $f(x)$.
>
> ② 若函数 $f(x)$ 能表示为 $x-x_0$ 的幂级数,即
> $$f(x) = a_0 + a_1(x-x_0) + a_2(x-x_0)^2 + \cdots + a_n(x-x_0)^n + \cdots,$$
> 则此式与 $f(x)$ 的泰勒级数 $\sum_{n=1}^{\infty}\frac{f^{(n)}(x_0)}{n!}(x-x_0)^n$ 是一致的,即 $f(x)$ 的泰勒展开式唯一.

(3) 常用函数的幂级数展开式.

$$e^x = 1 + x + \frac{1}{2!}x^2 + \cdots + \frac{1}{n!}x^n + \cdots, -\infty < x < +\infty;$$

$$\sin x = x - \frac{1}{3!}x^3 + \frac{1}{5!}x^5 - \cdots + (-1)^n \frac{x^{2n+1}}{(2n+1)!} + \cdots, -\infty < x < +\infty;$$

$$\cos x = 1 - \frac{1}{2!}x^2 + \frac{1}{4!}x^4 - \cdots + (-1)^n \frac{x^{2n}}{(2n)!} + \cdots, -\infty < x < +\infty;$$

$$\frac{1}{1-x} = 1 + x + x^2 + \cdots + x^n + \cdots, -1 < x < 1;$$

$$\ln(1+x) = x - \frac{1}{2}x^2 + \frac{1}{3}x^3 - \cdots + (-1)^n \frac{1}{n+1}x^{n+1} + \cdots, -1 < x \leqslant 1;$$

$$(1+x)^m = 1 + mx + \frac{m(m-1)}{2}x^2 + \cdots + \frac{m(m-1)(m-2)\cdots(m-n+1)}{n!}x^n + \cdots,$$
$-1 < x < 1.$(要通过讨论 m 的值来确定 $x = \pm 1$ 时展开式是否成立)

12. 傅里叶(Fourier) 级数

(1) 傅里叶系数与傅里叶级数.

设 $f(x)$ 是以 2π 为周期的函数,且在区间 $[-\pi,\pi]$ 上可积,若
$$a_n = \frac{1}{\pi}\int_{-\pi}^{\pi} f(x)\cos nx \, dx, n = 0,1,2,3,\cdots,$$
$$b_n = \frac{1}{\pi}\int_{-\pi}^{\pi} f(x)\sin nx \, dx, n = 1,2,3,\cdots$$

存在,则称 a_n 和 b_n 为函数 $f(x)$ 的傅里叶系数. 以函数 $f(x)$ 的傅里叶系数为系数的三角级数

$$\frac{a_0}{2} + \sum_{n=1}^{\infty}(a_n\cos nx + b_n\sin nx)$$

称为函数 $f(x)$ 的傅里叶级数,记为

$$f(x) \sim \frac{a_0}{2} + \sum_{n=1}^{\infty}(a_n\cos nx + b_n\sin nx). \tag{1}$$

当 $f(x)$ 是奇函数时,$a_n = 0, b_n = \frac{2}{\pi}\int_0^{\pi} f(x)\sin nx \, \mathrm{d}x (n = 1,2,3,\cdots)$,级数(1)变为正弦级数

$$\sum_{n=1}^{\infty} b_n \sin nx;$$

当 $f(x)$ 是偶函数时,$a_n = \frac{2}{\pi}\int_0^{\pi} f(x)\cos nx \, \mathrm{d}x, b_n = 0 (n = 1,2,3,\cdots)$,级数(1)变为余弦级数

$$\frac{a_0}{2} + \sum_{n=1}^{\infty} a_n \cos nx.$$

(2) 收敛定理.

设 $f(x)$ 是以 2π 为周期的函数,且满足条件:在一个周期内连续或只有有限个第一类间断点,且至多有有限个极值点,则 $f(x)$ 的傅里叶级数收敛,且

① 当 x 是 $f(x)$ 的连续点时,级数收敛于 $f(x)$;

② 当 x 是 $f(x)$ 的间断点时,级数收敛于 $\frac{f(x-0) + f(x+0)}{2}$.

(3) 以 $2l$ 为周期的函数的傅里叶级数.

设以 $2l$ 为周期的函数 $f(x)$ 满足收敛定理的条件,则 $f(x)$ 的傅里叶级数为

$$\frac{a_0}{2} + \sum_{n=1}^{\infty}\left(a_n\cos\frac{n\pi x}{l} + b_n\sin\frac{n\pi x}{l}\right). \tag{2}$$

当 x 是 $f(x)$ 的连续点时,级数(2)收敛于 $f(x)$;当 x 是 $f(x)$ 的间断点时,级数(2)收敛于 $\frac{f(x-0) + f(x+0)}{2}$. 其中

$$a_n = \frac{1}{l}\int_{-l}^{l} f(x)\cos\frac{n\pi x}{l}\mathrm{d}x, n = 0,1,2,3,\cdots,$$

$$b_n = \frac{1}{l}\int_{-l}^{l} f(x)\sin\frac{n\pi x}{l}\mathrm{d}x, n = 1,2,3,\cdots.$$

当 $f(x)$ 是奇函数时,$a_n = 0, b_n = \frac{2}{l}\int_0^{l} f(x)\sin\frac{n\pi x}{l}\mathrm{d}x (n = 1,2,3,\cdots)$,级数(2)变为正弦级数

$$\sum_{n=1}^{\infty} b_n \sin\frac{n\pi x}{l};$$

当 $f(x)$ 是偶函数时,$a_n = \frac{2}{l}\int_0^{l} f(x)\cos\frac{n\pi x}{l}\mathrm{d}x, b_n = 0 (n = 1,2,3,\cdots)$,级数(2)变为余弦级数

$$\frac{a_0}{2} + \sum_{n=1}^{\infty} a_n \cos \frac{n\pi x}{l}.$$

典型例题解析

一、正项级数的敛散性判别

【例1】 用比较审敛法判断下列级数的敛散性：

(1) $\sum_{n=1}^{\infty} \left(1 - \cos \frac{\pi}{n}\right)$； (2) $\sum_{n=1}^{\infty} \frac{2^{n-1}}{3 \cdot 5 \cdot 7 \cdots (2n-1)}$；

(3) $\sum_{n=1}^{\infty} \frac{1}{n\sqrt[n]{n}}$； (4) $\sum_{n=1}^{\infty} \frac{\ln n}{n^{\frac{3}{2}}}$； (5) $\sum_{n=1}^{\infty} \arctan \frac{1}{n^2+1}$.

解 (1) $u_n = 1 - \cos \frac{\pi}{n} = 2\sin^2 \frac{\pi}{2n} \leqslant 2\left(\frac{\pi}{2n}\right)^2 = \frac{\pi^2}{2n^2}$. 因为级数 $\sum_{n=1}^{\infty} \frac{1}{n^2}$ 收敛，从而级数 $\sum_{n=1}^{\infty} \frac{\pi^2}{2n^2}$ 收敛，由比较审敛法知 $\sum_{n=1}^{\infty} \left(1 - \cos \frac{\pi}{n}\right)$ 收敛.

(2) $u_n = \frac{2^{n-1}}{3 \cdot 5 \cdot 7 \cdots (2n-1)} = \frac{2}{3} \cdot \frac{2}{5} \cdot \frac{2}{7} \cdots \frac{2}{2n-1} \leqslant \left(\frac{2}{3}\right)^{n-1}$.

因为 $\sum_{n=1}^{\infty} \left(\frac{2}{3}\right)^{n-1}$ 收敛，由比较审敛法知 $\sum_{n=1}^{\infty} \frac{2^{n-1}}{3 \cdot 5 \cdot 7 \cdots (2n-1)}$ 收敛.

(3) $\lim_{n \to \infty} \frac{\frac{1}{n\sqrt[n]{n}}}{\frac{1}{n}} = \lim_{n \to \infty} \frac{1}{\sqrt[n]{n}} = 1$. 因为 $\sum_{n=1}^{\infty} \frac{1}{n}$ 发散，由比较审敛法的极限形式知 $\sum_{n=1}^{\infty} \frac{1}{n\sqrt[n]{n}}$ 发散.

(4) $\lim_{n \to \infty} \frac{\frac{\ln n}{n^{\frac{3}{2}}}}{\frac{1}{n^{\frac{5}{4}}}} = \lim_{n \to \infty} \frac{\ln n}{n^{\frac{1}{4}}} = 0 < 1$ (因为 $\lim_{x \to +\infty} \frac{\ln x}{x^{\frac{1}{4}}} \xlongequal{\text{洛必达法则}} \lim_{x \to +\infty} \frac{\frac{1}{x}}{\frac{1}{4}x^{-\frac{3}{4}}} = \lim_{x \to +\infty} \frac{4}{x^{\frac{1}{4}}} = 0$).

因 $\sum_{n=1}^{\infty} \frac{1}{n^{\frac{5}{4}}}$ 收敛，由比较审敛法的极限形式知 $\sum_{n=1}^{\infty} \frac{\ln n}{n^{\frac{3}{2}}}$ 收敛.

(5) 当 $n \to \infty$ 时，$\arctan \frac{1}{n^2+1} \sim \frac{1}{n^2+1} \sim \frac{1}{n^2}$，因 $\sum_{n=1}^{\infty} \frac{1}{n^2}$ 收敛，由比较审敛法的极限形式知 $\sum_{n=1}^{\infty} \arctan \frac{1}{n^2+1}$ 收敛.

注 比较审敛法的极限形式比非极限形式用起来方便，用比较审敛法或其极限形式判别正项级数的敛散性时，需要选取敛散性已知的正项级数与所给级数作比较，常用的比较级数有等比级数 $\sum_{n=1}^{\infty} aq^{n-1} (a \neq 0)$ 和 p-级数 $\sum_{n=1}^{\infty} \frac{1}{n^p}$（常数 $p > 0$）.

【例2】 用比值审敛法判断下列级数的敛散性：

(1) $\sum_{n=1}^{\infty} n\tan\dfrac{\pi}{2^{n+1}}$； (2) $\sum_{n=1}^{\infty} \dfrac{n^n}{(2n)!}$； (3) $\sum_{n=1}^{\infty} \dfrac{a^n n!}{n^n}(a>0)$.

解 (1) $\lim\limits_{n\to\infty}\dfrac{u_{n+1}}{u_n} = \lim\limits_{n\to\infty}\dfrac{n+1}{n}\cdot\dfrac{\tan\dfrac{\pi}{2^{n+2}}}{\tan\dfrac{\pi}{2^{n+1}}} = \lim\limits_{n\to\infty}\dfrac{n+1}{n}\cdot\dfrac{\dfrac{\pi}{2^{n+2}}}{\dfrac{\pi}{2^{n+1}}} = \dfrac{1}{2} < 1$，所以级数

$\sum_{n=1}^{\infty} n\tan\dfrac{\pi}{2^{n+1}}$ 收敛.

(2) $\lim\limits_{n\to\infty}\dfrac{u_{n+1}}{u_n} = \lim\limits_{n\to\infty}\dfrac{(n+1)^{n+1}}{n^n}\cdot\dfrac{(2n)!}{(2n+2)!} = \lim\limits_{n\to\infty}\left(1+\dfrac{1}{n}\right)^n\dfrac{1}{2(2n+1)} = \mathrm{e}\cdot 0 = 0 < 1$，

所以级数 $\sum_{n=1}^{\infty}\dfrac{n^n}{(2n)!}$ 收敛.

(3) $\lim\limits_{n\to\infty}\dfrac{u_{n+1}}{u_n} = \lim\limits_{n\to\infty}\dfrac{a^{n+1}(n+1)!}{(n+1)^{n+1}}\cdot\dfrac{n^n}{a^n n!} = \lim\limits_{n\to\infty} a\left(\dfrac{n}{n+1}\right)^n = \lim\limits_{n\to\infty}\dfrac{a}{\left(1+\dfrac{1}{n}\right)^n} = \dfrac{a}{\mathrm{e}}$.

当 $0 < a < \mathrm{e}$ 时，$\rho = \dfrac{a}{\mathrm{e}} < 1$，$\sum_{n=1}^{\infty}\dfrac{a^n n!}{n^n}$ 收敛；

当 $a > \mathrm{e}$ 时，$\rho = \dfrac{a}{\mathrm{e}} > 1$，$\sum_{n=1}^{\infty}\dfrac{a^n n!}{n^n}$ 发散；

当 $a = \mathrm{e}$ 时，$\rho = \dfrac{a}{\mathrm{e}} = 1$，比值审敛法失效，因为 $\left(1+\dfrac{1}{n}\right)^n$ 是单调增加趋于 e 的，所以对于任意的 n，均有 $\left(1+\dfrac{1}{n}\right)^n < \mathrm{e}$，因而

$$\dfrac{u_{n+1}}{u_n} = \dfrac{\mathrm{e}}{\left(1+\dfrac{1}{n}\right)^n} > 1,$$

即 $u_{n+1} > u_n$，所以 $\lim\limits_{n\to\infty} u_n \neq 0$，级数 $\sum_{n=1}^{\infty}\dfrac{a^n n!}{n^n}$ 发散.

注 ① 比值审敛法是利用级数本身的性质判定级数的敛散性，不用另找比较级数. 当正项级数的一般项 u_n 含有 $n!$，a^n，n^n 时用比值审敛法比较方便.

② 当 $\lim\limits_{n\to\infty}\dfrac{u_{n+1}}{u_n} = 1$，且 $\dfrac{u_{n+1}}{u_n} \geq 1$ 时，级数发散.

③ 当 $\lim\limits_{n\to\infty}\dfrac{u_{n+1}}{u_n} = 1$，且 $\dfrac{u_{n+1}}{u_n} < 1$ 时，比值审敛法失效.

【例3】 用根值审敛法判断下列级数的敛散性：

(1) $\sum_{n=1}^{\infty}\dfrac{\arctan n}{(\ln 2)^n}$； (2) $\sum_{n=1}^{\infty}\dfrac{n^{\ln n}}{(\ln n)^n}$； (3) $\sum_{n=1}^{\infty}\left(\dfrac{an}{n+1}\right)^n (a>0)$.

解 (1) 因为 $\lim\limits_{n\to\infty}\sqrt[n]{u_n} = \lim\limits_{n\to\infty}\dfrac{(\arctan n)^{\frac{1}{n}}}{\ln 2} = \dfrac{\left(\dfrac{\pi}{2}\right)^0}{\ln 2} = \dfrac{1}{\ln 2} > 1$,

所以级数 $\sum_{n=1}^{\infty}\dfrac{\arctan n}{(\ln 2)^n}$ 发散.

(2) $\lim\limits_{n\to\infty}\sqrt[n]{u_n}=\lim\limits_{n\to\infty}\dfrac{n^{\frac{\ln n}{n}}}{\ln n}=\lim\limits_{n\to\infty}\dfrac{e^{\frac{\ln n}{n}\ln n}}{\ln n}=\lim\limits_{n\to\infty}\dfrac{e^{\frac{\ln^2 n}{n}}}{\ln n}$.

因为 $\lim\limits_{x\to\infty}\dfrac{(\ln x)^2}{x}=\lim\limits_{x\to\infty}\dfrac{2\ln x}{x}=0$,所以 $\lim\limits_{n\to\infty}\dfrac{(\ln n)^2}{n}=0$,从而 $\lim\limits_{n\to\infty}\dfrac{e^{\frac{\ln^2 n}{n}}}{\ln n}=0$,即 $\lim\limits_{n\to\infty}\sqrt[n]{u_n}=0<1$,所以级数 $\sum\limits_{n=1}^{\infty}\dfrac{n^{\ln n}}{(\ln n)^n}$ 收敛.

(3) 因为 $\lim\limits_{n\to\infty}\sqrt[n]{u_n}=\lim\limits_{n\to\infty}\dfrac{an}{n+1}=a$,所以 $a<1$ 时,级数收敛;$a>1$ 时,级数发散;$a=1$ 时,级数变为 $\sum\limits_{n=1}^{\infty}\left(\dfrac{n}{n+1}\right)^n$,又因为 $\lim\limits_{n\to\infty}\left(\dfrac{n}{n+1}\right)^n=\lim\limits_{n\to\infty}\dfrac{1}{\left(1+\dfrac{1}{n}\right)^n}=\dfrac{1}{e}\neq 0$,所以级数发散. 综上所述,当 $0<a<1$ 时,级数收敛;当 $a\geqslant 1$ 时,级数发散.

> **注** ① 当正项级数的一般项 u_n 为 n 次方形式,或含有 c^n (c 为常数)时,用根值判别法比较方便;
>
> ② 当 $\lim\limits_{n\to\infty}\sqrt[n]{u_n}=1$,且 $\sqrt[n]{u_n}<1$ 时,根值审敛法失效;
>
> ③ 当 $\lim\limits_{n\to\infty}\sqrt[n]{u_n}=1$,但 $\sqrt[n]{u_n}>1$ 时,级数 $\sum\limits_{n=1}^{\infty}u_n$ 发散(此时 u_n 不趋于零).

【例 4】 判断下列级数的敛散性:

(1) $\sum\limits_{n=1}^{\infty}\dfrac{n\cos^2\dfrac{n\pi}{3}}{2^n}$;　　(2) $\sum\limits_{n=1}^{\infty}\int_0^{\frac{1}{n}}\dfrac{x}{1+x^2}dx$;　　(3) $\sum\limits_{n=1}^{\infty}\dfrac{a^n}{1+a^{2n}}(a>0)$.

解 (1) $\dfrac{n\cos^2\dfrac{n\pi}{3}}{2^n}\leqslant\dfrac{n}{2^n}(n=1,2,\cdots)$,$\lim\limits_{n\to\infty}\sqrt[n]{\dfrac{n}{2^n}}=\dfrac{1}{2}\lim\limits_{n\to\infty}\sqrt[n]{n}=\dfrac{1}{2}<1$,所以级数 $\sum\limits_{n=1}^{\infty}\dfrac{n}{2^n}$ 收敛,由比较审敛法知 $\sum\limits_{n=1}^{\infty}\dfrac{n\cos^2\dfrac{n\pi}{3}}{2^n}$ 收敛.

(2) $\int_0^{\frac{1}{n}}\dfrac{x}{1+x^2}dx=\dfrac{1}{2}\ln\left(1+\dfrac{1}{n^2}\right)\sim\dfrac{1}{2}\cdot\dfrac{1}{n^2}(n\to\infty$ 时),因 $\sum\limits_{n=1}^{\infty}\dfrac{1}{n^2}$ 收敛,从而 $\sum\limits_{n=1}^{\infty}\dfrac{2}{2n^2}$ 收敛,由比较审敛法得 $\sum\limits_{n=1}^{\infty}\int_0^{\frac{1}{n}}\dfrac{x}{1+x^2}dx$ 收敛.

(3) 当 $a=1$ 时,原级数为 $\sum\limits_{n=1}^{\infty}\dfrac{1}{2}$,发散;

当 $0<a<1$ 时,$\lim\limits_{n\to\infty}\sqrt[n]{\dfrac{a^n}{1+a^{2n}}}=\lim\limits_{n\to\infty}\dfrac{a}{\sqrt[n]{1+a^{2n}}}=a<1$,级数收敛;

当 $a>1$ 时,$\lim\limits_{n\to\infty}\sqrt[n]{\dfrac{a^n}{1+a^{2n}}}=\lim\limits_{n\to\infty}\sqrt[n]{\dfrac{\left(\dfrac{1}{a}\right)^n}{1+\left(\dfrac{1}{a}\right)^{2n}}}=\dfrac{1}{a}<1$,级数收敛.

【例 5】 若 $\sum\limits_{n=1}^{\infty}a_n$ 与 $\sum\limits_{n=1}^{\infty}c_n$ 都收敛,且 $a_n\leqslant b_n\leqslant c_n(n=1,2,3,\cdots)$,试证 $\sum\limits_{n=1}^{\infty}b_n$ 收敛.

证 因为
$$0 \leqslant b_n - a_n \leqslant c_n - a_n,$$
且 $\sum_{n=1}^{\infty} a_n$ 与 $\sum_{n=1}^{\infty} c_n$ 均收敛,所以 $\sum_{n=1}^{\infty}(c_n - a_n)$ 收敛,由比较审敛法知 $\sum_{n=1}^{\infty}(b_n - a_n)$ 收敛,而
$$b_n = (b_n - c_n) + a_n,$$
故 $\sum_{n=1}^{\infty} b_n$ 收敛.

注 不能直接由 $b_n \leqslant c_n$ 且 $\sum_{n=1}^{\infty} c_n$ 收敛得出 $\sum_{n=1}^{\infty} b_n$ 收敛,比较审敛法仅适用于正项级数.

【例 6】 设 $a_n = \int_0^{\frac{\pi}{4}} \tan^n x \, dx$.

(1) 求 $\sum_{n=1}^{\infty} \frac{1}{n}(a_n + a_{n+2})$;

(2) 试证明:对任意常数 $\lambda > 0$,$\sum_{n=1}^{\infty} \frac{a_n}{n^\lambda}$ 收敛.

解 (1) $a_n + a_{n+2} = \int_0^{\frac{\pi}{4}} \tan^n x \, dx + \int_0^{\frac{\pi}{4}} \tan^{n+2} x \, dx = \int_0^{\frac{\pi}{4}} \tan^n x \cdot \sec^2 x \, dx$

$$= \frac{1}{n+1} \tan^{n+1} x \Big|_0^{\frac{\pi}{4}} = \frac{1}{n+1}.$$

$$\sum_{n=1}^{\infty} \frac{1}{n}(a_n + a_{n+2}) = \sum_{n=1}^{\infty} \frac{1}{n(n+1)} = \lim_{n \to \infty}\left[\frac{1}{1 \cdot 2} + \frac{1}{2 \cdot 3} + \cdots + \frac{1}{n(n+1)}\right]$$

$$= \lim_{n \to \infty}\left(1 - \frac{1}{n+1}\right) = 1.$$

(2) $a_n = \int_0^{\frac{\pi}{4}} \tan^n x \, dx \xrightarrow{\tan x = t} \int_0^1 \frac{t^n}{1+t^2} dt < \int_0^1 t^n dt = \frac{1}{n+1}$,

因而
$$\frac{a_n}{n^\lambda} < \frac{1}{n^\lambda(n+1)} < \frac{1}{n^{\lambda+1}}.$$

$\lambda > 0$ 时,$\sum_{n=1}^{\infty} \frac{1}{n^{\lambda+1}}$ 收敛,由比较审敛法知 $\sum_{n=1}^{\infty} \frac{a_n}{n^\lambda}$ 收敛.

▶▶ 二、一般数项级数的敛散性判别

【例 7】 判别下列级数的敛散性,如果收敛,是绝对收敛,还是条件收敛:

(1) $\sum_{n=1}^{\infty}(-1)^{n-1} \frac{2^{n^2}}{n!}$; (2) $\sum_{n=1}^{\infty}(-1)^n(\sqrt{n+1} - \sqrt{n})$;

(3) $\sum_{n=1}^{\infty}(-1)^{n-1} \frac{\sqrt{n+1}}{n+10}$; (4) $\sum_{n=1}^{\infty} \frac{(-1)^{n-1}}{n+(-1)^{n-1}}$.

解 (1) 因为 $\sum_{n=1}^{\infty}\left|(-1)^{n-1} \frac{2^{n^2}}{n!}\right| = \sum_{n=1}^{\infty} \frac{2^{n^2}}{n!}$,

且
$$\lim_{n \to \infty} \frac{2^{(n+1)^2}}{(n+1)!} \cdot \frac{n!}{2^{n^2}} = \lim_{n \to \infty} \frac{2^{2n+1}}{n+1} = \infty$$

$$(\lim_{x \to +\infty} \frac{2^{2x+1}}{x+1} \xlongequal{(L')} \lim_{x \to +\infty} \frac{2^{2x+1} \ln 2 \cdot 2}{1} = +\infty),$$

由比值判别法，$\sum_{n=1}^{\infty}\left|(-1)^{n-1}\dfrac{2^{n^2}}{n!}\right|$ 发散. 又由 $\left|(-1)^{n-1}\dfrac{2^{n^2}}{n!}\right|\not\to 0$，得 $\sum_{n=1}^{\infty}(-1)^{n-1}\dfrac{2^{n^2}}{n!}$ 发散.

> **注** 由比值判别法或根值判别法判别正项级数 $\sum_{n=1}^{\infty}|u_n|$ 发散时，由于 $|u_n|$ 当 $n\to\infty$ 时不趋于零，因而 $\sum_{n=1}^{\infty}u_n$ 发散.

(2) $|(-1)^n(\sqrt{n+1}-\sqrt{n})|=\sqrt{n+1}-\sqrt{n}=\dfrac{1}{\sqrt{n+1}+\sqrt{n}}>\dfrac{1}{2\sqrt{n+1}}.$

因为 $\sum_{n=1}^{\infty}\dfrac{1}{2\sqrt{n+1}}$ 发散，所以 $\sum_{n=1}^{\infty}|(-1)^n(\sqrt{n+1}-\sqrt{n})|$ 发散. 又原级数为交错级数，且

$$u_n=\sqrt{n+1}-\sqrt{n}=\dfrac{1}{\sqrt{n+1}+\sqrt{n}}>\dfrac{1}{\sqrt{n+2}+\sqrt{n+1}}$$
$$=\sqrt{n+2}-\sqrt{n+1}=u_{n+1},$$
$$\lim_{n\to\infty}u_n=\lim_{n\to\infty}(\sqrt{n+1}-\sqrt{n})=\lim_{n\to\infty}\dfrac{1}{\sqrt{n+1}+\sqrt{n}}=0,$$

由莱布尼茨判别法得原级数收敛，且为条件收敛.

(3) $\left|(-1)^{n-1}\dfrac{\sqrt{n+1}}{n+10}\right|=\dfrac{\sqrt{n+1}}{n+10}\sim\dfrac{1}{\sqrt{n}}(n\to\infty$ 时$)$，因 $\sum_{n=1}^{\infty}\dfrac{1}{\sqrt{n}}$ 发散，由比较审敛法得 $\sum_{n=1}^{\infty}\dfrac{\sqrt{n+1}}{n+10}$ 发散. 又原级数为交错级数，且

$$\lim_{n\to\infty}|u_n|=\lim_{n\to\infty}\dfrac{\sqrt{n+1}}{n+10}=0.$$

令 $f(x)=\dfrac{\sqrt{x+1}}{x+10}$，$f'(x)=\dfrac{8-x}{2(x+10)^2\sqrt{x+1}}$，当 $x>8$ 时，$f'(x)<0$，即 $f(x)$ 在 $[8,+\infty)$ 上单调减少，从而当 $n>8$ 时，$u_n=\dfrac{\sqrt{n+1}}{n+10}$ 单调减少，由莱布尼茨判别法得 $\sum_{n=9}^{\infty}(-1)^{n-1}\dfrac{\sqrt{n+1}}{n+10}$ 收敛，从而 $\sum_{n=1}^{\infty}(-1)^{n-1}\dfrac{\sqrt{n+1}}{n+10}$ 收敛，且为条件收敛.

(4) $\left|\dfrac{(-1)^{n-1}}{n+(-1)^{n-1}}\right|=\dfrac{1}{n+(-1)^{n-1}}\sim\dfrac{1}{n}(n\to\infty$ 时$)$，因 $\sum_{n=1}^{\infty}\dfrac{1}{n}$ 发散，由比较审敛法得 $\sum_{n=1}^{\infty}\left|\dfrac{(-1)^{n-1}}{n+(-1)^{n-1}}\right|$ 发散. 又

$$\dfrac{(-1)^{n-1}}{n+(-1)^{n-1}}=(-1)^{n-1}\dfrac{n-(-1)^{n-1}}{n^2-1}=(-1)^{n-1}\dfrac{n}{n^2-1}-\dfrac{1}{n^2-1},$$

因为 $\sum_{n=1}^{\infty}\dfrac{1}{n^2-1}$ 收敛，且由莱布尼茨判别法得 $\sum_{n=1}^{\infty}(-1)^{n-1}\dfrac{n}{n^2-1}$ 也收敛，所以 $\sum_{n=1}^{\infty}\dfrac{(-1)^{n-1}}{n+(-1)^{n-1}}$ 收敛，且为条件收敛.

注 ① 第(4)小题中 $u_n = \dfrac{1}{n+(-1)^{n-1}}$ 不是单调的,不能直接用莱布尼茨判别法.

② 用莱布尼茨判别 $\sum\limits_{n=1}^{\infty}(-1)^{n-1}u_n$ 是否收敛时,比较 u_n 与 u_{n+1} 大小方法有三种:$\dfrac{u_{n+1}}{u_n}$ 是否小于 1;$u_n - u_{n+1}$ 是否大于零;构造 $u_n = f(n)$.利用导数讨论 $f(x)$ 的单调性.

【例 8】 判别级数 $\sum\limits_{n=1}^{\infty}\sin(\pi\sqrt{n^2+a^2})$($a$ 为常数)的敛散性,如果收敛,是绝对收敛,还是条件收敛.

解 $\sin(\pi\sqrt{n^2+a^2}) = \sin(n\pi + \pi\sqrt{n^2+a^2} - n\pi) = (-1)^n \sin(\pi\sqrt{n^2+a^2} - n\pi) = (-1)^n \sin\dfrac{a^2\pi}{\sqrt{n^2+a^2}+n}$.

因为 $\left|(-1)^n \sin\dfrac{a^2\pi}{\sqrt{n^2+a^2}+n}\right| = \left|\sin\dfrac{a^2\pi}{\sqrt{n^2+a^2}+n}\right| \sim \dfrac{a^2\pi}{2n}(n\to\infty)$,

而 $\sum\limits_{n=1}^{\infty}\dfrac{a^2\pi}{2n}$ 发散,所以 $\sum\limits_{n=1}^{\infty}\left|\sin(\pi\sqrt{n^2+a^2})\right|$ 发散.

又原级数是交错级数,且 $u_n = \sin\dfrac{a^2\pi}{\sqrt{n^2+a^2}+n}$ 单调减少,

$$\lim_{n\to\infty}u_n = \lim_{n\to\infty}\sin\dfrac{a^2\pi}{\sqrt{n^2+a^2}+n} = 0,$$

所以由莱布尼茨判别法得 $\sum\limits_{n=1}^{\infty}\sin(\pi\sqrt{n^2+a^2})$ 收敛,且为条件收敛.

【例 9】 设 $u_n \neq 0(n=1,2,\cdots)$,且 $\lim\limits_{n\to\infty}\dfrac{n}{u_n} = 1$,讨论级数 $\sum\limits_{n=1}^{\infty}(-1)^{n+1}\left(\dfrac{1}{u_n}+\dfrac{1}{u_{n+1}}\right)$ 是否收敛;若收敛,指出是绝对收敛还是条件收敛.

解 因为

$$\lim_{n\to\infty}\dfrac{\left|(-1)^{n+1}\left(\dfrac{1}{u_n}+\dfrac{1}{u_{n+1}}\right)\right|}{\dfrac{1}{n}} = \lim_{n\to\infty}\left|\dfrac{n}{u_n}+\dfrac{n}{u_{n+1}}\right| = \lim_{n\to\infty}\left|\dfrac{n}{u_n}+\dfrac{n+1}{u_{n+1}}\cdot\dfrac{n}{n+1}\right| = 2,$$

而级数 $\sum\limits_{n=1}^{\infty}\dfrac{1}{n}$ 发散,由比较审敛法得 $\sum\limits_{n=1}^{\infty}\left|(-1)^{n+1}\left(\dfrac{1}{u_n}+\dfrac{1}{u_{n+1}}\right)\right|$ 发散,又

$$s_n = \left(\dfrac{1}{u_1}+\dfrac{1}{u_2}\right) - \left(\dfrac{1}{u_2}+\dfrac{1}{u_3}\right) + \left(\dfrac{1}{u_3}+\dfrac{1}{u_4}\right) + \cdots + (-1)^{n+1}\left(\dfrac{1}{u_n}+\dfrac{1}{u_{n+1}}\right)$$

$$= \dfrac{1}{u_1} + (-1)^{n+1}\dfrac{1}{u_{n+1}},$$

由 $\lim\limits_{n\to\infty}\dfrac{n}{u_n} = 1$ 得 $\lim\limits_{n\to\infty}\dfrac{1}{u_n} = 0$,即 $\lim\limits_{n\to\infty}s_n = \dfrac{1}{u_1}$,所以原级数收敛,且为条件收敛.

【例 10】 已知 $f(x)$ 可导,且 $f(0) = 1, 0 < f'(x) < \dfrac{1}{2}$,设数列 $\{x_n\}$ 满足 $x_{n+1} = f(x_n)(n=1,2,\cdots)$,证明:

(1) 级数 $\sum_{n=1}^{\infty}(x_{n+1}-x_n)$ 绝对收敛；

(2) $\lim_{n\to\infty}x_n$ 存在，且 $0<\lim_{n\to\infty}x_n<2$.

证 (1) 因为 $|x_{n+1}-x_n|=|f(x_n)-f(x_{n-1})|=|f'(\xi)(x_n-x_{n-1})|$

$$<\frac{1}{2}|x_n-x_{n-1}|<\frac{1}{2^2}|x_{n-1}-x_{n-2}|<\cdots<\frac{1}{2^{n-1}}|x_2-x_1|,$$

显然 $\sum_{n=1}^{\infty}\frac{1}{2^{n-1}}|x_2-x_1|$ 收敛，因此 $\sum_{n=1}^{\infty}(x_{n+1}-x_n)$ 绝对收敛.

(2) 记 $S_n=\sum_{i=1}^{n}(x_{i+1}-x_i)$，因此 $S_n=x_{n+1}-x_1$，由 $\sum_{n=1}^{\infty}(x_{n+1}-x_n)$ 收敛，得 $\lim_{n\to\infty}S_n$ 存在，因此 $\lim_{n\to\infty}x_n$ 存在，不妨设 $\lim_{n\to\infty}x_n=A$，而

$$x_{n+1}=f(x_n)=f(x_n)-f(0)+1=f'(\xi)x_n+1, \quad (*)$$

若任意 n，$x_n\leqslant 0$，则 $A_n\leqslant 0$，而由 $(*)$ 式得 $x_{n+1}>\frac{1}{2}x_n+1$，于是 $A\geqslant\frac{A}{2}+1$，矛盾. 故存在 i，使 $x_i>0$，由 $f'(x)>0$，得 $x_{i+1}=f(x_i)>f(0)=1>0$，因此 $n>i$ 时，$x_n\geqslant 1$，所以 $A\geqslant 1>0$. 又由 $(*)$ 式知，当 $n>i$ 时，$x_{n+1}<\frac{1}{2}x_n+1$，因而 $A<\frac{1}{2}A+1$，即 $A<2$，所以 $0<\lim_{n\to\infty}x_n<2$.

▶▶ 三、幂级数的收敛域及和函数的求法

【例 11】 若 $\sum_{n=1}^{\infty}a_n(x-1)^n$ 在 $x=-1$ 处收敛，则此级数在 $x=2$ 处 ( )

(A) 条件收敛　　(B) 绝对收敛　　(C) 发散　　(D) 敛散性不确定

解 令 $y=x-1$，则原级数为 $\sum_{n=1}^{\infty}a_n y^n$，由原级数在 $x=-1$ 处收敛，相当于 $\sum_{n=1}^{\infty}a_n y^n$ 在 $y=-2$ 处收敛，由 Abel 定理，$\sum_{n=1}^{\infty}a_n(x-1)^n$ 在 $x=2$（即 $y=1$）处绝对收敛，故选 (B).

【例 12】 求下列幂级数的收敛域：

(1) $\sum_{n=1}^{\infty}\frac{1}{3^n+(-2)^n}\frac{x^n}{n}$；　　(2) $\sum_{n=1}^{\infty}\frac{(-1)^n}{2^n\cdot n}x^{2n-3}$；

(3) $\sum_{n=1}^{\infty}(-1)^{n-1}\left[1+\frac{1}{n(2n-1)}\right]x^{2n}$.

解 (1) $\rho=\lim_{n\to\infty}\left|\frac{a_{n+1}}{a_n}\right|=\lim_{n\to\infty}\frac{1}{3^{n+1}+(-2)^{n+1}}\cdot\frac{1}{n+1}\cdot\frac{[3^n+(-2)^n]n}{1}$

$$=\lim_{n\to\infty}\frac{1}{3}\cdot\frac{1+\left(-\frac{2}{3}\right)^n}{1+\left(-\frac{2}{3}\right)^{n+1}}\cdot\frac{n}{n+1}=\frac{1}{3},$$

所以 $R=3$，即收敛区间 $(-3,3)$.

当 $x=-3$ 时，对于 $\sum_{n=1}^{\infty}\frac{(-3)^n}{[3^n+(-2)^n]n}$，因为

$$\frac{(-3)^n}{[3^n+(-2)^n]n} = (-1)^n\frac{1}{n} - \frac{2^n}{3^n+(-2)^n}\cdot\frac{1}{n},$$

$$\frac{2^n}{3^n+(-2)^n}\cdot\frac{1}{n} \sim \frac{1}{n}\left(\frac{2}{3}\right)^n (n\to\infty),$$

则由 $\sum_{n=1}^{\infty}\frac{1}{n}\left(\frac{2}{3}\right)^n$ 收敛，可得 $\sum_{n=1}^{\infty}\frac{2^n}{3^n+(-2)^n}\cdot\frac{1}{n}$ 收敛，又 $\sum_{n=1}^{\infty}(-1)^n\frac{1}{n}$ 收敛，故 $\sum_{n=1}^{\infty}\frac{(-3)^n}{[3^n+(-2)^n]n}$ 收敛.

当 $x=3$ 时，对于 $\sum_{n=1}^{\infty}\frac{(-3)^n}{[3^n+(-2)^n]n}$，因为

$$\frac{3^n}{[3^n+(-2)^n]n} > \frac{3^n}{3^n+3^n}\cdot\frac{1}{n} = \frac{1}{2n},$$

由 $\sum_{n=1}^{\infty}\frac{1}{2n}$ 发散及比较审敛法得 $\sum_{n=1}^{\infty}\frac{3^n}{[3^n+(-2)^n]n}$ 发散，故原幂级数收敛域为 $[-3,3)$.

(2) $\lim_{n\to\infty}\left|\frac{(-1)^{n+1}\frac{1}{2^{n+1}(n+1)}x^{2n-1}}{(-1)^n\frac{1}{2^n\cdot n}x^{2n-3}}\right| = \lim_{n\to\infty}\frac{1}{2}\cdot\frac{n}{n+1}\cdot|x|^2 = \frac{|x|^2}{2} < 1,$

所以：① 当 $|x|<\sqrt{2}$ 时，由比值判别法得原级数绝对收敛；② 当 $x=-\sqrt{2}$ 时，$\sum_{n=1}^{\infty}\frac{(-1)^{n-1}}{2\sqrt{2}n}$ 收敛；③ 当 $x=\sqrt{2}$ 时，$\sum_{n=1}^{\infty}\frac{(-1)^n}{2\sqrt{2}n}$ 收敛.

故原幂级数的收敛域为 $[-\sqrt{2},\sqrt{2}]$.

(3) 令 $x^2=t$，则原幂级数为 $\sum_{n=1}^{\infty}(-1)^{n-1}\left[1+\frac{1}{n(2n-1)}\right]t^n$，由

$$\rho = \lim_{n\to\infty}\left|\frac{a_{n+1}}{a_n}\right| = \lim_{n\to\infty}\frac{1+\frac{1}{(n+1)(2n+1)}}{1+\frac{1}{n(2n-1)}}$$

$$= \lim_{n\to\infty}\frac{(n+1)(2n+1)+1}{(n+1)(2n+1)}\cdot\frac{n(2n-1)}{n(2n-1)+1} = 1$$

得收敛区间为 $|t|<1$，即 $|x^2|<1$，故 $|x|<1$.

当 $x=\pm 1$ 时，原级数为 $\sum_{n=1}^{\infty}(-1)^{n-1}\left[1+\frac{1}{n(2n-1)}\right]$，该级数发散（通项不趋于零），故原幂级数的收敛域为 $(-1,1)$.

注 ① 对 $\sum_{n=1}^{\infty}a_nx^n$ 求收敛域，可以按系数模比值或根值法求得 ρ，从而得到收敛半径 $R=\frac{1}{\rho}$，进而得收敛区间 $(-R,R)$，再讨论端点 $x=\pm R$ 处数项级数的敛散性，最终得到收敛域.

② 若级数不是 $\sum_{n=1}^{\infty}a_nx^n$ 形式，则可以做变换，化为 $\sum_{n=1}^{\infty}a_nt^n$ 形式后按①求，或者直接用整体比值审敛法或根值审敛法求出 x 的收敛区间，再考虑端点得到收敛域.

【例 13】 求下列级数的和函数：

(1) $\sum_{n=1}^{\infty} \dfrac{x^{2n+1}}{2n}$；

(2) $\sum_{n=1}^{\infty} \dfrac{x^n}{n(n+1)}$；

(3) $\sum_{n=1}^{\infty} (3n-2)x^{2n-1}$；

(4) $\sum_{n=0}^{\infty} \dfrac{n^2+1}{2^n \cdot n!} x^n$.

解 (1) 收敛域为 $(-1,1)$. 设 $s(x) = \sum_{n=1}^{\infty} \dfrac{x^{2n+1}}{2n}, x \in (-1,1)$，则

$$s(x) = x \sum_{n=1}^{\infty} \dfrac{x^{2n}}{2n}, x \in (-1,1).$$

对 $f(x) = \sum_{n=1}^{\infty} \dfrac{x^{2n}}{2n}$ 在 $(-1,1)$ 内逐项求导，得

$$f'(x) = \sum_{n=1}^{\infty} x^{2n-1} = \dfrac{x}{1-x^2}, x \in (-1,1).$$

对上式从 0 到 x 积分，得

$$f(x) = \int_0^x \dfrac{t}{1-t^2} \mathrm{d}t = -\dfrac{1}{2} \ln(1-x^2),$$

从而

$$s(x) = -\dfrac{x}{2} \ln(1-x^2), x \in (-1,1).$$

(2) 收敛域为 $[-1,1]$，设 $s(x) = \sum_{n=1}^{\infty} \dfrac{x^n}{n(n+1)}$，则

$$\begin{aligned}
s(x) &= \sum_{n=1}^{\infty} \dfrac{x^n}{n(n+1)} = \sum_{n=1}^{\infty} \left(\dfrac{1}{n} - \dfrac{1}{n+1}\right) x^n = \sum_{n=1}^{\infty} \dfrac{x^n}{n} - \sum_{n=1}^{\infty} \dfrac{x^n}{n+1} \\
&= \sum_{n=1}^{\infty} \dfrac{x^n}{n} - \dfrac{1}{x} \sum_{n=1}^{\infty} \dfrac{x^{n+1}}{n+1} = \sum_{n=1}^{\infty} \left(\int_0^x t^{n-1} \mathrm{d}t\right) - \dfrac{1}{x} \sum_{n=1}^{\infty} \left(\int_0^x t^n \mathrm{d}t\right) \\
&= \int_0^x \left(\sum_{n=1}^{\infty} t^{n-1}\right) \mathrm{d}t - \dfrac{1}{x} \int_0^x \left(\sum_{n=1}^{\infty} t^n\right) \mathrm{d}t \\
&= \int_0^x \dfrac{1}{1-t} \mathrm{d}t - \dfrac{1}{x} \int_0^x \dfrac{t}{1-t} \mathrm{d}t \\
&= 1 + \dfrac{(1-x)\ln(1-x)}{x}, x \in [-1,1] \text{ 且 } x \neq 0,1.
\end{aligned}$$

由于 $s(x)$ 在 $[-1,1]$ 上连续，而以上求得的和函数在收敛域中的点 $x = 0$ 及 $x = 1$ 处无意义. 因此，在此两点必须单独求和.

显然，$s(0) = 0, s(1) = \sum_{n=1}^{\infty} \dfrac{1}{n(n+1)} = \lim_{n \to \infty} \left(1 - \dfrac{1}{n+1}\right) = 1$，

所以 $s(x) = \begin{cases} 0, & x = 0, \\ 1 + \dfrac{(1-x)\ln(1-x)}{x}, & x \in [-1,1] \text{ 且 } x \neq 0,1, \\ 1, & x = 1. \end{cases}$

(3) 收敛域为 $(-1,1)$，设

$$s(x) = \sum_{n=1}^{\infty}(3n-2)x^{2n-1}$$
$$= x + 4x^3 + 7x^5 + \cdots + (3n-2)x^{2n-1} + \cdots, x \in (-1,1),$$

则
$$x^2 s(x) = x^2 \sum_{n=1}^{\infty}(3n-2)x^{2n-1}$$
$$= x^3 + 4x^5 + 7x^7 + \cdots + (3n-2)x^{2n+1} + \cdots.$$

以上两式相减,得
$$(1-x^2)s(x) = x + 3x^3 + 3x^5 + \cdots + 3x^{2n-1} + \cdots$$
$$= x + 3 \cdot \frac{x^3}{1-x^2} = \frac{x+2x^3}{1-x^2},$$

所以
$$s(x) = \frac{x+2x^3}{(1-x^2)^2}, x \in (-1,1).$$

（4）收敛域为 $(-\infty, +\infty)$,
$$s(x) = \sum_{n=0}^{\infty} \frac{n^2+1}{2^n \cdot n!} x^n = \sum_{n=0}^{\infty} \frac{1}{n!}\left(\frac{x}{2}\right)^n + \sum_{n=0}^{\infty} \frac{n^2}{n!}\left(\frac{x}{2}\right)^n$$
$$= e^{\frac{x}{2}} + \sum_{n=1}^{\infty} \frac{n}{(n-1)!}\left(\frac{x}{2}\right)^n$$
$$= e^{\frac{x}{2}} + \frac{x}{2} \sum_{n=1}^{\infty} \frac{n}{(n-1)!}\left(\frac{x}{2}\right)^{n-1}$$
$$= e^{\frac{x}{2}} + \frac{x}{2}\left[\sum_{n=1}^{\infty} \frac{1}{(n-1)!}\left(\frac{x}{2}\right)^n\right]' \cdot 2$$
$$= e^{\frac{x}{2}} + x\left[\frac{x}{2} \cdot \sum_{n=1}^{\infty} \frac{1}{(n-1)!}\left(\frac{x}{2}\right)^{n-1}\right]'$$
$$= e^{\frac{x}{2}} + x\left(\frac{x}{2} \cdot e^{\frac{x}{2}}\right)' = e^{\frac{x}{2}} + x\left(\frac{1}{2}e^{\frac{x}{2}} + \frac{x}{2}e^{\frac{x}{2}} \cdot \frac{1}{2}\right)$$
$$= e^{\frac{x}{2}}\left(1 + \frac{x}{2} + \frac{x^2}{4}\right), x \in (-\infty, +\infty).$$

注 求幂级数的和函数时,应将所求级数与函数已知的幂级数作比较,看有何不同,然后采取变量代换法、代数运算法、逐项求导法、逐项积分法,将所给幂级数转化成和函数已知的幂级数形式.

【例 14】 求级数 $\sum_{n=1}^{\infty} n(n+1)x^n$ 的收敛域及在收敛域内的和函数,并计算 $\sum_{n=1}^{\infty} \frac{n(n+1)}{2^{n+1}}$.

解 因为 $\rho = \lim_{n \to \infty}\left|\frac{a_{n+1}}{a_n}\right| = \lim_{n \to \infty} \frac{n+2}{n} = 1$, 所以 $R = 1$.

在 $x = \pm 1$ 处, $\lim_{n \to \infty}|u_n| = \lim_{n \to \infty} n(n+1) = +\infty$, 所以幂级数在 $x = \pm 1$ 处发散,所以收敛域为 $(-1,1)$.

设 $s(x) = \sum_{n=1}^{\infty} n(n+1)x^n$, 两边积分, 得
$$\int_0^x s(t)dt = \sum_{n=1}^{\infty} nx^{n+1} = x^2 \sum_{n=1}^{\infty} nx^{n-1} = x^2 \left(\sum_{n=1}^{\infty} x^n\right)'$$

$$= x^2 \left(\frac{x}{1-x}\right)' = \frac{x^2}{(1-x)^2}, -1 < x < 1,$$

所以
$$s(x) = \left[\frac{x^2}{(1-x)^2}\right]' = \frac{2x}{(1-x)^3}, -1 < x < 1,$$

即
$$\sum_{n=1}^{\infty} n(n+1)x^n = \frac{2x}{(1-x)^3}, -1 < x < 1.$$

令 $x = \frac{1}{2}$,得

$$\sum_{n=1}^{\infty} \frac{n(n+1)}{2^{n+1}} = \frac{1}{2} \sum_{n=1}^{\infty} n(n+1)\left(\frac{1}{2}\right)^2 = \frac{1}{2} s\left(\frac{1}{2}\right) = \frac{1}{2} \times \frac{2 \times \frac{1}{2}}{\left(1-\frac{1}{2}\right)^3} = \frac{1}{2} \times 8 = 4.$$

▶▶ 四、函数 $f(x)$ 的幂级数展开

【例 15】 将函数 $f(x) = xa^x (a > 0)$ 展开成 x 的幂级数.

分析 利用 e^x 的展开式.

解 因为
$$e^x = 1 + x + \frac{x^2}{2!} + \cdots + \frac{x^n}{n!} + \cdots, x \in (-\infty, +\infty),$$

所以
$$a^x = e^{\ln a^x} = e^{x \ln a} = 1 + x\ln a + \frac{(x\ln a)^2}{2!} + \cdots + \frac{(x\ln a)^n}{n!} + \cdots$$
$$= 1 + \ln a \cdot x + \frac{(\ln a)^2}{2!} x^2 + \cdots + \frac{(\ln a)^n}{n!} x^n + \cdots, x \in (-\infty, +\infty),$$

于是
$$f(x) = xa^x = x\left[1 + \ln a \cdot x + \frac{(\ln a)^2}{2!} x^2 + \cdots + \frac{(\ln a)^n}{n!} x^n + \cdots\right]$$
$$= x + \ln a \cdot x^2 + \frac{(\ln a)^2}{2!} x^3 + \cdots + \frac{(\ln a)^{n-1}}{(n-1)!} x^n + \cdots, x \in (-\infty, +\infty).$$

【例 16】 将 $f(x) = \frac{1+x^2}{2} \arctan x - \frac{x}{2}$ 展开成 x 的幂级数,并指出收敛半径 R.

解
$$f'(x) = x \arctan x = x \cdot g(x), g(x) = \arctan x,$$
$$g'(x) = \frac{1}{1+x^2} = \sum_{n=0}^{\infty} (-1)^n x^{2n}, |x| < 1.$$

积分得
$$g(x) = \int_0^x g'(t) dt = \int_0^x \sum_{n=0}^{\infty} (-1)^n t^{2n} dt = \sum_{n=0}^{\infty} \int_0^x (-1)^n t^{2n} dt$$
$$= \sum_{n=0}^{\infty} (-1)^n \frac{x^{2n+1}}{2n+1},$$

所以
$$f'(x) = \sum_{n=0}^{\infty} (-1)^n \frac{x^{2n+2}}{2n+1}.$$

积分得
$$f(x) = \int_0^x f'(t) dt = \int_0^x \sum_{n=0}^{\infty} (-1)^n \frac{t^{2n+2}}{2n+1} dt$$
$$= \sum_{n=0}^{\infty} \int_0^x (-1)^n \frac{t^{2n+2}}{2n+1} dt = \sum_{n=0}^{\infty} (-1)^n \frac{x^{2n+3}}{(2n+1)(2n+3)}, |x| < 1,$$

所以 $R = 1$.

【例17】 将 $f(x) = \arctan\dfrac{1-2x}{1+2x}$ 展开成 x 的幂级数，并求 $\sum\limits_{n=0}^{\infty}\dfrac{(-1)^n}{2n+1}$ 的和.

解 $f'(x) = \left(\arctan\dfrac{1-2x}{1+2x}\right)' = \dfrac{-2}{1+4x^2} = -2\sum\limits_{n=0}^{\infty}(-1)^n 4^n x^{2n}$,

积分得

$$\int_0^x f'(t)\,\mathrm{d}t = f(x) - f(0) = -2\sum_{n=0}^{\infty}\int_0^x (-1)^n 4^n t^{2n}\,\mathrm{d}t = -2\sum_{n=0}^{\infty}\dfrac{(-1)^n 4^n x^{2n+1}}{2n+1},$$

由 $f(0) = \dfrac{\pi}{4}$，得

$$f(x) = \dfrac{\pi}{4} - \sum_{n=0}^{\infty}(-1)^n \dfrac{2^{2n+1}}{2n+1}x^{2n+1}, x\in\left(-\dfrac{1}{2},\dfrac{1}{2}\right].$$

令 $x = \dfrac{1}{2}$，由 $f\left(\dfrac{1}{2}\right) = 0$，得

$$0 = \dfrac{\pi}{4} - \sum_{n=0}^{\infty}(-1)^n \dfrac{1}{2n+1},$$

即

$$\sum_{n=0}^{\infty}\dfrac{(-1)^n}{2n+1} = \dfrac{\pi}{4}.$$

【例18】 将 $f(x) = \dfrac{\mathrm{d}}{\mathrm{d}x}\left(\dfrac{\mathrm{e}^x - 1}{x}\right)$ 展开成 x 的幂级数，并求 $\sum\limits_{n=1}^{\infty}\dfrac{n}{(n+1)!}$.

分析 因为 $\left(\dfrac{\mathrm{e}^x-1}{x}\right)' = \dfrac{x\mathrm{e}^x - \mathrm{e}^x + 1}{x^2}$，可见先求出导数再展开比较烦琐.可以考虑先求出 $\dfrac{\mathrm{e}^x-1}{x}$ 的展开式，然后再求导数.

解 因为 $\dfrac{\mathrm{e}^x - 1}{x} = \dfrac{1}{x}\left(\sum\limits_{n=0}^{\infty}\dfrac{x^n}{n!} - 1\right) = \dfrac{1}{x}\sum\limits_{n=1}^{\infty}\dfrac{x^n}{n!} = \sum\limits_{n=1}^{\infty}\dfrac{x^{n-1}}{n!}$,

所以

$$\dfrac{\mathrm{d}}{\mathrm{d}x}\left(\dfrac{\mathrm{e}^x-1}{x}\right) = \dfrac{\mathrm{d}}{\mathrm{d}x}\left(\sum_{n=1}^{\infty}\dfrac{x^{n-1}}{n!}\right) = \sum_{n=1}^{\infty}\dfrac{(n-1)x^{n-2}}{n!}$$

$$= \sum_{n=2}^{\infty}\dfrac{(n-1)x^{n-2}}{n!} = \sum_{n=1}^{\infty}\dfrac{n}{(n+1)!}x^{n-1},$$

$$-\infty < x < +\infty \text{ 且 } x \neq 0.$$

令 $x = 1$，得

$$\sum_{n=1}^{\infty}\dfrac{n}{(n+1)!} = \dfrac{\mathrm{d}}{\mathrm{d}x}\left(\dfrac{\mathrm{e}^x-1}{x}\right)\bigg|_{x=1} = \dfrac{x\mathrm{e}^x - \mathrm{e}^x + 1}{x^2}\bigg|_{x=1} = 1.$$

【例19】 将 $f(x) = \dfrac{x}{2+x-x^2}$ 展开成 $x-1$ 的幂级数.

解 令 $x-1 = t$，则 $x = 1+t$，所以

$$f(x) = \dfrac{x}{2+x-x^2} = \dfrac{1+t}{2-t-t^2} = \dfrac{1+t}{(1-t)(2+t)} = \dfrac{2}{3}\cdot\dfrac{1}{1-t} - \dfrac{1}{3}\cdot\dfrac{1}{2+t}$$

$$= \dfrac{2}{3}\cdot\dfrac{1}{1-t} - \dfrac{1}{6}\cdot\dfrac{1}{1-\left(-\dfrac{t}{2}\right)} = \dfrac{2}{3}\sum_{n=0}^{\infty}t^n - \dfrac{1}{6}\sum_{n=0}^{\infty}\left(-\dfrac{t}{2}\right)^n$$

$$= \sum_{n=0}^{\infty}\left[\frac{2}{3}-\frac{(-1)^n}{6\cdot 2^n}\right]t^n = \sum_{n=0}^{\infty}\left[\frac{2}{3}-\frac{(-1)^n}{6\cdot 2^n}\right](x-1)^n.$$

由 $|t|<1$ 及 $\left|-\frac{t}{2}\right|<1$ 得 $|t|<1$,即 $|x-1|<1$,所以收敛域为 $(0,2)$.

> **注** ① 将 $f(x)$ 展开成 $(x-x_0)$ 的幂级数应尽量采用间接展开法,即通过四则运算或微分、积分运算,将 $f(x)$ 变为其级数及收敛域均已知的函数,从而得到 $f(x)$ 的幂级数展开式.
> ② 求得 $f(x)$ 的幂级数后,必须给出其收敛域.根据已知幂级数的收敛域,可确定 $f(x)$ 的收敛域.

▶▶ 五、函数 $f(x)$ 的傅里叶级数展开

【例 20】 设 $f(x)$ 是周期为 2π 的周期函数,它在 $[-\pi,\pi]$ 上的表达式为
$$f(x)=\begin{cases}2x, & -\pi\leqslant x<0,\\ 3x, & 0\leqslant x<\pi.\end{cases}$$

将 $f(x)$ 展开成傅里叶级数.

解 $f(x)$ 满足 Dirichlet 收敛定理的条件,在 $f(x)$ 的连续点 $x\neq(2k+1)\pi$ 处,$f(x)$ 的傅里叶级数收敛于 $f(x)$,在 $f(x)$ 的间断点 $x=(2k+1)\pi(k=0,\pm 1,\pm 2,\cdots)$ 处,$f(x)$ 的傅里叶级数收敛于 $\dfrac{f(\pi-0)+f(\pi+0)}{2}=\dfrac{3\pi+(-2\pi)}{2}=\dfrac{\pi}{2}$.

$$a_0 = \frac{1}{\pi}\int_{-\pi}^{\pi} f(x)\mathrm{d}x = \frac{1}{\pi}\left(\int_{-\pi}^{0} 2x\mathrm{d}x+\int_{0}^{\pi} 3x\mathrm{d}x\right) = \frac{1}{\pi}\left(x^2\Big|_{-\pi}^{0}+\frac{3}{2}x^2\Big|_{0}^{\pi}\right) = \frac{\pi}{2},$$

$$a_n = \frac{1}{\pi}\int_{-\pi}^{\pi} f(x)\cos nx\,\mathrm{d}x = \frac{1}{\pi}\left(\int_{-\pi}^{0} 2x\cos nx\,\mathrm{d}x+\int_{0}^{\pi} 3x\cos nx\,\mathrm{d}x\right)$$

$$= \frac{1}{\pi}\left[\left(\frac{2x}{n}\sin nx+\frac{2}{n^2}\cos nx\right)\Big|_{-\pi}^{0}+\left(\frac{3x}{n}\sin nx+\frac{3}{n^2}\cos nx\right)\Big|_{0}^{\pi}\right]$$

$$= \frac{1}{n^2\pi}[(-1)^n-1] = \begin{cases}0, & n\text{ 为偶数},\\ -\dfrac{2}{n^2\pi}, & n\text{ 为奇数},\end{cases}$$

$$b_n = \frac{1}{\pi}\int_{-\pi}^{\pi} f(x)\sin nx\,\mathrm{d}x = \frac{1}{\pi}\left(\int_{-\pi}^{0} 2x\sin nx\,\mathrm{d}x+\int_{0}^{\pi} 3x\sin nx\,\mathrm{d}x\right)$$

$$= \frac{1}{\pi}\left[\left(-\frac{2x}{n}\cos nx+\frac{2}{n^2}\sin nx\right)\Big|_{-\pi}^{0}+\left(-\frac{3x}{n}\cos nx+\frac{3}{n^2}\sin nx\right)\Big|_{0}^{\pi}\right]$$

$$= \frac{1}{\pi}\left[\frac{-2\pi}{n}(-1)^n-\frac{3\pi}{n}(-1)^n\right] = (-1)^{n+1}\frac{5}{n},\quad n=1,2,\cdots,$$

所以 $f(x)$ 的傅里叶级数为
$$f(x) = \frac{\pi}{4}-\sum_{n=1}^{\infty}\left[\frac{2}{(2n-1)^2\pi}\cos(2n-1)x+(-1)^n\frac{5}{n}\sin nx\right],$$

其中 $x\neq(2k+1)\pi,k=0,\pm 1,\pm 2,\cdots$.

【例 21】 设函数 $f(x)=x^2,x\in[0,\pi]$,按下列要求求出相应的傅里叶级数,并求其和函数:

(1) $f(x)$ 在 $[0,\pi]$ 上的正弦级数；

(2) $f(x)$ 在 $[0,\pi]$ 上的余弦级数；

(3) $f(x)$ 在 $(0,\pi)$ 上以 π 为周期的傅里叶级数.

解 (1) 将 $f(x)=x^2,x\in[0,\pi]$ 奇延拓到 $[-\pi,0)$，相应正弦级数的系数为

$$a_n=0,n=0,1,2,3,\cdots,$$

$$b_n=\frac{2}{\pi}\int_0^\pi x^2\sin nx\,\mathrm{d}x=\frac{2}{\pi}\left(\frac{-x^2\cos nx}{n}+\frac{2x\sin nx}{n^2}+\frac{2\cos nx}{n^3}\right)\bigg|_0^\pi$$

$$=\frac{2\pi(-1)^{n+1}}{n}-\frac{4[1-(-1)^n]}{\pi n^3},n=1,2,3,\cdots,$$

所以 $f(x)$ 在 $[0,\pi]$ 上的正弦级数为

$$\frac{2}{\pi}\sum_{n=1}^\infty\left\{\frac{\pi^2(-1)^{n+1}}{n}-\frac{2[1-(-1)^n]}{n^3}\right\}\sin nx=\begin{cases}x^2,&0\leqslant x<\pi,\\0,&x=\pi.\end{cases}$$

(2) 将 $f(x)=x^2,x\in[0,\pi]$ 偶延拓到 $[-\pi,0)$，相应余弦级数的系数为

$$b_n=0,n=1,2,3,\cdots,$$

$$a_0=\frac{2}{\pi}\int_0^\pi x^2\,\mathrm{d}x=\frac{2}{3}\pi^2,$$

$$a_n=\frac{2}{\pi}\int_0^\pi x^2\cos nx\,\mathrm{d}x=\frac{2}{\pi}\left[\frac{x^2\sin nx}{n}+\frac{2x\cos nx}{n^2}-\frac{2\sin nx}{n^3}\right]_0^\pi$$

$$=\frac{4(-1)^n}{n^2},n=1,2,3,\cdots,$$

所以 $f(x)$ 在 $[0,\pi]$ 上的余弦级数为

$$\frac{\pi^2}{3}+4\sum_{n=1}^\infty\frac{(-1)^n}{n^2}\cos nx=x^2,0\leqslant x\leqslant\pi.$$

(3) $f(x)$ 在 $(0,\pi)$ 上展开为以 π 为周期的傅里叶级数，其傅里叶系数为

$$a_0=\frac{2}{\pi}\int_{-\frac{\pi}{2}}^{\frac{\pi}{2}}f(x)\,\mathrm{d}x=\frac{2}{\pi}\int_0^\pi x^2\,\mathrm{d}x=\frac{2}{3}\pi^2,$$

$$a_n=\frac{2}{\pi}\int_{-\frac{\pi}{2}}^{\frac{\pi}{2}}f(x)\cos 2nx\,\mathrm{d}x=\frac{2}{\pi}\int_0^\pi x^2\cos 2nx\,\mathrm{d}x=\frac{1}{n^2},n=1,2,3,\cdots,$$

$$b_n=\frac{2}{\pi}\int_{-\frac{\pi}{2}}^{\frac{\pi}{2}}f(x)\sin 2nx\,\mathrm{d}x=\frac{2}{\pi}\int_0^\pi x^2\sin 2nx\,\mathrm{d}x=-\frac{\pi}{n},n=1,2,3,\cdots.$$

从而，$f(x)$ 在 $(0,\pi)$ 上以 π 为周期的傅里叶级数为

$$\frac{\pi^2}{3}+\sum_{n=1}^\infty\left(\frac{1}{n^2}\cos 2nx-\frac{\pi}{n}\sin 2nx\right)=x^2,0<x<\pi.$$

注 ① 对于同一函数，可以根据需要采用不同的延拓方式展开为相应的傅里叶级数，应该注意它们的差异，尽管上述三个三角级数形式不同，但是在区间 $(0,\pi)$ 上，它们都表示同一个函数 $f(x)=x^2$.

② $f(x)$ 的傅里叶级数的和函数 $s(x)$ 与 $f(x)$ 是不同的，在 $f(x)$ 的连续点 x 处，$s(x)=f(x)$.

【例22】 设 $f(x)$ 是以 2 为周期的周期函数，$f(x)$ 在 $[-1,1]$ 上的表达式为 $f(x)=x^2$.

试将 $f(x) = x^2$ 展开成傅里叶级数,并求级数 $\sum_{n=1}^{\infty} \frac{1}{n^2}$, $\sum_{n=1}^{\infty} \frac{(-1)^{n+1}}{n^2}$ 及 $\sum_{n=1}^{\infty} \frac{1}{(2n-1)^2}$ 的和.

解 因为 $f(x)$ 在 $[-1,1]$ 上满足收敛定理的条件,$l = 1$,$f(x)$ 为偶函数,所以
$$b_n = 0, n = 1, 2, \cdots,$$
$$a_0 = 2\int_0^1 x^2 \mathrm{d}x = \frac{2}{3},$$
$$a_n = 2\int_0^1 x^2 \cos n\pi x \mathrm{d}x = \frac{2}{n^3\pi^3}[2n\pi x \cos n\pi x + (n^2\pi^2 x^2 - 2)\sin n\pi x]_0^1$$
$$= \frac{(-1)^n \cdot 4}{n^2\pi^2}, n = 1, 2, \cdots.$$

所以
$$x^2 = \frac{1}{3} + \frac{4}{\pi^2}\sum_{n=1}^{\infty}\frac{(-1)^n}{n^2}\cos n\pi x, -1 \leqslant x \leqslant 1.$$

令 $x = 1$,得
$$1 = \frac{1}{3} + \frac{4}{\pi^2}\sum_{n=1}^{\infty}\frac{1}{n^2}, \text{即} \sum_{n=1}^{\infty}\frac{1}{n^2} = \frac{\pi^2}{6}.$$

令 $x = 0$,得
$$0 = \frac{1}{3} + \frac{4}{\pi^2}\sum_{n=1}^{\infty}\frac{(-1)^n}{n^2}, \text{即} \sum_{n=1}^{\infty}\frac{(-1)^{n+1}}{n^2} = \frac{\pi^2}{12}.$$

所以
$$\sum_{n=1}^{\infty}\frac{1}{(2n-1)^2} = \frac{1}{2}\left[\sum_{n=1}^{\infty}\frac{1}{n^2} + \sum_{n=1}^{\infty}\frac{(-1)^{n+1}}{n^2}\right] = \frac{1}{2}\left(\frac{\pi^2}{6} + \frac{\pi^2}{12}\right) = \frac{\pi^2}{8}.$$

注 将 $f(x)$ 展开成傅里叶级数时,需注意 $f(x)$ 是否满足 Dirichlet 收敛定理的条件,需判断 $f(x)$ 的傅里叶级数在 $f(x)$ 的间断点、定义区间的端点是否收敛于 $f(x)$,还要注意 $f(x)$ 的周期性及其延拓情况,因为不同周期及延拓,傅里叶系数是不一样的.

竞赛题选解

【例 1】(全国第五届初赛) 判别级数 $\sum_{n=1}^{\infty}\frac{1 + \frac{1}{2} + \cdots + \frac{1}{n}}{(n+1)(n+2)}$ 的敛散性,若收敛,求其和.

解 (1) 记 $a_n = 1 + \frac{1}{2} + \cdots + \frac{1}{n}$,$u_n = \frac{a_n}{(n+1)(n+2)}$ $(n = 1, 2, \cdots)$,当 n 充分大时,
$$0 < a_n = 1 + \frac{1}{2} + \cdots + \frac{1}{n} < 1 + \int_1^n \frac{1}{x}\mathrm{d}x = 1 + \ln n < \sqrt{n},$$

所以 $u_n \leqslant \frac{\sqrt{n}}{(n+1)(n+2)} < \frac{1}{n^{\frac{3}{2}}}$,而 $\sum_{n=1}^{\infty}\frac{1}{n^{\frac{3}{2}}}$ 收敛,由比较判别法,得 $\sum_{n=1}^{\infty} u_n$ 收敛.

(2) $s_n = \sum_{k=1}^{n}\frac{a_k}{(k+1)(k+2)} = \sum_{k=1}^{n}\left(\frac{a_k}{k+1} - \frac{a_k}{k+2}\right)$
$$= \left(\frac{a_1}{2} - \frac{a_1}{3}\right) + \left(\frac{a_2}{3} - \frac{a_2}{4}\right) + \cdots + \left(\frac{a_{n-1}}{n} - \frac{a_{n-1}}{n+1}\right) + \left(\frac{a_n}{n+1} - \frac{a_n}{n+2}\right)$$

$$= \frac{a_1}{2} + \frac{1}{3}(a_2 - a_1) + \frac{1}{4}(a_3 - a_2) + \cdots + \frac{1}{n+1}(a_n - a_{n-1}) - \frac{a_n}{n+2}$$

$$= \frac{1}{1 \cdot 2} + \frac{1}{2 \cdot 3} + \frac{1}{3 \cdot 4} + \cdots + \frac{1}{n(n+1)} - \frac{a_n}{n+2}$$

$$= 1 - \frac{1}{n+1} - \frac{a_n}{n+2}.$$

因为 $0 < a_n < 1 + \ln n$,所以 $0 < \frac{a_n}{n+2} < \frac{1 + \ln n}{n+2}$,而 $\lim\limits_{n \to \infty} \frac{1 + \ln n}{n+2} = 0$,所以 $\lim\limits_{n \to \infty} \frac{a_n}{n+2} = 0$,于是 $s = \lim\limits_{n \to \infty} s_n = 1$.

【例2】(全国第四届初赛) 设 $\sum\limits_{n=1}^{\infty} a_n$ 和 $\sum\limits_{n=1}^{\infty} b_n$ 为正项级数,证明:

(1) 若 $\lim\limits_{n \to \infty} \left(\frac{a_n}{a_{n+1} b_n} - \frac{1}{b_{n+1}} \right) > 0$,则 $\sum\limits_{n=1}^{\infty} a_n$ 收敛;

(2) 若 $\lim\limits_{n \to \infty} \left(\frac{a_n}{a_{n+1} b_n} - \frac{1}{b_{n+1}} \right) < 0$,且 $\sum\limits_{n=1}^{\infty} b_n$ 发散,则 $\sum\limits_{n=1}^{\infty} a_n$ 发散.

证 记 $\lim\limits_{n \to \infty} \left(\frac{a_n}{a_{n+1} b_n} - \frac{1}{b_{n+1}} \right) = a$.

(1) 由题设 a 为正数或 $+\infty$. 取 $b \in (0, a)$,则存在正整数 N,当 $n \geq N$ 时,

$$\frac{a_n}{a_{n+1} b_n} - \frac{1}{b_{n+1}} > b,$$

即

$$\frac{a_n}{b_n} - \frac{a_{n+1}}{b_{n+1}} > b a_{n+1} > 0. \qquad (*)$$

由此可知,$\left\{ \frac{a_n}{b_n} \right\}$ 单调减少有下界,因此 $\lim\limits_{n \to \infty} \frac{a_n}{b_n} = A$ 存在. 因为

$$\lim_{n \to \infty} \sum_{k=N}^{n-1} \left(\frac{a_k}{b_k} - \frac{a_{k+1}}{b_{k+1}} \right) = \frac{a_N}{b_N} - \lim_{n \to \infty} \frac{a_n}{b_n} = \frac{a_N}{b_N} - A,$$

由定义得 $\sum\limits_{n=1}^{\infty} \left(\frac{a_n}{b_n} - \frac{a_{k+1}}{b_{k+1}} \right)$ 收敛,由 $(*)$ 式及比较判别法得 $\sum\limits_{n=1}^{\infty} a_{n+1}$ 收敛,即 $\sum\limits_{n=1}^{\infty} a_n$ 收敛.

(2) 由题设 a 为负数或 $-\infty$,取 $c \in (a, 0)$,则存在正整数 M,当 $n \geq M$ 时,有 $\frac{a_n}{a_{n+1} b_n} - \frac{1}{b_{n+1}} < c < 0$,即 $\frac{a_{n+1}}{a_n} > \frac{b_{n+1}}{b_n}$,从而

$$a_n = \frac{a_n}{a_{n-1}} \cdot \frac{a_{n-1}}{a_{n-2}} \cdot \cdots \cdot \frac{a_{M+1}}{a_M} \cdot a_M > \frac{b_n}{b_{n-1}} \cdot \frac{b_{n-1}}{b_{n-2}} \cdot \cdots \cdot \frac{b_{M+1}}{b_M} \cdot a_M = \frac{a_M}{b_M} b_n,$$

因为 $\sum\limits_{n=1}^{\infty} b_n$ 发散,由比较判别法知 $\sum\limits_{n=1}^{\infty} a_n$ 发散.

【例3】(全国第七届初赛) 求级数 $\sum\limits_{n=0}^{\infty} \frac{n^3 + 2}{(n+1)!} (x-1)^n$ 的收敛域与和函数.

解 因 $\lim\limits_{n \to \infty} \frac{a_{n+1}}{a_n} = \lim\limits_{n \to \infty} \frac{(n+1)^3 + 2}{n^3 + 2} \cdot \frac{1}{n+2} = 0$,所以收敛半径 $R = +\infty$,即收敛域为 $(-\infty, +\infty)$. 由

$$\frac{n^3+2}{(n+1)!} = \frac{(n+1)n(n-1)}{(n+1)!} + \frac{n+1}{(n+1)!} + \frac{1}{(n+1)!}$$
$$= \frac{1}{(n-2)!} + \frac{1}{n!} + \frac{1}{(n+1)!} (n \geq 2),$$

得

$$s(x) = \sum_{n=0}^{\infty} \frac{n^3+2}{(n+1)!}(x-1)^n = \sum_{n=2}^{\infty} \frac{(x-1)^n}{(n-2)!} + \sum_{n=0}^{\infty} \frac{(x-1)^n}{n!} + \sum_{n=0}^{\infty} \frac{(x-1)^n}{(n+1)!}$$
$$= s_1(x) + s_2(x) + s_3(x),$$

$$s_1(x) = (x-1)^2 \sum_{n=2}^{\infty} \frac{(x-1)^{n-2}}{(n-2)!} = (x-1)^2 e^{x-1},$$

$$s_2(x) = e^{x-1},$$

$$(x-1)s_3(x) = \sum_{n=0}^{\infty} \frac{(x-1)^{n+1}}{(n+1)!} = e^{x-1} - 1,$$

所以 $x \neq 1$ 时,$s_3(x) = \dfrac{e^{x-1}-1}{x-1}$,而 $s_3(1) = 1$,所以

$$s(x) = \begin{cases} (x^2 - 2x + 2)e^{x-1} + \dfrac{1}{x-1}(e^{x-1}-1), & x \neq 1, \\ 2, & x = 1. \end{cases}$$

【例 4】(江苏省 2012 年竞赛) 求级数 $\displaystyle\sum_{n=1}^{\infty} \frac{n^2(n+1)+(-1)^n}{2^n n}$ 的和.

解 原式 $= \displaystyle\sum_{n=1}^{\infty} \frac{n(n+1)}{2^n} + \sum_{n=1}^{\infty} \frac{1}{n}\left(-\frac{1}{2}\right)^n$,现令

$$f(x) = \sum_{n=1}^{\infty} n(n+1)x^{n-1} = \left(\sum_{n=1}^{\infty} x^{n+1}\right)'' = \left(\frac{x^2}{1-x}\right)''$$
$$= \frac{2}{(1-x)^3}, |x| < 1,$$

则

$$\sum_{n=1}^{\infty} \frac{n(n+1)}{2^n} = \frac{1}{2} \sum_{n=1}^{\infty} \frac{n(n+1)}{2^{n-1}} = \frac{1}{2} f\left(\frac{1}{2}\right) = \frac{1}{2} \cdot \frac{2}{\left(1-\frac{1}{2}\right)^3} = 8,$$

而

$$\sum_{n=1}^{\infty} \frac{1}{n}\left(-\frac{1}{2}\right)^n = -\ln\left(1+\frac{1}{2}\right) = -\ln\frac{3}{2},$$

故原式 $= 8 - \ln\dfrac{3}{2}$.

【例 5】(全国第八届初赛) 设 $f(x)$ 在 $(-\infty, +\infty)$ 上可导,且
$$f(x) = f(x+2) = f(x+\sqrt{3}),$$
用傅里叶级数理论证明 $f(x)$ 为常数.

证 由已知条件,得 $f(x)$ 是以 $2, \sqrt{3}$ 为周期的函数,它的傅里叶函数为

$$a_n = \int_{-1}^{1} f(x)\cos n\pi x \mathrm{d}x, b_n = \int_{-1}^{1} f(x)\sin n\pi x \mathrm{d}x.$$

由于 $f(x) = f(x+\sqrt{3})$,所以

$$a_n = \int_{-1}^{1} f(x+\sqrt{3})\cos n\pi x \mathrm{d}x = \int_{-1+\sqrt{3}}^{1+\sqrt{3}} f(t)\cos(t-\sqrt{3})n\pi \mathrm{d}t$$

$$= \int_{-1+\sqrt{3}}^{1+\sqrt{3}} f(t)(\cos n\pi t \cos\sqrt{3}n\pi + \sin n\pi t \sin\sqrt{3}n\pi) dt$$

$$= \cos\sqrt{3}n\pi \cdot \int_{-1}^{1} f(t)\cos n\pi t dt + \sin\sqrt{3}n\pi \int_{-1}^{1} f(t)\sin n\pi t dt$$

$$= a_n \cos\sqrt{3}n\pi + b_n \sin\sqrt{3}n\pi,$$

同理,可得 $b_n = b_n \cos\sqrt{3}n\pi - a_n \sin\sqrt{3}n\pi$,联立,有

$$\begin{cases} a_n = a_n \cos\sqrt{3}n\pi + b_n \sin\sqrt{3}n\pi, \\ b_n = b_n \cos\sqrt{3}n\pi + a_n \sin\sqrt{3}n\pi, \end{cases}$$

解得 $a_n = b_n = 0 (n=1,2,\cdots)$,而 $f(x)$ 可导,其傅里叶级数收敛于 $f(x)$,所以有

$$f(x) = \frac{a_0}{2} + \sum_{n=1}^{\infty}(a_n \cos n\pi x + b_n \sin n\pi x) = \frac{a_0}{2},$$

其中 $a_0 = \int_{-1}^{1} f(x) dx$ 为常数.

同步练习

▶▶ 一、选择题

1. 设 $\{u_n\}$ 是数列,则下列命题正确的是 ( )

(A) 若 $\sum_{n=1}^{\infty} u_n$ 收敛,则 $\sum_{n=1}^{\infty}(u_{2n-1} - u_{2n})$ 收敛

(B) 若 $\sum_{n=1}^{\infty}(u_{2n-1} - u_{2n})$ 收敛,则 $\sum_{n=1}^{\infty} u_n$ 收敛

(C) 若 $\sum_{n=1}^{\infty} u_n$ 收敛,则 $\sum_{n=1}^{\infty}(u_{2n-1} + u_{2n})$ 收敛

(D) 若 $\sum_{n=1}^{\infty}(u_{2n-1} + u_{2n})$ 收敛,则 $\sum_{n=1}^{\infty} u_n$ 收敛

2. 设常数 $k > 0$,则级数 $\sum_{n=1}^{\infty}(-1)^n \frac{k+n}{n^2}$ ( )

(A) 发散   (B) 绝对收敛

(C) 条件收敛   (D) 收敛与否与 k 值有关

3. 设有两个数列 $\{a_n\}$,$\{b_n\}$,若 $\lim_{n \to \infty} a_n = 0$,则 ( )

(A) 当 $\sum_{n=1}^{\infty} b_n$ 收敛时,$\sum_{n=1}^{\infty} a_n b_n$ 收敛

(B) 当 $\sum_{n=1}^{\infty} b_n$ 发散时,$\sum_{n=1}^{\infty} a_n b_n$ 发散

(C) 当 $\sum_{n=1}^{\infty} |b_n|$ 收敛时,$\sum_{n=1}^{\infty} a_n^2 b_n^2$ 收敛

(D) 当 $\sum_{n=1}^{\infty}|b_n|$ 发散时，$\sum_{n=1}^{\infty}a_n^2 b_n^2$ 发散

4. 常数 $\lambda > 0$，且级数 $\sum_{n=1}^{\infty}a_n^2$ 收敛，则级数 $\sum_{n=1}^{\infty}(-1)^n\dfrac{|a_n|}{\sqrt{n^2+\lambda}}$ ( )

(A) 发散　　(B) 条件收敛　　(C) 绝对收敛　　(D) 收敛性与 λ 有关

5. 下列级数发散的是 ( )

(A) $\sum_{n=1}^{\infty}\dfrac{n}{3^n}$ 　　　　　　　(B) $\sum_{n=1}^{\infty}\dfrac{1}{\sqrt{n}}\ln\left(1+\dfrac{1}{n}\right)$

(C) $\sum_{n=2}^{\infty}\dfrac{(-1)^n+1}{\ln n}$ 　　　　(D) $\sum_{n=1}^{\infty}\dfrac{n!}{n^n}$

6. 级数 $\sum_{n=1}^{\infty}\left(\dfrac{1}{\sqrt{n}}-\dfrac{1}{\sqrt{n+1}}\right)\sin(n+k)$（$k$ 为常数）为 ( )

(A) 条件收敛　　　　　　　(B) 绝对收敛
(C) 发散　　　　　　　　　(D) 收敛性与 k 有关

7. 已知级数 $\sum_{n=1}^{\infty}(-1)^n\sqrt{n}\sin\dfrac{1}{n^a}$ 绝对收敛，级数 $\sum_{n=1}^{\infty}\dfrac{(-1)^n}{n^{2-a}}$ 条件收敛，则 ( )

(A) $0 < a \leqslant \dfrac{1}{2}$ 　　　　　(B) $\dfrac{1}{2} < a \leqslant 1$

(C) $1 < a \leqslant \dfrac{3}{2}$ 　　　　　(D) $\dfrac{3}{2} < a < 2$

8. 已知级数 $\sum_{n=1}^{\infty}a_n(x-3)^n$ 在 $x=4$ 处发散，则其在 $x=0$ 处 ( )

(A) 绝对收敛　　　　　　　(B) 条件收敛
(C) 发散　　　　　　　　　(D) 无法判断其敛散性

9. 若级数 $\sum_{n=1}^{\infty}a_n(x-1)^n$ 在 $x=-1$ 时收敛，则级数在 $x=2$ 时 ( )

(A) 条件收敛　　　　　　　(B) 绝对收敛
(C) 发散　　　　　　　　　(D) 敛散性不能确定

10. 若级数 $\sum_{n=1}^{\infty}(-1)^{n-1}\dfrac{(x-a)^n}{n}$ 在 $x>0$ 处发散，而在 $x=0$ 处收敛，则常数 a 的值为

( )

(A) 1　　　　(B) -1　　　　(C) 2　　　　(D) -2

11. 设函数 $f(x)=x^2(0\leqslant x<1)$，则 $s(x)=\sum_{n=1}^{\infty}b_n\sin n\pi x(-\infty<x<+\infty)$，其中 $b_n=2\int_0^1 f(x)\sin n\pi x\,\mathrm{d}x(n=1,2,\cdots)$，则 $s\left(-\dfrac{1}{2}\right)$ 的值为 ( )

(A) $-\dfrac{1}{2}$ 　　　(B) $-\dfrac{1}{4}$ 　　　(C) $\dfrac{1}{4}$ 　　　(D) $\dfrac{1}{2}$

12. 已知以 2 为周期的函数 $f(x)=x^2(-1\leqslant x\leqslant 1)$ 的傅里叶级数是 $\dfrac{1}{3}+4\sum_{n=1}^{\infty}\dfrac{(-1)^n}{n^2\pi^2}\cos n\pi x$，该级数的和函数是 $s(x)$，则 ( )

(A) $s(1) = 1, s(2) = 4$　　　　　　　　(B) $s(1) = \dfrac{1}{2}, s(2) = 4$

(C) $s(1) = \dfrac{1}{2}, s(2) = 0$　　　　　　　(D) $s(1) = 1, s(2) = 0$

▶▶ 二、填空题

1. 若级数 $\sum\limits_{n=1}^{\infty}\dfrac{\sqrt{n+1}}{n^{\alpha}}$ 收敛，则 α 应满足_____.

2. 设 $a_n > 0, p > 1$，且 $\lim\limits_{n\to\infty}[n^p(\mathrm{e}^{\frac{1}{n}}-1)a_n] = 1$，若级数 $\sum\limits_{n=1}^{\infty}a_n$ 收敛，则 p 的取值范围是_____.

3. 使级数 $\sum\limits_{n=1}^{\infty}\dfrac{nx^2}{n^4+x^{2n}}$ 收敛的参数 x 的取值范围为_____.

4. 设幂级数 $\sum\limits_{n=1}^{\infty}a_n x^n$ 的收敛半径为 2，则级数 $\sum\limits_{n=1}^{\infty}na_n(x+1)^n$ 的收敛区间为_____.

5. $\int_0^1 x\left(1 - \dfrac{x^2}{1!} + \dfrac{x^4}{2!} - \dfrac{x^6}{3!} + \cdots\right)\mathrm{d}x =$ _____.

6. 将 $f(x) = \dfrac{4x-10}{x^2+4x-5}$ 展开为 x 的幂级数为 $f(x) =$ _____.

7. $f(x) = \dfrac{1}{2x+1}$ 展开成 $(x-1)$ 的幂级数为_____.

8. 幂级数 $\sum\limits_{n=2}^{\infty}\left(\dfrac{1}{n}+\dfrac{1}{2^n}\right)x^n$ 的收敛域为_____.

9. 设 $f(x)$ 是周期为 2 的周期函数，它在区间 $(-1,1]$ 上的定义为 $f(x) = \begin{cases} 2, & -1 < x \leqslant 0, \\ x^3, & 0 < x \leqslant 1, \end{cases}$ 则 $f(x)$ 的傅里叶级数在 $x=1$ 处收敛于_____.

10. 周期为 2π 的函数 $f(x)$ 在 $[-\pi,\pi)$ 上定义为 $f(x) = \begin{cases} x^2, & -\pi \leqslant x < 0, \\ x-\pi, & 0 \leqslant x < \pi, \end{cases}$ 设 $f(x)$ 的傅里叶级数的和函数为 $s(x)$，则 $s(2\pi) =$ _____.

▶▶ 三、解答题

1. 判断下列正项级数的敛散性：

(1) $\sum\limits_{n=1}^{\infty}\dfrac{1}{n+1}\ln\left(1+\dfrac{1}{n}\right)$;　　　　(2) $\sum\limits_{n=1}^{\infty}\dfrac{\sin\dfrac{\pi}{n}}{n^{\frac{3}{2}}}$;

(3) $\sum\limits_{n=1}^{\infty}\dfrac{n! \cdot 5^n}{(2n-1)^n}$;　　　　(4) $\sum\limits_{n=1}^{\infty}\int_0^{\frac{1}{n}}\dfrac{\sqrt{x}}{1+x^2}\mathrm{d}x$.

2. 判别下列级数是否收敛，如果收敛，是绝对收敛还是条件收敛：

(1) $\sum_{n=1}^{\infty} \dfrac{n!2^n \sin\dfrac{n\pi}{5}}{n^n}$;

(2) $\sum_{n=1}^{\infty} (-1)^{n+1}(e^{\frac{1}{n}} - 1)$;

(3) $\sum_{n=1}^{\infty} \sin\left(n\pi + \dfrac{1}{\ln n}\right)$;

(4) $\sum_{n=1}^{\infty} (-1)^n \dfrac{1}{n - \ln n}$.

3. 已知 $\lim\limits_{n \to \infty} nu_n = 0$，且级数 $\sum_{n=1}^{\infty}(n+1)(u_{n+1} - u_n)$ 收敛，证明：级数 $\sum_{n=1}^{\infty} u_n$ 也收敛.

4. 设 a 为实数，研究级数 $1 - \dfrac{1}{2^a} + \dfrac{1}{3} - \dfrac{1}{4^a} + \dfrac{1}{5} - \dfrac{1}{6^a} + \cdots$ 的敛散性.

5. 设 a_n 为曲线 $y = x^n$ 与 $y = x^{n+1}$ ($n = 1, 2, \cdots$) 所围成区域的面积，记 $S_1 = \sum_{n=1}^{\infty} a_n$，$S_2 = \sum_{n=1}^{\infty} a_{2n-1}$，求 S_1 与 S_2 的值.

6. 设数列 $\{a_n\}, \{b_n\}$ 满足 $0 < a_n < \dfrac{\pi}{2}$，$0 < b_n < \dfrac{\pi}{2}$，$\cos a_n - a_n = \cos b_n$，且级数 $\sum_{n=1}^{\infty} b_n$ 收敛. 证明：(1) $\lim\limits_{n \to \infty} a_n = 0$；(2) 级数 $\sum_{n=1}^{\infty} \dfrac{a_n}{b_n}$ 收敛.

7. 求下列幂级数的收敛域：

(1) $\sum_{n=1}^{\infty} \dfrac{3 + 2(-1)^n}{3^n} x^n$;

(2) $\sum_{n=0}^{\infty} \dfrac{2^{n+1}}{\sqrt{n+1}} (x+1)^n$;

(3) $\sum_{n=1}^{\infty} (-1)^n \dfrac{x^{2n+1}}{3^n(2n+1)}$.

8. 求幂级数 $\sum_{n=1}^{\infty} n x^{n-1}$ 的和函数，并求 $\sum_{n=1}^{\infty} \dfrac{n}{2^n}$ 之和.

9. 求幂级数 $\sum_{n=0}^{\infty} \dfrac{x^{2n+2}}{(n+1)(2n+1)}$ 的收敛域与和函数.

10. 求幂级数 $\sum_{n=1}^{\infty} \dfrac{2n+1}{n!} x^{2n}$ 的收敛域与和函数.

11. 求级数 $\sum_{n=2}^{\infty} \dfrac{1}{(n^2 - 1)2^n}$ 的和.

12. 将下列函数展开成 x 的幂级数：

(1) $\ln(1 + x - 2x^2)$;

(2) $\arctan \dfrac{1+x}{1-x}$.

13. 将 $f(x) = \ln(3x - x^2)$ 展开为 $(x-1)$ 的幂级数.

14. 将 $f(x) = \dfrac{1}{x^2 - 3x + 2}$ 展开成 $(x-3)$ 的幂级数.

15. 将 $f(x) = \begin{cases} \dfrac{1+x^2}{x} \cdot \arctan x, & x \neq 0, \\ 1, & x = 0 \end{cases}$ 展开成 x 的幂级数，并求级数 $\sum_{n=1}^{\infty} \dfrac{(-1)^n}{1 - 4n^2}$ 的和.

16. 将 $f(x) = \begin{cases} \pi - 2x, & 0 \leqslant x \leqslant \dfrac{\pi}{2} \\ 0, & \dfrac{\pi}{2} < x \leqslant \pi \end{cases}$ 展开成以 2π 为周期的正弦级数.

17. 将函数 $f(x) = x - 1 (0 \leqslant x \leqslant 2)$ 展开成周期为 4 的余弦级数.

▶▶ 四、竞赛题

1.(江苏省 2010 年竞赛) 已知数列 $\{a_n\}: a_1 = 1, a_2 = 2, a_3 = 5, \cdots, a_{n+1} = 3a_n - a_{n-1}$,其中 $n = 2, 3, \cdots$,记 $x_n = \dfrac{1}{a_n}$,判别级数 $\sum\limits_{n=1}^{\infty} x_n$ 的敛散性.

2.(江苏省 2006 年竞赛) 对常数 p,讨论级数 $\sum\limits_{n=1}^{\infty} (-1)^{n+1} \dfrac{\sqrt{n+1} - \sqrt{n}}{n^p}$ 是否收敛;若收敛,是绝对收敛还是条件收敛.

3.(江苏省 1998 年竞赛) 设 $a_0 = 0, a_{n+1} = \sqrt{2 + a_n}, n = 0, 1, 2, \cdots$,讨论级数 $\sum\limits_{n=1}^{\infty} (-1)^{n-1} \sqrt{2 - a_n}$ 是否收敛;若收敛,是绝对收敛还是条件收敛.

4.(江苏省 2002 年竞赛) 设 k 为常数,试判别级数 $\sum\limits_{n=2}^{\infty} (-1)^n \dfrac{1}{n^k (\ln 2)^2}$ 的敛散性,何时绝对收敛、条件收敛、发散?

5.(江苏省 1994 年竞赛) 求幂级数 $\sum\limits_{n=1}^{\infty} \dfrac{2n-1}{3^n} x^{2n}$ 的和函数.

6.(江苏省 2002 年竞赛) 求 $\lim\limits_{n \to \infty} \left(\dfrac{1^2}{2} + \dfrac{2^2}{2^2} + \dfrac{3^2}{2^3} + \cdots + \dfrac{n^2}{2^n} \right)$ 的和.

7.(江苏省 2008 年竞赛) 求 $f(x) = \dfrac{x^2(x-3)}{(x-1)^3(1-3x)}$ 关于 x 的幂级数展开式,指出其收敛域.

参 考 答 案

同步练习

第一章 函数与极限

一、选择题

1. B. 2. A. 3. D. 4. D. 5. C. 6. C. 7. B. 8. B. 9. A. 10. D. 11. D.

二、填空题

1. $\ln(1-x^2)$. 2. $\dfrac{6}{5}$. 3. $\dfrac{3}{2}$. 4. $\dfrac{1}{2}$. 5. -4. 6. $\sqrt{2}$. 7. -2. 8. 2. 9. -1.

三、解答题

1. $x<0$ 时,$g(x)=x^2>0$,$f[g(x)]=g(x)+2=x^2+2$;$x\geqslant 0$ 时,$g(x)=-x\leqslant 0$,$f[g(x)]=2-g(x)=2+x$. 故 $f[g(x)]=\begin{cases} x^2+2, & x<0, \\ x+2, & x\geqslant 0. \end{cases}$

2. $f\left(\sin\dfrac{x}{2}\right)=2\cos^2\dfrac{x}{2}=2-2\sin^2\dfrac{x}{2}$,故 $f(t)=2-2t^2$,$f\left(\cos\dfrac{x}{2}\right)=2-2\cos^2\dfrac{x}{2}=1-\cos x$.

3. (1) 原式 $=\lim\limits_{x\to 2}\dfrac{(x-2)(x+1)(\sqrt{4x+1}+3)}{4x-8}=\lim\limits_{x\to 2}\dfrac{(x+1)(\sqrt{4x+1}+3)}{4}=\dfrac{9}{2}$;

(2) 原式 $=\lim\limits_{x\to -\infty}\dfrac{100x}{\sqrt{x^2+100x}-x}=\lim\limits_{x\to -\infty}\dfrac{100}{-\sqrt{1+\dfrac{100}{x}}-1}=-50$;

(3) 原式 $=\lim\limits_{x\to 0}\dfrac{x\sin x+1-\cos x}{x\tan x(\sqrt{1+x\sin x}+\sqrt{\cos x})}=\dfrac{1}{2}\lim\limits_{x\to 0}\left(\dfrac{x\sin x}{x\tan x}+\dfrac{1-\cos x}{x\tan x}\right)=\dfrac{1}{2}\left(1+\dfrac{1}{2}\right)=\dfrac{3}{4}$;

(4) 原式 $=e^{\lim\limits_{x\to 0^-}\frac{\cos\sqrt{x}-1}{x}}=e^{\lim\limits_{x\to 0^-}\frac{1}{x}\cdot\left(-\frac{x}{2}\right)}=e^{-\frac{1}{2}}$;

(5) 原式 $=\lim\limits_{x\to 0}\dfrac{(1-\tan x)^{\frac{1}{\tan x}}}{(1+\tan x)^{\frac{1}{\tan x}}}=\dfrac{e^{-1}}{e}=e^{-2}$;

(6) 原式 $=\lim\limits_{x\to +\infty}(-2)\sin\dfrac{\sqrt{x+1}+\sqrt{x}}{2}\sin\dfrac{\sqrt{x+1}-\sqrt{x}}{2}$

$=-2\lim\limits_{x\to +\infty}\sin\dfrac{\sqrt{x+1}+\sqrt{x}}{2}\sin\dfrac{1}{2(\sqrt{x+1}+\sqrt{x})}=0$.

4. $\lim\limits_{x\to \infty}\left(\dfrac{x+a}{x-a}\right)^x=\lim\limits_{x\to \infty}\dfrac{\left(1+\dfrac{a}{x}\right)^x}{\left(1-\dfrac{a}{x}\right)^x}=\dfrac{e^a}{e^{-a}}=e^{2a}=3$,故 $a=\dfrac{1}{2}\ln 3$.

5. $\lim\limits_{n\to +\infty}\left(\dfrac{\sqrt[n]{a}+\sqrt[n]{b}}{2}\right)^n=e^{\lim\limits_{n\to +\infty}n\left(\frac{a^{\frac{1}{n}}+b^{\frac{1}{n}}}{2}-1\right)}$,因为 $\lim\limits_{n\to +\infty}n\left(\dfrac{a^{\frac{1}{n}}+b^{\frac{1}{n}}}{2}-1\right)=\lim\limits_{n\to +\infty}\dfrac{\left(a^{\frac{1}{n}}-1\right)+\left(b^{\frac{1}{n}}-1\right)}{\dfrac{2}{n}}$

$=\lim\limits_{n\to +\infty}\left(\dfrac{a^{\frac{1}{n}}-1}{\dfrac{2}{n}}+\dfrac{b^{\frac{1}{n}}-1}{\dfrac{2}{n}}\right)=\lim\limits_{n\to +\infty}\dfrac{\dfrac{1}{n}\ln a}{\dfrac{2}{n}}+\lim\limits_{n\to +\infty}\dfrac{\dfrac{1}{n}\ln b}{\dfrac{2}{n}}=\dfrac{\ln a+\ln b}{2}=\ln\sqrt{ab}$,故原极限 $=e^{\ln\sqrt{ab}}=\sqrt{ab}$.

6. $\lim\limits_{x\to+\infty}\dfrac{ax+2|x|}{bx-|x|}\arctan x=\dfrac{a+2}{b-1}\cdot\dfrac{\pi}{2}=-\dfrac{\pi}{2}$，得 $a+2=1-b$；又 $\lim\limits_{x\to-\infty}\dfrac{ax+2|x|}{bx-|x|}\arctan x=\dfrac{a-2}{b+1}\left(-\dfrac{\pi}{2}\right)=-\dfrac{\pi}{2}$，得 $a-2=b+1$，解得 $a=1,b=-2$.

7. 由 $\lim\limits_{x\to1}(x^2+ax+b)=1+a+b=0$ 得 $b=-(a+1)$. 又 $\lim\limits_{x\to1}\dfrac{x^2+ax+b}{x-1}=\lim\limits_{x\to1}\dfrac{x^2+ax-(a+1)}{x-1}=\lim\limits_{x\to1}\dfrac{(x-1)(x+1+a)}{x-1}=\lim\limits_{x\to1}(x+1+a)=a+2=5$，解得 $a=3,b=-4$.

8. 令 $x_n=\dfrac{1^2}{n^3+1^2}+\dfrac{2^2}{n^3+2^2}+\cdots+\dfrac{n^2}{n^3+n^2}$，则 $\dfrac{1^2+2^2+\cdots+n^2}{n^3+n^2}\leqslant x_n\leqslant\dfrac{1^2+2^2+\cdots+n^2}{n^3+1}$，又 $\lim\limits_{n\to\infty}\dfrac{1^2+2^2+\cdots+n^2}{n^3+1}=\lim\limits_{n\to\infty}\dfrac{\frac{1}{6}n(n+1)(2n+1)}{n^3+1}=\dfrac{1}{3}$，$\lim\limits_{n\to\infty}\dfrac{1^2+2^2+\cdots+n^2}{n^3+n^2}=\lim\limits_{n\to\infty}\dfrac{\frac{1}{6}n(n+1)(2n+1)}{n^3+n^2}=\dfrac{1}{3}$，由夹逼准则得 $\lim\limits_{n\to\infty}x_n=\dfrac{1}{3}$.

9. 当 $n=1$ 时，$0<x_1<2$，设 $n=k$ 时，$0<x_k<2$ 成立，则有 $0<x_{k+1}=\sqrt[3]{6+x_k}<\sqrt[3]{6+2}=2$，由归纳法知数列 $\{x_n\}$ 有界. 又 $\dfrac{x_{n+1}}{x_n}=\dfrac{\sqrt[3]{6+x_n}}{x_n}=\sqrt[3]{\dfrac{6}{x_n^3}+\dfrac{1}{x_n^2}}>\sqrt[3]{\dfrac{6}{8}+\dfrac{1}{4}}=1$，所以数列 $\{x_n\}$ 单调增加，所以 $\lim\limits_{n\to\infty}x_n$ 存在. 设 $\lim\limits_{n\to\infty}x_n=a>0$，则得 $a=\sqrt[3]{6+a}$，求得 $a=2$，即 $\lim\limits_{n\to\infty}x_n=2$.

10. $\lim\limits_{x\to0^-}f(x)=\lim\limits_{x\to0^-}\dfrac{\sqrt{2-2\cos x}}{x}=-\lim\limits_{x\to0^-}\dfrac{2\sin\frac{x}{2}}{x}=-1$，$\lim\limits_{x\to0^+}f(x)=\lim\limits_{x\to0^+}ae^x=a=f(0)$. 由 $\lim\limits_{x\to0^-}f(x)=\lim\limits_{x\to0^+}f(x)=f(0)$，得 $a=-1$.

11. $f(x)=\begin{cases}1, & |x|<1, \\ 0, & |x|>1, \\ \dfrac{3}{4}, & x=1, \\ -\dfrac{3}{2}, & x=-1,\end{cases}$ 故 $f(x)$ 在点 $x=\pm1$ 处不连续，在其他点连续.

12. $f(x)=\dfrac{x(1-x)}{|x|(x-1)(x+1)}$，连续区间为 $(-\infty,-1),(-1,0),(0,1),(1,+\infty)$.
由 $\lim\limits_{x\to0^-}f(x)=1,\lim\limits_{x\to0^+}f(x)=-1$，得 $x=0$ 为 $f(x)$ 的跳跃间断点；由 $\lim\limits_{x\to1}f(x)=-\dfrac{1}{2}$，得 $x=1$ 为 $f(x)$ 的可去间断点；由 $\lim\limits_{x\to-1}f(x)=\infty$，得 $x=-1$ 为 $f(x)$ 的无穷间断点.

13. $\lim\limits_{x\to0}f(x)=\infty$，得 $x=0$ 为 $f(x)$ 的第二类间断点；$\lim\limits_{x\to1^-}f(x)=0,\lim\limits_{x\to1^+}f(x)=1$，得 $x=1$ 为 $f(x)$ 的跳跃间断点.

14. 设 $F(x)=f(x)-x$，则 $F(x)$ 在 $[a,b]$ 上连续，又 $F(a)=f(a)-a<0,F(b)=f(b)-b>0$，由零点定理，存在 $\xi\in(a,b)$，使 $F(\xi)=0$，即 $f(\xi)=\xi$.

15. 设 $F(x)=f(x)-f(x+a)$，则 $f(x)$ 在 $[0,1-a]$ 上连续，且 $F(0)=-f(a)\leqslant0,F(1-a)=f(1-a)\geqslant0$. 若 $f(a)=0$，则 $F(0)=0,\xi=0$；若 $f(1-a)=0$，则 $F(1-a)=0,\xi=1-a\in(0,1)$；若 $f(a)$ 及 $f(1-a)$ 均不为 0，则由零点定理，存在 $\xi\in(0,1-a)\subset(0,1)$，使 $F(\xi)=0$，即 $f(\xi)=f(\xi+a)$.

四、竞赛题

1. $f(x)=\begin{cases}\dfrac{x^2}{2}, & |x|>2, \\ 2, & x=2, \\ x, & 1\leqslant x<2, \\ 1, & -1\leqslant x<1.\end{cases}$

2. 令 $x_n = \dfrac{1}{n}|1-2+3+\cdots+(-1)^{n+1}n|$，则 $x_{2n} = \dfrac{1}{2n}|[1+3+\cdots+(2n-1)]-(2+4+\cdots+2n)| = \dfrac{1}{2n}|n^2-(n^2+n)| = \dfrac{1}{2}$，$x_{2n+1} = \dfrac{1}{2n+1}|[1+3+\cdots+(2n+1)]-(2+4+\cdots+2n)| = \dfrac{1}{2n+1}|(n^2+2n+1)-(n^2+n)| = \dfrac{n+1}{2n+1}$，由于 $\lim\limits_{n\to\infty} x_{2n} = \lim\limits_{n\to\infty} x_{2n+1} = \dfrac{1}{2}$，故 $\lim\limits_{n\to\infty} x_n = \dfrac{1}{2}$.

3. 令 $f(x) = A(x-2a)(x-3a)(x-4a)$，则 $\lim\limits_{x\to 2a}\dfrac{f(x)}{x-2a} = \lim\limits_{x\to 4a}\dfrac{f(x)}{x-4a} = 2Aa^2 = 1$，故 $A = \dfrac{1}{2a^2}$. 由此可得 $\lim\limits_{x\to 3a}\dfrac{f(x)}{x-3a} = \lim\limits_{x\to 3a} A(x-2a)(x-4a) = -Aa^2 = -\dfrac{1}{2}$.

4. 原式 $= e^{\lim\limits_{n\to\infty}\frac{\ln(n!)}{n^2}}$，由施笃兹定理，$\lim\limits_{n\to\infty}\dfrac{\ln(n!)}{n^2} = \lim\limits_{n\to\infty}\dfrac{\sum\limits_{k=1}^{n}\ln k}{n^2} = \lim\limits_{n\to\infty}\dfrac{\ln n}{n^2-(n-1)^2} = 0$，所以，$\lim\limits_{n\to\infty}(n!)^{\frac{1}{n^2}} = e^0 = 1$.

5. 原式 $= e^{\lim\limits_{n\to\infty}\sqrt{2+n}(\sqrt{1+n}-\sqrt{n})} = e^{\lim\limits_{n\to\infty}\frac{\sqrt{2+n}}{\sqrt{1+n}+\sqrt{n}}} = e^{\frac{1}{2}}$.

6. 因为 $\sin\pi\sqrt{1+4n^2} = \sin(\pi\sqrt{1+4n^2}-2n\pi) = \sin\dfrac{\pi}{\sqrt{1+4n^2}+2n}$，故原式 $= e^{\lim\limits_{n\to\infty} n\cdot\sin\frac{\pi}{\sqrt{1+4n^2}+2n}} = e^{\lim\limits_{n\to\infty} n\cdot\frac{\pi}{\sqrt{1+4n^2}+2n}} = e^{\frac{1}{4}}$.

7. 由 $x_1 \in (0,1)$，得 $0 < x_2 = x_1(1-x_1) \leqslant \left(\dfrac{x_1+1-x_1}{2}\right)^2 = \dfrac{1}{4}$，同理，可证 $x_n \in \left(0,\dfrac{1}{4}\right)$，所以 $\{x_n\}$ 有界. 又 $\dfrac{x_{n+1}}{x_n} = 1-x_n < 1$，故 $\{x_n\}$ 单调减少. 由单调有界收敛准则得 $\lim\limits_{n\to\infty} x_n = A$ 存在，对条件式两边取极限，得 $A = A(1-A)$，解得 $A = 0$，即 $\lim\limits_{n\to\infty} x_n = 0$. 由 $\{nx_n\} = \left\{\dfrac{n}{\frac{1}{x_n}}\right\}$，其中 $\dfrac{1}{x_n}$ 单调增加趋于 $+\infty$，由施笃兹定理得 $\lim\limits_{n\to\infty} nx_n = \lim\limits_{n\to\infty}\dfrac{n-(n-1)}{\frac{1}{x_n}-\frac{1}{x_{n-1}}} = \lim\limits_{n\to\infty}\dfrac{x_n x_{n-1}}{x_{n-1}-x_n} = \lim\limits_{n\to\infty}\dfrac{x_{n-1}^2(1-x_{n-1})}{x_{n-1}-x_{n-1}(1-x_{n-1})} = \lim(1-x_{n-1}) = 1$.

8. (1) $f_n(x) = 1-(1-\cos x)^n \in \left[0,\dfrac{\pi}{2}\right]$，且 $f_n(0) = 1$，$f_n\left(\dfrac{\pi}{2}\right) = 0$，又 $f_n(x)$ 在 $\left(0,\dfrac{\pi}{2}\right)$ 内单调减少，由介值定理，对于 $\dfrac{1}{2} \in (0,1)$，存在唯一 $x_n \in \left(0,\dfrac{\pi}{2}\right)$，使得 $f_n(x_n) = \dfrac{1}{2}$.

(2) 由 $\lim\limits_{n\to\infty} f_n\left(\arccos\dfrac{1}{n}\right) = \lim\limits_{n\to\infty}\left[1-\left(1-\dfrac{1}{n}\right)^n\right] = 1-e^{-1} > \dfrac{1}{2}$ 及 $f_n(x)$ 单调减少得 $\arccos\dfrac{1}{n} < x_n < \dfrac{\pi}{2}$，由夹逼准则得 $\lim\limits_{n\to\infty} x_n = \dfrac{\pi}{2}$.

第二章 导数与微分

一、选择题

1. B. **2.** A. **3.** A. **4.** A. **5.** D. **6.** A. **7.** C. **8.** C. **9.** D.

二、填空题

1. $2k$. **2.** $-2x\tan x^2$. **3.** $1+(\sin x)^x[\ln(\sin x)+x\cot x]$. **4.** $\left(\dfrac{\arcsin\sqrt{x}}{2\sqrt{x}}+\dfrac{1}{2\sqrt{1-x}}\right)dx$.

5. 5. **6.** $y=x$. **7.** $\dfrac{\cos\sqrt{\cos x}}{2\sqrt{\cos x}}$. **8.** $-2^n(n-1)!$. **9.** $e^{3x}(3x+1)$. **10.** $y=-\dfrac{2}{\pi}x+\dfrac{\pi}{2}$.

三、解答题

1. (1) $\dfrac{d}{dx} = e^{-3x}\left[2\sin\left(\dfrac{\pi}{3}-2x\right)-3\cos\left(\dfrac{\pi}{3}-2x\right)\right]$；

(2) $y = \dfrac{1}{2}\ln(1-\sqrt{1-x^2}) - \dfrac{1}{2}\ln(1+\sqrt{1-x^2})$,

$y' = \dfrac{1}{2}\dfrac{1}{\sqrt{1-x^2}}\left(\dfrac{1}{1-\sqrt{1-x^2}} + \dfrac{1}{1+\sqrt{1-x^2}}\right) = \dfrac{1}{x\sqrt{1-x^2}}$;

(3) $y' = \dfrac{1}{2}\dfrac{\left(\dfrac{2x}{1-x^2}\right)'}{1+\left(\dfrac{2x}{1-x^2}\right)^2} = \dfrac{1+x^2}{(1-x^2)^2+4x^2} = \dfrac{1}{1+x^2}$;

(4) $y' = (1+x^2)^{\sin x}\left[\cos x \cdot \ln(1+x^2) + \dfrac{2x\sin x}{1+x^2}\right]$.

2. $\lim\limits_{x\to 0^+} f(x) = \lim\limits_{x\to 0^+}\dfrac{\sqrt{1+x}-1}{\sqrt{x}} = \lim\limits_{x\to 0^+}\dfrac{\frac{1}{2}x}{\sqrt{x}} = 0$, 又 $\lim\limits_{x\to 0^-} f(x) = 0$, 所以 $\lim\limits_{x\to 0^-} f(x) = \lim\limits_{x\to 0^+} f(x) = f(0)$, 即 $f(x)$ 在 $x=0$ 处连续, 而 $f'_+(0) = \lim\limits_{\Delta x\to 0^+}\dfrac{f(\Delta x)}{\Delta x} = \lim\limits_{\Delta x\to 0^+}\dfrac{\sqrt{1+\Delta x}-1}{\Delta x\sqrt{\Delta x}} = +\infty$, 故 $f(x)$ 在 $x=0$ 处不可导.

3. 当 $|x|<1$ 时, $f'(x) = (x^2 e^{-x^2})' = 2xe^{-x^2}(1-x^2)$; 当 $|x|>1$ 时, $f'(x) = \left(\dfrac{1}{e}\right)' = 0$.

$f'_+(-1) = \lim\limits_{x\to -1^+}\dfrac{x^2 e^{-x^2} - e^{-1}}{x+1} = \lim\limits_{x\to -1^+}\left(\dfrac{x^2 e^{-x^2} - e^{-x^2}}{x+1} + \dfrac{e^{-x^2} - e^{-1}}{x+1}\right) = \lim\limits_{x\to -1^+}\left[(x-1)e^{-x^2} + e^{-1}\cdot\dfrac{e^{-x^2+1}-1}{x+1}\right] = 0$,

$f'_-(-1) = \lim\limits_{x\to -1^-}\dfrac{e^{-1}-e^{-1}}{x+1} = 0$, 所以 $f'(-1)=0$. 同理, $f'(1)=0$, 即 $f'(x) = \begin{cases} 2xe^{-x^2}(1-x^2), & |x|<1, \\ 0, & |x|\geqslant 1. \end{cases}$

4. $\dfrac{dy}{dx} = f'\left(\dfrac{2x-1}{2x+1}\right)\dfrac{2(2x+1)-2(2x-1)}{(2x+1)^2}$, $\dfrac{dy}{dx}\bigg|_{x=0} = f'(-1)\cdot 4 = 4\arctan(-1)^2 = 4\cdot\dfrac{\pi}{4} = \pi$.

5. $[e^{xy}+\sec^2(xy)](y+xy') = y$, $x=0$ 时, $y=1$, 代入上式, 得 $y'(0)=2$.

6. $3y^2 y' - 2xy - x^2 y' = 0 \Rightarrow y' = \dfrac{2xy}{3y^2-x^2}$, $3y^2\cdot y'' + 6y\cdot(y')^2 - 2y - 4xy' - x^2 y'' = 0$, 所以

$y'' = \dfrac{18y^5 - 12x^2 y^3 - 6x^4 y}{(3y^2-x^2)^3} = \dfrac{6(y^3-x^2 y)(3y^2+x^2)}{(3y^2-x^2)^3} = \dfrac{12(3y^2+x^2)}{(3y^2-x^2)^3}$.

7. $\dfrac{dy}{dx} = \dfrac{a\sin t}{a(1-\cos t)} = \cot\dfrac{t}{2}$, $\dfrac{d^2 y}{dx^2} = \dfrac{\left(\cot\dfrac{t}{2}\right)'}{[a(t-\sin t)]'} = -\dfrac{1}{a(1-\cos t)^2}$.

8. $\dfrac{dy}{dx} = \dfrac{3(2t^2+1)}{\dfrac{1}{t}+2t} = 3t$, 当 $x=1$ 时 $t=1$, $\dfrac{dy}{dx}\bigg|_{x=1} = 3$, $\dfrac{d^2 y}{dx^2} = \dfrac{(3t)'}{(\ln t + t^2)'} = \dfrac{3t}{1+2t^2}$, $\dfrac{d^2 y}{dx^2}\bigg|_{x=1} = 1$.

9. 当 $x=3$ 时, $t=0$, $\dfrac{dy}{dx} = \dfrac{-3+\dfrac{2t}{1+t^2}}{2+\dfrac{1}{1+t^2}} = \dfrac{2t-3(1+t^2)}{2t^2+3}$, $\dfrac{dy}{dx}\bigg|_{x=3} = -1$, 所以切线方程为 $y-2 = -(x-3)$.

10. 所求切线斜率 $k = -\dfrac{1}{k_1} = -\dfrac{1}{\dfrac{1}{3}} = -3$. 设切点为 (a, a^3+3a^2-5), $y'(a) = 3a^2+6a$, 即有 $3a^2+6a = -3$, 解得 $a=-1$, 所求切线方程为 $y+3 = -3(x+1)$.

11. $y' = -2x\cdot\cos(4-x^2)-1$, $y'(2) = -5$, $y(2) = -2$, 法线方程为 $y+2 = \dfrac{1}{5}(x-2)$.

12. $y^{(n)} = x^2\cdot(e^{ax})^{(n)} + C_n^1(x^2)'(e^{ax})^{(n-1)} + C_n^2(x^2)''(e^{ax})^{(n-2)} = e^{ax}[a^n x^2 + 2na^{n-1}x + n(n-1)a^{n-2}]$.

13. (1) $y' = \dfrac{\ln x}{(1-x)^2}$, $dy = \dfrac{\ln x}{(1-x)^2}dx$;

(2) $y' = 5^{\ln\tan\frac{1}{x}}\ln 5\cdot\dfrac{1}{\tan\dfrac{1}{x}}\cdot\sec^2\dfrac{1}{x}\cdot\left(-\dfrac{1}{x^2}\right) = -\dfrac{2\ln 5}{x^2\sin\dfrac{2}{x}}5^{\ln\tan\frac{1}{x}}$, $dy = -\dfrac{2\ln 5}{x^2\sin\dfrac{2}{x}}5^{\ln\tan\frac{1}{x}}dx$;

(3) $dy = -2e^{-2x}\sec^2(e^{-2x}+1)dx$;

(4) $dy = [f'(1-2x)(-2)\sin f(x) + f(1-2x)\cos f(x) \cdot f'(x)]dx$.

14. 以漏斗底为原点、高为 y 轴建立直角坐标系，y 处的水平截面圆的半径为 r，则 $\dfrac{r}{4} = \dfrac{y}{8}$，即 $r = \dfrac{y}{2}$. 因为 $V = \dfrac{1}{3}\pi r^2 \cdot y = \dfrac{\pi}{12}y^3$，所以 $\dfrac{dV}{dt} = \dfrac{\pi}{4}y^2 \cdot \dfrac{dy}{dt}, \dfrac{dy}{dt}\Big|_{y=5} = \dfrac{4}{\pi y^2}\dfrac{dV}{dt}\Big|_{y=5} = \dfrac{16}{25\pi}$ (m³/min).

四、竞赛题

1. 因 $\lim\limits_{x\to 0^-}f(x) = c, \lim\limits_{x\to 0^+}f(x) = 0, f(x)$ 在 $x=0$ 处连续，得 $c=0$. 由导数定义可得 $f'_-(0) = b, f'_+(0) = 1$，则 $b=1$，且 $f'(x) = \begin{cases} 2ax + \cos x, & x<0, \\ 1, & x=0, \\ \dfrac{1}{1+x}, & x>0, \end{cases}$ 显然 $f'(x)$ 在 $x=0$ 处连续. 又 $f''_-(0) = \lim\limits_{x\to 0^-}\dfrac{f'(x)-f'(0)}{x} = \lim\limits_{x\to 0^-}\dfrac{2ax + \cos x - 1}{x} = 2a, f''_+(0) = \lim\limits_{x\to 0^+}\dfrac{f'(x)-f'(0)}{x} = \lim\limits_{x\to 0^+}\dfrac{\frac{1}{1+x}-1}{x} = \lim\limits_{x\to 0^+}\dfrac{-1}{1+x} = -1$，则当 $a \neq -\dfrac{1}{2}$ 时，$f(x)$ 在 $x=0$ 处二阶导数不存在. 综上，$a \neq -\dfrac{1}{2}, b=1, c=0$.

2. 满足条件的函数存在. 例如，$f(x) = \begin{cases} x^2, & x \text{ 为有理数}, \\ 0, & x \text{ 为无理数}, \end{cases}$ 因为 $0 \leqslant \left|\dfrac{f(x)-f(0)}{x}\right| \leqslant \left|\dfrac{x^2}{x}\right| = |x|$，由夹逼准则得 $f'(0) = \lim\limits_{x\to 0}\dfrac{f(x)-f(0)}{x} = 0$. 对于任意 $a \neq 0$，若 a 为无理数，当 x_n 取有理数趋于 a 时，$\lim\limits_{x_n \to a}\dfrac{f(x_n)-f(a)}{x_n-a} = \lim\limits_{x_n \to a}\dfrac{x_n^2}{x_n-a} = \infty$；若 a 为有理数，当 x_n 取无理数趋于 a 时，$\lim\limits_{x_n \to a}\dfrac{f(x_n)-f(a)}{x_n-a} = \lim\limits_{x_n \to a}\dfrac{-a^2}{x_n-a} = \infty$. 所以 $f(x)$ 在 $x=a$ 处不可导.

3. $\dfrac{dy}{dx} = \dfrac{1}{(t+1)(e^t-2)}, \dfrac{d^2y}{dx^2} = \dfrac{2-2e^t-te^t}{(1+t)^3 e^t (e^t-2)^2}$.

4. $f(x) = (x-2)^n (x-1)^n \cos \dfrac{\pi x^2}{16}$，令 $u(x) = (x-2)^n, v(x) = (x-1)^n \cos \dfrac{\pi x^2}{16}$，则 $u(2) = u'(2) = \cdots = u^{n-1}(2) = 0, u^{(n)}(a) = n!$，应用莱布尼茨公式，得 $f^{(n)}(2) = v(2) \cdot u^{(n)}(2) = n! \cos \dfrac{4\pi}{16} = \dfrac{\sqrt{2}}{2}n!$.

5. $y = \ln(1+x) + \ln(1-x), y^{(n)} = \left(\dfrac{1}{x+1}\right)^{(n-1)} + \left(\dfrac{1}{x-1}\right)^{(n-1)} = (-1)^{n-1}(n-1)!\left[\dfrac{1}{(x+1)^n} + \dfrac{1}{(x-1)^n}\right]$.

6. $f'(x) = -\dfrac{1}{1+x^2}$，即 $(1+x^2)f'(x) = -1$，两边对 x 求 $(n-1)$ 阶导数，应用莱布尼茨公式，得 $(1+x^2)f^{(n)}(x) + C_{n-1}^1 \cdot 2x f^{(n-1)}(x) + C_{n-1}^2 \cdot 2 \cdot f^{(n-2)}(x) = 0$，而 $f''(x) = \dfrac{2x}{(1+x^2)^2}$，故 $f'(0) = -1, f''(0) = 0, f^{(n)}(0) = \begin{cases} (-1)^{\frac{n+1}{2}}(n-1)!, & n \text{ 为奇数}, \\ 0, & n \text{ 为偶数}. \end{cases}$

第三章　微分中值定理与导数的应用

一、选择题

1. A.　2. B.　3. C.　4. C.　5. B.　6. C.　7. B.　8. B.　9. D.　10. C.

二、填空题

1. $\sqrt{e}$.　2. $\dfrac{(\ln 2)^n}{n!}$.　3. $(-\infty, +\infty)$.　4. $(0, +\infty)$.　5. $x=1, y=2$.　6. $y = x + \dfrac{\pi}{2}$.　7. $(-1, 0)$.　8.

$(-\infty,1)$. **9.** 1. **10.** $\dfrac{1}{3}$.

三、解答题

1. (1) $\lim\limits_{x\to 0}\dfrac{x-\tan x}{x^2\sin x}=\lim\limits_{x\to 0}\dfrac{x-\tan x}{x^3}=\lim\limits_{x\to 0}\dfrac{1-\sec^2 x}{3x^2}=\lim\limits_{x\to 0}\dfrac{-\tan^2 x}{3x^2}=-\dfrac{1}{3}$.

(2) $\lim\limits_{x\to 0}\dfrac{(e^x-1-x)^2}{x\sin^3 x}=\lim\limits_{x\to 0}\dfrac{(e^x-1-x)^2}{x^4}=\left(\lim\limits_{x\to 0}\dfrac{e^x-1-x}{x^2}\right)^2=\left(\lim\limits_{x\to 0}\dfrac{e^x-1}{2x}\right)^2=\dfrac{1}{4}$.

(3) $\lim\limits_{x\to\frac{\pi}{2}}\left(x-\dfrac{\pi}{2}\right)\cot 2x=\lim\limits_{x\to\frac{\pi}{2}}\dfrac{x-\dfrac{\pi}{2}}{\tan 2x}=\lim\limits_{x\to\frac{\pi}{2}}\dfrac{1}{2\sec^2 2x}=\dfrac{1}{2}$.

(4) $\lim\limits_{x\to 0}\dfrac{(1-\cos x)[x-\ln(1+\tan x)]}{\sin^4 x}=\lim\limits_{x\to 0}\dfrac{\dfrac{x^2}{2}[x-\ln(1+\tan x)]}{x^4}=\lim\limits_{x\to 0}\dfrac{1-\dfrac{\sec^2 x}{1+\tan x}}{4x}$

$=\lim\limits_{x\to 0}\dfrac{1+\tan x-\sec^2 x}{4x(1+\tan x)}=\lim\limits_{x\to 0}\dfrac{\tan x-\tan^2 x}{4x}=\lim\limits_{x\to 0}\dfrac{\tan x(1-\tan x)}{4x}=\dfrac{1}{4}$.

(5) $\lim\limits_{x\to 0}\left(\dfrac{\arctan x}{x}\right)^{\frac{1}{x^2}}=e^{\lim\limits_{x\to 0}\frac{1}{x^2}\left(\frac{\arctan x}{x}-1\right)}=\lim\limits_{x\to 0}e^{\ln\left(\frac{\arctan x}{x}\right)^{\frac{1}{x^2}}}=\lim\limits_{x\to 0}e^{\frac{1}{x^2}\ln\left(\frac{\arctan x}{x}\right)}=\lim\limits_{x\to 0}e^{\frac{1}{x^2}\ln\left(1+\frac{\arctan x}{x}-1\right)}$.

因为 $\lim\limits_{x\to 0}\dfrac{1}{x^2}\left(\dfrac{\arctan x}{x}-1\right)=\lim\limits_{x\to 0}\dfrac{\arctan x-x}{x^3}=\lim\limits_{x\to 0}\dfrac{\dfrac{1}{1+x^2}-1}{3x^2}=\lim\limits_{x\to 0}\dfrac{-x^2}{3x^2(1+x^2)}=-\dfrac{1}{3}$,

所以原极限 $=e^{-\frac{1}{3}}$.

(6) $\lim\limits_{x\to 0^+}(\cot x)^{\sin x}=e^{\lim\limits_{x\to 0^+}\sin x\cdot\ln\cot x}=e^{\lim\limits_{x\to 0^+}\frac{\ln\cot x}{\csc x}}=e^{\lim\limits_{x\to 0^+}\frac{\sin x}{\cos x}}=e^0=1$.

2. $1=\lim\limits_{x\to 0}\dfrac{e^{x^2}-e^{2-2\cos x}}{ax^n}=\lim\limits_{x\to 0}\dfrac{e^{2-2\cos x}(e^{x^2+2\cos x-2}-1)}{ax^n}=\lim\limits_{x\to 0}\dfrac{x^2+2\cos x-2}{ax^n}=\lim\limits_{x\to 0}\dfrac{2x-2\sin x}{anx^{n-1}}=\lim\limits_{x\to 0}\dfrac{2-2\cos x}{an(n-1)x^{n-2}}$

$=\lim\limits_{x\to 0}\dfrac{x^2}{an(n-1)x^{n-2}}$, 由此得 $n=4, a=\dfrac{1}{12}$.

3. 令 $F(x)=\dfrac{f(x)}{g(x)}$, 则 $F'(x)=\dfrac{g(x)f'(x)-f(x)g'(x)}{g^2(x)}$. $F(x)$ 在 $[a,b]$ 上应用罗尔定理, 可得存在 $\xi\in(a,b)$, 使得 $F'(\xi)=0$, 即 $f'(\xi)g(\xi)=f(\xi)g'(\xi)$.

4. 设 $\lim\limits_{x\to+\infty}f(x)=a$, $\lim\limits_{x\to+\infty}f'(x)=b$, 由拉格朗日中值定理, 存在 $\xi\in(x,2x)$, 使 $f(2x)-f(x)=f'(\xi)x$, $f'(\xi)=\dfrac{f(2x)-f(x)}{x}$, $\lim\limits_{x\to+\infty}f'(\xi)=\lim\limits_{x\to+\infty}\dfrac{f(2x)-f(x)}{x}=0$, 即 $b=0$, $\lim\limits_{x\to+\infty}f'(x)=0$.

5. 令 $F(x)=f(a)g(x)-f(x)g(x)+g(b)f(x)$, 则 $F'(x)=f(a)g'(x)-f'(x)g(x)-f(x)g'(x)+g(b)\cdot f'(x)$. 因 $F(a)=F(b)=f(a)g(b)$, 由罗尔定理知, 存在 $c\in(a,b)$, 使 $F'(c)=0$, 即 $f(a)g'(c)-f(c)g'(c)-f'(c)g(c)+f'(c)g(b)=0$, 从而有 $\dfrac{f(a)-f(c)}{g(c)-g(b)}=\dfrac{f'(c)}{g'(c)}$.

6. 令 $F(x)=e^{-kx}f(x)$, $F(x)$ 在 $[a,b]$ 上应用罗尔定理可得, 存在 $\xi\in(a,b)$, 使 $F'(\xi)=0$, 即 $e^{-k\xi}[f'(\xi)-kf(\xi)]=0$, 从而有 $\dfrac{f'(\xi)}{f(\xi)}=k$.

7. 令 $F(x)=f(x)-\dfrac{x^3}{3}$, $F(x)$ 在 $\left[0,\dfrac{1}{2}\right]$ 及 $\left[\dfrac{1}{2},1\right]$ 上分别应用拉格朗日中值定理可得, 存在 $\xi\in\left(0,\dfrac{1}{2}\right)$, $\eta\in\left(\dfrac{1}{2},1\right)$, 使 $F\left(\dfrac{1}{2}\right)-F(0)=[f'(\xi)-\xi^2]\cdot\dfrac{1}{2}$, $F(1)-F\left(\dfrac{1}{2}\right)=[f'(\eta)-\eta^2]\cdot\dfrac{1}{2}$, 两式相加, 得 $f'(\xi)+f'(\eta)=\xi^2+\eta^2$.

8. (1) 令 $F(x)=f(x)-x$, $F(x)$ 在 $[0,1]$ 上应用罗尔定理得, 存在 $\xi\in(0,1)$, 使得 $F'(\xi)=0$, 即 $f'(\xi)=1$.

(2) 令 $G(x)=e^x[f'(x)-1]$, 则 $G'(x)=e^x[f''(x)+f'(x)-1]$, 由 $f(x)$ 为奇函数得 $f'(x)$ 为偶函数, 由(1)

得 $f'(-\xi)=f'(\xi)=1$, $G(x)$ 在 $[-\xi,\xi]$ 上应用罗尔定理可得,存在 $y\in(-\xi,\xi)\subset(-1,1)$,使得 $G'(y)=0$,从而可得 $f''(\eta)+f'(\eta)=1$.

9. (1) 定义域 $(-\infty,0)\cup(0,+\infty)$,当 $x\neq\pm 1$ 时,$y'=2-\dfrac{1}{x^2}-x^2<0$,函数 y 在 $(-\infty,0)$ 及 $(0,+\infty)$ 内均单调减少.

(2) $y'=\begin{cases}3(x^2-1),&x<0,\\ \dfrac{(x+2)(x-1)}{x+1},&x>0,\end{cases}$ 在 $(-\infty,-1)$ 及 $(1,+\infty)$ 上,$y'>0$;在 $(-1,0)$ 及 $(0,1)$ 上,$y'<0$. 所以 y 在 $(-\infty,-1]$,$[1,+\infty)$ 上单调增加,在 $[-1,1]$ 上单调减少.

10. (1) 令 $f(x)=e^x-1-xe^x$,$x\in[0,+\infty)$,则 $f'(x)=-xe^x<0$,所以 $f(x)$ 在 $[0,+\infty)$ 上单调减少,由 $f(x)$ 在 $[0,+\infty)$ 上连续得 $x>0$ 时,$f(x)<f(0)=0$,即 $x>0$ 时,$e^x-1<xe^x$.

(2) 令 $f(x)=x\ln 2-2\ln x$,$f'(x)=\dfrac{x\ln 2-2}{x}$,当 $4<x<+\infty$ 时,$f'(x)>0$,$f(x)$ 在 $[4,+\infty)$ 上连续且单调增加,故 $x\ln 2-2\ln x>f(4)=0$,即 $x>4$ 时,$2^x>x^2$.

(3) 即证 $x\in(0,1)$ 时,$-2x>\ln\dfrac{1-x}{1+x}$,令 $f(x)=-2x-\ln(1-x)+\ln(1+x)$,则 $f(x)$ 在 $[0,1]$ 上连续. 因为 $f'(x)=-2+\dfrac{2}{1-x^2}>0$,$x\in(0,1)$,所以 $x\in(0,1)$ 时,$f(x)>f(0)=0$,即 $-2x>\ln\dfrac{1-x}{1+x}$,即 $x\in(0,1)$ 时,$e^{-2x}>\dfrac{1-x}{1+x}$.

(4) 即证 $x>0$ 时,$\left(1+\dfrac{1}{x}\right)\ln(1+x)<1+\dfrac{x}{2}$,即证 $x>0$ 时,$(x+1)\ln(x+1)<x+\dfrac{x^2}{2}$. 令 $f(x)=x+\dfrac{x^2}{2}-(x+1)\ln(x+1)$,则 $f(x)$ 在 $[0,+\infty)$ 上连续,又 $f'(x)=x-\ln(x+1)$,$f''(x)=1-\dfrac{1}{x+1}>0$($x>0$),所以 $x>0$ 时,$f'(x)>f'(0)=0$,所以 $x>0$ 时,$f(x)>f(0)=0$,即 $x>0$ 时,$(1+x)^{1+\frac{1}{x}}<e^{1+\frac{x}{2}}$.

(5) 令 $f(x)=4x\ln x-x^2-2x+4$,则 $f'(x)=4\ln x-2x+2$,$f''(x)=\dfrac{4}{x}-2>0$,$x\in(0,2)$,所以 $x\in(0,1)$ 时,$f'(x)<f'(1)=0$;$x\in(1,2)$ 时,$f'(x)>f'(1)=0$. 所以 $x\in(0,2)$ 时,$f(x)\geq f(1)=1>0$,即 $x\in(0,2)$ 时,$4x\ln x-x^2-2x+4>0$.

11. 令 $f(x)=k\arctan x-x$,则 $f'(x)=\dfrac{k}{1+x^2}-1$. 当 $k\leq 1$ 时,$f'(x)<0$,$f(x)$ 单调减少,此时只有一个实根 $x=0$;当 $k>1$ 时,驻点 $x_1=-\sqrt{k-1}$,$x_2=\sqrt{k-1}$. 当 $x\in(-\infty,x_1)$ 时,$f'(x)<0$;当 $x\in(x_1,x_2)$ 时,$f'(x)>0$;当 $x\in(x_2,+\infty)$ 时,$f'(x)<0$. 因 $\lim\limits_{x\to-\infty}f(x)=+\infty$,$f(0)=0$,$\lim\limits_{x\to+\infty}f(x)=-\infty$,故在 $(-\infty,x_1)$,$x=0$,$(x_2,+\infty)$ 上各有一个实根.

12. (1) $y'=e^{-x}(2+x)(1-x)$,$y'=0\Rightarrow x_1=1$,$x_2=-2$. 当 $x\in(-\infty,-2)$ 时,$y'(x)<0$;当 $x\in(-2,1)$ 时,$y'(x)>0$;当 $x\in(1,+\infty)$ 时,$y'(x)>0$. 因而极小值为 $y(-2)=0$,极大值为 $y(1)=\dfrac{5}{e}+e^2$.

(2) $f'(x)=\dfrac{1}{3\sqrt[3]{x^2}}(\ln|x|+3)$,$x\neq 0$,$f'(x)=0\Rightarrow x=\pm e^{-3}$. 在 $(-\infty,-e^{-3})$ 上,$f'(x)>0$;在 $(-e^{-3},0)$ 上,$f'(x)<0$;在 $(0,e^{-3})$ 上,$f'(x)<0$;在 $(e^{-3},+\infty)$ 上,$f'(x)>0$. 因而极大值为 $f(-e^{-3})=\dfrac{3}{e}$,极小值为 $f(e^{-3})=-\dfrac{3}{e}$.

13. $f'(x)=-xe^{-x}<0$,$x\in[1,3]$,所以最大值为 $f(1)=\dfrac{2}{e}$,最小值为 $f(3)=\dfrac{4}{e^3}$.

14. 设底面三角形的边长为 x,柱体的高为 h,则 $V=\dfrac{\sqrt{3}}{4}x^2h$,所以 $h=\dfrac{4V}{\sqrt{3}x^2}$,表面积为 $S=2\cdot\dfrac{\sqrt{3}}{4}x^2+3\cdot$

$\dfrac{4V}{\sqrt{3}x^2}\cdot x=\dfrac{\sqrt{3}}{2}x^2+\dfrac{4\sqrt{3}V}{x}$ $(x>0)$. 因 $\dfrac{\mathrm{d}S}{\mathrm{d}x}=\dfrac{\sqrt{3}}{x^2}(x^3-4V)=0$, 得 $x=\sqrt[3]{4V}$, 而 $S''(\sqrt[3]{4V})=\sqrt{3}\left(1+\dfrac{8V}{x^3}\right)\Big|_{x=\sqrt[3]{4V}}>0$, 故 $x=\sqrt[3]{4V}$ 时表面积 S 最小.

15. 设 d 为 $x^2=4y$ 上某点 (x,y) 到点 $(0,b)$ 的距离, 则 $d^2=F=x^2+(y-b)^2=4y+(y-b)^2$ $(0\leqslant y<+\infty)$. 因为 $F'_y=4+2(y-b),F''_y=2>0$, 由 $F'_y=0$ 得 $y=b-2$, 当 $b\geqslant 2$ 时, 在点 $(\pm 2\sqrt{b-2},b-2)$ 处有最短距离 $d=2\sqrt{b-1}$; 当 $0<b<2$ 时, $F'_y>0$, 最小值在 $y=0$ 处取得, 此时所求点为 $(0,0)$, 最短距离为 $d=b$.

16. 设船的速度为 v, 则航行的总费用为 $f(v)=\dfrac{Sa}{v}+\dfrac{Skv^3}{v}=S\left(\dfrac{a}{v}+kv^2\right), f'(v)=\dfrac{S(2kv^3-a)}{v^2},f''(v)=2\left(\dfrac{a}{v^3}+k\right)S>0$. 由 $f'(v)=0$ 得唯一驻点 $v=\sqrt[3]{\dfrac{a}{2k}}$, 此时, 总费用最小.

17. $y'=3x^2+6x-1, y''=6(x+1)$. 由 $y''=0$ 得 $x=-1$, 当 $x\in(-\infty,-1)$ 时, $y''<0$; 当 $x\in(-1,+\infty)$ 时, $y''>0$. 所以 y 在 $(-\infty,-1)$ 上为凸的, 在 $(-1,+\infty)$ 上是凹的, 拐点为 $(-1,2)$.

18. $\dfrac{\mathrm{d}y}{\mathrm{d}x}=\dfrac{t^2-1}{t^2+1},\dfrac{\mathrm{d}^2y}{\mathrm{d}x^2}=\dfrac{4t}{(t^2+1)^3},\dfrac{\mathrm{d}y}{\mathrm{d}x}=0$, 得 $t_1=-1,t_2=1,\dfrac{\mathrm{d}^2y}{\mathrm{d}x^2}=0$, 得 $t_3=0$. 因 $\dfrac{\mathrm{d}^2y}{\mathrm{d}x^2}\Big|_{t=-1}<0,\dfrac{\mathrm{d}^2y}{\mathrm{d}x^2}\Big|_{t=1}>0$, 得极大值 $y\big|_{x=-1}=1$, 极小值 $y\big|_{x=\frac{5}{3}}=-\dfrac{1}{3}$. 当 $t<0$ 时, $\dfrac{\mathrm{d}^2y}{\mathrm{d}x^2}<0$; 当 $t>0$ 时, $\dfrac{\mathrm{d}^2y}{\mathrm{d}x^2}>0$, 得凹区间为 $\left[\dfrac{1}{3},+\infty\right)$, 凸区间为 $\left(-\infty,\dfrac{1}{3}\right]$, 拐点为 $\left(\dfrac{1}{3},\dfrac{1}{3}\right)$.

19. $y(1)=1+a+b+c=-1$, 即 $a+b+c=-2, y'=3x^2+2ax+b, y''=6x+2a$. 由 $y''(1)=6+2a=0$, 得 $a=-3$; 由 $y'(0)=0$, 得 $b=0$. 因而 $y(0)=c=1$. 曲率为 $K=\dfrac{|y''|}{(1+y'^2)^{\frac{3}{2}}}=|y''(0)|=6$.

20. $f'(x)=2+2x^{-\frac{1}{3}}, f'(-1)=0, f'(0)$ 不存在. 当 $x\in(-\infty,-1)$ 时, $f'(x)>0$; 当 $x\in(-1,0)$ 时, $f'(x)<0$; 当 $x\in(0,+\infty)$ 时, $f'(x)>0$. 所以 $f(x)$ 在 $(-\infty,-1],[0,+\infty)$ 上单调增加, 在 $[-1,0]$ 上单调减少. 又 $f''(x)=-\dfrac{2}{3}x^{-\frac{4}{3}}<0$, 所以 $f(x)$ 在 $(-\infty,+\infty)$ 上是凸的, 极大值为 $f(-1)=1$, 极小值为 $f(0)=0$.

21. $\lim\limits_{x\to\infty}y=\lim\limits_{x\to\infty}\dfrac{1+\mathrm{e}^{-x^2}}{1-\mathrm{e}^{-x^2}}=1$, 得 $y=1$ 为水平渐近线; $\lim\limits_{x\to 0}y=\lim\limits_{x\to 0}\dfrac{1+\mathrm{e}^{-x^2}}{1-\mathrm{e}^{-x^2}}=\infty$, 得 $x=0$ 为铅直渐近线.

22. (1) $f(x)$ 的定义域为 $(0,+\infty), f'(x)=\dfrac{1}{x}-\dfrac{1}{x^2}$, 驻点为 $x_0=1, f''(1)=1>0$, 得最小值 $f(1)=1$.

(2) 由(1)得 $\ln x_n+\dfrac{1}{x_n}\geqslant 1$, 而 $\ln x_n+\dfrac{1}{x_{n+1}}<1$, 故 $x_n<x_{n+1}$, 即 $\{x_n\}$ 单调增加, 又 $\ln x_n<1$, 得 $x_n<\mathrm{e}$, 即 $\{x_n\}$ 有上界, 由单调有界收敛准则得 $\lim\limits_{n\to\infty}x_n=a$ 存在. 由 $\ln x_n+\dfrac{1}{x_n}\geqslant 1$ 及极限的保号性得 $\ln a+\dfrac{1}{a}\geqslant 1$, 又由 $\ln x_n+\dfrac{1}{x_{n+1}}<1$ 及极限的保号性得 $\ln a+\dfrac{1}{a}\leqslant 1$. 综合得 $\ln a+\dfrac{1}{a}=1$, 故推出 $a=1$, 即 $\lim\limits_{n\to\infty}x_n=1$.

四、竞赛题

1. (1) $f_n(0)=0, f_n(1)=n>1, f'_n(x)=1+2x+\cdots+nx^{n-1}>0, x\in(0,1)$. 由介值定理知, 存在唯一 $x_n\in(0,1)$, 使 $f_n(x_n)=1$.

(2) 由(1) $x_n\in(0,1)$ 知 $\{x_n\}$ 有界, 比较 $x_n+x_n^2+\cdots+x_n^n=1$ 及 $x_{n+1}+x_{n+1}^2+\cdots+x_{n+1}^{n+1}=1$ 得 $x_n>x_{n+1}$, 即 $\{x_n\}$ 单调减少, 由单调有界收敛准则得 $\lim\limits_{n\to\infty}x_n=a$ 存在. 又 $x_n+x_n^2+\cdots+x_n^n=\dfrac{x_n(1-x_n^n)}{1-x_n}=1$, 两边取极限, 得 $\dfrac{a}{1-a}=1$, 解得 $a=\dfrac{1}{2}$, 故 $\lim\limits_{n\to\infty}x_n=\dfrac{1}{2}$.

2. 原式 $=\lim\limits_{x\to 0}\dfrac{f[1+(\sin^2 x+\cos x-1)]-f(1)}{\sin^2 x+\cos x-1}\cdot\dfrac{\sin^2 x+\cos x-1}{x^2+x\tan x}$

$$=f'(1)\cdot\lim_{x\to 0}\frac{\sin^2 x+\cos x-1}{x^2+x\tan x}=f'(1)\lim_{x\to 0}\frac{\frac{\sin^2 x}{x^2}+\frac{\cos x-1}{x^2}}{1+\frac{\tan x}{x}}=2\times\frac{1}{4}=\frac{1}{2}.$$

3. 原式$=\lim_{x\to 0}\frac{e^{\frac{2}{x}\ln(1+x)}-e^2}{x}+e^2\cdot\lim_{x\to 0}\frac{\ln(1+x)}{x}=e^2\cdot\lim_{x\to 0}\frac{e^{\frac{2}{x}\ln(1+x)-2}-1}{x}+e^2$

$$=2e^2\cdot\lim_{x\to 0}\frac{\frac{1}{x}\ln(1+x)-1}{x}+e^2=2e^2\cdot\lim_{x\to 0}\frac{x-\frac{x^2}{2}+o(x^2)}{x^2}+e^2=0.$$

4. 3.

5. 应用介值定理,存在 $c\in(0,1)$,使得 $f(c)=\frac{a}{a+b}$.在 $[0,c]$ 与 $[c,1]$ 上分别应用拉格朗日中值定理,存在 $\xi\in(0,c)\subset(0,1),\eta\in(c,1)\subset(0,1)$,且 $\xi\neq\eta$,使得 $f(c)-f(0)=f'(\xi)c,f(1)-f(c)=f'(\eta)(1-c)$,即 $\frac{\frac{a}{a+b}}{f'(\xi)}=c,\frac{1-\frac{a}{a+b}}{f'(\eta)}=1-c$,相加得 $\frac{a}{f'(\xi)}+\frac{b}{f'(\eta)}=a+b.$

6. $f(x)=f(0)+f'(0)x+\frac{f''(0)}{2!}x^2+\frac{f'''(\xi)}{3!}x^3=f(0)+\frac{f''(0)}{2}x^2+\frac{f'''(\xi)}{6}x^3$,特别地,$0=f(-1)=f(0)+\frac{f''(0)}{2}-\frac{f'''(\xi_1)}{6},\xi_1\in(-1,0),1=f(1)=f(0)+\frac{f''(0)}{2}+\frac{f'''(\xi_2)}{6},\xi_2\in(0,1)$,两式相减,得 $1=\frac{1}{6}[f'''(\xi_1)+f'''(\xi_2)]$,因 $f'''(x)$ 在 $[\xi_1,\xi_2]$ 上连续,应用介质定理,存在 $x_0\in[\xi_1,\xi_2]\subset(-1,1)$,使 $f'''(x_0)=\frac{1}{2}[f'''(\xi_1)+f'''(\xi_2)]$,于是可得 $f'''(x_0)=3.$

7. (1) 令 $F(x)=f(x)-x,F\left(\frac{1}{2}\right)=f\left(\frac{1}{2}\right)-\frac{1}{2}=\frac{1}{2}>0,F(1)=f(1)-1=-1<0$,应用零点定理,存在 $\xi\in\left(\frac{1}{2},1\right)$,使 $F(\xi)=0$,即 $f(\xi)=\xi$.

(2) 令 $G(x)=e^{-x}[f(x)-x]$,则 $G'(x)=e^{-x}[f'(x)-f(x)+x-1]$,因 $G(0)=G(\xi)=0$,在 $[0,\xi]$ 上应用罗尔定理,存在 $\eta\in(0,\xi)$,使 $G'(\eta)=0$,即 $f'(\eta)=f(\eta)-\eta+1.$

8. 原不等式等价于 $2\ln x\leqslant ax$,即 $a\geqslant\frac{2\ln x}{x}$,要求 a 的最小值,只要求 $f(x)=\frac{2\ln x}{x}$ 的最大值,由 $f'(x)=\frac{2(1-\ln x)}{x^2}$,得驻点 $x_0=e$.当 $x\in(0,e)$ 时,$f'(x)>0$;当 $x\in(e,+\infty)$ 时,$f'(x)<0$.所以 $f(e)=\frac{2}{e}$ 为 $f(x)$ 的最大值,故 a 的最小值为 $\frac{2}{e}$.

9. 由泰勒公式得 $f(0)=f(x)+f'(x)(0-x)+\frac{f''(\xi_1)}{2}(0-x)^2,\xi_1\in(0,x),f(1)=f(x)+f'(x)(1-x)+\frac{f''(\xi_2)}{2}(1-x)^2,\xi_2\in(x,1)$,两式相减,得 $f'(x)=f(1)-f(0)-\frac{f''(\xi_2)}{2}(1-x)^2+\frac{f''(\xi_1)}{2}x^2$,由条件 $|f(x)|\leqslant A,|f''(x)|\leqslant B,(1-x)^2+x^2$ 在 $[0,1]$ 上的最大值为 1,得 $|f'(x)|\leqslant 2A+\frac{B}{2}[(1-x)^2+x^2]\leqslant 2A+\frac{B}{2}.$

10. 令 $F(x)=e^{-x}f(x)$,则 $F'(x)=e^{-x}[f'(x)-f(x)]$,令 $G(x)=e^x[f'(x)-f(x)]$,则 $G'(x)=e^x[f''(x)-f(x)]<0$,于是得 $G(x)$ 单调减少,因而 $G(x)<G(0)=f'(0)-f(0)\leqslant 0$,从而 $f'(x)-f(x)<0$,推出 $F'(x)<0$,因此 $F(x)$ 单调减少,可得 $F(x)=e^{-x}f(x)<F(0)=1$,从而 $f(x)<e^x.$

第四章 不定积分

一、选择题

1. A. **2.** A. **3.** D. **4.** B. **5.** C. **6.** C.

二、填空题

1. $x\ln x + C$. 2. $-\dfrac{(x-2)^3}{3} - \dfrac{1}{x-2} + C$. 3. $x^2 e^x + C$. 4. $-\dfrac{1}{3}(1-x^2)^{\frac{3}{2}} + C$.

5. $\dfrac{1}{2}\arctan\left(\dfrac{\tan x}{2}\right) + C$. 6. $2\arcsin\dfrac{\sqrt{x}}{2} + C$. 7. $-2\arctan\sqrt{1-x} + C$. 8. $-\dfrac{\ln x}{x} + C$.

三、解答题

1. (1) $\displaystyle\int \dfrac{e^{\arccos x}}{\sqrt{1-x^2}} dx = -\int e^{\arccos x} d\arccos x = -e^{\arccos x} + C$.

   (2) $\displaystyle\int \tan^2 x \sec^4 x dx = \int(\tan^2 x + \tan^4 x) d\tan x = \dfrac{1}{3}\tan^3 x + \dfrac{1}{5}\tan^5 x + C$.

   (3) $\displaystyle\int \dfrac{\ln\tan x}{\sin 2x} dx = \dfrac{1}{2}\int \dfrac{\ln\tan x}{\sin x \cos x} dx = \dfrac{1}{2}\int \dfrac{\sec^2 x \ln\tan x}{\tan x} dx$
   $= \dfrac{1}{2}\int \dfrac{\ln\tan x}{\tan x} d\tan x = \dfrac{1}{4}(\ln\tan x)^2 + C$.

   (4) $\displaystyle\int \dfrac{dx}{e^x + e^{2-x}} = \int \dfrac{e^x dx}{e^{2x} + e^2} = \int \dfrac{de^x}{(e^x)^2 + e^2} = \dfrac{1}{e}\arctan e^{x-1} + C$.

   (5) $\displaystyle\int \dfrac{\sin x}{1+\sin x} dx = \int \dfrac{\sin x - \sin^2 x}{\cos^2 x} dx = \int(\sec x\tan x - \tan^2 x) dx = \sec x - \tan x + x + C$.

   (6) $\displaystyle\int \dfrac{dx}{\sqrt{1+e^{2x}}} \xlongequal{\text{令}\sqrt{1+e^{2x}}=t} \int \dfrac{dt}{t^2 - 1} = \dfrac{1}{2}\ln\left|\dfrac{t-1}{t+1}\right| + C = \dfrac{1}{2}\ln \dfrac{\sqrt{1+e^{2x}}-1}{\sqrt{1+e^{2x}}+1} + C$.

   (7) $\displaystyle\int \dfrac{dx}{(2x^2+1)\sqrt{x^2+1}} \xlongequal{\text{令}x=\tan t} \int \dfrac{dt}{\cos t(2\tan^2 t + 1)} = \int \dfrac{\cos t dt}{2\sin^2 t + \cos^2 t} = \int \dfrac{d\sin t}{1+\sin^2 t}$
   $= \arctan(\sin t) + C = \arctan \dfrac{x}{\sqrt{x^2+1}} + C$.

   (8) 当 $x > 0$ 时,$\displaystyle\int \dfrac{x+1}{x^2\sqrt{x^2-1}} dx \xlongequal{\text{令}x=\frac{1}{t}} -\int \dfrac{1+t}{\sqrt{1-t^2}} dt = -\arcsin t + \sqrt{1-t^2} + C$
   $= -\arcsin \dfrac{1}{x} + \dfrac{\sqrt{x^2-1}}{x} + C$;

   当 $x < 0$ 时,类似可得 $\displaystyle\int \dfrac{x+1}{x^2\sqrt{x^2-1}} dx = \arcsin \dfrac{1}{x} - \dfrac{\sqrt{x^2-1}}{x} + C$.

   综上得 $\displaystyle\int \dfrac{x+1}{x^2\sqrt{x^2-1}} dx = -\arcsin \dfrac{1}{|x|} + \dfrac{\sqrt{x^2-1}}{|x|} + C$.

2. (1) $\displaystyle\int x\sin^2 x dx = \dfrac{1}{2}\int x(1-\cos 2x) dx = \dfrac{x^2}{4} - \dfrac{1}{4}\int x d\sin 2x = \dfrac{x^2}{4} - \dfrac{x}{4}\sin 2x - \dfrac{1}{8}\cos 2x + C$.

   (2) $\displaystyle\int \left(\dfrac{\ln x}{x}\right)^2 dx = -\int \ln^2 x d\left(\dfrac{1}{x}\right) = -\dfrac{\ln^2 x}{x} + 2\int \dfrac{\ln x}{x^2} dx = -\dfrac{\ln^2 x}{x} - 2\int \ln x d\left(\dfrac{1}{x}\right)$
   $= -\dfrac{\ln^2 x}{x} - \dfrac{2\ln x}{x} + 2\int \dfrac{1}{x^2} dx = -\dfrac{\ln^2 x + 2\ln x + 2}{x} + C$.

   (3) $\displaystyle\int \dfrac{x^2 \arctan x}{1+x^2} dx = \int \arctan x dx - \int \dfrac{\arctan x}{1+x^2} dx = x\arctan x - \int \dfrac{x}{1+x^2} dx - \int \arctan x d\arctan x$
   $= x\arctan x - \dfrac{1}{2}\ln(1+x^2) - \dfrac{1}{2}(\arctan x)^2 + C$.

   (4) $\displaystyle\int \dfrac{\arctan e^x}{e^{2x}} dx = -\dfrac{1}{2}\int \arctan e^x de^{-2x} = -\dfrac{1}{2}e^{-2x}\arctan e^x + \dfrac{1}{2}\int \dfrac{dx}{e^x(1+e^{2x})}$
   $= -\dfrac{1}{2}e^{-2x}\arctan e^x + \dfrac{1}{2}\int \left(\dfrac{1}{e^x} - \dfrac{e^x}{1+e^{2x}}\right) dx$

$$= -\frac{1}{2}(e^{-2x}\arctan e^x + e^{-x} + \arctan e^x) + C.$$

(5) $\int \ln(\sqrt{1+x} - \sqrt{1-x})dx = x\ln(\sqrt{1+x} - \sqrt{1-x}) - \frac{1}{2}\int \frac{1+\sqrt{1-x^2}}{\sqrt{1-x^2}}dx$

$$= x\ln(\sqrt{1+x} - \sqrt{1-x}) - \frac{1}{2}(\arcsin x + x) + C.$$

(6) $\int \frac{xe^x}{(1+x)^2}dx = \int \frac{e^x}{1+x}dx - \int \frac{e^x}{(1+x)^2}dx = \int \frac{e^x}{1+x}dx + \int e^x d\left(\frac{1}{1+x}\right)$

$$= \int \frac{e^x}{1+x}dx + \frac{e^x}{1+x} - \int \frac{e^x}{1+x}dx = \frac{e^x}{1+x} + C.$$

3. (1) $\int \frac{4x+3}{(x-2)^3}dx = \int \frac{4(x-2)+11}{(x-2)^3}dx = 4\int \frac{dx}{(x-2)^2} + 11\int \frac{dx}{(x-2)^3}$

$$= -\frac{4}{x-2} - \frac{11}{2(x-2)^2} + C.$$

(2) $\int \frac{xdx}{x^8-1} = \frac{1}{2}\int \frac{d(x^2)}{(x^4-1)(x^4+1)} = \frac{1}{4}\int \frac{d(x^2)}{x^4-1} - \frac{1}{4}\int \frac{d(x^2)}{x^4+1}$

$$= \frac{1}{8}\ln\left|\frac{x^2-1}{x^2+1}\right| - \frac{1}{4}\arctan x^2 + C.$$

(3) $\int \frac{1+x^6}{x(1-x^6)}dx = \int \frac{(1-x^6)+2x^6}{x(1-x^6)}dx = \int \frac{1}{x}dx + 2\int \frac{x^5}{1-x^6}dx$

$$= \ln|x| - \frac{1}{3}\ln|1-x^6| + C.$$

(4) $\int \frac{\sin^3 x}{2+\cos x}dx = \int \frac{\cos^2 x - 1}{2+\cos x}d\cos x = \int \left(\cos x - 2 + \frac{3}{2+\cos x}\right)d\cos x$

$$= \frac{1}{2}\cos^2 x - 2\cos x + 3\ln(2+\cos x) + C.$$

(5) $\int \frac{dx}{\sin x \cos^4 x} = \int \frac{\sin^2 x + \cos^2 x}{\sin x \cos^4 x}dx = \int \left(\frac{\sin x}{\cos^4 x} + \frac{\sin^2 x + \cos^2 x}{\sin x \cos^2 x}\right)dx$

$$= \int \left(\frac{\sin x}{\cos^4 x} + \frac{\sin x}{\cos^2 x} + \frac{1}{\sin x}\right)dx$$

$$= \frac{1}{3\cos^3 x} + \frac{1}{\cos x} + \ln|\csc x - \cot x| + C.$$

(6) $\int \frac{dx}{\sqrt{x}(1+\sqrt[4]{x})^3} \xrightarrow{\diamondsuit \sqrt[4]{x}=t} 4\int \frac{tdt}{(1+t)^3} = 4\int \left[\frac{1}{(1+t)^2} - \frac{1}{(1+t)^3}\right]dt$

$$= \frac{2}{(1+t)^2} - \frac{4}{1+t} + C = \frac{2}{(1+\sqrt[4]{x})^2} - \frac{4}{1+\sqrt[4]{x}} + C.$$

4. $F'(x) = f(x), 2F(x)F'(x) = 1-\cos 4x, F^2(x) = x - \frac{1}{4}\sin 4x + C$，由 $F(0)=1$ 得 $C=1$，又 $F(x) \geqslant 0$，故

$$f(x) = F'(x) = \left(\frac{1}{2}\sqrt{4x-\sin 4x + 4}\right)' = \frac{1-\cos 4x}{\sqrt{4x-\sin 4x + 4}}.$$

四、竞赛题

1. 当 $x>1$ 时，$\int |\ln x|dx = \int \ln x dx = x\ln x - \int dx = x(\ln x - 1) + C$；当 $0<x<1$ 时，$\int |\ln x|dx = -\int \ln x dx = -x(\ln x - 1) + C_1$，在 $x=1$ 处连续得 $C_1 = C-2$，于是 $\int \ln|x|dx = \begin{cases} x(\ln x - 1) + C, & x \geqslant 1, \\ x(1-\ln x) + C - 2, & 0<x<1. \end{cases}$

2. 原式 $= \int \frac{x(x^4-1)}{x^8+1}dx \xrightarrow{x^2=t} \frac{1}{2}\int \frac{t^2-1}{t^4+1}dt = \frac{1}{2}\int \frac{1-\frac{1}{t^2}}{t^2+\frac{1}{t^2}}dt = \frac{1}{2}\int \frac{d\left(t+\frac{1}{t}\right)}{\left(t+\frac{1}{t}\right)^2-2}$

$$= \frac{1}{4\sqrt{2}} \ln \left| \frac{\left(t + \frac{1}{t}\right) - \sqrt{2}}{\left(t + \frac{1}{t}\right) + \sqrt{2}} \right| + C = \frac{1}{4\sqrt{2}} \ln \left| \frac{\sqrt{2}x^2 - x^4 - 1}{\sqrt{2}x^2 + x^4 + 1} \right| + C.$$

3. 因为 $(x\tan x)' = x\sec^2 x + \tan x$，所以，原式 $= \int \frac{x\sec^2 x + \tan x}{(1 - x\tan x)^2} dx = \int \frac{d(x\tan x - 1)}{(x\tan x - 1)^2} = \frac{1}{1 - x\tan x} + C.$

4. 原式 $= \int \left[\frac{\ln(x+a)}{x+b} + \frac{\ln(x+b)}{x+a} \right] dx = \int \ln(x+a) d[\ln(x+b)] + \int \frac{\ln(x+b)}{x+a} dx$

$= \ln(x+a) \cdot \ln(x+b) - \int \frac{\ln(x+b)}{x+a} dx + \int \frac{\ln(x+b)}{x+a} dx = \ln(x+a) \cdot \ln(x+b) + C.$

第五章 定积分

一、选择题

1. D. **2.** B. **3.** B. **4.** A. **5.** D. **6.** C. **7.** C. **8.** C. **9.** D

二、填空题

1. $\frac{\pi}{4}$. **2.** $\frac{1}{2}$. **3.** $\frac{1}{4}$. **4.** $\frac{1}{6}$. **5.** 2. **6.** $y = 2x$. **7.** $\frac{\pi^2}{4}$. **8.** $\frac{4}{\pi} - 1$. **9.** 3. **10.** $\frac{1}{\lambda}$.

三、解答题

1. (1) $\int_{-\frac{\pi}{2}}^{\frac{\pi}{2}} \sqrt{\cos x - \cos^3 x} dx = 2 \int_0^{\frac{\pi}{2}} \sqrt{\cos x} \sin x dx = -\frac{4}{3} (\cos x)^{\frac{3}{2}} \Big|_0^{\frac{\pi}{2}} = \frac{4}{3}.$

(2) $\int_{-\frac{\pi}{2}}^{\frac{\pi}{2}} \frac{x + \sin^2 x}{(1 + \cos x)^2} dx = 2 \int_0^{\frac{\pi}{2}} \frac{\sin^2 x}{(1 + \cos x)^2} dx = 2 \int_0^{\frac{\pi}{2}} \tan^2 \frac{x}{2} dx = 4 - \pi.$

(3) $\int_0^{\frac{\pi}{2}} \frac{\sin^3 x}{\sin^3 x + \cos^3 x} dx \xlongequal{\diamondsuit x = \frac{\pi}{2} - t} \int_0^{\frac{\pi}{2}} \frac{\cos^3 t}{\cos^3 t + \sin^3 t} dt = \int_0^{\frac{\pi}{2}} \frac{\cos^3 x}{\cos^3 x + \sin^3 x} dx$

$= \frac{1}{2} \int_0^{\frac{\pi}{2}} \frac{\sin^3 x + \cos^3 x}{\cos^3 x + \sin^3 x} dx = \frac{1}{2} \int_0^{\frac{\pi}{2}} dx = \frac{\pi}{4}.$

(4) $\int_0^2 x \sqrt{2x - x^2} dx = \int_0^2 x \sqrt{1 - (x-1)^2} dx \xlongequal{x - 1 = \sin t} \int_{-\frac{\pi}{2}}^{\frac{\pi}{2}} (1 + \sin t) \cos^2 t dt$

$= 2 \int_0^{\frac{\pi}{2}} \cos^2 t dt = 2 \cdot \frac{1}{2} \cdot \frac{\pi}{2} = \frac{\pi}{2}.$

(5) $\int_0^{\pi^2} \sqrt{x} \cos \sqrt{x} dx \xlongequal{\sqrt{x} = t} \int_0^{\pi} 2t^2 \cos t dt = 2 \left(t^2 \sin t \Big|_0^{\pi} - \int_0^{\pi} 2t \sin t dt \right)$

$= -4 \int_0^{\pi} t \sin t dt = -4\pi \int_0^{\frac{\pi}{2}} \sin t dt = -4\pi.$

(6) $\int_0^{\frac{\pi}{8}} \arctan 2x dx = x \arctan 2x \Big|_0^{\frac{\pi}{8}} - \int_0^{\frac{\pi}{8}} \frac{2x dx}{1 + 4x^2} = \frac{\pi}{8} \arctan \frac{\pi}{4} - \frac{1}{4} \ln(16 + \pi^2) + \ln 2.$

(7) $\int_0^1 (\arcsin x)^2 dx = x(\arcsin x)^2 \Big|_0^1 + 2 \int_0^1 \arcsin x d(\sqrt{1 - x^2}) = \frac{\pi^2}{4} + 2 \sqrt{1 - x^2} \arcsin x \Big|_0^1$

$- 2 \int_0^1 dx = \frac{\pi^2}{4} - 2.$

(8) $\int_0^1 \frac{xe^x}{(1+x)^2} dx = \int_0^1 \frac{e^x}{1+x} dx - \int_0^1 \frac{e^x}{(1+x)^2} dx = \int_0^1 \frac{e^x}{1+x} dx + \frac{e^x}{1+x} \Big|_0^1 - \int_0^1 \frac{e^x}{1+x} dx = \frac{e}{2} - 1.$

2. (1) $\int_0^{+\infty} \frac{\ln(1+x)}{(1+x)^2} dx = \int_0^{+\infty} \ln(1+x) d\left(-\frac{1}{1+x}\right) = -\frac{\ln(1+x)}{1+x} \Big|_0^{+\infty} + \int_0^{+\infty} \frac{dx}{(1+x)^2}$

$= -\frac{1}{1+x} \Big|_0^{+\infty} = 1.$

(2) $\int_1^{+\infty} \dfrac{\mathrm{d}x}{x(x^2+1)} = \int_1^{+\infty}\left(\dfrac{1}{x} - \dfrac{x}{1+x^2}\right)\mathrm{d}x = \ln\dfrac{x}{\sqrt{1+x^2}}\Big|_1^{+\infty} = \dfrac{1}{2}\ln 2.$

(3) $\int_{-\infty}^0 \dfrac{x\mathrm{e}^{-x}}{(1+\mathrm{e}^{-x})^2}\mathrm{d}x = \int_{-\infty}^0 x\,\mathrm{d}\dfrac{1}{1+\mathrm{e}^{-x}} = \dfrac{x}{1+\mathrm{e}^{-x}}\Big|_{-\infty}^0 - \int_{-\infty}^0 \dfrac{\mathrm{d}x}{1+\mathrm{e}^{-x}}$

$\quad = -\int_{-\infty}^0 \dfrac{\mathrm{e}^x}{1+\mathrm{e}^x}\mathrm{d}x = -\ln(1+\mathrm{e}^x)\Big|_{-\infty}^0 = -\ln 2.$

(4) $\int_0^1 \dfrac{x\,\mathrm{d}x}{(2-x^2)\sqrt{1-x^2}} \xrightarrow{\text{令}\,x=\sin t} \int_0^{\pi/2} \dfrac{\sin x}{1+\cos^2 x}\mathrm{d}x = -\arctan(\cos x)\Big|_0^{\pi/2} = \dfrac{\pi}{4}.$

3. 两边对 x 求导，得 $2 - \sec^2(x-y)\left(1 - \dfrac{\mathrm{d}y}{\mathrm{d}x}\right) = \sec^2(x-y)\left(1 - \dfrac{\mathrm{d}y}{\mathrm{d}x}\right), \dfrac{\mathrm{d}y}{\mathrm{d}x} = 1 - \cos^2(x-y) = \sin^2(x-y),$
$\dfrac{\mathrm{d}^2 y}{\mathrm{d}x^2} = 2\sin(x-y)\cos(x-y)\left(1 - \dfrac{\mathrm{d}y}{\mathrm{d}x}\right) = 2\sin(x-y)\cos^3(x-y).$

4. 当 $-1 \leqslant x < 0$ 时，$F(x) = \int_{-1}^x t\,\mathrm{d}t = \dfrac{x^2}{2} - \dfrac{1}{2}$；当 $0 \leqslant x \leqslant 1$ 时 $F(x) = \int_{-1}^0 t\,\mathrm{d}t + \int_0^x \dfrac{\mathrm{e}^t}{(\mathrm{e}^t+1)^2}\mathrm{d}t = -\dfrac{1}{1+\mathrm{e}^x},$

故 $F(x) = \begin{cases} \dfrac{x^2-1}{2}, & -1 \leqslant x < 0, \\ -\dfrac{1}{1+\mathrm{e}^x}, & 0 \leqslant x \leqslant 1. \end{cases}$

5. $\int_0^2 f(x-1)\mathrm{d}x \xrightarrow{\text{令}\,x-1=t} \int_{-1}^1 f(t)\mathrm{d}t = \int_{-1}^0 \dfrac{1}{1+\mathrm{e}^t}\mathrm{d}t + \int_0^1 \dfrac{1}{1+t}\mathrm{d}t = \ln(1+\mathrm{e}).$

6. 等式两边平方，再同时在 $[0,1]$ 上积分，记 $\int_0^1 f^2(x)\mathrm{d}x = y$，得 $y = 3 - 2y + \dfrac{2}{3}y^2$，即 $2y^2 - 9y + 9 = 0$，解得 $y=3$ 或 $y=\dfrac{3}{2}$，故 $f(x) = 3x - 3\sqrt{1-x^2}$ 或 $f(x) = 3x - \dfrac{3}{2}\sqrt{1-x^2}.$

7. 因为 $y = f(x)$ 与 $y = \int_0^{\arcsin x} \mathrm{e}^{-t^2}\mathrm{d}t$ 在 $(0,0)$ 处相切，所以 $f(0) = 0, f'(0) = \mathrm{e}^{-(\arcsin x)^2} \cdot \dfrac{1}{\sqrt{1-x^2}}\Big|_{x=0} = 1,$ 故 $\lim\limits_{n\to\infty} n^2 f\left(\dfrac{2}{n^2}\right) = \lim\limits_{n\to\infty} \dfrac{f\left(\dfrac{2}{n^2}\right) - f(0)}{\dfrac{2}{n^2}} \cdot 2 = 2f'(0) = 2.$

8. $f'(x) = \dfrac{\sin x}{\pi - x}, \int_0^\pi f(x)\mathrm{d}x = xf(x)\Big|_0^\pi - \int_0^\pi x \cdot \dfrac{\sin x}{\pi - x}\mathrm{d}x = \pi f(\pi) + \int_0^\pi \sin x\,\mathrm{d}x - \pi\int_0^\pi \dfrac{\sin x}{\pi - x}\mathrm{d}x = \pi f(\pi) + 2 - \pi f(\pi) = 2.$

9. 由 $f'(x) = 2x(2-x^2)\mathrm{e}^{-x^2} = 0$，得 $x_1 = 0, x_2 = \sqrt{2}, x_3 = -\sqrt{2}$，$f''(x) = 2\mathrm{e}^{-x^2}(2x^4 - 7x^2 + 2)$，则 $f''(0) > 0, f''(\pm\sqrt{2}) < 0$，且 $f(0) = 0, f(\pm\sqrt{2}) = \int_0^2 (2-t)\mathrm{e}^{-t}\mathrm{d}t = 1 + \mathrm{e}^{-2}, \lim\limits_{x\to\infty} f(x) = \lim\limits_{b\to+\infty}\int_0^b (2-t)\mathrm{e}^{-t}\mathrm{d}t = 1.$ 故函数最大值 $f(\pm\sqrt{2}) = 1 + \mathrm{e}^{-2}$，最小值 $f(0) = 0.$

10. 由 $y = 0$，得 $x = -1$。因 $\dfrac{\mathrm{d}y}{\mathrm{d}x} = f'(x) = \sqrt{1-\mathrm{e}^x}$，则 $\dfrac{\mathrm{d}x}{\mathrm{d}y}\Big|_{y=0} = \dfrac{1}{\sqrt{1-\mathrm{e}^{-1}}}.$

11. $f'(x) = -\sqrt{1+x^2} + 2x\sqrt{1+x^2} = \sqrt{1+x^2}(2x-1)$，驻点 $x_0 = \dfrac{1}{2}$。当 $x \in \left(-\infty, \dfrac{1}{2}\right)$ 时，$f'(x) < 0$；当 $x \in \left(\dfrac{1}{2}, +\infty\right)$ 时，$f'(x) > 0$。$f\left(\dfrac{1}{2}\right) = \int_{\frac{1}{2}}^1 \sqrt{1+t^2}\,\mathrm{d}t + \int_1^{\frac{1}{4}} \sqrt{1+t}\,\mathrm{d}t = \int_{\frac{1}{2}}^1 \sqrt{1+t^2}\,\mathrm{d}t - \int_{\frac{1}{4}}^1 \sqrt{1+t}\,\mathrm{d}t = \int_{\frac{1}{2}}^1 (\sqrt{1+t^2} - \sqrt{1+t})\,\mathrm{d}t - \int_{\frac{1}{4}}^{\frac{1}{2}}\sqrt{1+t}\,\mathrm{d}t < 0$，因为 $t \in \left(\dfrac{1}{2}, 1\right)$ 时，$\sqrt{1+t^2} < \sqrt{1+t}$，又 $f(-1) = \int_{-1}^1 \sqrt{1+t^2}\,\mathrm{d}t > 0$，而 $f(1) = 0$，由零点定理及单调性，得 $f(x)$ 在 $\left(-\infty, \dfrac{1}{2}\right)$ 及 $x = 1$ 处各有一个零点。

12. 设 $F(x) = \dfrac{\int_0^x f(t)dt}{x}(0 < x \leqslant 1)$, $F'(x) = \dfrac{1}{x^2}\left[xf(x) - \int_0^x f(t)dt\right] = \dfrac{1}{x}[f(x) - f(\xi)] \leqslant 0$ $(0 < \xi < x)$，所以 $F(x)$ 单调减小，$F(a) \geqslant F(1) = \int_0^1 f(t)dt, a \in (0,1)$，即 $\int_0^a f(x)dx \geqslant a\int_0^1 f(x)dx$.

13. (1) 由定积分的保号性，得 $0 \leqslant \int_a^x g(t)dt \leqslant \int_a^x 1 dt = x - a, x \in [a,b]$；

(2) 令 $F(u) = \int_a^{a+\int_a^u g(t)dt} f(x)dx - \int_a^u f(x)g(x)dx(u \geqslant a)$，因 $F'(u) = f\left[a + \int_a^u g(t)dt\right]g(u) - f(u)g(u) = g(u)\left[f\left(a + \int_a^u g(t)dt\right) - f(u)\right]$，而 $a + \int_a^u g(t)dt \leqslant u$ 及 $f(x)$ 单调增加，由 $g(u) \geqslant 0$ 可得 $F'(u) \leqslant 0$，所以 $F(u)$ 单调减少. 又 $F(a) = 0$，故 $F(b) \leqslant 0$，证毕.

四、竞赛题

1. $I = -\int_0^1 \arctan x \, d\left(\dfrac{1}{1+x}\right) = -\dfrac{\arctan x}{1+x}\bigg|_0^1 + \int_0^1 \dfrac{dx}{(1+x)(1+x^2)} = -\dfrac{\pi}{8} + \dfrac{1}{2}\int_0^1 \dfrac{1}{1+x}dx - \dfrac{1}{2}\int_0^1 \dfrac{x-1}{1+x^2}dx$

$= -\dfrac{\pi}{8} + \dfrac{1}{2}\ln(1+x)\bigg|_0^1 - \dfrac{1}{4}\ln(1+x^2)\bigg|_0^1 + \dfrac{1}{2}\arctan x\bigg|_0^1 = \dfrac{1}{4}\ln 2$.

2. $I = \int_0^{\frac{\pi}{2}} e^x\left(\sec^2\dfrac{x}{2} + 2\tan\dfrac{x}{2}\right)dx = 2\int_0^{\frac{\pi}{2}} e^x d\tan\dfrac{x}{2} + 2\int_0^{\frac{\pi}{2}} e^x \tan\dfrac{x}{2}dx = 2e^x\tan\dfrac{x}{2}\bigg|_0^{\frac{\pi}{2}} - 2\int_0^{\frac{\pi}{2}} e^x \tan\dfrac{x}{2}dx +$ $2\int_0^{\frac{\pi}{2}} e^x \tan\dfrac{x}{2}dx = 2e^{\frac{\pi}{2}}$.

3. $\int_0^1 x^2 f(x)dx = \dfrac{1}{3}\int_0^1 f(x)dx^3 = \dfrac{1}{3}\left[x^3 f(x)\bigg|_0^1 - \int_0^1 x^3 f'(x)dx\right] = -\dfrac{1}{3}\int_0^1 x^3 e^{-x^2}dx \xrightarrow{t=x^2} -\dfrac{1}{6}\int_0^1 te^{-t}dt =$ $\dfrac{1}{6}\left(te^{-t}\bigg|_0^1 - \int_0^1 e^{-t}dt\right) = \dfrac{1}{3e} - \dfrac{1}{6}$.

4. $I = \int_{e^{-2n\pi}}^1 \left|\dfrac{d}{dx}\cos(\ln x)\right|dx = \int_{e^{-2n\pi}}^1 |\sin(\ln x)|d\ln x \xrightarrow{\ln x = t} \int_{-2n\pi}^0 |\sin t|dt = 2n\int_0^\pi \sin t \, dt = 4n$.

5. $I = \lim_{n\to\infty}\sum_{k=0}^n \int_{k\pi}^{(k+1)\pi} e^{-2x}|\sin x|dx \xrightarrow{t = x - k\pi} \lim_{n\to\infty}\sum_{k=0}^n \int_0^\pi e^{-2(t+k\pi)}\sin t \, dt = \lim_{n\to\infty}\sum_{k=0}^n e^{-2k\pi} \cdot \int_0^\pi e^{-2t}\sin t \, dt =$ $\dfrac{1}{1-e^{-2\pi}}k$，而 $k = \int_0^\pi e^{-2t}\sin t \, dt = \int_0^\pi e^{-2t}d(-\cos t) = e^{-2t}(-\cos t)\bigg|_0^\pi - 2\int_0^\pi e^{-2t}\cos t \, dt = e^{-2\pi} + 1 -$ $2\left[e^{-2t}\sin t\bigg|_0^\pi + 2\int_0^\pi e^{-2t}\sin t \, dt\right] = e^{-2\pi} + 1 - 4k$，所以 $k = \dfrac{1}{5}(e^{-2\pi}+1)$，因此 $I = \dfrac{1}{1-e^{-2\pi}} \cdot \dfrac{1}{5}(e^{-2\pi}+1) = \dfrac{e^{2\pi}+1}{5(e^{2\pi}-1)}$.

6. 利用拉格朗日定理，可证得 $t > 0$ 时，$\dfrac{t}{1+t} < \ln(1+t) < t$，由此得 $\sqrt{\dfrac{1}{x}} - \sqrt{\ln\left(1+\dfrac{1}{x}\right)} > 0(x \geqslant 1)$，所以 $f'(x) > 0(x \geqslant 1)$，即 $f(x)$ 在 $[1,+\infty)$ 上单调增加. 由于 $f(x) = f(1) + \int_1^x f'(t)dt = f(1) +$ $\int_1^x \dfrac{1}{1+f^2(t)}\left[\sqrt{\dfrac{1}{t}} - \sqrt{\ln\left(1+\dfrac{1}{t}\right)}\right]dt \leqslant f(1) + \int_1^x \left[\sqrt{\dfrac{1}{t}} - \sqrt{\ln\left(1+\dfrac{1}{t}\right)}\right]dt \leqslant f(1) + \int_1^x \left[\sqrt{\dfrac{1}{t}} - \sqrt{\dfrac{1}{1+t}}\right]dt$ $= f(1) + \int_1^x \dfrac{\sqrt{1+t}-\sqrt{t}}{\sqrt{t}\sqrt{1+t}}dt = f(1) + \int_1^x \dfrac{1}{\sqrt{t(1+t)}(\sqrt{1+t}+\sqrt{t})}dt \leqslant f(1) + \int_1^{+\infty} \dfrac{dt}{2t^{\frac{3}{2}}} = f(1) + 1$，所以 $f(x)$ 在 $(1,+\infty)$ 上有界，由单调有界收敛性准则，知 $\lim_{x\to +\infty} f(x)$ 存在.

7. 令 $F(x) = \left[\int_0^x f(t)dt\right]^2 - \int_0^x f^3(t)dt$，则 $F'(x) = f(x)\left[2\int_0^x f(t)dt - f^2(x)\right]$，由于 $f(0) = 0, f'(x) > 0$，得 $f(x) > 0$. 令 $g(x) = 2\int_0^x f(t)dt - f^2(x)$，则 $g'(x) = 2f(x)[1 - f'(x)] > 0$，且 $g(0) = 0$，可得 $g(x) > 0$，因而 $F'(x) > 0$，又 $F(0) = 0$，故 $F(a) > 0(a \in (0,1))$，证毕.

8. $x\in(0,1)$ 时,$\dfrac{1}{\sqrt{1+x^2}}<\dfrac{1}{\sqrt{1+x^4}}<\dfrac{1}{\sqrt[4]{1+x^4}}<1$,而 $\int_0^1\dfrac{\mathrm{d}x}{\sqrt{1+x^2}}=\ln(x+\sqrt{1+x^2})\big|_0^1=\ln(1+\sqrt{2})$,由定积分保的号性,有 $\ln(1+\sqrt{2})<\int_0^1\dfrac{1}{\sqrt[4]{1+x^4}}\mathrm{d}x<1$.

9. 由积分中值定理,存在 $\xi\in(a,b)$,使得 $\int_a^b f(x)\mathrm{d}x=f(\xi)(b-a)$,因为 $\int_\xi^x f'(x)\mathrm{d}x=f(x)-f(\xi)$,所以,对任意 $x\in[a,b]$,有 $|f(x)|\leqslant|f(\xi)|+\left|\int_\xi^x f'(x)\mathrm{d}x\right|\leqslant|f(\xi)|+\int_a^b|f'(x)|\mathrm{d}x=\dfrac{1}{b-a}\left|\int_a^b f(x)\mathrm{d}x\right|+\int_a^b|f'(x)|\mathrm{d}x$. 于是 $\max_{x\in[a,b]}|f(x)|\leqslant\dfrac{1}{b-a}\left|\int_a^b f(x)\mathrm{d}x\right|+\int_a^b|f'(x)|\mathrm{d}x$.

10. 因 $\int_0^1|f(\sqrt{x})|\mathrm{d}x\xlongequal{t=\sqrt{x}}\int_0^1 2t|f(t)|\mathrm{d}t\leqslant 2\int_0^1|f(t)|\mathrm{d}t=2$,即 $C\leqslant 2$. 又对于 $f_n(x)=(n+1)x^n$,有 $\int_0^1|f_n(x)|\mathrm{d}x=\int_0^1(n+1)x^n\mathrm{d}x=1$,而 $\int_0^1 f_n(\sqrt{x})\mathrm{d}x=\int_0^1(n+1)x^{\frac{n}{2}}\mathrm{d}x=\dfrac{2(n+1)}{n+2}$,$\dfrac{2(n+1)}{n+2}$ 小于 2 而趋向于 2($n\to\infty$ 时),故 $C\geqslant 2$,综合得 $C=2$.

第六章 定积分的应用

一、选择题

1. B. **2.** B **3.** D. **4.** A. **5.** B.

二、填空题

1. $\dfrac{3}{2}-\ln 2$. **2.** $\dfrac{\pi^2}{4}$. **3.** $\dfrac{4}{3}\pi$. **4.** $\ln(1+\sqrt{2})$. **5.** $\dfrac{\sqrt{3}+1}{12}\pi$.

三、解答题

1. 设切点的坐标为 (a,a^2),则切线的方程为 $y-a^2=2a(x-a)$,即 $y=2ax-a^2$,切线与 x 轴的交点为 $\left(\dfrac{a}{2},0\right)$,于是面积 $A=\int_0^a x^2\mathrm{d}x-\dfrac{1}{2}\cdot\dfrac{a}{2}\cdot a^2=\dfrac{1}{12}a^3$. 由 $\dfrac{1}{12}a^3=\dfrac{1}{12}$ 得 $a=1$,故切线方程为 $y=2x-1$.

2. $y=\ln x$ 与 $y=(e+1)-x$ 的交点为 $(e,1)$,故体积为 $V=\pi\int_1^e\ln^2 x\mathrm{d}x+\pi\int_e^{e+1}[(e+1)-x]^2\mathrm{d}x=\left(e-\dfrac{5}{3}\right)\pi$.

3. $A=\int_1^2(2x-x^2)\mathrm{d}x+\int_2^3(x^2-2x)\mathrm{d}x=2$,$V=\int_1^2 2\pi x(2x-x^2)\mathrm{d}x+\int_2^3 2\pi x(x^2-2x)\mathrm{d}x=9\pi$.

4. $A=\int_0^{+\infty}x\mathrm{e}^{-x}\mathrm{d}x=-x\mathrm{e}^{-x}\Big|_0^{+\infty}+\int_0^{+\infty}\mathrm{e}^{-x}\mathrm{d}x=-\mathrm{e}^{-x}\Big|_0^{+\infty}=1$,$V=\int_0^{+\infty}\pi(x\mathrm{e}^{-x})^2\mathrm{d}x=\pi\int_0^{+\infty}x^2\mathrm{e}^{-2x}\mathrm{d}x=\left[-\dfrac{\pi}{2}x^2\mathrm{e}^{-2x}\right]_0^{+\infty}+\dfrac{\pi}{2}\int_0^{+\infty}2x\mathrm{e}^{-2x}\mathrm{d}x=\left[-\dfrac{\pi}{2}x\mathrm{e}^{-2x}\right]_0^{+\infty}+\dfrac{\pi}{2}\int_0^{+\infty}\mathrm{e}^{-2x}\mathrm{d}x=\left[-\dfrac{\pi}{4}\mathrm{e}^{-2x}\right]_0^{+\infty}=\dfrac{\pi}{4}$.

5. (1) 当 $0<a<1$ 时,$S=S_1+S_2=\int_0^a(ax-x^2)\mathrm{d}x+\int_a^1(x^2-ax)\mathrm{d}x=\dfrac{a^3}{3}-\dfrac{a}{2}+\dfrac{1}{3}$. 令 $S'=0$,得 $a=\dfrac{1}{\sqrt{2}}$,又 $S''\left(\dfrac{1}{\sqrt{2}}\right)=\sqrt{2}>0$,则 $S\left(\dfrac{1}{\sqrt{2}}\right)$ 是极小值,亦即最小值,其值为 $S\left(\dfrac{1}{\sqrt{2}}\right)=\dfrac{2-\sqrt{2}}{6}$. 当 $a\leqslant 0$ 时,$S=S_1+S_2=\int_a^0(ax-x^2)\mathrm{d}x+\int_0^1(x^2-ax)\mathrm{d}x=-\dfrac{a^3}{b}-\dfrac{a}{2}+\dfrac{1}{3}$,$S'=-\dfrac{a^2}{2}-\dfrac{1}{2}<0$,所以 S 单调减少,故 $a=0$ 时 S 取最小值 $S=\dfrac{1}{3}$. 综上所述,当 $a=\dfrac{1}{\sqrt{2}}$ 时,$S\left(\dfrac{1}{\sqrt{2}}\right)=\dfrac{2-\sqrt{2}}{6}$ 为所求最小值.

(2) $V_x=\pi\int_0^{\frac{1}{\sqrt{2}}}\left(\dfrac{1}{2}x^2-x^4\right)\mathrm{d}x+\pi\int_{\frac{1}{\sqrt{2}}}^1\left(x^4-\dfrac{1}{2}x^2\right)\mathrm{d}x=\dfrac{\sqrt{2}+1}{30}\pi$.

6. (1) $V_1=\int_a^2\pi(2x^2)^2\mathrm{d}x=\dfrac{4}{5}\pi(32-a^5)$,$V_2=\int_0^{2a^2}\pi\left(a^2-\dfrac{y}{2}\right)\mathrm{d}y=\pi a^4$.

(2) $V=V_1+V_2=\pi\left(a^4-\dfrac{4}{5}a^5+\dfrac{128}{5}\right)$,令 $V'=0$ 得驻点 $a=1$.因 $V''(1)<0$,故 $a=1$ 时 V 取极大值,亦即最大值 $V(1)=\dfrac{129}{5}\pi$.

7. $f_2(x)=\dfrac{\dfrac{x}{1+x}}{1+\dfrac{x}{1+x}}=\dfrac{x}{1+2x}$,$f_3(x)=\dfrac{\dfrac{x}{1+2x}}{1+\dfrac{x}{1+2x}}=\dfrac{x}{1+3x}$,归纳得 $f_n(x)=\dfrac{x}{1+nx}$,$S_n=\int_0^1\dfrac{x}{1+nx}\mathrm{d}x=\dfrac{1}{n}-\dfrac{1}{n^2}\ln(1+n)$,则 $\lim\limits_{n\to\infty}nS_n=\lim\limits_{n\to\infty}\left[1-\dfrac{\ln(1+n)}{n}\right]=1$.

8. 先计算要把 $[y,y+\mathrm{d}y]$ 对应的一层水抽出需做的功,这层水的重量 $\mathrm{d}G=\pi\left(y-\dfrac{y}{4}\right)\mathrm{d}y\cdot r=\dfrac{3}{4}\pi ry\mathrm{d}y$.其次,把这一层水抽出,它的位移为 $H-y$,从而把这一层水抽出,外力做功 $\mathrm{d}W=\dfrac{3}{4}\pi ry(H-y)\mathrm{d}y$,由元素法,知 $W=\dfrac{3}{4}\pi r\int_0^{\frac{H}{2}}y(H-y)\mathrm{d}y=\dfrac{1}{16}\pi rH^3$.

9. 等腰三角形的顶点 $A\left(\dfrac{3}{2}h,0\right)$,底边 BC,其中 B 点的坐标为 $\left(\dfrac{h}{2},\dfrac{a}{2}\right)$,$AB$ 所在直线的方程为 $y=-\dfrac{a}{4h}(2x-3h)$,区间 $[x,x+\mathrm{d}x]$ 上的水压力 $\mathrm{d}p=2gx\left[-\dfrac{a}{4h}(2x-3h)\right]\mathrm{d}x$(取 $\rho=1$),故水压力 $P=\int_{\frac{h}{2}}^{\frac{3}{2}h}2gx\left[-\dfrac{a}{4h}(2x-3h)\right]\mathrm{d}x=\dfrac{5}{12}ah^2g$.

四、竞赛题

1. 切线为 $y-a^2=2a(x-a)$,即 $y=2ax-a^2$.令 $\begin{cases}y=2ax-a^2,\\y=-x^2+4x-1,\end{cases}$ 得交点 $(x_1,y_1),(x_2,y_2)$ 满足 $x^2+2(a-2)x+1-a^2=0(x_1<x_2)$,则 $x_1x_2=1-a^2$,$x_1+x_2=2(2-a)$,$x_2-x_1=2\sqrt{2a^2-4a+3}$.面积 $S=\int_{x_1}^{x_2}(-x^2+4x-1-2ax+a^2)\mathrm{d}x=(x_2-x_1)\left\{-\dfrac{1}{3}[(x_1+x_2)^2-x_1x_2]+(2-a)(x_1+x_2)+a^2-1\right\}=\dfrac{4}{3}(2a^2-4a+3)^{\frac{3}{2}}$. 由 $S'=2(2a^2-4a+3)^{\frac{1}{2}}(4a-4)$ 得唯一驻点 $a=1$,经判断 $a=1$ 为极小值点,于是 $a=1$ 时即为所求.

2. (1) 易求得切线 $y=-\mathrm{e}x$,切点 $(-1,\mathrm{e})$; (2) 面积 $S=\int_{-1}^{+\infty}\mathrm{e}^{-x}\mathrm{d}x-\dfrac{\mathrm{e}}{2}=\dfrac{\mathrm{e}}{2}$;

(3) $V=\pi\int_{-1}^{+\infty}\mathrm{e}^{-2x}\mathrm{d}x-\dfrac{1}{3}\pi\mathrm{e}^2=\dfrac{1}{6}\pi\mathrm{e}^2$.

3. (1) $P\left(\dfrac{t}{\sqrt{2}},\dfrac{t}{\sqrt{2}}\right)$,直线 PQ 的方程:$y=-x+\sqrt{2}t(\sqrt{2}\leqslant t\leqslant 2\sqrt{2})$,由 $\begin{cases}y=-x+\sqrt{2}t,\\y^2-x^2=4,\end{cases}$ 解得点 Q 的横坐标为 $x_0=\dfrac{t}{\sqrt{2}}-\dfrac{\sqrt{2}}{t}$,所以 $|PQ|=\sqrt{2}\left(\dfrac{t}{\sqrt{2}}-x_0\right)=\dfrac{2}{t}$;

(2) $V=\pi\int_{\sqrt{2}}^{2\sqrt{2}}|PQ|^2\mathrm{d}t=\pi\int_{\sqrt{2}}^{2\sqrt{2}}\dfrac{4}{t^2}\mathrm{d}t=\sqrt{2}\pi$.

4. 射线对质点的引力元素 $\mathrm{d}\boldsymbol{F}=G\cdot\rho\mathrm{d}x\cdot m\cdot\dfrac{x\boldsymbol{i}-h\boldsymbol{j}}{(x^2+h^2)^{\frac{3}{2}}}$,引力 $\boldsymbol{F}=\int_a^{+\infty}Gm\rho\dfrac{x\boldsymbol{i}-h\boldsymbol{j}}{(x^2+h^2)^{\frac{3}{2}}}\mathrm{d}x=Gm\rho\left[\int_a^{+\infty}\dfrac{x}{(x^2+h^2)^{\frac{3}{2}}}\mathrm{d}x\boldsymbol{i}-h\int_a^{+\infty}\dfrac{1}{(x^2+h^2)^{\frac{3}{2}}}\mathrm{d}x\boldsymbol{j}\right]=Gm\rho\left[\dfrac{1}{\sqrt{a^2+h^2}}\boldsymbol{i}+\left(\dfrac{a}{h\sqrt{a^2+h^2}}-\dfrac{1}{h}\right)\boldsymbol{j}\right]$.

第七章 微分方程

一、选择题

1. D. **2.** C. **3.** A. **4.** A. **5.** B. **6.** C. **7.** A. **8.** D.

二、填空题

1. 1. **2.** $y=\sqrt{x}$. **3.** $y=(C_1+C_2 x)\mathrm{e}^{\frac{x}{2}}$. **4.** $\mathrm{e}^{-2x}+2\mathrm{e}^x$. **5.** $\mathrm{e}^{3x}-\mathrm{e}^x-x\mathrm{e}^{2x}$. **6.** $x(A\mathrm{e}^{\lambda x}+B\mathrm{e}^{-\lambda x})$.
7. $y''-4y'+4y=0$.

三、解答题

1. (1) 分离变量得 $\dfrac{y}{1+y^2}\mathrm{d}y=\dfrac{1}{x(1+x^2)}\mathrm{d}x$,两边积分得,$\dfrac{1}{2}\ln(1+y^2)=\ln|x|-\dfrac{1}{2}\ln(1+x^2)+\ln|C|$,通解为 $\sqrt{(1+x^2)(1+y^2)}=Cx$.

(2) 由原方程得 $\dfrac{1-y}{-y}\mathrm{d}y=\dfrac{\mathrm{d}x}{x}$,积分并整理,得通解 $\mathrm{e}^y=Cxy$.

(3) 原方程化为 $\dfrac{\mathrm{d}x}{\mathrm{d}y}-2x=-y^2$,解此一阶线性非齐次方程,得 $x=\dfrac{1}{2}y^2+\dfrac{1}{2}y+\dfrac{1}{4}+C\mathrm{e}^{2y}$.

(4) 由原方程得 $y'+\dfrac{2x}{x^2+1}y=\dfrac{4x}{x^2+1}$,通解为 $y=\mathrm{e}^{-\ln(x^2+1)}\left[\int\dfrac{4x}{x^2+1}\mathrm{e}^{\ln(x^2+1)}\mathrm{d}x+C\right]=\dfrac{1}{x^2+1}\left(\int 4x^2\mathrm{d}x+C\right)=\dfrac{1}{x^2+1}\left(\dfrac{4}{3}x^3+C\right)$.

(5) 原方程化为 $y'+\dfrac{y}{x}=y^2\ln x$,令 $z=\dfrac{1}{y}$,原方程化为 $z'-\dfrac{1}{x}z=-\ln x$,解得 $\dfrac{1}{y}=z=x\left(C-\dfrac{1}{2}\ln^2 x\right)$.

(6) 令 $p=y'$,则 $\dfrac{\mathrm{d}p}{\mathrm{d}x}+\dfrac{1}{x}p=\dfrac{\ln x}{x}$,解得 $y'=p=\dfrac{C_1}{x}+\ln x-1$,积分,得通解为 $y=C_1\ln x+x\ln x-2x+C_2$.

(7) 令 $p=y'$,则 $\dfrac{\mathrm{d}p}{\mathrm{d}x}-\dfrac{x}{1-x^2}p=\dfrac{2}{1-x^2}$,解得 $y'=p=\dfrac{2}{\sqrt{1-x^2}}\arcsin x+\dfrac{C_1}{\sqrt{1-x^2}}$,积分,得通解为 $y=(\arcsin x)^2+C_1\arcsin x+C_2$.

(8) 对应齐次方程的通解 $Y=C_1\mathrm{e}^{-x}+C_2\mathrm{e}^{-2x}$,令 $y^*=ax\mathrm{e}^{-x}+b\cos x+c\sin x$,代入原方程,得 $y^*=x\mathrm{e}^{-x}-\dfrac{3}{10}\cos x+\dfrac{1}{10}\sin x$,故通解为 $y=C_1\mathrm{e}^{-x}+C_2\mathrm{e}^{-2x}+x\mathrm{e}^{-x}-\dfrac{3}{10}\cos x+\dfrac{1}{10}\sin x$.

2. 令 $y'=p$,即 $y''=p\dfrac{\mathrm{d}p}{\mathrm{d}y}$,方程化为 $\dfrac{2p}{1+p^2}\mathrm{d}p=\dfrac{\mathrm{d}y}{y}$,两边积分,得 $\ln(1+p^2)=\ln|y|+\ln|C_1|$,所以 $1+p^2=C_1 y$. 由 $y(0)=2,y'(0)=-1$ 得 $C_1=1$,于是有 $p=\pm\sqrt{y-1}$. 又 $y'(0)=-1<0$,故 $p=\dfrac{\mathrm{d}y}{\mathrm{d}x}=-\sqrt{1-y}$,即 $\dfrac{\mathrm{d}y}{\sqrt{y-1}}=-\mathrm{d}x$,积分,得 $2\sqrt{y-1}=-x+C_2$,由 $y(0)=2$ 得 $C_2=2$,因此特解为 $2\sqrt{y-1}+x=2$.

3. 解一阶可分离变量方程,得 $x=\ln(1+t^2)$,再由参数方程求导,得 $\dfrac{\mathrm{d}^2 y}{\mathrm{d}x^2}=(1+t^2)[\ln(1+t^2)+1]$.

4. 两边求导,得 $\varphi'(x)\cos x-\varphi(x)\sin x+2\varphi(x)\sin x=1$,化为 $\varphi'(x)+\varphi(x)\tan x=\sec x$,解得通解 $\varphi(x)=\sin x+C\cos x$,由 $\varphi(0)=1$ 得 $C=1$,故 $\varphi(x)=\sin x+\cos x$.

5. (1) 令 $x=y=0$,得 $f(0)=0$,再对原等式两边关于 y 求导,得 $f'(x+y)=\mathrm{e}^y f(x)+\mathrm{e}^x f'(y)$,再令 $y=0$,由 $f'(0)=2$ 得 $f'(x)$ 与 $f(x)$ 的关系式 $f'(x)-f(x)=2\mathrm{e}^x$.

(2) 解上述方程,得 $f(x)=2x\mathrm{e}^x$.

6. 切线方程 $y-f(x_0)=f'(x_0)(z-x_0)$,$y=0$,得 $z=x_0-\dfrac{f(x_0)}{f'(x_0)}$,因此得 $\dfrac{1}{2}\dfrac{f^2(x_0)}{f'(x_0)}=4$,从而微分方程为 $\dfrac{\mathrm{d}y}{\mathrm{d}x}=\dfrac{y^2}{8}$,解之,得 $f(x)=\dfrac{8}{4-x}$.

7. 令 $p=y'$，则 $p'=y''$，方程化为 $x^2\dfrac{\mathrm{d}p}{\mathrm{d}x}=p^2$，分离变量，得 $\dfrac{\mathrm{d}p}{p^2}=\dfrac{\mathrm{d}x}{x^2}$，两边积分，得 $-\dfrac{1}{p}=-\dfrac{1}{c}+C_2$。由 $p|_{x=1}=1$ 得 $C_1=0$，故 $p=\dfrac{\mathrm{d}y}{\mathrm{d}x}=x$，$y=\dfrac{1}{2}x^2+C_2$。由 $y|_{x=1}=0$ 得 $C_2=-\dfrac{1}{2}$，因此所求曲线为 $y=\dfrac{1}{2}(x^2-1)$。

8. $V(t)=\int_1^t \pi[f(x)]^2\mathrm{d}x=\dfrac{\pi}{3}[t^2 f(t)-f(1)]$，两边对 t 求导，得 $\pi f^2(t)=\dfrac{\pi}{3}[2tf(t)+t^2 f'(t)]$，记 $t=x$，$y=f(t)$，有 $3y^2=2xy+x^2 y'$，即 $y'=3\left(\dfrac{y}{x}\right)^2-2\left(\dfrac{y}{x}\right)$，解得 $1-\dfrac{x}{y}=Cx^3$，将 $y(2)=\dfrac{2}{9}$ 代入，得 $C=-1$，故 $y=f(x)=\dfrac{x}{1+x^3}(x\geqslant 1)$。

9. 由条件得 $y(0)=0,y'(0)=1$，因 $\tan\alpha=y'(x)$，得 $\alpha=\arctan y'(x)$，$\dfrac{\mathrm{d}\alpha}{\mathrm{d}x}=\dfrac{y''(x)}{1+[y'(x)]^2}$，所以得微分方程 $y''(x)=y'(x)+[y'(x)]^3$，令 $y'(x)=p$，则 $\dfrac{\mathrm{d}p}{\mathrm{d}x}=p+p^3$，解得 $y'=p=\dfrac{\mathrm{e}^x}{\sqrt{2-\mathrm{e}^{2x}}}$，积分后可得 $y=\arcsin\dfrac{\mathrm{e}^x}{\sqrt{2}}-\dfrac{\pi}{4}$。

10. 微分方程 $\dfrac{\mathrm{d}^2 s}{\mathrm{d}t^2}+9s=5\cos 2t$ 的通解为 $s(t)=C_1\cos 3t+C_2\sin 3t+\cos 2t$。（1）由 $s(0)=s'(0)=0$ 得 $C_1=-1,C_2=0$，所以 $s(t)=\cos 2t-\cos 3t$，且质点离开原点的最大距离为 2。（2）由 $s(0)=0,s'(0)=6$ 得 $C_1=-1,C_2=2$。故运动方程为 $s(t)=\cos 2t-\cos 3t+2\sin 3t$。

四、竞赛题

1. 因 $f(x)=\mathrm{e}^{-\int_0^x f(t)\mathrm{d}t}$，求导得 $f'(x)=-[f(x)]^2$，且 $f(0)=1$，解此微分方程，得 $f(x)=\dfrac{1}{1+x}$。

2. 方程改写为 $(2x\mathrm{d}x+y\mathrm{d}y)+(y\mathrm{d}x+x\mathrm{d}y)-(4\mathrm{d}x+\mathrm{d}y)=0$，即 $\mathrm{d}\left(x^2+\dfrac{1}{2}y^2\right)+\mathrm{d}(xy)-\mathrm{d}(4x+y)=0$，故通解为 $x^2+\dfrac{y^2}{2}+xy-(4x+y)=C$。

3. 由条件得 $\lambda=1\pm 2i$ 为二重特征根，此方程通解为 $y=\mathrm{e}^x[(C_1+C_2 x)\cos 2x+(C_3+C_4 x)\sin 2x]$。

4. 原方程为 $\varphi(x)=\cos x-x\int_0^x \varphi(u)\mathrm{d}u+\int_0^x u\varphi(u)\mathrm{d}u$，两边对 x 求导，得 $\varphi'(x)=-\sin x-\int_0^x \varphi(u)\mathrm{d}u$，再求导，得 $\varphi''(x)+\varphi(x)=-\cos x$，解此微分方程，得通解 $\varphi(x)=C_1\cos x+C_2\sin x-\dfrac{1}{2}x\sin x$，由 $\varphi(0)=1,\varphi'(0)=0$，代入上式，得 $C_1=1,C_2=0$，故 $\varphi(x)=\cos x-\dfrac{1}{2}x\sin x$。

5. （1）$\dfrac{\mathrm{d}y}{\mathrm{d}x}=\dfrac{1}{\dfrac{\mathrm{d}x}{\mathrm{d}y}}$，两边对 x 求导，得 $\dfrac{\mathrm{d}^2 y}{\mathrm{d}x^2}=-\dfrac{1}{\left(\dfrac{\mathrm{d}x}{\mathrm{d}y}\right)^2}\dfrac{\mathrm{d}}{\mathrm{d}x}\left(\dfrac{\mathrm{d}x}{\mathrm{d}y}\right)=-\dfrac{\dfrac{\mathrm{d}^2 x}{\mathrm{d}y^2}}{\left(\dfrac{\mathrm{d}x}{\mathrm{d}y}\right)^3}$，代入原方程并化简得 $\dfrac{\mathrm{d}^2 x}{\mathrm{d}y^2}+x=\sin y$。

（2）解二阶常系数非齐次线性微分方程，得 $x=C_1\cos y+C_2\sin y-\dfrac{1}{2}y\cos y$。

第八章　空间解析几何与向量代数

一、选择题

1. B.　2. C.　3. D.　4. A.　5. A.　6. A.　7. C.　8. A.　9. B.　10. C.

二、填空题

1. 2.　2. $(2,-5,-12)$.　3. $2y+z=0$.　4. $\dfrac{x-1}{1}=\dfrac{y-2}{-3}=\dfrac{z+1}{-1}$.　5. $\sqrt{2}$.　6. $3\sqrt{5}$.　7. $\arccos\dfrac{4}{\sqrt{21}}$.

8. $x^2+y^2=1$，$\begin{cases}x^2+y^2=1\\ z=0\end{cases}$

三、解答题

1. $\cos\theta = \dfrac{1\times 1 + 1\times(-2) + (-4)\times 2}{\sqrt{1^2+1^2+(-4)^2}\cdot\sqrt{1^2+(-2)^2+2^2}} = -\dfrac{1}{\sqrt{2}}$,故 $\theta = \dfrac{3}{4}\pi$.

2. $\overrightarrow{AB}=(-1,2,2)$, $\overrightarrow{AC}=(0,1,-1)$, $\overrightarrow{AB}\times\overrightarrow{AC}=-4\boldsymbol{i}-\boldsymbol{j}-\boldsymbol{k}$, $\triangle ABC$ 的面积 $S = \dfrac{1}{2}|\overrightarrow{AB}\times\overrightarrow{AC}| = \dfrac{\sqrt{18}}{2}$.

3. 向量 $\boldsymbol{\xi}$ 与 $\boldsymbol{\eta}$ 垂直的充要条件是 $\boldsymbol{\xi}\cdot\boldsymbol{\eta}=0$, 而 $\boldsymbol{\xi}\cdot\boldsymbol{\eta}=(\lambda\boldsymbol{a}+17\boldsymbol{b})\cdot(3\boldsymbol{a}-\boldsymbol{b})=3\lambda|\boldsymbol{a}|^2+(51-\lambda)\boldsymbol{a}\cdot\boldsymbol{b}-17|\boldsymbol{b}|^2=12\lambda+(51-\lambda)\cdot 2\cdot 5\cdot\cos\dfrac{2\pi}{3}-425=17\lambda-680$,故应满足 $17\lambda-680=0$,即 $\lambda=40$.

4. $\boldsymbol{n}=\boldsymbol{n}_1\times\boldsymbol{n}_2 = \begin{vmatrix} \boldsymbol{i} & \boldsymbol{j} & \boldsymbol{k} \\ 1 & 2 & 3 \\ 6 & -1 & -5 \end{vmatrix} = -7\boldsymbol{i}+23\boldsymbol{j}-13\boldsymbol{k}$, 故所求平面方程为 $-7x+23y-13z=0$.

5. 由题意,可设所求平面为 $2x+y+2z+D=0$,其截距式为 $\dfrac{x}{-\frac{D}{2}}+\dfrac{y}{-D}+\dfrac{z}{-\frac{D}{2}}=1$, 它在三个坐标轴上的截距分别为 $-\dfrac{D}{2}, -D, -\dfrac{D}{2}$,由题意: $\dfrac{1}{6}\left|\left(-\dfrac{D}{2}\right)\cdot(-D)\cdot\left(-\dfrac{D}{2}\right)\right|=1$,即 $\dfrac{1}{24}|D|^3=1$,故 $D=\pm 2\sqrt[3]{3}$. 故所求平面方程为 $2x+y+2z\pm 2\sqrt[3]{3}=0$.

6. 直线的方向向量 $\boldsymbol{s}=(-2,1,0)\times(-2,0,1)=(1,2,2)$, 平面的法向量 $\boldsymbol{n}=(-3,0,1)$. 于是 $\sin\varphi = \dfrac{|\boldsymbol{n}\cdot\boldsymbol{s}|}{|\boldsymbol{n}||\boldsymbol{s}|} = \dfrac{|1\times(-3)+2\times 0+2\times 1|}{\sqrt{1^2+2^2+2^2}\sqrt{(-3)^2+0^2+1^2}} = \dfrac{1}{3\sqrt{10}}$,故 $\varphi = \arcsin\dfrac{1}{3\sqrt{10}}$. 下面求直线和平面的交点,将直线方程 $\begin{cases} y=2x-7, \\ z=2x-5 \end{cases}$ 代入平面方程 $z=3x$, 得 $2x-5=3x$, 故 $x=-5$, 于是 $y=-17, z=-15$. 即交点为 $(-5,-17,-15)$.

7. 直线 L 的方向向量为 $\boldsymbol{s}=\boldsymbol{j}\times(\boldsymbol{i}+2\boldsymbol{k})=2\boldsymbol{i}-\boldsymbol{k}$, 过点 P 作垂直于直线 L 的平面 Π, 其方程为 $2(x-0)-(z-1)=0$, 即 $2x-z+1=0$. 它与直线 L 的交点为 $Q(1,-2,3)$.

(1) 点 P 到直线 L 的距离为 $d=|PQ|=\sqrt{(1-0)^2+(-2+1)^2+(3-1)^2}=\sqrt{6}$.

(2) 过点 P 且与 L 垂直相交的直线即为过点 P,Q 的直线,其方程为 $\dfrac{x}{1}=\dfrac{y+1}{-1}=\dfrac{z-1}{2}$.

8. $\boldsymbol{s}=\begin{vmatrix} \boldsymbol{i} & \boldsymbol{j} & \boldsymbol{k} \\ 2 & -4 & 1 \\ 1 & 3 & 2 \end{vmatrix} = (-3,1,10)$, 在直线 L 的方程中令 $y=0$, 得 $x=-5, z=11$, 即得 L 上点 $M_0(-5,0,11)$. 于是直线 L 的对称式方程为 $\dfrac{x+5}{-3}=\dfrac{y}{1}=\dfrac{z-11}{10}$, 参数方程为 $\begin{cases} x=-5-3t, \\ y=t, \\ z=11+10t. \end{cases}$

9. (1) 因决定 L 的两个平面中有一个平面 $2y+3z-5=0$ 缺 x 项,从而它垂直于 yOz 面,即为投影柱面方程,于是 L 在 yOz 面上的投影方程为 $\begin{cases} 2y+3z-5=0, \\ x=0; \end{cases}$

(2) 在 L 的方程中消去 z, 得投影柱面方程 $3x-4y+16=0$, 于是 L 在 xOy 面上的投影方程为 $\begin{cases} 3x-4y+16=0, \\ z=0; \end{cases}$

(3) 过直线 L 的平面束方程为 $x+2(\lambda-1)y+(3\lambda-1)z+7-5\lambda=0$, 令它与投影平面垂直, 即 $1\times 1-1\times 2(\lambda-1)+3\times(3\lambda-1)=0$, 得 $\lambda=0$, 所以过 L 且垂直于投影平面的平面为 $x-2y-z+7=0$, 它与投影平面的交线即为投影直线, 即 $\begin{cases} x-2y-z+7=0, \\ x-y+3z+8=0. \end{cases}$

四、竞赛题

1. 平面束方程为$(2+5\lambda)x+(1+5\lambda)y-(3+4\lambda)z+(2+3\lambda)=0$,过点$(4,-3,1)$的平面应满足$(2+5\lambda)\cdot 4+(1+5\lambda)\cdot(-3)-(3+4\lambda)\cdot 1+(2+3\lambda)=0$,得$\lambda=-1$.所以过$(4,-3,1)$的平面为$3x+4y-z+1=0$,另一平面与上述平面垂直,故应满足$(2+5\lambda)\cdot 3+(1+5\lambda)\cdot 4-(3+4\lambda)\cdot(-1)=0$,解得$\lambda=-\dfrac{1}{3}$,所以另一平面为$x-2y-5z+3=0$.

2. 以EF为x轴,中点为原点O建立直角坐标系,则$E\left(-\dfrac{a}{2},0\right),F\left(\dfrac{a}{2},0\right)$.设点$P$的坐标为$(x,y)$.因为$\overrightarrow{PA}+\overrightarrow{PB}=2\overrightarrow{PE}=(-a-2x,-2y),\overrightarrow{PC}+\overrightarrow{PD}=2\overrightarrow{PF}=(a-2x,-2y)$,所以$(\overrightarrow{PA}+\overrightarrow{PB})\cdot(\overrightarrow{PC}+\overrightarrow{PD})=4(x^2+y^2)-a^2$,当$P$为$(0,0)$时,最小值为$-a^2$.

3. $s=(1,2,3)\times(4,5,6)=-3(1,-2,1)$,所求直线为$\dfrac{x+2}{1}=\dfrac{y+1}{-2}=\dfrac{z}{1}$.

4. L与平面Π的交点为$(7,10,7)$,直线Γ的方向向量$s=l\times n=(6,10,7)\times(1,2,-1)=-(24,-13,-2)$,其中$l$为直线$L$的方向向量.于是所求直线$\Gamma$的方程为$x=7+24t,y=10-13t,z=7-2t$.

5. 由直线$\begin{cases}x=1+2y\\z=-y\end{cases}$,可得旋转曲面方程为$x^2+z^2=1+4y+5y^2$,$V=\pi\int_0^2(x^2+z^2)\mathrm{d}y=\pi\int_0^2(1+4y+5y^2)\mathrm{d}y=\dfrac{70}{3}\pi$.

第九章 多元函数微分法及其应用

一、选择题

1. A. **2.** B. **3.** C. **4.** B. **5.** B. **6.** D. **7.** B. **8.** D. **9.** C. **10.** A.

二、填空题

1. $2xf'_1+ye^{xy}f'_2$. **2.** $\dfrac{\sqrt{2}}{2}(\ln 2-1)$. **3.** $\dfrac{\pi^2}{e^2}$. **4.** $e^{\sin xy}\cos xy\cdot(y\mathrm{d}x+x\mathrm{d}y)$. **5.** $2z$.

6. $-\dfrac{1}{2}(\mathrm{d}x+\mathrm{d}y)$. **7.** $(1,1,2)$. **8.** $\dfrac{1}{2}$. **9.** $(1,1,1)$. **10.** $\dfrac{a^2b^2}{a^2+b^2}$.

三、解答题

1. (1) $\lim\limits_{(x,y)\to(0,0)}\dfrac{\sin(xy)}{y}=\lim\limits_{(x,y)\to(0,0)}x\cdot\dfrac{\sin(xy)}{xy}=0\cdot 1=0$;

(2) $\lim\limits_{(x,y)\to(0,0)}\dfrac{\sin(x^2y)-\tan(x^2y)}{x^6y^3}\xlongequal{x^2y=t}\lim\limits_{t\to 0}\dfrac{\sin t-\tan t}{t^3}=\lim\limits_{t\to 0}\dfrac{\tan t(\cos t-1)}{t^3}=\lim\limits_{t\to 0}\dfrac{t\cdot\left(-\dfrac{t^2}{2}\right)}{t^3}=-\dfrac{1}{2}$.

2. 因$\lim\limits_{\substack{(x,y)\to(0,0)\\y=0}}\dfrac{xy}{x+y}=0$,$\lim\limits_{\substack{(x,y)\to(0,0)\\y=-x+x^2}}\dfrac{xy}{x+y}=\lim\limits_{x\to 0}\dfrac{x(-x+x^2)}{x^2}=-1$,所以$\lim\limits_{(x,y)\to(0,0)}\dfrac{xy}{x+y}$不存在;

3. 由于$\lim\limits_{(x,y)\to(0,0)}f(x,y)=\lim\limits_{(x,y)\to(0,0)}\sqrt{|xy|}=0=f(0,0)$,所以$f(x,y)$在点$(0,0)$处连续.又$f_x(0,0)=\lim\limits_{x\to 0}\dfrac{f(x,0)-f(0,0)}{x}=0$,同理$f_y(0,0)=0$.故$f(x,y)$在点$(0,0)$处偏导数存在.而$\dfrac{\Delta f(0,0)-f_x(0,0)\Delta x-f_y(0,0)\Delta y}{\rho}=\dfrac{\sqrt{|\Delta x\cdot \Delta y|}}{\sqrt{(\Delta x)^2+(\Delta y)^2}}\to\dfrac{1}{\sqrt 2}\neq 0$($\Delta y=\Delta x\to 0$),说明$\Delta f(0,0)-f_x(0,0)\Delta x-f_y(0,0)\Delta y$不是$\rho$的高阶无穷小,所以$f(x,y)$在点$(0,0)$处不可微.

4. (1) $f_x(0,0)=\lim\limits_{x\to 0}\dfrac{f(x,0)-f(0,0)}{x}=\lim\limits_{x\to 0}x\cos\dfrac{1}{|x|}=0$,同理$f_y(0,0)=0$.

(2) 当$x^2+y^2\neq 0$时,$f_x(x,y)=2x\cos\dfrac{1}{\sqrt{x^2+y^2}}+\dfrac{x}{\sqrt{x^2+y^2}}\sin\dfrac{1}{\sqrt{x^2+y^2}}$,$f_y(x,y)=2y\cos\dfrac{1}{\sqrt{x^2+y^2}}+$

$\dfrac{y}{\sqrt{x^2+y^2}}\sin\dfrac{1}{\sqrt{x^2+y^2}}$，由于 $\lim\limits_{(x,y)\to(0,0)}2x\cos\dfrac{1}{\sqrt{x^2+y^2}}=0$（因 $\lim\limits_{(x,y)\to(0,0)}x=0$，而 $\left|\cos\dfrac{1}{\sqrt{x^2+y^2}}\right|\leqslant 1$），

$\lim\limits_{\substack{(x,y)\to(0,0)\\y=x}}\dfrac{x}{\sqrt{x^2+y^2}}\sin\dfrac{1}{\sqrt{x^2+y^2}}=\dfrac{1}{\sqrt{2}}\lim\limits_{x\to 0}\dfrac{x}{|x|}\sin\dfrac{1}{\sqrt{2}|x|}$ 不存在，所以 $\lim\limits_{(x,y)\to(0,0)}f_x(x,y)$ 不存在，从而 $f_x(x,y)$ 在点 $(0,0)$ 不连续. 同理，$f_y(x,y)$ 在点 $(0,0)$ 不连续.

(3) $\lim\limits_{\rho\to 0}\dfrac{\Delta f(0,0)-f_x(0,0)\Delta x-f_y(0,0)\Delta y}{\rho}=\lim\limits_{\rho\to 0}\dfrac{1}{\rho}[(\Delta x)^2+(\Delta y)^2]\cos\dfrac{1}{\sqrt{(\Delta x)^2+(\Delta y)^2}}=\lim\limits_{\rho\to 0}\rho\cos\dfrac{1}{\rho}$
$=0$，所以 $f(x,y)$ 在点 $(0,0)$ 处可微.

5. $\dfrac{\partial F}{\partial x}=\dfrac{y\cdot\sin(xy)}{1+x^2y^2}$，$\dfrac{\partial^2 F}{\partial x^2}\bigg|_{\substack{x=0\\y=2}}=\dfrac{(1+x^2y^2)\cos(xy)\cdot y^2-2xy^2\sin(xy)}{(1+x^2y^2)^2}\bigg|_{\substack{x=0\\y=2}}=4$.

6. $z=u^2+v^2=(u+v)^2-2uv=x^2-2y$，故 $\dfrac{\partial z}{\partial x}=2x$，$\dfrac{\partial z}{\partial y}=-2$.

7. 因 $\dfrac{\partial u}{\partial r}=\dfrac{\partial u}{\partial x}\dfrac{\partial x}{\partial r}+\dfrac{\partial u}{\partial y}\dfrac{\partial y}{\partial r}=\dfrac{\partial u}{\partial x}\cos\theta+\dfrac{\partial u}{\partial y}\sin\theta$，$\dfrac{\partial u}{\partial\theta}=\dfrac{\partial u}{\partial x}\dfrac{\partial x}{\partial\theta}+\dfrac{\partial u}{\partial y}\dfrac{\partial y}{\partial\theta}=-\dfrac{\partial u}{\partial x}r\sin\theta+\dfrac{\partial u}{\partial y}r\cos\theta$，所以 $\left(\dfrac{\partial u}{\partial r}\right)^2+\dfrac{1}{r^2}\left(\dfrac{\partial u}{\partial\theta}\right)^2=\left(\dfrac{\partial u}{\partial x}\cos\theta+\dfrac{\partial u}{\partial y}\sin\theta\right)^2+\left(-\dfrac{\partial u}{\partial x}\sin\theta+\dfrac{\partial u}{\partial y}\cos\theta\right)^2=\left(\dfrac{\partial u}{\partial x}\right)^2+\left(\dfrac{\partial u}{\partial y}\right)^2=0$.

8. $\dfrac{\partial z}{\partial x}=2f'+g_1'+yg_2'$，$\dfrac{\partial^2 z}{\partial x\partial y}=-2f''+xg_{12}''+g_2'+xyg_{22}''$.

9. 由条件得 $f(1,1)=2$，$f_1'(1,1)=f_2'(1,1)=0$，$\dfrac{\partial z}{\partial x}=f_1'[x+y,f(x,y)]+f_2'[x+y,f(x,y)]f_1'(x,y)$，
$\dfrac{\partial^2 z}{\partial x\partial y}\bigg|_{(1,1)}=f_{11}''(2,2)+f_2'(2,2)f_{12}''(1,1)$.

10. $\mathrm{d}z=(f_1'+f_2'+yf_3')\mathrm{d}x+(f_1'-f_2'+xf_3')\mathrm{d}y$，$\dfrac{\partial^2 z}{\partial x\partial y}=f_{11}''+(x+y)f_{13}''-f_{22}''+(x-y)f_{23}''+xyf_{33}''+f_3'$.

11. (1) $2x\mathrm{d}x+2y\mathrm{d}y-\mathrm{d}z=\varphi'\cdot(\mathrm{d}x+\mathrm{d}y+\mathrm{d}z)$，解得 $\mathrm{d}z=\dfrac{(2x-\varphi')\mathrm{d}x+(2y-\varphi')\mathrm{d}y}{\varphi'+1}$；

(2) $u(x,y)=\dfrac{2}{\varphi'+1}$，$\dfrac{\partial u}{\partial x}=-\dfrac{2(2x+1)\varphi''}{(\varphi'+1)^3}$.

12. 由 $\mathrm{e}^{xy}-y=0$，得 $\dfrac{\mathrm{d}y}{\mathrm{d}x}=\dfrac{y\mathrm{e}^{xy}}{1-x\mathrm{e}^{xy}}=\dfrac{y^2}{1-xy}$，由 $\mathrm{e}^z-xz=0$，得 $\dfrac{\mathrm{d}z}{\mathrm{d}x}=\dfrac{z}{\mathrm{e}^z-x}=\dfrac{z}{x(z-1)}$，所以 $\dfrac{\mathrm{d}u}{\mathrm{d}x}=f_x+f_y\cdot\dfrac{\mathrm{d}y}{\mathrm{d}x}+f_z\cdot\dfrac{\mathrm{d}z}{\mathrm{d}x}=f_x+\dfrac{y^2}{1-xy}f_y+\dfrac{z}{x(z-1)}f_z$.

13. 方程组 $u=f(x,y,z)$，$\varphi(x^2,\mathrm{e}^y,z)=0$，$y=\sin x$ 确定三个一元函数 $u=u(x)$，$y=y(x)$，$z=z(x)$，在上述方程组两端对 x 求导，得 $\begin{cases}\dfrac{\mathrm{d}u}{\mathrm{d}x}=f_1'+f_2'\cdot\dfrac{\mathrm{d}y}{\mathrm{d}x}+f_3'\cdot\dfrac{\mathrm{d}z}{\mathrm{d}x},\\ \varphi_1'\cdot(2x)+\varphi_2'\cdot\mathrm{e}^y\dfrac{\mathrm{d}y}{\mathrm{d}x}+\varphi_3'\cdot\dfrac{\mathrm{d}z}{\mathrm{d}x}=0,\\ \dfrac{\mathrm{d}y}{\mathrm{d}x}=\cos x.\end{cases}$ 解得 $\dfrac{\mathrm{d}u}{\mathrm{d}x}=f_1'+\cos x\cdot f_2'-\dfrac{1}{\varphi_3'}(2x\varphi_1'+$

$\mathrm{e}^y\cos x\varphi_2')\cdot f_3'$.

14. 令 $r=\sqrt{x^2+y^2}$，则 $u=f(r)$，$\dfrac{\partial u}{\partial x}=\dfrac{x}{r}f'$，$\dfrac{\partial^2 u}{\partial x^2}=\dfrac{1}{r}f'-\dfrac{x^2}{r^3}f'+\dfrac{x^2}{r^2}f''$. 同理 $\dfrac{\partial^2 u}{\partial y^2}=\dfrac{1}{r}f'-\dfrac{y^2}{r^3}f'+\dfrac{y^2}{r^2}f''$. 代入方程 $\dfrac{\partial^2 u}{\partial x^2}+\dfrac{\partial^2 u}{\partial y^2}=\sqrt{x^2+y^2}$ 化为 $f''+\dfrac{1}{r}f'=r$，此乃可降阶的二阶常微分方程，解之得 $f(r)=\dfrac{1}{9}r^3+C_1\ln r+C_2$. 所以 $u=\dfrac{1}{9}(x^2+y^2)^{\frac{3}{2}}+C_1\ln(x^2+y^2)+C_2$，其中 C_1，C_2 为任意常数.

15. $\mathbf{grad}f=(1+y,1+x)$，故 $f(x,y)$ 在曲线 C 上的最大方向导数为 $\sqrt{(1+y)^2+(1+x)^2}$，其中 x，y 满足 $x^2+y^2+xy-3=0$，即求 $z=(1+y)^2+(1+x)^2$ 在条件 $x^2+y^2+xy-3=0$ 下的最大值. 令 $F(x,y,\lambda)=$

$(1+y)^2+(1+x)^2+\lambda(x^2+y^2+xy-3)$,由偏导数为 0 得驻点$(1,1),(-1,-1),(2,-1),(-1,2)$,由 $z(1,1)=4,z(1,-1)=0,z(2,-1)=z(-1,2)=9$ 得最大方向导数为 3.

16. 曲线在任一点的切向量为 $\boldsymbol{T}=(1-2t,3t^2)$,平面的法向量为 $\boldsymbol{n}=(1,2,1)$.依题意有 $\boldsymbol{T}\cdot\boldsymbol{n}=0$,即 $1-4t+3t^2=0$,解得 $t=1$ 或 $t=\dfrac{1}{3}$,对应的切点分别为 $(1,1,1)$ 和 $\left(\dfrac{1}{3},-\dfrac{1}{9},\dfrac{1}{27}\right)$,切向量分别为 $(1,-2,3)$ 和 $\dfrac{1}{3}(3,-2,1)$,故所求的切线方程为 $\dfrac{x-1}{1}=\dfrac{y+1}{-2}=\dfrac{z-1}{3}$ 和 $\dfrac{x-\dfrac{1}{3}}{3}=\dfrac{y+\dfrac{1}{9}}{-2}=\dfrac{z-\dfrac{1}{27}}{1}$.

17. 设 $L(x,y,z,\lambda)=\ln x+\ln y+3\ln z+\lambda(x^2+y^2+z^2-5r^2)$,令
$$\begin{cases} L_x=\dfrac{1}{x}+2\lambda x=0,\\ L_y=\dfrac{1}{y}+2\lambda y=0,\\ L_z=\dfrac{3}{z}+2\lambda z=0,\\ x^2+y^2+z^2=5r^2, \end{cases}$$
解得唯一驻点 $M(r,r,\sqrt{3}r)$,且 $u(M)=\ln(3\sqrt{3}r^5)$.由于 $x\to 0^+$ 或 $y\to 0^+$ 或 $z\to 0^+$ 时,$u\to-\infty$,故 $u(M)=\ln(3\sqrt{3}r^5)$ 是函数的最大值,即 $\ln x+\ln y+3\ln z\le\ln(3\sqrt{3}r^5)$.将 $r=\left(\dfrac{x^2+y^2+z^2}{5}\right)^{\frac{1}{2}}$ 代入得 $x^2y^2z^6\le 27\left(\dfrac{x^2+y^2+z^2}{5}\right)^5$,对任意正数 a,b,c,令 $x=\sqrt{a},y=\sqrt{b},z=\sqrt{c}$,代入上式,即得 $abc^3\le 27\left(\dfrac{a+b+c}{5}\right)^5$.

18. $f'_x=e^{x+y}\left(x^2+y+\dfrac{x^3}{3}\right)$,$f'_y=e^{x+y}\left(1+y+\dfrac{x^3}{3}\right)$,由 $f'_x=0,f'_y=0$ 得驻点 $M\left(1,-\dfrac{4}{3}\right),N\left(1,-\dfrac{2}{3}\right)$.$f''_{xx}=e^{x+y}\left(2x+2y^2+y+\dfrac{x^3}{3}\right)$,$f''_{xy}=e^{x+y}\left(1+x^2+y+\dfrac{x^3}{3}\right)$,$f''_{yy}=e^{x+y}\left(2+y+\dfrac{x^3}{3}\right)$,在 M 点:$A=f''_{xx}=3e^{-\frac{1}{3}},B=f''_{xy}=e^{-\frac{1}{3}},C=f''_{yy}=e^{-\frac{1}{3}}$,有 $AC-B^2=2e^{-\frac{2}{3}}>0$ 且 $A>0$,故极小值 $f\left(1,-\dfrac{4}{3}\right)=-e^{-\frac{1}{3}}$.而在 N 点 $A=e^{-\frac{5}{3}},B=e^{-\frac{5}{3}},C=e^{-\frac{5}{3}},AC-B^2<0$,故无极值.

19. 令 $F=x^2+y^2+z^2+\lambda(x^2+y^2-z)+\mu(x+y+z-4)$,$F_x=2x+2x\lambda+\mu=0$,$F_y=2y+2y\lambda+\mu=0$,$F_z=2z-\lambda+\mu=0$,$F_\lambda=x^2+y^2-z=0$,$F_\mu=x+y+z-4=0$.这 5 个方程解得驻点 $(-2,-2,8),(1,1,2)$.故最大值 $u(-2,-2,8)=72$,最小值 $u(1,1,2)=6$.

四、竞赛题

1. $\lim\limits_{\substack{x\to 0\\y=x^2}}f(x,y)=\lim\limits_{x\to 0}\left(\sqrt{x^2+x^4}+\dfrac{1}{2}\right)=\dfrac{1}{2}\ne f(0,0)$,于是 $f(x,y)$ 在点 $(0,0)$ 处不连续.由于 $\lim\limits_{x\to 0}\dfrac{f(x,0)-f(0,0)}{x}=\lim\limits_{x\to 0}\dfrac{|x|}{x}$ 与 $\lim\limits_{y\to 0}\dfrac{f(0,y)-f(0,0)}{y}=\lim\limits_{y\to 0}\dfrac{|y|}{y}$ 皆不存在,故 $f(x,y)$ 在点 $(0,0)$ 处偏导数不存在,因而 $f(x,y)$ 在 $(0,0)$ 处不可微.

2. $F=x^2+y^2-5$,外法线 $\boldsymbol{n}=(1,2,0)$,单位向量 $\boldsymbol{n}^\circ=\left(\dfrac{1}{\sqrt{5}},\dfrac{2}{\sqrt{5}},0\right)$.又 $\text{grad}\,u|_{(1,2,-1)}=(-4,-4,12)$.于是 $\dfrac{\partial u}{\partial n}=\boldsymbol{n}^\circ\cdot\text{grad}\,u=-\dfrac{12}{5}\sqrt{5}$.

3. $2x+2y+z+\dfrac{3}{2}=0$.

4. $z-xy$.

5. $F'_u\left(dz-\dfrac{1}{x^2}dx\right)+F'_v\left(dz+\dfrac{1}{y^2}dy\right)=0$ 得 $dz=\dfrac{F'_u}{x^2(F'_u+F'_v)}dx-\dfrac{F'_v}{y^2(F'_u+F'_v)}dy$,因此得到 $\dfrac{\partial z}{\partial x}$ 及 $\dfrac{\partial z}{\partial y}$,且有 $x^2\dfrac{\partial z}{\partial x}+y^2\dfrac{\partial z}{\partial y}-\dfrac{F'_u-F'_v}{F'_u+F'_v}=0$.由第一个结论得 $x^3\dfrac{\partial^2 z}{\partial x^2}+xy(x+y)\dfrac{\partial^2 z}{\partial x\partial y}+y^3\dfrac{\partial^2 z}{\partial y^2}=\left(2x^2\dfrac{2\partial z}{\partial x}+x^3\dfrac{\partial^2 z}{\partial x^2}+xy^2\dfrac{\partial^2 z}{\partial x\partial y}\right)+$

$\left(x^2y\dfrac{\partial^2 z}{\partial x\partial y}+2y^2\dfrac{\partial z}{\partial y}+y^3\dfrac{\partial^2 z}{\partial y^2}\right)=x\dfrac{\partial}{\partial x}\left(x^2\dfrac{\partial z}{\partial x}+y^2\dfrac{\partial z}{\partial y}\right)+y\dfrac{\partial}{\partial y}\left(x^2\dfrac{\partial z}{\partial x}+y^2\dfrac{\partial z}{\partial y}\right)=0.$

6. $\dfrac{\partial z}{\partial x}=\left(\dfrac{\partial u}{\partial x}+au\right)e^{ax+by}$, $\dfrac{\partial z}{\partial y}=\left(\dfrac{\partial u}{\partial y}+bu\right)e^{ax+by}$, $\dfrac{\partial^2 z}{\partial x\partial y}=\left(a\dfrac{\partial u}{\partial y}+b\dfrac{\partial u}{\partial x}+abu\right)e^{ax+by}$, 所以 $\dfrac{\partial^2 z}{\partial x\partial y}-\dfrac{\partial z}{\partial x}-\dfrac{\partial z}{\partial y}+z=\left[(a-1)\dfrac{\partial u}{\partial y}+(b-1)\dfrac{\partial u}{\partial x}+(ab-a-b+1)u\right]e^{ax+by}=0$, 得到 $a=b=1$.

7. $y'(x)=-2y(x)+x^2e^{-2x}$, 解一阶线性微分方程, 得 $y=e^{-2x}\left(C+\dfrac{x^3}{3}\right)$.

8. 由 $f_x=2x+\sqrt{2}y=0$, $f_y=\sqrt{2}x+4y=0$ 得区域内唯一驻点 $P_1(0,0)$. 在 $x^2+2y^2=4$ 上, 令 $F=x^2+\sqrt{2}xy+2y^2+\lambda(x^2+2y^2-4)$, 由 $F_x=0$, $F_y=0$, $F_\lambda=0$ 解得 $\lambda=-\dfrac{1}{2}$ 时驻点 $P_2(\sqrt{2},-1)$, $P_3(-\sqrt{2},1)$; $\lambda=-\dfrac{3}{2}$ 时驻点 $P_4(\sqrt{2},1)$, $P_5(-\sqrt{2},-1)$. 又 $f(P_1)=0$, $f(P_2)=f(P_3)=2$, $f(P_4)=f(P_5)=6$, 故最大值为 6, 最小值为 0.

第十章 重积分

一、选择题

1. C. 2. D. 3. C. 4. A. 5. A. 6. A. 7. C. 8. C. 9. B. 10. B.

二、填空题

1. $\dfrac{\pi}{4}$. 2. $\iint\limits_{x^2+y^2\leqslant 1}|1-x-y|dxdy$. 3. $\int_{-1}^{2}dy\int_{y^2}^{y+2}f(x,y)dx$. 4. $\int_{0}^{\frac{\pi}{4}}d\theta\int_{0}^{2\sin\theta}f(\rho\cos\theta,\rho\sin\theta)\rho d\rho+\int_{\frac{\pi}{4}}^{\frac{3\pi}{4}}d\theta\int_{0}^{\frac{1}{\sin\theta}}f(\rho\cos\theta,\rho\sin\theta)\rho d\rho$. 5. π. 6. $\dfrac{2}{3}$. 7. $\dfrac{4\pi}{15}$. 8. $\dfrac{1}{4}$. 9. $\dfrac{\pi}{6}$. 10. $\dfrac{2}{3}$.

三、解答题

1. $I=\int_{0}^{1}xdx\int_{x^2}^{\sqrt{x}}\sqrt{y}dy=\dfrac{6}{55}$. 2. $I=\iint\limits_{D}xd\sigma=\int_{-\frac{\pi}{2}}^{\frac{\pi}{2}}d\theta\int_{0}^{2R\cos\theta}\rho\cos\theta\cdot\rho d\rho=\pi R^3$.

3. 记 D_1 为 D 在第一象限的部分, 则有 $I=4\iint\limits_{D_1}(x+y)dxdy=8\iint\limits_{D_1}xdxdy=8\int_{0}^{1}xdx\int_{0}^{1-x}dy=\dfrac{4}{3}$.

4. $I=\int_{\frac{1}{2}}^{2}dx\int_{0}^{\frac{1}{x}}dy+\dfrac{1}{2}\times 2+\int_{\frac{1}{2}}^{2}dx\int_{\frac{1}{x}}^{2}xydy=1+\int_{\frac{1}{2}}^{2}\dfrac{1}{x}dx+\int_{\frac{1}{2}}^{2}\left(2x-\dfrac{1}{2x}\right)dx=\dfrac{19}{4}+\ln 2$.

5. $I=\int_{\frac{\pi}{4}}^{\frac{3\pi}{4}}d\theta\int_{0}^{2(\sin\theta+\cos\theta)}(\rho\cos\theta-\rho\sin\theta)\rho d\rho=\dfrac{8}{3}\int_{\frac{\pi}{4}}^{\frac{3\pi}{4}}(\cos\theta-\sin\theta)(\cos\theta+\sin\theta)^3d\theta$

$=\dfrac{8}{3}\times\dfrac{1}{4}(\sin\theta+\cos\theta)^4\bigg|_{\frac{\pi}{4}}^{\frac{3\pi}{4}}=-\dfrac{8}{3}$.

6. 由轮换对称, 得 $I=\iint\limits_{D}\dfrac{y\sin(\pi\sqrt{x^2+y^2})}{x+y}dxdy$, 相加得 $I=\dfrac{1}{2}\iint\limits_{D}\sin(\pi\sqrt{x^2+y^2})dxdy=\dfrac{1}{2}\int_{0}^{\frac{\pi}{2}}d\theta\int_{1}^{2}\sin\pi\rho\cdot\rho d\rho$

$=-\dfrac{3}{4}$.

7. 交换积分次序, 有 $I=\int_{0}^{1}\dfrac{y}{\sqrt{1+y^3}}dy\int_{0}^{\sqrt{y}}xdx=\dfrac{1}{2}\int_{0}^{1}\dfrac{y^2}{\sqrt{1+y^3}}dy=\dfrac{1}{3}(\sqrt{2}-1)$.

8. $I=\iiint\limits_{\Omega}zdv=\int_{0}^{2\pi}d\theta\int_{r}^{h}\rho d\rho\int_{r}^{h}zdz=\dfrac{1}{4}\pi h^4$.

9. $I=\int_{0}^{2\pi}d\theta\int_{0}^{\frac{\pi}{4}}\sin\varphi d\varphi\int_{0}^{R}r\cdot r^2dr=\dfrac{2-\sqrt{2}}{4}\pi R^4$.

10. $I=\int_{0}^{2\pi}d\theta\int_{0}^{\frac{\sqrt{3}}{2}R}\rho d\rho\int_{R-\sqrt{R^2-\rho^2}}^{\sqrt{R^2-\rho^2}}z^2dz=\dfrac{2}{3}\pi\int_{0}^{\frac{\sqrt{3}}{2}R}\left[(R^2-\rho^2)^{\frac{3}{2}}-(R-\sqrt{R^2+2})^3\right]\rho d\rho=\dfrac{59}{480}\pi R^5$.

11. $I = \int_0^{2\pi} d\theta \int_0^h e^{\rho^2} \cdot \rho d\rho \int_\rho^h z dz = \pi \int_0^h e^{\rho^2} \cdot (h^2 + \rho^2) \rho d\rho = \frac{\pi}{2}(e^{h^2} - h^2 - 1)$.

12. 记 $D_z : x^2 + y^2 \leqslant 1 - z^2$，由截面法，得 $\iiint_\Omega f(z) dv = \int_{-1}^1 f(z) dz \iint_{D_z} dxdy = \pi \int_{-1}^1 (1 - z^2) f(z) dz$.

13. $S = \iint_{x^2+y^2 \leqslant 1} \sqrt{1 + (2x)^2 + (-2y)^2} dxdy = \int_0^{2\pi} d\theta \int_0^1 \sqrt{1 + 4\rho^2} \cdot \rho d\rho = \frac{5\sqrt{5} - 1}{6}\pi$.

14. 以设球心为原点，建立直角坐标系，使 P 点在 z 轴上，坐标为 $(0, 0, h)(h > R)$. 由对称性知 $F_x = F_y = 0$, $F_z = \iiint_\Omega \frac{G\mu(z-h)dv}{[r^2 + y^2 + (z-h)^2]^{\frac{3}{2}}} = G\mu \int_0^{2\pi} d\theta \int_0^\pi \sin\varphi d\varphi \int_0^R \frac{r\cos\varphi - h}{(r^2 + h^2 - 2hr\cos\varphi)^{\frac{3}{2}}} \cdot r^2 dr = -\frac{4}{3} \frac{\pi G\mu R^3}{h^2} = -\frac{GM}{h^2}$. 其中 G 为引力常数，M 为球的质量，负号表示引力方向与 z 轴正向相反. 故所求引力 $\boldsymbol{F} = -\frac{GM}{h^2}\boldsymbol{k}$.

15. 由对称性 $\bar{x} = \bar{y} = 0$, $\bar{z} = \frac{1}{v}\iiint_\Omega z dv$, 其中 $v = \frac{\pi}{3}$. 又 $\iiint_\Omega z dv = \int_0^1 z dz \iint_{x^2+y^2 \leqslant (1-z)^2} dxdy = \pi \int_0^1 z(1-z)^2 dz = \frac{\pi}{12}$, 所以 $\bar{z} = \frac{1}{4}$, 于是形心坐标为 $\left(0, 0, \frac{1}{4}\right)$.

16. Ω 在 xOy 面上的投影区域 $D_{xy} : x^2 + y^2 \leqslant 2x$, 所以 $I_z = \iiint_\Omega (x^2 + y^2)\rho(x, y, z) dv = \iiint_\Omega (x^2 + y^2) y^2 dv = \int_{-\frac{\pi}{2}}^{\frac{\pi}{2}} \sin^2\theta d\theta \int_0^{2\cos\theta} \rho^4 \cdot \rho d\rho \int_{r^2}^{2r\cos\theta} dz = \frac{\pi}{8}$.

四、竞赛题

1. 奇偶对称性得 $I = 2\iint_{D(y \geqslant 0)} x^2(x^2 + y^2) d\sigma = 2\int_0^{\frac{\pi}{2}} d\theta \int_0^{2\cos\theta} \rho^5 \cos^2\theta d\rho = \frac{64}{3}\int_0^{\frac{\pi}{2}} \cos^8\theta d\theta = \frac{64}{3} \times \frac{7 \times 5 \times 3 \times 1}{8 \times 6 \times 4 \times 2} \times \frac{\pi}{2} = \frac{35}{12}\pi$.

2. $I = 2\int_0^{\frac{\pi}{4}} d\theta \int_0^1 (1-\rho)\rho d\rho - \int_0^{\frac{\pi}{4}} d\theta \int_0^{\sqrt{2}\cos\theta} (1-\rho)\rho d\rho = \frac{11}{36} - \frac{\pi}{24}$.

3. $\iint_D f(\sqrt{x^2+y^2}) y dxdy = \int_0^{2t} d\rho \int_0^{\arccos\frac{\rho}{2t}} f(\rho) \rho^2 \sin\theta d\theta = \int_0^{2t} \rho^2 f(\rho)\left(1 - \frac{\rho}{2t}\right) d\rho$, 原极限 $= \lim_{t \to 0^+} \frac{\int_0^{2t} \rho^2 f(\rho) d\rho - \frac{1}{2t}\int_0^{2t} \rho^3 f(\rho) d\rho}{t^5} = \lim_{t \to 0^+} \frac{\int_0^{2t} \rho^2 f(\rho) d\rho}{5t^4} = \lim_{t \to 0^+} \frac{2(2t)^3 f(2t)}{20t^3} = \frac{4}{5}\lim_{t \to 0^+} \frac{f(2t) - f(0)}{2t} = \frac{4}{5} f'(0)$.

4. 如右图所示，$I = \int_0^\pi d\theta \int_0^2 (\theta^2 - 1) e^{\rho^2} d\theta = \int_0^\pi \frac{8}{3} \rho^3 e^{\rho^2} d\rho - 2\int_0^\pi \rho e^{\rho^2} d\rho = \frac{1}{3} e^{\pi^2}(4\pi^2 - 7) + \frac{7}{3}$.

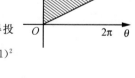

5. 切平面 $2(x-1) - 2(y+1) - (z-3) = 0$, 即 $z = 2x - 2y - 1$, 联立第二曲面得投影 $D : (x-1)^2 + (y+1)^2 \leqslant 1$, $V = \iint_D [(2x - 2y - 1) - (x^2 + y^2)] d\sigma = \iint_D [1 - (x-1)^2 - (y+1)^2] d\sigma \xrightarrow{x-1=\rho\cos\theta}_{y+1=\rho\sin\theta} \int_0^{2\pi} d\theta \int_0^1 (1-\rho^2)\rho d\rho = \frac{\pi}{2}$.

6. $I = \int_1^2 dz \iint_{D_z} \frac{1}{x^2 + y^2 + z^2} dxdy = \int_1^2 dz \int_0^{2\pi} d\theta \int_0^{\sqrt{2z}} \frac{\rho}{\rho^2 + z^2} d\rho = \pi \int_1^2 \ln\left(1 + \frac{2}{z}\right) dz = \pi z \ln\left(1 + \frac{2}{z}\right)\Big|_1^2 + \pi \int_1^2 \frac{2}{2+z} dz = 3\pi \ln\frac{4}{3}$.

7. 令 $x = ar\sin\varphi\cos\theta$, $y = br\sin\varphi\sin\theta$, $z = cr\cos\varphi$, 则 $\frac{\partial(x, y, z)}{\partial(r, \theta, \varphi)} = abcr^2 \sin\varphi$, 于是

$$I = abc\int_0^{2\pi}d\theta\int_0^{\pi}\sin\varphi d\varphi\int_0^1 r^2 \cdot r^2 dr = \frac{4}{5}\pi abc.$$

第十一章　曲线积分与曲面积分

一、选择题

1. C.　**2.** B.　**3.** C.　**4.** A.　**5.** B.　**6.** A.　**7.** B.　**8.** D.　**9.** C.　**10.** B.

二、填空题

1. $2\pi R^3$.　**2.** π.　**3.** $\frac{13}{6}$.　**4.** 4.　**5.** -12.　**6.** $-\pi$.　**7.** $4\pi R^3$.　**8.** $\frac{4}{3}\pi R^4$.　**9.** $\frac{1}{x^2+y^2+z^2}$.

10. $\boldsymbol{j}+(y-1)\boldsymbol{k}$.

三、解答题

1. 原式 $=\int_0^2 4y dy +\int_0^4 2x dx = 24.$

2. 令 $L_1:\begin{cases}x=\cos\theta\\ y=\sin\theta\end{cases}(0\leqslant\theta\leqslant\frac{\pi}{2})$,因 L 关于 x 轴和 y 轴对称,$|y|$ 是关于 x 的和 y 的偶函数,所以

$$\int_L |y| ds = 4\int_{L_1} y ds = 4\int_0^{\frac{\pi}{2}}\sin\theta\sqrt{(-\sin\theta)^2+\cos^2\theta}d\theta = 4.$$

3. 原式 $=\int_0^{2\pi}(-\sin^2 t+\cos^2 t\sin t+\cos^3 t-\cos t\sin^2 t)dt = -\pi.$

4. 记 $P=\dfrac{x}{(x^2+y^2)^{\frac{3}{2}}}$,$Q=\dfrac{y}{(x^2+y^2)^{\frac{3}{2}}}$,则 $\dfrac{\partial Q}{\partial x}=-\dfrac{3xy}{(x^2+y^2)^{\frac{5}{2}}}=\dfrac{\partial P}{\partial y}$,$x^2+y^2\neq 0$,所以在不包含原点的单连区域内,曲线积分与路径无关.取从 $A(1,1)$ 经 $B(2,1)$ 到 $C(2,2)$ 的折线路径,$\displaystyle\int_{(1,1)}^{(2,2)}\dfrac{xdx+ydy}{(x^2+y^2)^{\frac{3}{2}}} = \dfrac{1}{2}\int_{(1,1)}^{(2,2)}\dfrac{d(x^2+y^2)}{(x^2+y^2)^{\frac{3}{2}}} = -\dfrac{1}{\sqrt{x^2+y^2}}\Big|_{(1,1)}^{(2,2)} = \dfrac{1}{2\sqrt{2}}.$

5. 设 Σ 是平面 $3y-z+1=0$ 被柱面 $x^2+y^2=4y$ 所截部分的上侧,它在 xOy 面上的投影区域为 D_{xy},则 Σ 的边界曲线即 Γ,Σ 的法向量为 $\boldsymbol{n}=(0,-3,1)$,与其同向的单位向量 $\boldsymbol{n}^\circ=\left(0,-\dfrac{3}{\sqrt{10}},\dfrac{1}{\sqrt{10}}\right)$,由 Stokes 公式,

$$I=\iint_\Sigma\begin{vmatrix}0&-\dfrac{3}{\sqrt{10}}&\dfrac{1}{\sqrt{10}}\\ \dfrac{\partial}{\partial x}&\dfrac{\partial}{\partial y}&\dfrac{\partial}{\partial z}\\ yz&3zx&-xy\end{vmatrix}dS=\dfrac{2}{\sqrt{10}}\iint_\Sigma(-3y+z)dS=\dfrac{2}{\sqrt{10}}\iint_\Sigma dS=\dfrac{2}{\sqrt{10}}\iint_{D_{xy}}\sqrt{10}dxdy=2\cdot 4\pi = 8\pi.$$

6. 因 $\dfrac{\partial P}{\partial y}=\dfrac{4x^2-9y^2}{(4x^2+9y^2)^2}=\dfrac{\partial Q}{\partial x}$,$(x,y)\neq(0,0)$,由 Green 公式知,当 L 所围区域不含原点时,$I=0$;当 L 所围区域含原点时,在其内作正向椭圆 $l:4x^2+9y^2=\varepsilon^2$,由 Green 公式 $\displaystyle\oint_{L+l^-}\dfrac{ydx-xdy}{4x^2+9y^2}=0$,从而 $I=\left(\displaystyle\oint_L+\displaystyle\oint_l\right)\dfrac{ydx-xdy}{4x^2+9y^2}=\displaystyle\oint_l\dfrac{ydx-xdy}{4x^2+9y^2}=\dfrac{1}{\varepsilon^2}\displaystyle\oint_l ydx-xdy=-\dfrac{2}{\varepsilon^2}\iint_{4x^2+9y^2\leqslant\varepsilon^2}dxdy=-\dfrac{2}{\varepsilon^2}\cdot\pi\cdot\dfrac{\varepsilon}{2}\cdot\dfrac{\varepsilon}{3}=-\dfrac{\pi}{3}.$

7. $l:y=0$(x 为 π 到 0),$I=\displaystyle\oint_{L+l}\sin 2xdx+2(x^2-1)ydy-\displaystyle\int_l\sin 2xdx+2(x^2-1)ydy=-\iint_D 4xy dxdy+\displaystyle\int_0^\pi\sin 2x dx=-\displaystyle\int_0^\pi dx\displaystyle\int_0^{\sin x}4xy dy=-2\displaystyle\int_0^\pi x\sin^2 x dx=-2\displaystyle\int_0^{\frac{\pi}{2}}\sin^2 x dx=-\dfrac{\pi^2}{2}.$

8. $l: x = 0$ (y 为 2 到 0), $I = \oint_{L+l} 3x^2 y dx + (x^3 + x - 2y) dy - \int_l 3x^2 y dx + (x^3 + x - 2y) dy = \iint_D dx dy +$
$\int_0^2 (-2y) dy = \frac{1}{4}\pi \cdot 2^2 - \frac{1}{2}\pi \cdot 1^2 - 4 = \frac{\pi}{2} - 4$.

9. $W = \int_L \frac{e^x}{1+y^2} dx + \frac{2y(1-e^x)}{(1+y^2)^2} dy = \int_L \frac{1}{1+y^2} d(e^x - 1) + (e^x - 1) d\left(\frac{1}{1+y^2}\right) = \int_L d\left(\frac{e^x - 1}{1+y^2}\right) =$
$\left.\frac{e^x - 1}{1+y^2}\right|_{(0,0)}^{(1,1)} = \frac{e-1}{2}$.

10. 记 $D: x^2 + y^2 \leqslant 1$,D_1 为 D 在第一象限的部分,则 $\iint_\Sigma |xyz| dS = \iint_D |xy| (x^2+y^2) \cdot \sqrt{1+4x^2+4y^2} dx dy =$
$4\iint_{D_1} xy(x^2+y^2) \sqrt{1+4x^2+4y^2} dx dy = 4\int_0^{\frac{\pi}{2}} \sin\theta\cos\theta d\theta \int_0^1 \rho^5 \sqrt{1+4\rho^2} d\rho = \frac{1}{420}(125\sqrt{5} - 1)$.

11. $P(x,y,z)$ 处的切平面方程为 $\frac{x}{4}X + \frac{y}{4}Y + zZ = 1$. 所以 $D = \frac{1}{\sqrt{\left(\frac{x}{4}\right)^2 + \left(\frac{y}{4}\right)^2 + z^2}} = \frac{4}{\sqrt{x^2+y^2+16z^2}}$,

记 $\Sigma_1 : z = \sqrt{1 - \frac{x^2}{4} - \frac{y^2}{4}}$,$D_1 : x^2+y^2 \leqslant 4$,则 $dS = \frac{\sqrt{16-3x^2-3y^2}}{2\sqrt{4-x^2-y^2}} dx dy$, 于是 $\iint_{\Sigma_1} D dS = \iint_{\Sigma_1} \frac{4}{\sqrt{x^2+y^2+16z^2}} dS =$
$\iint_{\Sigma_1} \frac{4}{\sqrt{16-3x^2-3y^2}} dS = \iint_{D_1} \frac{2}{\sqrt{4-x^2-y^2}} dx dy = 2\int_0^{2\pi} d\theta \int_0^2 \frac{\rho d\rho}{\sqrt{4-\rho^2}} = 8\pi$. 故 $\iint_\Sigma D dS = 2 \times 8\pi = 16\pi$.

12. $I_z = \iint_\Sigma (x^2+y^2) \mu dS = \mu \iint_{D_{xy}} (x^2+y^2) \sqrt{1+4x^2+4y^2} dx dy = \mu \int_0^{2\pi} d\theta \int_0^1 \rho^2 \sqrt{1+4\rho^2} \cdot \rho d\rho = \frac{1}{60}(25\sqrt{5} + 1)\mu\pi$.

13. $z = 1 - x - y$,$D_{xy} : 0 \leqslant x \leqslant 1, 0 \leqslant y \leqslant 1-x$,因此 $I = \iint_{D_{xy}} (1-x-y)^2 dx dy = \int_0^1 dx \int_0^{1-x} (1-x-y)^2 dy =$
$\frac{1}{3}\int_0^1 (1-x)^3 dx = \frac{1}{12}$.

14. 由 Gauss 公式,$I = \iiint_\Omega (2x - 2 + 3) dv = \iiint_\Omega (2x+1) dv = \int_0^1 dx \int_0^{1-2x} dy \int_0^{1-x-\frac{y}{2}} (2x+1) dz =$
$\int_0^1 dx \int_0^{1-2x} \left(2x^2 + x - xy - \frac{y}{2}\right) dy = \frac{1}{2}$.

15. 由 Gauss 公式,原式 $= \iiint_\Omega \left[\frac{1}{y}f\left(\frac{x}{y}\right) + \frac{x}{y^2}f'\left(\frac{x}{y}\right) + 3x^2 - \frac{x}{y^2}f'\left(\frac{x}{y}\right) + 3y^2 - \frac{1}{y}f\left(\frac{x}{y}\right) + 3z^2\right] dv =$
$3\iiint_\Omega (x^2+y^2+z^2) dv = 3\int_0^{2\pi} d\theta \int_0^{\frac{\pi}{4}} \sin\varphi d\varphi \int_1^2 r^4 dr = \frac{93(2-\sqrt{2})\pi}{5}$.

16. 记 Σ_1 为 $y = 0$ 的左侧,Σ 与 Σ_1 所围成的空间区域为 Ω. 原式 $= \oiint_{\Sigma+\Sigma_1} - \iint_{\Sigma_1} = \iiint_\Omega (x^2+z^2) dv - 0 =$
$\int_0^{2\pi} d\theta \int_0^2 \rho^3 d\rho \int_0^{4-\rho^2} dy = \frac{32}{3}\pi$.

17. $\Phi = \iint_\Sigma v \cdot dS = \iint_\Sigma xy dy dz$. 其中 Σ 为曲面 $z = x^2 + y^2 (0 \leqslant z \leqslant 1)$ 的下侧. 记 Σ_1 为平面 $z=1$ ($x^2+y^2 \leqslant 1$) 的上侧,Ω 为 Σ 和 Σ_1 所围成的空间区域,则由 Gauss 公式,有 $\Phi = \oiint_{\Sigma+\Sigma_1} xy dy dz - \iint_{\Sigma_1} xy dy dz = \iiint_\Omega y dv - 0 = 0$.

四、竞赛题

1. 设 $a = \int_\Gamma y[f(x) + e^x] dx + (e^x - xy^2) dy$,则 $f(x) = x^2 + a$,由 $a = \oint_{\Gamma + \overline{AO}} y[f(x) + e^x] dx + (e^x - xy^2) dy -$

$\int_{\overline{AO}} y[f(x)+e^x]dx+(e^x-xy^2)dy = -\iint_D[-y^2-f(x)]dxdy - 0 = \iint_D(y^2+x^2+a)dxdy = \int_0^{\frac{\pi}{2}}d\theta\int_0^{2\cos\theta}\rho^3 d\rho +$

$\frac{\pi a}{2} = \frac{3\pi}{4} + \frac{\pi a}{2}$,解得 $a = \frac{3\pi}{2(2-\pi)}$,于是 $f(x) = x^2 + \frac{3\pi}{2(2-\pi)}$.

2. 由题设应有 $\frac{e^y}{y} - f(y) = f(y) + yf'(y)$,即 $f'(y) + \frac{2}{y}f(y) = \frac{e^y}{y^2}$. 此乃一阶线性微分方程,通解为 $f(y) = \frac{1}{y^2}(e^y+C)$. 由 $f(1) = e$ 得 $C = 0$,故 $f(y) = \frac{1}{y^2}e^y$. 于是 $I = \int_{(1,2)}^{(0,1)} \frac{e^y}{y}dx + \frac{ye^y-e^y}{y^2}\cdot xdy = \int_{(1,2)}^{(0,1)} \frac{e^y}{y}dx + xd\left(\frac{e^y}{y}\right) = \int_{(1,2)}^{(0,1)} d\left(\frac{xe^y}{y}\right) = \frac{xe^y}{y}\Big|_{(1,2)}^{(0,1)} = -\frac{1}{2}e^2$.

3. 由 Green 公式,$I = \iint_D\left[\frac{\partial(xy^2+2yz)}{\partial x} + \frac{\partial(2xz+yz^2)}{\partial y}\right]dxdy = \iint_D\left[2z^2 + 2(xz+y)\frac{\partial z}{\partial x} + 2(x+yz)\frac{\partial z}{\partial y}\right]dxdy$,

$D: x^2+y^2 \le 1$. 条件式两边求全微分,得 $F'_u(zdx+xdz-dy) + F'_v(dx-zdy-ydz) = 0$,$dz = \frac{zF'_u+F'_v}{yF'_v-xF'_u}dx - \frac{F'_u+zF'_v}{yF'_v-xF'_u}dy$,所以 $\frac{\partial z}{\partial x}$, $\frac{\partial z}{\partial y}$,于是 $I = \iint_D\left[2z^2 + 2(xz+y)\frac{zF'_u+F'_v}{yF'_v-xF'_u} + 2(x+yz)\frac{-F'_u-zF'_v}{yF'_v-xF'_u}\right]dxdy = \iint_D(2z^2-2z^2+2)dxdy = 2\iint_D dxdy = 2\pi$.

4. 记 Γ_1 为 B 到 A 的直线段,则 $\Gamma_1: x=t, y=0, z=1-t (0\le t\le 1)$,$\int_{\Gamma_1} ydx+zdy+xdz = \int_0^1 td(1-t) = -\frac{1}{2}$. 设 Γ 和 Γ_1 围成的平面区域为 Σ,方向按右手法则. 由 Stokes 公式,得 $\oint_{\Gamma+\Gamma_1} ydx+zdy+xdz =$

$\iint_\Sigma \begin{vmatrix} dydz & dzdx & dxdy \\ \frac{\partial}{\partial x} & \frac{\partial}{\partial y} & \frac{\partial}{\partial z} \\ y & z & x \end{vmatrix} = -\iint_\Sigma dydz+dzdx+dxdy$. 由于 Σ 在 zOx 面上的投影面积为零,故 $I + \int_{\Gamma_1} = -\iint_\Sigma dydz$

$+ dxdy$. 曲线 Γ 在 xOy 面上投影方程为 $\frac{\left(x-\frac{1}{2}\right)^2}{\frac{1}{4}} + \frac{y^2}{\frac{1}{2}} = 1$,由该投影(半个椭圆)面积,知 $\iint_\Sigma dxdy = $

$\frac{\pi}{4\sqrt{2}}$,同理,$\iint_\Sigma dydz = \frac{\pi}{4\sqrt{2}}$,于是 $I = \frac{1}{2} - \frac{\pi}{2\sqrt{2}}$.

5. 引力 $\boldsymbol{F} = \iint_\Sigma G\rho \cdot \frac{x\boldsymbol{i}+y\boldsymbol{j}+z\boldsymbol{k}}{r^3}dS = G\rho\left(\iint_\Sigma \frac{x}{r^3}dS\boldsymbol{i} + \iint_\Sigma \frac{y}{r^3}dS\boldsymbol{j} + \iint_\Sigma \frac{z}{r^3}dS\boldsymbol{k}\right)$,其中 $r = \sqrt{x^2+y^2+z^2}$. 因为 Σ 关于平面 $x=0$ 对称,得 $\iint_\Sigma \frac{x}{r^3}dS = 0$,同理,$\iint_\Sigma \frac{y}{r^3}dS = 0$. 又 $\iint_\Sigma \frac{z}{r^3}dS = \iint_{D_{xy}} \frac{z}{r^3}\sqrt{1+\left(\frac{\partial z}{\partial x}\right)^2+\left(\frac{\partial z}{\partial y}\right)^2}dxdy$

$\xrightarrow{z=\sqrt{x^2+y^2}}_{D_{xy}: 1\le x^2+y^2\le 4} \frac{1}{2}\iint_{D_{xy}} \frac{1}{x^2+y^2}dxdy = \frac{1}{2}\int_0^{2\pi}d\theta\int_1^2 \frac{1}{\rho^2}\cdot\rho d\rho = \pi\ln 2$,所以 $\boldsymbol{F} = G\rho\pi\ln 2\boldsymbol{k}$.

6. $\overrightarrow{MP} = (x-3, y-4)$,$\boldsymbol{F} = (y-4, 3-x)$,功 $W = \int_{\widehat{AB}}(y-4)dx+(3-x)dy = \oint_{\widehat{AB}+\overline{BA}}(y-4)dx+(3-x)dy -$

$\int_{\overline{BA}}(y-4)dx+(3-x)dy = -2\iint_D dxdy + \int_{-1}^1 3dy = -2\int_{\frac{\pi}{2}}^{\pi}(1+\cos\theta)^2 d\theta + 6 = 2 - \frac{3}{2}\pi$.

7. 记 $\Sigma_1: x+y+z=2 (x^2+y^2\le 1)$ 上侧,$\Sigma_2: z=0 (x^2+y^2\le 1)$ 下侧,$\Sigma, \Sigma_1, \Sigma_2$ 所围立体为 Ω,$D: x^2+y^2\le 1$,则由 Gauss 公式得 $\oiint_{\Sigma+\Sigma_1+\Sigma_2} x^2 dydz+y^2 dzdx+z^2 dxdy = 2\iiint_\Omega(x+y+z)dv = 2\iint_D dxdy\int_0^{2-x-y}(x+y+z)dz = \iint_D[4$

$-(x+y)^2]dxdy = 4\pi - \iint_D(x^2+y^2)dxdy = 4\pi - \int_0^{2\pi}d\theta\int_0^1\rho^3 d\rho = 4\pi - \frac{\pi}{2} = \frac{7}{2}\pi$,其中用到了二重积分的奇

偶对称性,又$\iint\limits_{\Sigma_2}=0,\iint\limits_{\Sigma_1}x^2\mathrm{d}y\mathrm{d}z+y^2\mathrm{d}z\mathrm{d}x+z^2\mathrm{d}x\mathrm{d}y=\iint\limits_{\Sigma_1}(x^2+y^2+z^2)\mathrm{d}x\mathrm{d}y=\iint\limits_{D}[x^2+y^2+(2-x-y)^2]\mathrm{d}x\mathrm{d}y$

$=2\iint\limits_{D}(x^2+y^2+2)\mathrm{d}x\mathrm{d}y=5\pi$,于是 $I=\dfrac{7}{2}\pi-5\pi-0=-\dfrac{3}{2}\pi$.

8. 由 Gauss 公式,$I_t=\iiint\limits_{\Omega}\left(\dfrac{\partial P}{\partial x}+\dfrac{\partial Q}{\partial y}+\dfrac{\partial R}{\partial z}\right)\mathrm{d}v=\iiint\limits_{\Omega}(2xz+2yz+x^2+y^2)f'[(x^2+y^2)z]\mathrm{d}v$. 利用奇偶对称性,$I_t=\iiint\limits_{\Omega}(x^2+y^2)f'[(x^2+y^2)z]\mathrm{d}v=\int_0^1\mathrm{d}z\int_0^{2\pi}\mathrm{d}\theta\int_0^t f'(\rho^2 z)\rho^3\mathrm{d}\rho=2\pi\int_0^1\mathrm{d}z\int_0^t f'(\rho^2 z)\rho^3\mathrm{d}\rho$,于是 $\lim\limits_{t\to 0^+}\dfrac{I_t}{t^4}=$

$\lim\limits_{t\to 0^+}\dfrac{2\pi\int_0^1\left[\int_0^t f'(\rho^2 z)\rho^3\mathrm{d}\rho\right]\mathrm{d}z}{t^4}=\lim\limits_{t\to 0^+}\dfrac{2\pi\int_0^1 f'(t^2 z)t^3\mathrm{d}z}{4t^3}=\dfrac{\pi}{2}\lim\limits_{t\to 0^+}\int_0^1 f'(t^2 z)\mathrm{d}z=\dfrac{\pi}{2}f'(0)$.

第十二章 无穷级数

一、选择题

1. C. **2.** C. **3.** C. **4.** C. **5.** C. **6.** B. **7.** D. **8.** C. **9.** B. **10.** B. **11.** B. **12.** D.

二、填空题

1. $\alpha>\dfrac{3}{2}$. **2.** $(2,+\infty)$. **3.** $(-\infty,+\infty)$. **4.** $(-3,1)$. **5.** $\dfrac{1}{2}(1-\mathrm{e}^{-1})$. **6.** $\sum\limits_{n=0}^{\infty}\dfrac{5^n+(-1)^n}{5^n}x^n$.

7. $\sum\limits_{n=0}^{\infty}(-1)^n\dfrac{2^n}{3^{n+1}}(x-1)^n,-\dfrac{1}{2}<x<\dfrac{5}{2}$. **8.** $[-1,1)$. **9.** $\dfrac{3}{2}$. **10.** $-\dfrac{\pi}{2}$.

三、解答题

1. (1) $n\to\infty$ 时,$\dfrac{1}{n+1}\ln\left(1+\dfrac{1}{n}\right)\sim\dfrac{1}{n^2}$,由 $\sum\limits_{n=1}^{\infty}\dfrac{1}{n^2}$ 收敛知原级数收敛.

(2) $\dfrac{\sin\dfrac{\pi}{n}}{n^{\frac{3}{2}}}<\dfrac{1}{n^{\frac{3}{2}}}$,由 $\sum\limits_{n=1}^{\infty}\dfrac{1}{n^{\frac{3}{2}}}$ 收敛得原级数收敛.

(3) $\rho=\lim\limits_{n\to\infty}\dfrac{u_{n+1}}{u_n}=\lim\limits_{n\to\infty}\dfrac{(n+1)!5^{n+1}}{(2n+1)^{n+1}}\cdot\dfrac{(2n-1)^n}{n!\cdot 5^n}=5\lim\limits_{n\to\infty}\dfrac{n+1}{2n+1}\left(\dfrac{2n-1}{2n+1}\right)^n=\dfrac{5}{2\mathrm{e}}<1$,

由比值判别法得 $\sum\limits_{n=1}^{\infty}\dfrac{n!\cdot 5^n}{(2n-1)^n}$ 收敛.

(4) $\dfrac{\sqrt{x}}{1+x^2}<\sqrt{x}$,由定积分的保号性得 $u_n<\int_0^{\frac{1}{n}}\sqrt{x}\mathrm{d}x=\dfrac{2}{3}\cdot\dfrac{1}{n^{\frac{3}{2}}}$,由 $\sum\limits_{n=1}^{\infty}\dfrac{2}{3}\cdot\dfrac{1}{n^{\frac{3}{2}}}$ 收敛及比较判别法得

$\sum\limits_{n=1}^{\infty}\int_0^{\frac{1}{n}}\dfrac{\sqrt{x}}{1+x^2}\mathrm{d}x$ 收敛.

2. (1) $|u_n|=\left|\dfrac{n!\ 2^n\sin\dfrac{n\pi}{5}}{n^n}\right|\leqslant\dfrac{n!\ 2^n}{n^n}=v_n$. $\lim\limits_{n\to\infty}\dfrac{v_{n+1}}{v_n}=\lim\limits_{n\to\infty}\dfrac{(n+1)!\ 2^{n+1}}{(n+1)^{n+1}}\cdot\dfrac{n^n}{n!\cdot 2^n}=2\lim\limits_{n\to\infty}\left(\dfrac{n}{n+1}\right)^n=\dfrac{2}{\mathrm{e}}<1$,

所以 $\sum\limits_{n=1}^{\infty}v_n$ 收敛,由比值判别法得 $\sum\limits_{n=1}^{\infty}u_n$ 绝对收敛.

(2) $|(-1)^{n+1}(\mathrm{e}^{\frac{1}{n}}-1)|\sim\dfrac{1}{n}$,由 $\sum\limits_{n=1}^{\infty}\dfrac{1}{n}$ 发散,得 $\sum\limits_{n=1}^{\infty}(\mathrm{e}^{\frac{1}{n}}-1)$ 发散,而原级数为交错级数,满足 $u_n=$

$\mathrm{e}^{\frac{1}{n}}-1>\mathrm{e}^{\frac{1}{n+1}}-1=u_{n+1}$,且 $\lim\limits_{n\to\infty}(\mathrm{e}^{\frac{1}{n}}-1)=0$,所以 $\sum\limits_{n=1}^{\infty}(-1)^n(\mathrm{e}^{\frac{1}{n}}-1)$ 收敛,且为条件收敛.

(3) $\sum\limits_{n=2}^{\infty}\sin\left(n\pi+\dfrac{1}{\ln n}\right)=\sum\limits_{n=2}^{\infty}(-1)^n\sin\dfrac{1}{\ln n}$,由 $\sin\dfrac{1}{\ln n}\sim\dfrac{1}{\ln n}(n\to\infty)$,而 $\dfrac{1}{\ln n}>\dfrac{1}{n}$,所以 $\sum\limits_{n=2}^{\infty}\dfrac{1}{\ln n}$ 发散,从

而 $\sum\limits_{n=2}^{\infty}\sin\dfrac{1}{\ln n}$ 发散,而原级数为交错级数,且满足 $\sin\dfrac{1}{\ln n}>\sin\dfrac{1}{\ln(n+1)}$,$\lim\limits_{n\to\infty}\sin\dfrac{1}{\ln n}=0$. 由莱布尼茨

判别法得 $\sum_{n=2}^{\infty} \sin\left(n\pi + \dfrac{1}{\ln n}\right)$ 条件收敛.

(4) $\lim\limits_{n\to\infty} \dfrac{\frac{1}{n-\ln n}}{\frac{1}{n}} = \lim\limits_{n\to\infty} \dfrac{1}{1-\frac{\ln n}{n}} = 1$, 由 $\sum\limits_{n=1}^{\infty} \dfrac{1}{n}$ 发散, 得 $\sum\limits_{n=1}^{\infty} \dfrac{1}{n-\ln n}$ 发散, 而原级数为交错级数. 令 $f(n) = \dfrac{1}{n-\ln n}$, 由 $f(x) = \dfrac{1}{x-\ln x}$, $f'(x) = \dfrac{\frac{1}{x}-1}{(x-\ln x)^2} < 0 (x>1)$, 得 $f(n) > f(n+1)$, 且 $\lim\limits_{n\to\infty} f(n) = \lim\limits_{n\to\infty} \dfrac{1}{n-\ln n} = \lim\limits_{n\to\infty} \dfrac{\frac{1}{n}}{1-\frac{\ln n}{n}} = 0$. 由莱布尼茨判别法得 $\sum\limits_{n=1}^{\infty} (-1)^n \dfrac{1}{n-\ln n}$ 条件收敛.

3. $\sum\limits_{n=1}^{\infty} (n+1)(u_{n+1}-u_n)$ 收敛, 设其和为 $s = \lim\limits_{n\to\infty} s_n$, 而 $s_n = -u_1 - \sum\limits_{k=1}^{n} u_k + (n+1)u_{n+1}$, $\lim\limits_{n\to\infty} (n+1)u_{n+1} = 0 \Rightarrow s = -u_1 - \lim\limits_{n\to\infty} \sum\limits_{k=1}^{n} u_k$, 即 $\lim\limits_{n\to\infty} \sum\limits_{k=1}^{n} u_k = -u_1 - s$, 由定义知 $\sum\limits_{n=1}^{\infty} u_n$ 收敛.

4. 当 $a = 1$ 时, 原级数为 $\sum\limits_{n=1}^{\infty} \dfrac{(-1)^{n+1}}{n}$ 条件收敛; 当 $a > 1$ 时, $\sum\limits_{n=1}^{\infty} \dfrac{1}{(2n)^a}$ 收敛, 若原级数收敛, 则加括号后级数 $\left(1-\dfrac{1}{2^a}\right) + \left(\dfrac{1}{3}-\dfrac{1}{4^a}\right) + \left(\dfrac{1}{5}-\dfrac{1}{6^a}\right) + \cdots$ 也收敛, 从而得 $\sum\limits_{n=1}^{\infty} \dfrac{1}{2n-1}$ 收敛, 矛盾, 故原级数发散; 当 $a<1$ 时, 将原级数加括号后 $1 - \left(\dfrac{1}{2^a}-\dfrac{1}{3}\right) - \left(\dfrac{1}{4^a}-\dfrac{1}{5}\right)\cdots$, 因 $\lim\limits_{n\to\infty} \dfrac{\frac{1}{(2n)^a}-\frac{1}{2n+1}}{\frac{1}{n^a}} = \lim\limits_{n\to\infty} \dfrac{(2n+1)-(2n)^a}{(2n+1)2^a} = \dfrac{1}{2^a}$,

$\sum\limits_{n=1}^{\infty} \dfrac{1}{n^a}$ 发散, 所以加括号后的级数发散, 从而原级数发散. 综合得 $a=1$ 时条件收敛, $a\neq 1$ 时发散.

5. 两曲线在 $x=0, x=1$ 处相交, $a_n = \int_0^1 (x^n - x^{n+1})\,dx = \dfrac{1}{n+1} - \dfrac{1}{n+2}$, $S_1 = \sum\limits_{n=1}^{\infty} a_n = \lim\limits_{n\to\infty} \left(\dfrac{1}{2} - \dfrac{1}{3} + \dfrac{1}{3} - \dfrac{1}{4} + \cdots + \dfrac{1}{n+1} - \dfrac{1}{n+2}\right) = \lim\limits_{n\to\infty} \left(\dfrac{1}{2} - \dfrac{1}{n+2}\right) = \dfrac{1}{2}$, $S_2 = \sum\limits_{n=1}^{\infty} a_{2n-1} = \sum\limits_{n=1}^{\infty} \left(\dfrac{1}{2n} - \dfrac{1}{2n+1}\right) = \dfrac{1}{2} - \dfrac{1}{3} + \dfrac{1}{4} - \dfrac{1}{5} + \cdots + \dfrac{1}{2n} - \dfrac{1}{2n+1} + \cdots$, 由 $\ln(1+x) = x - \dfrac{1}{2}x^2 + \cdots + (-1)^{n-1}\dfrac{x^n}{n} + \cdots$, 令 $x=1$, 得 $\ln 2 = 1 - \left(\dfrac{1}{2} - \dfrac{1}{3} + \dfrac{1}{4} - \dfrac{1}{5} + \cdots\right) = 1 - S_2$, 于是 $S_2 = 1 - \ln 2$.

6. (1) $a_n = \cos a_n - \cos b_n$ 且 $0 < a_n < \dfrac{\pi}{2}$, 可知 $\cos a_n - \cos b_n > 0$, 推出 $a_n < b_n$, 由 $a_n > 0, b_n > 0$, $\sum\limits_{n=1}^{\infty} b_n$ 收敛及比较判别法知, $\sum\limits_{n=1}^{\infty} a_n$ 收敛. 所以 $\lim\limits_{n\to\infty} a_n = 0$.

(2) $\dfrac{a_n}{b_n} = \dfrac{\cos a_n - \cos b_n}{b_n} = \dfrac{-2\sin\frac{a_n+b_n}{2}\sin\frac{a_n-b_n}{2}}{b_n} \leqslant \dfrac{b_n^2 - a_n^2}{2b_n} \leqslant \dfrac{b_n}{2}$. 所以 $0 < \dfrac{a_n}{b_n} \leqslant \dfrac{1}{2}b_n$, 由 $\sum\limits_{n=1}^{\infty} b_n$ 收敛及比较判别法, 得 $\sum\limits_{n=1}^{\infty} \dfrac{a_n}{b_n}$ 收敛.

7. (1) $\sum\limits_{n=1}^{\infty} \dfrac{3}{3^n}x^n$ 及 $\sum\limits_{n=1}^{\infty} \dfrac{2(-1)^n}{3^n}x^n$ 的收敛区间均为 $(-3,3)$, 所以 $\sum\limits_{n=1}^{\infty} \dfrac{3+2(-1)^n}{3^n}x^n$ 的收敛区间为 $(-3,3)$. 当 $x = \pm 3$ 时, $\sum\limits_{n=1}^{\infty} [3+2(-1)^n](\pm 1)^n$ 发散, 故收敛域为 $(-3,3)$.

(2) $\lim\limits_{n\to\infty}\left|\dfrac{\dfrac{2^{n+2}}{\sqrt{n+2}}(x+1)^{n+1}}{\dfrac{2^{n+1}}{\sqrt{n+1}}(x+1)^{n}}\right|=2|x+1|<1\Rightarrow-\dfrac{3}{2}<x<-\dfrac{1}{2}$.

当 $x=-\dfrac{3}{2}$ 时,$\sum\limits_{n=0}^{\infty}(-1)^{n}\dfrac{2}{\sqrt{n+1}}$ 收敛;当 $x=-\dfrac{1}{2}$ 时,$\sum\limits_{n=0}^{\infty}\dfrac{2}{\sqrt{n+1}}$ 发散,故收敛域为 $\left[-\dfrac{3}{2},-\dfrac{1}{2}\right)$.

(3) $\lim\limits_{n\to\infty}\left|\dfrac{u_{n+1}(x)}{u_{n}(x)}\right|=\lim\limits_{n\to\infty}\left|\dfrac{(-1)^{n+1}x^{2n+3}}{3^{n+1}(2n+3)}\cdot\dfrac{3^{n}\cdot(2n+1)}{(-1)^{n}x^{2n+1}}\right|=\dfrac{x^{2}}{3}<1\Rightarrow-\sqrt{3}<x<\sqrt{3}$.

当 $x=-\sqrt{3}$ 时,$\sum\limits_{n=1}^{\infty}(-1)^{n+1}\dfrac{\sqrt{3}}{2n+1}$ 收敛;当 $x=\sqrt{3}$ 时,$\sum\limits_{n=1}^{\infty}(-1)^{n}\dfrac{\sqrt{3}}{2n+1}$ 收敛,故收敛域为 $[-\sqrt{3},\sqrt{3}]$.

8. 令 $s(x)=\sum\limits_{n=1}^{\infty}nx^{n-1}$,则 $\int_{0}^{x}s(t)\mathrm{d}t=\int_{0}^{x}\sum\limits_{n=1}^{\infty}nt^{n-1}\mathrm{d}t=\sum\limits_{n=1}^{\infty}x^{n}=\dfrac{x}{1-x}$. $s(x)=\left(\dfrac{x}{1-x}\right)'=\dfrac{1}{(1-x)^{2}}(-1<x<1)$,$\sum\limits_{n=1}^{\infty}\dfrac{n}{2^{n}}=\dfrac{1}{2}\sum\limits_{n=1}^{\infty}n\left(\dfrac{1}{2}\right)^{n-1}=\dfrac{1}{2}s\left(\dfrac{1}{2}\right)=\dfrac{1}{2}\cdot\dfrac{1}{\left(1-\dfrac{1}{2}\right)^{2}}=2$.

9. 令 $s(x)=\sum\limits_{n=0}^{\infty}\dfrac{x^{2n+2}}{(n+1)(2n+1)}$,则 $s'(x)=2\sum\limits_{n=0}^{\infty}\dfrac{x^{2n+1}}{2n+1}$,$s''(x)=2\sum\limits_{n=0}^{\infty}x^{2n}=\dfrac{2}{1-x^{2}}$,积分得 $s'(x)=\ln\dfrac{1+x}{1-x}$,再积分,得 $s(x)=\int_{0}^{x}[\ln(1+x)-\ln(1-x)]\mathrm{d}x=(1+x)\ln(1+x)+(1-x)\ln(1-x)$. 易知幂级数的收敛半径为1,且当 $x=1,x=-1$ 时级数收敛,所以收敛域为 $[-1,1]$.

10. $\lim\limits_{n\to\infty}\left|\dfrac{u_{n+1}(x)}{u_{n}(x)}\right|=\lim\limits_{n\to\infty}\left|\dfrac{2n+3}{(n+1)!}x^{2n+2}\cdot\dfrac{n!}{(2n+1)x^{2n}}\right|=0<1$,所以收敛域为 $(-\infty,+\infty)$. 令 $s(x)=\sum\limits_{n=1}^{\infty}\dfrac{2n+1}{n!}x^{2n}$,则 $s(x)=\sum\limits_{n=1}^{\infty}\dfrac{2x^{2n}}{(n-1)!}+\sum\limits_{n=1}^{\infty}\dfrac{x^{2n}}{n!}=2x^{2}\sum\limits_{n=0}^{\infty}\dfrac{(x^{2})^{n}}{n!}+\sum\limits_{n=1}^{\infty}\dfrac{(x^{2})^{n}}{n!}=2x^{2}\cdot\mathrm{e}^{x^{2}}+\mathrm{e}^{x^{2}}-1(-\infty<x<+\infty)$.

11. $s(x)=\sum\limits_{n=2}^{\infty}\dfrac{x^{n}}{n^{2}-1}=\sum\limits_{n=2}^{\infty}\dfrac{1}{2}\left(\dfrac{1}{n-1}-\dfrac{1}{n+1}\right)x^{n}=\dfrac{x}{2}\sum\limits_{n=2}^{\infty}\dfrac{x^{n-1}}{n-1}-\dfrac{1}{2x}\sum\limits_{n=2}^{\infty}\dfrac{x^{n+1}}{n+1}$. 记 $s_{1}(x)=\sum\limits_{n=2}^{\infty}\dfrac{x^{n-1}}{n-1}$, $s_{2}(x)=\sum\limits_{n=2}^{\infty}\dfrac{x^{n+1}}{n+1}$,则 $s'_{1}(x)=\sum\limits_{n=2}^{\infty}x^{n-2}=\dfrac{1}{1-x}$,$s'_{2}(x)=\sum\limits_{n=2}^{\infty}x^{n}=\dfrac{x^{2}}{1-x}$. $s_{1}(x)=\int_{0}^{x}\dfrac{1}{1-x}\mathrm{d}x=-\ln(1-x)$,$s_{2}(x)=\int_{0}^{x}\dfrac{t^{2}}{1-t}\mathrm{d}t=-\ln(1-x)-x-\dfrac{x^{2}}{2}$. 于是 $s(x)=\dfrac{1}{2}\left(\dfrac{1}{x}-x\right)\ln(1-x)+\dfrac{1}{2}+\dfrac{x^{2}}{4}$,$x\in(-1,0)\cup(0,1)$,$\sum\limits_{n=2}^{\infty}\dfrac{1}{(n^{2}-1)2^{n}}=s\left(\dfrac{1}{2}\right)=\dfrac{5}{8}-\dfrac{3}{4}\ln 2$.

12. (1) $\ln(1+x-2x^{2})=\ln(1+2x)+\ln(1-x)=\sum\limits_{n=1}^{\infty}(-1)^{n-1}\dfrac{(2x)^{n}}{n}+\sum\limits_{n=1}^{\infty}\dfrac{(-1)^{n-1}(-x)^{n}}{n}=\sum\limits_{n=1}^{\infty}\dfrac{(-1)^{n-1}(2^{n}-(-1)^{n})}{n}x^{n}$. 由 $-1<2x\leq 1$ 及 $-1<-x\leq 1$ 解得展开区间为 $\left(-\dfrac{1}{2},\dfrac{1}{2}\right]$.

(2) $f(x)=\arctan\dfrac{1+x}{1-x}$,$f'(x)=\dfrac{1}{1+x^{2}}=\sum\limits_{n=0}^{\infty}(-1)^{n}x^{2n}$,$f(x)=f(0)+\int_{0}^{x}\sum\limits_{n=0}^{\infty}(-1)^{n}t^{2n}\mathrm{d}t=\dfrac{\pi}{4}+\sum\limits_{n=0}^{\infty}\dfrac{(-1)^{n}x^{2n+1}}{2n+1}(-1\leq x<1)$.

13. $f(x)\xrightarrow{x-1=t}\ln(2+t-t^{2})=\ln(1+t)+\ln(2-t)=\ln(1+t)+\ln 2+\ln\left(1-\dfrac{t}{2}\right)=\ln 2+\sum\limits_{n=1}^{\infty}\dfrac{(-1)^{n-1}}{n}t^{n}+\sum\limits_{n=1}^{\infty}\dfrac{(-1)^{n-1}\left(-\dfrac{t}{2}\right)^{n}}{n}=\ln 2+\sum\limits_{n=1}^{\infty}\dfrac{(-1)^{n-1}-\dfrac{1}{2^{n}}}{n}t^{n}=\ln 2+\sum\limits_{n=1}^{\infty}\dfrac{(-1)^{n-1}-\dfrac{1}{2^{n}}}{n}\cdot(x-1)^{n}$ $(0<x\leq 2)$.

14. $f(x) \xlongequal{x-3=t} \dfrac{1}{t^2+3t+2} = \dfrac{1}{t+1} - \dfrac{1}{t+2} = \dfrac{1}{1+t} - \dfrac{1}{2} \cdot \dfrac{1}{1+\frac{t}{2}} = \sum\limits_{n=0}^{\infty}(-t)^n - \dfrac{1}{2}\sum\limits_{n=0}^{\infty}\left(-\dfrac{t}{2}\right)^n =$

$\sum\limits_{n=0}^{\infty}(-1)^n\left(1-\dfrac{1}{2^{n+1}}\right)t^n = \sum\limits_{n=0}^{\infty}(-1)^n\left(1-\dfrac{1}{2^{n+1}}\right)(x-3)^n (2<x<4).$

15. $(\arctan x)' = \dfrac{1}{1+x^2} = \sum\limits_{n=0}^{\infty}(-1)^n x^{2n}, x\in(-1,1), \arctan x = \int_0^x\sum\limits_{n=0}^{\infty}(-1)^n t^{2n}dt = \sum\limits_{n=0}^{\infty}\dfrac{(-1)^n}{2n+1}x^{2n+1},$

$x\in[-1,1]. f(x) = \dfrac{1}{x}\arctan x + x\arctan x = \sum\limits_{n=0}^{\infty}\dfrac{(-1)^n}{2n+1}x^{2n} + \sum\limits_{n=0}^{\infty}\dfrac{(-1)^n}{2n+1}x^{2n+2} = 1 + \sum\limits_{n=1}^{\infty}\dfrac{(-1)^n}{2n+1}x^{2n} +$

$\sum\limits_{n=1}^{\infty}\dfrac{(-1)^{n-1}}{2n-1}x^{2n} = 1 + \sum\limits_{n=1}^{\infty}\dfrac{2(-1)^n}{1-4n^2}x^{2n}.$ 由 $f(0)=1$, 得上式对 $x\in[-1,1]$ 成立, 令 $x=1$, 得 $\dfrac{\pi}{2} = 1 +$

$2\sum\limits_{n=1}^{\infty}\dfrac{(-1)^n}{1-4n^2} \Rightarrow \sum\limits_{n=1}^{\infty}\dfrac{(-1)^n}{1-4n^2} = \dfrac{\pi}{4} - \dfrac{1}{2}.$

16. $f(x)$ 作奇延拓, 再周期延拓, 则 $a_n=0 (n=0,1,2,\cdots), b_n = \dfrac{2}{\pi}\int_0^{\pi}f(x)\sin nx\,dx = \dfrac{2}{\pi}\int_0^{\frac{\pi}{2}}(\pi-2x)\sin nx\,dx =$

$\dfrac{2}{n} - \dfrac{4}{n^2\pi}\sin\dfrac{n\pi}{2} (n=1,2,\cdots). f(x) = \sum\limits_{n=1}^{\infty}\left[\dfrac{2}{n} - \dfrac{4\sin\frac{n\pi}{2}}{n^2\pi}\right]\sin nx, 0<x\leqslant\pi.$

17. 对 $f(x)$ 作偶延拓, 再周期延拓, 则 $b_n=0 (n=1,2,\cdots), a_n = \int_0^2(x-1)\cos\dfrac{n\pi x}{2}dx = \dfrac{4}{n^2\pi^2}(\cos n\pi - 1) =$

$\dfrac{4}{n^2\pi^2}[(-1)^n-1] = \begin{cases} 0, & n\text{ 为偶数}, \\ -\dfrac{8}{n^2\pi^2}, & n\text{ 为奇数}, \end{cases} f(x) = -\dfrac{8}{\pi^2}\sum\limits_{n=1}^{\infty}\dfrac{1}{(2n-1)^2}\cos\dfrac{(2n-1)\pi x}{2}(0\leqslant x\leqslant 2).$

四、竞赛题

1. 已知 $a_1=1>0, a_2=2>0, a_2-a_1=1>0$, 假设 $a_n>0, a_n-a_{n-1}>0$, 则 $a_{n+1}-a_n = 2a_n-a_{n-1} = a_n+(a_n-a_{n-1})>0$ 且 $a_{n+1}>a_n>0$, 所以 $\{a_n\}$ 严格单调递增. 又 $3a_n = a_{n-1}+a_{n+1}<2a_{n+1}$, 得 $a_{n+1}>\dfrac{3}{2}a_n>0$, 故 $0<$

$x_{n+1} < \dfrac{2}{3}x_n$, 于是 $0<x_n<\left(\dfrac{2}{3}\right)^{n-1}x_1 = \left(\dfrac{2}{3}\right)^{n-1}$, 因为 $\sum\limits_{n=1}^{\infty}\left(\dfrac{2}{3}\right)^{n-1}$ 收敛, 由比较判别法得 $\sum\limits_{n=1}^{\infty}x_n$ 收敛.

2. 令 $a_n = \dfrac{\sqrt{n+1}-\sqrt{n}}{n^p}>0$, 则 $a_n = \dfrac{1}{(\sqrt{n+1}+\sqrt{n})n^p} \sim \dfrac{1}{2n^{p+\frac{1}{2}}}\left(p>-\dfrac{1}{2}\right)$, 所以 $p>\dfrac{1}{2}$ 时, $\sum\limits_{n=1}^{\infty}a_n$ 收敛, 即原

级数绝对收敛; 当 $0<p+\dfrac{1}{2}\leqslant 1\left(\text{即}-\dfrac{1}{2}<p\leqslant\dfrac{1}{2}\right)$ 时, $\sum\limits_{n=1}^{\infty}a_n$ 发散, 显然 $a_n\to 0(n\to\infty)$, 令 $f(x) =$

$x^p(\sqrt{x+1}+\sqrt{x})$, 因为 $f'(x) = x^{p-1}(\sqrt{x+1}+\sqrt{x})\left(p+\dfrac{\sqrt{x}}{2\sqrt{x+1}}\right)$, 而 $\lim\limits_{x\to\infty}\left(p+\dfrac{\sqrt{x}}{2\sqrt{x+1}}\right) = p+\dfrac{1}{2}>0$,

所以 $f'(x)>0(x$ 充分大时), 因而 $f(x)$ 单调增加, 于是, n 充分大时, a_n 单调减少, 由莱布尼茨判别法得原

级数条件收敛; 当 $p+\dfrac{1}{2}\leqslant 0\left(\text{即}p\leqslant-\dfrac{1}{2}\right)$ 时, $a_n\not\to 0$, 得原级数发散.

3. 利用单调有界收敛准则, 可证 $\lim\limits_{n\to\infty}a_n=2$. 令 $b_n=\sqrt{2-a_n}$, 由于 $\lim\limits_{n\to\infty}\dfrac{b_{n+1}}{b_n} = \lim\limits_{n\to\infty}\dfrac{\sqrt{2-a_{n+1}}}{\sqrt{2-a_n}} = \lim\limits_{n\to\infty}\sqrt{\dfrac{2-\sqrt{2+a_n}}{2-a_n}}$

$= \lim\limits_{n\to\infty}\sqrt{\dfrac{4-(2+a_n)}{(2-a_n)(2+\sqrt{2+a_n})}} = \lim\limits_{n\to\infty}\dfrac{1}{\sqrt{2+\sqrt{2+a_n}}} = \dfrac{1}{2}$, 由比值判别法得原级数绝对收敛.

4. 记 $a_n = \dfrac{1}{n^k(\ln n)^2}$. 当 $k>1$ 时, 由 $\lim\limits_{n\to\infty}\dfrac{a_n}{\frac{1}{n^k}} = 0$ 得 $\sum\limits_{n=2}^{\infty}a_n$ 收敛, 即原级数绝对收敛; 当 $k=1$ 时, 因为

$\sum\limits_{i=2}^{n}\dfrac{1}{i(\ln i)^2} \leqslant \dfrac{1}{2(\ln 2)^2} + \sum\limits_{i=3}^{n}\int_{i-1}^{i}\dfrac{dx}{x(\ln x)^2} \leqslant \dfrac{1}{2(\ln 2)^2} + \int_2^{+\infty}\dfrac{dx}{x(\ln x)^2} = \dfrac{1}{2(\ln 2)^2} + \dfrac{1}{\ln 2}$, 所以 $k=1$ 时, $\sum\limits_{n=2}^{\infty}\dfrac{1}{n(\ln n)^2}$

收敛,即原级数绝对收敛;当 $0 \leqslant k < 1$ 时,因 $\lim\limits_{n\to\infty}\dfrac{a_n}{\dfrac{1}{n}}=+\infty$ 得 $\sum\limits_{n=2}^{\infty}a_n$ 发散,但 $\{a_n\}$ 单调减少且 $\lim\limits_{n\to\infty}a_n=0$,由

莱布尼茨判别法得原级数条件收敛;当 $k<0$ 时,因为 $\lim\limits_{n\to\infty}a_n=\lim\limits_{n\to\infty}\dfrac{n^{-k}}{(\ln n)^2}=+\infty$,所以原级数发散.

5. 因 $\lim\limits_{n\to\infty}\dfrac{(2n+1)x^{2n+2}}{3^{n+1}}\cdot\dfrac{3^n}{(2n-1)x^{2n}}=\dfrac{x^2}{3}<1$,得收敛区间 $(-\sqrt{3},\sqrt{3})$. $x=\pm\sqrt{3}$ 时,$\sum\limits_{n=1}^{\infty}(2n-1)$ 发散,故收

敛域为 $(-\sqrt{3},\sqrt{3})$. 令 $f(x)=\sum\limits_{n=1}^{\infty}\dfrac{2n-1}{3^n}x^{2n-2}=\left(\sum\limits_{n=1}^{\infty}\dfrac{x^{2n-1}}{3^n}\right)'=\left(\dfrac{\dfrac{x}{3}}{1-\dfrac{x^2}{3}}\right)'=\left(\dfrac{x}{3-x^2}\right)'=\dfrac{3+x^2}{(3-x^2)^2}$,

故原式 $=x^2f(x)=\dfrac{x^2(3+x^2)}{(3-x^2)^2}$,$x\in(-\sqrt{3},\sqrt{3})$.

6. 令 $f(x)=\sum\limits_{n=1}^{\infty}n^2x^{n-1}(|x|<1)$,则 $f(x)=\left(\sum\limits_{n=1}^{\infty}nx^n\right)'$,而 $\sum\limits_{n=1}^{\infty}nx^n=x\cdot\sum\limits_{n=1}^{\infty}nx^{n-1}=x\left(\sum\limits_{n=1}^{\infty}x^n\right)'=$

$x\left(\dfrac{x}{1-x}\right)'=\dfrac{x}{(1-x)^2}$,所以 $f(x)=\left[\dfrac{x}{(1-x)^2}\right]'=\dfrac{1+x}{(1-x)^3}$,故原极限 $=\dfrac{1}{2}\sum\limits_{n=1}^{\infty}\dfrac{n^2}{2^{n-1}}=\dfrac{1}{2}f\left(\dfrac{1}{2}\right)=$

$\dfrac{1}{2}\cdot\dfrac{1+\dfrac{1}{2}}{\left(1-\dfrac{1}{2}\right)^3}=6$.

7. 因 $f(x)=\dfrac{(x^3-3x^2+3x-1)+(1-3x)}{(x-1)^3(1-3x)}=\dfrac{1}{1-3x}+\dfrac{1}{(x-1)^3}$,又 $\dfrac{1}{1-3x}=\sum\limits_{n=0}^{\infty}3^nx^n$,$|x|<\dfrac{1}{3}$. 令 $g(x)=$

$\dfrac{1}{(x-1)^3}$,则 $\int_0^x g(x)dx=\int_0^x\dfrac{dx}{(x-1)^3}=\dfrac{1}{2}-\dfrac{1}{2}\cdot\dfrac{1}{(x-1)^2}=\dfrac{1}{2}-\dfrac{1}{2}\left(\dfrac{1}{1-x}\right)'=\dfrac{1}{2}-\dfrac{1}{2}\left(\sum\limits_{n=0}^{\infty}x^n\right)'=$

$\dfrac{1}{2}-\dfrac{1}{2}\left(\sum\limits_{n=0}^{\infty}x^{n-1}\right)'$,所以 $g(x)=\left(\dfrac{1}{2}-\dfrac{1}{2}\sum\limits_{n=1}^{\infty}nx^{n-1}\right)'=-\dfrac{1}{2}\sum\limits_{n=2}^{\infty}n(n-1)x^{n-2}=-\sum\limits_{n=0}^{\infty}\dfrac{1}{2}(n+2)$

$(n+1)x^n$,$|x|<1$,故 $f(x)=\sum\limits_{n=0}^{\infty}\left[3^n-\dfrac{1}{2}(n+2)(n+1)\right]x^n$,$|x|<\dfrac{1}{3}$.

高等数学(下)期末试卷(4)

一、填空题

1. $y^2+z^2=x$. 2. $\dfrac{1}{2}$. 3. $1+\sqrt{3}$. 4. 54π. 5. $\pi(e^4-1)$.

二、单项选择题

6. D. 7. A. 8. D. 9. C. 10. D.

三、计算题

11. $\boldsymbol{\alpha}\cdot\boldsymbol{\beta}=-6$,$\boldsymbol{\alpha}\times\boldsymbol{\beta}=\begin{vmatrix}\boldsymbol{i}&\boldsymbol{j}&\boldsymbol{k}\\1&0&2\\0&1&-3\end{vmatrix}=(-2,3,1)$.

12. $\dfrac{\partial z}{\partial x}=2f'(2x-y)$,$\dfrac{\partial z}{\partial y}=-f'(2x-y)$,所以 $\dfrac{\partial z}{\partial x}+\dfrac{\partial z}{\partial y}=2f'(2x-y)-f'(2x-y)=f'(2x-y)$.

13. 添加辅助曲线 $C_1:y=0$,$x:-1\to 1$,$\int_C=\oint_{C+C_1}-\int_{C_1}$,$\oint_{C+C_1}=\iint_D(Q_x-P_y)dxdy=\iint_D[1-(-1)]dxdy=$

π,$\int_{C_1}=\int_{-1}^1 3xdx=0$. 所以 $\int_C(3x-y)dx+(x+5y)dy=\pi$.

14. 在 Σ 上,$z=1-x-y$,所以 $\sqrt{1+z_x^2+z_y^2}=\sqrt{1+(-1)^2+(-1)^2}=\sqrt{3}$.

解法一：$\iint\limits_{\Sigma}(x+y+z)\mathrm{d}S = \iint\limits_{\Sigma_{xy}} 1 \cdot \sqrt{1+z_x^2+z_y^2}\mathrm{d}x\mathrm{d}y = \sqrt{3}\iint\limits_{\Sigma_{xy}}\mathrm{d}x\mathrm{d}y = \sqrt{3}\times\frac{1}{2}\times 1\times 1 = \frac{\sqrt{3}}{2}.$

解法二：$\iint\limits_{\Sigma}(x+y+z)\mathrm{d}S = \iint\limits_{\Sigma} 1 \cdot \mathrm{d}S = A(\Sigma) = \frac{1}{2}\times\sqrt{2}\times\sqrt{2}\cdot\sin\frac{\pi}{3} = \frac{\sqrt{3}}{2}.$

15. 解法一：柱坐标的方法. $\iiint\limits_{\Omega}z\mathrm{d}x\mathrm{d}y\mathrm{d}z = \int_0^{2\pi}\mathrm{d}\theta\int_0^1\rho\mathrm{d}\rho\int_{\rho^2}^1 z\mathrm{d}z = \frac{1}{2}\int_0^{2\pi}\mathrm{d}\theta\int_0^1(1-\rho^4)\rho\mathrm{d}\rho = \frac{\pi}{3}.$

解法二：截面法. $\iiint\limits_{\Omega}z\mathrm{d}x\mathrm{d}y\mathrm{d}z = \int_0^1\mathrm{d}z\iint\limits_{\Omega_z}z\mathrm{d}x\mathrm{d}y = \int_0^1 z\iint\limits_{\Omega_z}\mathrm{d}x\mathrm{d}y = \int_0^1 z\cdot\pi z\mathrm{d}z = \frac{\pi}{3}.$

四、证明题

16. 设 $F(x,y,z) = \frac{x^2}{a^2} + \frac{y^2}{b^2} + \frac{z^2}{c^2} - 1$，则切平面的法向量为 $\boldsymbol{n} = \left(\frac{2x_0}{a^2}, \frac{2y_0}{b^2}, \frac{2z_0}{c^2}\right) = 2\left(\frac{x_0}{a^2}, \frac{y_0}{b^2}, \frac{z_0}{c^2}\right)$，故切平面方程为 $\frac{x_0}{a^2}(x-x_0) + \frac{y_0}{b^2}(y-y_0) + \frac{z_0}{c^2}(z-z_0) = 0$，整理并注意到 $\frac{x_0^2}{a^2} + \frac{y_0^2}{b^2} + \frac{z_0^2}{c^2} = 1$，即得 $\frac{x_0 x}{a^2} + \frac{y_0 y}{b^2} + \frac{z_0 z}{c^2} = 1.$

五、解答题

17. $\begin{cases} f_x = 2x(1+y^2) = 0, \\ f_y = 2x^2 y + e^y - 1 = 0 \end{cases} \Rightarrow x = 0, y = 0; A = f_{xx}(0,0) = 2(1+y^2)|_{(0,0)} = 2, B = f_{xy}(0,0) = 4xy|_{(0,0)} = 0,$
$C = f_{yy}(0,0) = 2x^2 + e^y|_{(0,0)} = 1. AC - B^2 = 2 > 0, A > 0 \Rightarrow$ 函数有极小值 $f(0,0) = 1.$

18. 收敛域为 $(-1,1)$，令 $s(x) = \sum_{n=1}^{\infty} nx^{n+1}, s_1(x) = \sum_{n=1}^{\infty} nx^{n-1} = \sum_{n=1}^{\infty}(x^n)' = \left(\sum_{n=1}^{\infty}x^n\right)' = \left(\frac{x}{1-x}\right)' = \frac{1}{(1-x)^2}$，故 $s(x) = x^2 s_1(x) = \frac{x^2}{(1-x)^2}.$

高等数学(下)期末试卷(3)

一、填空题

1. $-\frac{2}{3}\mathrm{d}x + \mathrm{d}y.$ 2. $1 + 2\sqrt{3}.$ 3. $2\pi.$ 4. $2\pi.$ 5. $\sum_{n=1}^{\infty} nx^{n-1}(-1 < x < 1).$

二、单项选择题

6. A. 7. A. 8. D. 9. B. 10. D.

三、计算题

11. 直线的方向向量为 $\boldsymbol{s} = (1,0,2)\times(1,0,2) = (-2,-2,1)$. 设切点为 (x_0,y_0,z_0)，则曲面在切点处的法向量为 $\boldsymbol{n} = (2x_0, 2y_0, -1)$. 由题意 $\boldsymbol{s} // \boldsymbol{n} \Rightarrow \frac{2x_0}{-2} = \frac{2y_0}{-2} = \frac{-1}{1} \Rightarrow x_0 = 1, y_0 = 1$，代入曲面方程，得 $z_0 = 2$，所以切点为 $(x_0, y_0, z_0) = (1,1,2)$. 在切点 $(1,1,2)$ 处的法向量为 $\boldsymbol{n} = (2,2,-1)$. 故切平面方程为 $2(x-1) + 2(y-1) - (z-2) = 0 \Rightarrow 2x + 2y - z = 2.$

12. $\frac{\partial z}{\partial x} = f_1' + \frac{1}{y}f_2', \frac{\partial^2 z}{\partial x\partial y} = \frac{\partial}{\partial y}\left(f_1' + \frac{1}{y}f_2'\right) = \frac{\partial}{\partial y}(f_1') + \frac{\partial}{\partial y}\left(\frac{1}{y}f_2'\right) = \left[f_{11}''\cdot 0 + f_{12}''\cdot\left(-\frac{x}{y^2}\right)\right] - \frac{1}{y^2}f_2' + \frac{1}{y}\left[f_{21}''\cdot 0 + f_{22}''\cdot\left(-\frac{x}{y^2}\right)\right] = -\frac{1}{y^2}f_2' - \frac{x}{y^2}f_{12}'' - \frac{x}{y^3}f_{22}''.$

13. 添加辅助有向线段 $\overline{AB}, \overline{BO}$，其中 $B(1,0)$. $\int_L (x^2 - y)\mathrm{d}x - (x + \sin^2 y)\mathrm{d}y = \oint_{L+\overline{AB}+\overline{BO}}(x^2 - y)\mathrm{d}x - (x + \sin^2 y)\mathrm{d}y - \int_{\overline{AB}} - \int_{\overline{BO}}. I_1 = \oint_{L+\overline{AB}+\overline{BO}}(x^2 - y)\mathrm{d}x - (x + \sin^2 y)\mathrm{d}y = -\iint\limits_D [-1-(-1)]\mathrm{d}\sigma = 0, I_2 = \int_{\overline{AB}}(x^2 - y)\mathrm{d}y - (x + \sin^2 y)\mathrm{d}y = -\int_1^0(1 + \sin^2 y)\mathrm{d}y = \int_0^1(1 + \sin^2 y)\mathrm{d}y = \frac{3}{2} - \frac{\sin 2}{4}, I_3 = \int_{\overline{BO}}(x^2 - y)\mathrm{d}x - (x + \sin^2 y)\mathrm{d}y = \int_1^0 x^2\mathrm{d}x = -\frac{1}{3}. \int_L (x^2 - y)\mathrm{d}x - (x + \sin^2 y)\mathrm{d}y = I_1 - I_2 - I_3 = 0 - \left(\frac{3}{2} - \frac{\sin 2}{4}\right) -$

$\left(-\dfrac{1}{3}\right) = \dfrac{\sin 2}{4} - \dfrac{7}{6}.$

14. 曲面片 Σ 在 xOy 面上的投影 $D=\{(x,y)\mid x^2+y^2\leqslant 1\}$. $M=\iint\limits_{\Sigma}\mathrm{d}S=\iint\limits_{D}\sqrt{1+z_x^2+z_y^2}\,\mathrm{d}x\mathrm{d}y=$
$\iint\limits_{D}\sqrt{1+\left(\dfrac{x}{\sqrt{x^2+y^2}}\right)^2+\left(\dfrac{y}{\sqrt{x^2+y^2}}\right)^2}\,\mathrm{d}x\mathrm{d}y=\sqrt{2}\iint\limits_{D}\mathrm{d}x\mathrm{d}y=\sqrt{2}\pi.$

15. 旋转曲面的方程为 $z=x^2+y^2$.

解法一：柱坐标的方法. $\iiint\limits_{\Omega}z\mathrm{d}x\mathrm{d}y\mathrm{d}z=\int_{0}^{2\pi}\mathrm{d}\theta\int_{0}^{2}\rho\mathrm{d}\rho\int_{\rho^2}^{4}z\mathrm{d}z=\dfrac{1}{2}\int_{0}^{2\pi}\mathrm{d}\theta\int_{0}^{2}(16-\rho^4)\rho\mathrm{d}\rho=\dfrac{64\pi}{3}.$

解法二：截面法. $\iiint\limits_{\Omega}z\mathrm{d}x\mathrm{d}y\mathrm{d}z=\int_{0}^{4}\mathrm{d}z\iint\limits_{\Omega_z}z\mathrm{d}x\mathrm{d}y=\int_{0}^{4}z\mathrm{d}z\iint\limits_{\Omega_z}\mathrm{d}x\mathrm{d}y=\int_{0}^{4}z\cdot\pi z\mathrm{d}z=\dfrac{64\pi}{3}.$

四、证明题

16. 考察级数的前 $2n$ 项的和 $s_{2n}=u_1-u_2+u_3-u_4+\cdots+u_{2n-1}-u_{2n}=(u_1-u_2)+(u_3-u_4)+\cdots+(u_{2n-1}-u_{2n})$. 由(1), 数列 $\{s_{2n}\}$ 单调增加; 又 $s_{2n}=u_1-u_2+u_3-u_4+\cdots+u_{2n-1}-u_{2n}=u_1-(u_2-u_3)-\cdots-(u_{2n-2}-u_{2n-1})-u_{2n}$, 于是 $s_{2n}\leqslant u_1$. 故数列 $\{s_{2n}\}$ 收敛, 设 $s_{2n}\to s$. 由(2), $s_{2n+1}=s_{2n}+u_{2n+1}\to s$. 所以数列 $\{s_n\}$ 收敛, 从而级数收敛.

五、解答题

17. 收敛域为 $(-1,1)$, $s(x)=\sum\limits_{n=0}^{\infty}(2n+1)x^n=2\sum\limits_{n=0}^{\infty}nx^n+\sum\limits_{n=0}^{\infty}x^n=2\sum\limits_{n=0}^{\infty}nx^n+\sum\limits_{n=0}^{\infty}x^n=2x\sum\limits_{n=0}^{\infty}nx^{n-1}+\sum\limits_{n=0}^{\infty}x^n$
$=2x\sum\limits_{n=0}^{\infty}(x^n)'+\sum\limits_{n=0}^{\infty}x^n=2x\left(\sum\limits_{n=1}^{\infty}x^n\right)'+\sum\limits_{n=0}^{\infty}x^n=2x\left(\dfrac{x}{1-x}\right)'+\dfrac{1}{1-x}=\dfrac{2x}{(1-x)^2}+\dfrac{1}{1-x}=\dfrac{1+x}{(1-x)^2}$,
$x\in(-1,1)$.

18. 设长方体的长、宽、高分别为 x,y,z, 问题转化为如下条件极值问题: $\max V=xyz$,
s.t. $x^2+y^2+z^2=4R^2, x>0, y>0, z>0$. 作 Lagrange 函数 $L(x,y,z;\lambda)=xyz+\lambda(x^2+y^2+z^2-4R^2)$.

解方程组 $\begin{cases} L_x=yz+2\lambda x=0, \\ L_y=zx+2\lambda y=0, \\ L_z=xy+2\lambda z=0, \\ L_\lambda=x^2+y^2+z^2-4R^2=0, \end{cases}$ 得 $x=y=z=\dfrac{2R}{\sqrt{3}}$. 故当 $x=y=z=\dfrac{2R}{\sqrt{3}}$ 时, 即球内接正方体的体积最大.

高等数学(下)期末试卷(2)

一、填空题

1. $x^2-y^2-z^2=1$. **2.** $-2\mathrm{d}x-\mathrm{d}y$. **3.** 0. **4.** $\pi(\mathrm{e}-1)$.

二、单项选择题

5. C. **6.** D. **7.** B. **8.** D.

三、计算题

9. $\vec{AB}=(1,2,1), \vec{AC}=(-2,-1,1), \vec{AB}\times\vec{AC}=\begin{vmatrix} \vec{i} & \vec{j} & \vec{k} \\ 1 & 2 & 1 \\ -2 & -1 & 1 \end{vmatrix}=(3,-3,3).$ 故所求的平面方程为 $3(x-1)-3(y-1)+3(z-1)=0$, 即 $x-y+z-1=0$.

10. $\dfrac{\partial z}{\partial x}=yf'_1+2xf'_2, \dfrac{\partial^2 z}{\partial x^2}=y(yf''_{11}+2xf''_{12})+2f'_2+2x(yf''_{21}+2xf''_{22})=2f'_2+y^2f''_{11}+4xyf''_{12}+4x^2f''_{22}.$

11. $\iint\limits_{D}\min\{xy,2\}\mathrm{d}x\mathrm{d}y=\iint\limits_{D_1}xy\mathrm{d}x\mathrm{d}y+\iint\limits_{D_2}2\mathrm{d}x\mathrm{d}y=\int_{1}^{2}\mathrm{d}x\int_{0}^{\frac{2}{x}}xy\mathrm{d}y+2\int_{1}^{2}\mathrm{d}x\int_{\frac{2}{x}}^{2}\mathrm{d}y=\int_{1}^{2}x\left(\dfrac{1}{2}y^2\right)\Big|_{0}^{\frac{2}{x}}\mathrm{d}x+$

$2\int_1^2 \left(2-\dfrac{2}{x}\right)\mathrm{d}x = \int_1^2 x\left(\dfrac{1}{2}\cdot\dfrac{4}{x^2}\right)\mathrm{d}x + 4 - 4\ln 2 = 2\int_1^2 \dfrac{\mathrm{d}x}{x} + 4 - 4\ln 2 = 4 - 2\ln 2.$

12. $\int_0^\pi \mathrm{d}x \int_x^\pi \dfrac{\sin y}{y}\mathrm{d}y = \int_0^\pi \mathrm{d}y \int_0^y \dfrac{\sin y}{y}\mathrm{d}x = \int_0^\pi \sin y \,\mathrm{d}y = 2.$

四、证明题

13. 因为 $u_n = \ln\dfrac{n+1}{n} = \ln\left(1+\dfrac{1}{n}\right)$，所以数列 $\{u_n\}$ 单调减少而且 $\lim\limits_{n\to\infty} u_n = \lim\limits_{n\to\infty}\ln\dfrac{n+1}{n} = 0$，级数 $\sum\limits_{n=1}^\infty (-1)^n \ln\dfrac{n+1}{n}$ 为交错级数. 由莱布尼兹判别法知，级数 $\sum\limits_{n=1}^\infty (-1)^n \ln\dfrac{n+1}{n}$ 收敛. 级数 $\sum\limits_{n=1}^\infty \left|(-1)^n \ln\dfrac{n+1}{n}\right| = \sum\limits_{n=1}^\infty \ln\dfrac{n+1}{n}$. 其前 n 项部分和为 $s_n = \sum\limits_{k=1}^n \ln\dfrac{k+1}{k} = (\ln 2 - \ln 1) + (\ln 3 - \ln 2) + (\ln 4 - \ln 3) + \cdots + [\ln(n+1) - \ln n] = \ln(n+1) \to \infty (n\to\infty)$. 所以，级数 $\sum\limits_{n=1}^\infty \left|(-1)^n \ln\dfrac{n+1}{n}\right| = \sum\limits_{n=1}^\infty \ln\dfrac{n+1}{n}$ 发散. 综上所述知，级数 $\sum\limits_{n=1}^\infty (-1)^n \ln\dfrac{n+1}{n}$ 条件收敛.

五、解答题

14. $V = \iiint\limits_\Omega \mathrm{d}v = \int_0^{2\pi}\mathrm{d}\theta \int_0^1 \mathrm{d}\rho \int_0^{1-\rho^2} \rho\,\mathrm{d}z = \dfrac{1}{2}\pi.$

15. $f_x = 4 - 2x, f_y = -4 - 2y$，由 $\begin{cases} f'_x = 0, \\ f'_y = 0 \end{cases}$ 得 $\begin{cases} 4 - 2x = 0, \\ -4 - 2y = 0, \end{cases}$ 解得驻点 $(2, -2)$. $A = f_{xx} = -2, B = f_{xy} = 0, C = f_{yy} = -2$. 由于 $AC - B^2 > 0, A < 0$，所以 $(2, -2)$ 是极大值点，极大值为 $f(2,-2) = 8$.

16. 易求得其收敛域为 $(-1, 1)$，令 $s(x) = \sum\limits_{n=1}^\infty n(n+1)x^n = x\sum\limits_{n=1}^\infty n(n+1)x^{n-1} = x\cdot s_1(x)$，其中 $s_1(x) = \sum\limits_{n=1}^\infty n(n+1)x^{n-1}$，两边积分 $\int_0^x s_1(x)\mathrm{d}x = \sum\limits_{n=1}^\infty \int_0^x n(n+1)x^{n-1}\mathrm{d}x = \sum\limits_{n=1}^\infty (n+1)x^n$，再积分 $\int_0^x\left[\int_0^x S_1(x)\mathrm{d}x\right]\mathrm{d}x = \sum\limits_{n=1}^\infty \int_0^x (n+1)x^n \mathrm{d}x = \sum\limits_{n=1}^\infty x^{n+1} = \dfrac{x^2}{1-x}$. 因此 $s_1(x) = \left(\dfrac{x^2}{1-x}\right)'' = \dfrac{2}{(1-x)^3}$，故原级数的和 $s(x) = \dfrac{2x}{(1-x)^3}$，$x \in (-1, 1)$.

高等数学（下）期末试卷（1）

一、填空题

1. 0.   2. $\cos(x+y) - x\sin(x+y)$.   3. $-\ln\cos 1$.   4. $p > 0$.

二、单项选择题

5. D.   6. D.   7. B.   8. C.

三、计算题

9. $\overrightarrow{AB} = (1, 2, 1), \overrightarrow{AC} = (-2, -1, 1), \overrightarrow{AB} \times \overrightarrow{AC} = \begin{vmatrix} i & j & k \\ 1 & 2 & 1 \\ -2 & -1 & 1 \end{vmatrix} = (3, -3, 3)$. 所确定的平面方程为 $3(x-1) - 3(y-1) + 3(z-1) = 0$，即 $x - y + z - 1 = 0$. 故应用点到平面的距离公式可得所求的距离为 $d = \dfrac{1}{\sqrt{3}}$.

10. 解法一：将 $x = 0, y = 1$ 代入原式可得 $z = 1$，将 $(x+1)z - y^2 = x^2 f(x-z, y)$ 两边分别关于 x, y 求导，可得 $z + (x+1)z'_x = 2xf(x-z, y) + x^2 f'_1(x-z, y)(1-z'_x), (x+1)z'_y - 2y = x^2\left[f'_1(x-z, y)(-z'_y) + f'_2(x-z, y)\cdot 1\right]$. 因此将 $x = 0, y = 1, z = 1$ 代入关于 x 求导的式子，可得 $1 + z'_x = 0, z'_x = -1$. 代入关于 y 求导的式子，可得 $z'_y - 2 = 0, z'_y = 2$. 故可得 $\mathrm{d}z|_{(0,1)} = -\mathrm{d}x + 2\mathrm{d}y$.

解法二：将 $x=0, y=1$ 代入原式，可得 $z=1$. 令 $F(x,y,z)=(x+1)z-y^2-x^2f(x-z,y)$，则 $F_x\big|_{(0,1,1)}=z-2xf(x-z,y)-x^2f_1(x-z,y)\big|_{(0,1,1)}=1$, $F_y\big|_{(0,1,1)}=-2y-x^2f_2(x-z,y)\big|_{(0,1,1)}=-2$, $F_z\big|_{(0,1,1)}=x+1+x^2f_1(x-z,y)\big|_{(0,1,1)}=1$. $z'_x=\dfrac{F_x}{F_z}\bigg|_{(0,1,1)}=-1$, $z'_y=\dfrac{F_y}{F_z}\bigg|_{(0,1,1)}=2$, 故可得 $dz\big|_{(0,1)}=-dx+2dy$.

11. $\iint_D x\sqrt{y}\,d\sigma=\int_0^1 dx\int_{x^3}^{\sqrt{x}}x\sqrt{y}\,dy=\dfrac{2}{3}\int_0^1 x(x^{\frac{3}{4}}-x^3)dx=\dfrac{2}{3}\int_0^1(x^{\frac{7}{4}}-x^4)dx=\dfrac{2}{3}\left(\dfrac{4}{11}-\dfrac{1}{5}\right)=\dfrac{6}{55}.$

12. 旋转曲面方程 $x^2+y^2=z$. $\iiint_\Omega z\,dv=\int_0^2 dz\iint_{D_z}z^2\,dxdy=\int_0^2 z^2 dz\iint_{D_z}dxdy=\int_0^2 z^2 A(D_z)dz=\int_0^2 z^2\pi z\,dz=\pi\int_0^2 z^3 dz=4\pi.$

四、证明题

13. 根据可微的定义，当 $(x,y)\to(x_0,y_0)$ 时，$f(x,y)-f(x_0,y_0)=A(x-x_0)+B(y-y_0)+o(\sqrt{(x-x_0)^2+(y-y_0)^2})$. $\dfrac{f(x,y_0)-f(x_0,y_0)}{x-x_0}=\dfrac{A(x-x_0)+B(y-y_0)+o(\sqrt{(x-x_0)^2+(y-y_0)^2})}{x-x_0}=\dfrac{A(x-x_0)+o(|x-x_0|)}{x-x_0}=A+\dfrac{o(|x-x_0|)}{x-x_0}=A+\dfrac{o(|x-x_0|)}{|x-x_0|}\cdot\dfrac{|x-x_0|}{x-x_0}\to A(x\to x_0)$, 即 $z=f(x,y)$ 在点 $P_0(x_0,y_0)$ 处关于 x 的偏导数存在. 同理可证, $z=f(x,y)$ 在点 $P_0(x_0,y_0)$ 处关于 y 的偏导数存在.

五、解答题

14. 上半球面的方程为 $z=\sqrt{4-x^2-y^2}$, 于是 $z_x=-\dfrac{x}{\sqrt{4-x^2-y^2}}, z_y=-\dfrac{y}{\sqrt{4-x^2-y^2}}$, 故 $dS=\sqrt{1+z_x^2+z_y^2}=\dfrac{2}{\sqrt{4-x^2-y^2}}dxdy$, $S=\iint_D dS=\iint_D\dfrac{2}{\sqrt{4-x^2-y^2}}dxdy=\int_0^{2\pi}d\theta\int_0^{\sqrt{3}}\dfrac{2}{\sqrt{4-r^2}}r\,dr=-2\pi\cdot\int_0^{\sqrt{3}}\dfrac{d(4-r^2)}{\sqrt{4-r^2}}=4\pi\cdot\sqrt{4-r^2}\bigg|_{\sqrt{3}}^0=4\pi.$

15. 因为函数 $f(x,y)$ 在点 $(1,1)$ 处取极值，于是 $f_x(1,1)=ay-3x^2\big|_{(1,1)}=a-3=0\Rightarrow a=3$. 点 $(1,1)$ 处，$A=f''_{xx}(1,1)=-6x\big|_{(1,1)}=-6<0, B=f''_{xy}(1,1)=3, C=f''_{yy}(1,1)=-6y\big|_{(1,1)}=-6, AC-B^2=27>0$. 所以函数 $f(x,y)$ 在点 $(1,1)$ 处取得极大值.

16. 因 $\rho=\lim\limits_{n\to\infty}\dfrac{n+3}{n+2}=1$, 故 $R=1$, 所以当 $x=\pm 1$ 时，级数 $\sum\limits_{n=1}^\infty(n+2)(\pm 1)^{n+3}$ 发散，故收敛域为 $(-1,1)$. $s(x)=\sum\limits_{n=1}^\infty(n+2)x^{n+3}=x^2\sum\limits_{n=1}^\infty(n+2)x^{n+1}=x^2\sum\limits_{n=1}^\infty(x^{n+2})'=x^2\left(\sum\limits_{n=1}^\infty x^{n+2}\right)'=x^2\left(\dfrac{x^3}{1-x}\right)'=x^2\left(-x^2-x-1+\dfrac{1}{1-x}\right)'=x^2\cdot\left[-2x-1+\dfrac{1}{(1-x)^2}\right]=\dfrac{x^2}{(1-x)^2}-x^2-2x^3=\dfrac{3x^4-2x^5}{(1-x)^2}.$

高等数学（上）期末试卷（4）

一、填空题

1. e^{-2}. **2.** $\dfrac{1}{2}$. **3.** $\dfrac{3\pi}{4}dx$. **4.** $\dfrac{1}{2}$. **5.** $\dfrac{\pi}{2}$.

二、单项选择题

6. A. **7.** B. **8.** C. **9.** A. **10.** D.

三、计算题

11. $\dfrac{dy}{dx}=\dfrac{\frac{dy}{dt}}{\frac{dx}{dt}}=\dfrac{3t^2}{2t}=\dfrac{3}{2}t$. 在该点处的切线的斜率为 $\dfrac{dy}{dx}\bigg|_{t=2}=\dfrac{3}{2}t\bigg|_{t=2}=3$. 切点为 $(5,8)$, 故切线的方程为 $y-8=3(x-5)$, 即 $y=3x-7$.

12. $\int \arcsin x \mathrm{d}x = x\arcsin x - \int x \mathrm{d}(\arcsin x) = x\arcsin x - \int \dfrac{x}{\sqrt{1-x^2}}\mathrm{d}x = x\arcsin x + \int \dfrac{\mathrm{d}(1-x^2)}{2\sqrt{1-x^2}} = x\arcsin x + \sqrt{1-x^2} + C.$

13. 令 $\sqrt{\mathrm{e}^x-1} = t$,则 $x = \ln(1+t^2)$, $\mathrm{d}x = \dfrac{2t\mathrm{d}t}{1+t^2}$. 当 $x=0$ 时, $t=0$, 当 $x=\ln 2$ 时, $t=1$, 从而 $\int_0^{\ln 2}\sqrt{\mathrm{e}^x-1} = \int_0^1 t \cdot \dfrac{2t\mathrm{d}t}{1+t^2} = 2\int_0^1 \dfrac{t^2\mathrm{d}t}{1+t^2} = 2\int_0^1 \dfrac{t^2+1-1}{1+t^2}\mathrm{d}t = 2\left(\int_0^1 \mathrm{d}t - \int_0^1 \dfrac{1}{1+t^2}\mathrm{d}t\right) = 2(1-\arctan t\big|_0^1) = 2\left(1-\dfrac{\pi}{4}\right) = \dfrac{4-\pi}{2}.$

14. 令 $y' = u$,则原方程化为 $(1+x^2)u' = 2xu \Rightarrow \dfrac{\mathrm{d}u}{u} = \dfrac{2x\mathrm{d}x}{1+x^2} \Rightarrow \ln|u| = \ln(1+x^2) + \ln|C| \Rightarrow u = C(1+x^2)$, 即 $y' = C_1(1+x^2) \Rightarrow y = C_1 x + \dfrac{1}{3}C_1 x^3 + C_2$, 代入初值, 可得 $C_1 = 3, C_2 = 1$, 于是所求的特解为 $y = x^3 + 3x + 1$.

四、证明题

15. 令 $f(x) = \sin x - x + \dfrac{x^3}{6}$, $x \in [0, +\infty)$. 显然, $f(x)$ 在 $[0, +\infty)$ 上连续, 在 $(0, +\infty)$ 上可导. $f'(x) = \cos x - 1 + \dfrac{x^2}{2}$, $f''(x) = -\sin x + x \geqslant 0$ 且仅在 $x=0$ 处成立等号. 当 $x \geqslant 0$ 时, 有 $f'(x) > f'(0) = 0 \Rightarrow f(x) > f(0) = 0$. 从而, 当 $x > 0$ 时, $\sin x > x - \dfrac{x^3}{6}$.

16. $\lim\limits_{x \to x_0} \dfrac{f(x)}{(x-x_0)^2} = \lim\limits_{x \to x_0} \dfrac{f'(x)}{2(x-x_0)} = \dfrac{1}{2}\lim\limits_{x \to x_0} \dfrac{f'(x)}{x-x_0} = \dfrac{1}{2}\lim\limits_{x \to x_0} \dfrac{f'(x)-f'(x_0)}{x-x_0} = \dfrac{1}{2}f''(x_0) = 0.$

五、解答题

17. 设切点为 $P(x_0, y_0) = (x_0, x_0^2)$, 则该点处的切线的斜率为 $k = 2x_0$, 于是切线的方程为 $y - y_0 = 2x_0(x-x_0)$, 即 $y = 2x_0 x - x_0^2$. 令 $y=0$, 可得切线在 x 轴上的截距为 $\dfrac{x_0}{2}$. 令 $x=8$, 可得切线在直线 $x=8$ 上的截距为 $16x_0 - x_0^2$. 于是题求三角形的面积为 $S = \dfrac{1}{2}\left(8-\dfrac{x_0}{2}\right)(16x_0 - x_0^2)$. 依题意, 即求 $S = S(x) = \dfrac{1}{2}\left(8-\dfrac{x}{2}\right)(16x - x^2)$ $(0 \leqslant x \leqslant 8)$ 的最大值. $S'(x) = -\dfrac{1}{4}(16x - x^2) + \dfrac{1}{2}\left(8-\dfrac{x}{2}\right)(16-2x) = \dfrac{3}{4}x^2 - 16x + 64 = \dfrac{3x^2 - 64x + 256}{4} = \dfrac{(x-16)(3x-16)}{4}$. 易知, $x = \dfrac{16}{3}$ 是 $S(x)$ 在区间 $(0,8)$ 内唯一的驻点, 故该点是最大值点, $S_{\max} = S\left(\dfrac{16}{3}\right) = \dfrac{4096}{27}$.

18. $V_x = \pi\int_0^2 (x^3)^2 \mathrm{d}x = \pi\int_0^2 x^6 \mathrm{d}x = \dfrac{\pi}{7}(2^7 - 0) = \dfrac{128}{7}\pi$, $V_y = \pi \cdot 2^2 \cdot 2^3 - \int_0^8 \pi(\sqrt[3]{y})^2 \mathrm{d}y = 32\pi - \pi\int_0^8 y^{\frac{2}{3}}\mathrm{d}y = 32\pi - \pi \cdot \dfrac{3}{5}y^{\frac{5}{3}}\Big|_0^8 = 32\pi - \dfrac{96}{5}\pi = \dfrac{64}{5}\pi.$

高等数学(上)期末试卷(3)

一、填空题

1. e^2. 2. $\dfrac{1}{2}$. 3. $\pi \mathrm{d}x$. 4. $\dfrac{3}{2}$. 5. $\dfrac{1}{4}$.

二、单项选择题

6. A. 7. A. 8. B. 9. C. 10. D.

三、计算题

11. 方程 $xy + \ln y = 1$ 两边对 x 求导数, 得 $y + xy' + \dfrac{y'}{y} = 0$, 解得 $y' = -\dfrac{y^2}{xy+1}$. 在点 $M(1,1)$ 处, $y'\big|_{\substack{x=1\\y=1}} = -\dfrac{y^2}{xy+1}\Big|_{\substack{x=1\\y=1}} = -\dfrac{1}{2}$. 于是, 在点 $M(1,1)$ 处的切线方程为 $y - 1 = -\dfrac{1}{2}(x-1)$, 即 $x + 2y - $

$3=0$.

12. 令 $\sqrt{x}=t$, 则 $x=t^2$, $dx=2tdt$. 于是 $\int \arctan\sqrt{x}\,dx = 2\int t\arctan t\,dt = \int \arctan t\,d(t^2) = t^2\arctan t - \int t^2 d(\arctan t) = t^2\arctan t - \int \frac{t^2}{1+t^2}dt = t^2\arctan t - \int \frac{t^2+1-1}{1+t^2}dt = t^2\arctan t - \int dt + \int \frac{1}{1+t^2}dt = t^2\arctan t - t + \arctan t + c = (1+t^2)\arctan t - t + c = (1+x)\arctan\sqrt{x} - \sqrt{x} + c$.

13. $\int_0^1 x(1-x)^3 dx \xrightarrow{\diamondsuit 1-x=t} -\int_1^0 (1-t)t^3 dt = \int_0^1 (1-t)t^3 dt = \int_0^1 (t^3-t^4)dt = \frac{1}{4}-\frac{1}{5}=\frac{1}{20}$.

14. 先求对应的齐次方程 $\frac{dy}{dx}+\frac{2-3x^2}{x^3}y=0$ 的解. 分离变量, 可得 $\frac{dy}{y}=\frac{3x^2-2}{x^3}dx \Rightarrow \int \frac{dy}{y}=\int \frac{3x^2-2}{x^3}dx \Rightarrow \ln|y|=\ln|x^3|+\frac{1}{x^2}+\ln|C| \Rightarrow y=Cx^3 e^{\frac{1}{x^2}}$. 应用常数变易法, 设原方程的解为 $y=C(x)x^3 e^{\frac{1}{x^2}}$. 将其代入原方程, 可得 $C'(x)x^3 e^{\frac{1}{x^2}}+C(x)\left(3x^2 e^{\frac{1}{x^2}}-x^3 e^{\frac{1}{x^2}}\cdot\frac{2}{x^3}\right)+\frac{2-3x^2}{x^3}\cdot C(x)x^3 e^{\frac{1}{x^2}}=1 \Rightarrow C'(x)x^3 e^{\frac{1}{x^2}}=1 \Rightarrow C'(x)=x^{-3}e^{-\frac{1}{x^2}} \Rightarrow C(x)=\int x^{-3}e^{-\frac{1}{x^2}}=\frac{1}{2}\int e^{-\frac{1}{x^2}}d\left(-\frac{1}{x^2}\right)=\frac{1}{2}e^{-\frac{1}{x^2}}+C$. 故原方程的通解为 $y=\left(\frac{1}{2}e^{-\frac{1}{x^2}}+C\right)x^3 e^{\frac{1}{x^2}}=Cx^3 e^{\frac{1}{x^2}}+\frac{1}{2}x^3$. 又 $y(1)=0$, 故 $0=y(1)=Ce+\frac{1}{2}\Rightarrow C=-\frac{1}{2e}$. 所以特解为 $y=-\frac{1}{2e}x^3 e^{\frac{1}{x^2}}+\frac{1}{2}x^3=\frac{1}{2e}x^3(e-e^{\frac{1}{x^2}})$.

四、证明题

15. 令 $f(x)=(1+x)\ln(1+x)-\arctan x, x\in[0,+\infty)$. 显然 $f(x)$ 在 $[0,+\infty)$ 上连续, $f'(x)=\ln(1+x)+1-\frac{1}{1+x^2}>0(x>0)$. 所以, $f(x)$ 在 $[0,+\infty)$ 上单调增, 故 $f(x)>f(0)=0$, 从而 $\ln(1+x)>\frac{\arctan x}{1+x}$.

16. 不失一般性, 设 $x_1<x_2$. 令 $x_0=\frac{1}{3}x_1+\frac{2}{3}x_2$. 由拉格朗日中值定理, $\exists \xi_1\in(x_1,x_0),\xi_2\in(x_0,x_2)$, 使得 $f(x_0)-f(x_1)=f'(\xi_1)(x_0-x_1)=\frac{2}{3}f'(\xi_1)(x_2-x_1), f(x_2)-f(x_0)=f'(\xi_2)(x_2-x_0)=\frac{1}{3}f'(\xi_2)(x_2-x_1)$, 于是 $[f(x_0)-f(x_1)]-2[f(x_2)-f(x_0)]=\frac{2}{3}(x_2-x_1)[f'(\xi_1)-f'(\xi_2)]=\frac{2}{3}(x_2-x_1)f''(\xi)(\xi_1-\xi_2)<0$. 故 $3f(x_0)-f(x_1)-2f(x_2)<0 \Rightarrow f(x_0)<\frac{1}{3}f(x_1)+\frac{2}{3}f(x_2)$, 即 $f\left(\frac{1}{3}x_1+\frac{2}{3}x_2\right)<\frac{1}{3}f(x_1)+\frac{2}{3}f(x_2)$.

五、解答题

17. (1) 令 $f'(x)=x^2-a^2=0$ 得 $x_1=a, x_2=-a, f''(a)=2a>0, f''(-a)=-2a<0$. 于是 $f(x)$ 的极大值 $M=f(-a)=-2a+\int_0^{-a}(t^2-a^2)dt=-2a-\frac{1}{3}a^3+a^3=\frac{2a^3}{3}-2a$.

(2) 由于 $\frac{dM}{da}=2a^2-2=2(a^2-1), \frac{d^2M}{da^2}=4a$, 所以 $M'(1)=0, M''(1)=4$. 故当 $a=1$ 时, M 取得极小值 $-\frac{4}{3}$.

18. $V=\int_0^a \pi[\sqrt{a^2-y^2}-(-b)]^2 dy - \int_0^a \pi[-\sqrt{a^2-y^2}-(-b)]^2 dy = \pi\int_0^a 4b\sqrt{a^2-y^2}\,dy = 4b\pi\int_0^a \sqrt{a^2-y^2}\,dy = 4b\pi\cdot\frac{\pi a^2}{4}=\pi^2 a^2 b$, 故旋转体的体积为 $2\pi^2 a^2 b$.

高等数学(上) 期末试卷(2)

一、填空题

1. $\frac{1}{2}$. 2. e^4. 3. $24dx$. 4. 2π. 5. $y=(x+C)e^{-\sin x}$.

二、单项选择题

6. B. **7.** D. **8.** C. **9.** D. **10.** B.

三、计算题

11. 方程两边对 x 求导，得 $2x-y'=e^y y'$ (1)，将方程(1)两边再对 x 求导，得 $2-y''=e^y y' \cdot y' + e^y \cdot y''$ (2)．将 $x=0, y=0$ 代入(1)，得 $y'\Big|_{\substack{x=0\\y=0}}=0$．将 $x=0, y=0, y'=0$ 代入(2)，得 $y''\Big|_{\substack{x=0\\y=0}}=1$．

12. $\int \arctan x\, dx = x\arctan x - \int x\, d(\arctan x) = x\arctan x - \int \frac{x}{1+x^2}dx = x\arctan x - \frac{1}{2}\int \frac{d(1+x^2)}{1+x^2} = x\arctan x - \frac{1}{2}\ln(1+x^2) + C$.

13. 解法一：由 Leibniz 公式，$[f(x)]^{(5)} = (x^3 e^x)^{(5)} = x^3(e^x)^{(5)} + C_5^1 3x^2(e^x)^{(4)} + C_5^2 6x(e^x)^{(3)} + C_5^3 \cdot 6 \cdot (e^x)^{(2)}$, $f^{(5)}(0) = C_5^3 \cdot 6 e^x\big|_{x=0} = 60$.

解法二：由 Taylor 公式，$f(x) = x^3 e^x = x^3\left[1+x+\frac{x^2}{2}+o(x^2)\right] = x^3 + x^4 + \frac{x^5}{2} + o(x^5) = f(0) + f'(0)x + \frac{f''(0)}{2!}x^2 + \frac{f'''(0)}{3!}x^3 + \frac{f^{(4)}(0)}{4!}x^4 + \frac{f^{(5)}(0)}{5!}x^5 + o(x^5)$，所以 $\frac{f^{(5)}(0)}{5!} = \frac{1}{2} \Rightarrow f^{(5)}(0) = 60$.

14. 对应齐次方程 $y''-y'=0$ 的特征方程为 $r^2-r=0$，故特征根为 $r_1=0, r_2=1$，于是通解为 $Y=C_1+C_2 e^x$．设非齐次方程的特解形式应为 $y^*=x(Ax+B)$．代入非齐次方程，比较系数得 $A=-1, B=-2$，非齐次方程的特解为 $y^*=-x(x+2)$．故非齐次方程的通解为 $y=Y+y^*=C_1+C_2 e^x-x(x+2)$．

四、证明题

15. $\int_a^b (a+b-x)dx \xrightarrow{a+b-x=t} -\int_b^a f(t)dt = \int_a^b f(t)dt = \int_a^b f(x)dx$.

$\int_0^{\frac{\pi}{2}} \frac{\cos x}{\cos x + \sin x}dx = \int_0^{\frac{\pi}{2}} \frac{\cos\left(\frac{\pi}{2}-x\right)}{\cos\left(\frac{\pi}{2}-x\right)+\sin\left(\frac{\pi}{2}-x\right)}dx = \int_0^{\frac{\pi}{2}} \frac{\sin x}{\sin x + \cos x}dx$，又 $\int_0^{\frac{\pi}{2}} \frac{\cos x}{\cos x + \sin x}dx + \int_0^{\frac{\pi}{2}} \frac{\sin x}{\sin x + \cos x}dx = \int_0^{\frac{\pi}{2}} \frac{\cos x + \sin x}{\sin x + \cos x}dx = \int_0^{\frac{\pi}{2}} dx = \frac{\pi}{2}$，于是 $\int_0^{\frac{\pi}{2}} \frac{\cos x}{\cos x + \sin x}dx = \frac{\pi}{4}$．

16. $\int_0^x\left[\int_0^t f(u)du\right]dt = t\int_0^t f(u)du\Big|_{t=0}^{t=x} - \int_0^x t\, d\left[\int_0^t f(u)du\right] = x\int_0^x f(u)du - \int_0^x tf(t)dt = x\int_0^x f(t)dt - \int_0^x tf(t)dt = \int_0^x (x-t)f(t)dt$.

五、解答题

17. $y'=2xe^{-x}-x^2 e^{-x}=(2x-x^2)e^{-x}=x(2-x)e^{-x}$, $y''=2e^{-x}-2xe^{-x}-(2xe^{-x}-x^2 e^{-x})=(x^2-4x+2)e^{-x}=[x-(2-\sqrt{2})][x-(2+\sqrt{2})]e^{-x}$．于是 $y'(0)=y'(2)=0$，而 $y''(0)=2>0, y''(2)=-2e^{-2}<0$，所以 $x=0$ 是极小值点，$x=2$ 是极大值点．注意到 $y''(2-\sqrt{2})=0=y''(2+\sqrt{2})=0$．从 $2-\sqrt{2}$ 和 $2+\sqrt{2}$ 两侧 y'' 的符号不同知，$(2-\sqrt{2}, (6-4\sqrt{2})e^{-2+\sqrt{2}})$ 和 $(2+\sqrt{2}, (6+4\sqrt{2})e^{-2-\sqrt{2}})$ 是曲线 $y=x^2 e^{-x}$ 的拐点．

18. 设切点为 (a, a^2)，则切线方程为 $y-a^2=2a(x-a)$．由曲线经过点 $(2,3)$ 得 $3-a^2=2a(2-a)$，于是 $a=1$ 或 $a=3$，从而切线方程为 $y=2x-1$ 和 $y=6x-9$．面积为 $A=\int_1^2(x^2-2x+1)dx + \int_2^3(x^2-6x+9)dx = \frac{2}{3}$．

高等数学(上)期末试卷(1)

一、填空题

1. 3． **2.** -1． **3.** 一． **4.** $(-\infty, 1), (2, 2e^{-2})$． **5.** $\frac{\pi}{4}dx$． **6.** 0． **7.** $\ln(\sqrt{2}+1)$． **8.** π．
9. $y''-2y'+5y=0$． **10.** $x(a\cos x+b\sin x)$．

二、计算题

11. 解法一：$\lim\limits_{x\to\frac{\pi}{4}}(\tan x)^{\frac{1}{\cos x-\sin x}}=\lim\limits_{x\to\frac{\pi}{4}}e^{(\ln\tan x)\frac{1}{\cos x-\sin x}}=\lim\limits_{x\to\frac{\pi}{4}}e^{\frac{\ln\tan x}{\cos x-\sin x}}$. 又 $\lim\limits_{x\to\frac{\pi}{4}}\dfrac{\ln\tan x}{\cos x-\sin x}=\lim\limits_{x\to\frac{\pi}{4}}\dfrac{\sec^2 x}{\tan x(-\sin x-\cos x)}$

$=\dfrac{2}{-\sqrt{2}}=-\sqrt{2}$，故原式 $=e^{-\sqrt{2}}$.

解法二：$\lim\limits_{x\to\frac{\pi}{4}}(\tan x)^{\frac{1}{\cos x-\sin x}}=\lim\limits_{x\to\frac{\pi}{4}}(1+\tan x-1)^{\frac{1}{\tan x-1}\cdot\frac{\tan x-1}{\cos x-\sin x}}=\lim\limits_{x\to\frac{\pi}{4}}\left[(1+\tan x-1)^{\frac{1}{\tan x-1}}\right]^{\frac{\tan x-1}{\cos x(1-\tan x)}}=$

$\lim\limits_{x\to\frac{\pi}{4}}\left[(1+\tan x-1)^{\frac{1}{\tan x-1}}\right]^{\frac{-1}{\cos x}}=e^{-\sqrt{2}}$.

12. 方程 $e^{x+y}+\sin(xy)=0$ 两边对 x 求导，得 $e^{x+y}(1+y')+\cos(xy)(y+xy')=0$. 整理，得 $\dfrac{dy}{dx}=-\dfrac{e^{x+y}+y\cos(xy)}{e^{x+y}+x\cos(xy)}$.

13. $\dfrac{dy}{dx}=\dfrac{\dfrac{dy}{dt}}{\dfrac{dx}{dt}}=\dfrac{2\tan t\sec^2 t}{-2\sin 2t}=-\dfrac{1}{\cos^4 t}=-\dfrac{1}{2}\sec^4 t$.

$\dfrac{d^2 y}{dx^2}=\dfrac{d}{dx}\left(\dfrac{dy}{dx}\right)=\dfrac{d}{dt}\left(\dfrac{dy}{dx}\right)\cdot\dfrac{dt}{dx}=\dfrac{\dfrac{d}{dt}\left(\dfrac{dy}{dx}\right)}{\dfrac{dx}{dt}}=\dfrac{-\dfrac{1}{2}\times 4\sec^3 t\cdot\sec t\cdot\tan t}{-2\sin 2t}=\dfrac{1}{2}\sec^6 t$.

14. $\int\dfrac{1}{x(1+x^2)}dx=\int\left(\dfrac{1}{x}-\dfrac{x}{x^2+1}\right)dx=\int\dfrac{1}{x}dx-\int\dfrac{x}{x^2+1}dx=\int\dfrac{1}{x}dx-\dfrac{1}{2}\int\dfrac{d(x^2+1)}{x^2+1}$
$=\ln|x|-\dfrac{1}{2}\ln(x^2+1)+C=\dfrac{1}{2}\ln\left(\dfrac{x^2}{x^2+1}\right)+C$.

15. 令 $\sqrt{x}=t$，则 $x=t^2$，$dx=2tdt$，且当 $x=0$ 时 $t=0$，当 $x=1$ 时 $t=1$，于是 $\int_0^1 e^{\sqrt{x}}dx=2\int_0^1 te^t dt=2\int_0^1 t de^t=$
$2\left(te^t\Big|_{t=0}^{t=1}-\int_0^1 e^t dt\right)=2[e-(e-1)]=2$.

16. 因为 $y'=6x^2-6x=6x(x-1)$，$y''=12x-6$，所以 $y'(0)=y'(1)=0$，$y''(0)=-6<0$，$y''(1)=6>0$. 所以 $x=0$ 是极大值点，极大值为 $y(0)=0$；$x=1$ 是极小值点，极小值为 $y(1)=-1$.

三、解答题

17. 等式两边对 x 求导，得 $y'=3x^2+\dfrac{y}{x}$，即 $y'-\dfrac{1}{x}y=3x^2$，为一阶线性微分方程，解之得 $y=x\left(\dfrac{3}{2}x^2+C\right)$.
又 $y(1)=1$，故 $C=-\dfrac{1}{2}$. 所以 $y=\dfrac{x}{2}(3x^2-1)$.

18. 设切点为 $(x_0,\sqrt{x_0-2})$，又 $y'=\dfrac{1}{2\sqrt{x-2}}$，故切线方程为 $y-\sqrt{x_0-2}=\dfrac{1}{2\sqrt{x_0-2}}(x-x_0)$. 因为切线过点 $(1,0)$，故 $-\sqrt{x_0-2}=\dfrac{1}{2\sqrt{x_0-2}}(1-x_0)$，解得 $x_0=3$，$y_0=\sqrt{x_0-2}=1$. 切线方程为 $y=\dfrac{x-1}{2}$. $V=V_1-V_2=\int_1^3\pi\left(\dfrac{x-1}{2}\right)^2 dx-\int_2^3\pi(\sqrt{x-2})^2 dx=\dfrac{\pi}{6}$.

19. 令 $f(x)=\sin x+\cos x-1-x+x^2$，则 $f(x)$ 在 $[0,+\infty)$ 上连续且可导. $f'(x)=\cos x-\sin x-1+2x$，$f''(x)=-\sin x-\cos x+2>0$. 所以 $f'(x)$ 单调增，于是 $f'(x)>f'(0)=0$，从而 $f(x)$ 单调增，故 $f(x)>f(0)$，即 $\sin x+\cos x>1+x-x^2$.

20. 设函数 $y=f(x)$ 在 x_0 点可微，则 $f(x)-f(x_0)=A(x-x_0)+o(x-x_0)$，其中 A 是与 x 无关的常数，且当 $x\to x_0$ 时，$\dfrac{o(x-x_0)}{x-x_0}\to 0$，$\dfrac{f(x)-f(x_0)}{x-x_0}=\dfrac{A(x-x_0)+o(x-x_0)}{x-x_0}=A+\dfrac{o(x-x_0)}{x-x_0}\to A$，即极限 $\lim\limits_{x\to x_0}\dfrac{f(x)-f(x_0)}{x-x_0}=A$，故 $y=f(x)$ 在 x_0 点可导.

高等数学(下)期末试卷(4)

一、填空题(1~5小题,每小题4分,共20分)

1. 将 xOz 坐标面上的抛物线 $z^2 = x$ 绕 x 轴旋转一周所得的旋转曲面方程为 _____.

2. 已知函数 $z = z(x,y)$ 由方程 $x + y - e^z = z$ 所确定,则 $\left.\dfrac{\partial z}{\partial x}\right|_{(1,0)} = $ _____.

3. 函数 $z = x^2 + y^2$ 在点 $(1,1)$ 处沿方向 $\boldsymbol{l} = (1, \sqrt{3})$ 的方向导数为 _____.

4. 设 C 是圆周 $x^2 + y^2 = 9$,则第一类曲线积分 $\oint_C (x^2 + y^2) ds = $ _____.

5. 设 $D = \{(x,y) \mid x^2 + y^2 \leqslant 4\}$,二重积分 $I = \iint\limits_D e^{x^2+y^2} dxdy$ 的值为 _____.

二、单项选择题(6~10小题,每小题4分,共20分)

6. $f(x,y)$ 在点 $(0,0)$ 处的两个偏导数存在是 $f(x,y)$ 在点 $(0,0)$ 处可微的( )
   - (A) 充分非必要条件
   - (B) 必要非充分条件
   - (C) 充分必要条件
   - (D) 既不充分也不必要条件

7. 设 Σ 是光滑的封闭曲面外侧,下列曲面积分为所围立体的体积的是 ( )
   - (A) $\dfrac{1}{3} \oiint\limits_{\Sigma} x\,dydz + y\,dzdx + z\,dxdy$
   - (B) $\dfrac{1}{3} \oiint\limits_{\Sigma} x\,dxdy + y\,dydz + z\,dzdx$
   - (C) $\dfrac{1}{3} \oiint\limits_{\Sigma} x\,dydz - y\,dzdx + z\,dxdy$
   - (D) $\dfrac{1}{3} \oiint\limits_{\Sigma} x\,dydz + y\,dzdx - z\,dxdy$

8. 设 $D: x^2 + (y-1)^2 \leqslant 1$,则二重积分 $\iint\limits_D f(x,y) d\sigma = $ ( )
   - (A) $\int_0^{2\pi} d\theta \int_0^1 f(r\cos\theta, r\sin\theta) r\,dr$
   - (B) $\int_{-\frac{\pi}{2}}^{\frac{\pi}{2}} d\theta \int_0^{2\cos\theta} f(r\cos\theta, r\sin\theta) r\,dr$
   - (C) $\int_{-\frac{\pi}{2}}^{\frac{\pi}{2}} d\theta \int_0^{2\sin\theta} f(r\cos\theta, r\sin\theta) r\,dr$
   - (D) $\int_0^{\pi} d\theta \int_0^{2\sin\theta} f(r\cos\theta, r\sin\theta) r\,dr$

9. 若级数 $\sum\limits_{n=1}^{\infty} a_n x^n$ 在 $x = -2$ 处收敛,在 $x = 3$ 处发散,则下列说法正确的是( )
   - (A) 必在 $x = -3$ 处发散
   - (B) 必在 $x = 2$ 处收敛
   - (C) 必在 $|x| > 3$ 时发散
   - (D) 其收敛域为 $[-2, 3]$

10. 下列级数收敛的是 ( )
    - (A) $\sum\limits_{n=1}^{\infty} \dfrac{1}{n}$
    - (B) $\sum\limits_{n=1}^{\infty} \dfrac{1}{\sqrt{n}}$
    - (C) $\sum\limits_{n=1}^{\infty} \dfrac{n}{n+1}$
    - (D) $\sum\limits_{n=1}^{\infty} \dfrac{(-1)^n}{n}$

三、计算题(11～15 小题,每小题 7 分,共 35 分)

11. 设 $\boldsymbol{\alpha}=(1,0,2),\boldsymbol{\beta}=(0,1,-3)$,求 $\boldsymbol{\alpha}\cdot\boldsymbol{\beta}$ 和 $\boldsymbol{\alpha}\times\boldsymbol{\beta}$.

12. 设 $z=f(2x-y)$,其中 f 可微,求 $\dfrac{\partial z}{\partial x}+\dfrac{\partial z}{\partial y}$.

13. 利用格林公式,计算曲线积分
$$\int_C (3x-y)dx+(x+5y)dy,$$
其中有向曲线 $C: y=\sqrt{1-x^2}$,方向为从点 $(1,0)$ 到点 $(-1,0)$.

14. 计算曲面积分
$$\iint_\Sigma (x+y+z)dS,$$
其中 Σ 是平面 $x+y+z=1$ 在第一卦限中的有限部分.

15. 计算三重积分
$$\iiint_\Omega z\,dx\,dy\,dz,$$
其中 Ω 是曲面 $z=x^2+y^2$ 与平面 $z=1$ 所围成的闭区域.

四、证明题(16 小题,每小题 7 分,共 7 分)

16. 设有椭球面 $\Sigma: \dfrac{x^2}{a^2}+\dfrac{y^2}{b^2}+\dfrac{z^2}{c^2}=1$,其中 $a>0,b>0,c>0$. 证明:Σ 上任一点 (x_0,y_0,z_0) 处的切平面方程为
$$\dfrac{x_0 x}{a^2}+\dfrac{y_0 y}{b^2}+\dfrac{z_0 z}{c^2}=1.$$

五、解答题(17～18 小题,每小题 9 分,共 18 分)

17. 求函数 $f(x,y)=x^2(1+y^2)+e^y-y$ 的极值.

18. 求幂级数 $\sum\limits_{n=1}^{\infty} nx^{n+1}$ 的收敛域及和函数.

高等数学(下)期末试卷(3)

一、填空题(1~5 小题,每小题 4 分,共 20 分)

1. 已知函数 $z=z(x,y)$ 由方程 $z^3-3xyz+x^3-2=0$ 所确定,则 $dz\big|_{x=1,y=0}=$ _____.

2. 函数 $z=x^2+y^2$ 在点 $A(1,2)$ 处沿从 A 点指向 $B(2,2+\sqrt{3})$ 点的方向的方向导数为 _____.

3. 设 C 是圆周 $x^2+y^2=2x$,则第一类曲线积分 $\int_C x\,ds=$ _____.

4. 曲面积分 $\iint\limits_{\Sigma} x\,dydz+y\,dzdx+z\,dxdy=$ _____,其中 Σ 为上半球面 $z=\sqrt{1-x^2-y^2}$ 的上侧.

5. 将函数 $\dfrac{1}{(x-1)^2}$ 展开成 x 的幂级数为 _____.

二、单项选择题(6~10 小题,每小题 4 分,共 20 分)

6. 考虑二元函数 $f(x,y)$ 的下面 4 条性质:
   ① 函数 $f(x,y)$ 在点 (x_0,y_0) 处连续;
   ② 函数 $f(x,y)$ 在点 (x_0,y_0) 处两个偏导数连续;
   ③ 函数 $f(x,y)$ 在点 (x_0,y_0) 处可微;
   ④ 函数 $f(x,y)$ 在点 (x_0,y_0) 处两个偏导数存在.
   则下面结论正确的是 ( )
   (A) ②⇒③⇒① (B) ③⇒②⇒①
   (C) ③⇒④⇒① (D) ③⇒①⇒④

7. 设 D 是 xOy 平面上以 $(1,1),(-1,1)$ 和 $(-1,-1)$ 为顶点的三角形区域,D_1 是 D 在第一象限的部分,则 $\iint\limits_{D}(xy+\cos x\sin y)\,dxdy$ 等于 ( )

   (A) $2\iint\limits_{D_1}\cos x\sin y\,dxdy$ (B) $2\iint\limits_{D_1}xy\,dxdy$

   (C) $4\iint\limits_{D_1}(xy+\cos x\sin y)\,dxdy$ (D) 0

8. 累次积分 $\int_0^{\frac{\pi}{2}}d\theta\int_0^{\cos\theta}f(\rho\cos\theta,\rho\sin\theta)\rho\,d\rho$ 可以写成 ( )

   (A) $\int_0^1 dy\int_0^{\sqrt{y-y^2}}f(x,y)\,dx$ (B) $\int_0^1 dy\int_0^{\sqrt{1-y^2}}f(x,y)\,dx$

   (C) $\int_0^1 dx\int_0^1 f(x,y)\,dy$ (D) $\int_0^1 dx\int_0^{\sqrt{x-x^2}}f(x,y)\,dy$

9. 若级数 $\sum\limits_{n=1}^{\infty} a_n(x-2)^n$ 在 $x=-1$ 处收敛,则此级数在 $x=4$ 处 ( )

(A) 条件收敛 (B) 绝对收敛
(C) 发散 (D) 收敛性不能确定

10. 已知级数 $\sum\limits_{n=1}^{\infty}(-1)^n \sqrt{n}\sin\dfrac{1}{n^\alpha}$ 绝对收敛,级数 $\sum\limits_{n=1}^{\infty}(-1)^n \dfrac{1}{n^{2-\alpha}}$ 条件收敛,则 ( )

(A) $0<\alpha\leqslant\dfrac{1}{2}$ (B) $\dfrac{1}{2}<\alpha\leqslant 1$
(C) $1<\alpha\leqslant\dfrac{3}{2}$ (D) $\dfrac{3}{2}<\alpha<2$

三、计算题(11~15 小题,每小题 7 分,共 35 分)

11. 求曲面 $z=x^2+y^2$ 的一个切平面,使此切平面与直线 $\begin{cases} x+2z=1, \\ y+2z=2 \end{cases}$ 垂直.

12. 设 $z=f\left(x,\dfrac{x}{y}\right)$,其中 f 具有二阶连续偏导数,求 $\dfrac{\partial^2 z}{\partial x \partial y}$.

13. 计算曲线积分
$$\int_L (x^2-y)dx-(x+\sin^2 y)dy,$$
其中 L 是在圆周 $y=\sqrt{2x-x^2}$ 上由点 $O(0,0)$ 到点 $A(1,1)$ 的一段弧.

14. 求曲面片 $\Sigma: z=\sqrt{x^2+y^2}$ ($0\leqslant z\leqslant 1$) 的面积.

15. 计算三重积分 $\iiint\limits_{\Omega} z\,dx\,dy\,dz$,其中 Ω 是由 xOz 平面上的曲线 $z=x^2$ 绕 z 轴旋转一周所得的曲面与平面 $z=4$ 所围成的闭区域.

四、证明题(16 小题,每小题 7 分,共 7 分)

16. 设 $u_n>0$,$n=1,2,\cdots$,且满足:
(1) $u_n\geqslant u_{n+1}$($n=1,2,3,\cdots$);(2) $\lim\limits_{n\to\infty} u_n=0$.

证明:级数 $\sum\limits_{n=1}^{\infty}(-1)^{n-1}u_n$ 收敛.

五、解答题(17~18 小题,每小题 9 分,共 18 分)

17. 求幂级数 $\sum\limits_{n=0}^{\infty}(2n+1)x^n$ 的和函数.

18. 求内接于半径为 R 的球且有最大体积的长方体.

高等数学(下)期末试卷(2)

一、填空题(1~4 小题,每小题 4 分,共 16 分)

1. xOy 平面中的曲线 $x^2-y^2=1$ 绕 x 轴旋围一周所得的旋转曲面的方程为 ___.

2. 设 $x^2+2xy+y+ze^z=1$,则 $dz\big|_{(0,1)}=$ _____.

3. 设 $z=e^{x-y}$,则 $\dfrac{\partial z}{\partial x}+\dfrac{\partial z}{\partial y}=$ _____.

4. 设 V 为柱体:$x^2+y^2\leqslant 1, 0\leqslant z\leqslant 1$,则 $\iiint\limits_{V} e^z dv=$ _____.

二、单项选择题(5~8 小题,每小题 4 分,共 16 分)

5. 设 $f(x,y)=\begin{cases}\dfrac{xy}{x^2+y^2}, & x^2+y^2\neq 0\\ 0, & x^2+y^2=0\end{cases}$,则 ( )

 (A) $\lim\limits_{\substack{x\to 0\\ y\to 0}}f(x,y)$ 存在   (B) $f(x,y)$ 在点 $(0,0)$ 处连续

 (C) $f'_x(0,0), f'_y(0,0)$ 都存在   (D) $f(x,y)$ 在点 $(0,0)$ 处可微

6. 设 $D: x^2+(y-1)^2\leqslant 1$,重积分 $\iint\limits_{D}f(x,y)d\sigma=$ ( )

 (A) $\int_0^{2\pi}d\theta\int_0^1 f(r\cos\theta,r\sin\theta)rdr$ (B) $\int_{-\frac{\pi}{2}}^{\frac{\pi}{2}}d\theta\int_0^{2\cos\theta}f(r\cos\theta,r\sin\theta)rdr$

 (C) $\int_{-\frac{\pi}{2}}^{\frac{\pi}{2}}d\theta\int_0^{2\sin\theta}f(r\cos\theta,r\sin\theta)rdr$ (D) $\int_0^{\pi}d\theta\int_0^{2\sin\theta}f(r\cos\theta,r\sin\theta)rdr$

7. 设区域 D 由直线 $y=x, y=-x$ 和 $x=1$ 围成,D_1 是 D 位于第一象限的部分,则 ( )

 (A) $\iint\limits_{D}[xy+y\sin(xy)]dxdy=2\iint\limits_{D_1}xy dxdy$

 (B) $\iint\limits_{D}[xy+y\sin(xy)]dxdy=2\iint\limits_{D_1}y\sin(xy)dxdy$

 (C) $\iint\limits_{D}[xy+y\sin(xy)]dxdy=2\iint\limits_{D_1}[xy+y\sin(xy)]dxdy$

 (D) $\iint\limits_{D}[xy+y\sin(xy)]dxdy=0$

8. 下列级数收敛的是 ( )

 (A) $\sum\limits_{n=1}^{\infty}\dfrac{n}{n+1}$ (B) $\sum\limits_{n=1}^{\infty}\dfrac{2n+1}{n^2+n}$

(C) $\sum_{n=1}^{\infty} \dfrac{1+(-1)^n}{\sqrt{n}}$ (D) $\sum_{n=1}^{\infty} \dfrac{n^2}{2^n}$

三、计算题(9~12 小题,每小题 8 分,共 32 分)

9. 求经过点 $A(1,1,1)$, $B(2,3,2)$ 和 $C(-1,0,2)$ 的平面的方程.

10. 设 $z=f(xy,x^2)$, 其中 f 具有二阶连续偏导数, 求 $\dfrac{\partial^2 z}{\partial x^2}$.

11. 已知平面区域 $D=\{(x,y)\mid 1\leqslant x\leqslant 2, 0\leqslant y\leqslant 2\}$, 计算 $\iint\limits_D \min\{xy,2\}\,dxdy$.

12. 求累次积分 $\int_0^\pi dx \int_x^\pi \dfrac{\sin y}{y}\,dy$.

四、证明题(13 小题,每小题 6 分,共 6 分)

13. 证明:级数 $\sum_{n=1}^{\infty} (-1)^n \ln \dfrac{n+1}{n}$ 条件收敛.

五、解答题(14~16 小题,每小题 10 分,共 30 分)

14. 求曲面 $z=1-x^2-y^2$ 与平面 $z=0$ 围成的立体的体积.

15. 求函数 $f(x,y)=4x-4y-x^2-y^2$ 的极值.

16. 求幂级数 $\sum_{n=1}^{\infty} n(n+1)x^n$ 的收敛域与和函数.

高等数学(下)期末试卷(1)

一、填空题(1~4小题,每小题4分,共16分)

1. 若平面 $x+y+z=1$ 与平面 $x-y+kz=0$ 垂直,则 $k=$ _____.

2. 设 $z=x\sin(x+y)$,则 $\dfrac{\partial^2 z}{\partial x\partial y}=$ _____.

3. $\int_0^1 dy \int_y^1 \dfrac{\tan x}{x} dx =$ _____.

4. 级数 $\sum\limits_{n=1}^{\infty} \dfrac{1}{n^p}\sin\dfrac{1}{n}$ 收敛的充分必要条件是 p 满足不等式 _____.

二、单项选择题(5~8小题,每小题4分,共16分)

5. 二元函数 $z=f(x,y)$ 在点 (x_0,y_0) 处的偏导数存在是它在该点连续的( )
   (A) 充分非必要条件 (B) 必要非充分条件
   (C) 充分必要条件 (D) 既不充分也不必要条件

6. 设 $z=f(xy,x^2-y^2)$,其中 f 具有二阶连续偏导数,则 $\dfrac{\partial^2 z}{\partial x\partial y}=$ ( )
   (A) $f_1+xyf_{11}+2(x^2-y^2)f_{12}-xyf_{22}$ (B) $f_1+xyf_{11}+2x^2f_{12}-4xyf_{22}$
   (C) $f_1+xyf_{11}-2y^2f_{12}-4xyf_{22}$ (D) $f_1+xyf_{11}+2(x^2-y^2)f_{12}-4xyf_{22}$

7. 设 $f(u)$ 为连续函数,$D=\{(x,y)|x^3\leqslant y\leqslant 1,-1\leqslant x\}$,$I=\iint\limits_{D} x[x+f(x^2+y^2)\sin y] dxdy$,则 $I=$ ( )
   (A) $-\dfrac{2}{3}$ (B) $\dfrac{2}{3}$ (C) 0 (D) $\dfrac{3}{2}$

8. 设 $u_n=(-1)^n\sin\dfrac{1}{\sqrt{n}}$,则级数 ( )
   (A) $\sum\limits_{n=1}^{\infty} u_n$ 与 $\sum\limits_{n=1}^{\infty} u_n^2$ 都收敛
   (B) $\sum\limits_{n=1}^{\infty} u_n$ 与 $\sum\limits_{n=1}^{\infty} u_n^2$ 都发散
   (C) $\sum\limits_{n=1}^{\infty} u_n$ 收敛,而 $\sum\limits_{n=1}^{\infty} u_n^2$ 发散
   (D) $\sum\limits_{n=1}^{\infty} u_n$ 发散,而 $\sum\limits_{n=1}^{\infty} u_n^2$ 收敛

三、计算题(9~12小题,每小题8分,共32分)

9. 求原点到 $A(1,1,1),B(2,3,2)$ 和 $C(-1,0,2)$ 三点所确定的平面的距离.

10. 设函数 $f(u,v)$ 可微,$z=z(x,y)$ 由方程 $(x+1)z-y^2=x^2 f(x-z,y)$ 确定,求 $dz\big|_{(0,1)}$.

11. 已知平面区域 D 由抛物线 $y=\sqrt{x}$ 和 $y=x^2$ 所围成,计算二重积分 $\iint\limits_{D} x\sqrt{y}\, d\sigma$.

12. 计算三重积分 $\iiint_\Omega z^2 dv$, 其中 Ω 是平面曲线 $\begin{cases} y^2 = z, \\ x = 0 \end{cases}$ 绕 z 轴旋转一周所成的旋转曲面与平面 $z = 2$ 所围成的空间闭区域.

四、证明题(13 小题,每小题 6 分,共 6 分)

13. 设函数 $z = f(x, y)$ 在点 $P_0(x_0, y_0)$ 处可微,证明:$z = f(x, y)$ 在点 $P_0(x_0, y_0)$ 处的偏导数存在.

五、解答题(14~16 小题,每小题 10 分,共 30 分)

14. 求上半球面 $z = \sqrt{4 - x^2 - y^2}$ 在平面 $z = 1$ 以上部分的面积.

15. 若函数 $f(x, y) = axy - x^3 - y^3$ 在点 $(1, 1)$ 处取得极值,求常数 a 的值,并判断此极值是极大值还是极小值.

16. 求幂级数 $\sum\limits_{n=1}^{\infty}(n+2)x^{n+3}$ 的收敛域与和函数.

单元测试卷(下)

第十二章　无穷级数

班级_____　学号_____　姓名_____

一、选择、填空题(每小题4分,共32分)

1. 设 $u_n = (-1)^n \sin \dfrac{1}{\sqrt{n}}$,则级数 　　　　　　　　　　　　　　　(　　)

   (A) $\sum\limits_{n=1}^{\infty} u_n$ 与 $\sum\limits_{n=1}^{\infty} u_n^2$ 都收敛　　　　　(B) $\sum\limits_{n=1}^{\infty} u_n$ 与 $\sum\limits_{n=1}^{\infty} u_n^2$ 都发散

   (C) $\sum\limits_{n=1}^{\infty} u_n$ 收敛,而 $\sum\limits_{n=1}^{\infty} u_n^2$ 发散　　　(D) $\sum\limits_{n=1}^{\infty} u_n$ 发散,而 $\sum\limits_{n=1}^{\infty} u_n^2$ 收敛

2. 下列级数发散的是 　　　　　　　　　　　　　　　　　　　　　　　　　(　　)

   (A) $\sum\limits_{n=1}^{\infty} \dfrac{n}{3^n}$ 　　　　　　　　　　　(B) $\sum\limits_{n=1}^{\infty} \dfrac{1}{\sqrt{n}} \ln\left(1 + \dfrac{1}{n}\right)$

   (C) $\sum\limits_{n=2}^{\infty} \dfrac{(-1)^n + 1}{\ln n}$ 　　　　　　　(D) $\sum\limits_{n=1}^{\infty} \dfrac{n!}{n^n}$

3. 若级数 $\sum\limits_{n=1}^{\infty} a_n (x-2)^n$ 在 $x = -1$ 处收敛,则此级数在 $x = 4$ 处 (　　)

   (A) 条件收敛　　　　　　　　　　(B) 绝对收敛

   (C) 发散　　　　　　　　　　　　(D) 收敛性不能确定

4. 若级数 $\sum\limits_{n=1}^{\infty} a_n$ 条件收敛,则 $x = \sqrt{3}$ 与 $x = 3$ 依次为幂级数 $\sum\limits_{n=1}^{\infty} n a_n (x-1)^n$ 的

   (　　)

   (A) 收敛点、收敛点　　　　　　　(B) 收敛点、发散点

   (C) 发散点、收敛点　　　　　　　(D) 发散点、发散点

5. 将函数 $\dfrac{1}{(x-1)^2}$ 展开成 x 的幂级数为_____.

6. 幂级数 $\sum\limits_{n=1}^{\infty} (-1)^{n-1} \dfrac{x^{2n+1}}{n \cdot 3^n}$ 的收敛域是_____.

7. 已知函数 $f(x) = \dfrac{1}{1+x^2}$,则 $f^{(3)}(0) =$ _____.

8. 幂级数 $\sum\limits_{n=1}^{\infty} a_n x^n$ 在 $x = -3$ 处条件收敛,则该级数的收敛半径 $R =$ _____.

二、解答题(每小题 10 分,共 50 分)

1. 求幂级数 $\sum\limits_{n=1}^{\infty}(n+2)x^{n+3}$ 的收敛域与和函数.

2. 求幂级数 $\sum\limits_{n=0}^{\infty}(2n+1)x^n$ 的和函数.

3. 求级数 $\sum\limits_{n=1}^{\infty}\dfrac{3^n+(-2)^n}{n}(2x+1)^n$ 的收敛域.

4. 求数项级数 $\sum\limits_{n=1}^{\infty}\dfrac{1}{(2n-2)2^n}$ 的和.

5. 将函数 $f(x)=\arctan\dfrac{1-2x}{1+2x}$ 展开成 x 的幂级数,并求级数 $\sum\limits_{n=0}^{\infty}\dfrac{(-1)^n}{2n+1}$ 的和.

三、证明题(每小题 9 分,共 18 分)

1. 证明:当 $0<p\leqslant 1$ 时,级数 $\sum\limits_{n=2}^{\infty}(-1)^n\dfrac{\ln n}{n^p}$ 条件收敛.

2. 证明级数 $\sum\limits_{n=1}^{\infty}\dfrac{(-1)^n}{\sqrt{n+(-1)^n}}$ 收敛.

单元测试卷(下)

第十一章 曲线积分与曲面积分

班级_____ 学号_____ 姓名_____

一、选择、填空题(每小题 4 分,共 20 分)

1. 设 Σ 是光滑的封闭曲面的外侧,下列曲面积分为所围的立体体积的是(　　)

   (A) $\dfrac{1}{3}\oiint_{\Sigma} x\,dydz + y\,dzdx + z\,dxdy$　　(B) $\dfrac{1}{3}\oiint_{\Sigma} x\,dxdy + y\,dydz + z\,dzdx$

   (C) $\dfrac{1}{3}\oiint_{\Sigma} x\,dydz - y\,dzdx + z\,dxdy$　　(D) $\dfrac{1}{3}\oiint_{\Sigma} x\,dydz + y\,dzdx - z\,dxdy$

2. 设 C 是圆周 $x^2+y^2=2x$,则第一类曲线积分 $\oint_C x\,ds =$ _____.

3. 曲面积分 $\iint_{\Sigma} x\,dydz + y\,dzdx + z\,dxdy =$ _____,其中 Σ 为上半球面 $z=\sqrt{1-x^2-y^2}$ 的上侧.

4. 若曲线积分 $\int_L \dfrac{x\,dx - ay\,dy}{x^2+y^2-1}$ 在区域 $D=\{(x,y)\mid x^2+y^2<1\}$ 内与路径无关,则 $a=$ _____.

5. 设 C 为闭曲线 $|x|+|y|=2$,取逆时针方向,则 $\oint_C \dfrac{ax\,dy - by\,dx}{|x|+|y|} =$ _____.

二、解答题(每小题 16 分,共 80 分)

1. 计算曲线积分 $\int_C (3x-y)dx + (x+5)dy$,其中有向曲线 $C: y=\sqrt{1-x^2}$,方向为从点 $(1,0)$ 到点 $(-1,0)$.

2. 计算曲线积分 $\int_L (x^2-y)dy - (x+\sin^2 y)dy$,其中 L 是在圆周 $y=\sqrt{2x-x^2}$ 上由点 $O(0,0)$ 到点 $A(1,1)$ 的一段弧.

3. 设薄片 S 是圆锥面 $z=\sqrt{x^2+y^2}$ 被柱面 $z^2=2x$ 割下的有限部分,其上任一点的密度为 $\mu=9\sqrt{x^2+y^2+z^2}$,记圆锥面和柱面的交线为 C.

(1) 求 C 在 xOy 面上的投影曲线的方程;(2) 求 S 的质量.

4. 设有界区域 Ω 由平面 $2x+y+2z=2$ 与三个坐标平面围成,Σ 为 Ω 整个表面的外侧,计算曲面积分 $I=\iint\limits_{\Sigma}(x^2+1)\mathrm{d}y\mathrm{d}z-2y\mathrm{d}z\mathrm{d}x+3z\mathrm{d}x\mathrm{d}y$.

5. 计算曲面积分 $\iint\limits_{\Sigma}(2x+z)\mathrm{d}y\mathrm{d}z+z\mathrm{d}x\mathrm{d}y$,其中 Σ 为曲面 $z=x^2+y^2$ 被平面 $z=1$ 所截的有限部分,取上侧.

6*. 设曲线 Γ 为在 $x^2+y^2+z^2=1, x+z=1, x\geqslant 0, y\geqslant 0, z\geqslant 0$ 上从 $A(1,0,0)$ 到 $B(0,0,1)$ 的一段,求曲线积分 $I=\int\limits_{\Gamma}y\mathrm{d}x+z\mathrm{d}y+x\mathrm{d}z$.

单元测试卷（下）

第十章　重积分

班级_____　学号_____　姓名_____

一、选择、填空题（每小题 4 分，共 32 分）

1. 设 $f(u)$ 为连续函数，$D=\{(x,y)\mid x^3\leqslant y\leqslant 1,-1\leqslant x\}$，$I=\iint\limits_{D}x[x+f(x^2+y^2)\sin y]dxdy$，则 $I=$ （　　）

   (A) $-\dfrac{2}{3}$　　(B) $\dfrac{2}{3}$　　(C) 0　　(D) $\dfrac{3}{2}$

2. 二次积分 $\int_0^1 dy\int_1^{y+1}f(x,y)dx$ 交换积分次序后，得 （　　）

   (A) $\int_0^1 dx\int_1^{x+1}f(x,y)dy$　　(B) $\int_1^2 dx\int_0^{x-1}f(x,y)dy$

   (C) $\int_1^2 dx\int_{x-1}^{x-1}f(x,y)dy$　　(D) $\int_1^2 dx\int_{x-1}^{1}f(x,y)dy$

3. 设 D 是第一象限由曲线 $2xy=1,4xy=1$ 与直线 $y=x,y=\sqrt{3}x$ 围成的平面区域，函数 $f(x,y)$ 在 D 上连续，则 $\iint\limits_{D}f(x,y)\,dxdy=$ （　　）

   (A) $\int_{\frac{\pi}{4}}^{\frac{\pi}{3}}d\theta\int_{\frac{1}{2\sin 2\theta}}^{\frac{1}{\sin 2\theta}}f(r\cos\theta,r\sin\theta)rdr$　　(B) $\int_{\frac{\pi}{4}}^{\frac{\pi}{3}}d\theta\int_{\frac{1}{\sqrt{2\sin 2\theta}}}^{\frac{1}{\sqrt{\sin 2\theta}}}f(r\cos\theta,r\sin\theta)rdr$

   (C) $\int_{\frac{\pi}{4}}^{\frac{\pi}{3}}d\theta\int_{\frac{1}{2\sin 2\theta}}^{\frac{1}{\sin 2\theta}}f(r\cos\theta,r\sin\theta)dr$　　(D) $\int_{\frac{\pi}{4}}^{\frac{\pi}{3}}d\theta\int_{\frac{1}{\sqrt{2\sin 2\theta}}}^{\frac{1}{\sqrt{\sin 2\theta}}}f(r\cos\theta,r\sin\theta)dr$

4. 设 $D=\{(x,y)\mid x^2+y^2\leqslant 2x,x^2+y^2\leqslant 2y\}$，函数 $f(x,y)$ 在 D 上连续，则 $\iint\limits_{D}f(x,y)dxdy=$ （　　）

   (A) $\int_0^{\frac{\pi}{4}}d\theta\int_0^{2\cos\theta}f(r\cos\theta,r\sin\theta)rdr+\int_{\frac{\pi}{4}}^{\frac{\pi}{2}}d\theta\int_0^{2\sin\theta}f(r\cos\theta,r\sin\theta)rdr$

   (B) $\int_0^{\frac{\pi}{4}}d\theta\int_0^{2\sin\theta}f(r\cos\theta,r\sin\theta)rdr+\int_{\frac{\pi}{4}}^{\frac{\pi}{2}}d\theta\int_0^{2\cos\theta}f(r\cos\theta,r\sin\theta)rdr$

   (C) $2\int_0^1 dx\int_{1-\sqrt{1-x^2}}^{x}f(x,y)dy$

   (D) $2\int_0^1 dx\int_x^{\sqrt{2x-x^2}}f(x,y)dy$

5. 二次积分 $\int_0^1 dy \int_y^1 \dfrac{\tan x}{x} dx = $ _____ .

6. 二次积分 $I = \int_0^1 dx \int_0^{\sqrt{3}x} f(x,y) dy + \int_1^2 dx \int_0^{\sqrt{4-x^2}} f(x,y) dy$ 在极坐标系下的二次积分为 $I = $ _____ .

7. 记曲面 $z^2 = x^2 + y^2$ 和 $z = \sqrt{4 - x^2 - y^2}$ 围成的空间区域为 V,则三重积分 $\iiint\limits_V z \, dx\,dy\,dz = $ _____ .

8. 位于两圆 $\rho = 2\sin\theta$ 和 $\rho = 4\sin\theta$ 之间的均匀薄片的质心的坐标为 _____ .

二、解答题(每小题 12 分,共 60 分)

1. 计算二重积分 $\iint\limits_D x \, dx\,dy$,其中 D 是由直线 $y = x + 1$,x 轴及曲线 $y = \sqrt{1-x^2}$ 所围成的平面闭区域.

2. 求 $\iint\limits_D \text{sgn}(xy - 1) dx\,dy$,其中 $D = \{(x,y) \mid 0 \leqslant x \leqslant 2, 0 \leqslant y \leqslant 2\}$.

3. 计算三重积分 $\iiint\limits_\Omega z^2 dv$,其中 Ω 是平面曲线 $\begin{cases} y^2 = z \\ x = 0 \end{cases}$ 绕 z 轴旋转一周所成的旋转曲面与平面 $z = 2$ 所围成的空间闭区域.

4. 求上半球面 $z = \sqrt{4 - x^2 - y^2}$ 在平面 $z = 1$ 以上部分的面积.

5. 求由曲面 $z = 8 - x^2 - y^2$,$z = x^2 + y^2$ 所围立体的体积.

三、证明题(共 8 分)

设函数 $f(x)$ 在闭区间 $[a,b]$ 上连续,证明: $2\int_0^a f(x) dx \int_x^a f(y) dy = \left[\int_0^a f(x) dx \right]^2$.

单元测试卷(下)

第九章 多元函数微分法及其应用(Ⅱ)

班级_____ 学号_____ 姓名_____

一、选择题(每小题5分,共40分)

1. 设函数 $f(x,y)=\begin{cases}\dfrac{x^2y}{x^4+y^2}, & x^2+y^2\neq 0,\\ 0, & x^2+y^2=0,\end{cases}$ 则在$(0,0)$点处 ( )

   (A) 连续,偏导数存在 (B) 连续,偏导数不存在
   (C) 不连续,偏导数存在 (D) 不连续,偏导数不存在

2. 设 $u=x^{y^z}$,则 $\left.\dfrac{\partial u}{\partial y}\right|_{(3,2,2)}=$ ( )

   (A) $4\ln 3$ (B) $8\ln 3$ (C) $324\ln 3$ (D) $162\ln 3$

3. 设函数 $f(x,y)$ 在点 $(0,0)$ 附近有定义,且 $f_x(0,0)=3$,$f_y(0,0)=1$,则( )

   (A) $\mathrm{d}z|_{(0,0)}=3\mathrm{d}x+\mathrm{d}y$

   (B) 曲面 $z=f(x,y)$ 在点 $(0,0,f(0,0))$ 的法向量为 $(3,1,1)$

   (C) 曲线 $\begin{cases}z=f(x,y),\\ y=0\end{cases}$ 在点 $(0,0,f(0,0))$ 的切向量为 $(1,0,3)$

   (D) 曲线 $\begin{cases}z=f(x,y),\\ y=0\end{cases}$ 在点 $(0,0,f(0,0))$ 的切向量为 $(3,0,1)$

4. 设 $f(x,y)$ 具有一阶偏导数,且对任意的 (x,y),都有 $\dfrac{\partial f(x,y)}{\partial x}>0$,$\dfrac{\partial f(x,y)}{\partial y}>0$,则 ( )

   (A) $f(0,0)>f(1,1)$ (B) $f(0,0)<f(1,1)$
   (C) $f(0,1)>f(1,0)$ (D) $f(0,1)<f(1,0)$

5. 已知函数 $z=z(x,y)$ 由方程 $z^3-3xyz+x^3-2=0$ 所确定,则 $\mathrm{d}z|_{x=1,y=0}=$ _____.

6. 函数 $z=x^2+y^2$ 在点 $A(1,2)$ 处沿从 A 点指向 $B(2,2+\sqrt{3})$ 点的方向的方向导数为_____.

7. 函数 $u=(x-y)^2+(z-x)^2-2(y-z)^2$ 在点 $M(1,2,2)$ 处方向导数的最大值为_____.

8. 曲面 $z-\mathrm{e}^z+2xy=3$ 在点 $(1,2,0)$ 处的切平面方程为_____.

二、解答题(每小题 15 分,共 60 分)

1. 设 $z=f\left(x,\dfrac{x}{y}\right)$,其中 f 具有二阶连续偏导数,求 $\dfrac{\partial^2 z}{\partial x \partial y}$.

2. 求曲面 $z=x^2+y^2$ 的一个切平面,使此切平面与直线 $\begin{cases} x+2z=1 \\ y+2z=2 \end{cases}$ 垂直.

3. 已知函数 $z=z(x,y)$ 由方程 $(x^2+y^2)z+\ln z+2(x+y+1)=0$ 确定,求 $z=z(x,y)$ 的极值.

4. 设有椭球面 $\Sigma:\dfrac{x^2}{a^2}+\dfrac{y^2}{b^2}+\dfrac{z^2}{c^2}=1$,其中 $a>0,b>0,c>0$.

(1) 证明 Σ 上任一点 (x_0,y_0,z_0) 处的切平面方程为 $\dfrac{x_0 x}{a^2}+\dfrac{y_0 y}{b^2}+\dfrac{z_0 z}{c^2}=1$.

(2) 在第一卦限内作 Σ 的切平面,使该切平面与三坐标面所围成的四面体的体积最小. 求切点坐标及最小体积.

单元测试卷（下）

第九章　多元函数微分法及其应用（Ⅰ）

班级_____　学号_____　姓名_____

一、选择、填空题（每小题 4 分，共 32 分）

1. 若函数 $f(x,y)$ 在点 (x_0,y_0) 处不连续，则　　　　　　　　　　　　　　　　　（　　）

   (A) $\lim\limits_{\substack{x\to x_0\\ y\to y_0}} f(x,y)$ 必不存在　　　　(B) $f(x_0,y_0)$ 必不存在

   (C) $f(x,y)$ 在点 (x_0,y_0) 处必不可微　　(D) $f_x(x_0,y_0)$，$f_y(x_0,y_0)$ 必不存在

2. 设函数 $f(x,y)=\begin{cases}\dfrac{x^2 y}{x^4+y^2},& x^2+y^2\ne 0,\\ 0,& x^2+y^2=0,\end{cases}$ 则在 $(0,0)$ 点处　　　（　　）

   (A) 连续，偏导数存在　　　　　　　　(B) 连续，偏导数不存在
   (C) 不连续，偏导数存在　　　　　　　(D) 不连续，偏导数不存在

3. 已知函数 $f(x,y)=\dfrac{e^x}{x-y}$，则　　　　　　　　　　　　　　　　　　　　　（　　）

   (A) $f'_x-f'_y=0$　　　　　　　　　(B) $f'_x+f'_y=0$
   (C) $f'_x-f'_y=f$　　　　　　　　　(D) $f'_x+f'_y=f$

4. 设函数 $f(u,v)$ 满足 $f\left(x+y,\dfrac{y}{x}\right)=x^2-y^2$，则 $\left.\dfrac{\partial f}{\partial u}\right|_{\substack{u=1\\v=1}}$ 与 $\left.\dfrac{\partial f}{\partial v}\right|_{\substack{u=1\\v=1}}$ 依次是（　　）

   (A) $\dfrac{1}{2},0$　　(B) $0,\dfrac{1}{2}$　　(C) $-\dfrac{1}{2},0$　　(D) $0,-\dfrac{1}{2}$

5. 设 $z=x\sin(x+y)$，则 $\dfrac{\partial^2 z}{\partial x\partial y}=$　　　　　　．

6. 设函数 $z=x^{2y}$，则全微分 $dz=$　　　　　　．

7. 设 $w=f(u,v)$ 具有二阶连续偏导数，且 $u=x-cy$，$v=x+cy$，其中 c 为非零常数，则 $w_{xx}-\dfrac{1}{c^2}w_{yy}=$　　　　　．

8. 若函数 $z=z(x,y)$ 由方程 $e^{x+2y+3z}+xyz=1$ 确定，则 $dz\big|_{(0,0)}=$　　　　　　．

二、解答题（每小题 10 分，共 50 分）

1. 设 $z=f(e^x\sin y,x^2+y^2)$，其中 f 具有二阶连续偏导数，求 $\dfrac{\partial^2 z}{\partial x\partial y}$．

2. 设 $f(x,y)$ 具有连续的偏导数，且 $f(1,1)=1, f_x(1,1)=2, f_y(1,1)=3$. 令 $\varphi(x)=f[x,f(x,f(x,x))]$，求 $\varphi'(1)$.

3. 求函数 $f(x,y)=x^2(2+y^2)+y\ln y$ 的极值.

4. 某公司可通过电台及报纸两种方式做销售某商品的广告，据统计资料，销售收入 R（万元）与电台广告费 x_1（万元）及报纸广告费 x_2 之间有如下经验公式：$R(x_1,x_2)=15+14x_1+32x_2-8x_1x_2-2x_1^2-10x_2^2$. 求：
  (1) 在广告费用不限的情况下，求最优广告策略；
  (2) 若提供的广告费用为 1.5 万元，求相应的最优广告策略.

5. 过曲线 $9x^2+4y^2=72$ 在第一象限部分中哪一点作的切线与原曲线及坐标轴之间所围成的图形的面积最小？

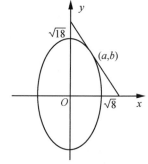

三、证明题（每小题 9 分，共 18 分）

1. 若函数 $f(x,y)$ 在点 (x_0,y_0) 处可微，则 $f(x,y)$ 在点 (x_0,y_0) 处的偏导数存在.

2. 设二元函数 $f(x,y)$ 在平面上有连续的二阶偏导数. 对任何角度 α，定义一元函数 $g_\alpha(t)=f(t\cos\alpha,t\sin\alpha)$. 若对任何 α，都有 $\dfrac{dg_\alpha(0)}{dt}=0$ 且 $\dfrac{d^2 g_\alpha(0)}{dt^2}>0$. 证明：$f(0,0)$ 是 $f(x,y)$ 的极小值.

单元测试卷(下)

第八章 空间解析几何与向量代数

班级_____ 学号_____ 姓名_____

一、选择、填空题(每小题 4 分,共 36 分)

1. 已知向量 $\boldsymbol{\alpha},\boldsymbol{\beta}$ 的模分别为 $|\boldsymbol{\alpha}|=2,|\boldsymbol{\beta}|=\sqrt{2}$,且 $\boldsymbol{\alpha}\cdot\boldsymbol{\beta}=2$,则 $|\boldsymbol{\alpha}\times\boldsymbol{\beta}|=$ ( )

(A) 2   (B) $2\sqrt{2}$ (C) $\dfrac{\sqrt{2}}{2}$ (D) 1

2. 与直线 $L_1:x=1,y=-2+t,z=1+t$ 及 $L_2:\dfrac{x+1}{1}=\dfrac{y+1}{2}=\dfrac{z-1}{1}$ 都平行且过原点的平面的方程是 ( )

(A) $x+y+z=0$ (B) $x+y-z=0$
(C) $x-y+z=0$ (D) $x-y+z=2$

3. 曲线 $\begin{cases}y^2+z^2-2x=0,\\ z=3\end{cases}$ 在 xOy 上的投影曲线的方程是 ( )

(A) $\begin{cases}y^2=2x,\\ z=0\end{cases}$ (B) $\begin{cases}y^2=2x-9,\\ z=0\end{cases}$

(C) $\begin{cases}y^2=2x,\\ z=3\end{cases}$ (D) $\begin{cases}y^2=2x-9,\\ z=3\end{cases}$

4. xOz 平面内的曲线 $\dfrac{x^2}{a^2}-\dfrac{z^2}{c^2}=1(a>0,c>0)$ 绕 x 轴旋转一周所成的旋转曲面的方程是 ( )

(A) $\dfrac{x^2}{a^2}+\dfrac{y^2}{a^2}-\dfrac{z^2}{c^2}=1$ (B) $\dfrac{x^2}{a^2}+\dfrac{y^2}{c^2}-\dfrac{z^2}{c^2}=1$

(C) $\dfrac{x^2}{a^2}-\dfrac{y^2}{a^2}-\dfrac{z^2}{c^2}=1$ (D) $\dfrac{x^2}{a^2}-\dfrac{y^2}{c^2}-\dfrac{z^2}{c^2}=1$

5. 设有直线 $L:\begin{cases}x+3y+2z-1=0,\\ 2x-y-10z+3=0\end{cases}$ 及平面 $\Pi:4x-2y+z-2=0$,则直线 ( )

(A) 平行于平面 Π (B) 在平面 Π 上
(C) 垂直于平面 Π (D) 与平面 Π 斜交

6. 已知向量 $\boldsymbol{\alpha}=(2,1,-1),\boldsymbol{\beta}=(1,-1,2)$,则以 $\boldsymbol{\alpha},\boldsymbol{\beta}$ 为邻边的平行四边形的面积为_____.

7. 已知三点 $M(1,1,1),A(0,2,1)$ 和 $B(2,1,2)$,则 $\angle AMB=$_____.

8. 写出空间曲线 $\begin{cases} x^2+y^2+z^2=1, \\ x=y \end{cases}$ 的参数方程_____.

9. 已知单位向量 $\boldsymbol{\alpha}, \boldsymbol{\beta}, \boldsymbol{\gamma}$ 满足 $\boldsymbol{\alpha}+\boldsymbol{\beta}+\boldsymbol{\gamma}=\mathbf{0}$,则 $\boldsymbol{\alpha} \cdot \boldsymbol{\beta}+\boldsymbol{\beta} \cdot \boldsymbol{\gamma}+\boldsymbol{\gamma} \cdot \boldsymbol{\alpha}=$_____.

二、解答题(每小题 10 分,共 50 分)

1. 求过点 $(2,1,3)$ 且与两平面 $3x-y+z+6=0$, $x+2y-3z-7=0$ 都平行的直线的方程.

2. 求点 $A(3,-1,-1)$ 关于平面 $\Pi: 6x+2y-9z+96=0$ 的对称点的坐标.

3. 求球面 $x^2+y^2+z^2=9$ 与平面 $x+z=1$ 的交线在 xOy 面上的投影曲线的方程.

4. 求直线 $\begin{cases} 5x-3y+3z-9=0, \\ 3x-2y+z-1=0 \end{cases}$ 与直线 $\begin{cases} 2x+2y-z+23=0, \\ 3x+8y+z-18=0 \end{cases}$ 的夹角的余弦.

5. 求两条直线 $L_1: \dfrac{x-3}{2}=\dfrac{y}{4}=\dfrac{z}{3}$, $L_2: \dfrac{x+1}{2}=\dfrac{y-3}{0}=\dfrac{z-2}{1}$ 的公垂线的方程和公垂线的长.

三、证明题(每小题 7 分,共 14 分)

1. 设 $P_0(x_0, y_0, z_0)$ 是平面 $\Pi: Ax+By+Cz+D=0$ 外一点,求证:点 $P_0(x_0, y_0, z_0)$ 到平面 Π 的距离为 $\dfrac{|Ax_0+By_0+Cz_0+D|}{\sqrt{A^2+B^2+z^2}}$.

2. (1) 设过点 M_0 的直线 L 的方向向量为 $\boldsymbol{s}=(m,n,p)$,直线外一点 M_1 到该直线的距离为 $d=\dfrac{|\overrightarrow{M_0M_1}\times\boldsymbol{s}|}{|\boldsymbol{s}|}$.

(2) 已知 $\triangle ABC$ 的顶点分别为 $A(1,1,0), B(3,0,-2)$ 和 $C(2,2,-1)$,利用上述公式求 AB 边上的高.

高等数学(上)期末试卷(4)

一、填空题(1~5 小题,每小题 4 分,共 20 分)

1. 极限 $\lim\limits_{n\to\infty}\left(1-\dfrac{1}{2n}\right)^{4n}=$ _____.

2. 极限 $\lim\limits_{x\to 0}\dfrac{\tan x-\sin x}{e^{x^3}-1}=$ _____.

3. 已知 $y=f\left(\dfrac{3x-2}{3x+2}\right)$,$f'(x)=\arctan x^2$,则 $dy\big|_{x=0}=$ _____.

4. 定积分 $\int_{-1}^{1}(|x|+\sin x)x^2\,dx=$ _____.

5. 广义积分 $\int_{0}^{+\infty}\dfrac{1}{1+x^2}\,dx=$ _____.

二、单项选择题(6~10 小题,每小题 4 分,共 20 分)

6. 设函数 $f(x)$ 在 x_0 点可导,则极限 $\lim\limits_{h\to 0}\dfrac{f(x_0+3h)-f(x_0-h)}{4h}=$ ( )

    (A) $f'(x_0)$ (B) $\dfrac{3}{4}f'(x_0)$ (C) $\dfrac{1}{2}f'(x_0)$ (D) $\dfrac{1}{4}f'(x_0)$

7. $x=0$ 是函数 $f(x)=\dfrac{e^{\frac{1}{x}}+e}{e^{\frac{1}{x}}-e}$ 的 ( )

    (A) 可去间断点   (B) 跳跃间断点
    (C) 无穷间断点   (D) 振荡间断点

8. 若 $x\to 0$ 时,$e^{\tan x}-e^x$ 与 x^n 是同阶无穷小,则 $n=$ ( )

    (A) 1   (B) 2   (C) 3   (D) 4

9. 设 $F(x)$ 是 $f(x)$ 在区间 I 的一个原函数,则下列说法正确的是 ( )

    (A) $\dfrac{d}{dx}F(x)=f(x)$ (B) $dF(x)=f(x)$
    (C) $\int f(x)dx=F(x)$ (D) $\int F(x)dx=f(x)+C$

10. 在下列微方程中,以 $y=C_1 e^x+C_2\cos 2x+C_3\sin 2x$($C_1,C_2,C_3$ 为任意常数)为通解的是 ( )

    (A) $y'''+y''-4y'-4y=0$ (B) $y'''+y''+4y'+4y=0$
    (C) $y'''-y''-4y'+4y=0$ (D) $y'''-y''+4y'-4y=0$

三、计算题(11~14 小题,每小题 7 分,共 28 分)

11. 求参数方程 $\begin{cases}x=1+t^2\\ y=t^3\end{cases}$,所表示的曲线在 $t=2$ 处的切线的方程.

12. 求不定积分 $\int \arcsin x \, dx$.

13. 求定积分 $\int_0^{\ln 2} \sqrt{e^x - 1} \, dx$.

14. 求微分方程 $(1+x^2)y'' = 2xy'$ 满足初值条件 $y(0)=1, y'(0)=3$ 的特解.

四、证明题(15~16 小题,每小题 7 分,共 14 分)

15. 证明:当 $x > 0$ 时,$\sin x > x - \dfrac{x^3}{6}$.

16. 设 $f(x)$ 在 $x = x_0$ 处二阶可导,证明:若 $f(x_0) = f'(x_0) = f''(x_0) = 0$,则
$$f(x) = o((x-x_0)^2).$$

五、解答题(17~18 小题,每小题 9 分,共 18 分)

17. 由曲线 $y=x^2$,直线 $y=0, x=8$ 围成一个曲边三角形,在曲线 $y=x^2$ 上求一点,使得该点处的切线和直线 $y=0, x=8$ 所围成的三角形的面积最大.

18. 计算由 $y=x^3, x=2, y=0$ 所围成的图形分别绕 x 轴和 y 轴旋转一周所得的两个旋转体的体积.

高等数学(上)期末试卷(3)

一、填空题(1~5小题,每小题4分,共20分)

1. 极限 $\lim\limits_{x\to\infty}\left(\dfrac{x+1}{x-1}\right)^x=$ _____.

2. 极限 $\lim\limits_{x\to 0}\dfrac{\tan x-\sin x}{\ln(1+x^3)}=$ _____.

3. 已知 $y=f\left(\dfrac{2x-1}{2x+1}\right)$,$f'(x)=\arctan x^2$,则 $\mathrm{d}y\big|_{x=0}=$ _____.

4. 定积分 $\displaystyle\int_{-1}^{1}\left(\dfrac{x\sin^4 x}{1+x^8}+3x^2|x|\right)\mathrm{d}x=$ _____.

5. 广义积分 $\displaystyle\int_{0}^{+\infty}x\mathrm{e}^{-2x}\mathrm{d}x=$ _____.

二、单项选择题(6~10小题,每小题4分,共20分)

6. 设函数 $f(x)$ 在 x_0 点可导,则极限 $\lim\limits_{h\to 0}\dfrac{f(x_0+h)-f(x_0-h)}{2h}=$ ( )

   (A) $f'(x_0)$ (B) $2f'(x_0)$ (C) $\dfrac{1}{2}f'(x_0)$ (D) $(f'(x_0))^2$

7. 函数 $f(x)=\dfrac{(\mathrm{e}^{\frac{1}{x}}+\mathrm{e})\tan x}{x(\mathrm{e}^{\frac{1}{x}}-\mathrm{e})}$ 在 $[-\pi,\pi]$ 上的第一类间断点是 $x=$ ( )

   (A) 0 (B) 1 (C) $-\dfrac{\pi}{2}$ (D) $\dfrac{\pi}{2}$

8. 设 $f(x)=\displaystyle\int_{0}^{\sin x}\sin(t^2)\mathrm{d}t$,$g(x)=x^3+x^4$,则当 $x\to 0$ 时,$f(x)$ 是 $g(x)$ 的 ( )

   (A) 等价无穷小   (B) 同阶但非等价无穷小
   (C) 高阶无穷小   (D) 低阶无穷小

9. 设 $\displaystyle\int xf(x)\mathrm{d}x=\arcsin x+C$,则 $\displaystyle\int\dfrac{1}{f(x)}\mathrm{d}x=$ ( )

   (A) $-\dfrac{3}{4}(1-x^2)^{\frac{3}{2}}+C$ (B) $\dfrac{3}{4}(1-x^2)^{\frac{2}{3}}+C$

   (C) $-\dfrac{1}{3}(1-x^2)^{\frac{3}{2}}+C$ (D) $\dfrac{2}{3}(1-x^2)^{\frac{2}{3}}+C$

10. 微分方程 $y''-3y'+2y=3x-2\mathrm{e}^x$ 有特解形式 ( )

    (A) $ax+b\mathrm{e}^x$ (B) $ax+b+c\mathrm{e}^x$
    (C) $ax+bx\mathrm{e}^x$ (D) $ax+b+cx\mathrm{e}^x$

三、计算题(11～14 小题,每小题 7 分,共 28 分)

11. 求由方程 $xy+\ln y=1$ 所确定的曲线 $y=y(x)$ 在点 $M(1,1)$ 处的切线的方程.

12. 求不定积分 $\int \arctan \sqrt{x}\, dx$.

13. 求定积分 $\int_0^1 x(1-x)^3\, dx$.

14. 求微分方程 $\dfrac{dy}{dx}+\dfrac{2-3x^2}{x^3}y=1$ 满足 $y(1)=0$ 的特解.

四、证明题(15～16 小题,每小题 7 分,共 14 分)

15. 证明:当 $x>0$ 时,$\ln(1+x)>\dfrac{\arctan x}{1+x}$.

16. 设 $f(x)$ 在闭区间 $[a,b]$ 上连续,在开区间 (a,b) 内具有一阶和二阶导数. 证明:若在 (a,b) 内二阶导数 $f''(x)>0$,则对任意 $x_1, x_2\in[a,b]$,有
$$f\left(\tfrac{1}{3}x_1+\tfrac{2}{3}x_2\right)\leqslant \tfrac{1}{3}f(x_1)+\tfrac{2}{3}f(x_2).$$

五、解答题(17～18 小题,每小题 9 分,共 18 分)

17. 设函数 $f(x)=-2a+\int_0^x (t^2-a^2)\, dt$,其中 $a>0$.

(1) 求 $f(x)$ 的极大值 M;

(2) 将(1)中的 M 看成 a 的函数,问当 a 为何值时,M 取得极小值?

18. 求圆盘 $x^2+y^2\leqslant a^2$ 绕直线 $x=-b\,(b>a>0)$ 旋转一周所产生的旋转体的体积.

高等数学(上)期末试卷(2)

一、填空题(1~5 小题,每小题 4 分,共 20 分)

1. 极限 $\lim\limits_{x \to 0} \dfrac{\tan x - \sin x}{x^3} = $ _____ .

2. 极限 $\lim\limits_{x \to \infty} \left(\dfrac{2x+7}{2x-1} \right)^{x+1} = $ _____ .

3. 函数 $f(x) = x(x-1)(x-2)(x-3)(x-4)$ 在 $x=0$ 点的微分是 _____ .

4. 定积分 $\int_0^4 \sqrt{4x - x^2}\, \mathrm{d}x = $ _____ .

5. 微分方程 $y' + y\cos x = \mathrm{e}^{-\sin x}$ 的通解是 _____ .

二、单项选择题(6~10 小题,每小题 4 分,共 20 分)

6. $x=0$ 是函数 $f(x) = x \ln |x|$ 的 ( )
   (A) 无穷间断点 (B) 可去间断点 (C) 跳跃间断点 (D) 连续点

7. 已知当 $x \to 0$ 时 $x^2 - \int_0^{x^2} \cos t^2\, \mathrm{d}t$ 与 Ax^k 是等价无穷小,则 ( )
   (A) $A=1, k=10$ (B) $A=10, k=1$
   (C) $A=10, k=\dfrac{1}{10}$ (D) $A=\dfrac{1}{10}, k=10$

8. 函数 $f(x)$ 在 x_0 点可导是其在该点可微的 ( )
   (A) 充分但不必要条件   (B) 必要但不充分条件
   (C) 充分必要条件   (D) 无关条件

9. 下列反常积分收敛的是 ( )
   (A) $\int_0^1 \dfrac{1}{x^2}\, \mathrm{d}x$ (B) $\int_1^{\infty} \dfrac{1}{x}\, \mathrm{d}x$ (C) $\int_1^{\infty} \dfrac{1}{\sqrt{x}}\, \mathrm{d}x$ (D) $\int_0^{\infty} x \mathrm{e}^{-x}\, \mathrm{d}x$

10. 设 $f(x)$ 可导,下列式子正确的是 ( )
    (A) $\int f'(x)\, \mathrm{d}x = f(x)$ (B) $\dfrac{\mathrm{d}}{\mathrm{d}x}\left[\int f(x)\, \mathrm{d}x \right] = f(x)$
    (C) $\mathrm{d}\int f(x)\, \mathrm{d}x = f(x)$ (D) $\int \mathrm{d}f(x) = f(x)$

三、计算题(11~14 小题,每小题 7 分,共 28 分)

11. 设函数 $y = y(x)$ 是由方程 $x^2 - y + 1 = \mathrm{e}^y$ 所确定的隐函数,求 y'' 在 $(0,0)$ 处的值.

12. 求不定积分 $\int \arctan x\, \mathrm{d}x$.

13. 设 $f(x) = x^3 \mathrm{e}^x$,求 $f^{(5)}(0)$.

14. 求微分方程 $y'' - y' = 2x$ 的通解.

四、证明题(15~16 小题,每小题 6 分,共 12 分)

15. 设 $f(x)$ 在区间 $[a,b]$ 连续,证明:
$$\int_a^b f(x)\,dx = \int_a^b f(a+b-x)\,dx,$$
并由此计算
$$\int_0^{\frac{\pi}{2}} \frac{\cos x}{\cos x + \sin x}\,dx.$$

16. 设 $f(x)$ 连续,证明:
$$\int_0^x (x-t)f(t)\,dt = \int_0^x \left[\int_0^t f(u)\,du\right]dt,$$
试推广之.

五、解答题(17~18 小题,每小题 10 分,共 20 分)

17. 求函数 $y = x^2 e^{-x}$ 的极值点和相应曲线的拐点.

18. 过点 $(2,3)$ 作曲线 $y = x^2$ 的切线,求曲线与两切线所围成的平面图形的面积.

高等数学(上)期末试卷(1)

一、填空题(1~10小题,每小题4分,共40分)

1. 设 $\lim\limits_{x\to\infty}\dfrac{(x+1)(x+2)(x+3)}{x^{\alpha}}=\beta\neq 0$,则常数 $\alpha=$ _____,$\beta=$ _____.

2. 设 $x\to 0$ 时,$(1+ax^2)^{\frac{1}{2}}-1$ 与 $\cos x-1$ 为等价无穷小,则常数 $a=$ _____.

3. $x=1$ 为函数 $f(x)=\dfrac{1}{1-e^{\frac{x}{1-x}}}$ 的第 _____ 类间断点.

4. $y=xe^{-x}$ 的单调递增区间为 _____,函数对应曲线上的拐点为 _____.

5. 设 $y=f(e^x)$,$f'(x)=\arctan x$,则 $dy|_{x=0}=$ _____.

6. 积分 $\displaystyle\int_{-\frac{1}{2}}^{\frac{1}{2}}\ln\dfrac{1+x}{1-x}dx=$ _____.

7. 曲线段 $y=\displaystyle\int_{0}^{x}\tan t\,dt\left(0<x<\dfrac{\pi}{4}\right)$ 的长度 $s=$ _____.

8. 反常积分 $\displaystyle\int_{-\infty}^{+\infty}\dfrac{1}{1+x^2}dx=$ _____.

9. 以 $r_1=1-2i$ 为其中一特征根的二阶常系数齐次线性微分方程为 _____.

10. 二阶常系数非齐次线性微分方程 $y''+y=\sin x$ 的特解的形式为 _____.

二、计算题(11~16小题,每小题6分,共36分)

11. 求极限 $\lim\limits_{x\to\frac{\pi}{4}}(\tan x)^{\frac{1}{\cos x-\sin x}}$.

12. 设函数 $y=y(x)$ 是由方程 $e^{x+y}+\sin(xy)=0$ 确定的隐函数,求 $\dfrac{dy}{dx}$.

13. 已知 $\begin{cases}x=\cos 2t,\\ y=\tan^2 t,\end{cases}$ 求 $\dfrac{d^2y}{dx^2}$.

14. 求不定积分 $\displaystyle\int\dfrac{1}{x(1+x^2)}dx$.

15. 求定积分 $\displaystyle\int_{0}^{1}e^{\sqrt{x}}dx$.

16. 求函数 $y=2x^3-3x^2,-1\leqslant x\leqslant 4$ 的极值.

三、解答题(17~18小题,每小题7分,共14分)

17. 求满足等式 $y(x)=x^3+\displaystyle\int_{1}^{x}\dfrac{y(t)}{t}dt,x>0$ 的函数 $y(x)$.

18. 过点 $P(1,0)$ 作抛物线 $y=\sqrt{x-2}$ 的切线,它与抛物线及 x 轴围成一个平面图形,求此图形绕 x 轴旋转一周所得旋转体的体积.

四、证明题(19～20 小题,每小题 5 分,共 10 分)

19. 证明:当 $x>0$ 时,$\sin x + \cos x > 1 + x - x^2$.

20. 证明:若函数 $y=f(x)$ 在 x_0 点可微,则函数 $y=f(x)$ 在 x_0 点可导.

单元测试卷（上）

第七章　微分方程

班级_____　学号_____　姓名_____

一、选择、填空题（每小题 4 分，共 20 分）

1. 微分方程 $y''-3y'+2y=3x-2e^x$ 有特解形式　　　　　　　　　　　　　　（　　）

   (A) $ax+be^x$　　　　　　　　　　(B) $ax+b+ce^x$

   (C) $ax+bxe^x$　　　　　　　　　(D) $ax+b+cxe^x$

2. 在下列微方程中，以 $y=C_1 e^x+C_2\cos 2x+C_3\sin 2x$（$C_1,C_2,C_3$ 为任意常数）为通解的是　　　　　　　　　　　　　　　　　　　　　　　　　　　　（　　）

   (A) $y'''+y''-4y'-4y=0$　　　　(B) $y'''+y''+4y'+4y=0$

   (C) $y'''-y''-4y'+4y=0$　　　　(D) $y'''-y''+4y'-4y=0$

3. 设 $y=\dfrac{1}{2}e^{2x}+\left(x-\dfrac{1}{3}\right)e^x$ 是二阶常系数非齐次线性微分方程 $y''+ay'+by=ce^x$ 的一个特解，则　　　　　　　　　　　　　　　　　　　　　　　（　　）

   (A) $a=-3,b=2,c=-1$　　　　(B) $a=3,b=2,c=-1$

   (C) $a=-3,b=2,c=1$　　　　　(D) $a=3,b=2,c=1$

4. 微分方程 $xy'+y=e^x$ 的通解为 $y=$_____.

5. 设函数 $y=y(x)$ 是微分方程 $y''+y'-2y=0$ 的解，且在 $x=0$ 处 $y(x)$ 取得极值 3，则 $y(x)=$_____.

二、解答题（每小题 16 分，共 80 分）

1. 求微分方程 $\dfrac{dy}{dx}+\dfrac{2-3x^2}{x^3}y=1$ 满足 $y(1)=0$ 的特解.

2. 已知高温物体置于低温介质中，任一时刻该物体温度对时间的变化率与该时刻物体和介质的温差成正比. 现将一初始温度为 120℃ 的物体放在 20℃ 的恒温介质中冷却，30min 后该物体降至 30℃，若要将该物体的温度继续降至 21℃，还需冷却多长时间？

3. 设函数 $f(x)$ 在定义域 I 上的导数大于零，若对任意的 $x_0 \in I$，曲线 $y = f(x)$ 在点 $(x_0, f(x_0))$ 处的切线与直线 $x = x_0$ 及 x 轴所围成区域的面积恒为 4，且 $f(0) = 2$，求 $f(x)$ 的表达式．

4. 设 $y(x)$ 是区间 $\left(0, \dfrac{3}{2}\right)$ 内的可导函数，且 $y(1) = 0$，点 P 是曲线 $C: y = y(x)$ 上任意一点，C 在点 P 处的切线与 y 轴相交于点 $(0, Y_p)$，法线与 x 轴相交于点 $(X_p, 0)$，若 $X_p = Y_p$，求曲线 C 上点的坐标 (x, y) 满足的方程．

5. 设函数 $y(x)$ 满足方程 $y'' + 2y' + ky = 0$，其中 $0 < k < 1$.

(1) 证明：反常积分 $\displaystyle\int_0^{+\infty} y(x)\,\mathrm{d}x$ 收敛；

(2) 若 $y(0) = 1, y'(0) = 1$，求 $\displaystyle\int_0^{+\infty} y(x)\,\mathrm{d}x$ 的值．

单元测试卷（上）

第六章　定积分的应用

班级_____　学号_____　姓名_____

一、选择填空（每小题4分，共16分）

1. 曲线 $y=\int_0^x \tan t \, dt \left(0<x<\dfrac{\pi}{4}\right)$ 的弧长 $s=$ _____.

2. 设曲线 L 由 $\begin{cases} x=\int_0^{t^2}\sqrt{1+u}\,du, \\ y=\int_0^{t^2}\sqrt{1-u}\,du \end{cases}$ 确定，则该曲线对应于 $0\leqslant t\leqslant 1$ 的弧长为_____.

3. 双纽线 $(x^2+y^2)^2=x^2-y^2$ 所围成的区域面积可用定积分表示为 (　　)

(A) $2\int_0^{\pi/4}\cos 2\theta \, d\theta$ 　　　　(B) $4\int_0^{\pi/4}\cos 2\theta \, d\theta$

(C) $2\int_0^{\pi/4}\sqrt{\cos 2\theta}\,d\theta$ 　　　(D) $\dfrac{1}{2}\int_0^{\pi/4}(\cos 2\theta)^2\,d\theta$

4. 如图所示，x 轴上有一线密度为常数 μ、长度为 L 的细杆，有一质量为 m 的质点到杆右端的距离为 a，已知引力系数为 k，则质点和细杆之间引力的大小为 (　　)

(A) $\int_{-L}^0 \dfrac{km\mu \, dx}{(a-x)^2}$ 　　　(B) $\int_0^L \dfrac{km\mu \, dx}{(a-x)^2}$

(C) $2\int_{-\frac{L}{2}}^0 \dfrac{km\mu \, dx}{(a-x)^2}$ 　　(D) $2\int_0^{\frac{L}{2}} \dfrac{km\mu \, dx}{(a-x)^2}$

二、解答题（每小题12分，共84分）

1. 设 $A>0$，D 是由曲线段 $y=A\sin x\left(0\leqslant x\leqslant\dfrac{\pi}{2}\right)$ 及直线 $y=0$，$x=\dfrac{\pi}{2}$ 所围成的平面区域，V_1，V_2 分别表示 D 绕 x 轴与绕 y 轴旋转成的旋转体的体积，若 $V_1=V_2$，求 A 的值.

2. 设 D 是曲线 $y=\sqrt{1-x^2}\,(0\leqslant x\leqslant 1)$ 与 $\begin{cases}x=\cos^3 t\\ y=\sin^3 t\end{cases}\left(0\leqslant t\leqslant\dfrac{\pi}{3}\right)$ 围成的平面区域,求 D 绕 x 轴旋转一周所得旋转体的体积和表面积.

3. 求曲线 $y=x^2-2x, y=0, x=1, x=3$ 所围成的平面图形的面积 S,并求该平面图形绕 y 轴旋转一周所得旋转体的体积.

4. 设有曲线 $y=\sqrt{x-1}$,过原点作其切线,试求:
(1) 切线方程;
(2) 此曲线、切线及 x 轴围成的平面图形绕 x 轴旋转一周所得旋转体的体积.

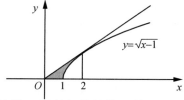

5. 求圆盘 $x^2+y^2\leqslant a^2$ 绕直线 $x=-b\,(b>a>0)$ 旋转一周所得旋转体的体积.

6. 设 S 是由曲线 $y=\sin x$ 与直线 $x=\dfrac{\pi}{2}, y=\sin t\left(0\leqslant t\leqslant\dfrac{\pi}{2}\right), y$ 轴所围成的部分(图中的阴影部分). 问:当 t 取何值时, S 取得最小值?

7. 用铁锤将铁钉钉入木板. 设木板对钉子的阻力与钉子进入木板的深度成正比. 在第一次击打时,将钉子钉入木板 1 cm. 如果每次击打时所做的功相同,问第二次击打,钉子又进入多深? 依此规律连续击打又是什么情况?

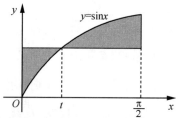

单元测试卷(上)

第五章 定积分

班级_____ 学号_____ 姓名_____

一、选择、填空题(每小题4分,共28分)

1. 已知当 $x \to 0$ 时, $x^2 - \int_0^{x^2} \cos t^2 \, dt$ 与 Ax^k 是等价无穷小,则 ( )

   (A) $A = 1, k = 10$ (B) $A = 10, k = 1$

   (C) $A = 10, k = \dfrac{1}{10}$ (D) $A = \dfrac{1}{10}, k = 10$

2. 下列反常积分收敛的是 ( )

   (A) $\displaystyle\int_0^1 \dfrac{1}{x^2} \, dx$ (B) $\displaystyle\int_1^{+\infty} \dfrac{1}{x} \, dx$

   (C) $\displaystyle\int_1^{+\infty} \dfrac{1}{\sqrt{x}} \, dx$ (D) $\displaystyle\int_0^{+\infty} x e^{-x} \, dx$

3. 定积分 $\displaystyle\int_{-\frac{\pi}{2}}^{\frac{\pi}{2}} (x^3 + \sin^2 x) \cos^2 x \, dx =$ _____.

4. 定积分 $\displaystyle\int_0^2 \left(1 + \dfrac{x}{2}\right) \sqrt{2x - x^2} \, dx =$ _____.

5. 设函数 $f(x)$ 在 $\left[0, \dfrac{\pi}{2}\right]$ 上连续,且 $f(x) = x + 2 \displaystyle\int_0^{\frac{\pi}{2}} f(x) \cos x \, dx$,则 $f(x) =$ _____.

6. 广义积分 $\displaystyle\int_0^{+\infty} x e^{-3x} \, dx =$ _____.

7. 广义积分 $\displaystyle\int_0^{+\infty} \dfrac{\ln(1+x)}{(1+x)^2} \, dx =$ _____.

二、计算题(每小题8分,共32分)

1. 求极限 $\displaystyle\lim_{x \to 0^+} \dfrac{\displaystyle\int_0^x \sqrt{x-t} \, e^t \, dt}{\sqrt{x^3}}$.

2. 求定积分 $\displaystyle\int_0^1 x(1-x)^4 \, dx$.

3. 求定积分 $\int_0^\pi \dfrac{x\sin x}{1+\sin^2 x}\mathrm{d}x$.

4. 求 $\lim\limits_{n\to\infty}\sum\limits_{k=1}^{n}\dfrac{k}{n^2}\ln\left(1+\dfrac{k}{n}\right)$.

三、解答题(每小题 10 分,共 20 分)

1. 已知函数 $f(x)=\int_x^1\sqrt{1+t^2}\mathrm{d}t+\int_1^{x^2}\sqrt{1+t}\mathrm{d}t$,求 $f(x)$ 的零点的个数.

2. 设函数 $f(x)=\int_0^1|t^2-x^2|\mathrm{d}t(x>0)$,求 $f'(x)$,并求 $f(x)$ 的最小值.

四、证明题(每小题 10 分,共 20 分)

1. 设 $f(x)$ 在 $[0,1]$ 上可导,$f(0)=0$,且当 $x\in(0,1)$,$0<f'(x)<1$. 试证:当 $a\in(0,1)$,$\left[\int_0^a f(x)\mathrm{d}x\right]^2>\int_0^a f^3(x)\mathrm{d}x$.

2. 设 $f(x),g(x)$ 在区间 $[-a,a](a>0)$ 上连续,$g(x)$ 为偶函数,且 $f(x)$ 满足条件 $f(x)+f(-x)=A$(A 为常数).

(1) 证明:$\int_{-a}^{a}f(x)g(x)\mathrm{d}x=A\int_0^a g(x)\mathrm{d}x$;

(2) 利用(1)的结论,计算 $\int_{-\frac{\pi}{2}}^{\frac{\pi}{2}}|\sin x|\arctan e^x\mathrm{d}x$.

单元测试卷(上)

第四章 不定积分

班级_____ 学号_____ 姓名_____

一、选择、填空题(每小题4分,共28分)

1. 设 $f(x)$ 可导,下列式子正确的是 ( )

(A) $\int f'(x)\mathrm{d}x = f(x)$ (B) $\dfrac{\mathrm{d}}{\mathrm{d}x}\left[\int f(x)\mathrm{d}x\right] = f(x)$

(C) $\mathrm{d}\int f(x)\mathrm{d}x = f(x)$ (D) $\int \mathrm{d}f(x) = f(x)$

2. 设 $\int xf(x)\mathrm{d}x = \arcsin x + C$,则 $\int \dfrac{1}{f(x)}\mathrm{d}x =$ ( )

(A) $-\dfrac{3}{4}(1-x^2)^{\frac{3}{2}}+C$ (B) $\dfrac{3}{4}(1-x^2)^{\frac{2}{3}}+C$

(C) $-\dfrac{1}{3}(1-x^2)^{\frac{3}{2}}+C$ (D) $\dfrac{2}{3}(1-x^2)^{\frac{3}{2}}+C$

3. 若 $f(x)$ 的导数是 $\sin x$,则 $f(x)$ 有一个原函数是 ( )

(A) $1+\sin x$ (B) $1-\sin x$ (C) $1+\cos x$ (D) $1-\cos x$

4. 已知函数 $f(x) = \begin{cases} 2(x-1), & x<1, \\ \ln x, & x\geqslant 1, \end{cases}$ 则 $f(x)$ 的一个原函数是 ( )

(A) $F(x) = \begin{cases} (x-1)^2, & x<1, \\ x(\ln x-1), & x\geqslant 1 \end{cases}$ (B) $F(x) = \begin{cases} (x-1)^2, & x<1, \\ x(\ln x+1)-1, & x\geqslant 1 \end{cases}$

(C) $F(x) = \begin{cases} (x-1)^2, & x<1, \\ x(\ln x+1)+1, & x\geqslant 1 \end{cases}$ (D) $F(x) = \begin{cases} (x-1)^2, & x<1, \\ x(\ln x-1)+1, & x\geqslant 1 \end{cases}$

5. 已知 $f(x)$ 的一个原函数为 $(1+\sin x)\ln x$,则 $\int xf'(x)\mathrm{d}x =$ _____.

6. 不定积分 $\int \arctan x\,\mathrm{d}x =$ _____.

7. 不定积分 $\int \dfrac{x}{\sqrt{2-3x^2}}\mathrm{d}x =$ _____.

二、解答题(每小题8分,共64分)

1. 求不定积分 $\int x(2x-5)^5 \mathrm{d}x$.

2. 求不定积分 $\int \dfrac{1}{x(1+x^2)} dx$.

3. 求不定积分 $\int \dfrac{dx}{x^{11}+2x}$.

4. 求不定积分 $\int \dfrac{x+5}{x^2-6x+13} dx$.

5. 求不定积分 $\int \arctan\sqrt{x}\, dx$.

6. 求不定积分 $\int \dfrac{\ln\sin x}{\sin^2 x} dx$.

7. 求不定积分 $\int \dfrac{1}{\sqrt{1+e^{2x}}} dx$.

8. 求不定积分 $\int e^x \arcsin\sqrt{1-e^{2x}}\, dx$.

三、(共 8 分)

求不定积分 $I_n = \int \dfrac{1}{\cos^n x} dx$，$n=1,2,\cdots$ 的递推公式.

单元测试卷(上)

第三章 微分中值定理与导数的应用

班级_____ 学号_____ 姓名_____

一、选择、填空题(每小题 4 分,共 20 分)

1. 设函数 $f(x)$ 在 $(-\infty,+\infty)$ 内连续,其导函数的图形如图所示,则 $f(x)$ 有 ( )

(A) 一个极小值点和两个极大值点
(B) 两个极小值点和一个极大值点
(C) 两个极小值点和两个极大值点
(D) 三个极小值点和一个极大值点

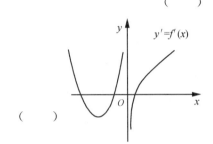

2. 曲线 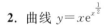 ( )

(A) 仅有水平渐近线
(B) 既有垂直渐近线,又有水平渐近线
(C) 仅有垂直渐近线
(D) 既有垂直渐近线,又有斜渐近线

3. 设函数 $f(x)$ 有二阶连续导数,且 $f'(0)=0$,$\lim\limits_{x\to 0}\dfrac{f''(x)}{|x|}=1$,则 ( )

(A) $f(0)$ 是 $f(x)$ 的极大值
(B) $f(0)$ 是 $f(x)$ 的极小值
(C) $(0,f(0))$ 是曲线 $y=f(x)$ 的拐点
(D) $f(0)$ 不是 $f(x)$ 的极值,$(0,f(0))$ 也不是曲线 $y=f(x)$ 的拐点

4. $\lim\limits_{x\to 0}\dfrac{\ln\cos x}{x^2}=$_____.

5. 椭圆 $4x^2+y^2=4$ 在点 $(0,2)$ 处的曲率为_____.

二、解答题(每小题 10 分,共 50 分)

1. 求极限 $\lim\limits_{x\to 1}\left(\dfrac{1}{\ln x}-\dfrac{1}{x-1}\right)$.

2. $\lim\limits_{x\to 0}\dfrac{\cos x - e^{-\frac{x^2}{2}}}{x^4}$.

3. 设 $f(x) = x^2 \ln(1+x)$,求 $f^{(n)}(0)$ $(n>2)$.

4. 求函数 $y = x^2 e^{-x}$ 的极值点和相应曲线的拐点.

5. 已知函数 $y(x)$ 由方程 $x^3 + y^3 - 3x + 3y - 2 = 0$ 确定,求 $y(x)$ 的极值.

三、证明题(每小题10分,共30分)

1. 证明:当 $x>0$ 时,$\ln(1+x) > \dfrac{\arctan x}{1+x}$.

2. 设 $f(x)$ 在闭区间 $[a,b]$ 上连续,在开区间 (a,b) 内具有一阶和二阶导数. 证明:若在 (a,b) 内二阶导数 $f''(x) > 0$,则对任意 $x_1, x_2 \in [a,b]$,有
$$f\left(\dfrac{1}{3}x_1 + \dfrac{2}{3}x_2\right) \leqslant \dfrac{1}{3}f(x_1) + \dfrac{2}{3}f(x_2).$$

3. 设函数 $f(x)$ 在 $[0,3]$ 上连续,在 $(0,3)$ 内可导,且 $f(0) + f(1) + f(2) = 3$,$f(3) = 1$,试证:必存在 $\xi \in (0,3)$,使 $f'(\xi) = 0$.

单元测试卷(上)

第二章 导数与微分

班级_____ 学号_____ 姓名_____

一、选择、填空题(每小题 4 分,共 32 分)

1. 设函数 $f(x)$ 在 x_0 点处可导,则极限 $\lim\limits_{h\to 0}\dfrac{f(x_0+h)-f(x_0-h)}{2h}=$ ( )

(A) $f'(x_0)$ (B) $2f'(x_0)$ (C) $\dfrac{1}{2}f'(x_0)$ (D) $(f'(x_0))^2$

2. 设 $f(x)=\begin{cases}\dfrac{1-\cos x}{\sqrt{x}}, & x>0,\\ x^2 g(x), & x\leqslant 0,\end{cases}$ 其中 $g(x)$ 是有界函数,则 $f(x)$ 在 $x=0$ 处 ( )

(A) 极限不存在 (B) 极限存在但不连续
(C) 连续但不可导 (D) 可导

3. 设 $f(x)=x|x^2-x|$,则 $f(x)$ ( )

(A) 处处不可导 (B) 处处可导
(C) 有且仅有一个不可导点 (D) 有且仅有两个不可导点

4. 设 $f(x)=3x^3+x^2|x|$,则使 $f^{(n)}(0)$ 存在的最高阶导数的阶数 n 为 ( )

(A) 0 (B) 1 (C) 2 (D) 3

5. 由方程 $xy+\ln y=1$ 所确定的曲线 $y=y(x)$ 在点 $M(1,1)$ 处的切线方程为_____.

6. 设 $y=x(x+1)(x+2)\cdots(x+2017)(x+2018)$,$\mathrm{d}y\big|_{x=0}=$_____.

7. 已知 $y=f\left(\dfrac{3x-2}{3x+2}\right)$,$f'(x)=\arctan x^2$,则 $\dfrac{\mathrm{d}y}{\mathrm{d}x}\big|_{x=0}=$_____.

8. 函数 $f(x)=x^2\cdot 2^x$ 在 $x=0$ 处的 n 阶导数 $f^n(0)=$_____.

二、解答题(每小题 10 分,共 50 分)

1. 已知 $y=\dfrac{1}{2}\operatorname{arccot}\dfrac{2x}{1-x^2}$,求其导数.

2. 设函数 $y=y(x)$ 是由方程 $e^{x+y}+\sin(xy)=0$ 确定的隐函数，求 $\dfrac{dy}{dx}$.

3. 已知 $\begin{cases} x=\cos 2t, \\ y=\tan^2 t, \end{cases}$ 求 $\dfrac{d^2 y}{dx^2}$.

4. 设 $y=(x^2+1)\ln(x+1)$，求 $y^{(10)}\big|_{x=0}$.

5. 溶液从深 15cm、顶直径 12cm 的正圆锥形漏斗漏入一直径为 10cm 的圆柱形容器中，开始时漏斗中盛满了溶液。已知当溶液在漏斗中深为 12cm 时，其液面下降的速率为 1cm/min. 问这时圆柱形容器中液面上升的速率是多少？

三、证明题（每小题 9 分，共 18 分）

1. 证明：若函数 $y=f(x)$ 在 x_0 点可微，则函数 $y=f(x)$ 在 x_0 点处可导.

2. (1) 设函数 $u(x), v(x)$ 可导，利用导数定义证明：
$$[u(x)v(x)]' = u'(x)v(x) + u(x)v'(x);$$

(2) 设函数 $u_1(x), u_2(x), \cdots, u_n(x)$ 可导，$f(x)=u_1(x)u_2(x)\cdots u_n(x)$，写出 $f(x)$ 的求导公式.

单元测试卷(上)

第一章　函数与极限

班级_____　学号_____　姓名_____

一、选择、填空题(每小题 4 分,共 32 分)

1. 下列极限存在的是　　　　　　　　　　　　　　　　　　　　　　　　(　　)

   (A) $\lim\limits_{x\to 0} \dfrac{|\sin x|}{x}\arctan\dfrac{1}{x}$　　　　　　(B) $\lim\limits_{x\to 0} \dfrac{\sin x}{x}\arctan\dfrac{1}{x}$

   (C) $\lim\limits_{x\to 0} \dfrac{\sin x}{|x|}\arctan\dfrac{1}{|x|}$　　　　　　(D) $\lim\limits_{x\to 0} \dfrac{|\sin x|}{|x|}\arctan\dfrac{1}{|x|}$

2. 设 $a_1 = x(\cos\sqrt{x}-1)$, $a_2 = \sqrt{x}\ln(1+\sqrt[3]{x})$, $a_3 = \sqrt[3]{x+1}-1$, 则当 $x\to 0^+$ 时, 这些无穷小的阶从低到高的顺序为　　　　　　　　　　　　　　　　(　　)

   (A) a_1, a_2, a_3　　　　　　　　　(B) a_2, a_3, a_1

   (C) a_2, a_1, a_3　　　　　　　　　(D) a_3, a_2, a_1

3. 若函数 $f(x) = \begin{cases} \dfrac{1-\cos\sqrt{x}}{ax}, & x>0 \\ b, & x\leqslant 0 \end{cases}$, 在 $x=0$ 处连续, 则　　(　　)

   (A) $ab = \dfrac{1}{2}$　　(B) $ab = -\dfrac{1}{2}$　　(C) $ab = 0$　　(D) $ab = 2$

4. 设 $f(x) = \dfrac{\sin x}{|x|}$, 则 $x=0$ 为 $f(x)$ 的　　　　　　　　　　　　　(　　)

   (A) 连续点　　　　　　　　　　　　(B) 可去间断点

   (C) 跳跃间断点　　　　　　　　　　(D) 无穷间断点

5. 极限 $\lim\limits_{x\to\infty}\left(\dfrac{x-1}{x+2}\right)^{x+1} =$ _____.

6. 极限 $\lim\limits_{x\to\infty}\left(\dfrac{3^x+4^x}{2}\right)^{\frac{1}{x}} =$ _____.

7. 极限 $\lim\limits_{x\to\infty}\dfrac{\tan x - \sin x}{\tan^3 x} =$ _____.

8. $x=1$ 为函数 $f(x) = \dfrac{1}{1-e^{\frac{x}{1-x}}}$ 的第 _____ 类间断点.

二、解答题(每小题 8 分,共 56 分)

1. 求极限 $\lim\limits_{x\to\infty}\dfrac{x^2-\cos x}{x^2+2\sin x}$.

2. $\lim\limits_{x\to\infty}\left(\dfrac{2+e^{\frac{1}{x}}}{1+e^{\frac{4}{x}}}+\dfrac{\sin x}{|x|}\right)$.

3. $\lim\limits_{x\to\infty}\left(\sin\dfrac{4}{x}+\cos\dfrac{2}{x}\right)^x$.

4. $\lim\limits_{x\to\infty}(\sqrt[5]{x^5-2x^4+1}-x)$.

5. $\lim\limits_{x\to\infty}\sin(\pi\sqrt{n^2+1})$.

6. 设 $f(x)=\lim\limits_{n\to\infty}\dfrac{1+x}{1+x^{2n}}$,求 $f(x)$ 的间断点,并判断间断点的类型.

7. 已知 $\lim\limits_{x\to 0}\dfrac{\ln\left[1+\dfrac{f(x)}{\sin 4x}\right]}{1-\cos x}=5$,求 $\lim\limits_{x\to 0}\dfrac{f(x)}{x^3}$.

三、证明题(每小题 6 分,共 12 分)

1. 设 $x_1=\sqrt{2}$,$x_{n+1}=\sqrt{2+x_n}$,$n=1,2,\cdots$,试证数列 $\{x_n\}$ 的极限存在,并求此极限.

2. 设 $f(x)$ 在闭区间 $[a,b]$ 上连续,$a<x_1<x_2<\cdots<x_n<b$,求证:存在 $\xi\in[a,b]$,使得
$$f(\xi)=\dfrac{f(x_1)+f(x_2)+\cdots+f(x_n)}{n}.$$